Günter Osterloh

LEICA R

Angewandte
Leica Technik

UMSCHAU ∴ BRAUS

Die im vorliegenden Buch zitierten und im
Zusammenhang mit von Leica beziehbarer Ware
verwendeten Bezeichnungen:

ABSORBAN	GEOVID	PHOTAR
ANGULON	HEKTOR	PRADOVIT
APO-TELYT	ILLUMITRAN	REPROVIT
COLORPLAN	IMAGON	SUMMICRON
CURTAGON	LABORLUX	SUMMILUX
ELMAR	LEITZ	TELEVID
ELMARIT	LEICA	TRINOVID und
ELMARON	LEICAFLEX	VISOFLEX
FOCCOMAT	LEICAMETER	
FOCOTAR	NOCTILUX	

sind eingetragene Warenzeichen und genießen daher
Warenzeichenschutz.

Die Deutsche Bibliothek – CIP-Einheitsaufnahme:

Osterloh, Günter:
Leica R: angewandte Leica Technik / Günter Osterloh.–
Veränd. Aufl.– Frankfurt am Main :
Umschau/Braus, 2000
ISBN 3-8295-7203-4

3., total überarbeitete Auflage 2000
© 2000 Umschau/Braus Verlag, Frankfurt am Main.

Alle Fotos von Leica Produkten: Oliver Richter
Alle anderen Aufnahmen, wenn nicht anders vermerkt,
vom Autor.
Gestaltung des Titels und Layout: Petra Weitz
Satz: Petra Weitz, Gabi Ehret
Repro: Horlacher GmbH, Heilbronn
Druck und Verarbeitung: Alföldi, Debrecen

ISBN 3-8295-7203-4

INHALT

VORWORT

Ohne Fotografie ist unser heutiges Leben kaum vorstellbar. Ohne Leica ist die moderne Fotografie kaum denkbar. Als vor mehr als 50 Jahren die geniale Konstruktion von Oskar Barnack – die Leica – der Weltöffentlichkeit vorgestellt wurde, ahnten nur wenige, daß damit eine neue Ära der Fotografie angebrochen war: das Zeitalter der Kleinbildfotografie. Keine andere Kamera prägte so nachhaltig den Stil fotografischer Bilder, und keine andere Kamera beeinflußte so stark die Aufnahme- und Wiedergabetechnik. Fortschritte in der Fotochemie vereinfachten in den letzten Jahren die Verarbeitung des Aufnahme- und Wiedergabematerials und schufen immer empfindlichere Filme mit immer besserer Wiedergabequalität. Neue Forschungsergebnisse und verbesserte Fertigungstechnologien führten ständig zu immer vollkommeneren Kameramodellen. Seit mehr als 15 Jahren kann ich die Entwicklung des Spiegelreflexkamera-Systems bei Leitz aus nächster Nähe beobachten und mitgestalten. Während dieser Zeit habe ich jede Gelegenheit genutzt, mich mit Fotografen aus aller Welt zu unterhalten, um von den Erfahrungen der Profis und Amateure zu lernen und zu ergründen, wo sie im fotografischen Alltag der Schuh drückt. Das vorliegende Buch ist die Summe meiner Erkenntnisse aus diesen Gesprächen. Es ist der Versuch, Fragen zu beantworten, die sich ergeben, wenn die Möglichkeiten des Leica R-Systems voll ausgeschöpft werden sollen.

Meinen Vorsatz, dabei nur selbst erprobte Verfahren und Rezepte weiterzugeben, konnte ich durch die tatkräftige Unterstützung vieler Leitzianer und Freunde des Hauses Leitz verwirklichen. Ihnen sei an dieser Stelle herzlich gedankt. Besonderer Dank gebührt jedoch meiner Frau, die mich nicht nur mit unendlicher Nachsicht meinem Hobby, der Fotografie, nachgehen ließ, sondern sich auch noch geduldig als Assistentin und Fotomodell ständig zur Verfügung stellte.

Wetzlar, im September 1980

VORWORT
ZUR DRITTEN NEUAUFLAGE

Vor etwa 20 Jahren begann ich mit den Vorbereitungen für die erste Auflage, dieses Buches. Die Leica R3-Mot electronic wurde gerade im Markt eingeführt und in den Konstruktionsbüros arbeitete man fieberhaft an der Leica R4. Damals noch bei Leitz und an Zeichenbrettern. Inzwischen sind weitere Modelle dazugekommen. Sie alle haben mit ihren Verkaufserfolgen im Markt dazu beigetragen, die heutige Leica Camera AG zu einem erfolgreichen Unternehmen werden zu lassen. Vorerst krönender Abschluß ist die Leica R8, die komplett neu in Leica eigener Regie am heutigen Standort des Leica Werkes in Solms entwickelt wurde.

Vor zwei Jahrzehnten ahnte ich nicht, in welch rasantem Tempo sich die Fototechnik weiterentwickeln würde. Auf der photokina'80 wurde über die Serien-Fertigung von Kameras mit automatischer Scharfeinstellung gerade laut nachgedacht, und einige Firmen zeigten Labormuster von Autofocus-Kameras unter einem Tisch in der hintersten Ecke ihres Messestandes. Die «elektronische Stehbild-Aufzeichnung» war allerdings noch kein öffentliches Thema. Und, daß die Filmhersteller ihre Produkte noch entscheidend verbessern könnten, damit rechnete so gut wie niemand. Selbstverständlich gab es auch niemanden, der einen so dramatischen Rückgang der weltweiten Produktion von Spiegelreflexkameras für möglich hielt. Auch von den kräftigen Zuwachsraten bei Kompaktkameras ist neuerdings keine Rede mehr. Dagegen melden die Filmhersteller große Absatzerfolge beim «Film mit Linse», und auch die Zahl der Farbbilder wächst noch von Jahr zu Jahr. Electronic Imaging, insbesondere die elektronische Momentaufnahme, hat die Kleinbildaufnahme noch nicht ersetzen können und die neuen APS-Filme bedrohen keineswegs das Kleinbildformat.

Aus der Sicht eines Marketing- und Vertriebsmannes hat sich der Fotomarkt in den vergangenen 20 Jahren durchaus dramatisch verändert. Aus der Sicht des ambitionierten Anwenders, der das fotografische Bild zu seinem persönlichen Ausdrucksmittel erkoren hat, dagegen kaum! Trotz aller neuen fototechnischen Errungenschaften der letzten Jahre sind die «alten» Fragen zur fotografischen Praxis geblieben. Bei der Überarbeitung dieser dritten Neuauflage wurde mir das ganz besonders deutlich bewußt. Trotz aller Neuheiten sind die Antworten auf diese Fragen praktisch gleich geblieben. Das zeigt mir, wie wenig sich im Grunde genommen für den ernsthaften Fotografen geändert hat. Ich wünsche mir, daß dieses Buch dazu beitragen kann, wesentliche fototechnische Zusammenhänge aufzuzeigen und Informationen zu vermitteln, die den Leser dazu befähigen, sein fotografisches Können individuell zu vervollkommnen.

Solms, im Januar 2000

EINST UND JETZT

LEICA – EINST UND JETZT

Die Geschichte der Leica ist eng verbunden mit der Geschichte der Leitz-Werke. Sie beginnt im Sommer 1849, als der damals 23jährige Mathematiker Carl Kellner aus Hirzenhain in Wetzlar ein «Optisches Institut» gründete, um seine wissenschaftlichen Erkenntnisse zur Verbesserung optischer Systeme in eigener Werkstatt nutzbar zu machen. Vater und Großvater waren leitend im Hüttenwesen der heimischen Industrie tätig gewesen. Er besuchte die Lateinschule in Braunfels. Sein starkes Interesse galt der Mathematik und Physik. In seinen Mußestunden beschäftigte er sich speziell mit Fragen der Optik. 17jährig verließ er die Schule und ging nach Gießen in die Werkstatt des Mechanikers Sartorius, um dort seine theoretischen Kenntnisse durch solide handwerkliche Fertigkeiten zu ergänzen. Seine mathematischen Studien vertiefte er bei Dr. Stein, dem Lehrer und späteren Direktor der Realschule in Gießen. Nach zwei Jahren intensiven Studiums in Gießen ging er für ein Jahr nach Hamburg, um sich im Bau von astronomischen Instrumenten zu vervollkommnen. Danach vertiefte er sein Wissen in zweijährigem Selbststudium in Braunfels, ehe er nach Wetzlar übersiedelte. Die Nähe der Universitäten Gießen und Marburg mag mit dazu beigetragen haben.

Kellners Werkstätte legte den Grundstein zum wirtschaftlichen Aufschwung Wetzlars. Während andere Betriebe damals Linsen für Fernrohre und Mikroskope noch nach alten «Hausregeln» durch Probieren herstellten, war Kellner in der Lage, Optiken mathematisch zu berechnen und genauestens zu justieren. Er entwickelte Optiken und Mikroskope, mit denen er 1851 auf den Markt kam und die schon bald in Deutschland und Europa zu den bekanntesten Erzeugnissen dieser Art zählten. 1850 hatte er zunächst sein berühmt gewordenes orthoskopisches Okular zur Begutachtung an den bekannten Mathematiker Carl Friedrich Gauß gesandt, der es sogleich für die Sternwarte Göttingen behielt.

Abb. 1: Oskar Barnack, 1879–1936, Erfinder der Leica.

Ernst Leitz kommt nach Wetzlar

Nach dem frühen Tode Carl Kellners am 13. Mai 1855 – 29jährig – führte seine junge Witwe den Betrieb mit zwölf Beschäftigten weiter. 1869 übernahm der Feinmechaniker Ernst Leitz die Firma und baute sie unter eigenem Namen aus. Er war als Sohn eines Lehrers 1843 in Sulzburg in Südbaden geboren worden und sollte eigentlich Theologe werden. Infolge seiner ausgeprägten praktischen Veranlagung verließ er jedoch 15jährig die Schule und ging in die Lehre bei einem Bekannten des Vaters, dem Instrumentenbauer Christian Ludwig Oechsle in Pforzheim. «Die Werkstätte physikalischer und chemischer Instrumente und Apparate und Maschinen des Mechanikus und großherzoglichbadischen Goldkontrolleurs Oechsle» war wie kein anderer Platz geeignet, den wißbegierigen und praktisch veranlagten Lehrjungen in die Welt der Mechanik einzuführen und ihm vielseitige Kenntnisse zu vermitteln. Zum Ruf des Unternehmens hatten die «Oechslesche Mostwaage» und eine Goldlegierungswaage wesentlich beigetragen. Nach einem längeren Aufenthalt in der Schweizer Uhrenindustrie, in der er das Problem der Arbeitsteilung und Serienfertigung kennenlernte, wo er aber auch aufgeschlossen wurde für die Kunst der Menschenführung, kehrte Ernst Leitz nach Deutschland zurück und kam Anfang 1864 nach Wetzlar. Am 7. Oktober 1865 – 22jährig – wurde er Teilhaber der Firma, die er durch Können, Unternehmungsgeist und Optimismus gegen harte Konkurrenz aus schwacher Position herausführte, in der er im Kontakt mit Wissenschaftlern und Forschern Geräte entwickelte, die die Zeit erforderte. 1869 übernahm Ernst Leitz I die alleinige Geschäftsführung. Seine herausragende Konstruktion war das binokulare Mikroskop. 1887 wurde bereits das 10 000. Mikroskop hergestellt; die Zahl der Mitarbeiter war auf 120 gestiegen. Immer neue Mikroskoptypen folgten. Ende des 19. Jahrhunderts genossen die Leitz-Werke Weltgeltung im Bereich der Mikroskop-Herstellung. Auch die sozialen Leistungen des Unternehmens waren beachtlich. Um die Jahrhundertwende hat Ernst Leitz schon den Achtstundentag in seiner Firma eingeführt und einen Krankenversicherungsverein gegründet.

Die Leica wird gebaut

Der 1. Weltkrieg und die nachfolgende Inflation trafen das Unternehmen 1923 wirtschaftlich schwer. Und wieder war es eine revolutionäre Idee, die einen neuen Aufschwung brachte. Im Juli 1920 war Ernst Leitz I. gestorben. Inzwischen war sein Sohn Ernst Leitz II. (1871 bis 1956) Leiter des Unternehmens. Er war es, der im Jahre 1924 die Entscheidung traf: «Die von Oskar Barnack konstruierte Leica wird in Serie gebaut!» Dieser Entschluß sollte in den Jahren wirtschaftlicher Depression Arbeitsplätze erhalten und neue schaffen. Die Entscheidung war gegen den Rat von Fachleuten aus der Fotobranche getroffen worden. Das Werk hatte damals bereits 1000 Beschäftigte. Auf der Leipziger Frühjahrsmesse 1925, einem acht Jahrhunderte alten Umschlagplatz von Gütern und Waren aus aller Herren Länder, wurde die Leica erstmals der Öffentlichkeit vorgestellt – und trat von da aus einen Siegeszug um die ganze Welt an. Ihr Erfolg wurde zur «Umsatzrakete» der dreißiger Jahre; brachte dem Werk 60 Prozent des Gesamtumsatzes.

Abb. 2: Das Hauptwerk der Ernst Leitz Wetzlar GmbH in Wetzlar im Jahr 1985.

Die Ernst Leitz Wetzlar GmbH

Mittlerweile waren die Söhne von Ernst Leitz II. in das Unternehmen eingetreten: Ernst Leitz III. (1906 bis 1979), Ludwig Leitz (Jahrgang 1907) und Günther Leitz (1914 bis 1969). Nach dem Tode des Vaters 1956 hatten sie die Leitung des Hauses übernommen. Großes Glück bedeutete die Tatsache, daß das Werk durch die Kriegseinwirkungen nicht zerstört worden war. Nach dem Kriege durfte zunächst nur für die Amerikaner produziert werden. Aber allmählich kamen die Gesetze des freien Marktes wieder in Gang, die Wirtschaftspolitik von Ludwig Erhard löste die Fesseln der Zwangswirtschaft, und im Zuge der freien Marktwirtschaft kam es auch bei Leitz wieder zu neuem Aufschwung.

Leitz war das erste glasverarbeitende Werk, das sich ein eigenes Glasforschungslabor einrichtete – im Jahre 1948. Bereits kurz nach seiner Gründung konnte es den ersten großen Welterfolg für sich verbuchen. Es war gelungen, hochbrechendes Glas ohne das bis dahin obligatorische Thorium, eine radioaktive Substanz, zu erschmelzen. Das LaK9 (Lanthan-Kronglas 9) war eines der ersten thoriumfreien Lanthan-Gläser, das von Leitz Anfang der 50er Jahre allen europäischen Glas-

Abb. 3: *Seit Anfang 1988 befindet sich die Heimat der Leica in Solms, etwa 10 km westlich von Wetzlar.*

herstellern in Lizenz vergeben wurde und sich heute in praktisch allen Objektiven mittlerer bis hoher Öffnung befindet.

Das LaK9 ist eines der Gläser, die die Summicron-Reihe berühmt gemacht haben. Allein aus jener Entwicklungszeit gibt es etwa 50 Schutzrechte. Seither sind zahlreiche weitere neue Glastypen unterschiedlicher Eigenschaften entwickelt worden. Ihre Herstellung wurde in der Regel ebenfalls anderen Glashütten in Lizenz vergeben. Leitz selber produzierte nur spezielle Gläser, darunter auch solche mit anomaler Teildispersion. Dieses optische Glas besitzt die Eigenschaften von Kristallen und findet heute vor allem in den langbrennweitigen Apo-Objektiven zur Leica Verwendung. Um einen verbesserten Umweltschutz bei der Glasproduktion zu garantieren, wären bis 1990 Investitionen in Millionenhöhe nötig gewesen. Weil diese jedoch für die relativ kleinen Glasmengen nicht ökonomisch sinnvoll erschienen, vergab man 1989 die Lizenzen und das Know-how an die Glaswerke Corning in Frankreich.

Von dort kommen jetzt diese speziellen, bei Leitz entwickelten optischen Gläser. In der gleichen Qualität wie früher aus dem eigenen Glaslabor.

Als Anfang der 70er Jahre eine große Gebietsreform eingeleitet wurde, deren Ziel es war, die beiden bis dahin voneinander unabhängigen Städte Wetzlar und Gießen zu einer «Stadt Lahn» zu verschmelzen, änderte die Ernst Leitz GmbH vorsorglich ihren Firmennamen in «Ernst Leitz Wetzlar GmbH». Damit sollte der Name Wetzlar, der in aller Welt als Herkunftsbezeichnung für präzise Mechanik und Hochleistungsoptik Geltung besitzt, dem Unternehmen erhalten bleiben. Die von der Bevölkerung und der heimischen Wirtschaft heftig kritisierten Pläne ließen sich jedoch politisch nicht durchsetzen, und so blieb es – nach einem kurzen «Stadt-Lahn-Intermezzo» – bei den beiden Städtenamen Wetzlar und Gießen.

In der ersten Hälfte der 80er Jahre werden zu etwa 60 Prozent Produkte für den Bereich Instrumente und Systeme gefertigt. Das sind Mikroskope für Forschung,

Labor und Unterricht, zwei- und dreidimensionale Meßgeräte für die industrielle Meßtechnik, optische Meß-
und Inspektionsgeräte für die Halbleiter-Industrie
sowie Systeme zur Bildverarbeitung und Mustererken-
nung. Der Geschäftsbereich Foto hat am gesamten
Fertigungsprogramm mit den beiden Kamera-Systemen
Leica R und Leica M, mit den Projektoren Pradovit,
dem Vergrößerungsgerät Focomat und den Ferngläsern
Trinovid etwa 40 Prozent Anteil.

Etwa 4000 verkaufsfähige Einheiten aus 77.000 Einzel-
teilen umfaßt das Lieferprogramm der Ernst Leitz
Wetzlar GmbH Mitte der 80er Jahre. Zusammen mit den
Ersatzteilen für den Kundendienst müssen ca. 120.000
verschiedene Einzelteile in entsprechenden Stückzahlen disponiert und eingekauft bzw. gefertigt werden.

Das Unternehmen gilt als einer der Pioniere im Bereich
der quantitativen Mikroskopie, in der das Mikroskop
weit über seine ursprüngliche Funktion, der Erweiterung des menschlichen Sehvermögens, hinausgeht und
zu einem Meß- und Analysegerät höchster Genauigkeit
für die Auswertung mikroskopischer Objekte wird. Neue
Entwicklungen auf diesem Sektor stellen eine Einheit
von Optik, Präzisionsmechanik und Elektronik dar, die
auch die Computer-Technologie einschließt.

Ernst Leitz (Canada) Ltd.

Das Werk mit seinem Sitz in Midland, in der Provinz
Ontario, wurde 1952 von Leitz gegründet. Hier wurden
u.a. die Leica M4-2 und fast die gesamte Palette der
Leica M-Objektive gefertigt. 1990 wurde es vom nord-
amerikanischen Hughes-Konzern übernommen und
wird heute unter dem Namen Hughes Leitz Optical
Technologies Ltd. weitergeführt. Für die Leica Camera
GmbH produziert dieses Unternehmen Optik-Baugrup-
pen und Objektive, z.B. das Noctilux-M 1:1/50mm.

Leitz Portugal S.A.

Das Werk Portugal in Vila Nova de Famalicao, 30km
nördlich von Porto, wurde 1971 gegründet und nahm
1973 in angemieteten Räumen seine Arbeit auf.
Gleichzeitig wurde begonnen, eine eigene Fertigungs-
stätte zu errichten. Der erste Bauabschnitt wurde 1975
bezogen. Seit 1989 gehört das Werk zur Leica Camera
AG, firmiert unter dem Namen Leica Portugal und beschäftigt ca. 800 Mitarbeiter. 12 deutsche Mitarbeiter
sind als ständiges Personal dort. Gefertigt werden Baugruppen für Leica R und Leica M, die Kompakt-Fern-
gläser, Objektive für Projektion und Vergrößerung sowie Baugruppen für die 42er Ferngläser. Die Entwicklung und Konstruktion dieser Baugruppen und Geräte,
einschließlich der Nullserien-Fertigung, erfolgen bei
der Leica Camera AG. Für die Endabnahme und Quali-
tätskontrolle sind deren Fachleute tätig.

*Abb. 4: Im Foyer der Leica Camera AG in
Solms sind der Leica Stammbaum und einzelne Exponate des Leica Museums ausgestellt.
Im Leica Shop können die aktuellen Produkte
von Leica begutachtet werden, und an den
Wänden hängen die monatlich wechselnden
Bilder der Leica Galerie. Außerdem ist diese
Halle Teil der Leica Akademie. Hier werden
in Seminaren und bei Schulungen eine Fülle
von Anregungen und Informationen von
einem ausgebildeten Team von Fachleuten
vermittelt.
Das aktuelle Seminar-Programm kann von
der Leica Akademie angefordert werden.*

Abb. 5: *Hoch über der Lahn, zwischen Solms und Wetzlar, liegt das Kloster Altenberg. Im Herrenhaus des dazugehörenden Hofguts befinden sich die Räume der Leica Akademie Altenberg.*

Leica GmbH – die Verselbständigung des Leitz-Fotobereiches

Ende der 60er, Anfang der 70er Jahre wuchs die internationale Zusammenarbeit zunehmend auch bei Leitz. Als erstes sichtbares Zeichen der Kooperation Leitz-Minolta erschien 1973 die Leica CL (Compact-Leica). Die Kooperation mit der renommierten Schweizer Firma Wild Heerbrugg AG begann 1972 und führte 1974 zur Übernahme weiterer Kapitalanteile bei Leitz. Ende 1985 übernahm die neugegründete Wild Leitz Holding AG die restlichen Gesellschafter-Anteile der Familie Leitz an der Ernst Leitz Wetzlar GmbH. Am 1. Januar 1987 wurden die Unternehmen Wild Heerbrugg AG und Ernst Leitz Wetzlar GmbH sowie deren weltweite Vertriebsgesellschaften und Produktionsstätten im Wild Leitz Konzern zusammengefaßt. Sie erhielten damit u.a. eine einheitliche strategische Ausrichtung, um das Potential von mehr als 9000 Mitarbeitern so einzusetzen, daß den Herausforderungen des Weltmarktes zukünftig optimal entsprochen werden konnte. Im Zuge dieser strategischen Ausrichtung des Wild Leitz Konzerns fiel auch die Entscheidung, den Leitz Fotobereich zu verselbständigen, um die Zukunft der Leica Kameras, der Projektoren, Vergrößerungsgeräte und Ferngläser sowie weiterer Produkte höchster Qualität sicherzustellen und ausbauen zu können. Das Kerngeschäft des neugeschaffenen Konzerns gruppiert sich um die Geschäftseinheiten im Investitionsgüterbereich,

während der Fotobereich der Ernst Leitz Wetzlar GmbH ein Konsumgütergeschäft darstellt. Dieser Bereich hat wenig Gemeinsamkeiten mit dem Investitionsgütergeschäft. Vor allem erfordert die Marktbearbeitung eine völlig andere Denkweise. Die Konzernentscheidung für eine eigenständige, zukunftsorientierte Foto-Strategie ist ein sichtbares Zeichen der Bereitschaft des Konzerns zu Flexibilität und erhöhtem Risiko. Neben dem Investitionsgütergeschäft sollen Produktlinien, Geschäftsarten, Ideen und Innovationspotential gefördert und erschlossen werden, die nicht zum Investitionsgütergeschäft gehören. Für den Fotobereich eröffnet sich damit die Möglichkeit, agiler und flexibler zu handeln, näher am Markt zu agieren und auf dessen Anforderungen einzugehen. Mit der Übernahme des Fotobereichs in ein eigenständiges Unternehmen wird die marktnahe strategische und operative Führung des Fotogeschäfts langfristig sichergestellt.

Der Gründung der Leica GmbH Ende 1986 und der Bereitstellung der notwendigen finanziellen Mittel folgte der Ausbau eines nach neuesten Erkenntnissen eingerichteten Werks in Solms, etwa zehn Kilometer von Wetzlar entfernt.

In dem neuen Werk sind Entwicklung, Produktion und Qualitätssicherung zusammen mit der Verwaltung, dem Marketing, dem Vertrieb, der Leica Akademie und dem Kundendienst auf einer Grundfläche von 12.000 m² vereint. Nur das Fertigwarenlager und der Versand sind weiterhin in einem Versand- und Service-Zentrum in Wetzlar angesiedelt. Rund 460 Mitarbeiter sind zunächst für die Leica Camera GmbH tätig, und zwar einschließlich des Außendienstes für die Bundesrepublik Deutschland mit den Gebieten Nord, West, Mitte und Süd.

Die Leica Camera Gruppe entsteht

Zum 1. Januar 1989 wurde die Leica Gruppe als rechtlich eigenständige Unternehmensgruppe der Wild Leitz Holding AG gegründet. Zu ihr gehören die Leica GmbH in Solms, Leitz Portugal S.A. sowie die Leica Vertriebsgesellschaften in Deutschland, der Schweiz und den USA. Die Leica Gruppe beschäftigt rund 1000 Mitarbeiter, die Hälfte davon in der Bundesrepublik Deutschland. Als im darauffolgenden Jahr die Wild Leitz Holding AG und The Cambridge Instrument Company plc fusionieren und sich den Konzern-Namen Leica plc geben, wird aus der Leica GmbH die Leica Camera GmbH.

Leica Projektion GmbH

1990 übernimmt die Leica Camera Gruppe von der Ikon AG das Zett-Projektorenwerk in Braunschweig. Noch im gleichen Jahr werden auf der photokina die Projektoren der neu gegründeten Leica Projektion GmbH, vorgestellt, die in diesem Werk entwickelt und produziert wurden. Neben den Leica Projektoren werden von den ca. 120 Mitarbeitern auch die weltbekannten Zett Projektoren konstruiert, gefertigt und durch eine eigene Verkaufsorganisation bis 1995 vertrieben.

Feinwerktechnik GmbH Wetzlar

Das früher zu Leitz gehörende Werk Taubenstein wurde bei der Neustrukturierung des Leica Konzerns in Feinwerktechnik GmbH Wetzlar umbenannt. Als Zulieferer hat sich diese Produktionsstätte auf das Drehen, Fräsen, Stanzen und Polieren von Teilen spezialisiert. Bodendeckel und die Deckkappe der titanisierten Leica M 6 werden hier tiefgezogen und bearbeitet. Auch die Bajonett-Ringe werden in diesem Werk produziert, und durch Kunststoff-Spritzgießen entstehen dort z.B. die Einstellscheiben der Leica R-Modelle. Außerdem werden Werkzeuge und Formen konstruiert und gebaut. Im September 1992 wird die Feinwerktechnik GmbH Wetzlar mit etwa 75 Mitarbeitern in die Leica Camera Gruppe eingegliedert.

Umwandlung zur Leica Camera AG

Inzwischen gehören zur Leica Camera Gruppe weitere eigene Vertriebsorganisationen in Frankreich, Großbritannien und den USA. Die Gruppe beschäftigt heute weltweit ca. 1500 Mitarbeiter, davon etwa 800 in Deutschland.
Am 1.4.1996 übernahm die Leica Camera Gruppe den Kamerabereich von Minox. Am 22. Juli des gleichen Jahres wurde die Umwandlung der Leica Camera GmbH zur Leica Camera AG in das Handelsregister eingetragen.
Auch die wirtschaftliche Entwicklung wuchs mit der Expansion der Leica Camera Gruppe. Nachdem 1988 DM 121 Mio. erzielt wurden, lag der Umsatz vier Jahre später (1992) erstmals bei über DM 200 Mio. und erreichte im abgelaufenen Geschäftsjahr, am 31. März 1999, DM 265,3 Mio.

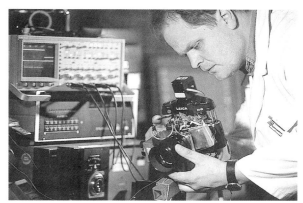

Abb. 6–9: *Ein Blick in die Fertigungsräume der Leica Camera AG bestätigt: Leica Kameras und Leica Objektive werden noch immer in Kleinserien-Fertigung produziert. Nach wie vor steht dabei der Mensch im Mittelpunkt. Die langjährigen Erfahrungen und das große handwerkliche Können der hochqualifizierten Mitarbeiter garantieren die sprichwörtliche Leica Qualität mit optischer Höchstleistung bis an die Grenzen des technisch Machbaren und mit präziser Mechanik für eine lange Lebensdauer. Dort, wo es nötig ist, werden selbstverständlich auch modernste Verfahren und computergesteuerte Werkzeugmaschinen eingesetzt.*

In den Konstruktionsbüros sind die Zeichenbretter längst durch CAD-Arbeitsplätze ersetzt worden und im Optik-Rechenbüro lassen sich die Ergebnisse komplizierter Rechenvorgänge in «Bildern» darstellen, wie z.B. der Strahlengang durch ein neu gerechnetes Objektiv (oben links). Kurz bevor man den Linsen der Leica Objektive in Hochvakuumanlagen Antireflexschichten aufdampft, werden sie von Hand poliert, um eine eventuell durch Lagerung entstandene Korrosion zu beseitigen (oben rechts). Viel Geschick und «Know how» erfordert die Montage der Leica R8 (unten links). Im Elektronik-Labor werden Funktionsabläufe simuliert, analysiert und optimiert. Hier ist es die ROM-Schnittstelle für die TTL-Blitzbelichtungsmessung, die mit Prüfgeräten »getestet« wird, die teilweise von der Leica Camera AG speziell entwickelt wurden (unten rechts).

OSKAR BARNACK:
PIONIER DER KLEINBILDFOTOGRAFIE
– ERFINDER DER LEICA

Die Fotowelt hat Oskar Barnack viel zu verdanken.
Denn viele Anwendungen der Fotografie in Wirtschaft,
Wissenschaft, Technik und Verwaltung sowie im huma-
nitären, medizinischen und kulturellen Bereich, ohne
die unsere heutige Welt nicht mehr vorstellbar wäre,
basieren auf der von Oskar Barnack begründeten Kleinbildfotografie.

Oskar Barnack, der im Jahre 1979 hundert Jahre alt
geworden wäre, schuf die Leica. Mit dieser Kamera gelang der eigentliche Durchbruch des einfachen und unbeschwerten Fotografierens. Doch nicht nur das Hobby
Fotografieren verbreitete sich mit dem kleinen Format
von Oskar Barnack, auch die moderne Life-Fotografie,
der aktuelle Bildjournalismus, die wissenschaftliche
und industrielle Fotografie hängen eng mit Barnacks
Kamera und dem Kleinbildformat zusammen. Diese Tat-
sachen sind sicher Grund genug, auch an dieser Stelle
das Werk von Oskar Barnack zu würdigen und auf die
Geschichte der Leica und der Kleinbildfotografie einzugehen.

Als Oskar Barnack am 1. November 1879 in Lynow in
Brandenburg geboren wurde, bestand in der alten,
freien Reichsstadt Wetzlar bereits seit 30 Jahren ein
Unternehmen, das sich auf die Fertigung von Mikroskopen spezialisiert hatte: die Firma Ernst Leitz. Das
Werk war 1849 von Carl Kellner unter dem Namen «Optisches Institut» gegründet worden. 1865 war der
Mechaniker und Instrumentenmacher Ernst Leitz als
Teilhaber in die Firma eingetreten und hatte diese
1869 als alleiniger Inhaber übernommen und ihr den
heutigen Namen gegeben. Zum Jahresende des
Geburtsjahres von Oskar Barnack hatte Ernst Leitz
bereits 40 Mitarbeiter und konnte auf eine Jahrespro-
duktion von 350 Mikroskopen zurückblicken. Die
Qualität der Mikroskope des Hauses Leitz war bereits
über die Grenzen Deutschlands hinaus bekannt. Der
Export der Leitz-Mikroskope stieg ständig. Um die
Jahrhundertwende und bis zum 1. Weltkrieg stellten
die Ernst Leitz Werke für den gesamten Raum Wetzlar
und Umgebung einen gewichtigen Industrie-Komplex
und einen bedeutenden Exportfaktor dar. Bis zum
Jahre 1911 war die Zahl der Mitarbeiter des Hauses

Leitz auf über 950 angewachsen, und man produzierte
jährlich über 9000 Mikroskope. Man fertigte mehr als
30 Mikroskop-Typen unterschiedlichster Bauart, und
in aller Welt setzten Wissenschaftler und Forscher die
Leitz-Mikroskope ein. Im gleichen Jahr stand auch die
Produktion des 150.000. Mikroskopes vor der Tür, das
dem Nobelpreisträger Prof. Dr. Paul Ehrlich im Jahre
1912 überreicht wurde. Bis zum Jahre 1911 hatte die
Firma Leitz wenig mit der Fotografie zu tun gehabt,
wenn man davon absieht, daß bereits seit Jahrzehnten
zu den Mikroskopen auch Fotoeinrichtungen gefertigt
wurden. So lieferte man seit 1885 eine große mikrofotografische Horizontalkamera. Um 1890 kam ein Zei-
chenapparat mit Kamera dazu und um 1900 ein Apparat für Mikro- und Diapositivprojektion. Für den rein
fotografischen Sektor wurden lediglich Objektive verschiedener Brennweiten für großformatige Plattenka-
meras anderer Hersteller produziert. Darüber hinaus
hatte die Firma Leitz nie irgendwelche Ambitionen auf
dem Fotosektor gezeigt – Fotografen und Fotohändler
gehörten nicht zu ihrem Kundenkreis. Mit dem Jahres-
beginn 1911 wurde jedoch das Vorzeichen für eine Erweiterung der Leitz-Produktpalette gesetzt, denn im
Januar 1911 trat Oskar Barnack in das Wetzlarer Unternehmen ein. Der inzwischen 31jährige Mechanikermei-
ster wurde der neue Leiter der Mikro-Versuchsabteilung.
Aus der Jugend Barnacks ist nicht viel bekannt. Man
weiß, daß seine Eltern, als er noch ein Kind war, in
die Hauptstadt Berlin übersiedelten, wo Oskar zur
Schule ging und später auch seine Lehre als Mechaniker in einer Werkstätte für astronomische Geräte ab-
solvierte. Schon in frühen Jahren fühlte er sich zur
Mathematik und technischen Dingen hingezogen, insbesondere auch zur Fotografie. So soll er seine Freizeit
oft dazu ausgenutzt haben, um mit der Kamera in die
Natur hinauszuziehen – um die Heimat im Bild festzu-
halten. Vielleicht war es auch seine künstlerische Be-
gabung (er wollte ursprünglich Kunstmaler werden),
die seine Liebe zum Gestaltungsmittel Fotografie und
Film günstig beeinflußte.
Wie er später selbst schrieb, war es um 1905, als er an
den Wochenenden mit einer unhandlichen 13 x 18 cm-

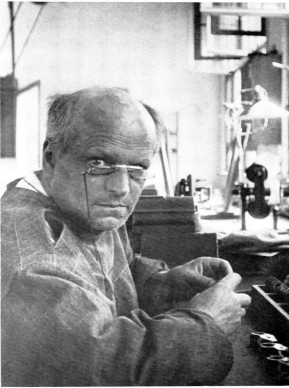

Abb. 10 u. 11: Typisch Barnack, typisch Leica! Bereits 1913 fotografiert Oskar Barnack mit der Ur-Leica so wie Jahrzehnte später die Fotografen, die mit den von der Leica geschaffenen journalistischen Bildern einen neuen fotografischen Stil *prägten. Die rasche Folge einzelner Aufnahmen und, damit verbunden, der typische, oft auch bessere »Nachschuß« kennzeichnen diesen Stil.*

Plattenkamera, einem Rucksack voller Platten und Zubehör und einem schweren Stativ durch den Thüringer Wald zog, um seinem Hobby nachzugehen. Schon damals kam ihm die Idee, einen kleineren Fotoapparat zu schaffen. Es sollte ein handliches Gerät sein, das man ohne Aufwand überall mitführen konnte, um Aufnahmen zu machen, die mehr Spontaneität besaßen. Seine ersten Versuche in dieser Richtung mißlangen jedoch. Die in jener Zeit üblichen Aufnahmeplatten gestatteten kein so kleines Aufnahmeformat, wie er es sich vorstellte, bzw. die kleineren Negative erlaubten keine starke Rückvergrößerung. Auch während seiner Gesellen- und Wanderjahre, die er in Sachsen, in Wien und in Tirol und später in Jena verbrachte, ließ ihn die Idee der kleinen Kamera nicht mehr los – wenn auch ohne praktisches Ergebnis. Erst als er zu Leitz nach Wetzlar kam, konnte er sich seinen

Ideen wieder widmen, als er nämlich an die Konstruktion einer Kinokamera ging. Im Jahre 1912 konstruierte Oskar Barnack bei Leitz eine Aufnahmekamera für Kinofilme. Es war die erste Ganzmetall-Kamera aus Aluminium, in der technischen Konzeption seiner Zeit weit voraus! In Verfolgung seiner lange gehegten Ideen stellt er damals Versuche zur Vergrößerung von Kinofilm-Negativen an. Das im Vergleich zu den großformatigen Fotoplatten feine Korn ließ in ihm neue Gedanken reifen und brachte ihn auch in verhältnismäßig kurzer Zeit auf einen neuen Weg. Oskar Barnack hatte bereits eine Reihe von Heimatfilmen gedreht, die als »Leitz-Filme« von sich reden machten und in einem Kinotheater öffentlich aufgeführt wurden. Immer wieder kam es bei den Filmaufnahmen vor, daß einige Szenen der 60 m langen Filme über- oder unterbelichtet waren. Bei den damaligen Filmpreisen kam das Oskar Barnack teuer zu stehen. Hinzu kam der Zeitverlust, wenn Barnack die fehlbelichteten Stellen herausschneiden und neu aufnehmen mußte. Was er daher benötigte, war ein genau arbeitender Belichtungsmesser. Die heute jedermann geläufigen Selen-Zellen, CdS-Fotowiderstände und Silizium-Fotodioden waren noch unbekannt. Man behalf sich für die Lichtmessung mit optischen Hilfsmitteln, wie etwa dem Fettfleck-Fotometer. Oskar Barnack machte sich daher an die Konstruktion eines Belichtungsmessers für die Kinofilmaufnahme. Und er tat dies auf echt Barnacksche Weise, d.h. unorthodox und richtungweisend. Warum sollte er die Belichtung eigentlich optisch messen und mechanisch ermitteln? Viel genauer mußte doch die fotochemische Messung sein, indem man ein Stück des Kinofilms für Probeaufnahmen bei verschiedenen Blendeneinstellungen verwendete, schnell entwickelte und anhand der Ergebnisse genau den richtigen Wert erkannte. Was lag

also näher, als für diese unbestechliche Belichtungsmessung eine kleine Meßkammer zu bauen, die ein Objektiv besaß, das dem Kinokamera-Objektiv entsprach? Mit einem Verschluß, der eine Verschlußzeit ermöglichte, die der Aufnahmefrequenz der Kinokamera gleichkam. Also machte sich Barnack daran, eine kleine Belichtungsmeßkammer zu bauen, und schlug damit quasi »zwei Fliegen auf einen Streich«. Wenn diese kleine Meßkammer, die ja nichts anderes als eine kleine Kamera darstellte, schon Belichtungen auf Kinofilm machte, konnte man dann nicht diese Meßaufnahmen auch als normale Fotoaufnahmen einsetzen? Warum sollte er hier nicht seine Versuche hinsichtlich eines kleinen Fotoapparates fortsetzen? Barnack konstruierte also eine kleine Metallkamera, die man bequem in der Tasche mitführen konnte. Sie besaß einen feststehenden Schlitzverschluß für 1/40s Belichtungszeit sowie eine Kupplung von Verschluß und Filmtransport: Doppelbelich-

Abb. 12: Die schnappschußbereite Leica als ständige Begleiterin! Was heute für viele Fotografen selbstverständlich ist, war für Oskar Barnack schon eine liebe Gewohnheit. So entstand 1913 diese Aufnahme vom Hochwasser in Wetzlar.

tungen waren damit ausgeschlossen. Als Optik diente ein teleskopartig versenkbares Objektiv.

Barnack beschloß, die doppelte Kinobildhöhe für seine fotografischen Aufnahmen auszunutzen. Er belichtete also Negative mit 24 mm Breite und 36 mm Länge. Dieses neue Format war kein Produkt monatelanger Grübeleien, wie er sie später oft bei der Konstruktion nur winziger Kameradetails anstellen mußte. Die Formatfestlegung entsprach vielmehr ganz seinem Gefühl, weil er das Seitenverhältnis 2:3 für das schönste und zweckmäßigste hielt. Die Ur-Leica war geboren. Es war eine «Rollfilm-Kamera», die mit einem 2 m langen Streifen des perforierten Kinofilms geladen wurde. Drei Jahre lang beschäftigte sich Barnack mit der Konstruktion und Verbesserung seines neuen Fotoapparates, der ursprünglich als Belichtungsmesser gedacht war. 1913 und 1914 entstanden die ersten Fotos, die uns heute noch erhalten sind.

Oskar Barnack hatte inzwischen ein zweites Modell der Ur-Leica gebaut, das von seinem Chef, Ernst Leitz, auch bei dessen Auslandsreisen ausprobiert wurde. Man trug sich damals sicher noch nicht mit dem Gedanken, die Kamera zur Marktreife zu entwickeln und daraus ein völlig neuartiges Produkt der Ernst Leitz Werke entstehen zu lassen, aber Ernst Leitz sagte: «Im Auge behalten!» Dann brach der 1. Weltkrieg aus. Die Weiterentwicklung der kleinen Kamera wurde dadurch unterbrochen. Gelegentlich fotografierte Oskar Barnack noch mit seinem Prototyp und sammelte dabei Erfahrungen, die ihm später zugute kamen. Anfang der 20er Jahre konnte er sich dann seinen ursprünglichen Ideen wieder widmen. Im Jahre 1920 machte er mit seiner inzwischen verbesserten Kamera Aufnahmen von einer Flutkatastrophe in Wetzlar – richtige Live- oder News-Fotos. Diese Art, d.h. eine Serie von Aufnahmen vom gleichen Sujet zu fotografieren, war typisch für Barnack, jedoch bis dahin bei Amateur- und Berufsfotografen nicht üblich. Erst viele Jahre später wurde diese Arbeitsweise von so berühmten Fotografen wie Erich Salomon im fotografischen Alltag der Reporter angewandt.

Solche Fotos konnten natürlich nicht mit einer Belichtungszeit von 1/40s entstehen. Sie wurden vielmehr mit dem neuen Verschluß belichtet, den Barnack inzwischen entwickelt hatte. Es war ein verdeckt aufziehbarer, in der Schlitzbreite verstellbarer «Rouleau-Ver-

schluß», der auch kurze Verschlußzeiten ermöglichte. Weiterhin hatte Barnack einen Entfernungsmesser konstruiert, der für die kleine mattscheibenlose Kamera unbedingt erforderlich war. Nach dem Bau eines Fernrohrsuchers und der Konzeption einer neuartigen Tageslicht-Kassette, die das Filmeinlegen bei hellem Tageslicht ermöglichte, blieb für Barnack nur noch ein Problem: ein genau auf das Bildformat abgestimmtes Objektiv. Es mußte höchste Leistung aufweisen, um eine zumindest zehnfache lineare Vergrößerung der Negative zu ermöglichen. An dieser Stelle setzte die Objektivrechnung von Prof. Dr. Max Berek ein. Er errechnete einen Anastigmaten mit der Lichtstärke 1:3,5 und der Brennweite von 50 mm, die in etwa der Diagonale des Aufnahmeformates entsprach. Die kleine Barnacksche Kamera war nach dieser Vervollkommnung endlich marktreif.

Inzwischen war aber wieder ein äußeres großes Hemmnis für den Bau der Kamera eingetreten. In Deutschland herrschte größte Not und die Inflation. Man rechnete nicht mehr nach Hunderten. Tausende, Millionen, Milliarden und selbst Billiarden waren die Größenordnungen, mit denen man im Alltag rechnete. Selbst für einen normalen Brief mußte man RM 25.000,– für das Porto zahlen, dann sogar 1 Milliarde und schließlich 20 Milliarden. Wer eben seinen Arbeitslohn ausgezahlt bekam, konnte schon am Morgen danach bestenfalls ein Brötchen für das Geld erstehen. In dieser Zeit eine neue Kamera auf den Markt zu bringen wäre für ein Unternehmen Selbstmord gewesen. Doch dann kam mit der Währungsreform ein Ende für die Inflation. Dafür brach die Zeit größter Arbeitslosigkeit über das Land herein.

Dr. Ernst Leitz II., der nach dem Tode seines Vaters die Leitung der Leitz-Werke übernommen hatte, mußte eine überaus schwerwiegende Entscheidung fällen: Sollte er die Kamera tatsächlich bauen? Für viele Unternehmen blieben die notwendigen Aufträge aus. Es war schwer, die Belegschaft unter Vertrag zu halten, und in starkem Maße war auch die deutsche optische Industrie von der wirtschaftlichen Krise gefährdet. Überall standen Menschen nach Arbeit und Arbeitslosengeld an. Diese äußeren Umstände ließen Dr. Ernst Leitz II. eine für die Zukunft seines Werkes wichtige Entscheidung treffen. Er beschloß, seinen Betrieb zu erweitern und die Produktion einer Kamera aufzunehmen. Nicht zögernd oder mit Vorbehalten, sondern mit der Entschlossenheit eines modernen Managers ließ er die Produktion der ersten Barnackschen Kamera anlaufen, die man im Inflationsjahr 1923 gründlich getestet hatte.

Die ersten Kleinbildkameras mit den Nummern 100 bis 130 wurden 1923 von Hand gefertigt, und mit ihnen wurde nun der Markt erforscht. Bislang hatten die Optischen Werke Leitz im wesentlichen Mikroskope gefertigt. Die hohe Präzision, die der Bau von Mikroskopen und die Fertigung von Mikro-Objektiven erforderte, kam nun der Kamera zugute. Im Jahre 1924 ließ man die ersten Exemplare der neuartigen Präzisionskamera von Fotografen und Wissenschaftlern testen. Waren die einen von der Kamera und den Bildergebnissen begeistert, so beurteilte eine ganze Reihe von Fachfotografen die kleine Kamera mit Skepsis. Man war große Kameras gewohnt, arbeitete mit Stativen und schaute auf große Mattscheiben ... und nun so ein kleines Ding. Man traute dem winzigen Fotoapparat ganz einfach nicht. Und selbst im Hause Leitz stieß das neue Produkt bei manchen auf Ablehnung. Trotzdem ließ Dr. Leitz im Jahre 1924/25 die Produktion der ersten 500 Kleinbildkameras anlaufen. Gleichzeitig wurde der Handelsname LEICA als Warenzeichen angemeldet. Man hatte dieses Kunstwort, das bald weltweit bekannt wurde und sich in allen Sprachen leicht aussprechen ließ, aus dem Begriff **Lei**tz-**Ca**meras abgeleitet.

Anläßlich der Leipziger Frühjahrsmesse des Jahres 1925 wurde die Leica offiziell der Welt angekündigt. In den ersten Anzeigen wurde der neue Apparat als «Revolution in der Photographie» bezeichnet. Im Vergleich zu allen anderen bisherigen Kameras bot die Leica nämlich vom ersten Modell an schnellste Aufnahmebereitschaft. Doppelbelichtungen wurden vermieden. Außerdem konnte ein Fotograf auch 36 Aufnahmen schnell hintereinander folgen lassen, ohne zwischendurch den Film wechseln zu müssen. Und dann der Filmpreis: Mit der Leica konnte man 12 Aufnahmen zum Preis einer 9 x 12 cm-Aufnahme machen. Der Fotograf konnte mit seiner neuen Leica das Objekt in Augenhöhe anpeilen und erhielt so eine überraschend wahre «Augenperspektive». Selbst relativ lange Verschlußzeiten, die bis 1925 in der Regel die Verwendung eines Stativs erforderten und die Fotografie

damit statisch machten, konnte man nun durch die Handlichkeit, die weiche Verschlußauslösung und die kurze Objektiv-Brennweite aus der Hand wagen. Die Kamera war auch bei schlechten Lichtverhältnissen mobil. Mit der Leica wurde nicht nur eine neue Idee verwirklicht: Die Leica und die Kleinbildfotografie leiteten eine neue Ära der Fotografie ein. Bei den Amateuren und den Bildjournalisten verursachte die Leica großes Aufsehen. Die Kunde von der neuartigen Kamera und dem neuartigen Aufnahmeformat ging in Windeseile um die ganze Welt. Bis zum Jahresende 1925 wurden bereits über 1000 Stück der Leica A, die später unter der Bezeichnung Leica I bekannt wurde, gefertigt. Die ersten Modelle waren mit den Objektiven Leitz-Anastigmat 1:3,5/50 mm (etwa 200 Kameras)

Abb. 13: *Mit dieser Anzeige wurde Ende der 20er Jahre für die Leica geworben.*

sowie Elmax 1:3,5/50 mm (etwa 500 Kameras) und später mit dem auch heute noch berühmten Elmar 1:3,5/50 mm ausgestattet.

Kaum ein Jahr nach der Ankündigung der ersten Leica ging die Leica B in Produktion – das heute so gesuchte und auf Auktionen teuer bezahlte Modell, das meist mit «Compur-Leica» bezeichnet wird.

Viele weitere Kamera-Modelle folgten in den vergangenen mehr als 70 Jahren bis heute. Als neue-

stes Modell der Spiegelreflex-Kamera präsentierte Leica zur photokina '96 die Leica R8.

Viele Millionen Kleinbildkameras werden heute weltweit jährlich gebaut. Die Leica Camera AG fertigt vergleichsweise nur geringe Stückzahlen – dafür aber in der Gewißheit, daß diese Geräte bis ins kleinste Detail den hohen Anforderungen entsprechen, die Oskar Barnack und die Verantwortlichen für die Einführung der ersten Leica an diese neuartige Kamera stellten.

Abb. 14 a u. b: *Zwei Bilder, die ebenfalls zur Historie von Leica gehören. Am 18. August 1989 entschieden die Mitglieder der erweiterten Geschäftsleitung über die Nachfolge der Leica R5/R7. Damit wurde die Entwicklung zur Leica R8 eingeleitet. Der Autor dieses Buches, damals als Leiter des Produkt-Managements ebenfalls an dieser Entscheidung mitbeteiligt, hielt diesen Moment im Bild fest.*

Es zeigt von links: Bernd Henrichs, Projekt-Manager; Manfred Konz, Leiter Qualitätswesen und Beschaffung; Wolfgang Müller, Geschäftsführer Marketing und Vertrieb; Klaus-Dieter Hofmann, Leiter Controlling; Wolfgang Koch, Leiter Leica Werk Portugal; Alfred Hengst, Leiter Entwicklung Konstruktion; Rolf Magel, Leiter Entwicklung Elektronik; Klaus-Dieter Schaefer, Leiter Neue Technologien und Produkte; Gerhard Kogler, Gruppenleiter der Kamera-Entwicklung; Arnold Mende, Geschäftsführer Finanzen und Personal, Dr. Bruno Frey, Vorsitzender der Geschäftsführung.

Auch der Moment, als die beiden ersten vollfunktionsfähigen Prototypen dem gesamten Entwicklungsteam präsentiert wurden, konnte vom Autor in einem Foto festgehalten werden. Um die beiden Leica R8-Modelle drängen sich von links: Manfred Meinzer, Designer; Bernd Henrichs, Projekt-Manager; Gerhard Kogler, Gruppenleiter Kamera-Entwicklung; Burghardt Kiesel, Geschäftsführer Technologie und

Produktion; Rolf Magel, Leiter Entwicklung Elektronik und Alfred Hengst, Leiter Entwicklung Konstruktion.

KLEINE LEICA-CHRONIK

Es gibt nur wenige Industrieprodukte, deren Namen auch in den entferntesten Ländern zum Begriff wurden, wie z.B. Ford, Aspirin und Leica. Wie oft bei genialen Einfällen, so war auch die ursprüngliche Idee zur Leica einfach und logisch. Sie ist es heute noch genauso wie vor über 60 Jahren, als die erste Leica auf dem Markt erschien. Längst haben sich Photographica-Interessenten in der ganzen Welt auf das Sammeln der vielen verschiedenen Leica Modelle spezialisiert. Umfangreiches Schrifttum in allen wichtigen Sprachen gibt Auskunft über jedes Detail von Kamera-Gehäuse, Wechselobjektiven und Zubehör (siehe auch Seite 425). Auf dieser und den nachfolgenden Seiten beschränkt sich die Vorstellung der Kameras deshalb auf die Ur-Leica und auf die wichtigsten Leica Modelle, die von Leitz und der Leica Camera GmbH gefertigt wurden.

Ur-Leica

Ur-Leica

1913/1914 konstruierte Oskar Barnack den ersten funktionsfähigen Prototyp der Leica für 35-mm-Kinofilm. Er besteht aus einem Ganzmetallgehäuse, hat ein versenkbares Objektiv und einen Schlitzverschluß, der allerdings noch nicht überlapp. Ein angeschraubter Objektivdeckel, der beim Filmtransport vorgeschwenkt wird, verhindert den Lichteinfall. Die Kamera ist unter der Bezeichnung Ur-Leica in die Geschichte der Fotografie eingegangen.

Leica I ohne Auswechselfassung

1925 erscheint das Leica Modell A, auch bekannt als Leica I ohne Auswechselfassung. Zunächst wird dieses Modell mit Leitz Anastigmat 1:3,5/50 mm sowie Elmax 1:3,5/50 mm, später mit Elmar 1:3,5/50 mm geliefert. Die Objektive besitzen eine Arretierungsfeder für Unendlich. Der Schlitzverschluß erlaubt Belichtungszeiten von 1/20 bis 1/500s und Zeitaufnahme. Dazu wird ein aufsteckbarer Entfernungsmesser angeboten.

Leica I

Leica I mit Auswechselfassung

1930 geht die erste Leica mit Wechselgewinde, das Leica Modell C (auch als Leica I mit Auswechselfassung bezeichnet), in Fertigung. Allerdings sind Anschraubring und Objektive noch nicht auf «0» abgestimmt, d.h., für jede Leica sind speziell auf das Gehäuse abgestimmte Objektive erforderlich. Ab 1931 sind Kamera-Anschraubring und Objektive auf «0» abgestimmt. Folgende drei Objektive sind verwendbar: Weitwinkel-Objektiv Elmar 1:3,5/35 mm, Normal-Objektiv Elmar 1:3,5/50 mm und als lange Brennweite das Elmar 1:4,5/135 mm. Sonst entspricht das Leica Modell C dem Modell A.

Leica II

1932 bietet die Leica II als wichtige Neuerung den eingebauten, gekuppelten Entfernungsmesser zur Verwendung einer großen Objektiv-Familie. Mit der Kamera zusammen wird das leichte, schlanke Elmar

1:6,3/105 mm, das unter dem Namen «Berg-Elmar» berühmt werden soll, angekündigt. Die Leica ist jetzt eine echte System-Kamera mit sieben auswechselbaren Objektiven, die genormte Wechselgewinde haben und sich mit dem Entfernungsmesser kuppeln. Die Objektive:

Elmar 1:3,5/35 mm   Elmar 1:4/90 mm
Elmar 1:3,5/50 mm   Elmar 1:6,3/105 mm
Hektor 1:2,5/50 mm   Elmar 1:4,5/135 mm
Hektor 1:1,9/73 mm

Zum weiteren Zubehör zählen drei Nahgeräte für Reproduktionen bis 1:1.

Leica IIIf

Leica II

Leica III

1933 wird das Leica System durch die Leica III ergänzt, die Verschlußzeiten von 1 bis 1/500s besitzt. Die langen Zeiten von 1 bis 1/20s werden über einen Langzeitknopf an der Frontseite der Kamera eingestellt. Außerdem wird das Objektiv-Programm weiter ausgebaut.

Leica IIIf

1950 erscheint die erste Neukonstruktion von Leitz nach dem Kriege. Bis zu diesem Jahr war die Verwendung der Leica mit Blitzgeräten nur durch besondere Ausführung möglich. Die Leica IIIf ist synchronisiert für alle Lampen- und Elektronen-Blitzgeräte. Im gleichen Jahr wird die 500.000. Leica, ein Modell IIIc, fertiggestellt.

Leica M3

Leica M3

1954 beginnt eine neue Ära der Kleinbildfotografie. Von Leitz wird die Leica M3 vorgestellt. Diese neue Kamera ist mit einem kombinierten Leuchtrahmen-Meßsucher ausgerüstet. Beim Einsetzen der Leica Objektive von 50, 90 und 135 mm Brennweite spiegelt sich automatisch der zugehörige Bildrahmen ein. Außerdem können 35 mm Weitwinkel-Objektive mit angebautem Sucher-Vorsatz verwendet werden. Die Leica M3 ist die erste Kleinbildkamera der Welt mit Sucher für vier Brennweiten. Ein ebenfalls bedeutender Fortschritt ist der leuchtend helle Sucher mit automatischem Parallaxausgleich über den gesamten Einstellbereich der verwendbaren Objektive. Weitere Vorzüge der Leica M3 sind: automatisches Bildzählwerk, Schnellschalthebel und Objektiv-Schnellwechselbajonett von ungewöhnlicher Präzision und Robustheit. Zusammen mit der Leica M3 wird der Belichtungsmesser «Leicameter» angeboten, der sich mit dem Zeiteinstellknopf koppelt. Dem Leica Fotografen stehen jetzt 11 verschiedene Objektive zur Verfügung.

Leica M6

1984 wird die Leica M6 am Markt eingeführt. Sie ist der vorläufige Höhepunkt in der Entwicklung einer Modellreihe, die in 30 Jahren mehr als ein Dutzend verschiedener Meßsucherkameras hervorgebracht hat. In den Sucher dieser Kamera werden jeweils zwei Leuchtrahmen für insgesamt sechs Brennweiten eingespiegelt: 28 und 90 mm oder 35 und 135 mm oder 50 und 75 mm. Die Leica M6 besitzt selektive Belichtungsmessung durch das Objektiv. Mit Hilfe einer im Sucher sichtbaren Lichtwaage erfolgt der Abgleich von Belichtungszeit und Blende für eine korrekte Belichtung. Zum Leica M-System gehören 12 Objektive sowie ein ansetzbarer Winder für den motorischen Filmtransport und das Spannen des Gummituch-Schlitzverschlusses.

Leica M6

Leicaflex

1965 wird am 1. März die langerwartete einäugige Spiegelreflex-Kamera von Leitz, die Leicaflex, auf den Markt gebracht. Gleichzeitig mit der Kamera erscheinen vier neue Objektive der meistgebrauchten Brennweiten – alle mit automatischer Springblende:

Elmarit-R 1:2,8/35 mm   Summicron-R 1:2/50 mm
Elmarit-R 1:2,8/90 mm   Elmarit-R 1:2,8/135 mm

Leicaflex

Die Leicaflex besitzt einen neuentwickelten Schlitzverschluß mit 1/2000s als kürzeste Belichtungszeit und mit Elektronenblitz-Synchronisation bei 1/100s. Die Kamera zeichnet sich durch ein strahlendhelles und großes Sucherbild mit Mikroprismen-Meßfeld in der Mitte aus. Der CdS-Belichtungsmesser ist eingebaut (Außenmessung). Seit 1965 werden von Leitz zwei Kleinbildkamera-Systeme angeboten, das der Spiegelreflex-Leica und das der Meßsucher-Leica. Ihr Objektiv- und Zubehör-Programm ist jedem System optimal zugeordnet und deshalb unterschiedlich. Die zusätzlichen Bezeichnungen aller Produkte, «M» für Meßsucher-System und «R» für Reflex-System, verdeutlichen das.

Leicaflex SL

1968 wird die Leicaflex SL mit selektiver Lichtmessung durch das Objektiv vorgestellt. Eine von Leitz neuentwickelte Einstellscheibe mit feinstmattierten Mikroprismen für die Schärfenbeurteilung über das ganze Sucherfeld und zentralem Meßfeld mit Vierkant-Mikroprismen für das eindeutige Scharfeinstellen sowie die Schärfentiefe-Taste und ein vereinfachtes Filmeinlegen für alle handelsüblichen Kleinbildfilme sind die Verbesserungen gegenüber der Leicaflex mit Außenmessung. Der Leicaflex-Motor mit der Spezialkamera Leicaflex SL-Mot bietet Bildgeschwindigkeiten von 3–4 Bildern pro Sekunde. Zum Leicaflex-System zählen jetzt Objektiv-Brennweiten von 21 mm bis 560 mm sowie das robuste Balgeneinstellgerät-R mit dem Spezial-Objektiv Macro-Elmar 1:4/100 mm.

Leicaflex SL

Leicaflex SL 2

Leicaflex SL2

1974 erfährt das Leicaflex-Programm weitere Verbesserungen. Die Leicaflex SL 2 bietet einen erweiterten Meßbereich der selektiven Belichtungsmessung durch das Objektiv. Der Belichtungsmesser weist eine 8fache Empfindlichkeit im Vergleich zur bisherigen Leicaflex SL auf. Eine beleuchtete Meßanzeige erleichtert das Arbeiten bei schlechten Lichtverhältnissen. Die Einstellscheibe mit feinstmattierten Mikroprismen besitzt innerhalb des Viereck-Mikroprismen-Einstellringes einen zusätzlichen Schnittbild-Entfernungsmesser als Einstellhilfe, vor allem bei kurzbrennweitigen Objektiven. Im Zubehörschuh der Leicaflex SL 2 ist ein Mittenkontakt eingebaut. Der Leicaflex-Motor ist an der speziellen Leicaflex SL 2-Mot weiterhin verwendbar.

Leica R3 electronic

1976 bringt Leitz mit der Leica R3 electronic eine Spiegelreflex-Kamera mit Zeit-Automatik heraus, deren Konzeption und Namensgebung auch die nachfolgenden Kamera-Modelle stark beeinflußt. Ab diesem Zeitpunkt heißen neue Spiegelreflex-Kameras von Leitz ebenfalls Leica. Das zusätzliche «R» steht dabei für «Reflexkamera». Die Leica R3 electronic (3 = Spiegelreflex-Kamera der dritten Generation) ist die erste Leica mit Belichtungs-Automatik und elektronisch gesteuertem Metall-Lamellen-Schlitzverschluß. Dieser CLS-Verschluß (Copal-Leitz-Shutter) wurde von Copal und Leitz entwickelt. Als erste Spiegelreflex-Kamera der Welt besitzt die Leica R3 blitzschnell umschaltbare Belichtungs-Meßmethoden für eine gezielte Selektivmessung und integrale Großfeldmessung. Auch die Meßwertspeicherung durch Druckpunktnahme am Auslöser ist eine Besonderheit und bei den heutigen R-Modellen noch einzigartig. Neu sind auch Override, Filmpatronen-Sichtfenster und die Möglichkeit für Mehrfachbelichtungen. Die am Objektiv eingestellte Blende wird in den Sucher eingespiegelt. Die elektronisch gebildeten Belichtungszeiten werden durch eine Meßnadel angezeigt. Bei manueller Einstellung erfolgt der Belichtungsabgleich durch das Nachführprinzip. Mit der Leica R3 wird auch die Kopplung der Leica R-Objektive mittels R-Steuernocken eingeführt. Frühere R-Objektive können nachgerüstet werden (siehe Seite 128, Die Springblende).

Leica R3

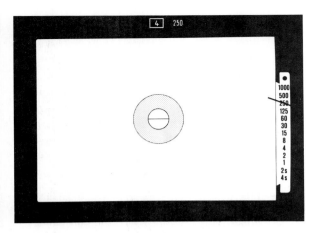

Abb. 15: *Anzeigen im Sucher der Leica R3 bei manueller Einstellung und Selektivmessung*

Leica R3-Mot electronic

1978 wird das Spiegelreflexkamera-System von Leitz durch die Leica R3-Mot ergänzt. Die zusätzliche Bezeichnung «Mot» weist darauf hin, daß an diese Kamera ein motorischer Aufzug für das Spannen des Verschlusses und den Filmtransport angesetzt werden kann. Die technischen Daten dieser Kamera sind mit folgenden Ausnahmen identisch mit denen der Leica R3 electronic:

Leica R3-Mot electronic

Elektronische Kontakte und mechanischer Anschluß für Motor-Winder R3.

Bei angesetztem Motor-Winder R3 Einzelbild- und Serien-Aufnahmen bis 2 B/s.

Kein Selbstauslöser.

Vollmattscheibe anstelle der Universal-Einstellscheibe.

Die gewählte Belichtungs-Meßmethode wird durch Symbole oberhalb der Zeitenskala, rechts im Sucher, angezeigt:

● = Selektivmessung

■ = Großfeld-Integralmessung

Leica R4-Mot electronic, Leica R4, Leica R4s und Leica R4s Mod.2

1980 erscheint die Leica R4-Mot electronic auf dem Markt, eine kompakte, einäugige Kleinbild-Spiegelreflexkamera mit Belichtungsmessung durch das Objektiv. Sie wurde von Leica-Freunden bereits bei ihrer Vorstellung ganz einfach Leica R4 genannt. Leitz hat sich ab Juli 1981 diesem Sprachgebrauch angeschlossen und benutzt seither die zusätzlichen Bezeichnungen «MOT» und «ELECTRONIC» nicht mehr. Änderungen der bisherigen Funktionen und technischen Daten sind damit nicht verbunden.

Leica R4

Die charakteristischen Merkmale dieser Kamera gelten auch für alle nachfolgenden Leica R-Modelle bis R7. Sie besitzt zwei umschaltbare Belichtungsmeßmethoden – Selektivmessung und Großfeld-Integralmessung –, die mit ihrer Multi-Automatik und der manuellen Einstellung zu fünf praxisgerechten Programmen kombiniert sind. Einstellbar durch den Programmwähler:

Ⓜ = manuelle Einstellung von Belichtungszeit und Blende mit Selektivmessung

Ⓐ = Zeit-Automatik mit Selektivmessung

🅐 = Zeit-Automatik mit Integralmessung

🅟 = Programm-Automatik mit Integralmessung

🆃 = Blenden-Automatik mit Integralmessung

Auch eine automatische Umschaltung auf «X» (1/100s Blitz-Synchronzeit) ist in Verbindung mit systemkon-

Abb. 16: *Die Leica R4-Modelle*

formen Blitzgeräten und den Adaptern SCA 350, SCA 351 und SCA 550 vorhanden. Sie ist wirksam bei allen Programmen. Eine automatische Blendensteuerung bei «P» und «T» erfolgt dabei nicht. Die Blende schließt sich auf den vorgewählten Wert. Durch Blinken der oberen Dreieck-LED (Light Emitting Diode) auf der rechten Sucherseite – Zeiten- bzw. Blendenanzeige durch LED erlischt – wird die Blitzbereitschaft angezeigt. Die elektronisch gesteuerten Belichtungszeiten des vertikal ablaufenden Metallamellen-Schlitzverschlusses reichen bei Automatik-Betrieb von 1/1000s bis ca. 8 Sekunden; bei manueller Einstellung von 1/1000s bis 1 Sekunde. Außerdem einstellbar: «X» = 1/100s wird mechanisch gebildet und elektromagnetisch ausgelöst, «100» = 1/100s wird mechanisch gebildet und mechanisch ausgelöst und «B» = Zeitaufnahme von beliebiger Dauer. Auswechselbare Einstellscheiben, Filmpatronen-Sichtfenster, Filmtransportkontrolle sowie die Möglichkeit für Doppel- und Mehrfachbelichtungen zählen ebenso zu den typischen Merkmalen der Leica R-Modelle bis zur R7 wie auch die nachfolgenden:

Belichtungsmeßmethoden: Selektiv- und Integralmessung durch das Objektiv. Offenblenden-Messung bei Leica R-Objektiven mit automatischer Springblende und Arbeitsblenden-Messung bei Objektiven und Zubehör ohne Springblende.

Meßzelle: Silizium-Fotodiode im unteren Kameraraum, streulichtgeschützt. Für Selektivmessung wird eine

Sammellinse vorgeschaltet (erfolgt automatisch durch Programm-Wahl).

Selektivmessung: Meßfelddurchmesser 7 mm. Meßfeld im Sucher markiert. Meßwertspeicherung bei Zeit-Automatik durch Druckpunktnahme am Auslöser bis zu 30s.
Integralmessung: mittenbetonte Großfeld-Integralmessung.

Meßbereich: bei Selektivmessung von 1 cd/m^2 bis 63.000 cd/m^2 bei Blende 1,4, d.h. bei ISO 100/21° von +3 bis +19 Ev (Exposure value = Belichtungswert) bzw. 1/4s bei Blende 1,4 bis 1/1000s bei Blende 22. Bei Integralmessung von 0,25 cd/m^2 bis 63.000 cd/m^2 bei Blende 1,4, d.h. bei ISO 100/21° von +1 bis +19 Ev bzw. 1s bei Blende 1,4 bis 1/1000s bei Blende 22.

Belichtungskorrektur (Override): plus/minus 2 Belichtungswerte. In 1/2 Stufen rastend. Bei Korrektur Warnanzeige im Sucher.

Zeiteinstellung: alle Einstellungen rastend und von oben auf der Kamera ablesbar. Beim Blick durch den Sucher können die eingestellten Werte bei Blenden-Automatik, Programm-Automatik und manueller Einstellung unterhalb des Sucherbildes, rechts neben der Blendenanzeige abgelesen werden.

Auslöser: Auslöseknopf mit genormtem Gewinde für Drahtauslöser. Elektromagnetische Auslösung für elektronisch gebildete Belichtungszeiten und «X» (=1/100s). Mechanische Auslösung für mechanisch gebildete Belichtungszeiten «B» und «100». Einschalten des Stromkreises (LED's im Sucher leuchten auf (Belichtungsmesser arbeitet) durch Niederdrücken nach 0,3 mm. Meßwertspeicherung bei Zeit-Automatik mit Selektivmessung (Druckpunkt) nach 1 mm. Elektromagnetische Auslösung für elektronisch gebildete Belichtungszeiten und «X» (=1/100s) nach 1,3 mm. Mechanische Auslösung für mechanisch gebildete Belichtungszeiten «B»und «100» nach 2,25 mm.

Selbstauslöser: Vorlaufzeit ca. 9s. Blinkanzeige durch rote LED auf Kamera-Vorderseite.

Stromversorgung: zwei Silberoxid-Knopfzellen, Durchmesser: 11,6 mm, Höhe 5,4 mm oder eine Lithiumzelle, Durchmesser: 11,6 mm, Höhe 10,8 mm, im Kameraboden. Bei angesetztem Motor-Winder oder Motor Drive erfolgt die Stromversorgung automatisch über diese motorischen Aufzüge. Die Knopf- bzw. Lithiumzellen werden automatisch abgeschaltet, müssen aber in der Kamera verbleiben, da sie für den elektrischen Auslöseimpuls benötigt werden.

Filmtransport: von Hand mittels Schnellschalthebel (Spannweg 130°). Wahlweise motorischer Filmtransport: mit Motor-Winder R 2 B/s, mit Motor-Drive R umschaltbar 4B/s, 2 B/s und Einzelbildauslösung.

Mehrfachbelichtungen: durch Drücken des Rückspulknopfes. Automatische Rückstellung beim Spannen des Verschlusses. Zählwerk wird nicht weitergeschaltet. Anzahl der Mehrfachbelichtungen beliebig.

Filmempfindlichkeitseinstellung: ISO 12/12° bis ISO 3200/36°.

Schwingspiegelsystem: teildurchlässiger Schwingspiegel mit 17 aufgedampften Schichten (70% Reflexion, 30% Durchlaß). Dahinter angeordneter Fresnel-Reflektor für Selektivmessung und Großfeld-Integralmessung (1345 Mikro-Reflektoren konzentrieren das Licht auf die Meßzelle). Erschütterungsarme Schwingspiegelbewegung.

Fünf auswechselbare Einstellscheiben:
1. Universalscheibe
2. Vollmattscheibe
3. Mikroprismenscheibe
4. Vollmattscheibe mit Gitterteilung
5. Klarscheibe mit Fadenkreuz
Unterseite jeweils mit Fresnel-Teilung.
Scheiben 2 bis 5 als Zubehör lieferbar.

Sucherabstimmung: -1 Dioptrie.

Sucherfeldgröße: 23 x 34,6 mm = 92% des Filmformats.

Suchervergrößerung: 4,06x = 0,85fach mit 50-mm-Objektiv.

Abb. 17 a und b: Anzeigen im Sucher der Leica R4 bei Zeitautomatik und Selektivmessung (oben) bzw. bei Blenden-Automatik und Großfeld-Integralmessung (unten).

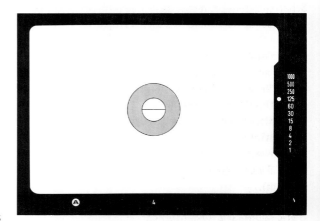

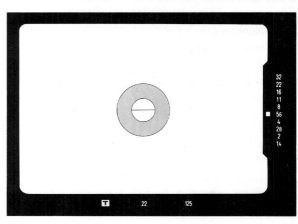

LED-Anzeigen im Sucher (je nach Programmwahl):
Programm-Symbol; durch Belichtungsmessung ermittelter Meßwert (Belichtungszeit oder Blende); Blitzbereitschaft in Verbindung mit systemkonformen Blitzgeräten; erfolgte Meßwertspeicherung bei Zeit-Automatik mit Selektivmessung durch Verlöschen des Programm-Symbols.

Eingespiegelte Anzeigen im Sucher (je nach Programmwahl): eingestellte Objektivblende, eingestellte Belichtungszeit.

LED-Warnanzeigen im Sucher: bei Plus-/Minus-Korrektur (Override); bei Über- und Unterbelichtung; bei unterschrittenem Meßbereich des Belichtungsmessers; bei eingeschränktem Regelbereich der Objektivblende für Programm- und Blenden-Automatik; bei Einstellung «X», «B» und «100» (es erfolgt keine Belichtungsmessung).
Schärfentiefehebel rechts am Objektivanschluß ermöglicht visuelle Schärfentiefebeurteilung.

Ganz-Metall-Gehäuse: Aluminium-Druckguß, Deckkappe = 1 mm Zinkdruckguß, Bodendeckel = 0,8 mm Messing, Rückwand gegen Daten-Rückwand auswechselbar. Auswechselbare Sucherscheiben.
Mechanischer Anschluß und elektrische Kontakte für Motor-Winder und Motor-Drive.
Schnellwechselbajonett für Leica R-Objektive. Silbern oder schwarz verchromt. (Leica R4s/R4s Mod.2 nur schwarz).

Stativgewinde: A 1/4, DIN 4503 (1/4").

Abmessungen (ohne Objektiv): Höhe 88,1 mm, Breite 138,5 mm, Tiefe 60 mm.

Gewicht (ohne Objektiv): R4 = 630 g, R4s/R4s Mod.2 = 620g.

Leica R4s

Auf Anregungen und Wünsche von Profis und Amateuren entsteht 1983 die Leica R4s. Äußerlich unterscheidet sie sich von der Leica R4 nur durch das kleine «s»

hinter der «4» auf der Deckkappe. Neben der Möglichkeit, Belichtungszeit und Blende von Hand einzustellen, besitzt die Leica R4s die universellste Automatik-Betriebsart, die bei einer Systemkamera denkbar ist, die Zeit-Automatik. Beide Betriebsarten sind mit den umschaltbaren Belichtungs-Meßmethoden kombiniert; die damit verbundenen Funktionen mit denen der Leica R4 identisch:

ⓜ = manuelle Einstellung von Belichtungszeit und Blende mit Selektivmessung
Ⓐ = Zeit-Automatik mit Selektivmessung
🅐 = Zeit-Automatik mit Integralmessung

Auch die Bedienung und die technischen Daten sind gleich. Lediglich das Gewicht der Leica R4s ist um 10 g geringer, und bei manueller Einstellung kann die eingestellte Belichtungszeit nur außen am Zeiteinstellknopf abgelesen werden.

Leica R4s Mod.2

Ab 1986 wird die Leica R4s als Leica R4s Mod.2 geliefert. Einige technische Details wurden bei diesem Modell wie folgt optimiert: Die Taste des Programmwählers wurde neu konstruiert, wodurch das Umschalten von selektiver auf integrale Belichtungsmessung bei Zeit-Automatik einfacher und sicherer wird. Die Umschaltung von der einen zur anderen Belichtungs-Meßmethode kann quasi «auf Anschlag» erfolgen. Die Einstellung für eine manuelle Bedienung von Belichtungszeit und Blende kann nur erfolgen, nachdem die Taste des Programmwählers ein zweites Mal gedrückt wurde. Die Belichtungszeit kann auch bei manueller Einstellung im Sucher abgelesen werden. Verbessert wurde die Belichtungskorrektur (Override). Die Korrektureinstellung kann nach Entriegeln der Sperrtaste jetzt mit einem Finger erfolgen. Der griffige Override-Hebel ermöglicht ein schnelles Einstellen von minus zwei bis plus zwei Belichtungswerten (-2 Ev bis +2 Ev). Die Einstellung erfolgt in Drittelwerten. Die sich ändernden Belichtungszeiten sind bei eingeschalteter Kamera im Sucher sichtbar. Da sich die Null-Stellung des Override-Hebels gut erfühlen läßt, kann die Korrektureinstellung ohne Absetzen der Kamera vom Auge erfolgen. Die Okularfassung besitzt in der rechten Führungsnut eine Ausfräsung, in die der Greifer des

Korrektionslinsen-Halters oder der Augenmuschel einrastet. Dadurch ist dieses Zubehör noch besser gegen unbeabsichtigtes Lösen und Verlust gesichert (siehe dazu auch Seite 66, Augenmuschel).
Der Schnellschalthebel wurde überarbeitet und die Rückspulkurbel etwas größer und griffiger gestaltet.

Leica R5 und Leica R-E

1987 löste die Leica R5 die Leica R4-Modelle ab. Sie sieht der Leica R4 zum Verwechseln ähnlich, die technischen Daten und die Bedienung der Leica R5 sind mit der Leica R4 weitgehend identisch. Die wesentlichen Neuerungen sind: Blitzbelichtungsmessung durch das Objektiv, variable Programm-Automatik, 1/2000s als kürzeste Belichtungszeit, ein neu gestaltetes Sucherbild und das Okular mit Dioptrienausgleich. Schnellschalthebel und Override-Einstellung hat sie von der Leica R4s Mod.2 übernommen. Die Filmtransportkontrolle entfällt. Die Leica R-E, auf Basis der Leica R5 als Zeit-Automat konzipiert, tritt 1990 die Nachfolge der Leica R4s Mod.2 an. Bis auf die Blenden- und Programm-Automatik sind alle Funktionen wie bei der Leica R5 vorhanden. Die Bedienung des Leica R4s Mod.2-Programmwählers wurde beibehalten: Umschalten von selektiver auf integrale Belichtungsmessung bei Zeit-Automatik «auf Anschlag», die Wahl der manuellen Einstellung ist erst möglich, nachdem die Taste des Programmwählers ein zweites Mal gedrückt wurde. Nachfolgend die wesentlichen Differenzierungen gegenüber den Leica R4-Modellen:

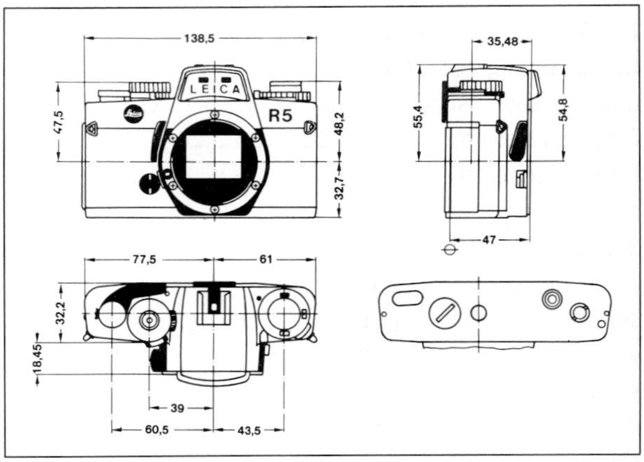

Abb. 18: Die Leica R5-Modelle und die Leica R-E

Abb. 19: Die angegebenen Maße gelten für die Leica R5, Leica R-E und alle Leica R4-Modelle

Blitzsynchronisation: Normkontaktbuchse (X) für Lampen und Elektronenblitzgeräte, seitlich am Prismendom. Mittenkontakt (X) im Zubehörschuh.
Die Belegung beider Kontakte mit Blitzgeräten wird nicht empfohlen, da es zu Störungen kommen kann.
Einstellung am Zeiteinstellring auf:
«X» = 1/100s;   wird mechanisch gebildet und elektromagnetisch ausgelöst.
«100» = 1/100s;   wird mechanisch gebildet und mechanisch ausgelöst.
Alle Zeiten von 1/2 bis 1/60s bei manueller Einstellung.
«B» = Zeitaufnahme von beliebiger Dauer.
Systemkonforme Blitzgeräte: Adaption über Zubehörschuh in Verbindung mit den SCA-Systemen 300 und 500.

TTL-Blitzbelichtungsmessung und automatische Umschaltung auf «X»: Bei Elektronenblitzgeräten, die über die technischen Voraussetzungen einer System-Camera-Adaption 300 oder 500 verfügen, (systemkonforme Blitzgeräte), kurz SCA 300 bzw. SCA 500 genannt, erfolgt in Verbindung mit den Adaptern SCA 351 und 551 sowohl eine Blitzbelichtungsmessung durch das Objektiv als auch die automatische Umschaltung der Kamera-Elektronik auf «X» (1/100s), wenn das Blitzgerät blitzbereit ist.

Wirksam bei allen Programmen. Automatische Blendensteuerung bei ⊤ und ℙ erfolgt nicht: Blende schließt sich auf vorgewählten Wert.

Anzeige der Blitzbereitschaft und Belichtungskontrolle durch die obere Dreieck-LED auf der rechten Sucherseite (Zeiten- bzw. Blendenanzeige durch LED erlischt). In Verbindung mit den Adaptern SCA 350 und 550 erfolgt eine automatische Umschaltung der Kamera-Elektronik auf «X» (1/100s), wenn das Blitzgerät blitzbereit ist (keine TTL-Blitzbelichtungsmessung).

TTL-Blitzbelichtungsmessung: Integralmessung, mittenbetont.

Meßzellen: eine Silizium-Fotodiode für Selektiv- und Großfeld-Integralmessung unter dem Schwingspiegel im unteren Kameraraum, streulichtgeschützt. Für Selektivmessung wird eine Sammellinse vorgeschaltet (erfolgt automatisch durch Programm-Wahl). Eine Silizium-Fotodiode seitlich neben der Selektiv-/Integral-Meßzelle für TTL-Blitzbelichtungsmessung.

Meßbereich: Selektivmessung: 1 cd/m² bis 125000 cd/m² bei Blende 1,4.

Bei ISO 100/21° Belichtungswerte von +3 bis +20 Ev (Exposure value) bzw. Blende 1,4 mit 1/4s bis Blende 22 mit 1/2000s.

Großfeld-Integralmessung: 0,25 cd/m² bis 125 000 cd/m² bei Blende 1,4.

Bei ISO 100/21° Belichtungswerte von +1 bis +20 Ev (Exposure value) bzw. Blende 1,4 mit 1s bis Blende 22 mit 1/2000s.

Anzeige der Meßbereichsgrenze durch konstantes Leuchten der Dreieck-LED (Symbol ▽) links neben der Programm-Anzeige.

Programme: Kombination der Betriebsarten Zeit-, Blenden- und variable Programm-Automatik sowie die der manuellen Einstellung von Belichtungszeit und Blende mit den Belichtungsmeßmethoden selektiv und integral. Durch Programmwähler einstellbar:

ⓜ = manuelle Einstellung von Belichtungszeit und Blende mit Selektivmessung

Ⓐ = Zeit-Automatik mit Blendenvorwahl und Selektivmessung

Ⓐ = Zeit-Automatik mit Blendenvorwahl und Großfeld-Integralmessung

ℙ = variable Programm-Automatik und Großfeld-Integralmessung

⊤ = Blenden-Automatik mit Zeitvorwahl und Großfeld-Integralmessung

Abb. 20 a und b: Anzeigen im Sucher der Leica R5 und Leica R-E bei Zeit-Automatik und Selektivmessung (oben), bzw. Leica R5 bei Blenden-Automatik und Großfeld-Integralmessung.

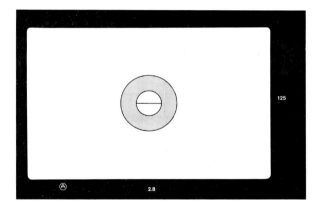

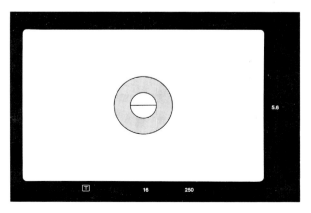

Zeiteinstellring: Eine Markierung neben den Zeiten, die, bei «2» breit beginnend, zu den kurzen Zeiten hin schmaler wird, zeigt die Tendenz der variablen Programm-Automatik (breit = große Schärfentiefe/lange Zeit, schmal = geringe Schärfentiefe/kurze Zeit) an. Die «Normalstellung» 1/30s ist mit «P» gekennzeichnet.

Suchervergrößerung: 3,9x = 0,8fach mit 50 mm-Objektiv (bei 0 Dioptrie).

Okular mit Dioptrienausgleich: Einstellrad links oben neben dem Okular. Einstellbereich von +2 bis -2 Dioptrien.

Kontakte für kabellose Daten-Rückwand: bei geöffneter Kamera-Rückwand links unterhalb der Filmbahn sichtbar.

Abmessungen (ohne Objektiv): Höhe 88,1 mm, Breite 138,5 mm, Tiefe 62,2 mm.

Gewicht (ohne Objektiv): 625 g.

Leica R7

Zur photokina '92 wurde die Leica R5 durch die Leica R7 abgelöst. Obwohl sie der Leica R5 sehr ähnlich sieht und auch in ihren Funktionen und ihrer Bedienung weitgehend mit dieser identisch ist, gibt es beträchtliche Differenzierungen in ihrem Inneren. Anders als bei allen Vorgänger-Modellen basiert die Elektronik der Leica R7 jetzt auf einer MOS-Mikroprozessor-Technik. Dadurch konnte trotz neuer zusätzlicher Funktionen die Anzahl von elektromechanischen Bauteilen, wie Schalter, Potentiometer, Verbindungslitzen usw. erheblich reduziert werden. Das bedeutet vor allem erhöhte Zuverlässigkeit; auch unter extremen Bedingungen.

Im Vergleich zur Leica R5 sind folgende Veränderungen von Bedeutung:

Zeiteinstellring: durch 6,5 mm Höhe besonders griffig, mit zentral angeordnetem Auslöser. Alle Einstellungen – auch halbe Zeitenstufen – rastend. Bei Einstellung «OFF» ist das Meßsystem abgeschaltet und die elektronische Auslösung gesperrt.

Filmempfindlichkeitseinstellung: bei DX-Einstellung und DX-codierten Filmen automatisch von ISO 25/15° bis ISO 5000/38°, bei manueller Einstellung von ISO 6/9° bis ISO 12800/42°.
Ist bei DX-Einstellung keine oder eine uncodierte Filmpatrone eingelegt, blinken im Sucher «ASA» und außen (neben dem Einstellring) eine LED. Es werden – unabhängig vom gewählten Programm – die am Blenden- und Zeiteinstellring eingestellten Werte gebildet. Ist bei manueller Einstellung eine vom DX-codierten Film abweichende Filmempfindlichkeit eingestellt, leuchtet im Sucher das Symbol ▽ konstant. Es gilt die eingestellte Filmempfindlichkeit.

Meßbereich: Selektivmessung: 0,5 cd/m^2 bis 125.000 cd/m^2 bei Blende 1,4.
Bei ISO 100/21° Belichtungswerte von +2 bis +20 Ev (Exposure value) bzw. Blende 1,4 mit 1/2s bis Blende 22 mit 1/2000s.
Großfeld-Integralmessung: 0,125 cd/m^2 bis 125.000 cd/m^2 bei Blende 1,4. Bei ISO 100/21° Belichtungswerte von 0 bis +20 Ev bzw. Blende 1,4 mit 2s bis Blende 22 mit 1/2000s. Anzeige der Meßbereichgrenze durch konstantes Leuchten der Dreieck-LED (Symbol ⚠) links unten neben der Programm-Anzeige.

Stromversorgung: 6 Volt. Vier Silberoxid-Knopfzellen, Durchmesser: 11,6 mm, Höhe: 5,4 mm oder zwei Lithium Zellen, Durchmesser: 11,6 mm, Höhe: 10,8 mm, im Kameraboden. Bei angesetztem Motor-Winder/Motor-Drive erfolgt keine Stromversorgung durch die Batterien der motorischen Aufzüge. Alle nachstehend aufgeführten Batterien können verwendet werden (gilt auch für alle Leica R3-/R4-Modelle, Leica R5, R-E, R6 und R6.2).

Silberoxid-Knopfzellen:

Duracell	D 357 (10 L 14)
Everready	EPX 76
Kodak	KS 76
National	SR 44
Panasonic	SR 44

Philips	357
Ray-o-vac	357
Sony	SR 44
Ucar	EPX 76
Varta	V 76 PX

Lithium-Zellen:	
Duracell	DL 1/3 N
Kodak	K 58 L
Philips	CR 1/3 N
Ucar	2 L 76
Varta	CR 1/3 N

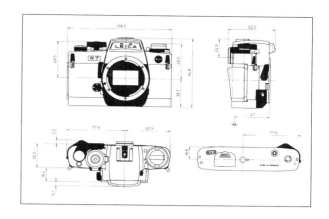

Abb. 22: Die Maße der Leica R7

Batteriekontrolle: automatische Anzeigen im Sucher durch das Symbol «BC».

- «BC» leuchtet konstant, Sucheranzeigen leuchten ebenfalls: Kamera ist noch funktionsfähig, Batterien sollten jedoch möglichst bald ausgewechselt werden.
- «BC» leuchtet konstant, keine leuchtenden Sucheranzeigen und die Auslösung ist gesperrt: Batterien auswechseln.
- Bei total entladenen Batterien leuchtet auch das Symbol «BC» nicht mehr.

Steuerung des Blitzlichts als Hauptlicht:

- bei manueller Einstellung: alle Belichtungszeiten von 4s bis 1/90s wählbar; bei Einstellung kürzerer Belichtungszeiten erfolgt automatisch eine Umschaltung auf 1/100s, wenn Blitz blitzbereit
- bei Zeit-Automatik: automatische Umschaltung auf 1/100s, wenn Blitzgerät blitzbereit.
- bei Einstellung «B» und «100 ↯».

Abb. 21: Die Leica R7-Modelle

39

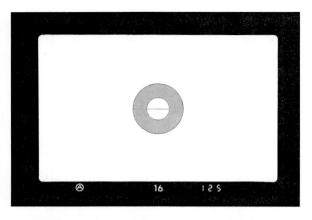

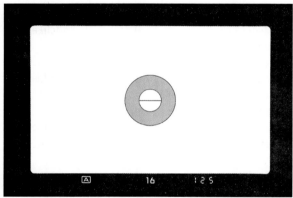

Abb. 23 a und b: *Anzeigen im Sucher der Leica R7 bei Zeit-Automatik und Selektivmessung (oben), bzw. Großfeld-Integralmessung (unten).*

Steuerung des Blitzlichts als Aufhellicht:
• bei Blenden-Automatik. Alle Belichtungszeiten von 4s bis 1/90s wählbar; bei Einstellung kürzerer Belichtungszeiten erfolgt automatisch eine Umschaltung auf 1/100s, wenn Blitz blitzbereit. Anzeige im Sucher bei Aufhellblitz-Funktion durch das Symbol « Ξ ».

Steuerung des Blitzlichts mit automatischer Umschaltung zwischen Hauptlicht und Aufhellblitz:
• bei variabler Programm-Automatik. Als Hauptlicht bei schlechten Lichtverhältnissen. Autom. Umschaltung auf Blende 5,6 und 1/100s, wenn Blitz blitzbereit. Als Aufhellblitz bei normalen Lichtverhältnissen. Automatische Umschaltung auf 1/100s und automatische Blendensteuerung entsprechend dem Umge-

bungslicht, wenn Blitz blitzbereit. Anzeige im Sucher bei Aufhellblitz-Funktion durch das Symbol « Ξ ». Bei großer Helligkeit, wenn 1/100s und kleinste Blende zur Überbelichtung führen, erfolgt bei blitzbereitem Blitz eine Umschaltung auf 1/2000s mit automatischer Blendensteuerung entsprechend dem Umgebungslicht. Der Blitz bleibt aufgrund der kurzen Belichtungszeit unwirksam.

Filmempfindlichkeitsbereich für Blitzbelichtungsmessung: ISO 12/12° bis ISO 3200/36°.

Anzeigen der Blitzfunktionen im Sucher:
Blitzbereitschaftsanzeige bei Blitzgeräten des Systems SCA 300 (in Verbindung mit den SCA-Adaptern 350 und 351) und des Systems SCA 500 (in Verbindung mit den SCA-Adaptern 550 und 551) durch langsames Blinken – mit 2Hz (Hertz) – des Blitz-Symbols. Belichtungskontrolle bei Blitzgeräten des Systems SCA 300 und 500 in Verbindung mit den Adaptern SCA 351 bzw. SCA 551 durch das Blitz-Symbol nach erfolgter Aufnahme:
• Blitzlicht war ausreichend. Kondensator nur gering entladen = langsames Blinken mit 2Hz (sofortige Blitzbereitschaft).
• Blitzlicht war ausreichend, Kondensator stärker entladen, aber innerhalb von 2s wieder blitzbereit = 2 Sekunden lang schnelles Blinken mit 8Hz, anschließend Blitzbereitschaftsanzeige mit 2Hz (langsames Blinken).
• Blitzlicht war ausreichend, Kondensator stark entladen = 2 Sekunden lang schnelles Blinken mit 8Hz, anschließend keine Anzeige durch das Blitz-Symbol bis zur Blitzbereitschaftsanzeige mit 2Hz (langsames Blinken).
• Blitzlicht war nicht ausreichend, Kondensator total entladen = keine Anzeige durch das Blitz-Symbol bis zur Blitzbereitschaftsanzeige durch langsames Blinken mit 2Hz.
Die TTL-Steuerung des Blitzes als Aufhellicht wird durch das Symbol « Ξ » vor der Anzeige der Belichtungszeit angezeigt.

Spiegelvorauslösung: Über den separaten Drahtauslöser-Anschluß (unterhalb der Sperre für die Bajonettverriegelung) können ohne Verschlußauslösung der Schwingspiegel hochgeklappt und die Springblende des eingesetzten Objektivs auf den eingestellten Wert geschlossen werden. Der Verschluß wird über den Auslöser der Kamera mit oder ohne Drahtauslöser ausgelöst. Die Belichtung erfolgt mit den eingestellten Werten am Blenden- und Zeiteinstellring, unabhängig vom gewählten Programm.

Bei Spiegelvorauslösung ist eine elektromagnetische Verschlußauslösung, wie z.B. durch den Selbstauslöser, die Auslöser der motorischen Aufzüge oder durch elektrische Kabelauslöser, nicht möglich.

Zurückstellen des hochgeklappten Schwingspiegels und Öffnen der Springblende erfolgen nach dem Verschlußablauf (Belichtung) automatisch. Ein manuelles Zurückstellen ist nicht möglich.

Bei Spiegelvorauslösung darf der Schärfentiefehebel nicht gedrückt werden, da dadurch der Verschlußablauf beeinträchtigt bzw. blockiert werden kann.

LED-Anzeigen im Sucher:
- Programm-Symbol
- ermittelte bzw. eingestellte Belichtungszeit (7-Segment-Anzeige)
- ermittelte Blende bei Blenden- und Programm-Automatik
- Blitzbereitschaft und Blitzbelichtungskontrolle in Verbindung mit systemkonformen Blitzgeräten
- Anzeige für Aufhellblitz
- erfolgte Meßwertspeicherung bei Zeit-Automatik mit Selektivmessung durch Verlöschen des

Symbols (Meßwert bleibt weiterhin angezeigt)
- Lichtwaage zum manuellen Abgleich von Belichtungszeit und Blende

LED-Warnanzeigen im Sucher:
- bei Plus-/Minus-Korrektur (Override),
- bei Unterschreitung des Meßbereichs,
- bei Unter- oder Überbelichtung,
- bei eingeschränktem Regelbereich der Blende bei Programm- und Blenden-Automatik (nicht eingestellte Kleinstblende),
- bei Korrektur der eingestellten Belichtungszeit bei Blenden-Automatik,
- bei Abweichung von DX-Wert des eingelegten Films und manuell eingestellter Empfindlichkeit,
- bei Einstellung «DX» und eingelegtem Film ohne DX-Codierung bzw. keinem eingelegten Film (zusätzliche Warnung durch äußere Leuchtdiode neben Empfindlichkeitseinstellrad),
- bei nachlassender Batteriespannung.

Automatische Helligkeitsanpassung aller LED-Anzeigen.

Zuschaltbare Beleuchtung: für die eingestellte Objektivblende (Blendenskala am Objektiv).

Abmessungen (ohne Objektiv): Höhe 98,8 mm, Breite 138,5 mm, Tiefe 62,2 mm.

Gewicht (ohne Objektiv): 670 g.

Leica R6 und Leica R6.2

1988 wird das erste Leica R-Modell vorgestellt, das ausschließlich manuell zu bedienen ist, die mit mechanisch gesteuertem Verschluß ausgestattete Leica R6. Im Gegensatz zu allen elektromechanischen Leica R-Kameras, die eine Belichtungs-Automatik besitzen, müssen bei der Leica R6 Belichtungszeit und Blende von Hand eingestellt werden.

Die Verwendung des im Programm befindlichen Zubehörs – einschließlich aller R-Objektive – ist ohne Einschränkungen möglich. Das Design wurde von den bewährten Vorgängermodellen übernommen. Auch die gewohnten Bedienelemente sowie deren Zuordnung zu den einzelnen Kamera-Funktionen blieben erhalten. Vorteile, die nicht zu überbieten sind, wenn von einem Kamera-Modell auf ein anderes umgestiegen wird. Im Rahmen der bei Leica üblichen Modellpflege erhält die Leica R6 im photokina-Jahr 1992 einen neuen Verschluß mit der kürzesten Verschlußzeit von 1/2000s und einer optimierten Steuermechanik. Durch die Kunststofflamellen des 2. Vorhangs und die dadurch deutlich verringerte Masse besitzt der neue Verschluß außer der kürzeren Belichtungszeit auch verbesserte (leisere, erschütterungsärmere) Ablaufeigenschaften bei noch höherer Konstanz der Belichtungszeiten. Charakteristisch für diesen Verschluß ist ein leises Surren,

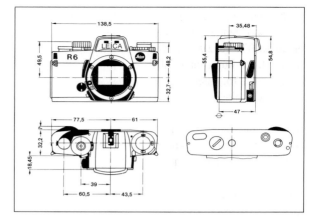

Abb. 25: Die Maße der Leica R6 und Leica R6.2

daß bei 1/250s Belichtungszeit kurzzeitig zu hören ist. Es wird durch die sich drehenden Zahnräder eines Hemmwerks hervorgerufen. Mit Hilfe dieses Hemmwerks, das bei 1/250s lediglich mechanisch «angeregt» wird, werden die längeren Belichtungszeiten gesteuert. Der Filmtransport – gleichgültig ob manuell oder motorisch – kann unmittelbar nach dem Auslösen erfolgen; auch wenn das Hemmwerk-Geräusch noch zu hören ist.

Auch bei Einstellung «B» erfolgen Blitzbereitschafts-Anzeige und Belichtungskontrolle. Und das Bildzähl-

Abb. 24: Die Leica R6.2-Modelle und die Leica R6

werk, jetzt mit einer Lupe ausgestattet, ist bei dieser Kamera vor dem Schnellschalthebel angeordnet. Zur besseren Differenzierung trägt diese Kamera den Namen Leica R6.2. Im Vergleich zur R7 besitzen Leica R6 und R6.2 folgende charakteristische Merkmale und Unterschiede:

Kameratyp: kompakte, einäugige Kleinbild-Spiegel-reflexkamera mit mechanisch gesteuertem Verschluß und Belichtungsmessung durch das Objektiv.

Umschaltbare Belichtungs-Meßmethoden:
• Selektivmessung
• Großfeld-Integralmessung

Betriebsarten:
• manuelle Einstellung von Belichtungszeit und Blende (Abgleich von Belichtungszeit und Blende mittels Lichtwaage im Sucher).
• TTL-Blitzbelichtungsmessung mit Elektronenblitz-geräten für System-Camera-Adaption (SCA) 300 und 500.

Verschluß: mechanisch gesteuerter Metallamellen-Schlitzverschluß in Kompakt-Bauweise, vertikaler Ablauf.

Verschlußzeiten in ganzen Stufen einstellbar am Zeiteinstellring von einer bis 1/2000 Sekunde (R6 bis 1/1000s).

Zeiteinstellring: durch 6,5 mm Höhe besonders griffig.

Auslöser: Auslöseknopf mit genormtem Gewinde für Drahtauslöser.
Einschalten des Belichtungsmessers durch Nieder-drücken nach 0,3 mm (Druckpunktnahme); LEDs im Sucher leuchten auf. Auslösung nach 1,6 mm.

Belichtungs-Meßmethoden: Selektivmessung und Großfeld-Integralmessung. Durch Wahlschalter unter-halb des Zeiteinstellrings auf Anschlag links/rechts einstellbar.

Anzeige der gewählten Belichtungs-Meßmethode: Durch Symbole im Sichtfenster neben dem Zeiteinstell-ring und im Sucher links unterhalb des Sucherbilds (LED-Beleuchtung):
● für Selektivmessung
■ für Großfeld-Integralmessung.

Anzeige des Abgleichs von Belichtungszeit und Blende durch eine Lichtwaage im Sucher: ▶ ● ◀

Abgleich von Belichtungszeit und Blende: Einstellung von Hand nach dem Nachführ-Prinzip. Entweder durch Vorwahl der Blende und Drehen des Zeiteinstellrings oder durch Vorwahl der Belichtungszeit und Drehen am Blendenvorwahlring, bis die mittlere runde LED der Lichtwaage im Sucher den richtigen Abgleich anzeigt. Die beiden Dreieck-LEDs der Lichtwaage zeigen allein oder in Kombination mit der mittleren runden LED Unter- und Überbelichtung sowie die jeweils nötige Drehrichtung des Zeiteinstellrings und/oder des Blen-denvorwahlrings für die richtige Belichtung an:

▶ = Unterbelichtung von mindestens einer Blendenstufe. Drehrichtung nach rechts nötig

▶ ● = Unterbelichtung von 1/2 Blenden-stufe. Drehrichtung nach rechts nötig

● = richtige Belichtung

● ◀ = Überbelichtung von 1/2 Blenden-stufe. Drehrichtung nach links nötig

◀ = Überbelichtung von mindestens einer Blendenstufe. Drehrichtung nach links nötig

Im Sucher können die am Zeiteinstellring eingestellte Belichtungszeit und die am Objektiv eingestellte Blende unterhalb des Sucherbilds abgelesen werden.

Meßbereich: Selektivmessung: 0,25 cd/m^2 bis 125000 cd/m^2 bei Blende 1,4 – d.h. bei ISO 100/21° Belichtungswerte von +1 bis +20 Ev (Exposure value) bzw. Blende 1,4 mit 1s bis Blende 22 mit 1/2000s. Großfeld-Integralmessung: 0,063 cd/m^2 bis 125000cd/m^2 bei Blende 1,4 – d.h. bei ISO 100/21° Belichtungswerte von -1 bis +20 Ev bzw. Blende 1,4 mit 4s bis Blende 22 mit 1/2000s. Bei Unterschreitung des Meßbereichs blinken eine oder mehrere LEDs der Lichtwaage.

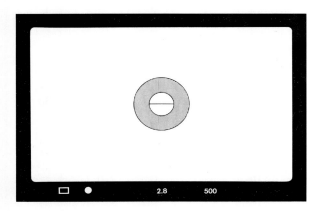

Abb. 26: Anzeigen im Sucher der Leica R6 und Leica R6.2 nach erfolgtem Abgleich von Belichtungszeit und Blende bei Großfeld-Integralmessung.

Stromversorgung: durch zwei Silberoxid-Knopfzellen, Ø 11,6 mm, Höhe 5,4 mm, oder eine Lithiumzelle, Ø 11,6mm, Höhe 10,8 mm, im Kameraboden.

Bei angesetztem Motor-Winder oder Motor-Drive erfolgt die Stromversorgung automatisch über diese Geräte. Die Knopf- bzw. Lithiumzellen werden automatisch abgeschaltet, müssen aber in der Kamera verbleiben, da sie für den elektrischen Auslöseimpuls der motorischen Aufzüge und des Selbstauslösers benötigt werden.

TTL-Blitzbelichtungsmessung: Bei Elektronenblitzgeräten, die über die technischen Voraussetzungen einer System-Camera-Adaption 300 oder 500 verfügen (systemkonforme Blitzgeräte), kurz SCA 300 bzw. SCA 500 genannt, erfolgt in Verbindung mit den Adaptern SCA 351 und 551 eine Blitzbelichtungsmessung durch das Objektiv. Bei blitzbereitem Blitzgerät wird im Sucher die Blitzbereitschaft angezeigt. Unmittelbar nach dem Blitzen gibt eine Belichtungskontrolle Auskunft darüber, ob das Blitzlicht ausreichend war.

Sucher-Anzeigen: Alle Anzeigen sind unterhalb des Sucherbildes angeordnet.
LED-Anzeigen bei eingeschaltetem Belichtungsmesser:
- Gewählte Belichtungsmeßmethode durch Symbol ● oder ▬
- Lichtwaage ▶ ● ◀
- Warnanzeige für unterschrittenen Meßbereich des Belichtungsmessers durch Blinken einer oder mehrerer LEDs der Lichtwaage.
- Blitzbereitschaft und Belichtungskontrolle durch Blinken des Symbols «⚡».
- Warnanzeige für eingestelltes Override durch Blinken des Symbols der eingestellten Belichtungs-Meßmethode.
Eingespiegelte Anzeigen:
- die am Objektiv eingestellte Objektivblende
- die mit dem Zeiteinstellring eingestellte Belichtungszeit von 1s bis 1/1000s, einschließlich «X» und «B».

Zuschaltbare Beleuchtung für die eingespiegelten Anzeigen: Damit auch bei Dunkelheit Belichtungszeit und Blende abgelesen werden können.

Abmessungen (ohne Objektiv): Höhe 88,1 mm, Breite 138,5 mm, Tiefe 62,2 mm.

Gewicht (ohne Objektiv): 625 g.

Leica R8

Die von Leica in Solms total neu konzipierte, konstruierte und gestaltete Kleinbild-Spiegelreflexkamera
wird auf der photokina '96 vorgestellt. In Bezug auf
Handhabung und Zuverlässigkeit nochmals optimiert
und mit zusätzlichen Funktionen versehen, bleiben
trotzdem alle R-Objektive kompatibel und die Bedienung lehnt sich weitgehend an die der übrigen Leica
R-Modelle an. Das Kameragehäuse wurde sowohl für
sich allein als auch mit angesetztem Motor-Winder
oder Motor-Drive als jeweils eine Einheit nach ergono-
mischen Gesichtspunkten gestaltet. Dadurch, daß
Doppelbelegungen bei den Bedienelementen fehlen
und eindeutige Anzeigen über alle wichtigen Funktionen informieren, ist die Leica R8 sehr einfach – fast
selbsterklärend – zu bedienen.

Einschalten der Kamera: Betriebsartenwähler aus der
Stellung «OFF» drehen und Auslöser (Kamera, Motor
oder Fernbedienung) antippen. Bei gespanntem Verschluß leuchten die Anzeigen noch 14 Sekunden nach
Loslassen des Auslösers.

Betriebsarten
m manuelle Einstellung von Belichtungszeit
und Blende
A Zeit-Automatik

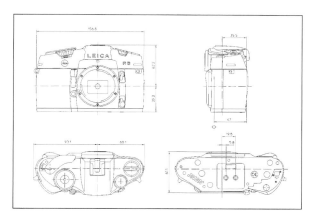

Abb. 28: Die Maße der Leica R8

P variable Programm-Automatik
T Blenden-Automatik
F Blitzlichtmessung

TTL-Belichtungsmeßmethoden:
● Selektivmessung mit allen Betriebsarten.
Meßfeld mit 7 mm Durchmesser, im Sucher
markiert.
Mehrfeldmessung (6 Felder) mit allen
Betriebsarten.
Mittenbetonte Integralmessung mit allen
Betriebsarten.

Abb. 27: Die Leica R8-Modelle

- Mittenbetonte Integralmessung bei TTL-Blitzbelichtungsmessung.
- Selektive TTL-Blitzlichtmessung mit beliebigen, manuell betriebenen Blitzgeräten vor der Aufnahme.

Offenblendenmessung: bei allen Leica R- Objektiven und Zubehör mit automatischer Springblende, ansonsten Arbeitsblendenmessung.

Meßwertspeicherung: bei Selektivmessung mit allen Automatikbetriebsarten durch Druckpunktnahme am Auslöser.

Belichtungskorrektur (Override): plus/minus 3 Belichtungswerte in halben Stufen.

Filmempfindlichkeitsbereich:
- manuelle Einstellung von ISO 6/9° bis ISO 12.800/42°. (Durch zusätzlichen Override von -3 EV bzw. +3 EV können Filme von ISO 0,7/0° bis ISO 102.400/51° belichtet werden.)
- DX-Abtastung von ISO 25/15° bis ISO 5.000/38°.

Meßbereich:
- Bei Selektivmessung von 0,007 cd/m² bis 125.000 cd/m² bei Blende 1,4, d.h. bei ISO 100/21° von EV -4 bis EV 20 bzw. von 32s bei Blende 1,4 bis 1/8000s bei Blende 11.
- Bei Integral- und Mehrfeldmessung von 0,03 cd/m² bis 125.000 cd/m² bei Blende 1,4, d.h. bei ISO 100/21° von EV -2 bis EV 20 bzw. von 8s bei Blende 1,4 bis 1/8000s bei Blende 11.

Warnanzeige im Sucher bei Unterschreitung des Meßbereichs.

Meßzellen: eine runde Si-Fotodiode für selektive Messung auf dem Reflektor hinter dem teildurchlässigen Schwingspiegel, eine Si-Mehrfeld-Fotodiode an streulichtgeschützter Stelle im Kameraboden und zusätzlich – links und rechts daneben – je eine Si-Fotodiode für die Blitzlicht- und Blitzbelichtungsmessung.

Stromversorgung: 6 Volt Betriebsspannung.
- 2 Lithiumzellen, Typ CR2, im Kamera-Batteriefach.
- 2 Lithiumzellen, Typ 123, im Winder-Batteriefach.
- 8 Nickel-Metallhydrit-Zellen im Drive-Batteriefach.

Automatische Warnanzeige bei nachlassender Batteriespannung.

Blitzsynchronisation: über Mittenkontakt im Zubehörschuh oder über die Blitzanschlußbuchse. Wahlweise auf den 1. oder 2. Verschlußvorhang.

Blitzsynchronzeit: X = 1/250s.

TTL-Blitzbelichtungsmessung: mittenbetonte Integralmessung mit systemkonformen Blitzgeräten und Adapter SCA 3501.

Computerautomatik: automatische Übertragung von Filmempfindlichkeit, Override und eingestellter Objektivblende an ein entsprechendes Blitzgerät mit Adapter SCA 3501.

TTL-Blitzlichtmessung: selektive Messung, auch mit nicht systemkonformen Blitzgeräten, z.B. Studio-Blitzanlagen.

Stroboskop-Blitzbetrieb: mehrere Blitzauslösungen während einer Aufnahme. Automatische Anpassung der Belichtungszeit mit entsprechenden Blitzgeräten und Adapter SCA 3501.

Filmempfindlichkeitsbereich für Blitzbetrieb:
Bei TTL-Blitzbelichtungsmessung von ISO 12/12° bei ISO 3.200/36°.
Bei TTL-Blitzlichtmessung von ISO 25/15° bis ISO 400/27°.

Blitzbereitschafts-Anzeige: durch Leuchten des Blitzsymbols im Kamerasucher und Rückwand-Display.

Blitz-Erfolgskontrolle: Anzeigen für Unter- oder Überbelichtung bzw. korrekte Belichtung erscheinen automatisch für ca. 4 Sekunden nach der Aufnahme. Blitzaufhellung, Blitzbelichtungs-Korrektur (Blitz-Override): Korrekturen von -3 1/3 bis +3 1/3 EV können 1/3 EV-Stufen am SCA 3501 Adapter eingestellt werden.

Blitzaufhellung bei Programm-Automatik mit -1 2/3 EV, wenn der Regelbereich der Objektivblende nicht über- oder unterschritten wird, wie z.B. bei normalen Tageslicht-Situationen.

Anpassung des Blitz-Reflektors: automatische Anpassung eines Zoomreflektors an die Objektiv-Brennweite bei entsprechenden Blitzgeräten mit motorischer Reflektor-Einstellung bei Verwendung des Adapters SCA 3501 sowie Objektiven mit elektrischen Kontakten. Fest eingebautes Pentaprisma

Fünf auswechselbare Einstellscheiben

Okular: High-Eyepoint-Sucher. Dioptrienausgleich von +3 bis -1 Dioptrien (bis Mitte 1998: -2 bis +2 dpt.) am Sucher einstellbar. Zusätzlich Korrektionslinsen von -3 bis +3 Dioptrien.

Eingebauter Okularverschluß.

LCD-Anzeigen im Sucher:
- Warnanzeige bei Meßbereichsunterschreitung
- Warnanzeige bei manuell eingestellter Filmempfindlichkeit, die vom DX-Wert abweicht
- Override-Einstellung
- Meßmethode
- Erfolgte Meßwertspeicherung
- Blitzbereitschaft und Blitzkontrolle
- Betriebsart
- Blende in halben Stufen
- Lichtwaage zum manuellen Belichtungsabgleich
- Ergebnis der TTL-Blitzlichtmessung
- Belichtungszeit, in halben Stufen
- Warnanzeige bei Über- und Unterbelichtung
- Bildnummer

Verschluß: mikroprozessorgesteuerter Metallamellen-Schlitzverschluß mit vertikalem Ablauf.

Belichtungszeiten: am Zeiteinstellring manuell einstellbar von 16s bis 1/8000s in halben Stufen. «B» für Langzeitaufnahmen beliebiger Dauer. «X» = 1/250s für Blitzsynchronisation. Bei Automatikbetriebsarten stufenlos von 32s bis 1/8000s.

Auslöser: Elektromagnetische Auslösung (dreistufig) bei allen Belichtungszeiten, «B» und «X». Einschalten des Stromkreises (Anzeigen im Sucher und Rückwand-Display erscheinen) durch Niederdrücken nach 0,35 mm. Meßwertspeicherung bei Selektivmessung (Druckpunkt) nach 0,65 mm. Auslösung nach 1,05 mm. Auslöseknopf mit genormtem Gewinde für Drahtauslöser.

Selbstauslöser: zwei Vorlaufzeiten wählbar von 2s oder 12s. Rote LED-Anzeige während des Ablaufs.

Schwingspiegel: teildurchlässiger Schwingspiegel mit 17 aufgedampften Schichten (70% Reflexion, 30% Durchlaß). Dahinter angeordneter Fresnel-Reflektor mit runder Si-Fotodiode (für selektive Messung). Über 1200 Mikro-Reflektoren konzentrieren das Licht auf die Si-Mehrfeld-Fotodiode. Erschütterungsarme Schwingspiegelbewegung.

Spiegelvorauslösung: nach Vorwahl über den Auslöser. Nach der Aufnahme klappt der Spiegel zurück.

Bracketing: in Verbindung mit den Motor-Drive können drei Aufnahmen wahlweise mit 1/2 EV oder 1 EV Belichtungsdifferenz ausgeführt werden.

Filmeinlegen: einfache und schnelle Handhabung durch automatische Filmeinfädelung.

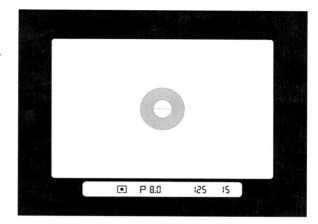

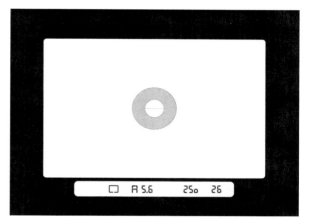

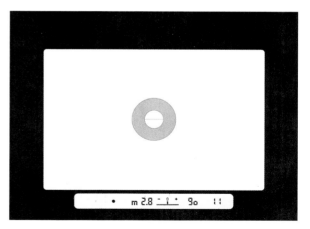

Abb. 29 a–c: Anzeigen im Sucher der Leica R8 bei Programm-Automatik und Mehrfeldmessung (oben), bei Zeit-Automatik und mittenbetonter Integralmessung (Mitte) sowie nach erfolgtem Belichtungsabgleich bei manueller Einstellung von Belichtungszeit und Blende mit Selektivmessung (unten).

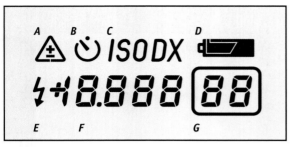

Abb. 30: *Durch das LC-Datenfeld auf der Rückwand der Leica R8 werden insbesondere die Informationen vermittelt, die nötig sind, wenn nicht durch den Sucher der Kamera geschaut werden kann bzw. wenn der Blick durch den Sucher das Fotografieren unnötig erschweren würde.*

Nach dem Bestromen der Kamera werden ständig angezeigt: das Bildzählwerk, Batteriekapazität und die gewählte Filmempfindlichkeitseinstellung (automatische DX-Abtastung oder manuelle ISO-Einstellung). Alle anderen Anzeigen erfolgen nur bei Bedarf!

A: Hinweis für Belichtungskorrektur (Override) und vom DX-Wert abweichende, manuelle Empfindlichkeitseinstellung.

B: Hinweis für Selbstauslöser.

C: Empfindlichkeitseinstellung ISO = manuelle Empfindlichkeitseinstellung oder DX = automatische DX-Abtastung.

D: Batteriekapazität.

E: Blitzbereitschaftsanzeige und Blitz-Belichtungskorrektur (Blitz-Override)).

F: Anzeigen in Ziffern oder Buchstaben für eingestellte Filmempfindlichkeit; Override-Einstellung; Belichtungsabgleich bei Blitzlichtmessung; abgelaufene Belichtungszeit bei «B»-Einstellung; Selbstauslöser-Restlaufzeit; «HI» oder «LO» für Über- oder Unterbelichtung durch Blitzlicht; «Err» bei nicht ausführbaren Kamera-Einstellungen.

G: Bildzählwerk.

Automatischer Vorlauf bis Bild-Nr. 1 bei Verwendung von Motor-Winder oder Motor-Drive.

Filmtransport vorwärts: manueller Transport mit Schnellschalthebel oder motorisch durch Motor-Winder (2 B/s) oder Motor-Drive (umschaltbar 4,5 B/s, 2 B/s oder Einzelbildschaltung). Anzeigefenster in der Rückwand zur Transportkontrolle.

Filmrückwicklung: manuell mit Rückspulkurbel oder motorisch mit angesetztem Motor-Winder oder Motor-Drive. Bei motorischer Rückspulung bleibt der Filmanschnitt außerhalb der Patrone. Durch erneuten Start des Motors wird der Film total eingezogen.

Kameragehäuse: Deckkappe aus Zinkdruckguß; verkupfert, vernickelt und schwarz oder silbern verchromt. Innengehäuse aus einer Aluminium-Legierung. mit Anteilen von Magnesium und Silicium. Feste Verbindung von Innengehäuse zur Metall-Stativplatte, die im glasfaserverstärktem Kunststoffboden integriert ist. Bodenunterseite mit Gummiauflage.

Die«Belederung» besteht aus Zwei-Komponenten-Kunststoff mit griffsympatischer Lederstruktur und Softlack.

Teile des Getriebes werden im Metallpulver-Spritzverfahren hergestellt (MIM-Technologie = Metall-Injektion Moulding).

Objektivanschluß: Leica R-Bajonett mit zusätzlichen elektrischen Kontakten. Alle Leica R-Objektive von 15 mm bis 800 mm Brennweite sowie die früheren Leicaflex SL/SL2-Objektive mit nachträglich eingebautem R-Steuernocken können verwendet werden.

Abblendtaste: zur visuellen Beurteilung der Schärfentiefe und zur Auslösung des Meßblitzes für die Blitzlichtmessung.

Stativgewinde: A 1/4 (1/4") mit Verdrehsicherung entsprechend DIN 4503.

Filmpatronensichtfenster: zur Kontrolle des eingelegten Filmtyps.

Abmessungen (ohne Objektiv): Höhe 101 mm, Breite 158 mm, Tiefe 62 mm.

Gewicht (ohne Objektiv): 890 g.

Leica

R-KAMERAS

Abb. 31: *Das elegante und handliche Gehäuse der Leica R4-Mot electronic bildet die Basis für alle Leica R-Modelle bis zur Leica R7.*

LEICA R-KAMERAS

Die verschiedenen Leica R und Leicaflex Modelle unterscheiden sich im wesentlichen dadurch voneinander, daß jedes zum Zeitpunkt seines Erscheinens den neuesten Stand einer ausgereiften Technologie im Kamerabau repräsentiert. Dabei wurde und wird niemals die Technik nur um der Technik willen realisiert. Im Vordergrund steht seit eh und je vielmehr das Bemühen der Leica Konstrukteure, dem Fotografen ein Werkzeug in die Hand zu geben, mit dem es ihm gelingt, bequem perfekte Bilder zu fotografieren – sozusagen ohne technische Probleme.

Zu den traditionellen und bewährten Möglichkeiten, die eine Leica an Präzisionsmechanik und optischer Höchstleistung bietet, gesellt sich die moderne Elektronik. Mit den neuesten Modellen, der Leica R7 und Leica R6.2, wurden so Kameras verwirklicht, bei denen eine große Universalität mit einem Höchstmaß von Bedienungskomfort erreicht wurde. Diese Konzeption bietet kompromißlos die Voraussetzungen, die anspruchsvolle Fotografen für exzellent gestaltete Fotos erwarten: exakte Scharfeinstellung, richtige Belichtung und weiche Auslösung im entscheidenden Moment. Dabei bleibt das Wesen einer Leica die Beschränkung auf das fürs Fotografieren Wesentliche! Wesentlich ist auch, daß man die bei den verschiedenen Leica Spiegelreflex-Kameras bewährten Konstruktionsdetails immer wieder in gleicher oder verbesserter Form vorfindet. Dadurch bleibt die Bedienung aller Kameras auch nahezu gleich, wenn man von einem Modell auf ein anderes «umsteigt» oder mit zwei verschiedenen Kamera-Modellen fotografiert. Das ist wichtig, weil auch für die einfachsten Aufnahmen bestimmte Handgriffe notwendig sind, z.B. das Scharfeinstellen. Je mehr der Fotograf beim Fotografieren ge-

stalterisch eingreift, um so mehr werden Manipulationen am Gerät notwendig. Wenn diese dann bei allen Kamera-Modellen mit der gleichen Hand, an der gleichen Stelle und in gleicher Reihenfolge vorgenommen werden können, muß sich der Fotograf nicht jedesmal umgewöhnen. Er arbeitet dadurch sicherer und schneller. Trotzdem sollte man die für die jeweilige Kamera gültige Bedienungsanleitung sorgfältig lesen. Auch dieses Buch ersetzt nicht die speziellen Anleitungen für die verschiedenen Kameras und deren Zubehör! Entsprechende Druckschriften, und auch weiteres Informationsmaterial, können von der Leica Camera AG oder von der jeweiligen Landesvertretung – oft ohne Kosten für den Interessenten – jederzeit bezogen werden. In diesem Buch wurde sogar bewußt auf die umfassende Schilderung aller produktspezifisch notwendigen Handgriffe verzichtet, sofern sie in den Anleitungen zur Leica nachgelesen werden können. Um so mehr Raum bleibt der Fototechnik vorbehalten. Sie ist allgemein gehalten, unter Berücksichtigung der Belange des Leica R- und Leicaflex-Benutzers. An die Regeln der Fototechnik muß sich jeder Fotograf halten, wenn er technisch einwandfreie Fotos anstrebt. Egal, ob als Anfänger, Fortgeschrittener oder als erfahrener Routinier, egal, ob als Amateur oder als Profi! Alle Fotografen können die Fototechnik jedoch auch mit Hilfe der Kamera-Elektronik und -Automatik bequem und sicher für ihre Zwecke nutzen, wenn sie wissen, worauf es ankommt. Technisch perfekte und gekonnt gestaltete Fotos sind meistens «nur» das Ergebnis einer virtuos beherrschten Fototechnik. Versuchen wir also, die Fototechnik zu erlernen und sie voll auszuschöpfen. Versuchen wir also, noch bessere Bilder zu fotografieren! Fangen wir gleich an!

FOTOGRAFISCHE GRUNDBEGRIFFE

Die Bedienung einer modernen Kamera, wie der Leica R, setzt keine besondere technische Ausbildung oder gar fotografische Lehre voraus. Elektronische Bausteine regeln alle notwendigen Abläufe, wenn der Benutzer es wünscht. Sie kontrollieren den Fotografen bei seinen Manipulationen, korrigieren ihn, wenn es notwendig ist,

und warnen vor Fehlergebnissen. Fotografieren mit der Leica R kann so einfach sein wie Fahrstuhl fahren im Hochhaus. Wer jedoch lieber Treppen steigt, um sich fit zu halten – wer wissen möchte, wie es zwischen den Stockwerken aussieht, wer auch noch aufs Dach des Bauwerkes gelangen möchte (wohin kein Fahrstuhl fährt), wer aus lauter Jux und Tollerei auch gern einmal auf dem Treppengeländer herunterrutschen möchte, und wer sich dafür interessiert, wie ein Fahrstuhl im Detail funktioniert – wer also mehr verlangt, als daß nach Drücken eines bestimmten Knopfes ein bestimmtes Stockwerk erreicht wird, muß sich zu Fuß auf den Weg machen, muß laufen lernen und Kondition sammeln! Der Vergleich mag, wie so viele andere auch, hinken. Er zeigt jedoch, daß es außer Fahrstuhl fahren – sprich Knipsen – auch noch andere Möglichkeiten gibt: sprich Fotografieren! Dazu sind allerdings einige wenige fotografische Grundbegriffe notwendig, die man wissen muß, und die auch die meisten Leser dieses Buches kennen. «Alte Fotohasen» dürfen deshalb gleich auf Seite 57 weiterlesen.

Anmerkung: Auch fortgeschrittene Fotografen sollten sich nicht genieren, den Fahrstuhl zu benutzen, wenn es für sie wichtig ist, ein bestimmtes Stockwerk schnell und bequem zu erreichen.

Die Brennweite

Die Eigenschaft einer Sammellinse, Sonnenstrahlen zu bündeln und das Abbild der Sonne als konzentriertes Bild, als Brennpunkt, auf einem Stück Papier in der Bildebene abzubilden, so daß die Strahlen das Papier entzünden, kennen wir. Unter den gleichen Bedingungen, d.h. bei gleichem Abstand der Sammellinse zum Papier, werden alle unendlich (∞) weit entfernten Objekte abgebildet. Den Abstand nennt man Brennweite (f). Für nähere Objekte muß der Abstand von der Linse zur Bildebene größer sein als die Brennweite, d.h. auf die Entfernung des Objektes (Objektebene) muß scharf eingestellt (fokussiert) werden.

Leider zeigt das von einer Sammellinse entworfene Bild verschiedene Abbildungsfehler, die sich beim Fotografieren sehr störend bemerkbar machen. Durch Kombination mehrerer Linsen mit verschiedenen Krümmungen und aus unterschiedlichen Glassorten entstehen sammelnde Systeme mit erheblich besserer Abbildungsleistung: die Objektive. Die Brennweite jedes Objektives wird in Millimetern angegeben und ist im vorderen Bereich der Objektivfassungen als ein Teil der vollen Objektivbezeichnung mit eingraviert. Die Brennweitenbezeichnung wird bei Leica R-Objektiven zusätzlich noch

an besonders gut sichtbarer Stelle angebracht, damit bei jedem Objektivwechsel das richtige Objektiv schnell aus einer Gruppe von ähnlich aussehenden Objektiven herausgegriffen werden kann. Die Brennweite eines Objektivs ist maßgebend für die Abbildungsgröße. Je länger die Brennweite, um so größer wird das Objekt bei gleicher Aufnahmeentfernung abgebildet. Normal- oder Standard-Objektive nennt man Objektive mit einer Brennweite, die in etwa der Diagonale des Aufnahmeformates entspricht. Bei Kleinbild-Kameras (Negativformat 24 x 36 mm) sind das die 50 mm Objektive. Kleinbild-Objektive mit längerer Brennweite bezeichnet man als Tele- oder Fern-Objektive, solche mit kürzerer Brennweite als Weitwinkel-Objektive.

Die Bezeichnung «Weitwinkel» macht darauf aufmerksam, daß der Bildwinkel des Objektivs – auch Aufnahmewinkel genannt – von der Brennweite des Objektivs abhängig ist. Je größer der Bildwinkel ist, um so mehr Details der Umwelt werden erfaßt und auf dem Film abgebildet. Entsprechend weniger Details erfassen Objektive mit kleinem Bildwinkel, d.h. mit langer Brennweite. Da die Negativgröße mit 24 x 36mm konstant bleibt, ergibt sich daraus zwangsläufig, daß mit einem Weitwinkel-Objektiv zwar sehr viel erfaßt, aber auch alles winzig klein abgebildet wird; lange Brennweiten erfassen zwar weniger, bilden aber das, was sie erfassen, wesentlich größer ab. Für die fotografische Praxis lassen sich diese physikalischen Gesetzmäßigkeiten bewußt als Gestaltungselement einsetzen. Die mehr als ein Dutzend verschiedenen Objektiv-Brennweiten zur Leica R und Leicaflex fotografisch optimal zu nutzen und bildgestalterisch einzusetzen, ist u.a. Zweck dieses Buches.

Die Lichtstärke

Die Lichtstärke eines Objektivs wird durch das Verhältnis seines Durchmessers zur Brennweite gekennzeichnet. Sie ist ebenfalls im vorderen Bereich der Objek-

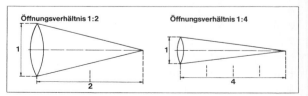

Abb. 32

tivfassung als Teil der vollen Objektivbezeichnung aufgraviert. Bei dieser Angabe wird das Maß der Objektivöffnung = 1 gesetzt. Bei einer Lichtstärke 1:2 ist zum Beispiel die Brennweite 2mal so groß wie der freie Durchmesser des Objektivs bei offener Blende.

Die Blende

Durch eine eingebaute Irisblende kann die Öffnung des Objektivs kontinuierlich verkleinert und damit die Lichtstärke verringert werden. Dadurch gelangt weniger Licht durch das Objektiv in den Sucher und auf den Film. Durch die Blende kann das für eine exakte Belichtung erforderliche Licht reguliert werden. Die Blendenzahl gibt darüber Auskunft, in welchem Maße sich das Öffnungsverhältnis verändert: bei Blendenzahl 5,6 = Öffnungsverhältnis 1:5,6, bei Blendenzahl 8 = Öffnungsverhältnis 1:8 usw. Aus praktischen Erwägungen wird die Unterteilung so vorgenommen, daß jede nachfolgende Blendenzahl die halbe Lichtstärke der vorhergehenden ergibt und damit eine doppelt so lange Belichtungszeit erforderlich wird. Die heute übliche internationale Blendenreihe zeigt folgende Abstufungen: 1 – 1,4 – 2 – 2,8 – 4 – 5,6 – 8 – 11 – 16 – 22. Bei Leica R-Objektiven lassen sich außerdem halbe Blendenstufen einstellen.

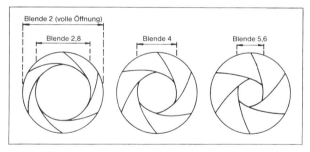

Abb. 33

Die Schärfentiefe

Anhand optischer Abbildungsgesetze läßt sich leicht nachweisen, daß durch ein Objektiv jeweils nur die Objektebene scharf abgebildet wird, auf der die Entfernungseinstellung erfolgt. In der dazugehörigen Bildebene baut sich dann die Abbildung aus vielen Millionen Bildpunkten auf. Für jede davor- und dahinterliegende Ebene kann die Abbildung nicht mehr

punktförmig erfolgen. Es bilden sich statt der Punkte mehr oder weniger große unscharfe Flächen, die sogenannten Zerstreuungskreise. Unser Auge bemerkt jedoch eine Abweichung von der scharfen (punktförmigen) Abbildung erst dann, wenn die Zerstreuungskreise eine bestimmte Größe überschreiten. Mit anderen Worten: Bedingt durch die Sehschärfe unseres Auges können wir in der Abbildung auch Objekte als scharf wahrnehmen, die vor oder hinter der eigentlichen Objektebene liegen. Der Raum, der im Bild ohne merkbare Unschärfe erscheint, heißt Schärfentiefe. Aus den beiden Skizzen (Abb. 34) ist deutlich zu entnehmen, daß durch Abblenden die Größe der Zerstreuungskreise verringert wird und damit die Schärfentiefe wächst. Die Schärfentiefe ist in starkem Maße abhängig vom Abbildungsverhältnis. Je größer etwas abgebildet wird, um so geringer wird die Schärfentiefe! Diese Erscheinung führt häufig zu der irrtümlichen Annahme, daß Weitwinkel-Objektive eine größere Schär-

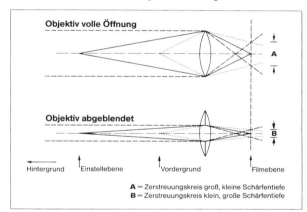

Abb. 34

fentiefe besitzen als lange Brennweiten. Durch gleich große Abbildungen desselben Objektes in zwei verschiedenen Fotos – mit dem Weitwinkel-Objektiv aus geringer Distanz fotografiert und mit langer Brennweite aus großer Entfernung aufgenommen – kann man diese These widerlegen.
Für die Bildgestaltung spielt die Möglichkeit, die Schärfentiefe durch Abblendung des Objektivs steuern zu können, eine große Rolle. Durch geringe Schärfentiefe kann z.B. ein scharf abgebildetes Objekt vom unscharf wiedergegebenen Hintergrund «gelöst» werden; durch große Schärfentiefe kann z.B. bei einer Werbeaufnahme

Abb. 35–38: Die Schärfentiefe-Skala links und rechts vom Indexstrich gibt Auskunft darüber, wieweit die Schärfentiefe bei der jeweiligen Blende reicht: Entfernungseinstellung auf die Burg im Hintergrund (∞). Blende 1,4 = Schärfentiefe von ca. 136 m bis ∞.

Entfernungseinstellung auf das kniende Mädchen im Vordergrund (ca. 6,2 m) Blende 1,4 = Schärfentiefe von ca. 5,9 m bis 6,5 m

Entfernungseinstellung auf die wartende Frau (ca. 12,5 m). Blende 1,4 = Schärfentiefe von ca. 11,5 m bis 13,8 m

Entfernungseinstellung auf die wartende Frau (ca. 12,5 m). Blende 16 = Schärfentiefe von ca. 6,2 m bis ∞.

das im Vordergrund scharf dargestellte Produkt in Beziehung zum ebenfalls scharf abgebildeten Hintergrund gebracht werden. Die Gestaltung des Bildes mit Hilfe der Schärfentiefe wird durch die Schärfentiefe-Skala am Objektiv erleichtert. Sie zeigt den Bereich der Schärfentiefe für die verschiedenen Blenden in Abhängigkeit von der Entfernungseinstellung an. Ausführlich informiert darüber auch eine Schärfentiefe-Tabelle, die von der Leica Camera AG angefordert werden kann. Wer sich mit der Schärfentiefe näher befaßt, wird bald merken, daß sie sich im normalen Entfernungsbereich von etwa 1 m bis ∞ zu etwa einem Drittel auf den Raum vor der Einstellebene und zu etwa zwei Drittel auf den Raum hinter der Einstellebene verteilt. Nur bei Nahaufnahmen ist sie vor und hinter der Einstellebene etwa gleich groß. Eine gewisse Beurteilung der Schärfentiefe ist bei räumlichen Objekten auch im Sucher der Kamera möglich, wenn der Schärfentiefe-Hebel der Leica R oder die Schärfentiefe-Taste der Leicaflex SL/SL2 gedrückt wird. Die Objektivblende schließt sich dann auf den vorgewählten Blendenwert. Da das Sucherbild dabei dunkler wird, ist ein wenig Übung notwendig, um den Effekt der Schärfentiefe sicher beurteilen zu können. Die in den Tabellen von Leica und auf den Skalen der R-Objektive angegebenen Werte der Schärfentiefe beziehen sich auf 1/30 mm Zerstreuungskreis. Sind die Schärfeanforderungen bei großen Vergrößerungen sehr hoch, so sind diese Werte zu großzügig bemessen. Es empfiehlt sich dann, nur 1/60 mm als Durchmesser des Zerstreuungskreises zuzulassen. Die Schärfentiefe wird dadurch natürlich geringer! In welchem Maße, das läßt sich aus den Tabellen oder von den Skalen ebenfalls ablesen, wenn die Angaben bei den halbierten Blendenwerten abgelesen werden, zum Beispiel bei Blende 8, wenn auf 16 abgeblendet wird.

Der Verschluß

Durch den Verschluß der Kamera läßt sich die Lichtmenge, die auf den lichtempfindlichen Film fällt, ebenfalls regulieren. Dadurch kann die Belichtungszeit auch als wesentliches Element in die fotografische Bildgestaltung mit einbezogen werden. Schnelle Bewegungen lassen sich z.B. durch eine kurze Belichtungszeit «einfrieren» oder durch längere Belichtungszeiten besonders deutlich darstellen. Im Gegensatz zu dem in Objektiven eingebauten Zentralverschluß besitzen alle Leica und Leicaflex-Modelle einen Schlitzverschluß. Er ist knapp vor der Filmebene angeordnet und sichert den Film lichtdicht ab. Deshalb können Objektive und Zubehör bequem gewechselt werden. Beim Schlitzverschluß laufen zwei «Vorhänge» nacheinander ab. Der erste gibt den Film zur Belichtung frei, der zweite deckt ihn wieder ab. Bei kurzen Belichtungszeiten folgt der zweite Vorhang dem ersten unmittelbar, d.h., es bildet sich ein Schlitz, der vor dem Film vorbeiläuft. Das Negativformat wird quasi fortlaufend von einer Seite zur anderen (Leicaflex) oder von oben nach unten (Leica R) belichtet. Die Schlitzbreite bestimmt dabei die Belichtungszeit. Die einstellbaren Belichtungszeiten sind so abgestimmt, daß die nächstfolgende Einstellung jeweils die Belichtungszeit halbiert. Eine Belichtungsstufe entspricht einer Blendenstufe. Für die exakte Belichtung des Films können deshalb verschiedene Zeit/Blenden-Kombinationen gewählt werden, zum Beispiel 1/1000s / Blende 4 oder 1/500s / Blende 5,6 oder 1/250s / Blende 8 usw. Welche der Kombinationen die vorteilhafteste ist, hängt vom Gestaltungsvorhaben des Fotografen ab. Eine große Schärfentiefe erfordert z.B. kleine Blendenöffnungen und deshalb lange Belichtungszeiten; eine

Abb. 40: *Kurze Belichtungszeiten lassen Bewegungen im Foto erstarren. Lange Belichtungszeiten verdeutlichen die Bewegung. Je nach Motiv kann der Fotograf beide Möglichkeiten zur Bildgestaltung sinnvoll nutzen.*

Sportaufnahme verlangt dagegen normalerweise eine kurze Belichtungszeit – die Objektivblende muß entsprechend geöffnet werden.

Je schneller sich die Objekte bewegen, um so kürzer muß die Belichtungszeit sein, wenn sie ohne Bewegungsunschärfe im Foto festgehalten werden sollen. Die dafür erforderliche Belichtungszeit ist abhängig:

- von der Länge der Brennweite
- von der Schnelligkeit der Bewegung
- von der Aufnahme-Entfernung
- vom Verhältnis des Aufnahmewinkels zur Bewegungsrichtung
- von der zulässigen Unschärfe (Unschärfekreis = Zerstreuungskreis) im Bild

Für eine Bewegung, die senkrecht zur optischen Achse abläuft, errechnet sich die längste Belichtungszeit nach folgender Formel:

Belichtungszeit =

$$\frac{\text{Aufnahme-Entfernung}}{\text{Brennweite} \cdot \text{Geschw. des Objektes (m/s)}} \cdot \text{Unschärfekreis}$$

An einem Beispiel kann das leicht erläutert werden. Wenn ein Radfahrer, der in der Sekunde drei Meter zurücklegt, in 10 m Entfernung an uns vorbeifährt und mit dem Standard-Objektiv von 50 mm Brennweite fotografiert werden soll, dann muß das mit einer Belichtungszeit von mindestens

$$\frac{10}{50 \cdot 3} \cdot \frac{1}{30} = \frac{1}{450} \text{Sekunde}$$

erfolgen, wenn Bewegungsunschärfe im Bild ausgeschlossen werden soll. Verläuft die Bewegung unter einem Winkel von 60° zur Aufnahme-Richtung, so kann die Belichtungszeit um das 1,2fache verlängert werden; bei 45° um das 1,4fache und bei 30° um das 2fache. Und wenn sich das Objekt direkt auf uns zubewegt bzw. sich direkt von uns entfernt, kann die Belichtungszeit um das 3–4fache länger gewählt werden als nach obiger Formel. Die nachfolgende Tabelle enthält Beispiele für erforderliche Belichtungszeiten bei unterschiedlich schnellen Objekten, die sich in unterschiedlicher Entfernung senkrecht zur optischen Achse bewegen und mit dem Standard-Objektiv fotografiert werden.

Objekt	Geschw. (m/s)	Aufnahme-Entfernung			
		5m	10m	30m	60m
Fußgänger	1,25	1/500	1/250	1/60	1/30
Kinderspiele	2,5	1/1000	1/500	1/125	1/60
Stadtverkehr	14	1/4000	1/2000	1/1000	1/500
Schnellzug	30	1/8000	1/4000	1/2000	1/1000

Alle Belichtungsangaben entsprechen der international üblichen geometrischen Reihe (abgerundete Werte). In der fotografischen Praxis wird man natürlich nur bei ganz speziellen Aufnahme-Techniken derartige Rechnungen durchführen. In der Regel bekommt man bereits nach kurzer Übung mit der Kamera soviel Erfahrung, daß man darauf verzichten kann. Die Kennzeichnung der Belichtungszeiten erfolgt an der Kamera ohne Angabe des Zählers über dem Bruchstrich. «60» heißt also 1/60s. Der Zeiteinstellring der Leica R und Leicaflex zeigt folgende Reihe bzw. einen Teil davon: 4s, 2s, 1, 2, 4, 8, 15, 30, 60, 125, 250, 1000, 2000, B und X Bei der Einstellung «B» bleibt der Verschluß so lange geöffnet, wie der Auslöser gedrückt bleibt. Die Einstellung «X» = 1/100s ist die kürzeste Belichtungszeit bei Verwendung von Elektronen-Blitzgeräten.

Abb. 42: Die Griffschale für den Daumen, hier bei der Leica R6, verbessert die Kamera-Haltung.

ACHTUNG, AUFNAHME!

Ein bekannter Musiker hat einmal gesagt, wer sich eine Orgel kauft, muß sich auch der Mühe unterziehen, das Orgelspiel zu erlernen. Sonst ist es leichter, auf einem Leierkasten erträgliche Musik zu machen oder Grammophon zu spielen. Für den Fotografen gilt sinngemäß das gleiche. Er muß seine Kamera auch im Schlaf richtig bedienen können. Fokussieren, Belichtungsmessen und Filmwechsel müssen z.B. auch unter erschwerten Bedingungen in Sekunden erledigt werden können. Alle dafür notwendigen Handgriffe muß man trainieren. Nur wer die Technik beherrscht, kann sich voll der Beobachtung und der Gestaltung des Motivs widmen. Man muß gewillt sein, als Fotograf den Dingen hinterherzulaufen. Selten kommt von selbst etwas vor die Kamera! Manchmal führt allerdings auch nur unendliche Geduld zum Ziel. Spürsinn, Aufgeschlossenheit und Beweglichkeit zeichnen den guten Kleinbild-Fotografen aus.

Die Kamerahaltung

Eine wesentliche Voraussetzung für eine technisch perfekte Aufnahme ist die sichere Kamerahaltung und ruhige Auslösetechnik. Sehr viele Fotos werden durch falsche Haltung und nachlässige Auslösung verwackelt. Leica R und Leicaflex werden «fest umfaßt» und, wenn immer möglich, abgestützt. Im Normalfall am Kopf, besser gesagt an Augenbraue und Nase des Fotografen. Brillenträger sind dabei etwas benachteiligt. Sie legen deshalb z.B. den Daumen der rechten Hand zwischen Kamera und Stirn. Einer guten Kamerahaltung dient auch die Griffstütze an der Rückwand der Leica R-E, R6, R6.2 sowie Leica R7 und Leica R8. Sie gibt dem Daumen der rechten Hand einen festen Halt, wenn er nicht hinter dem aufgeklappten Schnellschalthebel liegt, z.B. wenn die Kamera mit Motor-Drive und Handgriff benutzt wird. Die Rückwand mit Griffstütze kann auch nachträglich (als Ersatzteil) an alle

Abb. 41: Das vielseitige Kleinstativ

Leica R4-Modelle und die Leica R5 angesetzt werden. Beide Oberarme des Fotografen werden bei Querformat-Aufnahmen an den Oberkörper fest angelegt (nicht gepreßt). Bei Hochformat-Aufnahmen kann der linke Arm diese Funktion ausüben. Kamera und Objektiv werden so angefaßt, daß ein Umgreifen bei der Bedienung nicht notwendig ist. So kann z.B. das Programm der Leica R7 schnell gewechselt oder bei der Leica R6.2 augenblicklich von integraler auf selektive Meßmethode umgeschaltet werden. Wenn sich die Gelegenheit bietet: Ellbogen aufstützen! Oder das Leica Tischstativ benutzen, das sich nicht nur auf einen Tisch setzen läßt, sondern auch an senkrechte Flächen wie Mauern, Säulen und Bäume «gepreßt» werden kann (siehe Abb. 41). Leica hat verschiedenes Zubehör für eine optimale Kamerahaltung entwickelt. Das sollte genutzt werden. Beispiele für eine gute Kamerahaltung und das dafür empfehlenswerte Zubehör werden in diesem Buch gezeigt. Das Auslösen der Kamera erfolgt «weich», keinesfalls ruckartig. Dieser Technik muß man anfangs besondere Beachtung schenken. Bei guter Kamerahaltung und Kameraauslösung ist es ohne weiteres möglich, mit dem Standard-Objektiv und 1/15s Belichtungszeit verwacklungsfrei zu fotografieren. Unerwähnt blieb bisher die Haltung des Fotografen. Einbeinig auf Zehenspitze kann niemand bei längerer Belichtungszeit scharfe Bilder fotografieren. In vielen Fällen erreicht man einen sicheren Stand durch die von Gymnastikübungen her bekannte Grundstellung, d.h. etwas breitbeinig und locker. Mit langen Brennweiten wird man sich nach Art der Schützen aufstellen, also im Ausfallschritt. Dabei wird das linke Bein vorangestellt und die linke Schulter vorgezogen. Mit der linken Hand kann dann das Objektiv gut unterstützt und leicht bedient werden, während die rechte Hand den Auslöser bedient. Wer sich beim Fotografieren an Türpfosten, Mauern, Baumstämme und Laternenpfähle anlehnt, zeigt nicht ein flegelhaftes Benehmen, sondern den Mut, der Verwacklungsgefahr Paroli zu bieten. Auf fahrenden Schiffen, im Autobus, Zug oder Flugzeug lehnt man sich dagegen niemals an. Das gilt u.a. auch für befahrene Brücken und stark frequentierte Freitreppen. Die vielen Erschütterungen würden sich unweigerlich auf die Kamera übertragen. Besser ist es, in solchen Fällen durch ein leichtes «In-die-Knie-Gehen» alle Stöße abzufangen.

Abb. 43 u. 44: Der Universal-Handgriff mit Schulterstütze kann auch als Kleinstativ benutzt werden.

Der Universal-Handgriff

Der Universal-Handgriff mit Schulterstütze dient vor allem einer ruhigen Kamerahaltung, wenn mit langen Brennweiten oder dem Balgeneinstellgerät-R aus der Hand fotografiert wird. Außerdem lassen sich derartige Kombinationen damit auch viel länger ermüdungsfrei handhaben. Dabei kann ein Einbein-Stativ zusätzlich unter dem Handgriff befestigt werden und die gesamte Ausrüstung abstützen.

Für Geräte mit großer Auflagefläche und Orientierungsloch ist der Universal-Handgriff mit einem Orientierungsstift ausgestattet, der für ein ausgerichtetes Ansetzen an die betreffenden Objektive und am Balgeneinstellgerät-R sorgt. Da der Orientierungsstift federnd angebracht ist, kann der Handgriff auch an Geräte angesetzt werden.

Handgriff und Schulterstütze lassen sich verstellen, um eine körpergerechte Anpassung für unterschiedliche Ausrüstungen zu ermöglichen. Für den Transport ist der Universal-Handgriff mit Schulterstütze zusammenklappbar, so daß eine kleine, platzsparende und daher gut verstaubare Einheit gebildet wird. Die Schulterstütze ist abnehmbar und läßt sich so unter dem Handgriff anschrauben, daß ein Kleinstativ daraus entsteht. Für einen stabilen, sicheren Stand wird die Kamera auf dem Handgriff befestigt. Durch die Verstell-Möglichkeiten von Universal-Handgriff und Schulterstütze läßt sich die Aufnahme-Einrichtung in vertikaler und horizontaler Ebene ausrichten. Vertikale Feinkorrekturen sind zusätzlich durch Verkürzen oder Verlängern des Teleskoparms der Schulterstütze möglich. Als Zubehör für schwere Ausrüstungen ist ein spezieller Tragriemen mit Gleitschutz empfehlenswert, der sich am Universal-Handgriff mit Schulterstütze befestigen läßt.

Der Verwacklungstest

Jeder Fotograf sollte mit Hilfe eines Verwacklungstestes seine optimale Kamerahaltung herausfinden und seine Grenzen kennenlernen. Zu diesem Zweck werden im Zentrum eines etwa 30 x 40 cm großen, dunklen Kartons (schwarzer Fotokarton) ein Dutzend Löcher mit einer Stopfnadel oder einem dünnen Nagel (ca. 1 mm Durchmesser) gestoßen. Dieser Karton wird so vor einer hellen Lichtquelle, z.B. vor einer Schreibtischlampe, angeordnet, daß die Löcher von hinten durchleuchtet werden. Je nach Brennweite fotografiert man die mittlere Partie des Kartons aus verschiedenen Abständen. Mit einem 50 mm Objektiv aus ca. 70 cm Abstand, mit 180 mm Brennweite aus etwas mehr als

2 m Entfernung. Dabei werden alle Belichtungszeiten von 1/4 bis 1/250 Sekunde bei entsprechenden Blenden-Einstellungen zwei- oder dreimal benutzt. **Anmerkung:** Die entsprechenden Zeit-/Blendenkombinationen lassen sich einfach ermitteln, wenn man die jeweilige Lichtquelle ohne Karton selektiv anmißt und die Belichtungszeit mit 4 multipliziert.

Auf den entwickelten Schwarzweiß-Negativen kann man an der Form der Löcher erkennen, ob mit oder ohne Verwacklung belichtet wurde. Nur wenn die Löcher kreisrund wiedergegeben werden, kann man sich einer ruhigen Hand rühmen (Abb. 45 a). Wenn die Negative wie Dias gerahmt und groß projiziert werden, ist eine gute Beurteilung besonders einfach. Durch den Verwacklungstest läßt sich auch die Atemtechnik des Fotografen kontrollieren. Beim Auslösen langer Belichtungszeiten hält man den Atem kurz an, nachdem man ausgeatmet hat! Wie wichtig es ist, beim Fotografieren mit langen Brennweiten das Objektiv im vorderen Bereich durch ein zweites Stativ zu unterstützen, wird durch einen Verwacklungstest ebenfalls deutlich. Auch die Behauptung, daß bei einem wackligen Stativ durch Selbstauslöser-Benutzung bessere Ergebnisse erzielt werden können, wird als Märchen entlarvt!

Aufnahmen vom Stativ

Verwacklungsfreie Aufnahmen von einem Dreibein-Stativ sind nur möglich, wenn ein stabiles Modell benutzt wird, das die benutzte Kombination von Kamera und Objektiv auch bei Wind noch sicher trägt und eventuelle Erschütterungen wirkungsvoll dämpft. Je länger die Brennweite, um so geringer ist die Auswahl an Stati-

Abb. 45 a–c: 1/125 s = verwacklungsfrei, 1/15 s = geringe Verwacklung, 1/4 s = totale Verwacklung

ven, die diese relativ einfachen Forderungen erfüllen. Stativ-Aufnahmen sind aus verschiedenen Gründen sinnvoll. Zum Beispiel, wenn die Ausrüstung für ein Fotografieren aus der Hand zu schwer ist. Das kann schon der Fall sein, wenn man mit der Leica R und dem Standard-Objektiv für eine längere Zeit in absoluter Aufnahmebereitschaft, also mit der Kamera am Auge, verharren muß. Empfehlenswert ist auch ein Stativ, wenn bei einer Aufnahme-Serie der gleiche Motivausschnitt beibehalten werden soll. Unentbehrlich wird es, wenn die Belichtungszeiten für verwacklungsfreie Aufnahmen aus der Hand zu lang werden. Wer häufig mit unterschiedlichen Belichtungszeiten vom Stativ fotografiert und sehr kritisch die Schärfe seiner Bilder vergleicht, wird sicher auch schon einmal bemerkt haben, daß die mit verschiedenen Belichtungszeiten fotografierten Bilder manchmal geringfügige Schwankungen in der absoluten Schärfe aufweisen. Und das bei im übrigen gleichen Aufnahmebedingungen. Fast immer handelt es sich bei der etwas weniger scharfen Aufnahme um eine ganz winzige Verwacklung. Die Belichtungszeiten, bei denen diese Beobachtungen gemacht werden können, werden als «kritische Zeiten» bezeichnet. Meistens sind es zwei oder drei direkt nebeneinander liegende Zeiteinstellungen, die diesen Effekt zeigen. Je nach Stativ und Ausrüstung liegen sie im Bereich von 1/2 bis 1/125 Sekunde, also nicht im Langzeitbereich.

Die Stabilität und die Eigenschwingung des Stativs samt Ausrüstung beeinflussen das Ausmaß der Verwacklung, die durch unvermeidbare, winzige Erschütterungen bei der Schwingspiegel-Bewegung, beim Schließen der Objektiv-Springblende und beim Verschluß-Ablauf entsteht.

Obwohl bei den Leicaflex- und den Leica R-Modellen durch aufwendige konstruktive Maßnahmen alle Erschütterungen auf ein absolutes Minimum reduziert wurden, haben die Konstrukteure der Leica R eine weitere Maßnahme getroffen, um diese Erschütterungen bei der Belichtung noch weiter zu verringern.

Abb. 48 a u. b: *Unter ungünstigen Bedingungen können die Bewegung des Schwingspiegels und das Schließen der Springblende Erschütterungen verursachen, die für eine kurze Zeitspanne Kamera, Objektiv und Stativ in Schwingungen versetzen. Sind diese Schwingungen auch während der Belichtung noch nicht abgeklungen, werden sie als Unschärfe im Bild mehr oder weniger deutlich sichtbar. Die beiden Vergleichsaufnahmen entstanden unter gleichen Bedingungen mit dem Apo-Macro-Elmarit-R 1:2,8/100 mm von einem sehr leichten Stativ. Das Gehäuse der Leica R6 war dabei direkt am Kugelgelenkkopf befestigt und deshalb kopflastig und instabil montiert.*
Die erste Aufnahme (oben) erfolgte ohne Spiegel-Vorauslösung. Bei der zweiten Aufnahme (unten) wurden Schwingspiegel und Objektivblende mehrere Sekunden vor der Belichtung betätigt.
Beide Aufnahmen mit Blende 11, 1/15 Sekunde.

Spiegelvorauslösung

Bei der Leica R6, R6.2, R7 und Leica R8 läßt sich der Schwingspiegel vor der Belichtung auf Wunsch separat hochklappen. Dabei schließt sich auch die Blende des Objektivs auf den vorgewählten Wert. Erfolgt danach in einem gebührenden zeitlichen Abstand die Belichtung, so können dabei die beiden Hauptquellen für Erschütterungen, nämlich der Schwingspiegel und die Springblende, nicht mehr störend wirksam werden.

Für die Spiegelvorauslösung wird bei der Leica R8 auf der Vorderseite der Kamera der Hebel rechts oben neben dem Bajonett auf den nach oben weisenden Pfeil gestellt. Bei der ersten Betätigung des Auslösers – durch Druck mit dem Finger, mittels Drahtauslöser oder mit Hilfe des Selbstauslösers – schwingt der Spiegel nach oben und die Objektivblende schließt sich auf den eingestellten, bzw. automatisch gebildeten Wert. Bei Zeit- und Programm-Automatik wird auch die automatisch gebildete Belichtungszeit gespeichert. Erst nach der zweiten Betätigung des Auslösers erfolgt die Belichtung mit der eingestellten oder automatisch gebildeten (gespeicherten) Zeit. Danach klappt der Spiegel zurück und die Blende öffnet sich. Ein separates Zurückstellen ist nicht möglich.

Auch mit motorischem Antrieb sind Spiegelvorauslösung und Auslösung möglich. Bei gedrückter Schärfentiefentaste erfolgt keine Auslösung.

Bei der Leica R6, R6.2 und Leica R7 erfolgt die Spiegelvorauslösung mit Hilfe eines Drahtauslösers, der auf der Vorderseite der Kamera unten, seitlich neben dem Bajonett, in ein Kegelgewinde geschraubt wird. Durch einen kurzen Druck auf den erwähnten Drahtauslöser wird die Spiegelvorauslösung betätigt. Das Auslösen des Verschlusses geschieht wie üblich – mit oder ohne Drahtauslöser – über den Auslöser der Kamera. Nach der Belichtung schwingt der Spiegel wieder nach unten. Ein separates Zurückstellen ist nicht möglich.

Die Spiegelvorauslösung erfolgt rein mechanisch. Eine elektromagnetische Verschlußauslösung, wie z.B. durch den Selbstauslöser, oder die Auslöser der motorischen Aufzüge, kann in Verbindung mit der Spiegelvorauslösung nicht benutzt werden.

Der Schärfentiefehebel darf bei der Spiegelvorauslösung nicht gedrückt sein, weil dadurch der Verschluß gleichzeitig mit ausgelöst werden kann.

Abb. 46: *Durch einfaches Umlegen des Hebels klappt beim ersten Druck auf den Auslöser der Leica R8 deren Schwingspiegel nach oben und die Objektivblende schließt sich auf den vorgewählten Wert.*

Abb. 47: *Der Schwingspiegel der Leica R6, R6.2 und Leica R7 läßt sich mit dem einschraubbaren Spiegelvorauslöser R oder einem normalen Drahtauslöser separat nach oben klappen. Gleichzeitig schließt sich die Blende des Objektivs auf den vorher eingestellten Wert.*

Oft kann die Handhabung der Fotoausrüstung ohne Film geübt werden. Eine anschließende Kontrolle durch das Aufnahmeergebnis ist manchmal jedoch unumgänglich. Dabei lassen sich die meisten Übungen mit preiswerten Schwarzweiß-Filmen durchführen, die nach der Entwicklung nicht vergrößert, sondern direkt mit einer Lupe begutachtet werden. Übrigens eignen sich dafür auch die Standard-Objektive der Leica R und Leicaflex. Aber Vorsicht: Da das Auge des Betrachters nahe an die Linsen heran muß, ist die Gefahr der Verschmutzung durch die Augenwimpern gegeben.

Formatfüllend fotografieren

Eine der wichtigsten Voraussetzungen für eine qualitativ gute Kleinbild-Aufnahme ist die formatfüllende Aufnahme. So einfach sich diese Forderung auch anhört, sie wird doch selten konsequent erfüllt. Am einfachsten gelingt das, wenn man an das Objekt zunächst ganz nah herangeht, dann die Kamera vors Auge nimmt und sich dann wieder so weit entfernt, bis das Objekt formatfüllend erfaßt wird. Umgekehrt, d.h. sich mit vor dem Auge gehaltener Kamera dem Objekt zu nähern und auszulösen, wenn es das Format voll ausfüllt, bringt erst nach längerer Übungszeit den gleichen Erfolg. Probieren Sie's doch mal!

Schärfe einstellen

Beim Blick durch den Sucher sollte man zusätzlich auch auf stürzende Linien und einen geraden Horizont achten, d.h. die Kamera nicht verkanten. Und auch die Schärfe muß ständig kontrolliert werden. Wer zunächst die Entfernung schätzt, den Wert auf das Objektiv überträgt, dann erst die Kamera ans Auge nimmt und fokussiert, ist schneller! Außerdem kann er unbeobachteter fotografieren. Erst schätzen, dann messen, heißt die Devise!
Eine exakte Scharfeinstellung kann nur erfolgen, wenn man das Sucherbild in optimaler Schärfe wahrnimmt. Das gilt unabhängig davon, ob man mit oder ohne Brille durch das Okular blickt. Wichtig ist, daß man bei der

Universal-Einstellscheibe die Meßkante des Schnittbild-Entfernungsmessers scharf und kontrastreich sieht. Viele Menschen haben einen minimalen Augenfehler, der so lange unentdeckt bleibt, bis man im Umgang mit optischen Geräten, z.B. einer Leica R, höchste Genauigkeit von Auge zu Kamera verlangt.

Abb. 49: *Eine Okular-Einstellung sorgt, wie hier bei der Leica R8, auch bei der R5, R6, R6.2, R-E und R7 für eine individuelle Anpassung an das Auge des Benutzers.*

Okular-Einstellung

Leica R5, R6, R6.2, R-E, R7 und R8 besitzen ein Okular mit verstellbarer Dioptrien-Einstellung (sphärisch) von +2 bis -2 Dioptrien (Leica R8 ab Mitte 1998: -3 bis +1 dpt.). Damit sind für die am häufigsten auftretenden Korrekturen keine speziellen Korrektionslinsen erforderlich. Im Fall stärkerer Fehlsichtigkeit kann der Fotograf zusätzlich die als Zubehör lieferbaren Korrektionslinsen von +3 bis -3 Dioptrien verwenden.

Korrektionslinsen

Sollten sich mit den Leicaflex- und Leica R3-/R4-Modellen Einstellschwierigkeiten ergeben, ist die Verwendung von Korrektionslinsen empfehlenswert. Sie werden in folgenden Plus- oder Minus-Werten (sphärisch) geliefert: 0,5; 1,0; 1,5; 2,0; 3,0. Wenn möglich, sollte man der Bestellung (beim Foto-Fachhändler) ein Brillenrezept beilegen. Kann das nicht geschehen, sollte man wissen, daß die Sucher der Leica R3- und R4-Modelle auf -1 dpt. abgestimmt sind, die der Leicaflex auf -0,5 dpt. Dieser Wert muß bei der notwendigen Korrektur berücksichtigt werden. Wer z.B. generell eine Korrektionslinse von +1 dpt. benötigt, beschafft sich deshalb z.B. zur Leica R4 eine mit +2 dpt., zur Leicaflex eine mit +1,5 dpt. Die zusätzliche Verwendung von Korrektionslinsen kann auch für brillentragende Benutzer einer Leica R3/R4 oder Leicaflex eine Hilfe sein, sofern mit der Brille (ohne Blick durch das Kameraokular) Gegenstände auf 1 m Entfernung nicht optimal scharf gesehen werden. Für Leicaflex-Modelle gilt eine Entfernung von 2 m. Die Korrektionslinsen werden von einem speziellen Halter oder von der Augenmuschel gehalten, die auf die Okularfassung aufgeschoben werden. Eine Sicherheitsraste arretiert die beiden unverlierbar (siehe dazu auch Seite 66 unter Augenmuschel).

Zuschaltbare Sucher-Beleuchtung

Bei der Leica R6, R6.2 und Leica R7 kann für die in den Sucher eingespiegelten Daten der gewählten Belichtungszeit (bei Leica R6/R6.2) und Blende eine Beleuchtung dazugeschaltet werden. Zwei LEDs, die nur so lange leuchten, wie der Belichtungsmesser eingeschaltet ist, sorgen für das nötige Licht. Ein rötlicher Schimmer dieser Beleuchtung ist von außen am

Abb. 50: *Der Schalter für die zusätzliche Beleuchtung der in den Sucher der Leica R7, R6.2 und R6 eingespiegelten Daten.*

Objektiv, im Fenster, das die eingestellte Blende einspiegelt, und im Beleuchtungsfenster für die Zeitanzeige im Sucher der Leica R6/R6.2 zu sehen – direkt über dem Buchstaben «E» des Wortes LEICA am Prismendom. Besonders bei Dunkelheit. Da die Beleuchtung relativ viel Strom verbraucht, sollte sie nur bei Bedarf eingeschaltet werden.

Auswechselbare Einstellscheiben

Helligkeit und Kontrast des Suchers sind ebenfalls entscheidend für die exakte Scharfeinstellung, ohne die ein Leica R-Objektiv nicht seine volle Leistung zeigen

Abb. 51: *Mit einer speziellen Pinzette können die Einstellscheiben der Leica R4-Modelle, der Leica R5, R-E, R6, R6.2, R7 und R8 einfach und schnell gewechselt werden.*

kann! Lichtstärke des Objektivs, Absorption des Lichtes durch das Objektiv, Reflexionsgrad des Schwingspiegels, Verspiegelung des Pentaprismas sowie dessen Lichtabsorption spielen dabei eine große Rolle. Diesen Konstruktionsdetails widmen die Konstrukteure der Leica ihr volles Augenmerk. Von entscheidender Bedeutung sind jedoch auch die Art der Einstellscheibe und deren optische Abstimmung. Die fest eingebaute Einstellscheibe der Leica R3- und Leicaflex-Modelle wird bei der Kamera-Montage eingesetzt und auf «Lebenszeit» optimal abgestimmt. Bei den Leica R4-Modellen, der Leica R5, R-E, R6, R6.2, R7 und R7 kann die Einstellscheibe vom Benutzer selbst ausgetauscht werden.

Die Einstellscheiben der Leica R8 werden von einem oberhalb des Spiegels angelenkten Klapprahmen gehalten. Wird dieser heruntergeklappt, lassen sich die Einstellscheiben wechseln. Die der übrigen Leica R-Modelle werden direkt eingesetzt und durch eine spezielle Dreipunkthalterung positioniert. Die Leica R8-Einstellscheiben unterscheiden sich durch ihre Größe von denen der anderen Leica R-Modelle. Sie sind daher nicht in die anderen R-Kameras einsetzbar – wie auch R-Einstellscheiben nicht in die R8. Unterschiede in den optischen Eigenschaften gibt es nicht. Alle Einstellscheiben werden bei herausgenommenem Objektiv mit Hilfe spezieller Pinzetten gewechselt

Alle Einstellscheiben sind aus einem hochtransparenten chemischen Werkstoff gespritzt. Zur besseren Bildfeldausleuchtung ist die Unterseite der Scheiben zu einer Fresnellinse ausgebildet worden.

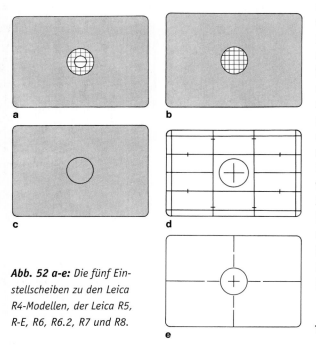

Abb. 52 a-e: *Die fünf Einstellscheiben zu den Leica R4-Modellen, der Leica R5, R-E, R6, R6.2, R7 und R8.*

Universalscheibe

Von Haus aus werden alle Leica R- und Leicaflex-SL2-Modelle mit der Universalscheibe ausgestattet. Sie verfügt über einen zentral angeordneten Schnittbild-Enfernungsmesser von 3 mm Durchmesser, der von einem Viereck-Mikroprismenring von 7 mm Durchmesser umge-

ben ist. Die äußere Begrenzung dieses Ringes ist identisch mit der Begrenzung des selektiven Belichtungsmeßfeldes. Das übrige Sucherfeld besteht aus einer sehr feinen, hellen Mattscheibe. Die Universalscheibe ist für die häufigsten fotografischen Anwendungsbereiche ideal. Sie garantiert in Verbindung mit fast allen Objektiven ein helles und brillantes Sucherbild und läßt auch bei langen Brennweiten und im Nahbereich noch eine akzeptable Bildbeurteilung und Scharfeinstellung zu. Der Ring mit den groben Viereck-Mikroprismen gestattet ein schnelles Scharfeinstellen mit Objektiven kurzer bis mittellanger Brennweiten, vor allem auf Motivdetails, die keine eindeutig senkrechten Strukturen aufweisen, wie z.B. das Auge bei einer Porträt-Aufnahme. Auf eine senkrechte Kontur stellt man dagegen am besten mit dem Schnittbild-Entfernungsmesser ein. Er kann auch bei schlechten Lichtverhältnissen noch gut benutzt werden. Wenn das Öffnungsverhältnis der Objektive gering ist, z.B. bei sehr langen Brennweiten, bzw. verändert wird, z.B. durch Abblendung oder im Nahbereich, können der Schnittbild-Entfernungsmesser und die Viereck-Mikroprismen nicht mehr zur Scharfeinstellung benutzt werden. Durch Abschattung werden sie dunkel. Fokussiert wird dann auf dem übrigen Feld. Viele Fotografen vermissen nie eine andere Einstellscheibe. Mit Erfahrung überspielen sie in Sonderfällen die systembedingten Nachteile der Universalscheibe. Es ist ihnen einfach nicht der Mühe wert, diese Scheibe zu wechseln. Sollte jedoch der Sonderfall zur Regel werden oder fehlt es ihnen an Erfahrung, werden sie mit Erleichterung auf eine andere Einstellscheibe zurückgreifen. Für solche Sonderfälle können z.B. Vollmattscheiben in Leica R3-Mot- und Leicaflex SL-Modelle fest eingebaut werden. Der Leica Kundendienst gibt darüber im einzelnen Auskunft.

Vollmattscheibe

Wer sehr oft im extremen Nahbereich oder mit sehr langen Brennweiten fotografiert, wählt die Vollmattscheibe. Die exakte Scharfeinstellung kann dabei auf dem gesamten Sucherbild gut beurteilt werden. Auch bei Abblendung bleibt die gute Bildbeurteilung erhalten. Der Kreis im Zentrum begrenzt das Meßfeld für die Selektivmessung.

Mikroprismenscheibe

Ohne den Schnittbild-Entfernungsmesser der Universalscheibe gewährleistet die Mikroprismenscheibe eine ungestörte Bildbeurteilung. Das zentral angeordnete Feld mit Viereck-Mikroprismen entspricht dem Meßfeld bei selektiver Belichtungsmessung. Die feine, helle Mattscheibe des übrigen Sucherfeldes zeigt auch bei wenig Licht deutlich den Schärfe-/Unschärfebereich und sorgt im normalen Einstellbereich der Objektive für ein brillantes Bild.

Vollmattscheibe mit Gitterteilung

Für Panorama- und Architektur-Aufnahmen sowie Reproduktionen muß die Kamera exakt ausgerichtet werden können. Die Vollmattscheibe mit Gitterteilung ist dafür besonders gut geeignet. Das Ausrichten der Kamera läßt sich durch sie hervorragend kontrollieren. Mit den beiden mittleren senkrechten Strichmarkierungen im Abstand von 10 mm kann das Abbildungsverhältnis bei Nahaufnahmen leicht bestimmt werden (siehe Seite 231). Das Selektiv-Meßfeld des Belichtungsmessers wird ebenfalls angezeigt.

Die Vollmattscheibe mit Gitterteilung (Abb. 52 d u. 53) trägt zusätzlich Markierungen für den Ausschnitt des Fernsehbildes. Sie sind für die Herstellung von Diapositiven, die auf dem Bildschirm eines Fernseh-Heimempfängers wiedergegeben werden sollen, bestimmt und zeigen die Bildgröße an, die bei der Wiedergabe dieser Dias auf dem Fernseh-Bildschirm zu sehen ist:

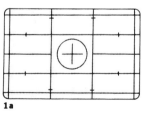 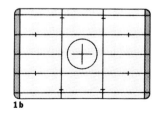

1a   **1b**

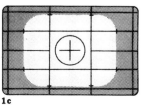

1c

Abb. 53 a-c: Die Fernsehbild-Markierungen der Vollmattscheibe mit Gitterteilung

• Die beiden äußeren senkrechten Linien links und rechts auf der Einstellscheibe sowie die obere und untere Begrenzung des Sucherbildes entsprechen dem vom Fernsehen übertragenen Bildfeld (Abb. 53 b).
• Strichmarkierungen kennzeichnen zusätzlich das «Titelfeld» nach DIN 108 (17,2 x 22,8 mm). Es stellt den Anteil des übertragenen Bildfeldes dar, innerhalb dessen alle wichtigen Informationen liegen sollen, wie z.B. Titel. Das Titelfeld ist so gestaltet, daß es auf einem Fernseh-Heimempfänger ohne Bildverlust wiedergegeben wird (Abb. 53c).

Klarscheibe mit Fadenkreuz

Für den Einsatz der Leica R4-Modelle, der Leica R5, R-E, R6, R6.2, R7 und R8 an optischen Instrumenten mit vergrößernder Darstellung, wie z.B. Mikroskope oder astronomische Fernrohre, ist die Klarscheibe mit Fadenkreuz gedacht. Auch für medizinische Aufnahmen mit dem Endoskop ist diese Einstellscheibe optimal geeignet. Eine Markierung des Meßfeldes für die Selektivmessung ist vorhanden.

Alle Einstellscheiben sind durch Nummern gekennzeichnet. Sie werden − staubgeschützt − in einem Kunststoffbehälter geliefert. Dieser Aufbewahrungsbehälter enthält auch die Pinzette zum Wechseln der Scheiben sowie einen Staubpinsel. Wichtig ist, daß man die Einstellscheibe nicht mit den Fingern berührt. Bei geöffneter Aufbewahrungsbox kann die für einen Wechsel aus der Kamera herausgenommene Einstellscheibe in entsprechende Führungen senkrecht eingeschoben und so vorübergehend deponiert werden − bis die in der Box befindliche Einstellscheibe eingesetzt wurde.

Reinigen der Einstellscheiben

Staubpartikel auf der Einstellscheibe werden mit Hilfe des Staubpinsels vorsichtig entfernt. Grobe Verschmutzungen, auch Fingerabdrücke, läßt man durch ein Ultraschall-Bad beim Optiker oder beim Leica Kundendienst beseitigen. Eigene Versuche, eine Einstellscheibe durch Abreiben mit Linsenpapier oder einem Tuch zu reinigen, können die Oberfläche so stark beschädigen, daß die Scheibe ersetzt werden muß.

Augenmuschel R und R8

Bei starkem Seitenlicht und relativ dunklem Sucherbild, z.B. bei Nahaufnahmen im Atelier, wenn eine Fotolampe direkt neben der Kamera aufgestellt ist, hält die flexible Augenmuschel das Störlicht vom Auge fern. Das Sucherbild wirkt dann wesentlich brillanter und kann deshalb besser beobachtet werden. Außerdem kann man mit ihr zusätzlich die Kamera gut am Gesicht abstützen. Brillenträger benutzen eine weiche Augenmuschel oft, um empfindliche Kunststoff-Brillengläser gegen ein Verkratzen zu schützen. Diese Lösung ist jedoch nicht ganz ideal, weil dann meistens nicht mehr das gesamte Sucherbild überblickt werden kann. Die Augenmuscheln sind unten stark abgeflacht, damit sich die Kamera-Rückwand zum Filmwechsel bequem öffnen läßt. Sie werden auf die Okularfassung aufgeschoben und können auch eine Korrektionslinse halten.
Seit 1986 wird die Fassung der Augenmuscheln und des Korrektionslinsenhalters mit einer Vorrichtung geliefert, die sie gegen Verlust sichert. Damit der kleine Rasthebel dieser Vorrichtung beim Aufschieben auf das Okular einrasten kann, muß die Fassung des Okulars mit einer Rastkerbe versehen sein. Ab der Leica R4s Mod.2 sind alle Modelle damit ausgestattet. Die Okularfassung der Leica R4 besitzt diese Rastkerbe ab Fabrikationsnummer 1662952.
Die Augenmuschel R8 ist für die Benutzung an der Leica R8 bestimmt. Wird sie auf die Okularfassung eines der anderen Leica R-Modelle aufgeschoben, läßt sich die Kamera-Rückwand nicht mehr öffnen. Die Augenmuschel R ist auf alle übrigen Leica R- und Leicaflex

SL2-Modelle abgestimmt. Auf die Okularfassung der Leica R8 aufgeschoben engt sie den Überblick des Sucherbildes ein. Korrektionslinsenhalter und Augenmuschel mit Arretierung lassen sich auch auf die Okularfassungen der Leica R- und Leicaflex SL2-Modelle aufschieben, die keine Rastkerbe besitzen. Diese Kameras können vom Leica Kundendienst nachgerüstet werden.

Winkelsucher

Bei Aufnahmen aus der Froschperspektive, d.h. aus Bodennähe, bei Reproduktionen und beim Fotografieren über Köpfe hinweg – um nur einige Beispiele zu nennen –, erleichtert der Winkelsucher den Blick durch den Sucher und damit die Kontrolle des Ausschnitts, der Scharfeinstellung und der Belichtungsmessung. Mit Hilfe des Winkelsuchers ist nämlich ein Suchereinblick rechtwinklig zur Aufnahmerichtung möglich. Er läßt sich rundum drehen und rastet alle 90°. Man kann also mit Hilfe des Winkelsuchers wahlweise von oben oder unten, von links oder rechts in den Sucher der Kamera blicken.
Der seit Ende 1987 angebotene Winkelsucher wird auf die Okularfassung der Kamera geschoben und festgeklemmt. Damit bleibt der Zubehörschuh der Kamera frei – bei der Leica R6 z.B. für den Adapter SCA351 zur Blitzlichtmessung durch das Objektiv. Außerdem paßt der gleiche Winkelsucher an alle Leica R- und Leicaflex SL2-Modelle.
Anmerkung: Alle Vorgänger-Modelle dieses Winkelsuchers wurden durch ein Winkelstück im Zubehörschuh der Kamera gehalten. Entsprechend den unterschiedlichen Abständen von Suchereinblick und Zubehörschuh bei den verschiedenen Leicaflex- und Leica R-Modellen wurden Winkelsucher mit unterschiedlichen Winkelstücken angeboten.
Die Vergrößerung des Sucherbildes ist variabel. Sie wird durch einfaches Umschalten am Winkelsucher bestimmt:
• Bei Stellung «1x » wird das Bild des Suchers geringfügig verkleinert. Dadurch lassen sich alle Anzeigen im Sucher der Kamera gut überblicken.
• Beim Umschalten auf «2x » wird ein Ausschnitt in der Mitte des Sucherbildes zweifach vergrößert und damit das Scharfeinstellen erleichtert.

Abb. 54: *Die Augenmuschel schirmt das Auge des Fotografen gegen Störlicht ab.*

Abb. 55: *Der Winkelsucher mit umschaltbarer Vergrößerung*

Das Okular des Winkelsuchers besitzt eine Dioptrien-Einstellung von -6 bis +4 Dioptrien zum Ausgleich einer eventuell vorhandenen Fehlsichtigkeit des Fotografen. Beim Umschalten von «1x» auf «2x» und umgekehrt kann eine Korrektur der Okulareinstellung erforderlich werden. Für eine optimale Einstellung wird es zunächst bis zum Anschlag herausgedreht und dann unter Beobachtung des Sucherbildes wieder hineingedreht (langsam), bis die Begrenzung des selektiven Meßfeldes scharf gesehen wird. So justiert, betrachtet man das Sucherbild mit «entspanntem» Auge; auch bei längerem Arbeiten, z.B. am Mikroskop, treten dadurch kaum Ermüdungserscheinungen auf.

Schärfenebene vorher festlegen

Bei schnellen Bewegungsabläufen ist eine exakte Scharfeinstellung auf das sich bewegende Objekt kaum möglich. Insbesondere bei Sportaufnahmen, wo oft mit längeren Brennweiten fotografiert wird, legt man die Schärfenebene daher vorher fest. Beim Hürdenlauf wird man z.B. die Schärfe auf eine bestimmte Hürde legen, bei einem Autorennen z.B. auf einen Riß in der Asphaltdecke. Jetzt braucht man mit dem Auslösen nur noch zu warten, bis sich der Läufer oder das Auto an dieser Stelle befindet. Weiß man, in welcher Größe der Läufer bzw. das Auto dann im Sucher der Kamera abgebildet wird, kann man auch auslösen, wenn diese Größe im Sucher erreicht ist. Wer das Fotografieren von «schnellen Motiven» übt, wird bald merken, daß

man immer einen kleinen Moment vorher auslösen muß, um die eigene «Schrecksekunde» und die Zeitparallaxe von der Betätigung des Kamera-Auslösers bis zur eigentlichen Filmbelichtung zu kompensieren. Ganz wesentlich ist auch eine gute Kenntnis der Sportart, wenn beim Fotografieren der Zufall ausgeschlossen werden soll. Nur ein Kenner kann den winzigen Augenblick des Höhepunktes einer sportlichen Disziplin gezielt im Bild festhalten!

Kamera mitziehen

Dosiert angewandte Bewegungsunschärfe im Bild gilt als wesentliches Gestaltungselement der Fotografie für die Darstellung von Geschwindigkeit und Bewegung. Sollen die Ergebnisse nicht durch den Zufall bestimmt werden, müssen vorher entsprechende Übungen absolviert werden. Zunächst wird versucht, das sich bewegende Objekt im «richtigen» Moment, d.h. im optimalen Bildausschnitt zu erwischen. Am einfachsten ist es, wenn man die Kamera mit einem Standard-Objektiv ausrüstet, auf einem Stativ befestigt und an einer von Autos befahrenen Straße aufstellt. Der Abstand zur ersten Fahrspur sollte etwa 15 m betragen. Fokussiert wird auf die Struktur des Straßenbelages, dort, wo die Autos fahren. Mit 1/500s oder 1/1000s Belichtungszeit wird dann die Fahrzeugbewegung im Foto «eingefroren». Diese Übung vermittelt das Gefühl dafür, wann man auszulösen hat, wenn das Fahrzeug an einer bestimmten Stelle im Bild plaziert werden soll.
Die nächsten Aufnahmen werden dann mit relativ langen Zeiten von 1/15s bis 1/125s belichtet. Jetzt kann man anhand der Ergebnisse erkennen, welcher Unschärfegrad den Eindruck der Geschwindigkeit am besten wiedergibt.
Bei der dritten Übung wird ebenfalls mit den relativ langen Belichtungszeiten fotografiert, jedoch die Kamera vom Stativ genommen und das fahrende Auto im Sucher der Kamera verfolgt. Das geschieht bereits bei der Annäherung. Ausgelöst wird allerdings erst, wenn das Fahrzeug genau auf der Höhe des Fotografen angelangt ist. Dabei wird die Kamera weiter mitgezogen, das Auto also weiter im Sucher verfolgt, bis es sich entfernt hat. Wenn die Bewegung des Mitziehens aus der Hüfte heraus erfolgt, hat man ein Gefühl da-

Abb. 56: Reaktionsvermögen, Beobachtung des Sucherbildes und Kamerahaltung lassen sich mit einfachen Übungen verbessern. Beim oberen und mittleren Foto blieb die Kamera unbeweglich ausgerichtet, während das Fahrzeug ins Bild hineinfuhr. Um es an der richtigen Stelle, z.B. etwas außerhalb der Mitte zu erwischen, muß man mit «Vorgabe», d.h. Sekundenbruchteile früher auslösen. Belichtungszeiten 1/1000s (oben) bzw. 1/60s (Mitte). Wird die Kamera mitgezogen, reicht auch eine relativ lange Belichtungszeit (1/30s) für eine scharfe Wiedergabe des fahrenden Autos.

für, wann sich das Fahrzeug direkt auf der eigenen Höhe befindet. Damit läßt es sich auch vor einem ganz bestimmten Ausschnitt des verrissenen Hintergrundes abbilden. Das kann wichtig sein, wenn bei der Farb-Gestaltung z.B. weiße Häuserwände, die als große, weißgraue Flächen wiedergegeben werden, den Bildaufbau stören würden.

Inwieweit es gelingt, das Fahrzeug im richtigen Moment zu erwischen, und bei welcher Belichtungszeit der Hintergrund die notwendige Bewegungsunschärfe aufweist, zeigen erst die Ergebnisse. Ganz wichtig ist jedoch, daß das Fahrzeug absolut scharf wiedergegeben wird. Wird das Mitziehen der Kamera beherrscht, kann man sich auf weitere Gestaltungsmöglichkeiten konzentrieren. Man kann z.B. das Fahrzeug ins Bild «hinein-» oder «hinausfahren» lassen (am rechten oder linken Bildrand plazieren) oder einen Läufer in einer ganz bestimmten, typischen Bewegungsphase festhalten. Bei rhythmischen Bewegungen, wie dem Laufen, zählt man einfach mit: z.B. linkes Bein = 1..., rechtes Bein = 2 ... 1 ... 2 ... 1 ... 2 ... usw. und löst im «richtigen» Moment aus. Wenn man will, kann man dann sogar bestimmen, welches Bein des Läufers sich im Foto «vorn» befinden soll.

Unbeobachtetes Fotografieren

Wer die visuelle Kontrolle über den Kamerasucher auszuüben versteht, kann sich auch daran wagen, einmal auf den Sucher zu verzichten. Auf Seite 143 wird z.B. erläutert, wie man ohne Blick durch den Sucher fotografieren kann und trotzdem weiß, was aufs Bild kommt. Versuchen Sie dabei einmal, im Laufen auszulösen. Aber nicht gerade in dem Moment, wo der eigene Fuß aufgesetzt wird. Lösen Sie aus, wenn eines Ihrer Beine nach vorne «schwingt». So werden Verwacklungen vermieden. Diese Art des unbeobachteten Fotografierens garantiert Bilder mit Seltenheitswert. Wenn es notwendig sein sollte, läßt sich das Auslösegeräusch übrigens durch ein lautes Räuspern übertönen. Auch routinierte Fotografen werden bei den hier geschilderten Übungen entdecken, daß es noch weitere Möglichkeiten gibt, das eigene Können weiterzuentwickeln. Wer sich vervollkommnen möchte, wird sogar weitere Übungen entwickeln müssen!

BELICHTUNGSMESSUNG

Wer einmal Gelegenheit hat, in einem Großlabor zu sehen, wie gleichmäßig heute Negativfilme aller Formate in Kameras aller Preisklassen von einer Vielzahl verschiedener Personen richtig belichtet werden, der wird staunen. Totale Fehlbelichtungen sind, gemessen an der Zahl der fotografierten Aufnahmen, relativ selten. Nicht ganz zu Unrecht wird man folgern, daß das beim Stand des heutigen Kamerabaus eigentlich selbstverständlich sein sollte. Geht man jedoch der (Ur-)Sache auf den Grund, gibt es eine große Überraschung. Eine Vielzahl aller Aufnahmen wird nämlich noch immer in Kameras ohne Belichtungsmesser belichtet, und eine TTL-Belichtungsmessung (Through The Lens = Durch das Objektiv) haben längst nicht alle Kameras! Auch wenn Leica R- und Leicaflex-SL/SL2-Besitzer bei ihrer praktischen Arbeit immer wieder erfahren müssen, daß sie selbst mit dem aufwendigen Meßsystem ihrer Kameras, Mehrfeld-, integrale oder selektive TTL-Belichtungsmessung, hin und wieder unter- oder überbelichtete Fotos produzieren werden, sollten Sie sich jetzt nicht verunsichert fühlen. Denn, so könnte man vielleicht meinen, wenn Kameras ohne Belichtungsmesser Filme durchweg gleichmäßig und richtig belichten können, dann dürften bei Kameras mit so aufwendigen Licht-Meßsystemen wie bei Leica R und Leicaflex doch niemals Über- oder Unterbelichtungen vorkommen! Tatsächlich sind Fehlmessungen, und damit Unter- oder Überbelichtungen auch ausgeschlossen, wenn die Belichtungsmessung durch das Objektiv richtig angewendet wird. Richtig angewendet heißt in diesem Fall: die Methoden und die Funktion der Belichtungsmessung zu kennen und zu verstehen. Werfen wir jedoch noch einmal einen Blick auf die Negativfilme im Großlabor. Es fällt deutlich auf, daß ganz bestimmte Motivbereiche die Mehrzahl aller Aufnahmen ausmachen, und daß gerade bei diesen Motiven keine Fehlbelichtungen vorkommen. Es sind Aufnahmen, die bei guten bis sehr guten Lichtverhältnissen im Freien fotografiert wurden oder solche, die mit Blitzlicht im Innenraum entstanden. Für diese Art von «normalen Fotos» sind, so unwahrscheinlich es auch klingen mag, keine Belichtungsmesser erforderlich! Die Angaben und Tips auf den Gebrauchsanweisungen der Film- und Blitzgeräte-Hersteller sind dafür völlig ausreichend,

und Kameras mit Symbol-Einstellungen (Sonne, Wolken, Blitz) garantieren eine ausreichende Belichtungssicherheit. Außerdem besitzen Negativfilme einen größeren Belichtungsspielraum. Sie verkraften daher auch geringe Über- oder Unterbelichtungen ohne große Qualitätseinbuße. Farb-Umkehrfilme reagieren darauf viel empfindlicher. Krasse Fehlbelichtungen sind auch bei Negativfilmen im Großlabor häufig zu sehen, wenn die Aufnahmen unter schlechten Lichtverhältnissen, wie z.B. bei Regen und in der Dämmerung, in Innenräumen ohne Blitz oder bei Kunstlicht-Beleuchtung entstanden. Hier lassen sich die vielfältigen Helligkeitsunterschiede der Motive nicht mehr tabellarisch erfassen, und auch unser Auge kann sie nicht mehr richtig abschätzen. Dafür ist ein Belichtungsmesser unbedingt erforderlich! Doch bei derartig kritischen Lichtsituationen – dies zeigt die Praxis – fotografiert die Mehrzahl aller Amateure eben nicht, und sie versäumen gerade in solchen Augenblicken die besonders attraktiven Motive jenseits der Schönwetter-Fotografie. Der Verzicht auf besonders interessante Fotos, die bei außergewöhnlichen Lichtverhältnissen häufig entstehen, kommt nicht von ungefähr. Zu oft wurde man durch totale Über- oder Unterbelichtungen enttäuscht und entmutigt, weiterzumachen. Doch das muß nicht sein! Wer die Möglichkeiten der modernen Fototechnik nutzen möchte und in der Beherrschung schwieriger Lichtverhältnisse eine ständige Herausforderung erblickt, der besitzt mit Leica R und Leicaflex alle Voraussetzungen für optimale Belichtungsergebnisse unter allen Bedingungen. Vorausgesetzt, er hat sich auch ein wenig mit den Besonderheiten der Belichtungsmessung, mit der Theorie beschäftigt.

Licht- und Objektmessung

Grundsätzlich unterscheidet man zwischen Licht- und Objektmessung. Bei der Lichtmessung wird das aufs Objekt fallende Licht gemessen, bei der Objektmessung dagegen das vom Objekt reflektierte Licht. Einmal wird also vom Objekt zur Kamera gemessen (Lichtmessung), das andere Mal von der Kamera zum Objekt (Objektmessung). Für die Lichtmessung wird eine zusätzliche

Vorrichtung des Belichtungsmessers benötigt, die das von allen Seiten einfallende Licht auffangen kann. Außerdem muß man die Möglichkeit haben, aus unmittelbarer Nähe des Objektes in Richtung auf die Kamera messen zu können. Deshalb wird diese Methode nur mit Handbelichtungsmessern vorgenommen und fast ausschließlich in Ateliers praktiziert. Die Objektmessung hat den Vorzug, daß man vom Aufnahme-Standpunkt aus die Belichtung ermitteln kann. Bei dieser Methode muß der Belichtungsmesser anhand des reflektierten Lichtes auf die Lichtintensität der Lichtquelle schließen und daraus den Belichtungswert, d.h. Zeit und Blende, ermitteln. Kameras mit Belichtungsmessung durch das Objektiv nehmen also eine Objektmessung vor. Diese Methode ist besonders vorteilhaft für die dynamische Fotografie, für Aufnahmen mit langen Brennweiten oder im extremen Nahbereich und für den Schnappschuß – um nur einige Beispiele zu nennen. Also für die Anwendungsbereiche, welche die Domänen der Kleinbildfotografie ausmachen.

Normale Motive

In der Regel präsentiert sich unsere Umwelt farbig und voller Kontraste. Unsere Foto-Motive setzen sich entsprechend aus verschieden farbigen und unterschiedlich hellen Objekt-Details zusammen. Bei der Belichtungsmessung durch das Objektiv, d.h. bei der Messung des reflektierten Lichtes (Objektmessung), werden die unterschiedlichen Reflexionsgrade aller Details erfaßt. Der Belichtungsmesser mißt sozusagen die Summe aller Helligkeiten: Man spricht von integraler Messung. Wie umfangreiche Untersuchungen gezeigt haben, besitzt die Mehrzahl aller Foto-Motive eine durchschnittliche Reflexion, die einem mittleren Grauwert mit 18% Reflexionsvermögen entspricht. Auf dieses Reflexionsvermögen bzw. auf diesen Grauwert sind alle international üblichen Belichtungsmesser abgestimmt. Auch die der Leica R und Leicaflex.

Großfeld-Integralmessung

Aus dem bisher Gesagten läßt sich leicht ableiten, daß die integrale Belichtungsmessung des ganzen vom Ob-

jektiv erfaßten Bildes in den weitaus meisten Fällen eine exakte Belichtung garantiert. Durch ausgeklügelte Systeme werden bei den Leica R-Modellen zusätzlich unterstützende Maßnahmen getroffen: Da sich das Bildwichtige in einer Aufnahme fast immer im Zentrum des Bildes befindet, wird die Bildmitte bei der Belichtungsmessung besonders berücksichtigt. Diese praxisgerechte Mittenbetonung verleiht dem Benutzer der Leica R schon sehr bald das sichere Gefühl, problemlos und in allen Normalsituationen richtig zu belichten. Sie ist bei allen Motiven ausreichend, die keine hohen Lichtkontraste haben, wie es fast immer im Auflicht gegeben ist, d.h. wenn keine schweren Schatten fallen, wenn sich Hell-Dunkel-Flächen gleichmäßig verteilen und keine sehr großen Farbgegensätze vorhanden sind.

Korrektur bei Hell und Dunkel

Wer zum ersten Mal bei strahlendem Sonnenschein in alpiner Winterlandschaft die Belichtungszeit mißt, wird den Meßwerten des Belichtungsmessers ohne Argwohn vertrauen. Die ermittelten kleinen Blenden und kurzen Belichtungszeiten scheinen bei der blendenden Helligkeit angebracht zu sein. Man ist bei dieser Lichtfülle sogar versucht, noch weiter abzublenden bzw. noch kürzer zu belichten. Um so enttäuschender ist das Ergebnis, wenn der Film aus dem Labor zurückkommt: lauter unterbelichtete Aufnahmen! Warum es zu diesen Fehlergebnissen gekommen ist, läßt sich leicht erklären. Der Belichtungsmesser, der die für eine bestimmte Lichtintensität notwendige Belichtungszeit ermittelt, kann nicht wissen, daß bei diesen Lichtverhältnissen nur die Reflexion des Lichtes größer ist (und nicht die Intensität). Auf die normale Reflexion des Lichtes von 18% (mittlerer Grauwert) geeicht, schließt er aus der empfangenen Menge des Lichtes, daß die Lichtquelle eine große Intensität besitzt. Die angegebene Belichtungszeit muß deshalb um den Faktor zu kurz ausfallen, um den das Reflexionsvermögen des Schnees größer ist als die Reflexion von einem mittleren Grauwert. Da die weißen Flächen des Schnees etwa 80 bis 90% des Lichtes reflektieren, also etwa 4x so viel wie ein «normales» Objekt, wird auch die Belichtungszeit etwa 4x

Abb. 57 a–c: *Normales, «abnormal»-helles und «abnormal»-dunkles Motiv.*

zu kurz ausfallen und muß entsprechend korrigiert werden, d.h., sie wird mit vier multipliziert bzw. die Blende um zwei Stufen geöffnet. Entsprechend kürzer muß die Belichtungszeit gewählt werden, wenn das angemessene Motiv überwiegend aus dunklen Objekt-Details besteht. Die Leica R-Modelle besitzen für «abnormal» helle oder dunkle Motive eine Korrekturmöglichkeit (Override) der Automatik: die Leica R8 von ± 3EV (Exposure Value = Lichtwert), alle anderen R-

Abb. 58: *Der Hebel für die Override-Einstellungen läßt sich bei der Leica R8 mit dem linken Daumen bedienen, ohne daß die Kamera vom Auge genommen werden muß. Warnhinweise und Anzeigen über die eingestellte Korrektur erfolgen im Sucher und auf dem Rückwanddisplay.*

Modelle von ± 2EV. Bei den Leicaflex-Modellen und der Leica R6/R6.2 wird die Einstellung von Zeit und Blende entsprechend von Hand korrigiert. Man muß sich jedoch darüber im klaren sein, daß derartige Korrekturen immer nur auf Schätzwerten beruhen und keine exakten Belichtungsergebnisse garantieren können!

Selektivmessung = Nahmessung aus der Ferne

In den meisten Fällen setzen sich «abnormal» helle oder dunkle Motive jedoch nicht ausschließlich aus nur hellen oder nur dunklen Objekt-Details zusammen. In der oben als Beispiel angeführten Schneelandschaft stehen z.B. Bäume, Sträucher oder Häuser, bewegen sich Skifahrer oder sind kräftige Schatten zu sehen, die sich vom weißen Schnee gut differenzieren. Wäre das nicht so, würden wir nur eine reinweiße Fläche ausmachen – und die lohnt es nicht zu fotografieren. Die sich vom Weiß des Schnees differenzierenden Objekte weisen in der Regel wiederum eine normale Reflexion von 18% auf. Wenn man bei der Belichtungsmessung nur das von diesen Objekten reflektierte Licht mißt, z.B. nur das Gesicht des Skifahrers, erhält man ein exaktes Belichtungsergebnis. Weil man zur Bestimmung des Belichtungswertes nahe an das «normale»

Abb. 59 a–c: Der sehr dunkle Hintergrund des Motivs führt bei integraler Belichtungsmessung zur Überbelichtung der abgebildeten Personen (Abb. oben). Deshalb wird das Gesicht der Mutter selektiv angemessen (Mitte), bei Zeit-Automatik der Meßwert gespeichert und – nachdem der ideale Bildausschnitt gefunden ist (Abb. unten) – ausgelöst. Der Meßwert kann bei dieser Arbeitsweise bis zu 30 Sekunden – bei Leica R8 und R7 praktisch unbegrenzt – gespeichert werden.

Abb. 60 a–c: Der «Nachteil» der integralen Belichtungsmessung wird auch bei diesem Beispiel sichtbar. Der sehr helle Hintergrund führt bei integraler Meßmethode zu einer Unterbelichtung. Die selektive Belichtungsmessung garantiert auch bei solchen Motiven eine exakte Belichtung, wenn nur das Gesicht angemessen wird. Messen, Speichern, Ausschnitt festlegen und Auslösen kann in Bruchteilen von Sekunden geschehen!

Objekt herangehen muß, spricht man von einer Nahmessung. Oft ist es jedoch sehr störend oder sogar
unmöglich, nahe genug für eine solche Messung an
das Objekt heranzukommen. Deshalb wurde bei Leicaflex SL- und Leica R-Kameras eine Lösung des Problems
angestrebt, mit der sich auch aus größerer Entfernung
eine exakte «Nahmessung» durchführen läßt: die Selektivmessung. Dabei wird nur ein exakt begrenzter
und im Sucher angezeigter Ausschnitt aus dem total
erfaßten Motiv für die Messung herangezogen. Das
kreisrunde Meßfeld des Belichtungsmessers hat einen
Durchmesser von 7 mm, das ist flächenmäßig nur etwa
1/20 des gesamten Sucherbildes. Mit einem 90 mm
Objektiv erfaßt man damit aus mehr als 2 m Entfernung das Gesicht eines Menschen. Für eine normale
Nahmessung müßte man sich dafür der Person auf
weniger als 70 cm nähern.

Meßwertspeicherung

Das selektive Meßfeld des Belichtungsmessers ist genau im Zentrum des Suchers angeordnet. In der Praxis
wird sich das anzumessende Objekt dagegen nicht
immer genau in der Mitte des gewählten Bildausschnittes befinden. Man muß deshalb die Kamera zunächst
entsprechend schwenken, um das in Frage kommende
Objekt anmessen zu können. Bei Zeit-Automatik-Ein-
stellung der Leica R-Modelle kann dann die selektiv
ermittelte Belichtungszeit gespeichert werden, bis der
gewünschte Bildausschnitt festgelegt ist oder bis der
situationsgerechte Moment gekommen ist. Beim Niederdrücken des Auslösers bis zum Druckpunkt speichert
das Meßsystem die vorher angezeigte Belichtungszeit
bei der Leica R8 und R7 zeitlich unbegrenzt, sonst bis
zu 30 Sekunden, d.h. so lange, bis ausgelöst wird.
Diese Speicherautomatik ist in der Handhabung ganz
einfach. Sie ist ein besonderes Merkmal der Leica R-
Modelle, erweitert die kreative Bildgestaltung entscheidend und schafft Möglichkeiten, von denen man
keine Vorstellung hatte, solange die technischen Voraussetzungen dazu fehlten. In Ausnahmefällen, wo
eine zeitlich begrenzte Meßwertspeicherung nicht ausreicht, kann die Belichtungszeit manuell eingestellt
werden.

Kontrolle durch Umschalten

Beide Belichtungs-Meßmethoden, integral und selektiv, haben ihre Vorteile, aber auch ihre Schwächen! Die
integrale Belichtungsmessung ist einfach anzuwenden
und deshalb äußerst bequem und vor allem sehr
schnell – normale Motive vorausgesetzt! Die selektive
Belichtungsmessung darf hingegen nur ganz gezielt
angewendet werden. Es ist vorher zu überlegen, wo
gemessen werden muß. Deshalb verlangt sie Erfahrung
und kostet ein wenig mehr an Zeit. Dann allerdings
meistert diese Meßmethode auch „schwierige Situationen".
In der Praxis wird der Fotograf nicht selten zu entscheiden haben, welche der beiden Meßmethoden
anzuwenden ist. Hier ist ein Umschalten von Selektiv
auf Integral und umgekehrt sehr hilfreich. Zeigen die
beiden Meßergebnisse dabei nämlich eine Differenz
von mehr als 0,5 EV, ist ein überlegtes, gezieltes Vorgehen erfolgversprechender – also die selektive
Belichtungsmessung empfehlenswert.

Mehrfeldmessung

Um die Vorteile der beiden Meßmethoden bei gleichzeitiger Minimierung ihrer Schwächen nutzen zu können, wurde für die Leica R8 die Mehrfeldmessung entwickelt. Dabei wird das ganze vom Objektiv erfaßte
Bildfeld in sechs Meßfelder aufgeteilt. Zwei davon sind
im Zentrum, die anderen zu den Ecken hin angeordnet.
Alle Meßfelder registrieren unabhängig voneinander
die Helligkeiten in ihren Sektoren. Durch die einzelnen, quasi selektiv ermittelten Meßdaten lassen sich
die Gesamthelligkeit des Bildes, die Verteilung unterschiedlicher Helligkeiten im Bild und deren Intensitätsunterschiede – der Kontrast – feststellen. Mit Hilfe
einer speziellen, von Leica entwickelten Software werden dadurch „Strukturen" erkennbar, die für bestimmte
Licht- und Motivsituationen charakteristisch sind.
Diese Strukturen bestimmen die Gewichtung, mit denen die gemessenen Daten im Mikroprozessor weiter
verarbeitet werden. Sie entscheiden auch darüber, ob
evtl. eine Belichtungskorrektur nötig ist und wenn ja,
in welcher Größenordnung.

Die einzelnen Arbeitsschritte bei der Mehrfeldmessung erfolgen in vier aufeinanderfolgenden Stufen:

- Messen
- Analysieren
- Erkennen
- Berechnen.

Beim Messen wird das ganze Bild von sechs Meßfeldern erfaßt, die unabhängig voneinander arbeiten. Die analogen Meßwerte werden in digitale umgewandelt. Durch die Analyse werden die maximale, die minimale und die durchschnittliche Helligkeit ermittelt. Außerdem lassen die Kontraste von Feld zu Feld, von oben zu unten, von rechts zu links, von der Mitte zu oben bzw. zu unten und zu den Seiten erkennen. Auch der maximale Kontrast wird registriert. Bereits auf Grund der analysierten Helligkeiten lassen sich

bestimmte Gruppen von Bildsituationen grob erkennen, wobei zunächst keine Eindeutigkeit erreicht werden muß, da Überlappungen mit benachbarten Gruppen zugelassen werden. Zum Beispiel ob bei Nacht, in Innenräumen oder außen bei geringer, mittlerer und großer Helligkeit fotografiert wird. Damit können die Licht- und Motivsituationen ermittelt werden, die gründlicher untersucht werden müssen. Mit zwei einfachen Bespielen kann das verdeutlicht werden: Bei großer Helligkeit kann z.B. vermutet werden, daß ein Schneefeld angemessen wird oder eine Gegenlichtsituation vorliegt. Der Grad der Übereinstimmung mit diesen Situationen muß aber noch näher untersucht werden. Auch im Hinblick darauf, ob Korrekturen nötig sind. Bei geringer Helligkeit handelt es sich dagegen wahrscheinlich um eine Nachtaufnahme. Der Grad der

***Abb. 61 a–d:** Überwiegend dunkle oder helle Motivanteile verfälschen das Meßergebnis bei integraler Belichtungsmessung und führen zu Über- oder Unterbelichtungen. Bei einer Mehrfeldmessung werden die Verteilung von «Hell» und «Dunkel» sowie deren Intensitätsunterschiede erfaßt.*

Mit Hilfe einer bei Leica entwickelten Software wird aus diesen Meßwerten die korrekte Belichtung ermittelt. Im Vergleich wird deutlich, in welchem Maße die Mehrfeldmessung bei kritischen Motiven das Meßergebnis optimiert. Links integrale Belichtungsmessung, rechts Mehrfeldmessung.

Übereinstimmung mit dieser oder einer anderen Situation muß ebenfalls noch untersucht werden. Eventuell sind auch hier Korrekturen sinnvoll.

Nur bei mittlerer Helligkeit werden bei geringen Kontrasten (unter einem Lichtwert) keine weiteren Untersuchungen durchgeführt. Da es sich mit an Sicherheit grenzender Wahrscheinlichkeit um ein ganz normales Motiv bei Tageslicht handelt, sind keine weiteren Ermittlungen nötig. Die Belichtungsmessung wird in diesem Fall bei einer mittenbetonten Großfeld-Integralmessung vorgenommen. Besteht zu einem gewissen Grad Übereinstimmung zu verschiedenen Situationen, werden alle dafür nötigen Belichtungsrechnungen durchgeführt. Sie erfolgen fließend, je nach Ausprägung der vermuteten Situationen, – z.B. viel Himmel oder wenig Himmel im Bild, starkes oder schwaches Gegenlicht – und mit unterschiedlicher Gewichtung der einzelnen Meßergebnisse. Extreme Helligkeit in einem der beiden oberen Meßfelder deutet z.B. auf eine Lichtquelle im Bild hin: bei mittlerer und größerer Helligkeit könnte es die Sonne sein, bei geringer Helligkeit ein Scheinwerfer. Hier wird von Fall zu Fall entschieden, ob der extrem hohe Meßwert bei der Berechnung völlig zu ignorieren oder das Ergebnis der Berechung entsprechend zu korrigieren ist. Für die endgültige Berechnung des Belichtungswertes werden dann alle vorherigen Berechnungen herangezogen und zwar anteilsmäßig entsprechend ihres Grades, mit denen sie der vermutlichen Situation am nächsten kommen. Mit anderen Worten, es erfolgt eine gewichtete Durchschnittsrechnung.

Im Gegensatz zu anderen Meßverfahren, bei denen die Meßdaten der einzelnen Felder mit in einer Datenbank abgespeicherten, schematischen Motivmustern verglichen werden, arbeitet das System der Leica R8-Mehrfeldmessung ohne starres Raster.

Die Leica R8 besitzt daher auch keine Datenbank im herkömmlichen Sinne. Ihr Meßsystem fragt vielmehr nach dem Grad der Übereinstimmung mit mehreren Situationen, also ohne eine bestimmte (starre) Übereinstimmung mit einer bestimmten Situation zu suchen oder gar zu verlangen. Es erfolgen zunächst Berechnungen für alle die Situationen, bei denen zu einem gewissen Grad Übereinstimmungen vorliegen. Bei der Abschlußberechnung werden dann die Ergebnisse mit großer Übereinstimmung auch stärker im Gesamtergebnis berücksichtigt.

Unabhängig von den durch die Messungen gewonnen Daten werden zum Abschluß auch verschiedene Parameter der Objektive mit in die Rechnung einbezogen, wie z.B. die Vignettierung bei der zur Anwendung kommenden Blende. Letztendlich wird aus allen Rechenvorgängen ein Ergebnis vorliegen, das mit sehr großer Wahrscheinlichkeit die richtige Belichtung garantiert. Aus Anwendersicht gesehen, ist die Mehrfeldmessung eine vom Computer optimierte Integralmessung, die die mittenbetonte Großfeld-Integralmessung weitgehend ersetzt. Zur Kontrolle und als Entscheidungshilfe für den Fotografen, welche der beiden Belichtungsmeßmethoden, integral oder (gezielt) selektiv, das bessere Meßergebnis versprechen, ist die „unbeeinflußte" Großfeld-Integralmessung allerdings vorzuziehen (siehe Seite 70). Sie wurde deshalb bei der Leica R8 beibehalten.

Obwohl mit der Mehrfeldmessung im Vergleich zur mittenbetonten Großfeld-Integralmessung auch bei kritischen Motiven eine wesentlich höhere Quote von richtig belichteten Bildern erreicht wird, folgt sie nicht in allen Fällen den individuellen Vorstellungen des Fotografen. Sie kann z.B. nicht wissen, wie er sich die Helligkeit bei der Wiedergabe einer bestimmten Szene wünscht, worauf er besonderen Wert legt und welche Kompromisse er einzugehen bereit ist, wenn z.B. bei hohen Kontrasten der Belichtungsspielraum eines Films nicht mehr ausreicht. Deshalb wird der erfahrene Fotograf auch in Zukunft nicht immer auf eine gezielte selektive Belichtungsmessung mit der Leica R8 verzichten können.

Besonders reizvoll: große Kontraste

In Fotobüchern wird oft der Rat gegeben, bei Motiven mit großen Kontrasten zunächst die hellsten Partien anzumessen und danach die dunkelsten (oder in umgekehrter Reihefolge), um anschließend aus beiden Meßwerten einen Mittelwert für die korrekte Belichtung zu bilden. Leider ist das Ergebnis meistens nicht befriedigend, weil in vielen Fällen der Kontrast zu groß ist. Er darf beim farbigen Papierbild nicht mehr als 4:1, also zwei Blendenstufen, beim Farbdia und Schwarzweiß-Film nicht mehr als knapp drei Blendenstufen (7:1) betragen. Größere Kontrastumfänge können im

Foto nicht wiedergegeben werden, wenn sowohl in den Lichtern (helle Partien) als auch in den Schatten (dunkle Partien) noch Differenzierungen vorhanden sein sollen. Schwarzweiß-Filme können einen geringfügig größeren Helligkeitsumfang verkraften, wenn sie entsprechend «weich» entwickelt werden (siehe Seite 296). Weist das Motiv einen sehr großen Kontrastumfang auf, muß man sich entscheiden, welche Partien bildwichtig sind, d.h. selektiv angemessen werden und wo auf die Differenzierungen im Detail verzichtet werden kann. Viele gute Fotos leben von solchen großen Lichtgegensätzen. Erinnert sei nur an Gegenlichtaufnahmen, an Aufnahmen, bei denen die Sonne scheinwerferartig einzelne Bildpartien beleuchtet, an Situationen in Innenräumen, bei denen gegen eine helle Fensterfläche fotografiert wird, an Ausblicke durch Torbögen oder an Aufnahmen mit starken Lichtquellen im Bild. Mit der Selektivmessung lassen sich bei diesen Beispielen jeweils die Motiv-Details anmessen, die bildwichtig sind und die den mittleren Grauwert repräsentieren. Die gezielte Belichtungsmessung setzt allerdings auch voraus, daß sich der Fotograf mit den Besonderheiten der Filme, der Filmentwicklung und der Beleuchtung auseinandersetzt. Beherrscht er die Spielregeln, kann er die gestalterischen Möglichkeiten des Lichtes durch die Selektivmessung voll nutzen.

Ersatzmessung

In der fotografischen Praxis zeigt sich, daß es gelegentlich auch Situationen gibt, in denen selbst die «Tele-Wirkung» der Selektivmessung nicht ausreicht, um die Belichtung exakt zu bestimmen, weil das anzumessende Objekt zu klein abgebildet wird und man nicht näher herankommen kann, oder weil z.B. bei einem sich bewegenden Objekt keine Zeit mehr bleibt, die Belichtungszeit zu bestimmen, wenn es auftaucht. In solchen Fällen nimmt man eine Ersatzmessung vor. Darunter versteht man, daß anstelle des anzumessenden Motiv-Details ein Ersatzobjekt unter den gleichen Beleuchtungsverhältnissen angemessen wird. Praktiker unter den Fotografen verwenden als Ersatzobjekt gerne die Innenfläche ihrer eigenen Hand. Bei seitlichem Licht, wenn sich innerhalb der Handfläche Schatten bilden, ist diese Methode ausgezeichnet. Bei direktem

Abb. 62: Bei dieser Bildserie wurde die Belichtungsautomatik abgeschaltet, weil der aufgewirbelte, helle Staub sonst die Meßergebnisse bei der zweiten und dritten Aufnahme verfälscht hätte und Unterbelichtungen die Folge gewesen wären. Immer dann, wenn sich das Reflexionsvermögen des Objektes während der Aufnahmeserie verändert und keine Zeit mehr bleibt, gezielt zu messen, ist diese Arbeitsweise angebracht.

Auflicht, wenn sich keine Schatten bilden können, muß eine Korrektur um einen knappen halben Belichtungswert vorgenommen werden, da Hauttöne etwas mehr als 18% des einfallenden Lichtes reflektieren! Im Leica Pass, der zum Lieferumfang der Leica R gehört, ist eine graue Doppelseite zur Bestimmung der Belichtung enthalten. Wie die im Foto-Fachhandel erhältlichen Graukarten besitzt dieses Grau einen Reflexionsgrad von 18%. Die weiße Rückseite der von Kodak gelieferten, grauen „Neutral-Testkarte" reflektiert 90%, ist also 5x heller. Bei besonders schlechten Lichtverhältnissen spricht damit eventuell noch der Belichtungsmesser an, wenn er ansonsten keine Reaktion mehr zeigt. Selbstverständlich kann die weiße Seite dieser Karte oder ein weißer, nicht glänzender Karton (Zeichenpapier) auch generell für eine Ersatzmessung benutzt werden. Da Weiß eine stärkere Reflexion besitzt, muß der Meßwert nur entsprechend korrigiert werden:

Korrekturen der Meßwerte bei Objektmessungen		
Objekthelligkeit	Kodak-Neutral-Testkarte	weißer Karton
hell	um 1/2 Blendenstufe knappen belichten	x3
normal	nach Meßwert belichten	x4–5
dunkel	um 1/2 Blendenstufe länger belichten	x6

Diese Tabelle berücksichtigt auch, daß helle Objekte ein wenig kürzer und dunkle Objekte ein wenig länger belichtet werden sollen als «normale» Objekte unter den gleichen Lichtbedingungen. Projizierte Diapositive wirken dadurch brillanter, und Negative lassen sich dann besser vergrößern.

Belichtungsmessung bei Nahaufnahmen

Die Benutzung einer Graukarte oder eines weißen Kartons ist besonders bei Nahaufnahmen zu empfehlen, da fast alle Objekte, die im Nahbereich fotografiert werden, keine ausgewogenen Anteile an hellen und dunklen Objekt-Details aufweisen, die zusammen 18% des Lichtes reflektieren. Im Vergleich zur Graukarte läßt sich übrigens leicht feststellen, ob ein Objekt vom mittleren Grauwert gravierend abweicht. Dazu gleich ein Beispiel: Soll eine Silbermünze (helles Objekt) auf

Abb. 63

dunklem Untergrund fotografiert werden (siehe Abb. 63), dann wird die Graukarte oder weißer Karton so nahe wie möglich an die Münze herangebracht (auf die Münze oder an deren Stelle gelegt) und angemessen. Wichtig ist, daß bei der Belichtungsmessung kein Schatten auf die Karte fällt. Der so gemessene Belichtungswert muß danach, entsprechend dem hellen Objekt, korrigiert werden:

Graukarte
gemessen: 1/30s bei Blende 8
Korrektur: 1/2 Blendenstufe knapper belichten
Exakte Belichtung: 1/30s bei Blende 8–11

Weißer Karton
gemessen: 1/125s Blende 8
Korrektur: x 3
Exakte Belichtung: 1/42s bei Blende 8 bzw. 1/30s bei Blende 8–11
Selbstverständlich wird im Nahbereich der notwendige Verlängerungsfaktor von der Belichtungsmessung durch das Objektiv automatisch mit berücksichtigt (siehe Seite 239).

Belichtungsmessung mit Foto-Filtern

Bei Verwendung von Farbfiltern wird der notwendige Verlängerungsfaktor im allgemeinen auch automatisch berücksichtigt. Die verschiedenen Filme haben aber in den einzelnen spektralen Bereichen eine unterschiedliche Empfindlichkeit. Bei dichteren und extremeren Filtern können deshalb Abweichungen gegenüber der gemessenen Zeit auftreten. So fordern z.B. Orange-Filter eine Verlängerung um etwa einen Blendenwert, Rot-Filter im Mittel um etwa zwei Blendenwerte. Bei Zirkular-Polarisationsfiltern, wie sie zur Leica geliefert werden, kann wie bei normalen Filtern gemessen und eingestellt werden (siehe Seite 260).

Belichtungsmessung ersetzt das Denken nicht

Für jede korrekte Belichtungsmessung sollte man prüfen, ob das Objekt der Norm entspricht oder nicht, ob der Meßwert vom Belichtungsmesser übernommen werden kann oder ob er im Hinblick auf Besonderheiten des Motivs korrigiert werden muß. Das setzt voraus, daß mitgedacht wird! «Blindes Vertrauen» kann bei schwierigen Lichtverhältnissen zu Fehlergebnissen führen. Die Betonung liegt bei dieser Feststellung auf «schwierigen Lichtverhältnissen». Wenn man nicht absolut sicher ist, ob die gewählte Meßmethode zum optimalen Ergebnis führt, wechselt man bei den Leica R-Modellen von der selektiven zur integralen Belichtungsmessung (oder umgekehrt). Ergeben sich dabei Meßdifferenzen von mehr als einem halben Meßwert, sollte man sein Vorgehen bei der Belichtungsmessung unbedingt überprüfen. Als Faustregel für die selektive Belichtungsmessung gilt: Messen Sie das, worauf Sie scharf einstellen. Messen Sie keine Extreme an. Also keine Objektdetails wie tiefe Schatten bzw. dunkle Farben oder helle Wolken und weiße Häuserwände. Dies führt immer zu Über- bzw. Unterbelichtung. Messen Sie Ausschnitte im Gesamtmotiv an, die sich aus vielen unterschiedlichen Objekthelligkeiten zusammensetzen. Messen Sie ein Motiv im Motiv an. Fast alle Motive weisen solche Partien auf. Als weitere praktische Faustregel für Aufnahmen bei strahlender Sonne sollte man sich merken:

Belichtungszeit für Blende 16 = $\dfrac{1}{\text{ASA}}$

(ASA ist die amerikanische Normzahl für die Filmempfindlichkeit = bei ISO-Angaben die Zahl vor dem Schrägstrich, siehe Seite 286). Das bedeutet beispielsweise beim Einsatz eines Films mit ISO 50/18° 1/50s bei Blende 16 oder bei Einsatz eines Films mit ISO 25/15° 1/25s bei Blende 16 etc. Andere Zeit-Blenden-Kombi-nationen lassen sich daraus leicht ableiten. In der Praxis heißt das z.B. für einen Kodachrome 25 bei Sonnenschein Blende 8/1/125s oder Blende 5,6/1/250s. Werden diese Werte bei der Belichtungsmessung nicht annähernd ermittelt, sollte man kontrollieren, ob vielleicht die gewählte Meßmethode (selektiv oder integral) nicht dem Objekt angepaßt wurde, ob vielleicht das angemessene Objektfeld bei selektiver Belichtungsmessung nicht dem mittleren Grauwert entspricht, ob vielleicht vergessen wurde, die richtige Filmempfindlichkeit einzustellen, ob vielleicht die Batterien erschöpft sind, ob vielleicht ... usw. Jeder ambitionierte Leica Fotograf sollte bewußt Erfahrungen sammeln und bei Außenaufnahmen auch einmal einen Film nur nach den Angaben des Film-Herstellers belichten. Also ohne Zuhilfenahme des Belichtungsmessers. Sofern die Wetterlage nicht extrem ist und die Aufnahmen nicht sehr früh am Morgen oder sehr spät am Abend entstehen, werden die meisten Fotos exzellent belichtet! Wer sich an die oben erwähnten Werte und an die dabei gemachten Erfahrungen hält, wer bei allen Aufnahmen erst die Belichtungszeit schätzt und dann mißt, bekommt sehr schnell ein Gespür für die «richtige Belichtung» und eine enorme Sicherheit bei allen Lichtsituationen. Darum «klickt» es förmlich bei routinierten Fotografen, wenn der Belichtungsmesser außergewöhnliche (falsche) Werte angibt. Durch die erwähnten Übungen steigert man die Schnelligkeit beim Fotografieren unter ungewöhnlichen Verhältnissen erheblich. Außerdem kann man durch die dabei gemachten Erfahrungen auch dann noch mit den mechanisch gebildeten Belichtungszeiten erfolgreich weiterarbeiten, wenn die Batterien einmal überraschend ausfallen sollten und neue nicht sofort zur Stelle sind.

Testbelichtung für optimale Ergebnisse

Die richtige Belichtung muß nicht unbedingt die optimale Belichtung sein! Das klingt zwar paradox, wird aber durch die Praxis bestätigt. Gezielte Über- oder Unterbelichtungen können z.B. die Stimmung in einem Bild verstärken und die Bildaussage damit verdeutlichen. Bei Diapositiven kommt es außerdem auch ein wenig auf den Verwendungszweck an. Dias für eine Großprojektion mit einer Schirmbildbreite von mehr als drei Metern wirken leuchtender, wenn sie reichlicher, d.h. ein wenig überbelichtet wurden. Dagegen bevorzugen Litho-Anstalten knapper belichtete (ein wenig unterbelichtete) Diapositive, wenn satte Farben im Druck gewünscht werden. In welchem Maße eine Über- oder Unterbelichtung möglich ist, hängt vom Filmtyp und vom Kontrast des Objektes ab. Auf entsprechende Testbelichtungen kann man deshalb nicht verzichten, wenn höchste Anforderungen an die Belichtungsergebnisse gestellt werden. Jeder Fotograf muß seine Ausrüstung mit seinem Film und mit seinem Labor «eintesten». So gesehen besteht kein Grund zur Reklamation beim Leica Kundendienst, wenn dem Belichtungsmesser für eine optimale Belichtung ein um plus/minus ±1 oder 2 Stufen von der Empfindlichkeitsangabe des Films abweichender ISO-Wert eingegeben werden muß (siehe Seite 286).

Leica Know-how macht's möglich

Der exakten Belichtung hat man schon immer bei allen Leica Modellen eine besondere Bedeutung beigemessen. Ob beim Abstimmen der Verschlußzeiten während der Fertigung, die sich von jeher immer in engeren Toleranzen bewegten, als es die Normen vorsehen, oder bei den konstruktiven Lösungen, denen jeweils bestimmte Merkmale eigen waren, die das Fotografieren bequemer und die Belichtung noch präziser werden ließen. Die erste Leicaflex besaß z.B. einen eingebauten CdS-Belichtungsmesser, der zwar noch nicht durchs Objektiv messen konnte, aber bereits einen praxisgerechten Meßwinkel von nur 27° aufwies. Damals nicht unbedingt eine Selbstverständlichkeit! Leicaflex SL/SL-Mot und Leicaflex SL2/SL2-Mot waren die ersten Spiegelreflexkameras mit exakt begrenzter selektiver Belichtungsmessung durch das Objektiv und genauer Anzeige des Meßfeldes im Sucher. Besonderes Aufsehen erregte dann die Leica R3 bei ihrer Vorstellung auf der photokina '76. Sie besitzt nämlich zwei verschiedene, umschaltbare Belichtungs-Meßmethoden: die Großfeld-Integralmessung, die sowohl dem Ungeübten als auch dem versierten Benutzer optimale Belichtungsergebnisse garantiert (sofern nicht extreme fotografische Aufgaben zu lösen sind), und die Selektivmessung mit exakt begrenztem Meßfeld für gezielte Ausschnitts-

messung. Letztere hatte sich seit vielen Jahren in der Leicaflex SL und SL2 auch unter schwierigen und extremen Bedingungen bewährt.

Unterschiedliche Meßzellen

Im Gegensatz zur Leica R3/R3-Mot, bei der die beiden Meßmethoden durch drei Cadmiumsulfid (CdS)-Fotowiderstände ermöglicht werden, besitzen die Modelle der Leica R4, die Leica R5, R-E, R6, R6.2 und R7 „nur" noch eine Silizium (Si)-Fotodiode für die Belichtungsmessung; die Leica R8 zwei. Die CdS-Fotowiderstände der Leica R3/R3-Mot sind sowohl am Pentaprisma (2) als auch im Boden der Kamera (1) angeordnet. Die Si-Fotodiode der Modelle Leica R4 bis Leica R7 ist, gegen Streulicht geschützt, im Boden unter dem Schwingspiegel plaziert. In diesem Punkt gleichen sie damit den Leicaflex SL-Modellen, die ebenfalls mit einer Meßzelle (CdS-Fotowiderstand), an etwa gleicher Stelle, ausgerüstet wurden. Im Gegensatz zur Leica R3/R3-Mot und den Leicaflex SL-Modellen, bei denen die Strahlengänge bei selektiver Belichtungsmessung nahezu identisch sind, ist die Lichtführung in den Modellen der Leica R4, in der Leica R5, R-E, R6, R6.2 und R7 jedoch anders gelöst worden. Durch einen neuartigen Fresnel-Reflektor mit 1345 Mikro-Reflektoren (ein Leica Patent) hinter dem teildurchlässigen Schwingspiegel und einer verschiebbaren Sammellinse vor der Si-Fotodiode konnten beide Meßmethoden mit einer Meßzelle verwirklicht werden. Von den beiden Si-Fotodioden für die Belichtungsmessung der Leica R8, ist eine – die Mehrfeld-Si-Fotodiode – im Kameraboden, die andere – für die Selektivmessung – direkt im Fresnel-Reflektor integriert. Dadurch entfällt die verschiebbare Sammellinse. Für die TTL-Blitzbelichtungsmessung sind in den Modellen Leica R5, R-E, R6, R6.2 und R7 jeweils eine zusätzliche Fotodiode im Kameraboden angeordnet, bei der Leica R8 sogar zwei.

Meßmethode + Betriebsart = Programm

Bei der Leica R6 und R6.2 sind die selektive Belichtungsmessung und die mittenbetonte Großfeld-Integralmessung zur manuellen Einstellung von Belichtungszeit und Blende frei wählbar. Auch bei den Leica R3-Modellen können Selektiv- oder Integralmessung zur manuellen Einstellung und zur Zeit-Automatik wahlweise benutzt werden. Dagegen sind beide Belichtungs-Meßmethoden bei den übrigen Leica R-Modellen bis R7 jeweils mit einer Betriebsart zu Programmen kombiniert. Wählbar sind bei diesen Modellen die Selektivmessung in Verbindung mit der manuellen Einstellung oder mit der Zeit-Automatik; die Integralmessung in Verbindung mit der Zeit-Automatik. Leica R4, R5 und R7 besitzen zusätzlich die Möglichkeiten, die Integralmessung mit der Programm- oder der Blenden-Automatik zu wählen.

Bei der Leica R8 können die drei Belichtungs-Meßmethoden – Selektiv-, Integral- und Mehrfeldmessung – mit allen Betriebsarten – manuelle Einstellung, Zeit-, Programm- und Blenden-Automatik – zu Programmen kombiniert werden.

Leica R3/R3-Mot: zwei Meß-methoden/automatisch und manuell

Bei der Leica R3/R3-Mot können die beiden Belichtungs-Meßmethoden, Selektiv- und mittenbetonte Großfeld-Integralmessung durch einfaches Umschalten mit der Zeit-Automatik oder mit manueller Einstellung der Belichtungszeit benutzt werden. Bei Automatik-Betrieb braucht man nur noch den Auslöser zu betätigen, wobei die jeweils automatisch gebildete Belichtungszeit – entsprechend der gewählten Blende – im Sucher angezeigt wird.

Für die Selektivmessung bei Automatik-Betrieb haben die Konstrukteure der Leica R außerdem etwas Besonderes entwickelt: die Meßwertspeicherung. Da sich der für die Belichtungsmessung repräsentative Bildausschnitt nicht immer in der Mitte des Motivs befindet, kann zunächst der Meßwert gespeichert und dann der gewünschte Bildausschnitt bestimmt werden. Das Speichern des Meßwertes geschieht durch Niederdrücken des Auslösers, d.h. durch Druckpunktnahme. Dieser Vorgang wird im Sucher durch die Ausschwenkbewegung des Meßzeigers angezeigt.

Bei manuellem Betrieb wird die gemessene Belichtungszeit zur gewählten Blende im Sucher angezeigt. Diese Belichtungszeit muß dann von der Hand auf den Zeit-

einstellring übertragen werden. Auch die von Hand eingestellte Belichtungszeit wird elektronisch gesteuert und kann im Sucher abgelesen werden. Da beide Meßmethoden und beide Betriebsarten in der Regel bei voller Öffnung der R-Objektive vorgenommen werden (Offenblenden-Messung), in besonderen Fällen aber auch bei Arbeitsblende benutzt werden können, z.B. im extremen Nahbereich mit Leitz-Photar-Objektiven oder bei Verwendung von Objektiven längster Brennweite, ergeben sich insgesamt acht verschiedene Möglichkeiten. Dem ausgefuchsten Fotografen wird sofort klar, welche enorme Vielfalt in der Anwendung ihm dadurch in die Hand gegeben wird.

Leica R4s/R4s Mod.2 und Leica R-E: Zeit-Automatik mit umschaltbarer-Belichtungsmessung

Die beiden jüngeren Schwestern der Leica R4 und die Leica R-E gehen auf Anregungen und Wünsche von Profis und Amateuren zurück, deren fotografische Arbeitsweise durch die Zeit-Automatik einer Kamera am effektivsten unterstützt wird. Auch für diese Fotografen spielen die Möglichkeiten der verschiedenen Belichtungs-Meßmethoden eine wichtige Rolle. Noch wichtiger ist jedoch, wie sie bedient werden können. Die einfache Speicherung des selektiven Meßwertes bei Automatik-Betrieb sowie das schnelle und sichere Wählen der Programme sind von entscheidender Bedeutung. Speicherung durch Druckpunktnahme am Kameraauslöser und Umschalten mit dem Programmwähler durch eine einfache Fingerbewegung – und damit ein blitzschnelles Umschalten von der einen auf die andere Meßmethode – gilt, wie bei allen anderen Leica R-Kameras, auch bei diesen Modellen als die ideale Lösung.

Bei der Leica R4s Mod.2 und der Leica R-E wird das Umschalten von integraler auf selektive Belichtungsmessung bei Zeit-Automatik durch eine spezielle Konstruktion der Taste des Programmwählers sogar erleichtert. Beim Wechsel von einer Belichtungs-Meßmethode zur anderen wird einfach auf «Anschlag» umgeschaltet. Ein Überfahren der Raststellung, und damit eine unbeabsichtigte Einstellung der manuellen Betriebsart, ist dabei ausgeschlossen. Diese Einstellung kann erst gewählt werden, wenn die Taste ein zweites Mal gedrückt wird.

Im Sucher der Kamera-Modelle werden die gewählten Programme durch LEDs angezeigt:

- **Ⓐ** Zeit-Automatik mit Selektivmessung
- **Ⓐ** Zeit-Automatik mit Großfeld-Integralmessung
- **ⓜ** manuelle Einstellung von Zeit und Blende mit Selektivmessung

Beim Speichern des Meßwertes verlischt das Symbol «Zeit-Automatik mit Selektivmessung» im Sucher. Die bei manueller Betriebsart selektiv gemessene und im Sucher angezeigte Belichtungszeit muß von Hand am Zeiteinstellring eingestellt werden. Bei der Leica R4s Mod.2 und der Leica R-E kann die eingestellte Zeit auch im Sucher abgelesen werden. Wie bei allen Leica R-Modellen ist neben der üblichen Offenblendenmessung die Arbeitsblendenmessung bei Objektiven ohne Springblenden-Automatik möglich.

Die Korrektur der Zeit-Automatik (Override) kann bei der Leica R4s Mod.2 und der Leica R-E besonders bequem, nämlich einhändig und mit einem Finger, bedient werden.

Leica R6 und Leica R6.2: manueller Belichtungsabgleich/ mechanisch gesteuerter Verschluß

Im Gegensatz zu allen anderen Leica R-Modellen besitzen Leica R6/R6.2 einen mechanisch gesteuerten Verschluß. Sie beweisen damit, daß die moderne Belichtungsmessung mit zwei umschaltbaren Belichtungs-Meßmethoden nicht im Widerspruch zu einer Batterieunabhängigen Verschlußsteuerung mit manueller Bedienung stehen muß.

Die Philosophie der Leica Camera AG, nicht das technisch Machbare, sondern das für das Fotografieren Sinnvolle in einer Kamera zu vereinen, wurde hier konsequent umgesetzt. Damit verkörpern Leica R6/6.2 wie keine andere Leica R-Kamera die Konzentration auf das für die fotografische Praxis Wesentliche.

Belichtungszeit und Blende müssen generell von Hand eingestellt werden. Der Zeiteinstellring der Leica R6/6.2 ist deshalb – wie bei der Leica R7 – ein wenig höher als bei allen anderen R-Modellen, und daher noch griffiger. Die korrekte Belichtung wird durch ei-

nen Abgleich von Belichtungszeit und Blende ermittelt. Das geschieht mit Hilfe einer im Sucher angeordneten Lichtwaage, die aus drei LEDs besteht. Die eingestellte Belichtungszeit und Blende sind im Sucher selbst bei absoluter Dunkelheit abzulesen, da sie zusätzlich beleuchtet werden können (siehe Seite 63). Bei optimalem Abgleich leuchtet die mittlere, runde LED der Lichtwaage. Sind Korrekturen nötig, werden diese jeweils durch eine LED links oder rechts davon angezeigt. Die als Pfeile ausgebildeten, seitlichen LEDs zeigen dabei die Richtung an, in die der Objektiv-Blendenring und/oder der Zeiteinstellring der Kamera gedreht werden muß. Mit den drei LEDs der Lichtwaage

Abb. 64: *Bei der Leica R6, R6.2 und Leica R7 ist der Zeiteinstellring etwas höher, damit er beim Abgleich des Belichtungsmessers gut zu bedienen ist.*

und der zusätzlichen Plus-/Minus-Kennzeichnung der beiden äußeren LEDs können auch Über- und Unterbelichtungen erkannt bzw. bewußt eingestellt werden:

▶ = Unterbelichtung von mindestens einer Blendenstufe. Drehrichtung nach rechts nötig

▶ ● = Unterbelichtung von 1/2 Blendenstufe.Drehrichtung nach rechts nötig

● = richtige Belichtung

● ◀ = Überbelichtung von 1/2 Blendenstufe. Drehrichtung nach links nötig

◀ = Überbelichtung von mindestens einer Blendenstufe. Drehrichtung nach links nötig

Der von den anderen Leica R-Modellen bekannte Programmwähler übernimmt bei der Leica R6/R6.2 als

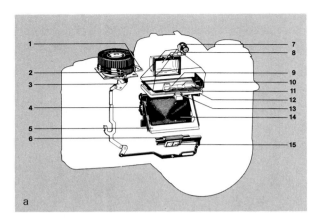

a

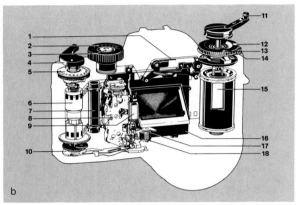

b

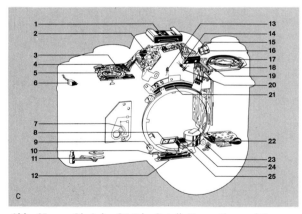

c

Abb. 65 a: *Optik für Sucher und Belichtungsmesser. 1 = Integral/Selektiv-Anzeige und «OFF»; 2 = Belichtungsmeßmethode (selektive oder integrale Belichtungsmessung) mit Sperrtaste; Abschaltung des Belichtungsmessers; 3 = Umschalter für selektive/integrale Belichtungsmessung; 4 = Mechanische Kopplung von Schwingspiegelträger und schwenkbarem Fresnel-Reflektor; 5 = Spiegelträger und teildurchlässiger Schwingspiegel mit 17 Schichten; 6 = Schieber mit Sammellinse für selektive Belichtungsmessung; 7 = Einstellrad für Okularverstellung; 8 = bewegliche Okularlinse; 9 = Umlenkprisma für Zeitanzeige; 10 = Umlenkprisma für Blendenanzeige; 11 = Umlenkprisma für Lichtwaage sowie für die Anzeigen von Blitzbereitschaft und gewählter Belichtungsmeßmethode (selektiv oder integral); 12 = Einstellscheibenhalterung; 13 = auswechselbare Einstellscheibe; 14 = Fresnel-Reflektor mit 1345 Mikro-Reflektoren; 15 = Silizium-Fotodioden für Belichtungsmessung und Blitzbelichtungsmessung*

Abb. 65 b: *Mechanik für Filmtransport und Verschluß. 1 = Anzeigeband für eingestellte Belichtungszeit; 2 = Zeiteinstellring; 3 = Auslöser mit Drahtauslöseranschluß; 4 = Schnellschalthebel; 5 = Bildzählwerk; 6 = Filmaufwickelspule; 7 = Filmtransportwalze; 8 = Verschlußgetriebe; 9 = pneumatische Bremse; 10 = Schaltgetriebe für Filmtransport; 11 = Rückspulkurbel; 12 = Anzeige für Meßwertkorrektur (Override); 13 = Anzeige für Filmempfindlichkeit; 14 = Einstellhebel für Meßwertkorrektur; 15 = Filmpatronensichtfester in der auswechselbaren Rückwand; 16 = Metallamellen-Schlitzverschluß; 17 = Getriebe für Schwingspiegel und Spiegelvorauslösung; 18 = Rückstellgetriebe für Spiegel und Blende*

Abb. 65 c: *Elektronik für Belichtungsmesser, Selbstauslöser und Sucheranzeigen. 1 = Mittenkontakt (X) mit Kontakten für systemkonforme Elektronenblitzgeräte; 2 = Leiterband mit Bauteilen; 3 = Schleiferbahnen und Widerstände für Zeitangabe zum Abgleich des Belichtungsmessers; 4 = Schleiferbahnen für Integral/Selektiv-Umschaltung; 5 = Bestromungskontakt; 6 = Abschalter für Motor-Winder und Motor-Drive; 7 = Schleiferbahnen für Selbstauslöser; 8 = Silizium-Fotodioden für Belichtungsmessung und Blitzbelichtungsmessung; 9 = Führungsrollen für Blendensteuerringe; 10 = Auslösesperrschalter; 11 = Startschalter für Motor-Winder und Motor-Drive; 12 = Fremdversorgungsschalter; 13 = LED für Zeitenskala-Beleuchtung; 14 = LED für Selbstauslöser; 15 = LED für Lichtwaage und Symbolanzeigen; 16 = Blitzkontaktbuchse; 17 = Schleiferbahnen für Filmempfindlichkeitseinstellung; 18 = Schleiferbahnen für Meßwertkorrekturschalter (Override); 19 = LED für Batterietest; 20 = LED für Blendenskala-Beleuchtung; 21 = Potentiometer für Blendeneingabe; 22 = Leiterplatte mit Einstellreglern; 23 = Schalter für Zeiten- und Blendenskala-Beleuchtung; 24 = Batterien (2 x 1,5 V); 25 = Auslösemagnet für Selbstauslöser und Motorbetrieb.*

Abb. 65 a–c: *Die Leica R6.2 im Detail. Konzeption und Konstruktion der manuell zu bedienenden und mechanisch gesteuerten Leica R6.2 sind auf höchste fotografische Anforderungen ausgerichtet. Optische Höchstleistung, präzise Mechanik und sinnvolle Elektronik heißen die drei wichtigsten Bausteine, deren aufeinander abgestimmtes Zusammenwirken für eine hervorragende Anpassung an unterschiedliche fotografische Arbeitsbedingungen sorgt.*

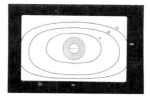

a   **b**

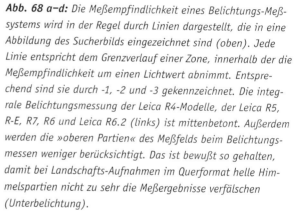

c   **d**

Abb. 68 a–d: *Die Meßempfindlichkeit eines Belichtungs-Meß-systems wird in der Regel durch Linien dargestellt, die in eine Abbildung des Sucherbilds eingezeichnet sind (oben). Jede Linie entspricht dem Grenzverlauf einer Zone, innerhalb der die Meßempfindlichkeit um einen Lichtwert abnimmt. Entsprechend sind sie durch -1, -2 und -3 gekennzeichnet. Die integrale Belichtungsmessung der Leica R4-Modelle, der Leica R5, R-E, R7, R6 und Leica R6.2 (links) ist mittenbetont. Außerdem werden die »oberen Partien« des Meßfelds beim Belichtungsmessen weniger berücksichtigt. Das ist bewußt so gehalten, damit bei Landschafts-Aufnahmen im Querformat helle Himmelspartien nicht zu sehr die Meßergebnisse verfälschen (Unterbelichtung).*

Das nach DIN definierte Meßfeld für die selektive Belichtungsmessung der Leica R4-Modelle, der Leica R5, R-E, R7, R6 und Leica R6.2 (rechts) ist sehr genau zum großen zentralen Kreis der Einstellscheiben ausgerichtet. Erst dadurch wird eine gezielte und damit exakte selektive Belichtungsmessung möglich. Die Empfindlichkeitsverteilung im Bildfeld läßt sich auch mit Hilfe moderner Computertechnik dreidimensional darstellen. Die höchste »Erhebung« entspricht dabei der höchsten Empfindlichkeit (unten).

Abb. 66: *Blitzschnell mit einem Finger werden bei den Leica R4-Modellen, R5, R-E, R6, R6.2 und Leica R7 das Programm gewählt oder von selektive auf integrale Belichtungsmessung umgeschaltet.*

Abb. 67: *Der von Leica Konstrukteuren entwickelte und patentierte Fresnel-Reflektor mit 1345 Mikro-Reflektoren in 1,7facher Vergrößerung (Abb. links). Daneben das Prinzip der selektiven (Mitte) und integralen Belichtungsmessung (rechts) bei den Kamera-Modellen Leica R4 bis R7.*

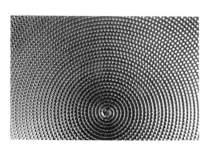
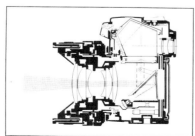
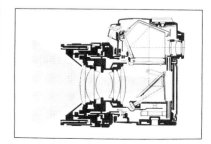

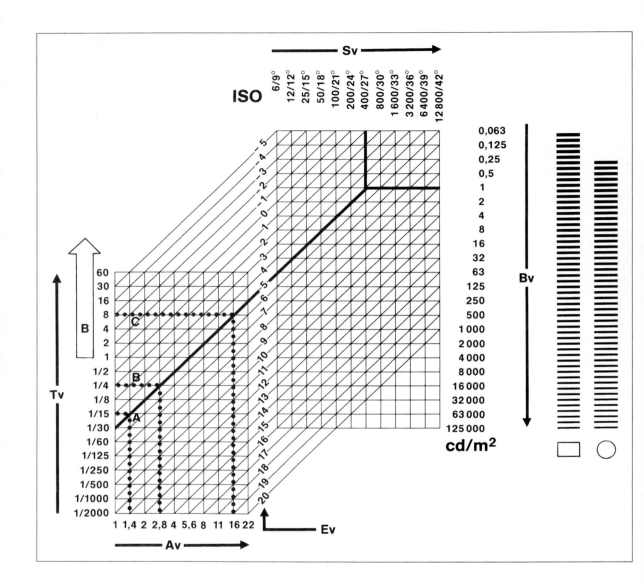

Wahlschalter die Umschaltung von selektiver auf integrale Belichtungsmessung (und umgekehrt) auf Anschlag. Durch einen zusätzlichen Druck auf die Sperrtaste dieses Wahlschalters kann von der Einstellung bei selektiver Belichtungsmessung auf «OFF» geschaltet werden. Damit sind der Belichtungsmesser, die LED-Anzeigen im Sucher, die LED der Batteriekontrolle und die auf Wunsch zuschaltbare Beleuchtung für die in den Sucher eingespiegelten Werte der eingestellten Belichtungszeit und Blende ausgeschaltet. Die von

elektronischen Verschlußsteuerungen her bekannte Möglichkeit der Belichtungskorrektur mittels override wird bei der Leica R6/6.2 vorrangig für die automatische TTL-Blitzbelichtungsmessung benötigt. Bei normaler Belichtungsmessung sind Korrekturen in der Regel einfacher und schneller durch Verstellen des Zeiteinstellknopfs oder des Blendeneinstellrings durchzuführen. Arbeitsblendenmessung, z.B. mit Objektiven ohne Springblenden-Mechanismus, sind selbstverständlich auch möglich.

Abb. 69: *Arbeitsdiagramm des Belichtungsmessers der Leica R6.2*

Wie bei derartigen Diagrammen üblich, sind auch in dieser Darstellung die Angaben zu den Arbeitsbereichen von Kamera und Objektiven links, die der Filmempfindlichkeit und des Belichtungsmesser-Meßbereiches rechts abzulesen. Dazwischen liegen die Belichtungswerte (Ev). Der Langzeitbereich, länger als eine Sekunde, wird durch den Pfeil (B) symbolisch dargestellt.

Dieses Beispiel zeigt, daß bei wenig Licht (1 cd/m²) mit einem hochempfindlichen Film (ISO 400/27°) bei voller Öffnung des Objektivs Summilux-R (Blende 1,4) eine Belichtungszeit von 1/15s für eine korrekte Belichtung erforderlich ist (gepunktete Linie A). An den entsprechenden Einstellringen von Objektiv und Kamera sowie im Sucher der Leica R6.2 lassen sich diese Belichtungszeit- und Blendenwerte ablesen, nachdem mit Hilfe der Lichtwaage ein Abgleich stattgefunden hat.

Wird das Objektiv auf Blende 2,8 abgeblendet, muß unter sonst gleichen Bedingungen (Ev 5) mit 1/4s belichtet werden (gepunktete Linie B). Auch diese Werte sind nach erfolgtem Abgleich abzulesen.

Wird die kleinste Blende am Objektiv eingestellt (Blende 16), so kann die damit korrespondierende Belichtungszeit weder direkt eingestellt noch abgelesen werden. Auch ein Abgleich mittels Lichtwaage ist nicht mehr möglich. Es leuchtet lediglich die linke Dreieck-LED der Lichtwaage im Sucher. In einer solchen Situation wird die korrekte Belichtung durch eine einfache Hochrechnung ermittelt: Beim letzten noch möglichen Abgleich wird bei diesem Beispiel Blende 5,6 und eine Sekunde angezeigt. Das entspricht bei Blende 8 einer Belichtungszeit von 2 Sekunden oder Blende 11 = 4 Sekunden oder Blende 16 = 8 Sekunden (punktierte Linie C). Bei Einstellung »B« am Zeiteinstellring kann dann diese Langzeitbelichtung erfolgen.

Leica R4, R5 und R7: fünf Programme/zwei Belichtungs-Meßmethoden

Die Vielfältigkeit der Leica R3/R3-Mot noch weiter auszubauen und trotzdem unkompliziert in der Bedienung zu bleiben, schien zunächst undenkbar. Bis sich die Konstrukteure etwas Außerordentliches einfallen ließen: die fünf Programme der Leica R4, R5 und R7. Das sind die Kombinationen der umschaltbaren Belichtungs-Meßmethoden mit den Betriebsarten Zeit-Automatik, Blenden-Automatik, Programm-Automatik und manuelle Einstellung. Streng auf die fotografischen Belange ausgerichtet, lassen sich fünf optimale Möglichkeiten für die Praxis daraus ableiten:

- Ⓐ Zeit-Automatik mit Selektivmessung
- Ⓐ Zeit-Automatik mit Großfeld-Integralmessung
- Ⓣ Blenden-Automatik mit Großfeld-Integralmessung
- Ⓟ Programm-Automatik mit Großfeld-Integralmessung
- Ⓜ manuelle Einstellung von Zeit und Blende mit Selektivmessung

Diese Programme können durch den unter dem Zeiteinstellring angeordneten Programmwähler blitzschnell mit dem Zeigefinger der rechten Hand eingestellt werden. Auch wenn man die Kamera am Auge hat! Dabei wird automatisch eine Sperrtaste gelöst und die Leica R4/R5 eingeschaltet. Durch aufleuchtende LEDs erkennt man dann im Sucher, welches Programm gewählt wurde. Das einfache Umschalten auf verschiedene Programme ist u.a. deshalb wichtig, weil man damit schnell von selektiver auf integrale Belichtungsmessung umschalten kann, z.B. um zu kontrollieren, ob die gerade benutzte Meßmethode auch zu einer optimal belichteten Aufnahme führt (siehe Seite 78).

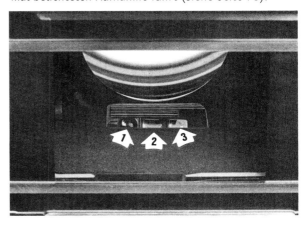

Abb. 70: *Meßzellen und Optik für die Belichtungs- und Blitzbelichtungsmessung sind im Kameraboden der Leica R7, R5, R-E, R6 und R6.2 an streulichtgeschützter Stelle untergebracht. Bei selektiver Belichtungsmessung wird die Sammellinse (1) vor die Silizium-Fotodiode (2) für die beiden Belichtungsmeßmethoden geschoben. Daneben ist die Meßzelle für die TTL-Blitzbelichtungsmessung (3) angeordnet.*

Leica R8: vier Betriebsarten/ drei Belichtungs-Meßmethoden

Die Idee von Leica, dem Fotografen in seiner Kamera stets ein präzise arbeitendes Belichtungs-Meßsystem mit darauf abgestimmten, praxisorientierten Betriebsarten anzubieten, läßt sich anhand der Kamera-Modelle ablesen – von der Leicaflex bis zur Leica R8. Jeweils dem Stand der Technik von Elektronik, Optik und Mechanik entsprechend wurden konstruktive Lösungen gefunden, die es dem Fotografen erlaubten noch genauer, noch schneller und noch komfortabler zu arbeiten; sich den fotografischen Aufgaben und Situationen noch optimaler anzupassen. Die exakt begrenzte, selektive Belichtungsmessung und die Kombinationen von zwei verschiedenen Meßmethoden mit unterschiedlichen Betriebsarten zu Programmen, waren z.B. wegweisend für viele andere Kamerahersteller. Und mit einer Meßempfindlichkeit von -4 EV ist die Leica R8 derzeit (1999/2000) die empfindlichste Spiegelreflexkamera des Marktes. Außerdem wurde die Leica R8, zusätzlich zur selektiv- und mittenbetonten Großfeld-Integralmessung mit einer Mehrfeldmessung ausgestattet. Die vier Betriebsarten, manuelle Einstellung von Belichtungszeit und Blende, Zeit-Automatik, Blenden-Automatik und Programm-Automatik, sind mit diesen drei Belichtungs-Meßmethoden nicht „zwangsgekoppelt". Das bedeutet, jede Betriebsart kann mit jeder Belichtungs-Meßmethode kombiniert werden.

Abb. 71: Mit einer kleinen Fingerbewegung erfolgt die Wahl der Meßmethode – selektiv, Mehrfeld oder mittenbetont integral – bei der Leica R8. Unabhängig von den eingestellten Betriebsarten.

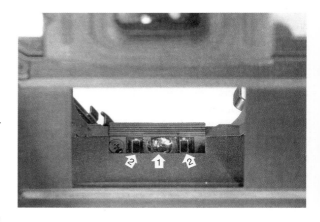

Abb. 72: Die Mehrfeld-Si-Fotodiode (1) ist im Kameraboden der Leica R8 positioniert. Gegen Streulicht geschützt. Links und rechts davon sind die beiden Si-Fotodioden für die TTL-Blitzbelichtungsmessung (2) angeordnet.

Dabei wird die jeweilige Betriebsart über einen separaten Betriebsartenwähler eingestellt, der auf der linken Seite der Deckkappe integriert ist und sich mit dem Zeigefinger der linken Hand bequem und, wenn es sein muß, schnell bedienen läßt. Die Wahl der Belichtungs-Meßmethode erfolgt, wie von den anderen Leica R-Modellen her gewohnt, mit einem Wahlhebel unterhalb des Zeiteinstellrings. Die gewohnten Symbole für selektive und integrale Belichtungsmessung, Kreis bzw. Punkt und Rechteck, wurden beibehalten und durch ein neues Symbol, eine Kombination von Punkt und Recht-

Abb. 73: Der hinter den teildurchlässigen Schwingspiegel der Leica R8 angeordnete Fresnel-Reflektor lenkt das Licht auf die Mehrfeld-Si-Fotodiode. Außerdem trägt er die Si-Fotodiode für die selektive Belichtungs- und Blitzlichtmessung.

eck, für die Mehrfeldmessung ergänzt. Die Anzeigen für die Betriebsarten erfolgen separat davon mit den von den anderen Modellen her bekannten Buchstaben «m», «A», «T» und «P». Mit der Trennung von Betriebsarten und Belichtungs-Meßmethoden bei der Leica R8 sind sowohl die Möglichkeiten als auch die Schnelligkeit, sich an die fotografischen Gegebenheiten optimal anzupassen, enorm gewachsen, ohne daß die Bedienung der Kamera dadurch komplizierter wurde. Durch die freie Wahl von Betriebsart und Belichtungs-Meßmethode entstehen zwölf Programme.

Wann welches Programm

Bei fast jedem Foto-Motiv wird entweder die Belichtungszeit oder die Blende als Mittel der Bildgestaltung eingesetzt. Um z.B. bei schnellen Bewegungen konturenscharfe Abbildungen zu erhalten, wird man eine kurze Belichtungszeit wählen, der die Objektiv-Blende – den Lichtverhältnissen entsprechend – angepaßt wird. Entweder manuell von Hand oder durch die Blenden-Automatik gesteuert. Umgekehrt wählt man z.B. die Blende vor, wenn das Motiv eine entsprechende Schärfentiefe in der Abbildung verlangt. Dann wird die Belichtungszeit der Objektivöffnung angepaßt. Ebenfalls manuell oder automatisch (Zeit-Automatik). An diesen Beispielen wird deutlich, daß die Belich-

tungszeit bei bewegten Objekten von ausschlaggebender Bedeutung ist. Sie besitzt Priorität und wird deshalb fix eingestellt (vorgewählt), während die Blende von sekundärer Bedeutung ist und nur zur Regelung einer optimalen Belichtung dient. Bei statischen Motiven, wie z.B. Landschaften und Architekturen, bei denen vor allem die Schärfentiefe zur Bildgestaltung herangezogen wird, ist das umgekehrt. Priorität besitzt die Blende. Sie wird deshalb vorgewählt, während die für eine richtige Belichtung erforderliche Lichtmenge durch die Belichtungszeit reguliert wird.

Die Betriebsarten der Leica R4-Modelle, der Leica R5, R-E, R7 und R8 werden übrigens mit dem Anfangsbuchstaben der englischen Bezeichnungen dieser Prioritäten gekennzeichnet: «T» für Time-Priority (Time = Zeit, also Belichtungszeit vorwählen) und «A» für Aperture-Priority (Aperture = Öffnung, also Blende vorwählen). «P» heißt Programm-Automatik = Belichtungszeit und Blende bilden sich automatisch, und «m» steht für manuelle Einstellung von Belichtungszeit und Blende. Die Belichtungs-Meßmethoden werden durch Symbole dargestellt:

○ oder ● = Selektivmessung
□ oder ■ = mittenbetonte Großfeld Integralmessung
    ⊡   = Mehrfeldmessung

Beide, der Buchstabe für die Betriebsart und das Symbol für die Meßmethode kennzeichnen das jeweils gewählte Programm bei allen Leica R4-Modellen, der

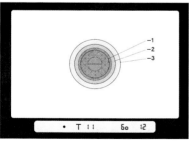

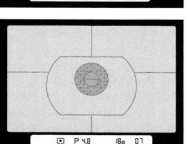

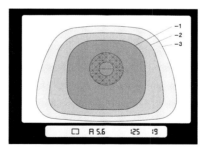

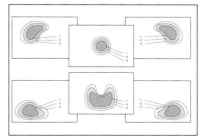

Abb. 74 a u. b: Die Meßempfindlichkeit des Belichtungs-Meßsystems der Leica R8. Links: Meßfeld bei selektiver Belichtungsmessung; rechts: Meßfeld der mittenbetonten Großfeld-Integralmessung.

Abb. 75 a u. b: Da sich alle Meßfelder bei der Mehrfeldmessung ein wenig «überlappen», wurde neben einer schematischen Darstellung (links) auch die Meßempfindlichkeit jedes einzelnen Meßfeldes dargestellt (rechts). Die sechs Meßfelder werden durch die Si-Mehrfeld-Fotodiode und die Si-Fotodiode für Selektiv- und Blitzlichtmessung gebildet.

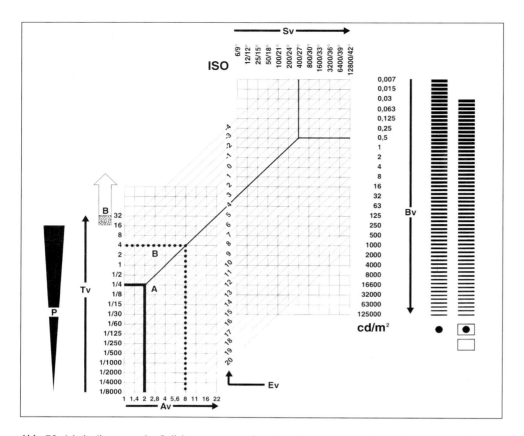

Abb. 76: *Arbeitsdiagramm des Belichtungsmessers der Leica R8. Die Angaben zum Meßbereich des Belichtungsmessers befinden sich auf der rechten Seite des Diagramms. Angabe zum Arbeitsbereich des Schlitzverschlusses und der Objektive befinden sich auf der linken Seite. Dazwischen sind Belichtungswerte (Ev = Exposure value) abzulesen. Der Helligkeitsumfang (Bv = Brightness value), der vom Meßbereich des Belichtungsmessers erfaßt wird, kann rechts im Diagramm in cd/m² abgelesen werden. Die bei selektiver (●) und integraler (▣) Meßmethode bzw. bei Mehrfeld-Messung unterschiedlichen Bereiche werden daneben symbolisch dargestellt. Oben werden die Filmempfindlichkeits-Einstellungen (Sv = Speed value) in ISO-Werten angeführt. Links im Diagramm erkennt man die Belichtungszeit-Angaben in Sekunden (Tv = Time value). Der Langzeitbereich, bei manueller Einstellung länger als 16 Sekunden, bzw. bei Automatik-Betrieb länger als 32 Sekunden, wird durch den mit »B« gekennzeichneten Pfeil symbolisch dargestellt. Daneben, ebenfalls durch ein Symbol (P) gekennzeichnet, ist der Einstellbereich der variablen Programm-Automatik abzulesen. Links unten werden die Blendenzahlen (Av = Aperture value) abgelesen.*

An einem Beispiel lassen sich die Zusammenhänge von Filmempfindlichkeit, Leuchtdichte (Helligkeit), Belichtungszeit und Blende erkennen. Von der Filmempfindlichkeitsangabe (ISO 400/27°) verfolgt man zunächst die senkrechte Linie bis zum Schnittpunkt der zur entsprechenden Leuchtdichte gehörenden waagerechten Linie. In diesem Beispiel sind das 0,5cd/m², was einer Helligkeit bei Nachtaufnahmen entspricht. Diagonal führt jetzt eine Linie bis auf eine der zum entsprechenden Blendenwert gehörenden senkrechten Linien (in diesem Beispiel Blende 2) und von dort waagerecht nach links weiter zu der damit korrespondierenden Belichtungszeit von ¹/₄ Sekunde (Beispiel A). Bei Zeit- und Blenden-Automatik wird jeweils einer dieser Werte automatisch gebildet. Im Verlauf der diagonalen Linienführung läßt sich auch der Belichtungswert (Ev 4) ablesen. Wird in gleicher Lichtsituation das Objektiv auf Blende 8 abgeblendet, so bildet sich bei Zeit-Automatik dazu die Belichtungszeit von vier Sekunden bzw. bei Blenden-Automatik die Blende 8, wenn eine Belichtungszeit von vier Sekunden vorgewählt wurde (Beispiel B). In gleicher Weise lassen sich auch alle anderen möglichen Kombinationen aus Blende und Belichtungszeit ablesen.

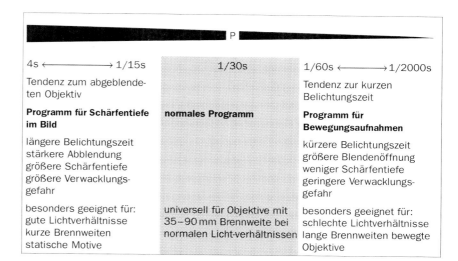

4s ⟵⟶ 1/15s	1/30s	1/60s ⟵⟶ 1/2000s
Tendenz zum abgeblendeten Objektiv		Tendenz zur kurzen Belichtungszeit
Programm für Schärfentiefe im Bild	**normales Programm**	**Programm für Bewegungsaufnahmen**
längere Belichtungszeit stärkere Abblendung größere Schärfentiefe größere Verwacklungsgefahr		kürzere Belichtungszeit größere Blendenöffnung weniger Schärfentiefe geringere Verwacklungsgefahr
besonders geeignet für: gute Lichtverhältnisse kurze Brennweiten statische Motive	universell für Objektive mit 35–90 mm Brennweite bei normalen Licht-verhältnissen	besonders geeignet für: schlechte Lichtverhältnisse lange Brennweiten bewegte Objektive

Abb. 77: *Charakteristik, Tendenz und Anwendung der variablen Programm-Automatik*

Leica R5, R-E, R7 und R8 und werden sowohl außen als auch im Sucher angezeigt. Bei den Leica R3-Modellen sowie bei Leica R6 und R6.2 werden für die Belichtungs-Meßmethoden die gleichen Symbole benutzt. Die Philosophie von Leitz und Leica, eine bewährte Technik nur dann abzulösen, sie zu verändern oder ihr etwas hinzuzufügen, wenn dadurch die „Bildleistung" verbessert oder unter Beibehaltung dieser Leistung die Kamera sicherer oder ihre Bedienung schneller und komfortabler gestaltet werden kann, wurde bis heute beibehalten. Daß gute Fotografen nur mit selektiver Belichtungsmessung und manueller Einstellung hervorragende Fotos schufen ist bekannt, daß die Automatik für viele Benutzer das Fotografieren einfacher macht ist auch kein Geheimnis. Und obwohl mit der Leica R8 zwölf verschiedene Programme gewählt werden können, zeigt die fotografische Praxis, daß eine sinnvolle Anwendung sich meistens nur auf wenige beschränkt. Nachfolgend die Programm-Empfehlungen des Autors für die Multi-Automaten Leica R4, R5, R7 und R8:

⊡ oder P + ⊡
Der originelle Schnappschuß verlangt eine schnelle Schußbereitschaft der Kamera. Was ist dafür besser geeignet als die Programm-Automatik, bei der Belichtungzeit und Blende automatisch gebildet werden und die Belichtungsmessung integral erfolgt? Dieses Programm «verführt» auch zum unbeschwerten Fotografieren. Selbst brillante Fototechniker und routinierte Fotografen können für normale Motive keine bessere

Kombination von Belichtungszeit und Blende wählen und die Belichtung exakter bestimmen als mit Großfeld-Integralmessung oder Mehrfeldmessung, wenn man einfach nur den Auslöser betätigt.
Ein besonderes Merkmal der Leica R5, R7 und R8 ist die variable Programm-Automatik. Dieses Programm gibt dem Fotografen die frei wählbare Präferenz für kurze Belichtungszeiten und große Blendenöffnung oder kleine Blendenöffnung bei längeren Belichtungszeiten. Je nach Motiv und Aufnahmebedingungen kann damit die Tendenz der Programm-Automatik optimal abgestimmt werden. Drei grundsätzlich verschiedene Varianten stehen dem Fotografen zur Verfügung:

Die normale Programm-Automatik

Die Einstellung am Zeiteinstellring auf «P» (1/30s), wird den meisten Motiven gerecht, die mit Objektiven von 35 bis 90 mm Brennweite bei normalen Lichtverhältnissen fotografiert werden.

Die Programm-Automatik für Schärfentiefe

Dieses Programm wird bei der Leica R8 durch eine Einstellung am Zeiteinstellring auf eine der Zahlen zwischen 16s und 15 = 16s bis 1/15s; bei der R5 zwischen 2 und 15 = 1/2s bis 1/15s, sowie bie der R7 zwischen 4s und 15 = 4s bis 1/15s gewählt. Weil Belichtungszeit und Blende bereits sehr früh im gleichen Maße gesteu-

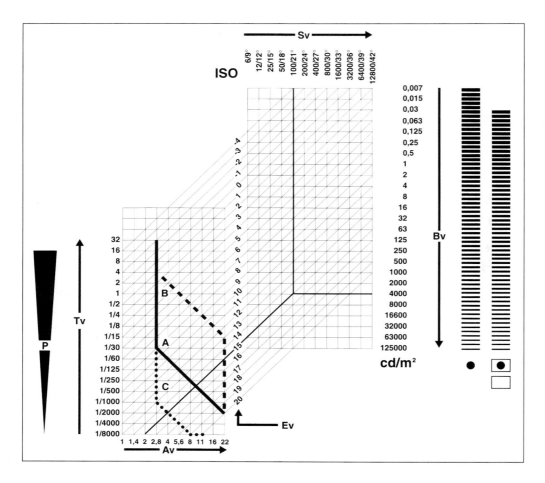

Abb. 78: *Arbeitsdiagramm der variablen Programm-Automatik. Die variable Programm-Automatik der Leica R8 ist abhängig von der vorgewählten Belichtungszeit, der eingestellten Filmempfindlichkeit und der Helligkeit. Aus dem Arbeitsdiagramm des Belichtungsmessers ist das ersichtlich (siehe Seite 88). Bei normalem Programm, d.h. Einstellung «P» (1/30s) am Zeiteinstellring, verkürzt sich mit zunehmender Helligkeit zunächst nur die Belichtungszeit, während das Objektiv, in diesem Beispiel mit der Lichtstärke 1:2,8, voll aufgeblendet bleibt. Ab dem vorgewählten Wert (1/30s) verändern sich dann Belichtungszeit und Blende in gleichem Maß (Linie A). Die Kombination von Belichtungszeit und Blende, die sich aus vorgegebener Filmempfindlichkeit und Helligkeit bildet, läßt sich im Arbeitsdiagramm mit Hilfe des Schnittpunktes ermitteln, der sich aus den sich kreuzenden Linien ergibt. In diesem Beispiel wird bei Verwendung eines Objektivs Apo-Elmarit-R 1:2,8/180 mm und eines Films mit einer Empfindlichkeit von ISO 100/21° bei 4000 cd/m², also bei strahlendem Sonnenschein,*

eine Belichtungszeit zwischen 1/250 und 1/500s bei Blende 8 bis 11 gebildet.

Durch die variable Programm-Automatik kann mit Hilfe des Zeiteinstellrings die Belichtungszeit gewählt werden, ab der sich diese zusammen mit der Blende verändert. Die gestrichelten Linien «B» und die punktierte Linie «C» zeigen zwei sehr unterschiedliche Beispiele dafür.

Gestrichelte Linie B: Mit gleichem Film bei gleicher Beleuchtung wird bei Einstellung des Zeiteinstellrings auf «4s» (Programm für Schärfentiefe) das Objektiv stärker als beim normalen Programm abgeblendet und dafür die Belichtungszeit verlängert = 1/60s bei Blende 22.

Punktierte Linie C: mit gleichem Film bei gleicher Beleuchtung dominieren bei Einstellung des Zeiteinstellrings auf «1/1000s» (Programm für Bewegungsaufnahmen) die kurzen Belichtungszeiten, während das Objektiv nur gering abgeblendet wird = 1/2000s bei Blende 4.

 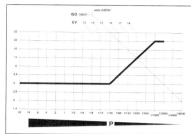 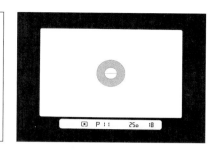

 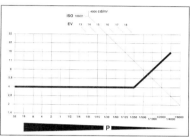 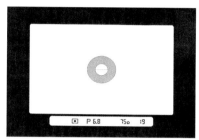

Abb. 79 a–f: Wie wichtig es ist, die Programm-Automatik va-riieren zu können, läßt sich an einem Beispiel aus der Praxis demonstrieren. In den Abbildungen ist links die jeweilige Ein-stellung am Zeiteinstellring dargestellt, in der Mitte zeigen die Diagramme, welche Kombinationen von Belichtungszeit und Blende gebildet werden, und rechts sind die entsprechenden Sucher-Anzeigen zu erkennen.
Oben: Wenn mit der Leica R8, einem Vario-Elmar-R 1:4/80–200 mm und einem Film mit der Empfindlichkeit von ISO 100/21° bei strahlendem Sonnenschein (4000 cd/m²) fotografiert wird,

bildet das normale Programm (Einstellung des Zeiteinstellrings auf «30» bzw. «P») bei Blende 11 eine Belichtungszeit von 1/250s. Diese Belichtungszeit kann bei einer Brennweiten-Einstellung von 200 mm von einem ungeübten Fotografen nicht verwacklungsfrei gehalten werden.
Unten: Wird die Zeiteinstellung dagegen auf «250» gestellt (Programm für Bewegungsaufnahmen), bildet sich bei geringe-rer Abblendung des Objektivs (Blende 5,6–8) eine dreimal kürzere Belichtungszeit (1/750s). Die Verwacklungsgefahr wird dadurch erheblich reduziert.

ert werden, tendiert dieses Programm zu einer raschen Abblendung des Objektivs. Gegenüber dem normalen Programm ist deshalb bei gleichen Voraussetzungen die automatisch gebildete Belichtungszeit länger, das Ob-jektiv wird stärker abgeblendet. Die Schärfentiefe ist dadurch größer. Allerdings wächst auch die Verwack-lungsgefahr. Das Programm für Schärfentiefe ist beson-ders geeignet für gute Lichtverhältnisse, kurze Brenn-weiten und statische Motive.

Die Programm-Automatik für Bewegungsaufnahmen

Dieses Programm favorisiert kurze Belichtungszeiten. Es wird durch eine Einstellung am Zeiteinstellring auf eine der Zahlen zwischen 60 und der kürzesten ein-stellbaren Belichtungszeit gewählt. Zum Beispiel bei

der Leica R8 zwischen 60 und 8000 = 1/60s bis 1/8000s. Weil dadurch zunächst nur die Belichtungs-zeiten gesteuert werden, während das Objektiv voll aufgeblendet bleibt, ist bei dieser Einstellung die Ver-wacklungsgefahr gegenüber den beiden anderen Programmen geringer – allerdings auch die Schärfen-tiefe. Das Programm für Bewegungsaufnahmen ist besonders geeignet für schlechte Lichtverhältnisse, lange Brennweiten und bewegte Objekte.
Die Anpassung der vollautomatischen Steuerung von Belichtungszeit und Blende an die jeweilige Situation sowie an die Aufgabe und den Gestaltungswunsch des Fotografen machen die variable Programm-Automatik zur idealen Schnappschuß-Einstellung für das lebendi-ge Reportagebild. Damit ist dieses Programm aber auch ganz allgemein für ein unbeschwertes Fotografie-ren ideal – es gibt stets ein gut belichtetes Ergebnis.

A̲ oder A + 📷

Wenn der räumliche Eindruck des Fotos über die Bildwirkung des Motivs entscheidet, wie z.B. bei Land-
schafts- und Architektur-Aufnahmen, und die Objekthelligkeiten gleichmäßig im Bildfeld verteilt sind,
wählt man die Zeit-Automatik mit Großfeld-Integralmessung bzw. Mehrfeldmessung bei der Leica R8.
Die Schärfentiefe läßt sich dann bewußt durch die
Wahl der Blende steuern, d.h. man wählt die Blende
vor, und die Zeit-Automatik bildet dazu passend die
richtige Belichtungszeit. Bei der Leica R8 beispielsweise stufenlos von 32 bis 1/8000s.

Ⓐ oder A + ●

Bei sehr großen Kontrasten muß die Belichtungszeit
gezielt dort gemessen werden können, wo sich das
bildwichtige Objekt befindet. Mit der Meßwertspeicherung bei selektiver Belichtungsmessung ist das kein
Problem. Und weil das Bildwichtige oft erst durch das
Spiel mit der Schärfentiefe besonders hervorgehoben
werden kann, wie z.B. bei Porträt-Aufnahmen, ist die
Zeit-Automatik mit Selektivmessung bzw. Mehrfeldmessung bei der Leica R8 optimal dafür geeignet.
Die beiden Meßmethoden bei Zeit-Automatik, selektiv
und integral, können mit dem Programmwähler der
Leica R4s Mod.2 und der Leica R-E auf Anschlag eingestellt werden, d.h. man muß nicht darauf achten, daß
der Programmwähler einrastet.

T̲ oder T + 📷

Bei «schnellen Motiven» wird die Belichtungszeit als
Gestaltungsmittel eingesetzt. Beim Motorrad-Rennen
wird die Kamera z.B. mitgezogen, wenn die Belichtungszeit vorher mit 1/60s festgelegt wurde. Der dadurch «verrissen» wiedergegebene Hintergrund macht
erst das rasante Tempo im Foto sichtbar. Dagegen läßt
sich mit einer Belichtungszeit von 1/1000s der ent-
scheidende Höhepunkt im Bewegungsablauf eines Ak-
teurs konturenscharf festhalten. Dem Auge wird jetzt
sichtbar, was sonst im Moment der Bewegung verborgen bliebe. In beiden Fällen ist die Blenden-Automatik
das optimale Programm der Leica R4, R5, R7 und R8.
Die Belichlichtungszeit wird vorgewählt und die
Springblende der Leica R-Objektive automatisch stufenlos dazu gebildet. Und weil bei «schnellen Motiven»
keine Zeit für eine selektive Belichtungsmessung mit

Meßwertspeicherung bleibt wird die Blenden-
Automatik mit der Großfeld-Integralmessung bzw.
Mehrfeldmessung bei der R8 kombiniert.

ⓜ oder ●

Wer zur Lösung spezieller Aufgaben bewußt Belichtungszeit und Blende von Hand einstellt bzw. gezielt
einstellen muß, wird auch auf die Möglichkeit der
gezielten Belichtungsmessung nicht verzichten wollen.
Deshalb die Kombination der manuellen Einstellung
von Belichtungszeit und Blende mit der Selektivmessung: das ideale Programm für viele Foto-Profis,
für Fotoexperimente und außergewöhnliche Situationen, wie sie z.B. auch in Wissenschaft und Technik
vorkommen.

Die Blitz-Automatik, die in Verbindung mit den SCA-
Systemen bei der Leica R5, R-E, R7 und R8 eine
Blitzbelichtungsmessung durch das Objektiv erlaubt,
arbeitet bei allen Programmen (siehe Seite 331). Sie
ergänzt diese Programme in ihren Anwendungsmöglichkeiten ebenso wie die zusätzlich mögliche Arbeitsblendenmessung bei Zeitautomatik und manueller
Einstellung von Belichtungszeit und Blende, wenn z.B.
langbrennweitige R-Objektive ohne Springblende
benutzt werden. Für den Fotografen zählt in erster
Linie jedoch nicht die Vielzahl der Möglichkeiten, sondern deren Tauglichkeit beim Fotografieren! Die auf
die praktischen Belange der Fotografie ausgerichteten
fünf Programme der Leica R4, R5 und R7 sowie die
Möglichkeit bei der Leica R8 durch Kombination von
vier Betriebsarten mit drei Belichtungsmeßmethoden
zwölf Programme zu bilden, garantieren perfekte Bilder ohne technische Probleme!
Klar und unkompliziert muß die Bedienung sein, wenn
man lebendig fotografieren möchte. Aufgeräumt und
übersichtlich muß das Sucherbild sein, um den Bildaufbau beurteilen zu können. Eindeutig müssen die
Anzeigen im Sucher sein, damit man ständig die notwendige Kontrolle ausüben kann.
Im Sucher der Leica R4, R5, R7 und R8, werden deshalb «nur» die für das gewählte Programm benötigten
Informationen sichtbar. Sie lassen sich mit einem
Blick überschauen!

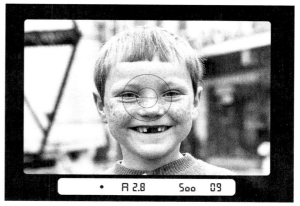

Abb. 80

Abb. 81

Variable Programm-Automatik der Leica R8

Zeit-Automatik der Leica R8

Es gibt Situationen, bei denen keine Zeit mehr bleibt, Belichtungszeit oder Blende vorzuwählen. Der lebendige Schnappschuß ist ein Beispiel dafür. Bei solchen Gelegenheiten hat man nur eine Chance, wenn die entsprechenden Einstellungen an Kamera und Objektiv bereits vorher vorgenommen wurden oder automatisch erfolgen. Wer mit der Leica R8 ständig «schußbereit» sein möchte oder diskret (unbeobachtet) fotografieren muß, wählt deshalb die variable Programm-Automatik – am besten in Kombination mit der Mehrfeldmessung. Dieses Programm ist auch ideal für alle, die sich mit der Fototechnik noch ein wenig vertraut machen müssen, d.h. für Anfänger.

Im Sucher wird angezeigt: die gewählte Betriebsart und Belichtungs-Meßmethode, die automatisch gebildete Belichtungszeit und Blende bei allen R-Objektive mit Springblenden-Automatik und das Zählwerk. Ist bei R-Objektiven mit Springblenden-Automatik nicht die kleinste Blende eingestellt (eingeschränkter Regelbereich) blinkt die Anzeige der Betriebsart (P). Bei erfolgter Meßwertspeicherung (nur bei Selektivmessung möglich) erlischt das Symbol für die Belichtungs-Meßmethode. Wird der Regelbereich von Blende und Belichtungszeit über- oder unterschritten, d.h. es ist zu hell oder zu dunkel für eine korrekte Belichtung, werden Über- oder Unterbelichtung durch «HI» oder «LO» angezeigt. Bei Override-Einstellungen zeigt die Lichtwaage den gewählten EV-Wert an und das Dreiecksymbol mit «±» leuchtet. Bei unterschrittenem Meßbereich des Belichtungsmessers leuchtet das Dreiecksymbol mit Ausrufezeichen.

Wenn auf die Bildgestaltung besonderer Wert gelegt wird, spielt fast immer die Schärfentiefe eine große Rolle! Soll vom nahen Vordergrund bis unendlich alles scharf wiedergegeben werden? Oder soll der Vordergrund in Unschärfe aufgelöst werden, so daß nur noch farbige Konturen das Bild einrahmen? Oder muß das Wesentliche des Motivs durch einen unscharfen Hintergrund freigestellt werden? Oder soll das Objekt mit unscharfem Vorder- und Hintergrund dargestellt werden? In allen Fällen wählt der Fotograf die Blende vor; die Belichtungszeit bildet sich automatisch stufenlos von 32 bis 1/8000s. Die Zeit-Automatik läßt sich mit jeder Belichtungs-Meßmethode kombinieren.

Im Sucher wird angezeigt: die gewählte Betriebsart und Belichtungs-Meßmethode, die vorgewählte Blende bei allen R-Objektiven mit Springblenden-Automatik, die automatisch gebildete Belichtungszeit und das Bildzählwerk. Bei erfolgter Meßwertspeicherung erlischt das Symbol der Belichtungs-Meßmethode. Bei Override-Einstellungen zeigt die Lichtwaage den gewählten EV-Wert an und das Dreiecksymbol mit «±» leuchtet. Über- oder Unterbelichtungen werden durch «HI» oder «LO» angezeigt. Bei unterschrittenem Meßbereich des Belichtungsmessers leuchtet das Dreiecksymbol mit Ausrufezeichen.

Abb. 82

Abb. 83

Blenden-Automatik der Leica R8

Wenn die Bewegung das Bild bestimmt, muß die dafür
optimale Belichtungszeit vorgewählt werden. Mit sehr
kurzen Belichtungszeiten lassen sich z.B. Situationen
festhalten, die unsere Augen normalerweise nicht
wahrnehmen. Sehr lange Belichtungen machen dagegen Bewegungen sichtbar, die sonst nicht registriert
werden. Dazwischen liegt die breite Skala der Möglichkeiten, mit der der Fotograf durch eine ganz bestimmte Belichtungszeit die Gestaltung eines Bildes beeinflussen kann.

Im Sucher wird angezeigt: die gewählte Betriebsart
und Belichtungs-Meßmethode, die eingestellte Belichtungszeit, die automatisch gebildete Blende bei
allen R-Objektiven mit Springblenden-Automatik und
das Zählwerk. Ist bei R-Objektiven mit Springblenden-
Automatik nicht die kleinste Blende eingestellt (eingeschränkter Regelbereich) blinkt die Anzeige der Betriebsart «T». Wird der Regelbereich der Blende über
oder unterschritten, d.h. ist es zu hell oder zu dunkel,
werden Fehlbelichtungen durch eine automatische
Korrektur der vorgewählten Belichtungszeit vermieden,
s."Automatische Korrekturen". Die gebildete (korrigierte) Belichtungszeit wird angezeigt. Bei erfolgter Meßwertspeicherung erlischt das Symbol der Belichtungs-
Meßmethode. Bei Override-Einstellungen zeigt die
Lichtwaage den gewählten EV-Wert an und das Dreiecks-
symbol mit «±» leuchtet. Über- oder Unterbelichtungen werden durch «HI» oder «LO» angezeigt. Bei unterschrittenem Meßbereich des Belichtungsmessers
leuchtet das Dreiecksymbol mit Ausrufezeichen.

Manuelle Einstellung von Belichtungs-zeit und Blende bei der Leica R8

Für besondere Effekte oder außergewöhnliche Arbeitstechniken wird bei der Leica R8 die Betriebsart «m»
gewählt. Belichtungszeit und Blende werden von Hand
eingestellt. Jede der Belichtungs-Meßmethoden kann
wahlweise dazugeschaltet werden. Zum Belichtungsabgleich dient die Lichtwaage im Sucher. Abweichungen
vom korrekten Belichtungswert werden im Bereich von
-2,5 bis +2,5 EV in Stufen von 1/2 EV angezeigt. Bei
größeren Abweichungen (3 EV oder mehr) leuchten
alle Markierungen auf der entsprechenden Plus- oder
Minusseite der Lichtwaage. Für einen korrekten Abgleich werden Zeit- und/oder Blendeneinstellring entgegen der Richtung gedreht, in der die Markierungen
der Lichtwaage neben der Null-Markierung aufleuchten. Dieses Programm meistert auch ungewöhnliche
Aufnahme-Situationen, wie sie z.B. in Wissenschaft
und Technik vorkommen können. Besonders interessant ist die Möglichkeit für den experimentierenden
Fotografen, der z.B. mit Effektvorsätzen, Pop-Filtern
und Infrarot-Filmen arbeitet oder mit Mehrfachbelichtungen ungewöhnliche Bildergebnisse anstrebt.

Im Sucher werden angezeigt: die gewählte Betriebsart
und Belichtungs-Meßmethode, die vorgewählte Blende
bei allen R-Objektiven mit Springblenden-Automatik,
die eingestellte Belichtungszeit und das Bildzählwerk.
Die Lichtwaage zeigt den korrekten Abgleich oder die
entsprechende Abweichung an. Wird der Meßbereich
des Belichtungsmessers unterschritten, leuchtet das
Dreiecksymbol mit Ausrufezeichen auf.

Automatische Korrekturen

Die Steuerung der automatischen Springblende ist bei Blenden-Automatik mit einer übergreifenden Zeitensteuerung gekoppelt. Wenn z.B. bei großer Helligkeit durch die vorgewählte Belichtungszeit und die von der Blenden-Automatik gebildete kleinste Blende noch eine Überbelichtung erfolgen würde, schalten Leica R4, R5, R7 und R8 auf Zeit-Automatik um und belichten kürzer als die vorgewählte Belichtungszeit. Die Aufnahme wird perfekt belichtet, wenn die Belichtungszeit innerhalb des möglichen Regelbereiches (R4 bis 1/1000s, R5 und 7 bis 1/2000s, R8 bis 1/8000s) kurz genug ist. Die gleiche Korrektur erfolgt auch, wenn am Objektiv nicht die kleinste Blende eingestellt wurde, wenn Objektiv oder Zubehör keine Springblende besitzen oder das Objektiv eine defekte Springblende hat. Eine Korrektur der Belichtungszeit erfolgt ebenfalls, wenn man eine Zeit vorgewählt hat, die bei voller Öffnung des Objektivs noch zur Unterbelichtung führen würde. In diesem Fall wird die Belichtungszeit innerhalb des möglichen Regelbereiches, automatisch verlängert. (R4 bis ca. 8s, R5 bis 15s R7 bis 16s und R8 bis 32s). Im Sucher der Leica R4 und R5 leuchtet bei diesen Korrekturen jeweils die entsprechende Dreieck-LED oberhalb oder unterhalb der Blendenskala.

Die korrigierte Belichtungszeit wird jedoch nicht angezeigt. Bei der Leica R7 kann diese dagegen abgelesen werden; die blinkende Anzeige der kleinsten oder größten Blende macht dann auf eine erfolgte Korrektur aufmerksam. Korrigierte Belichtungszeit und Blende können ohne zusätzlichen Hinweis auf eine Korrektur bei der Leica R8 im Sucher abgelesen werden.

Eigene Programme

Der Effekt der übergreifenden Zeitensteuerung bei Blenden-Automatik läßt sich für bestimmte Zwecke sinnvoll nutzen. Bei kleinster Blendeneinstellung des Objektivs (16 oder 22) kann man dann z.B. die Verschlußsteuerung auf die kürzestmögliche Zeit programmieren, indem man – unabhängig vom Licht – eine Belichtungszeit von 1/1000s bzw. 1/2000s einstellt. Reicht die volle Öffnung des Objektivs nicht aus, um dabei eine exakte Belichtung zu gewährleisten, wird die Zeit automatisch verlängert. In jedem Fall wird jedoch immer nur die kürzestmögliche Zeit benutzt. Wird dagegen eine lange Zeit, z.B. 1/2s, eingestellt, ist die Blenden-Automatik auf die kleinstmögliche Blende programmiert. Eine weitere Variante eines eigenen Programmes bei Blenden-Automatik wäre z.B. die Einstellung auf 1/60s und Blende 16. Mit einem mittelempfindlichen Film von ISO 100/21° wird dann bei sehr schlechten Lichtverhältnissen zunächst nur mit voller Öffnung des Objektivs und übergreifender Zeit-Automatik, d.h. mit Belichtungszeiten, die länger als 1/60s sind, belichtet. Bessern sich die Lichtverhältnisse, werden zunächst nur die Belichtungszeiten verkürzt, bis 1/60s erreicht ist – die Blende bleibt voll geöffnet. Wird es noch heller, erfolgt eine Abblendung des Objektivs bis

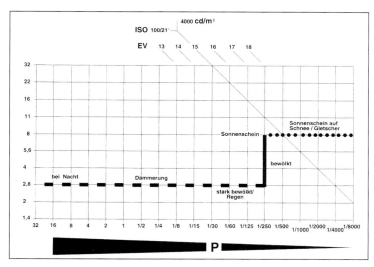

Abb. 84: *Beispiel für ein eigenes Programm bei Blenden-Automatik. Mit dem Vario-Apo-Elmarit-R 1:2,8/70–180 mm wird bei einer Filmempfindlichkeit von ISO 100/21° der in diesem Diagramm abgebildete Programm-Verlauf erzielt, wenn eine Belichtungszeit von 1/250s am Zeiteinstellring vorgewählt und am Objektiv Blende 8 eingestellt wurde.*

Blende 16, während die Belichtungszeit von 1/60s beibehalten wird. Sollten sich die Lichtverhältnisse noch weiter verbessern, wird durch die übergreifende Zeit-Automatik die Belichtungszeit verkürzt. Im abgebildeten Diagramm ist die selbstprogrammierte Blenden-Automatik schematisch dargestellt.

Zusätzliche Anzeigen im Sucher

Die Anzahl der fotografierten Bilder, einschließlich der nächsten noch nicht erfolgten Belichtung, wird bei der Leica R8 zusätzlich auch im Sucher angezeigt – ganz rechts unterhalb des Sucherbildes. Bei Mehrfachbelichtung blinken beide Ziffern, bei Bracketing-Aufnahmen mit dem Motor-Drive blinkt zunächst die linke Ziffer (1. Aufnahme), dann die rechte Ziffer (2. Aufnahme) und bei der dritten Aufnahme beide Ziffern. Blinken bei Motor-Winder- oder Motor-Drive-Betrieb die beiden Nullen, so ist der Film nicht richtig eingelegt worden oder er wurde komplett zurückgespult. Das Dreiecksymbol mit « ⚠ » leuchtet nicht nur bei Override-Einstellungen, sondern auch, wenn eine vom DX-Code abweichende Filmempfindlichkeit manuell eingestellt wurde.

Mit Hilfe der Lichtwaage erfolgt bei der Leica R8 auch der Belichtungsabgleich bei Blitzlichtmessung und die Kontrolle bei Bracketing-Einstellung (nur mit Motor-Drive). Das Blitzsymbol blinkt bei der Leica R8 beim Ladevorgang und leuchtet konstant bei Blitzbereitschaft des Blitzgerätes. Je nach Betriebsart erfolgt dann auch eine automatische Umschaltung auf X-Synchronisation = 1/250s. Bei Blitz-Override-Einstellungen erfolgt rechts neben dem Blitzsymbol ein Hinweis durch ein Plus- oder Minuszeichen. Werden am Blitz oder an der Kamera Einstellungen vorgenommen, die eine Funktion ausschließen, erscheint anstelle der Belichtungszeit-Anzeige im Sucher «Err» zusammen mit einer zweistelligen Ziffer. Zum Beispiel «Err 12», wenn bei der Leica R8 der Meßblitzbetrieb gewählt wurde und beim Blitz die TTL-Steuerung eingestellt ist. «Err» ist die Abkürzung des englischen Wortes «Error» und meint «Irrtum» bzw. «Fehler».

Dagegen wurd die Blitzbereitschaft bei den Leica R4-Modellen und der Leica R5 durch ein langsames Blinken der oberhalb der Zeitenskala angeordneten Dreieck-LED angezeigt. Das gewählte Programm wird im gleichen Moment außer Kraft gesetzt und die Belichtungszeit auf X-Synchronisation = 1/100s umgeschaltet. Die Zeiten- bzw. Blendenanzeige durch LED erlischt. Wenn das Blitzlicht für eine richtige Belichtung ausreichte, wird das bei der Leica R5 und R-E nach der Aufnahme durch ein schnelles Blinken der gleichen Dreieck-LED angezeigt.

Bei der Leica R6, R6.2 und R7 werden Blitzbereitschaft und Blitzerfolgskontrolle durch das in gleicher Weise langsam oder schnell blinkende Blitzsymbol im Sucher angezeigt.

Leuchten bei der Meßwertanzeige (Zeit- oder Blendenskala) der Leica R4-Modelle, der Leica R5 und R-E zwei LEDs auf, werden damit Zwischenwerte angezeigt. Sie bilden sich bei Zeit- und Programm-Automatik als Belichtungszeiten und bei Blenden- und Programm-Automatik als Blenden automatisch absolut stufenlos. Der Fachmann nennt das «IC-controlled» gesteuert. Für eine korrekte Belichtung bei manueller Einstellung von Belichtungszeit und Blende muß dann bei einer solchen Anzeige die Blende des Objektivs um eine halbe Stufe geöffnet oder geschlossen werden. Die dann in vollen Werten angezeigte Belichtungszeit wird anschließend auf den Zeiteinstellring der Kamera übertragen.

Durch die 7-Segment-LED-Anzeige der Leica R7 lassen sich bei dieser Kamera die Belichtungszeiten in halben Stufen ablesen, z.B. 30 – 45 – 60 – 90 – 125 usw.; halbe Blendenwerte werden dagegen wie bei den anderen Leica R-Modellen dargestellt.

Wird das Meßergebnis des Belichtungsmessers bei den Leica R4-Modellen, der Leica R5, R-E und R7 durch Override korrigiert, blinkt ein dreieckiges Symbol mit Plus-/Minus-Zeichen. Bei der Leica R6 und R6.2 blinkt bei Override-Korrektur das Symbol der gewählten Belichtungs-Meßmethode. Wird die Meßbereichsgrenze des

Abb. 1A u. 1B: *Bei großen Kontrasten, wie z.B. bei Gegenlicht oder wenn sehr helle bzw. dunkle Anteile im Motiv dominieren, läßt sich die richtige Belichtungszeit durch eine selektive Ersatz-Belichtungsmessung sicher bestimmen. Für das obere Bild diente die Wasseroberfläche ohne Reflexe (links außerhalb des Bildes) als Meßfläche. Für das Porträt wurde ersatzweise – außerhalb des fotografierten Bildausschnitts – der bunte Rock der jungen Frau angemessen. Oben: Telyt-R 1:4/250 mm, volle Öffnung, 1/500s. Unten: Apo-Macro-Elmarit-R 1:2,8/100 mm, 1/250s, Bl. 4. Beide Aufnahmen auf Tageslicht-Farbumkehrfilm ISO 64/19°.*

Abb. 1C

Abb. 1D

Abb. 1E

Abb. 1F

Abb. 85 a–e:

Alle Sucher-Anzeigen auf einen Blick. In der Praxis sind jedoch nur jeweils die Anzeigen zu sehen, die fürs Fotografieren gebraucht werden. Oben links: Leica R4; oben rechts: Leica R5; links: Leica R6.2; rechts: Leica R7; unten: Leica R8.

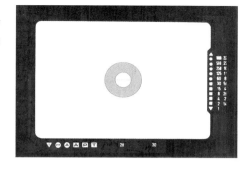

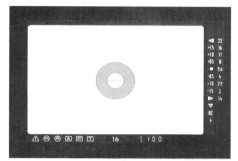

Abb. 1C: *Das Besondere an dieser Trickaufnahme ist die Tatsache, daß die Silhouette des Schlosses nicht gleichzeitig mit dem Mond gesehen werden kann. Deshalb wurde zunächst nur das Schloß und dann, von einem anderen Standort aus, der Mond im Abstand von genau 4 Minuten (gesteuert durch RC Leica R) fotografiert. Elmarit-R 1:2,8/180 mm auf Tageslicht-Farbumkehrfilm 64/19°.*

Schloß: 1 min Bl. 4; Mond: je Belichtung 1/30s, Bl. 2.8.

Abb. 1D: *Die Mehrfachbelichtung der «Radschlägerin» wurde mit Motor-Winder und Elektronenblitz realisiert. In 3 Sekunden konnten vom Stativ sechs Bewegungsphasen festgehalten werden. Summicron-R 1:2/35 mm, volle Öffnung, Tageslicht-Farbumkehrfilm ISO 64/19°.*

Abb. 1E: *Ein inszenierter Schnappschuß. Der Rasensprenger wurde vorher so plaziert, daß die unzähligen feinen Wassertröpfchen im Gegenlicht hell aufleuchteten. Durch die relativ lange Belichtungszeit wurde daraus eine Schleierfontäne. Summicron-R 1:2/90 mm, 1/15s, Bl. 8, Tageslicht-Farbumkehrfilm ISO 25/15°.*

Abb. 1F: *Die blühende Bergwiese im Vordergrund als Blumenteppich darzustellen gelang nur durch das Super-Weitwinkel-Objektiv. Die dafür notwendige große Schärfentiefe wurde durch kräftiges Abblenden erreicht. Elmarit-R 1:2,8/19 mm, Tageslicht-Farbumkehrfilm ISO 25/15°.*

Belichtungsmessers bei den Leica R4-Modellen und der Leica R5 und R-E unterschritten, ist also nur so wenig Licht vorhanden, daß der Belichtungsmesser nicht mehr korrekt arbeiten kann, erfolgt im Sucher dieser Kameras ebenfalls eine Anzeige durch das override-Symbol – es leuchtet konstant. Bei der Leica R7 ist es das Achtung-Symbol mit Ausrufezeichen. Im Übergangsbereich, kurz bevor der Meßbereich des Belichtungsmessers endet, können diese Symbole blinken. Bei der Leica R6 und R6.2 wird die Meßbereichs-Unterschreitung durch Blinken einer oder mehrerer LEDs der Lichtwaage angezeigt. Im Übergangsbereich pulsieren sie.

Unterschrittener Meßbereich

Bei absoluter Dunkelheit, also auch, wenn Objektiv oder Kamera mit einem Deckel verschlossen sind, reagiert die elektronische Belichtungszeit-Steuerung aller Leica R-Modelle manchmal mit einem hörbar kurzen Verschlußablauf. Wie ist das möglich? Die Information für die elektronische Belichtungs-Steuerung setzt sich aus drei Parametern zusammen:

- Ausgangsspannung des Belichtungsmesserkreises
- elektrische Eingabe der Arbeitsblende
- elektrische Eingabe der Filmempfindlichkeit

Der für korrekte Belichtungen genutzte Meßbereich der Kameras verläuft linear. Unterhalb der unteren Grenzwerte (siehe technische Daten der Kameras unter «Meßbereich») ergeben sich kaum noch Änderungen in der Messung gegenüber der Belichtungszeit für die niedrigste zulässige Leuchtdichte (cd/m^2). Da auch bei völliger Dunkelheit ein Strom im elektrischen Belichtungsmesserkreis fließt, kann der Belichtungsmesser unterhalb seines Meßbereiches kaum zwischen «kein Licht» und «sehr wenig Licht» unterscheiden. Mit anderen Worten: Werden Kamera oder Objektiv mit einem Deckel verschlossen, so liefert der Belichtungsmesser eine Ausgangsspannung, die nur unwesentlich unter der Spannung für den niedrigsten zulässigen Leuchtdichtewert liegt. Er kann dann praktisch nicht mehr zwischen völliger Abdunkelung und Leuchtdichten im Bereich von wenigen Zehntel cd/m^2 unterscheiden. Die Kamera bildet dann falsche Belichtungszeiten. Durch Einstellen der höchsten Film-Empfindlichkeit konnen Belichtungszeiten von 1/15 bis 1/8s gebildet werden, obwohl die Kamera keine Lichtinformationen erhält. Umgekehrt kann es aber auch bei Einstellungen niedriger Film-Empfindlichkeiten und eingeriegeltem Objektiv, das mit einem Deckel versehen und auf kleinste Blende eingestellt ist, bei Programm- und Zeit-Automatik zu Belichtungszeiten von mehreren Sekunden kommen. Dadurch wird z.B. ein schnelles Filmeinlegen unmöglich! Weil der Verschluß sich erst wieder schließen muß, bevor der Film weitertransportiert werden kann, stellt man den Zeiteinstellring der Leica R3- und R4-Modelle sowie den der Leica R5 und R8 auf «X» bzw. bei der Leica R7 auf «100 4»: Die automatische Verschlußsteuerung wird dann sofort unterbrochen – der Verschluß schließt sich.

Unterschrittne Meßbereiche schaden zwar nicht der Kamera, sie sind allerdings auch nicht für eine korrekte Belichtung zu gebrauchen.

Die Belichtungssteuerung

Die meisten Kleinbild-Spiegelreflexkameras werden elektronisch gesteuert. Dabei werden zwei unterschiedliche Steuermethoden angewandt: die Analog- oder die Digital-Technik. Manchmal werden auch beide in Kombination miteinander benutzt. Dem sichtbaren Ergebnis, nämlich dem belichteten Film, ist das nicht anzusehen. Auch wenn einige Werbexperten behaupten, die digital gesteuerten Belichtungszeiten und Blenden, z.B. durch Quarze, seien genauer. Richtig ist vielmehr, daß die bei den Leica R3-/R4-Modellen sowie der Leica R5 und R-E analog gesteuerten Belichtungen (IC-controlled) theoretisch exakter sein müssen. Das läßt sich leicht nachweisen, wenn man beide Steuermethoden kennt.

Analog-Steuerung

In den elektronisch gesteuerten Leica R3-/R4-Modellen sowie in der Leica R-E und R5 wird ein Transistor von einer Spannung aus dem Belichtungsmesserkreis angesteuert. Diese Spannung wird in einen Strom umgesetzt, der einen Kondensator auflädt, bis ein bestimmter Schwellenwert erreicht ist. Je höher die Spannung, um so höher der Strom, um so schneller ist der Kondensator aufgeladen – um so kürzer ist die Zeit bzw. um so kleiner ist die Blendenöffnung. Alle Steuerfunktionen greifen absolut stufenlos ineinander!

Digital-(Quarz-)Steuerung

Quarz-Zeitgeber sind in Uhren und ähnlichen Geräten seit langem bekannt. Ihr Prinzip beruht darauf, daß ein sehr hochfrequenter Signaltakt von einigen 10.000 bis 100.000 Schwingungen pro Sekunde mit sehr großer Genauigkeit konstant erzeugt und von einer elektronischen Zählschaltung heruntergezählt wird. Nach bestimmten Zählerperioden, z.B. alle 2000 Taktimpulse, wird ein Signalimpuls abgegeben, der das eigentliche Zeitsignal darstellt, z.B. den Sekundenimpuls einer Uhr.

Bei den in Kameras benutzten Quarzen – auch bei denen in der Leica R7 und Leica R8 – werden in Regel 32.768 Impulse pro Sekunde erzeugt. Für die weitere «Zeitverarbeitung» kann nur die volle Anzahl der Impulse benutzt werden. Bei einer Belichtungszeit von 1/1000s werden dann entweder 32 oder 33 Impulse für die Steuerung verarbeitet. Exakt müßten es jedoch 32.768 Impulse sein! Deshalb ist die effektive Belichtungszeit bei 1/1000s um ca. 1 Prozent länger oder

um ca. 3 Prozent kürzer, also nicht ganz exakt. Soweit die Theorie. Praktisch hat es keine Bedeutung, ob die Kamera IC- oder Quarz-controlled gesteuert wird. Entscheidend ist vielmehr, wie genau die elektronisch angesteuerte Mechanik, z.B. der Verschluß oder die automatische Springblende, arbeitet!

Welcher konstruktive Aufwand bei Leica Kameras und Leica Objektiven getrieben wird, um auch hier präzise Funktionsabläufe zu garantieren, kann u.a. im Kapitel «Die besonderen Merkmale der Leica R-Objektive» nachgelesen werden.

MOTORISIERTE KAMERAS

Der erste ansetzbare Motor der Welt für eine Kleinbildkamera war ein Federwerk-Motor, der nach 12 erfolgten Aufnahmen wieder aufgezogen werden mußte. Er schaffte die 12 Belichtungen in der damals sensationellen Zeit von knapp 9 Sekunden, hieß MOOLY und kam von Leitz. Damals, das war 1938! Seit dieser Zeit wurden mehr als ein Dutzend verschiedener Motor-Typen zu Leica Kameras entwickelt und verkauft. Bis 1982 galt: An alle Leica R- und Leicaflex-Modelle mit der zusätzlichen Bezeichnung «MOT» lassen sich entsprechende Motoren ansetzen. Bei allen danach gefertigten Leica R-Modellen sind Motor-Anschlüsse obligatorisch. An jedes Leica R4-Modell und an jede Leica R5, R-E, R6, R6.2, R7 und R8 lassen sich Motor-Winder oder Motor-Drive ansetzen. Sie transportieren den Film in der Kamera, spannen den Verschluß und lösen auch die Kamera aus. Der wesentliche Vorteil aller motorisch betriebenen Kameras ist die sofort wieder vorhandene Schußbereitschaft nach einer erfolgten Auslösung. Es ist nun einmal so: Der Nachschuß bringt häufig die bessere Aufnahme. Dabei kann der Fotograf sich ununterbrochen voll auf das Geschehen und somit auf die Gestaltung des Motivs konzentrieren. Der Bildausschnitt verändert sich auch nicht bei Verschlußaufzug und Filmtransport, wie das bei Betätigung des Schnellschalthebels, also bei Handbetrieb, zwangsläufig der Fall ist. Allen Motor-Varianten der Leica R3- bis R7- und Leicaflex-Modelle ist gemeinsam, daß ihre Stromversorgung durch einschiebbare Batterie-/Akku-Gehäuse erfolgt.

Das vergrößert zwar das Volumen der Motor-Gehäuse, hat jedoch für die Praxis auch Vorteile: Mit einem Griff können Batterien oder Akkus herausgenommen bzw. eingesetzt werden. Das ist wichtig, wenn bei großer Beanspruchung mit zwei Batterie-/Akku-Gehäusen gearbeitet wird. Z.B. bei Reportagen, wenn die entladenen Batterien gegen frische ausgewechselt werden sollen, oder wenn man bei großer Kälte die Akkus zwischendurch in der Hosentasche aufwärmen muß. Für die motorischen Antriebe von der Leica R3 Mot bis zur Leica R7 wird die Verwendung von Alkali-Mangan-Batterien zu je 1,5 Volt gemäß PEC LR6 (Mignon-Batterien der Größe R6 bzw. Aa in USA) oder wiederaufladbaren Nickel-Cadmium-Akkumulatoren empfohlen. Die Ni-Cd-Akkus sind besonders empfehlenswert bei Dauereinsatz und bei großer Kälte (mehr als -10°C).

Bei der Leica R8 sind für die beiden Motor-Varianten unterschiedliche Stromquellen nötig. Zwei im Griffteil des Motor-Winders untergebrachte Lithium-Batterien vom Typ 123 versorgen sowohl den motorischen Antrieb als auch die Elektronik der Kamera. Bei tiefen Temperaturen garantieren die Ni-Cd-Akkus, die als Power-Pack MW-R8 unter den Motor-Winder R8 angesetzt werden, die maximale Bildfrequenz. Diese Stromversorgung ist auch unter wirtschaftlichen Gesichtspunkten bei intensivem Gebrauch sinnvoll.

Der Motor-Drive R8 benötigt Nickel-Metallhydrit-Zellen (NiMH), die in einem seperaten Gehäuse fest eingebaut, in das Motor-Gehäuse eingeschoben werden und ebenfalls die Kamera-Elektronik versorgen. Allen Motoren ist gemeinsam, daß sie sich elektrisch auslösen lassen und damit durch interessantes Zubehör angesteuert werden können. Ihre fototechnischen Anwendungsmöglichkeiten auf vielen Gebieten der Fotografie wachsen dadurch enorm. Ebenfalls gemeinsam ist allen Motoren die Möglichkeit der Serienauslösung. Ob man mit oder ohne Motor fotografieren möchte, kann der Fotograf jederzeit selbst bestimmen, da sich alle Motoren bei filmgeladener Kamera an- und abnehmen lassen. Der Filmwechsel kann ebenfalls mit oder ohne angesetztem Motor erfolgen.

Leicaflex SL-Mot/SL 2-Mot

Für beide Kameras wird das gleiche Motor-Modell benutzt. Im Gegensatz zu den heutigen Motor-Versionen besitzt es ein eigenes Bildzählwerk und einen Umschalter für Motor- und Handbetrieb. Bei Motorbetrieb erfolgt die Auslösung generell nur über den Auslöseknopf des Motors oder durch entsprechendes Zubehör. Kamera-Auslöser und Schnellschalthebel sind dann gesperrt. Bei Umschaltung auf Handbetrieb läßt sich nur der Kamera-Auslöser bedienen; der Film wird von Hand weitergeschaltet. Bei Einzelaufnahmen mit Motorbetrieb können alle Belichtungszeiten von 1 bis 1/2000s (also

außer B) verwendet werden. Bei Serienaufnahmen können nur die Belichtungszeiten von 1/30s und kürzer eingestellt werden. Die langen Belichtungszeiten von 1 bis 1/15s sind für Serienaufnahmen nicht geeignet, weil der Motor mit einer Geschwindigkeit von etwa 4 Bildern pro Sekunde arbeitet und daher nicht genügend Zeit für den Rücklauf des mechanischen Hemmwerks bleiben würde.

Leica R3-Mot

Der kleine und leichte Motor-Winder R3 war auf der photokina '78 eine kleine Sensation. Durch den elektronisch gesteuerten DC-Mikro-Motor mit eisenlosem Läufer und einem nachgeordneten, aufwendig konstruierten Untersetzungsgetriebe mit Schneckentrieb war das Laufgeräusch des Motor-Winders auf einen bis dahin nicht gekannten Pegel abgesenkt worden. Mit sechs Batterien oder Akkus als Stromquelle erreicht man mit dem Motor-Winder R3 bei Serienaufnahmen eine Aufnahmefolge von 2 B/s. Nach Leitz-/Leica Prüfbedingungen reicht die Kapazität der Batterien bzw. Akkus bei +20°C für ca. 70 Filme à 36 Aufnahmen. Über den Auslöser der Kamera werden Einzelbildaufnahmen erzielt. Dabei bleibt die Meßwertspeicherung bei Selektivmessung wie üblich erhalten. Film-

Abb. 86: *Motor-Drive R an der Leica R7 und Motor-Winder R an der Leica R6.2.*

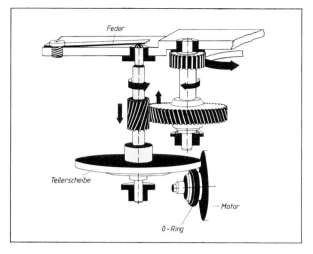

Abb. 87: *Das Abrollgetriebe mit lastabhängigem Kraftschluß im Motor-Winder R arbeitet extrem leise, weil der Motor seine Kraft über einen O-Ring aus speziellem Gummi auf die Teller-scheibe des Getriebes überträgt. Die Schrägverzahnung der Zahnräder sorgt dafür, daß bei zunehmender Belastung, z.B. durch ein schadhaftes Film-Kassettenmaul, der Auflagedruck der Tellerscheibe wächst.*

Abb. 88 a–c: *Die drei Möglichkeiten, die motorisierte Leica R4, R5, R-E, R6, R6.2 und R7 mit angesetztem Handgriff R aus-zulösen (von links): über den Handgriff bei Serien-Aufnahmen im Querformat, über den Auslöser am motorischen Aufzug bei Serien-Aufnahmen im Hochformat und über den Kamera-Auslöser bei Einzelbild-Aufnahmen mit selektiver Belich-tungsmessung und Meßwertspeicherung.*

transport und Verschlußaufzug erfolgen erst, wenn der Auslöseknopf der Kamera nach der Auslösung freigege-ben wird. Serienauslösung erfolgt über den Auslöser des Motor-Winders und damit auch über den Auslöser des angesetzten Handgriffes oder durch Zubehör über die Anschlußbuchse am Motor-Winder R3. Solange der Auslöser gedrückt bleibt bzw. ein Impuls abgegeben wird, erfolgt Aufnahme nach Aufnahme. Mit kurzem Druck bzw. kurzem Impuls lassen sich auch Einzelbild-aufnahmen erzielen. Alle Belichtungszeiten von 4s bis 1/1000s und X-Einstellung können bei Winder-Betrieb benutzt werden. Belichtungszeiten von beliebiger Dau-er (Einstellung B) werden über den Kamera-Auslöser vorgenommen.

Leica R4-Modelle, Leica R5, R-E, R6 und R6.2

Zu diesen Kameras werden zwei unterschiedliche Mo-tor-Versionen angeboten: der kleine und extrem leise arbeitende Motor-Winder R und der kompakte und schnelle Motor-Drive R. Beiden gemeinsam ist, daß die Kamera-Batterien beim Ansetzen der Motoren automa-tisch abgeschaltet werden und die Stromversorgung der Kameras dann von den Stromquellen dieser Moto-ren erfolgt. Die Kamera-Batterien werden dadurch ge-schont. Außerdem wird durch diese Maßnahme eine wesentlich größere Betriebssicherheit (gesicherte Stromversorgung) bei sehr niedrigen Temperaturen er-

reicht. Die beiden Silberoxid-Knopfzellen in der Kamera werden allerdings für einen elektrischen Auslöseimpuls benötigt und müssen deshalb in der Kamera verbleiben. Bei beiden Motor-Modellen warnt auch ein akustisches Signal vor unbeabsichtigten Mehrfachbelichtungen.

Leica R7

Auch an dieser Kamera werden Motor-Winder R und Motor-Drive R mit gleichen Funktionen und gleicher Bedienung benutzt. Einzige Ausnahme: beim Ansetzen erfolgt keine Stromversorgung der Leica R7 durch die Batterien bzw. Akkus der motorischen Aufzüge.

Leica R8

Zum Ansetzen der motorischen Aufzüge muß das als Handgriff ausgebildete Batteriefach der Leica R8 abgenommen werden. Motor-Winder R8 und Motor-Drive R8 besitzen jeweils ein fest mit ihren Gehäusen verbundenes Batteriefach, das ebenfalls als Handgriff ausgeformt ist und das beim Ansetzen dieser Motoren den Platz des abgenommenen Kamera-Batteriefachs/ -Handgriffs einnimmt. Die Stromversorgung der Leica R8 erfolgt dann durch die Batterien der motorischen Aufzüge.

Die Motor-Winder

Motor-Winder R4 und Motor-Winder R

Der extrem leise Lauf dieses Motor-Winders wird durch ein von den Konstrukteuren der Leica entwickeltes, patentiertes Abrollgetriebe mit lastabhängigem Kraftschluß erreicht. Das Laufgeräusch des Motor-Winders R ist noch um ein Vielfaches geringer als die schon als gering zu bezeichnenden Geräusche der Leica R-Modelle – verursacht durch Springblenden-Automatik, Spiegelbewegung und Verschlußablauf. Beim Fotografieren muß man schon ganz genau hinhören, um den Motor-Winder R überhaupt akustisch wahrzunehmen. Begeisterte Fotografen gaben ihm den Namen

«Whisper-Winder» (zu deutsch: Flüster-Aufzug). Seit 1986 wird der Motor-Winder mit elektrischen Kontakten für ansetzbare Handgriffe geliefert. Die Bezeichnung «Motor-Winder R4» wird gleichzeitig in «Motor-Winder R» abgeändert.

Das Batterie-/Akku-Gehäuse sowie die Maße der Anschlußbuchse für Fernauslösung sind beim Motor-Winder R4 und Motor-Winder R mit denen vom Motor-Winder R3 identisch. Damit läßt sich auch das meiste Zubehör vom Vorgängermodell (Motor-Winder R3) am Motor-Winder R4/Motor-Winder R verwenden.

Weitere technische Daten: motorischer Filmtransport und Verschlußaufzug für alle Leica R4-Modelle sowie für Leica R5, R-E, R6, R6.2 und R7 bei allen Programmen und allen Belichtungszeiten sowie bei den Einstellungen «X», «B» und «100».

Filmtransport und Verschlußaufzug von Hand sind auch bei angesetztem Winder möglich. Elektronische Steuerung: speziell von den Konstrukteuren der Leica entwickelter Hybride Integrated Circuit (HIC) in C-MOS-Technik. Einzelbildauslösung an der Kamera – bei «B»-Einstellung bleibt der Verschluß solange geöffnet, wie der Auslöser gedrückt bleibt.

Serienauslösung am Winder bis 2B/s oder über Handgriff bzw. Anschlußbuchse für Fernauslösungen (außer Einstellung «B»).

Automatische Abschaltung nach der 36., vom Bildzählwerk der Kamera registrierten Aufnahme (Filmende). Darüber hinaus können Filmtransport und Verschlußaufzug durch Betätigung des Schnellschalthebels vorgenommen werden. Bei Filmen mit weniger als 36 Aufnahmen verhindert eine Rutschkupplung das Abreißen des Films.

Knopf für Mehrfachbelichtung und Rückspulfreigabe. Vor unbeabsichtigtem Gebrauch warnt ein akustisches Signal.

Stromversorgung durch 6 Alkali-Mangan-Batterien oder 6 Akkus, à 1,5V, in leicht zu wechselndem Batterie-/Akku-Gehäuse oder durch Netzgerät. Externe Stromversorgung über Adapter für Fremdversorgung. Ganzmetall-Gehäuse mit verdeckt bzw. geschützt angebrachten Kupplungs- und Verbindungselementen. Zwei Stativgewinde A 1/4 (1/4") für Stativhalter. Maße: Höhe 40 mm, Länge 140 mm, Tiefe 50 mm. Gewicht ohne Batterien: 225 Gramm.

Motor-Winder R8

An die Leica R8 angesetzt, bildet dieser nur knapp
20 mm hohe Winder eine harmonische Einheit mit der
Kamera. Durch die etwas markantere Ausformung des
mit dem Winder fest verbundenen Handgriffs läßt sich
die Leica R8 mit dem Motor-Winder R8 noch besser
greifen. Wie bei der Leica R8, ist auch der Winder-
Handgriff als Batteriefach ausgebildet. Weil beim Ansetzen des Winders der Kamera-Handgriff samt Batterien durch den des Winders mit seinen Batterien
ersetzt wird, erhöht sich das Gewicht der Leica R8 mit
Winder lediglich um 216 g.

Beibehalten und optimiert wurde das von Leica patentierte Abrollgetriebe mit lastabhängigem Kraftschluß,
das gummigelagert mit dem Gehäuse verbunden ist
und schon beim Motor-Winder R4/Motor-Winder R Vibrationen unterband und für ein extrem leises Ablauf-
geräusch sorgte. Das Filmeinlegen wird mit angesetztem Winder noch einfacher, weil dann die automatische Filmeinfädelung bei der Leica R8 zusätzlich durch
einen automatischen Filmtransport bis zum ersten Bild
unterstützt wird. Zusätzlich integriert wurde die Möglichkeit, den Film wahlweise auch motorisch rückspulen zu können. Nach dem Drücken des Knopfes für
die Rückspulfreigabe (an der Leica R8), wird dazu ein
Schiebeschalter auf der Rückseite des Winders betä-

Abb. 90 a u. b: Bei Quer- und Hochformat-Aufnahmen läßt sich
die Leica R8 mit angesetztem Motor-Drive bequem auslösen.

Abb. 89: Motor-Drive R8 und Motor-Winder R8.

tigt. Die Rückspulung wird zunächst beendet, wenn sich der Filmanschnitt gerade noch außerhalb der Patrone befindet. Durch eine erneute Betätigung des Schiebeschalters kann der Film auch vollständig in die Patrone eingezogen werden.

Weitere technische Daten: motorischer Filmtransport, Verschlußaufzug und Rückspulung des Films bei allen Programmen und allen Belichtungszeiten sowie bei den Einstellungen «X» und «B». Bei «B»-Einstellung bleibt der Verschluß solange geöffnet, wie der Auslöser gedrückt bleibt.

Filmtransport, Verschlußaufzug und Filmrückspulung von Hand sind auch bei angesetztem Winder möglich. Elektronische Steuerung durch den Mikroprozessor der Kamera. Einzelbild- und Serienauslösung bis 2 B/s über den Kamera-Auslöser oder die Anschlußbuchse für Fernauslösungen. Automatische Abschaltung bei Filmende. Magnesium-Druckguß-Gehäuse. Der fest mit dem Winder verbundene Handgriff ist als Batteriefach für zwei Lithium-Batterien vom Typ 123, à 3 Volt, ausgebildet. Anschlußbuchen für elektrische Auslösung und externe Stromversorgung; Stativgewinde A 1/4 (1/4").

Maße: Höhe 19,8 mm (84,8 mm inclusive Handgriff), Breite: 155 mm, Tiefe 58 mm.

Gewicht mit Batterien: 270 Gramm.

Power Pack MW-R8

Bei Dauereinsatz und/oder bei sehr niedrigen Temperaturen können die fest im Power Pack MW-R8 eingebauten Ni-Cd-Akkus die Energieversorgung für den Filmtransport und Verschlußaufzug übernehmen.

Er wird dafür über das Stativgewinde am Winderboden angesetzt und durch elektrische Kontakte mit diesem verbunden. Da die Kamera-Elektronik weiterhin durch die Lithium-Batterien des Winders versorgt wird, müssen diese im Handgriff bleiben.

Nur 20 Millimeter hoch, bildet der Power Pack MW-R8 ebenfalls eine harmonische Einheit mit Winder und Kamera. Weitere Maße: Breite 146 mm, Tiefe 46 mm. Gewicht: 180 Gramm.

Die Motor-Drives

Motor-Drive R4 und Motor-Drive R

Dieses Motor-Modell ist praktisch der große Bruder der Motor-Winder R4 bzw. R. Er wird mit 10 Mignon-Batterien bzw. Ni-Cd-Akkus bestückt und schafft damit bis zu 4B/s. Er eignet sich daher auch hervorragend für Serienaufnahmen schneller Bewegungsabläufe, z.B. bei Sportaufnahmen. Der Motor-Drive ist mit einem Umschalter für Serienauslösungen mit einer Bildfrequenz von 4B/s oder 2B/s und für Einzelbildauslösungen ausgestattet. Er ist an praxisgerechter Stelle angeordnet und kann mit einem Finger «blind» bedient werden. So kann eine Umschaltung der Bildfrequenz leicht und einfach während der Aufnahme erfolgen. Auch das Aufzugsgeräusch des Motor-Drives ist besonders leise. Eines der Zahnräder ist so gestaltet, daß durch eine übergroße Breite des schräg verzahnten Zahnkranzes ein entsprechender Überdeckungsgrad erreicht wird.

Abb. 92 a u. b: Per Fernauslöser lassen sich oft interessante Perspektiven erschließen. Aufnahme-Standorte, die vom Fotografen nicht eingenommen werden können oder dürfen, sind meistens für die Kamera allein noch zugänglich oder erlaubt. Auch das gleichzeitige Fotografieren von verschiedenen Standpunkten aus kann durch die Fernauslösung realisiert werden. Beide Aufnahmen entstanden in der gleichen Sekunde. Im oberen Bild ist die ferngesteuerte Leica R mit dem Objektiv Elmarit-R 1:2,8/19 mm deutlich zu erkennen. Beide Fotos: Bruno Walter.

Abb. 91: Das Power Pack MW-R8 sichert die Energieversorgung von Motor-Winder und Kamera auch bei Dauereinsatz und sehr niedrigen Temperaturen.

Damit bleibt immer mindestens ein Zahn des Rades im Eingriff. Zusätzlich ist dieses Zahnrad radial eingestochen. Das entspricht praktisch zwei nebeneinander angeordneten Zahnrädern mit einer gemeinsamen Nabe. Durch diesen «Luftschlitz» wird die Zahnflankenlage verbessert, und eventuelle Eigenschwingungen des Zahnkranzes werden gar nicht erst aufgebaut. Das Resultat: das Getriebe läuft besonders leise. Vor allem das für Kamera-Motoren als typisch geltende «Jaulen» ist bei dem Motor-Drive R nicht zu hören.

Bedienung und Funktion des Motor-Drives sind ansonsten identisch mit denen des Motor-Winders. Auch das Zubehör des Motor-Winders ist, mit Ausnahme der für die Fremdversorgung notwendigen Dinge wie Stromquellen (15V), Adapter für Fremdversorgung und Verlängerungskabel, voll im Motor-Drive-System integriert. Auch der Motor-Drive erhält 1986 elektrische Kontakte für die ansetzbaren Handgriffe. Seine frühere Bezeichnung «Motor-Drive R4» wird dabei in «Motor-Drive R» abgeändert. Neu ist beim Motor-Drive R auch, daß die elektrischen Kontakte vom Motor-Drive zur Kamera durch einen Dichtungsring besonders gut vor Feuchtigkeit, wie z.B. Regen, geschützt werden. Frühere Motor-Drive R4 können ab Fabrikations-Nummer 63.000 nachträglich mit elektrischen Kontakten für den Handgriff R bzw. R7 und den Dichtungsring ausgestattet werden.

Weitere technische Daten: motorischer Filmtransport und Verschlußaufzug für alle Leica R4-Modelle sowie für Leica R5, R-E, R6, R6.2 und R7 bei allen Programmen und allen Belichtungszeiten sowie bei den Einstellungen «X», «B» und «100».

Filmtransport und Verschlußaufzug von Hand sind auch bei angesetztem Motor-Drive möglich. Leiser Lauf durch spezielle Leica Getriebe-Konstruktion. Elektronische Steuerung in C-MOS-Technik. Einzelbildauslösung an der Kamera – bei «B»-Einstellung bleibt der Verschluß solange geöffnet, wie der Auslöser gedrückt bleibt. Serienauslösung am Motor-Drive oder über angesetzten Handgriff bzw. Anschlußbuchse für Fernauslösungen – umschaltbar für 4B/s, 2B/s und Einzelbild. Bei den Leica R4-Modellen, bei der Leica R5, R-E, R6 und R6.2 sind Belichtungszeiten von beliebiger Dauer (Einstellung «B») in Verbindung mit der Serienauslösung nicht möglich. Bei der Leica R7 ist diese Funktion gegeben, wenn der Umschalter am Motor-Drive R auf 4B/s gestellt ist. Automatische Abschaltung nach der 36. vom Bildzählwerk der Kamera registrierten Aufnahme (Filmende). Darüber hinaus können Filmtransport und Verschlußaufzug durch Betätigen des Schnellschalthebels vorgenommen werden. Bei Filmen mit weniger als 36 Aufnahmen verhindert eine Rutschkupplung das Abreißen des Films. Mehrfachbelichtungen können auch mit dem Motor-Drive R4/Motor-Drive R durchgeführt werden. Vor unbeabsichtigtem Gebrauch warnt ein akustisches Signal. Externe Stromversorgung über Adapter für Fremdversorgung. Ganzmetall-Gehäuse mit verdeckt bzw. geschützt angebrachten Kupplungs- und Verbindungselementen.

Zwei Stativgewinde A 1/4 (1/4") für Stativhalter.
Maße: Höhe 45 mm, Länge 140 mm, Tiefe 61 mm.
Gewicht ohne Batterien: 320 Gramm.

Motor-Drive R8

Auch der im Vergleich zum Motor-Winder R8 etwas größere und schnellere Motor-Drive R8 bildet zusammen mit dem Kameragehäuse eine harmonische Einheit. Durch den mit dem Drive fest verbundenen Handgriff, durch die Handschlaufe und durch die zwei eigenen Auslöser für Quer- und Hochformat-Aufnahmen liegen Kamera und Motor-Drive sicher und bequem in der Hand des Fotografen. Obwohl beim Ansetzen des Drives der Kamera-Handgriff abgenommen wird, erhöht sich das Gewicht der Leica R8 dabei um etwas mehr als 600 g. Fast die Hälfte davon entfällt allerdings auf den Akku-Pack mit acht Nickel-Metallhydrit-Zellen (Ni-MH), die eine Aufnahmefrequenz bis zu 4,5 Bildern pro Sekunde zulassen und bei normaler Raumtemperatur etwa 100 Filme zu je 36 Aufnahmen transportieren und auch zurückspulen. Selbst bei -20°C reicht die Kraft dieser Zellen noch für 40 Filme. Mit dem Schnell-Ladegerät ist dieser Akku-Pack in weniger als zwei Stunden wieder aufgeladen. Für den internationalen Einsatz stehen neben dem mitgelieferten Kabel für die Heimatregion drei weitere Netzkabel als Zubehör zur Verfügung. Der Lieferumfang enthält ein Ladekabel zum Aufladen im Auto. Wie beim Motor-Winder R8 erfolgt auch beim Motor-Drive R8 nach dem Filmeinlegen ein automatischer Transport des Films bis zum ersten Bild. Unabhängig von der verwendeten Filmlänge schaltet sich der Motor-Drive zur Leica R8 beim Erreichen des Filmendes ab. Der belichtete Film kann dann – zusätzlich zu der ebenfalls möglichen Rückspulung von Hand – motorisch zurück transportiert werden. Die Filmlasche bleibt zunächst außerhalb der Filmpatrone, um beispielsweise das Weiterverwenden teilbelichteter Filme zu erleichtern. Erst durch erneutes Betätigen des entsprechenden Hebels wird der Film vollständig in die Filmpatrone eingezogen. Der Motor-Drive R8 bietet wahlweise drei Aufnahme-Geschwindigkeiten: «CH» (Continuous High) für Serienaufnahmen mit bis zu 4,5 Bildern pro Sekunde, «CL» (Continuous Low) für Serienaufnahmen bis zu 2 Bildern pro Sekunde und «S» (Single) für Einzelbild-Aufnahmen. Ein- und ausgeschaltet wird der Motor-Drive R8 mit dem Schnellschalthebel der Kamera. Liegt er in Ruhestellung am Kameragehäuse an, wird der Film durch den Motor-Drive unmittelbar nach jedem Auslösen zur nächsten Aufnahme weiter transportiert. Ist der Hebel ausgeklappt, kann der Filmtransport manuell erfolgen, z.B. wenn eine Aufnahmesituation trotz des leisen Aufzugsgeräusches durch den Motor-Drive R8 noch gestört werden könnte.

Außerordentlich praxisgerecht ist die Möglichkeit automatisch Belichtungsreihen fotografieren zu können. Beim sog. «Bracketing» entstehen dann von einem Motiv drei unterschiedlich belichtete Aufnahmen mit einer Normal-, einer leichten Unter- und einer leichten Überbelichtung. In der Stellung «±0,5» erfolgen die Belichtungsvarianten mit einer halben, in der Stellung «±1» mit einer ganzen EV-Abstufung. Diese Funktion kann man mit allen Belichtungsprogrammen der Leica R8 nutzen.

Weitere technische Daten: motorischer Filmtransport, Verschlußaufzug und Rückspulung des Films bei allen Programmen und allen Belichtungszeiten sowie bei den Einstellungen «X» und «B». Bei «B»-Einstellung bleibt der Verschluß solange geöffnet, wie der Auslöser gedrückt bleibt. Filmtransport, Verschlußaufzug und Filmrückspulung von Hand sind auch bei angesetztem Motor-Drive möglich. Elektronische Steuerung durch den Mikroprozessor der Kamera. Wahlweise Einzelbild- und Serienauslösung für 2 oder 4,5 Bilder pro Sekunde über den Kamera-Auslöser, die beiden Auslöser am Motor-Drive oder die Anschlußbuchse für Fernauslösungen. Automatische Abschaltung bei Filmende. Motorische Rückspulung eines Films mit 36 Aufnahmen in sieben Sekunden. Automatische Belichtungsreihen mit drei Aufnahmen in Abstufungen von 0,5 oder 1EV; je nach Betriebsart durch Veränderung der Belichtungszeit oder der Blende oder von beiden.

Aluminium-Druckguß-Gehäuse. Fest mit dem Motor-Drive verbundener Handgriff mit Handschlaufe und Auslöser für Querformat-Aufnahmen. Auslöser für Hochformat-Aufnahmen am Drive-Gehäuse. Anschlußbuchse für elektrische Auslösung; Stativgewinde A 1/4 (1/4").

Maße: Höhe 38 mm (124,5 mm inklusive Handgriff), Breite 157 mm, Tiefe 89 mm.
Gewicht mit Akku-Pack: 680 Gramm.

MD-R8

Der Akku-Pack mit acht NiMH-Zellen besitzt eine Kapazität von 1500 mAh und kann bei normalen Betriebstemperaturen (-20°C bis +65°C), sowie bei den üblichen Ladetemperaturen (0°C bis 40°C) und normalen Lagerungsverhältnissen (-20°C bis +40°C) mindestens 500mal geladen werden.

Das speziell zum Akku-Pack entwickelte Schnell-Ladegerät schaltet automatisch auf die jeweilige Netzspannung um und benötigt maximal 1 3/4 Stunde zum Laden des Akku-Packs (bei 12V-Betrieb doppelte Ladezeiten).

DAS LEICA R-MOTOR-SYSTEM

Für die verschiedenen Aufgabengebiete der Leica R wird ein umfangreiches Zubehör-Programm angeboten. Dabei wurde von den Konstrukteuren der Leica vor allem besonderer Wert darauf gelegt, daß dieses Zubehör möglichst an allen Motor-Varianten der Leica R benutzt werden kann.

Handgriffe für Freihand-Aufnahmen

Eine ruhige Kamerahaltung gewährleistet die stabile Ausführung der Handgriffe für Motor-Winder R/Motor-Drive R, Motor-Winder R4/Motor-Drive R4 und Motor-Winder R3. Alle Modelle sind mit einer verstellbaren

Abb. 93: Die Kerne einer Sonnenblume waren für dieses Rotkehlchen so verlockend, daß es sein Mißtrauen gegenüber Kamera und Lichtschranke überwand und sich bis auf ca. 50 cm an die Frontlinse des mit dem Macro-Adapter-R versehenen Objektivs Elmarit-R 2,8/135 mm heranwagte. Foto: Rolf Siebrasse.

Lederschlaufe ausgestattet. Bei allen Modellen liegt die Auslöse-Taste für Serienaufnahmen an griffgünstiger Stelle. Beim Handgriff R4 schützt eine zusätzliche Sicherung gegen unbeabsichtigtes Auslösen, z.B. beim Verstauen der Kamera in eine Tasche. Die Handgriffe R und R7 – wegen des höheren Leica R7-Gehäuses ist letzterer etwas länger als der Handgriff R – sind mit elektrischen Kontakten für Motor-Winder R (ab Fabrikations-Nummer 55001) und Motor-Drive R (ab Fabrikations-Nummer 75001) ausgestattet. Sie besitzen zwei elektrische Auslöseschalter sowie eine abnehmbare Lederschlaufe. Außerdem kann der Kamera-Tragriemen an der Leica R montiert bleiben, wenn diese Handgriffe an- bzw. abgeschraubt werden. Beide Handgriffe ermöglichen eine verzögerungsfreie und weiche Auslösung über zwei an unterschiedlichen Stellen befindlichen elektrischen Auslöseschaltern:

- Vorzugsweise für Querformat-Aufnahmen bestimmt ist der am oberen Teil des Handgriffs nach vorn geneigte Auslöser.
- Für Hochformat-Aufnahmen kann auch der Auslöser unten am Handgriff, oberhalb der Befestigungs schraube, benutzt werden.

Über beide Auslöser wird auch die Kamera bestromt, d.h. der Belichtungsmesser aktiviert und die Anzeigen im Sucher beleuchtet. Die Meßwertspeicherung bei selektiver Belichtungsmessung erfolgt bei allen Handgriffen über den Auslöser der Kamera. Einzelbild-Aufnahmen lassen sich ebenfalls über den Kamera-Auslöser vornehmen. Filmtransport und Spannen des Verschlusses erfolgen erst dann, wenn der Auslöser nach erfolgter Aufnahme freigegeben wird.

Die verstellbare, breite Lederschlaufe umschließt bei allen Handgriffen den Handrücken des Fotografen und stützt auch schwere Ausrüstungen ermüdungsfrei ab. Durch den ansetzbaren Handgriff werden Kamera und Motor zu einer funktionalen Einheit, die dem Fotografen Sicherheit und Schnelligkeit beim Fotografieren geben.

Remote Control Leica R8 und Remote Control Leica R

Von besonderer Bedeutung im Zubehör-Programm sind die beiden elektronischen Steuergeräte für Fern- und programmierbare Intervall-Auslösungen: für die Leica R8 das Remote Control R8 und für alle anderen Leica R-Modelle das Remote Control (RC) Leica R. Sie erweitern die Möglichkeiten einer motorisierten Leica R erheblich. Viele Fotografen zählen dieses Zubehör zur Standard-Ausrüstung ihrer Kamera.

Das Remote Control R8 benötigt eine 9V-Blockbatterie, Typ E-Block, z.B. 6LR61, 6AM6, MW1604 etc. Mit einem seitlich am Gehäuse angebrachten Schiebeschalter läßt es sich ein- bzw. ausschalten. Eine rote LED zeigt die Betriebsbereitschaft an. Zum Remote Control R8 gehört ein gerätefest montiertes Kabel von 5 m Länge, das durch entsprechende Verlängerungskabel eine Reichweite des Steuergerätes bis 100 m ermöglicht. Sofern kameraseitig eine Betriebsart eingestellt wurde, kann die Leica R8 durch die Taste «camera on» am Steuergerät in Aufnahmebereitschaft gesetzt werden. Alle aufnahmerelevanten Daten werden dann im beleuchteten LCD-Datenfeld des Steuergerätes für 14 Sekunden angezeigt: Die an der Kamera eingestellte Betriebsart, Belichtungsmeß-Methode und die EV-Werte, wenn auch das Override benutzt wird, Blende und Belichtungszeit, die eingestellt sind oder automatisch gebildet werden, das Bildzählwerk sowie bei automatisch gesteuerten Aufnahme-Reihen der Intervall,

Abb. 94: *Remote Control Leica R8.*

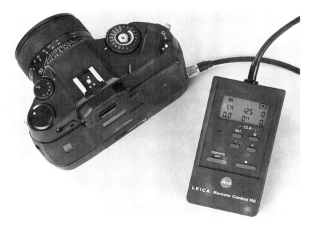

Abb. 95: *Remote Control Leica R.*

also der zeitliche Abstand zwischen den Aufnahmen und die Anzahl der Aufnahmen, die per Auslösung erfolgen. Beides, Intervall und Aufnahme-Anzahl, sind programmierbar. Intervalle von einer Sekunde bis 59 Stunden, 59 Minuten und 59 Sekunden; die Anzahl der Aufnahmen pro Auslösung bis 99. Auch das Vorlaufwerk des Selbstauslösers kann benutzt werden und Spiegelvorauslösung, Mehrfachbelichtung sowie Bracketing (bei angesetztem Motor Drive) sind ebenfalls möglich. Selbstverständlich läßt sich das Remote Control R8 auch «nur» als komfortabler Fernauslöser benutzen. Der Vorteil gegenüber dem normalen Kabelauslöser ist die gute Kontrolle darüber, ob und wie die Leica R8 arbeitet. Das ist z.B. dann wichtig, wenn die Kamera an einem weit entfernten oder sehr schwer zugänglichen Ort installiert ist.

Eine ähnliche Kontrollfunktion ist auch durch das Remote Control Leica R bei allen anderen Leica R-Modellen gegeben. Dieses handliche Steuergerät ist ebenfalls ein Fernauslöser mit Digitalanzeige der erfolgten Belichtung durch Rückmeldung von der Kamera: Nach jeder Aufnahme leuchtet für etwa zwei Sekunden eine zweistellige Siebensegment-LED-Anzeige auf und gibt Auskunft über die Zahl der erfolgten Aufnahmen. Mit einem Ablesetaster kann außerdem jederzeit die Anzeige der erfolgten Aufnahmen erneut sichtbar gemacht werden: Nach Antippen leuchtet die Digitalanzeige wieder auf. Zusätzlich ist ein Taktgeber für automatische Auslösungen eingebaut. In zwei Intervallbereichen lassen sich Frequenzen von zwei Bildern pro Sekunde bis ein Bild etwa alle zehn Minuten wählen.

Eine Besonderheit ist, daß sich mit Hilfe eines Schiebeschalters (bei Stellung TEST) die Intervallauslösung über einen Drehschalter exakt einregulieren läßt, ohne dabei die Kamera auszulösen. Eine Betriebsanzeige erfolgt durch Aufleuchten des linken Dezimalpunktes der Digital-Anzeige, während der rechte Dezimalpunkt den Auslöseimpuls (Intervall) anzeigt. Bei Stellung LEICA wird die Kamera in den vorprogrammierten Intervallen ausgelöst. Wie bei der Fernauslösung wird eine Rückmeldung nach erfolgter Aufnahme durch die Kamera durchgeführt. Zum RC Leica R gehört ein 2 m langes Kabel, das gerätefest montiert ist. Mit entsprechenden Verlängerungskabeln beträgt die Reichweite des Steuergerätes mindestens 100 m. Mit Hilfe des Schiebeschalters und des Eingabetasters kann auch die Digitalanzeige des RC Leica R korrigiert werden, falls das erforderlich sein sollte: z.B. dann, wenn das Steuergerät erst mit dem Motor verbunden wird, nachdem bereits einige Aufnahmen mit der Leica R gemacht wurden. Werden Ablese- und Eingabetaster gleichzeitig gedrückt, erfolgt eine Nullstellung der Digitalanzeige. Fern- und Intervallauslösungen sind selbstverständlich auch dann möglich, wenn mit Blitzgeräten gearbeitet wird oder Mehrfachbelichtungen vorgenommen werden. Für die Leica R3-Mot, die keinen Selbstauslöser besitzt, kann das RC Leica R bei Winder-Betrieb als Ersatz dafür dienen.

Stativhalter

Für Motor-Winder R/R4 und Motor-Drive R/R4 wird ein spezieller Stativhalter angeboten. Man benutzt ihn, wenn die Kamera-Motorkombination z.B. im Labor fest installiert wird, wenn Maschinen oder Räume fotografisch überwacht werden, bei Verwendung langer Brennweiten auf Fotostativen usw. Durch die stabile Ausführung des Stativhalters wird eine sichere Befestigung bei guter Gewichtsverteilung garantiert. Am Stativhalter R kann auch der Universal-Handgriff mit Schulterstütze (nur für Querformat-Aufnahmen) angeschraubt werden. Entsprechend modifizierte Stativhalter gehören auch zum Zubehör der Leica R3-Mot und Leicaflex SL-/SL2-Mot.

Elektrischer Auslöseschalter

Im Gegensatz zu den Kabelauslösern für Fernauslösung ist diese Ausführung speziell für das Arbeiten mit den Motoren der Leica R4-Modelle, der Leica R5, R-E, R6, R6.2, R7 sowie – in modifizierter Ausführung mit eigener Bestell.-Nr. – der Leica R8 und dem Universal-Handgriff bestimmt; er gestattet Druckpunktnahme. Im Sucher leuchten dann alle Anzeigen wie gewohnt auf. Damit bleiben auch beim Arbeiten mit dem Universal-Handgriff alle Kontrollfunktionen im Sucher dieser Leica R-Modelle erhalten.

Weiteres Motor-Zubehör

Für die externe Stromversorgung von Motor-Winder R/R4 und Motor-Winder R3 sind Adapter für Fremdversorgung in gleicher Ausführung vorgesehen. Für den Motor-Drive R/R4 ist eine andere Ausführung notwendig. Ein zusätzlicher Halter ist beim Motor-Winder R/R4 und R3 erforderlich, wenn die Fremdversorgung durch das Batterie-/Akku-Gehäuse des Motor-Winders erfolgt oder wenn die Ni-Cd-Akkus beim Wiederaufladen im Batterie-/Akku-Gehäuse verbleiben.
Einfache Fernauslöser mit verschraubbarem Verbindungsstecker und entsprechenden Verlängerungskabeln gehören ebenfalls zum Lieferprogramm.

Verwendung spezieller Steuergeräte

Durch die Möglichkeit der elektronischen Auslösung können Steuergeräte der unterschiedlichsten Art benutzt werden. Entsprechende Geräte werden von Zubehör-Herstellern angeboten oder können von Elektronik-Bastlern entworfen und gefertigt werden. Um Beschädigungen zu vermeiden und einen zuverlässigen Betrieb zu erreichen, sind für die Adaption «kleine Elektronik-Bausteine» notwendig (Seite 115). Die für die elektrischen Verbindungen notwendigen Kupplungsstecker und Steckdosen erhält man vom Kundendienst der Leica Camera AG oder von der zuständigen Landesvertretung.

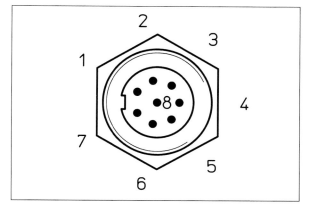

Abb. 96: Buchsenbelegung bei Motor-Winder R8 und Motor-Drive R8.

Durch Verbinden der Kontakte 1 und 2 kann die Kamera aus-gelöst werden. Durch Verbinden der Kontakte 1 und 8 kann die Kamera eingeschaltet werden. Die anderen Kontakte dürfen nicht miteinander verbunden werden. Von den verschiedenen Möglichkeiten, die motorisch betriebenen Leica R8 elektronisch auszulösen, wird die in Abb. 97 dargestellte Konzeption vor-geschlagen.

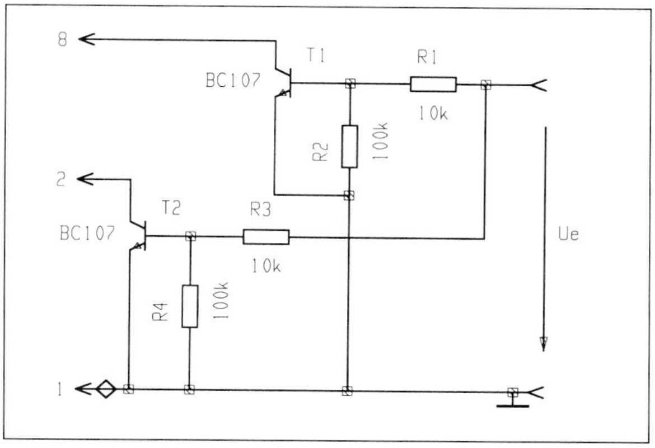

Abb. 97: Elektronische Auslösung über den Motor-Winder R8 oder Motor-Drive R8.

Der Eingang kann im Ruhezustand auf 0V liegen oder offen sein. Ein von 0 nach + gehender Impuls von 130 bis 200 ms löst die Kamera aus. Bei entsprechend längeren Impulsen erfolgt Serienauslösung.

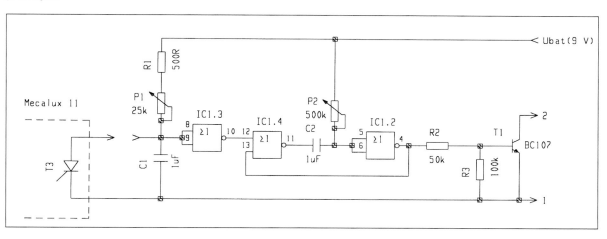

Abb. 98: Fernauslösung durch Servo-Blitzauslöser.

Mit dem Servo-Blitzauslöser Metz Mecalux 11, der für die kabellose Fernauslösung von Zusatz-Blitzgeräten bestimmt ist, läßt sich mit Hilfe eines zusätzlichen elektronischen Bausteins auch die Leica R8 über den Motor-Winder oder Motor R8-Drive R8 auslösen.

Zeichenerklärung: R1 = Widerstand 500 E 1/8 W; R2 = Widerstand 50 k, 1/8 W; R3 = Widerstand 100 k, 1/8 W; P1 = Potentiometer 25 k; P2 = Potentiometer 500 k; C1 = C2 = Kondensatoren 1 μ F/25 V; IC1 = CD 4001; T1 = NPN-Transistor BC 107.

Abgleich: Mit dem Zeitglied P1/C1 wird die Durchschaltzeit des Thyristors auf ca. 1–5 ms abgeglichen. Mit dem Zeitglied P2/C2 wird der Ausgangsimpuls auf ca. 50 ms abgeglichen.

Die normale Rückwand der Leica R4-Modelle, der Leica R5, R-E, R6, R6.2 und R7 läßt sich nach dem Öffnen bequem abnehmen. An ihre Stelle kann eine Rückwand für Daten-Einbelichtung angesetzt werden.

Data-Back DB 2 Leica R für Leica R5, R-E, R6, R.6.2 und Leica R7

Für verschiedene Anwendungsgebiete der Fotografie in Wissenschaft und Technik ist eine Kennzeichnung der Aufnahmen oft unerläßlich. Am sichersten erfolgt diese durch Einbelichtung von entsprechenden Zahlen-Kombinationen oder des Aufnahme-Datums direkt auf den Film. So können die Daten nicht verwechselt werden oder verlorengehen. Auch Foto-Amateure, die sich beim Betrachten ihrer Erinnerungsbilder immer wieder fragen, zu welchem Zeitpunkt diese oder jene Aufnahmen eigentlich entstanden sind, müssen nicht mehr herumrätseln, wenn sie das Datum im Foto mit einbelichtet haben. Und wer sich eine Negativ-Kartei anlegt, wird über die Möglichkeit, jeden Film bei der ersten Aufnahme kennzeichnen zu können, dankbar sein. Für das Einbelichten dieser Daten wird die Daten-Rückwand, auch Data-Back genannt, anstelle der normalen

Abb. 99: *Die Bedienungselemente der Datenrückwand sind durch eine kleine Klappe geschützt. Wie eine normale Rückwand besitzt auch das DB 2 Leica R ein Filmpatronen-Sichtfenster.*

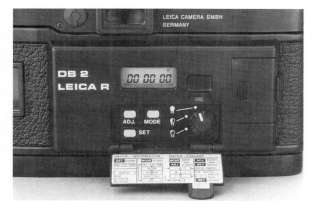

Abb. 100: *Die einfache Bedienung erfolgt durch drei Drucktasten und einen Drehschalter. Eine deutschsprachige Kurzanleitung dafür ist auf der Innenseite der Klappe angebracht. Sie kann vom Benutzer durch eine englisch- oder französischsprachige Ausführung ersetzt werden. Mit dem Drehschalter kann die Intensität der Einbelichtung an verschiedene Filme angepaßt werden.*

Rückwand angesetzt. Mit dieser Daten-Rückwand werden die Daten direkt bei der Aufnahme in das Bild mit einbelichtet. Negative und Diapositive können mit Tag und Uhrzeit oder dem Aufnahme-Datum versehen werden. Die Uhr und der bis zum Jahr 2099 reichende Kalender werden über einen Mikroprozessor quarzgesteuert. Das Datum kann wahlweise in den drei gebräuchlichen Abfolgen Tag – Monat – Jahr oder Monat – Tag – Jahr oder Jahr – Monat – Tag angezeigt werden. Auch jede beliebige Zahl bis 999.999, sowohl feststehend als auch fortlaufend addierend oder subtrahierend, kann einbelichtet werden. Die Uhr, der automatische Kalender und der Bildzähler arbeiten ständig, also auch, wenn keine Einbelichtungen vorgenommen bzw. andere Daten benutzt werden. Das gesamte Daten-Feld ist 0,65 x 4,6 mm groß und befindet sich – bei Querformat betrachtet – in der rechten unteren Bildecke. Die sechs Ziffern sind in drei Gruppen angeordnet. Bei Farbaufnahmen werden sie gelb, bei Schwarzweiß-Aufnahmen weiß wiedergegeben. Soll bei der Aufnahme gleichzeitig ein Blitzgerät benutzt werden, erfolgt die Synchronisation wie üblich über den Mittenkontakt im Zubehörschuh oder über die separate Blitzkontaktbuchse der Kamera. Voraussetzung ist allerdings, daß der Pluspol des Blitzgerätes

Abb. 101 a u. b: Oft läßt sich der Zeitpunkt einer Aufnahme im nachhinein nicht mehr exakt bestimmen, weil man z.B. das Aufnahme-Datum nicht rechtzeitig auf der Negativtasche, auf der Rückseite des Bildes oder auf dem Rahmen des Dias vermerkt hat. Bei diesen beiden Bildern ist die genaue Bestimmung des Aufnahmetags dagegen ganz leicht, weil die Kennzeichnung dieser Bilder schon bei der Aufnahme durch die Daten, Tag – Monat – Jahr, erfolgte.

in der Mitte des Steckkontaktes liegt bzw. auf dem Mittenkontakt. Das ist normalerweise bei Elektronen-Blitzgeräten die Regel. Sollte das ausnahmsweise nicht der Fall sein, funktionieren Daten-Rückwand und Blitz nicht. Beschädigungen werden allerdings vermieden. Alle Daten lassen sich mit drei Tasten einstellen und auf einer Flüssigkristall-Anzeige (LCD = Liquid Crystal Display) kontrollieren. Nach jeder Einbelichtung erscheint auf dieser Anzeige auch eine Bestätigung. Die Belichtungsintensität kann in drei Stufen an den eingelegten Film angepaßt werden. Da die Filme jedoch unterschiedliche Lichthof-Schutzschichten besitzen, durch die alle Daten hindurchbelichtet werden müssen, gelten die drei auf den DB 2 Leica R vorhandenen Ein-

stellungen nur als Empfehlungen. Bei Überstrahlung der Daten wählt man die Einstellung für die höher empfindlichen Filme bzw. die für niedriger empfindliche Filme, wenn die Daten zu dunkel wiedergegeben werden. Weil die Ziffern durch ein Flüssigkristall-Element von hinten durch die Lichthof-Schutzschicht hindurch auf den Film belichtet werden, sind bei den gering empfindlichen Umkehrfilmen von Polaroid sowie beim Kodak Kodachrome 25 Einbelichtungen nicht möglich. Beim Kodachrome 64 erfolgen sie nur sehr schwach. Auf IR-Filmen sind einwandfreie Daten-Einbelichtungen auch nicht möglich.

Gut sichtbar sind die Daten nur, wenn sie auf einen relativ dunklen Untergrund einbelichtet werden. Bei

Hochformat-Aufnahmen soll man deshalb darauf achten, daß sie z.B. nicht in hellen Himmelspartien liegen. Bei R-Objektiven und Zubehör mit Schwenkvorrichtung für Hoch- und Querformat-Aufnahmen läßt sich deshalb die Kamera nach zwei Seiten schwenken. Um Daten-Überbelichtungen bei Doppel- oder Mehrfach-Belichtungen zu vermeiden, wird die Daten-Rückwand nach der ersten Belichtung auf «OFF» gestellt. Bei Temperaturen um 0°C und darunter können durch die Reaktionsverzögerung des Flüssigkristall-Elements Einbelichtungsfehler auftreten, wenn sich zum Auslösezeitpunkt der Zeit- oder Datumswert ändert. Mit den beiden Silberoxid-Knopzellen (gleicher Typ wie bei der Leica R) können mehr als 100 Filme à 36 Aufnahmen gekennzeichnet werden. Bei zu schwachen Batterien blinkt die Daten-Anzeige.

Die Daten-Rückwand DB 2 Leica R wird nach dem Ansetzen an die Leica R5, R-E, R6, R6.2 und R7 durch entsprechende elektrische Kontakte von der Kamera mitgesteuert. Sie ist ca. 138 x 54 x 29,5 mm groß und wiegt ohne Batterien etwa 60 g.

Databack DB 2 Leica R für alle Leica R4-Modelle

Die Daten-Rückwand DB 2 Leica R wird auch in einer Ausführung mit Anschlußkabel für die Leica R4-Modelle geliefert (Bestell-Nummer 14230). Bei diesem Modell verursachen motorische Aufzüge bei kurzen Belichtungszeiten allerdings unscharfe Daten-Einbelichtungen: mit Motor-Winder ab 1/250s und kürzer, mit Motor-Drive ab 1/60s und kürzer. Muß bei Blitzaufnahmen die Blitzkontaktbuchse an der Kamera auch für den Blitz benutzt werden, wird mit einem Mehrfach-Stecker gearbeitet.

DOPPEL- UND MEHRFACHBELICHTUNGEN

In der Regel gehören Doppel- und Mehrfachbelichtungen zu den übelsten Fehlerquellen beim Fotografieren, da sie das Bild meistens zerstören. Deshalb werden alle modernen Fotoapparate mit einer sogenannten Doppelbelichtungssperre ausgestattet. Für bestimmte Zwecke hat die gezielt angewendete Doppel- oder Mehrfachbelichtung jedoch ihre volle Berechtigung. Als Gestaltungsmittel benutzt, lassen sich mit ihr besondere Akzente setzen. So läßt sich unter Umständen die Bildaussage eines Fotos steigern, indem man mehrere Aufnahmen in einem Bild kompositorisch vereint. Obwohl meistens als künstlerisches Ausdrucksmittel gebraucht, können solche Fotos auch komplizierte technische Abläufe verdeutlichen. Die Techniken zur Erlangung derartiger Bilder sind recht unterschiedlich. Während früher häufig beim Kopieren und Vergrößern in der Dunkelkammer manipuliert wurde, erfreut sich heute die Sandwich-Technik mit Diapositiven besonderer Beliebtheit. Bekannt, aber weniger häufig praktiziert ist die Doppel- oder Mehrfachbelichtung bei der Aufnahme. Ihr wird leider nicht die Aufmerksamkeit geschenkt, die sie eigentlich verdient. Insbesondere für den Dia-Fotografen bietet sich ein weites Feld der Betätigung. Dabei muß man nicht einmal an so aufwendige und komplizierte Einrichtungen denken, wie sie z.B. für Reihenblitz-Auslösungen (Stroboskop-Aufnahmen) benötigt werden. Eine Vielfalt von interessanten Möglichkeiten ergibt sich allein dadurch, daß

Abb. 102: Beim Motor-Winder R/R4 und Motor-Drive R/R4 ist der Hebel für Doppel- und Mehrfachbelichtungen am Boden angeordnet. Gegen eine unbeabsichtigte Benutzung warnt ein akustisches Signal, wenn der Auslöser gedrückt wird.

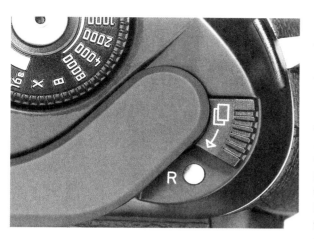

Abb. 103: *Der Hebel für Mehrfachbelichtungen, der bei der Leica R8 über den Knopf zur Rückspulfreigabe des Films geschwenkt wird, aktiviert auch eine «Filmbremse», die den Film unverrückbar positioniert.*

Doppel- oder Mehrfachbelichtungen durch einfachen Knopfdruck oder Betätigung eines Wahlschalters bei allen Leica R-Modellen zu erzielen sind
Für Doppel und Mehrfachbelichtungen wird bei der Leica R8 vor der ersten Aufnahme der Mehrfachbelichtungshebel über den Knopf zur Rückspulfreigabe geschwenkt. Das Zählwerk blinkt, sobald die Kamera bestromt wird. Nach der ersten Belichtung wird jetzt beim Betätigen des Schnellschalthebels, bzw. beim motorischen Aufzug lediglich der Verschluß gespannt, der Film aber nicht weitertransportiert. Das bereits belichtete Bild kann daher ein zweites Mal oder beliebig oft belichtet werden. Durch das Umlegen des Mehrfachbelichtungshebels wird nicht nur das Getriebe für den Filmtransport vom Verschluß-Aufzugsmechanismus durch den Knopf zur Rückspulfreigabe getrennt, sondern auch eine «Filmbremse» aktiviert, so daß der Film exakt im Filmkanal positioniert bleibt. Vor der letzten Auslösung wird der Mehrfachbelichtungshebel wieder zurückgeschwenkt. Nach der nächsten Belichtung wird dann der Film mit dem Schnellschalthebel oder motorisch weitertransportiert.
Bei den Leica R4-Modellen, der Leica R5, R-E, R6, R6.2 und R7 wird nach der ersten Aufnahme der Druckknopf zur Rückspulfreigabe gedrückt. Der Filmtransport ist dadurch ausgekuppelt, und beim Betätigen des Schnellschalthebels wird nur noch der Verschluß gespannt:

Das bereits belichtete Bild kann ein zweites Mal belichtet werden. Da der Schnellschalthebel am Ende des Spannweges den Aufzugsmechanismus automatisch wieder auf «Einfachbelichtung» umschaltet, muß man den Druckknopf jeweils vor jedem Spannvorgang erneut betätigen, wenn weitere Belichtungen auf dem gleichen Filmbild gewünscht werden. Bei angesetztem Motor-Winder bzw. Motor-Drive kann man ebenso verfahren. Für Serien-Mehrfachbelichtungen besitzen beide motorischen Aufzüge am Boden einen Wahlschalter, der sich nicht selbsttätig zurückstellt! Damit diese Einstellung nicht versehentlich beibehalten wird, ertönt beim Auslösen ein akustisches Signal. Im Gegensatz dazu besitzen Leica R3 und Leica R3-Mot einen Wahlschalter auf der Oberseite des Kamera-Gehäuses. Die Funktionen sind sinngemäß die gleichen wie z.B. bei der Leica R5, d.h. selbsttätiges Zurückstellen bei der Betätigung des Schnellschalthebels. Auch bei Winder-Betrieb. Deshalb sind Serien-Mehrfachbelichtungen nicht möglich!
Achtung: Wurde bei motorischem Betrieb der Leica R4-Modelle, der Leica R5, R-E, R6, R6.2, und R7 der Wahlschalter für Mehrfachbelichtungen am Winder oder Drive, bzw. der Mehrfachbelichtungshebel an der Leica R8 nicht vor der letzten Mehrfachbelichtung zurückgestellt, muß für die nachfolgende Aufnahme von Hand auf «Einfachbelichtung» umgeschaltet und mit aufgesetztem Objektiv- oder Gehäusedeckel noch zweimal ausgelöst werden.Das automatische Bildzählwerk der Leica R-Modelle registriert übrigens nur die Anzahl der belichteten Filmbilder und nicht die Mehrfachbelichtungen. Mit angeschlossenem RC Leica R werden dagegen auch die einzelnen Mehrfachbelichtungen durch die Digitalanzeige dieses Steuergerätes erfaßt.

Die Belichtung

Typisch für Doppel- und Mehrfachbelichtungen ist, daß hellere Bilddetails die dunkleren überlagern. In welchem Maße das geschieht, ist abhängig von der Intensität jeder einzelnen Belichtung. Normalerweise wird man die gemessenen Belichtungszeiten durch die Anzahl der Aufnahmen dividieren, also bei einer Doppelbelichtung die gemessenen Belichtungszeiten halbieren; bei einer dreifachen Mehrfachbelichtung

Abb. 104: *Typisch für Doppelbelichtungen ist, daß hellere Details die dunkleren überlagern, wofür das rechts abgebildete Porträt ein gutes Beispiel ist.*

Abb. 105: *Die Bewegungsphasen eines Gerätes durch Mehrfachbelichtungen darzustellen, kann für den Industriefotografen hochinteressant sein. Bei dieser schwenkbaren Tischlampe erfolgten fünf Belichtungen in typischen Bewegungsphasen.*

nur ein Drittel, bei einer vierfachen Mehrfachbelichtung nur ein Viertel der jeweiligen Meßwerte für die Belichtung benutzen usw. Denkbar ist jedoch auch die Kombination von z.B. der halben, ein Viertel und zweimal ein Achtel der jeweils ermittelten Belichtungszeiten bei einer vierfachen Mehrfachbelichtung. Die Bildwirkung kann zusätzlich durch eine andere Reihenfolge der verschiedenen Belichtungszeiten variiert werden. Der fotografischen Experimentierfreudigkeit sind hier kaum Grenzen gesetzt.

Doppelgänger-Aufnahmen

Wer in Großvaters Foto-Lehrbüchern blättert, wird unweigerlich auch auf die populärste Art der Mehrfach-

belichtung stoßen, auf das Doppelgänger-Foto. Häufig erscheint dabei die gleiche Person zwei- oder mehrmals in verschiedenen Posen bzw. Kleidern vor dunklem Hintergrund. Das entspricht der am leichtesten zu realisierenden Art einer Mehrfachbelichtung. Die wichtigste Aufgabe übernimmt dabei der dunkle Hintergrund, vor dem die Person agiert. Für jede einzelne Belichtung kann der (selektiv) ermittelte Meßwert für die Person direkt übernommen werden. Zweckmäßigerweise benutzt man ein stabiles Stativ. Außerdem muß man sich die einzelnen Positionen der Person auf der Einstellscheibe der Leica R merken, wenn es keine Überschneidungen geben soll. Um einige Proben und ein wenig Regie wird man dabei nicht herumkommen. Am besten gelingen solche Aufnahmen, wenn sich das Objekt kontrastreich vom dunklen Hintergrund abhebt

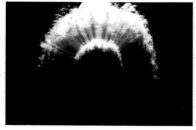

Abb. 106 a–c: *Der faszinierende Strahlenkranz um das Porträt (rechts) entstand mit einem Vario-Objektiv: Erste Aufnahme bei frontaler Beleuchtung, normal belichtet mit kürzester Brennweiten-Einstellung. Zweitbelichtung bei Gegenlicht mit Veränderung der Brennweite über den gesamten Brennweitenbereich während der Offenzeit des Verschlusses.*

(helle Kleidung). Ist kein geeignetes Modell zur Stelle, so kann der Fotograf auch selber vor der Kamera spielen. Mit Hilfe des Steuergerätes RC Leica R oder des Selbstauslösers der Leica R kann er sich selbst mehrmals auf ein Filmbild aufbelichten.

Bei angesetztem Motor-Winder/Motor-Drive und Einstellung auf Doppel- bzw. Mehrfachbelichtung arbeitet der Selbstauslöser der Leica R genauso wie ohne motorischen Aufzug, d.h., wenn der Selbstauslöser gespannt und der Auslöser der Kamera betätigt wurde (Vorsicht, nicht auslösen), vergehen ca. 9s, bis die Belichtung erfolgt. Danach werden der Filmtransport und der Verschlußaufzug automatisch vorgenommen. Viel einfacher und besser kontrollierbar ist allerdings die Auslösung per elektrischem Kabelauslöser oder Remote Control Leica R. Letzteres bietet sogar eine Anzeige, ob eine Belichtung erfolgte.

Schwieriger wird es, wenn bei Doppelgänger-Fotos der Hintergrund hell ist. Hier genügt nicht das mehrmalige Belichten allein; es muß außerdem ein Teil des Bildes vor dem Objektiv durch eine schwarze Blende abgedeckt werden. Geschieht das nicht, so sieht es aus, als würde das Modell wie ein Geist vor dem Hintergrund schweben oder in ihm verschwinden. Falls dieser Effekt erwünscht ist, müssen die einzelnen Belichtungen in der Regel knapper als gemessen ausfallen. In keinem Fall erfüllt eine solche Aufnahme jedoch die Anforderungen, die an eine «echte» Doppelgänger-Aufnahme gestellt werden. Schwarze Abdeckungen in Form von Masken findet man im Angebot verschiedener Filterhersteller, z.B. von Hoya (Dual-Image) und Cokin (Double Exposure, Double Mask). Auch in das Kompendium Proson der Fa. Novoflex lassen sich entsprechende Abdeckungen einschieben. Dieses Kompendium besitzt außerdem den Vorteil, daß der Abstand der Masken zur Frontlinse variiert werden kann. Das ist sehr wichtig, weil keine scharfe Abbildung der Abdeckung entstehen darf. Sonst erscheint bei der geringsten Ungenauigkeit im Foto eine sichtbare Naht – dort, wo die «Stoßkanten» der einzelnen Belichtungen liegen. Nur wenn die fließende Unschärfe der Abdeckungen in bestimmten Grenzen gehalten wird, ergänzen sich die Zonen abnehmender Bildhelligkeit jeder einzelnen Belichtung. Damit sich die einzelnen Belichtungen nahtlos aneinander fügen, muß entweder der Abstand der Abdeckung (Maske) zum Objektiv variiert oder mit entsprechenden Objektivöffnungen fotografiert werden. Da auch die Aufnahmeentfernung und die benutzte Objektivbrennweite den Grad der Maskenunschärfe beeinflussen, läßt sich die notwendige Unschärfe der Maskenränder durch Verstellen des Kompendium-Balgens erreichen. Unabhängig von der Aufnahme-Brennweite, der eingestellten Blende und Entfernung! Läßt sich der Abstand der Masken nicht verändern, muß das Objektiv entsprechend auf- oder abgeblendet werden. Dabei gilt: Je länger die Brennweite des benutzten Objektivs und je größer der Aufnahmeabstand, um so mehr muß abgeblendet werden. Die Belichtungsmessung erfolgt vor dem Anbringen der Masken mit manueller Einstellung von Belichtungszeit und Blende. Für jede Einzelbelichtung kann der ermittelte Meßwert ohne Korrektur übernommen werden. Soll der Hintergrund des Motivs scharf abgebildet werden, darf sich dort während der Belichtung nichts bewegen. Wird z.B. im Freien fotografiert und befinden sich Äste, Gräser und Wolken im Hintergrund, die sich bewegen, dann sollten diese in Unschärfe aufgelöst werden. Unnötig zu erwähnen, daß für Doppelgänger-Fotos die schwerste Stativausrüstung gerade gut genug ist.

Experimental-Aufnahmen

Neben den eben geschilderten klassischen Mehrfachbelichtungen gibt es unzählige Varianten, die zu überraschenden Resultaten führen können. Interessant ist zum Beispiel die Benutzung verschiedenfarbiger Pop-Filter für die einzelnen Aufnahmen oder der Einsatz von unterschiedlichen Farbfolien in Verbindung mit Blitzgeräten. Die so erzeugten Effekte lassen sich nochmals durch Aufnahmen mit Vario-Objektiven steigern, wobei für jede Einzelaufnahme eine andere Brennweite gewählt wird. Es besteht aber auch die Möglichkeit, scharfe Einzelaufnahmen mit Motiven zu kombinieren, bei denen während der Belichtung die Brennweite verändert wurde (Zoom-Effekt). Aber auch ohne Vario-Objektive lassen sich hübsche Experimente durchführen. Interessant kann zum Beispiel die einfache Kombination einer scharfen und unscharfen Abbildung sein. Dies ist vor allem bei Nachtaufnahmen effektvoll, wenn einzelne, total unscharf wiedergegebene Lichtquellen als riesige «Lichtballons» abgebildet erscheinen. Eine Vielzahl von Varianten ergibt sich durch Veränderung des Bildausschnittes nach jeder Aufnahme. Man kann z.B. die Kamera auf dem Panoramakopf eines Stativs konstant um den gleichen Grad schwenken oder einen zu fotografierenden Gegenstand in seiner Position schrittweise verändern. Wesentlich für ein gutes Gelingen sind der Kontrast (möglichst ein helles Objekt vor dunklem Hintergrund fotografieren) und die Wahl der richtigen Belichtung. Da sich alle Belichtungswerte addieren, muß die «richtige» Belichtungszeit in der Regel durch die Anzahl der Aufnahmen dividiert werden (siehe weiter vorne).

Die Phantom-Aufnahme

Die Mehrfachbelichtung kommt aber nicht nur der Experimentierfreudigkeit der Fotoamateure zugute. Der Industrie-Fotograf hat durch sie z.B. die Möglichkeit, bestimmte Vorgänge von Apparaten oder Maschinen in einzelnen Phasen sichtbar zu machen oder verschiedene Details eines Gerätes darzustellen, die normalerweise von einem Gehäuse verdeckt sind. Er kann die technische Funktion eines Apparates im wahrsten Sinne des Wortes transparent machen. Man spricht in solchen Fällen von einer Phantom-Aufnahme. Mit dieser Methode läßt sich beispielsweise die Vielfalt der verschiedenen Aggregate eines Automobils und deren Anordnung unter der Karosserie darstellen. Dabei werden eine Aufnahme der äußeren Erscheinungsform und, nachdem die Karosserie entfernt wurde, eine der inneren paßgenau übereinander belichtet.

Abb. 107 a–c: Uralt ist der Trick mit der Doppelgänger-Aufnahme. Ein und dieselbe Person erscheint mehrmals im Bild. Es kommt darauf an, daß die Nahtstellen bei den getrennt und nacheinander belichteten Teilbildern nicht sichtbar werden.

Abb. 108: Zubehör für Doppel- und Mehrfachbelichtungen ist im Foto-Fachhandel erhältlich. Für einfache Doppelgänger-Aufnahmen reicht die halbseitig schwarz gefärbte Filterscheibe. Für raffinierte Mehrfach-Belichtungen benutzte der Autor ein Kompendium und selbstangefertigten Masken aus schwarzem Karton.

Titel-Diapositive

Wer etwas auf sich hält, wird seinen Diavortrag nicht ohne Dia beginnen wollen, in das der Titel seiner «show» einkopiert wurde. Für diesen Zweck benötigt man einen tiefschwarzen Untergrund (am besten Samt), auf dem die hellen, möglichst weißen Buchstaben, die einbelichtet werden sollen, angeordnet werden können. Als «Vorlage» für Titel-Dias eignen sich besonders dunkelfarbige Motive; die Belichtung erfolgt wie üblich. Zum Einkopieren der Schrift wird die Belichtungszeit wie folgt ermittelt:

1. Belichtungskorrektur (Override) auf «+1» einstellen.
2. Anstelle der Titeltafel weißes Papier anmessen.
3. Belichtungszeit und Blende manuell einstellen.

Farbige Diagramme

Bei der Projektion erläuternder Texte oder der Darstellung von Diagrammen innerhalb einer Diaserie werden farbige Untergründe bevorzugt. Das kann bei der Herstellung der Vorlagen zwar berücksichtigt werden, vergrößert aber in solchen Fällen den Aufwand. Bei Reproduktionen aus Büchern ist diese Möglichkeit außerdem nicht gegeben. Am besten geht man so vor, daß man – wie bisher – ein Strichnegativ auf Dokumentenfilm herstellt, dieses bei der (Dia-)Positivherstellung optisch kopiert und dabei mit Farbumkehrfilm und Doppelbelichtung arbeitet:

1. Aufnahme des Strichnegativs (weiße Schrift auf dunklem Untergrund) im Durchlicht, zum Beispiel am Illumitran. Nach dieser Aufnahme haben Sie praktisch ein Duplikat des Negativs, also immer noch weiße Schrift auf dunklem Untergrund.
2. Das reproduzierte Negativ aus der Halterung nehmen, vor dem Objektiv ein Farbfilter anbringen und eine

zweite Belichtung vornehmen. Auf die bisher noch unbelichteten Partien (dunkler Untergrund) wirkt jetzt das durch das Filter gefärbte Licht ein, so daß man nach der Entwicklung des Umkehrfarbfilmes ein Diapositiv mit weißer Schrift auf farbigem Untergrund erhält. Je nach Intensität der Zweitbelichtung, ist die Farbe des Untergrundes heller oder dunkler. Nach Möglichkeit sollten dabei, der besseren Lesbarkeit zuliebe, kräftige Kontraste angestrebt werden.

Motorische Mehrfachbelichtung

Mit Hilfe von Motor-Winder oder Motor-Drive können Bewegungsabläufe in einem Bild vereint werden. Da die einzelnen Phasen der Bewegung mit einem Blick einander zugeordnet werden können, sind solche Fotos oft instruktiver als Bildserien aus aneinandergereihten Einzelbildern. Von der verblüffenden Bildwirkung ganz zu schweigen. In der Regel sind bei derartigen Aufnahmen dunkle Hintergründe zu bevorzugen, auf denen sich helle Objekte besonders gut abheben. Blende und Belichtungszeit werden manuell eingestellt, nachdem der Meßwert selektiv ermittelt wurde. Mit entsprechenden Elektronenblitzgeräten, z.B. Metz Mecablitz , können Bildfrequenzen bis zu zwei Bildern pro Sekunde (Motor-Winder-Betrieb) sogar geblitzt werden. Schnelle Bewegungsabläufe können bei motorischer Mehrfachbelichtung zeitlupenartig «eingefroren», langsame dagegen in Zeitraffermanier wiedergegeben werden. Für die letztgenannte Methode kann das Steuergerät RC Leica R erfolgreich eingesetzt werden. Das fotografische Spiel mit Doppel- und Mehrfachbelichtungen ist sehr variantenreich. Deshalb sollten diese Anregungen auch nicht als fertige Rezepte verstanden werden. Bei den vielfältigen Möglichkeiten wird kein Fotograf umhinkönnen, eigene Erfahrungen zu sammeln.

R-OBJEKTIVE

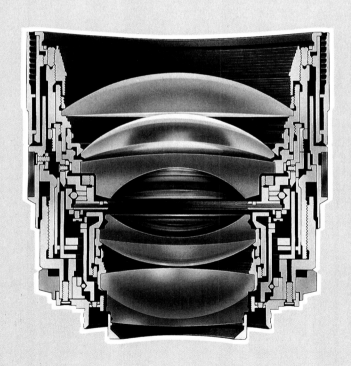

Abb. 109, 110 a u. 110 b: *Die Palette der Leica R-Objektive reicht vom Super-Weitwinkel-Objektiv mit 15 mm Brennweite bis zum 800 mm-Tele-Objektiv; mit dem Apo-Extender-R 2x sogar bis 1600 mm.*
Alle Aufnahmen vom Schloß Braunfels wurden an einem klaren Frühlingstag vom gleichen Standort fotografiert.
Von oben:
Super-Elmar-R 1:3,5/15 mm,
Apo-Telyt-R 1:5,6/800 mm,
Apo-Telyt-R 1:5,6/800 mm plus Apo-Extender-R 2x.

LEICA R-OBJEKTIVE

Wer mit den Leicaflex- oder Leica R-Modellen fotografiert, sollte sich die Möglichkeiten, die durch die vielen Wechselobjektive geboten werden, nicht entgehen lassen. Erst die verschiedenen Brennweiten und Lichtstärken der Leica R-Objektive geben dem Fotografen die nötige Freiheit in der Gestaltung seiner Bilder. Sie sind gleichsam der Schlüssel zum Leica R-System. Viele der z.Zt. lieferbaren Leica R-Objektive lassen sich auch an den Vorgänger-Modellen der

Leica R, also an den Leicaflex-Kameras benutzen. Fast alle älteren, ursprünglich für die Leicaflex konzipierten Objektive können vom Kundendienst der Leica Camera AG zur Verwendung an den Leica R-Modellen nachgerüstet werden. Genaue Auskunft über die Kompatibilität aller R-Objektive und Kamera-Modelle gibt das Kapitel «Die verschiedenen Steuerelemente der Leica R-Objektive» auf der nächsten Seite.

DIE GRUNDAUSSTATTUNG DER LEICA R-OBJEKTIVE

Die Lage und Anordnung der äußeren Bedienungs- und Funktionselemente ist bei allen Leica R-Objektiven mit automatischer Springblende einheitlich. Die Drehrichtung der Objektivschnecken und der Blendeneinstellringe ist identisch, ein Umgewöhnen nach jedem Objektivwechsel also nicht nötig. Alle Einstellringe besitzen eine griffige Rändelung. Die für Entfernung und Brennweite (bei Vario-Objektiven) sind bis auf wenige Ausnahmen gummiarmiert und damit auch unter extremen klimatischen Bedingungen noch griffgünstig, d.h., sie lassen sich sowohl bei tiefen Temperaturen mit klammen Fingern als auch bei großer Hitze mit verschwitzten Händen noch sicher bedienen. Alle Leica R-Objektive werden komplett mit Objektiv-Vorder- und Rückdeckel sowie mit Gegenlichtblende geliefert.

Das Schnellwechselbajonett

Alle Leica R-Objektive können sehr schnell gewechselt werden. Unabhängig davon, ob der Kameraverschluß aufgezogen oder entspannt ist, ohne Rücksicht auf Entfernungs- oder Blendeneinstellung. Das Schnellwechselbajonett der Leica R-Objektive besteht aus hartverchromtem Messing. Mit einer Stahlfeder wird das eingesetzte Objektiv gegen die Auflagefläche des Kamera Bajonetts gezogen. Eine zusätzliche Sicherheit gegen

Überbeanspruchung dieser Feder gibt ein Nocken, der hohe Belastungen abfängt, wie sie bei Benutzung von langen Brennweiten auftreten können. Die lichte Weite des Schnellwechselbajonetts ist so groß dimensioniert, daß auch bei sehr langen Brennweiten und bei extremen Nahaufnahmen kaum Eckenabschattungen auftreten können.

Alle Leica R-Objektive besitzen einen fest mit dem Bajonett verbundenen, griffigen Rändelring. Hier läßt sich das Objektiv sicher greifen und, nachdem man mit linken Daumen am Kameragehäuse den Sperrknopf am Kameragehäuse eingedrückt hat, nach einer kurzen Linksdrehung von 60 Grad aus dem Bajonett des Kameragehäuses herausheben.

Zum Einsetzen muß der rote Punkt am Bajonett bzw.. Griffring des Objektivs dem rot markierten Sperrnocken im Kamerabajonett gegenüberstehen. Liegen beide Bajonettflächen richtig auf, dreht man das Objektiv nach rechts, bis es fühl- und hörbar einrastet.

Die rote, fühlbare Markierung am Objektiv erlaubt auch einen Objektivwechsel, wenn man von einem Standpunkt aus fotografiert, der im Dunkeln liegt, wie z.B. der Zuschauerraum eines Theaters. Im Gedränge oder am Berg, wenn eine Hand für die eigene Sicherheit gebraucht wird, läßt sich das Objektiv auch mit nur einer Hand wechseln! Falsch kann man ein R-Objektiv in eine Leica R nicht einsetzen. Obwohl die Front-

und Hinterlinsen der Leica R-Objektive weitgehend geschützt im Objektivtubus untergebracht sind, sollte man beim Objektivwechsel stets auf saubere Glasflächen achten. Fingerabdrücke, Wassertropfen u.ä. Verunreinigungen müssen sofort entfernt werden, weil sie die Abbildungsleistung der Objektive erheblich mindern.

Die Springblende

Von wenigen Ausnahmen abgesehen, besitzen alle Leica R-Objektive eine automatische Springblende. Sie öffnet und schließt sich mit der Bewegung des Schwingspiegels. Vor jeder Aufnahme kann die Blende, welche für die Belichtung vorgesehen ist, durch Drehen des Blendenwahlringes vorgewählt werden. Auch halbe Blendenwerte lassen sich rastend einstellen. Beim Auslösen der Kamera schließt sich dann die Blende automatisch auf den vorgewählten Wert. Nach der Belichtung öffnet sie sich wieder – ebenfalls automatisch. Das Sucherbild der Leica R wird also immer bei voll geöffneter Blende betrachtet und ist daher strahlend hell. Auch die Belichtungsmessung erfolgt bei Objektiven mit Springblende bei voller Öffnung des Objektiv (Offenblenden-Messung). Bei Objektiven ohne automatische Springblende – dazu zählen z.B. das sogenannte Shift-Objektiv und die Balgeneinstellgeräte mit eingesetztem Photar-Objektiv – schließt sich die Blende entsprechend der von Hand vorgenommenen Einstellung; das Sucherbild wird dabei dunkler. Abschließend erfolgt die Belichtungsmessung (Arbeitsblenden-Messung). Die Scharfeinstellung wird bei diesen Objektiven am besten vor dem Abblenden, d.h. ebenfalls bei voller Öffnung, vorgenommen. Für die Übertragung der vorgewählten Blendenwerte auf den Belichtungsmesser sind Kupplungselemente notwendig. Sie sind, geschützt gegen Beschädigungen, zwischen Schnellwechselbajonett und Hinterlinse des Objektivs angeordnet.

Die verschiedenen Steuerelemente der Leica R-Objektive

Für die Belichtungsmessung der Leica Spiegelreflexkameras werden Informationen verarbeitet, die über Steuermechanismen der Objektive in die Kamera eingegeben werden. Je nach Kamera-Modell werden dafür Steuerkurven, Steuernocken und/oder Kontaktleisten im Objektiv benutzt. Mit Hilfe dieser Übertragungselemente werden dem Belichtungsmesser der Kamera die Anfangs-Öffnung des Objektiv und die jeweils vorgewählte Blende mitgeteilt. Auch eine eventuell zwangsläufig vorhandene Vignettierung des Objektivs wird dabei berücksichtigt.

Die unterschiedlichen Steuerelemente sind durch die technologische Weiterentwicklung der Leica Spiegelreflexkameras, wie z.B. die Lichtmessung durch das Objektiv und die elektronische Verschlußsteuerung, notwendig geworden. Nach bewährter Leica Tradition hat man diese so integriert, daß neuere Objektive (und anderes Zubehör) an bereits vorhandene Kameragehäuse, z.B. der Leicaflex SL in der Regel weiterhin benutzt werden können. Ältere R-Objektive, die diese Steuerelemente noch nicht besitzen, können meistens durch den Kundendienst der Leica Camera AG umgerüstet werden.

Wichtig: Leicaflex Objektive – sie besitzen lediglich Steuerkurven und wurden vor 1976 gefertigt – dürfen ohne nachträglich eingebauten Steuernocken nicht an die Leica R-Modelle angesetzt werden, da sie diese Kameras beschädigen können.

Steuerkurven sind grundsätzlich den Leicaflex-Modellen zuzuordnen. Für alle Leica R-Modelle ist ein Steuernocken im Objektiv erforderlich. Durch einen im Objektiv eingebauten ROM-Baustein (Read Only Memory, zu deutsch: nur lesbarer Festspeicher) können bei der Leica R8 außerdem noch weitere Informationen vom Objektiv erfolgen. Sie werden mittels Kontaktleisten an Objektiv und Kamera übertragen. Beim Fotografieren mit Vario-Objektiven kann dann z.B. der Reflektor des Blitzgerätes automatisch der jeweils eingestellten Brennweite des Objektiv angepaßt werden.

Anmerkung: Zur Optimierung des Belichtungsniveaus wurde bei einigen Objektiven die Position des Steuernockens korrigiert. Bedingt durch eine Winkelveränderung, kann das bei der Leica R8 zu einer falschen Anzeige des Blendenwertes führen, wenn mit voller Öffnung des Objektivs gearbeitet wird. Beim Vario-Elmar-R 1:4/80–200 mm würde dann z.B. im Sucher «Blende 4,8» angezeigt werden, obwohl mit aufgeblendetem Objektiv (Blende 4) fotografiert wird. Für die

Abb. 111: *Steuerkurve mit Steuernocken (links oben) und Kontaktleiste (rechts unten) im Leica R-Objektiv.*

Belichtung ist das ohne Bedeutung, da die Belichtungssteuerung in korrekter Weise erfolgt. Bei Objektiven mit integriertem ROM – auch bei einem nachträglichen Einbau – kommt es nicht zu dieser Fehlanzeige, da die Informationen dann elektronisch übertragen werden. Leica R-Objektive, die mit einem ROM ausgestattet sind – auch durch einen nachträglichen Umbau des Objektivs – können nicht an Leicaflex und Leicaflex SL benutzt werden.

Die durch die technologische Weiterentwicklung bedingten Veränderungen haben zu folgenden Differenzierungen geführt:

Leica R8	= 1 Steuernocken im Objektiv, zusätzliche Kontaktleiste möglich
Leica R4- bis Leica R7-Modelle	= 1 Steuernocken im Objektiv
Leicaflex SL 2	= je 1 Steuerkurve oben und unten im Objektiv
Leicaflex SL	= 1 Steuerkurve unten im Objektiv
Leicaflex	= 1 Steuerkurve oben im Objektiv

Steuernocken und Steuerkurven unterscheiden sich in ihren Funktionen dadurch, daß die Steuerkurve, die als schiefe Ebene ausgebildet ist, das entsprechende Kupplungselement in die Kamera vor- und zurückbewegt, während der Steuernocken einen Ring in der Kamera um die optische Achse des Objektiv herum bewegt. Man kann auch sagen, daß die bei den Leicaflex-Modellen objektivseitig vorhandene kreisförmige Bewegung kameraseitig in eine Vor- und Rückwärtsbewegung umgesetzt wird. Bei den Leica R-Modellen

bleibt dagegen die kreisförmige Bewegung auf der Objektivseite auch kameraseitig erhalten.

Während die Leicaflex- und Leicaflex SL-Modelle das ursprüngliche R-Bajonett besitzen, wurden sowohl die Leicaflex SL2 als auch die Leica R-Modelle mit unterschiedlichen Bajonetten ausgerüstet. Daraus ergibt sich die Möglichkeit, Objektive für die Benutzung an bestimmten Kamera-Modellen zu sperren, d.h., sie lassen sich nicht anriegeln. So können z.B. die für die Leica R-Modelle nur mit einem Steuernocken versehenen Objektive nicht an Leicaflex-Modellen angesetzt werden. Und aus dem gleichen Grund kann das Macro-Elmarit-R 1:2,8/60 mm ab Nr. 3335501 nicht in den 1:1-Adapter eingeriegelt werden. Setzt man aus Versehen ein R-Objektiv ohne Steuernocken an eine Leica R, wird ein falscher Belichtungs-Meßwert gebildet. Unter oder Überbelichtungen sind die Folge. Auch Beschädigungen an Objektiv oder Kamera können nicht ausgeschlossen werden. Welches Objektiv an welchem Kamera-Modell benutzt werden kann, und welches einen ROM besitzt, bzw. welches nachträglich durch den Kundendienst der Leica Camera AG damit ausgestattet werden kann, ist aus der nachfolgenden Aufstellung ersichtlich.

Leica R-Objektive	zu benutzen an:				
	ROM für Leica R8	Leica R	Leicaflex SL2	Leicaflex SL	Leicaflex
SUPER-ELMAR-R 3,5/15 mm Best.-Nr.: 11 213 ab 1980/Serien-Nr.: 3004101	2	x	x	-	-
FISHEYE-ELAMRIT-R 2,8/16 mm Best.-Nr.: 11 222 ab 1975/Serien-Nr.: 2682801 ab 1976/Serien-Nr.: 2816850	2 2	0 x	x x	- -	- -
ELMARIT-R 2,8/19 mm Best.-Nr.: 11 225 ab 1975/ Serien-Nr.: 2735951 ab 1976/Serien-Nr.: 2736900 Best.-Nr. 11 258 ab 1990/Serien-Nr.: 3503151 Best.Nr.: 11 329 ab 1997/Serien-Nr.: 3796010	2 2 2 1	0 x x x	x x x -	x x x -	x x - -
SUPER-ANGULON-R 3,4/21 mm Best.-Nr.: 11 803 ab 1965/Serien-Nr.: 2056001	3	-	-	-	x

Leica R-Objektive	zu benutzen an:				
	ROM für Leica R8	Leica R	Leicaflex SL2	Leicaflex SL	Leicaflex
SUPER-ANGULON-R4/21 mm Best.-Nr.: 11 813					
ab 1968/Serien-Nr.: 2283351	2	0	x	x	-
ab 1976/Serien-Nr.: 2614220	2	x	x	x	-
ELMARIT-R 2,8/24 mm Best.-Nr.: 11 221					
ab 1975/Serien-Nr.: 2718151	2	0	x	-	-
ab 1976/Serien-Nr.: 2719572	2	x	x	-	-
Best.-.Nr.: 11 257					
ab 1994/Serien-Nr.: 3657831	2	x	0	0	0
Best.-Nr.: 11 331					
ab 1997/Serien-Nr.: 3783830	1	x	-	-	-
ELMARIT-R 2,8/ 28 mm Best.-Nr. 11 204					
ab 1970/Serien-Nr.: 2440001	2	0	x	x	x
ab 1976/Serien-Nr.: 2726021	2	x	x	x	x
Best.-Nr.: 11 247					
ab 1985/Serien-Nr.: 3367501	2	x	0	0	0
Best.-Nr.: 11 259					
ab 1994/Serien-Nr.: 3664831	2	x	x	x	-
Best.-Nr.: 11 333					
ab 1997/Serien-Nr.: 3778780	1	x	-	-	-
PC-SUPER-ANGULON-R 2,8/28 mm Best.-Nr.: 11 812					
ab 1988/Serien Nr.: 3470571	3	x	x	x	-
SUMMILUX-R 1,4/35 mm Best.-Nr.: 11 143					
ab 1984/Serien-Nr.: 3271401	2	x	x	-	-
Best.-Nr. 11 144					
ab 1991/Serien-Nr.: 3564373	2	x	0	-	-
Best.-Nr.: 11 337					
ab 1996/Serien-Nr.: 3565290	1	x	-	-	-
SUMMICRON-R 2/35 mm Best.-Nr: 11 227					
ab 1970/Serien-Nr.: 2402001	2	0	x	x	x
ab 1976/Serien-Nr.: 2731 769	2	x	x	x	x
Best.-Nr.: 11 115					
ab 1977/Serien-Nr.: 2819351	2	x	x	x	x
Best.-Nr.: 11 339					
ab 1996/Serien-Nr.: 3477001	1	x	-	-	-
ELMARIT-R 2,8/35 mm Best.-Nr.: 11 101					
ab 1964/Serien-Nr.: 1972001	2	0	0	0	x
Best.-Nr.: 11 201					
ab 1968/Serien-Nr.: 2202501	2	0	x	x	x
ab 1976/Serien-Nr.: 2668376	2	x	x	x	x
Best.-Nr.: 11 231					
ab 1979/Serien-Nr.: 2928901		x	x	x	x

Leica R-Objektive	zu benutzen an:				
	ROM für Leica R8	Leica R	Leicaflex SL2	Leicaflex SL	Leicaflex
ELMARIT-R 2,8/35 mm Best.-Nr.: 11 251					
ab 1986/Serien-Nr.:3332801	2	x	0	0	0
PA-CURTAGON-R 4/35 mm Best.-Nr.: 11 202					
ab 1971/Serien-Nr.: 2426201	3	0	x	x	x
ab 1976/Serien-Nr.: 2453113	3	x	x	x	x
SUMMILUX-R 1,4/50 mm Best.-Nr.: 11 875					
ab 1970/Serien-Nr.: 2411021	2	0	x	x	x
ab 1976/Serien-Nr.: 2515901	2	x	x	x	x
Best.-Nr.: 11 776					
ab 1978/Serien-Nr.: 2899801	2	x	x	x	x
Best.-Nr.: 11 777					
ab 1986/Serien-Nr.: 3291801	2	x	0	0	0
Best.-Nr.: 11 343					
ab 1997/Serien-Nr.: 3794010	1	x	-	-	-
SUMMICRON-R 2/50 mm Best.-Nr.: 11 218					
ab 1964/Serien-Nr.: 1940501	2	0	0	0	x
Best.-Nr.: 11 228					
ab 1968/Serien-Nr.: 2225001	2	0	x	x	x
ab 1976/Serien-Nr.: 2758826	2	x	x	x	x
Best.-Nr.: 11 215					
ab 1976/Serien-Nr.: 2777651	2	x	x	x	x
Best.-Nr.: 11 216					
ab 1978/Serien-Nr.: 2876401	2	x	0	0	0
Best.-Nr.: 11 345					
ab 1997/Serien-Nr.: 3764800	1	x	-	-	-
MACRO-ELMARIT-R 2,8/60 mm Best.-Nr.: 11 205					
ab 1972/Serien-Nr.: 2497101	2	0	x	x	x
ab 1976/Serien-Nr.: 2761535	2	x	x	x	x
Best.-Nr.: 11 212					
ab 1980/Serien-Nr.: 3013651	2	x	x	x	x
Best.-Nr.: 11 253					
ab 1986/Serien-Nr.: 3390001	2	x	0	0	-
Best.-Nr.: 11 347					
ab 1997/Serien-Nr.: 3783330	1	x	-	-	-
SUMMILUX-R 1,4/80 mm Best.-Nr.: 11 880					
ab 1981/Serien-Nr.: 3054601	2	x	x	x	-
Best.-Nr.: 11 881					
ab 1986/Serien-Nr.: 3398101	2	x	-	-	-
Best.-Nr.: 11 349					
ab 1998/Serien-Nr.: 3798910	1	x	-	-	-

Leica R-Objektive	zu benutzen an:				
	ROM für Leica R8	Leica R	Leicaflex SL2	Leicaflex SL	Leicaflex
SUMMICRON-R 2/90 mm					
Best.-Nr.: 11 219					
ab 1970/Serien-Nr.: 2400001	3	0	x	x	x
ab 1976/Serien-Nr.: 2761083	3	x	x	x	x
Best.-Nr.: 11 254					
ab 1986/Serien-Nr.: 3381677	3	x	0	0	0
ELMARIT-R 2,8/90 mm					
Best.-Nr.: 11 229					
ab 1964/Serien-Nr.: 1965001	2	0	0	0	x
Best.-Nr.: 11 239					
ab 1968/Serien-Nr.: 2171051	2	0	x	x	x
ab 1976/Serien-Nr.: 2734951	2	x	x	x	x
Best.-Nr.: 11 806					
ab 1983/Serien-Nr.: 3260101	2	x	0	0	0
Best.-Nr.: 11 154					
ab 1986/Serien-Nr.: 3408701	2	x	0	0	-
APO-MACRO-ELMARIT-R 2,8/100					
Best.-Nr.: 11 210					
ab 1987/Serien-Nr.: 3762000	2	x	x	x	x
Best.-Nr.: 11 352					
ab 1997/Serien-Nr.: 3792010	1	x	-	-	-
MACRO-ELMAR-R 4/100 mm					
Best.-Nr.: 11 232					
ab 1978/Serien-Nr.: 2883701	2	x	x	x	x
ELMARIT-R 2,8/135 mm					
Best.-Nr.: 11 111					
ab 1964/Serien-Nr.: 1967001	2	0	0	0	0
Best.-Nr.: 11 211					
ab 1968/Serien-Nr.: 2193701	2	0	x	x	x
ab 1976/Serien-Nr.: 2771419	2	x	x	x	x
APO-SUMMICRON-R 2/180 mm					
Best.-Nr.: 11 271					
ab 1994/Serien-Nr.: 3652221	2	x	-	-	-
Best.-Nr.: 11 354					
ab 1998/Serien-Nr.: 3799410	1	x	-	-	-
ELMARIT-R 2,8/180 mm					
Best.-Nr.: 11 919					
ab 1967/Serien-Nr.: 2161001	2	(0)	0	x	x
ab 1968/Serien-Nr.: 2281351	2	0	x	x	x
ab 1976/Serien-Nr.: 2753081	2	x	x	x	x
Best.-Nr.: 11 923					
ab 1980/Serien-Nr.: 2939701	2	x	x	x	x
Best.-Nr.: 11 356					
ab 1997/Serien-Nr.: 3786360	1	x	-	-	-
APO-ELMARIT-R 2,8/180 mm					
Best.-Nr.: 11 273					
ab 1998/Serien-Nr.: 3798410	1	x	-	-	-

Leica R-Objektive	zu benutzen an:				
	ROM für Leica R8	Leica R	Leicaflex SL2	Leicaflex SL	Leicaflex
APO-TELYT-R 3,4/180 mm					
Best.-Nr.: 11 240					
ab 1975/Serien-Nr.: 2748631	2	0	x	x	x
ab 1976/Serien-Nr.: 2749556	2	x	x	x	x
Best.-Nr.: 11 242					
ab 1979/Serien-Nr.: 2947024	2	x	x	x	x
Best.-Nr.: 11 358					
ab 1997	1	x	-	-	-
ELMARIT-R 4/180 mm					
Best.-Nr.: 11 922					
ab 1977/Serien-Nr.: 2785651	2	x	x	x	x
TELYT-R 4/250 mm					
Best.-Nr.: 11 261					
ab 1970/Serien-Nr.: 2406001	2	(0)	x	x	(x)
ab 1976/Serien-Nr.: 2695343	2	x	x	x	(x)
Best.-Nr.: 11 925					
ab 1980/Serien-Nr.: 3050601	2	x	x	x	(x)
APO-TELYT-R 2,8/280 mm					
Best.-Nr.: 11 245					
ab 1984/Serien-Nr.: 3280401	2	x	x	x	(x)
Best.-Nr.: 11 263					
ab 1997/Serien-Nr.: 3492511	2	x	x	x	(x)
APO-TELYT-R 4/280 mm					
Best.-Nr.: 11 261					
ab 1994/Serien-Nr.: 3621883	2	x	0	0	(x)
TELYT-R 4,8/350 mm					
Best.-Nr.: 11 915					
ab 1981/Serien-Nr.: 3144501	2	x	x	x	(x)
APO-TELYT-R 2,8/400 mm					
Best.-Nr.: 11 260					
ab 1992/Serien-Nr.: 3569973	2	x	x	x	(x)
TELYT-R 5,6/400 mm					
Best.-Nr.: 14 154					
ab 1966/Serien-Nr.: 2212101	3	0	x	x	(x)
TELYT-R 6,8/400 mm					
Best.-Nr.: 11 960					
ab 1970/Serien-Nr.: 2370001	3	0	x	x	(x)
ab 1976/Serien-Nr.: 2862301	3	x	x	x	(x)
TELYT-R 6,8/400 mm (Novoflex)					
Best.-Nr.: 11 926					
ab 1990/Serien-Nr.:3532296	3	x	x	x	(x)
MR-TELYT-R 8/500 mm					
Best.-Nr.: 11 243					
ab 1981/Serien-Nr.: 3067301	3	x	x	x	(x)

Leica R-Objektive	ROM für Leica R8	Leica R	Leicaflex SL2	Leicaflex SL	Leicaflex
TELYT-R 5,6/560 mm Best.-Nr.: 11 155 ab 1966/Serien-Nr.: 2122301	3	0	x	x	(x)
TELYT-R 6,8/560 mm Best.-Nr.: 11 853 ab 1971/Serien-Nr.: 2411041	3	0	x	x	(x)
ab 1976/Serien-Nr.: 2849051	3	x	x	x	(x)
TELYT-R 6,8/560 mm (Novoflex) Best.-Nr.: 11 927 ab 1990	3	x	x	x	(x)
TELYT-S 6,3/800 mm Best.-Nr.: 11 921 ab 1972/Serien-Nr.: 2500651	3	-	x	x	(x)
ab 1977/Serien-Nr.: 3466071	3	x	x	x	(x)
FOCUS MODULE 2,8/280/400 mm Best.-Nr.: 11 843 ab 1996/Serien-Nr.: 3734951	1	x	-	-	-
FOCUS MODULE 4/400/560 mm Best.-Nr.: 11 844 ab 1996/Serien-Nr.: 3735336	1	x	-	-	-
FOCUS MODULE 5,6/560/800 mm Best.-Nr.: 11 845 ab 1996/Serien-Nr.: 3735540	1	x	-	-	-
VARIO-ELMAR-R 3,5-4,5/ 28-70 mm Best.-Nr.: 11 265 ab 1990/Serien-Nr.: 3525796	3	x	x	x	-
Best.-Nr.: 11 364 ab 1998/Serien-Nr.: 3735501	1	x	-	-	-
VARIO-ELMARIT-R 1:2,8/35-70 mm ASPH. Best.-Nr.: 11275 ab 1998/Serien Nr. 3839000	1	x	-	-	-
VARIO-ELMAR-R 3,5/35-70 mm Best.-Nr.: 11 244 ab 1982/Serien-Nr.: 3171001	3	x	x	x	(x)
Best.-Nr.: 11 248 ab 1988/Serien-Nr. 3393301	3	x	x	x	(x)
VARIO-ELMAR-R 4/35-70 mm Best.-Nr.: 11277 ab 1998/Serien-Nr.: 3773933	1	x	-	-	-
VARIO-APO-EMARIT-R 2,8/ 70-180 mm, Best.-Nr.: 11 267 ab 1995/Serien-Nr.: 3697502	2	x	0	0	-
Best.-Nr.: 11 279 ab 1997/Serien-Nr.: 3755536	1	x	-	-	-

Leica R-Objektive	ROM für Leica R8	Leica R	Leicaflex SL2	Leicaflex SL	Leicaflex
VARIO-ELMAR-R 4/70-210 mm Best.-Nr.: 11 246 ab 1984/Serien-Nr.: 3273401	3	x	x	x	(x)
VARIO-ELMAR-R 4,5/75-200 mm Best.-Nr.: 11 226 ab 1978/Serien-Nr.: 2895401	3	x	x	x	(x)
VARIO-ELMAR-R 4/80-200 mm Best.-Nr.: 11 280 ab 1996/Serien-Nr.: 3698001	3	x	x	x	-
Best.-Nr.: 11 281 ab 1997/Serien-Nr.: 3763000	1	x	-	-	-
VARIO-ELMAR-R 4,5/80-200 mm Best.-Nr.: 11 224 ab 1974/Serien-Nr.: 2703601	3	0	x	-	-
ab 1976/Serien-Nr.: 2773201	3	x	x	-	-
VARIO-ELMAR-R 4,2/ 105-280 mm Best.-Nr.: 11 268 ab 1996/Serien-Nr.: 59000	1	x	-	-	-
APO-EXTENDER-R 1,4x Best.-Nr.: 11 249 ab 1985/Serien-Nr.: 3377001	5	x	-	-	-
EXTENDER-R 2x Best.-Nr.: 11 237 ab 1981/Serien-Nr.: 3119001	5	x	x	x	-
Best.-Nr.: 11 236 ab 1981/Serien-Nr.: 3175201	5	x	-	-	-
APO-EXTENDER-R 2x Best.-Nr.: 11 262 ab 1992/Serien-Nr.: 3586380	5	x	-	-	-
Best.-Nr.: 11 269 ab 1998/Serien-Nr.: 3807860	4	x	-	-	-
MACRO-ADAPTER-R Best.-Nr.: 14 256 ab 1983	5	x	-	-	-
Best.-Nr.: 14 299 ab 1998	4	x	-	-	-
1:1 ADAPTER für R 2,8/60 mm Best.-Nr.: 14 198 ab 1973	5	-	x	x	x
ab 1976	5	x	x	x	x
NAHRING für R 4/100 mm Best.-Nr.: 14 262 ab 1976	5	x	x	x	x
RINGKOMBINATION Best.-Nr.: 14 139 ab 1967	5	-	x	x	x

Leica R-Objektive	zu benutzen an:				
	ROM für Leica R8	Leica R	Leicaflex SL2	Leicaflex SL	Leicaflex
RINGKOMBINATION Best.-Nr.: 14 159 ab 1971 ab 1976	5 5	- x	x x	x x	x x
BALGENEINSTELLGERÄT-R Best.-Nr.: 16 860 ab 1968 ab 1976	5 5	- x	x x	x x	x x
BALGENEINSTELLGERÄT-R BR2 Best.-NR.: 16 880 ab 1992	5	x	-	-	-

1　ist integriert
2　Einbau möglich
3　Einbau nicht möglich
4　Übertragung der ROM-Daten
5　Übertragung der ROM-Daten nicht möglich

x　uneingeschränkt verwendbar
(x)　ansetzbar, keine Belichtungsmessung
-　nicht ansetzbar
0　nachrüstbar
(0)　nachrüstbar, nicht mit Programm-
　　und Blenden-Automatik verwendbar

Die Skalen für Entfernung und Schärfentiefe

Die Bildschärfe wird in der Regel im Sucher der Kamera kontrolliert und durch Drehen des Entfernungseinstell-ringes am Objektiv eingestellt. Danach läßt sich die gemessene Entfernung in Metern oder feet am Objektiv ablesen. Während der als Dreieck ausgebildete Index die eingestellte Entfernung anzeigt, können für die jeweils eingestellte Blende zusätzlich die Distanzen des Schärfentiefebereichs abgelesen werden. Gegenüber der entsprechenden Blendenzahl wird auf der Entfer-nungsskala links der nächste und rechts der entfernte-ste Punkt angezeigt, die den Bereich der Schärfentiefe ausmachen. Aus Platzmangel werden bei einigen Ob-jektiven allerdings nicht alle Markierungen mit einem Blendenwert versehen, sondern nur jede zweite. Wer es genau wissen will, kann entsprechende Schärfen-tiefe-Tabellen von der Leica Camera AG oder der jewei-ligen Landesvertretung beziehen. Bei vielen Objektiven ist die Brennweite links neben der Schärfentiefeanzei-

ge deutlich lesbar graviert. Dadurch lassen sich ähn-lich aussehende Objektive verschiedener Brennweite besser unterscheiden und schnellere Objektivwechsel durchführen.

Die Gegenlichtblende

Die ausgezogene oder aufgesetzte Gegenlichtblende ist für das aufnahmebereite Objektiv überaus wichtig. Sie schützt vor Nebenlicht, das sonst die Bildqualität, z.B. durch Überstrahlungen, ungünstig beeinflussen kann. Außerdem hält sie Regentropfen, Schmutz und Schneeflocken weitgehend ab und verhindert, daß wir unbeabsichtigt die Frontlinse durch Fingerabdrücke verschmieren.

Die besonderen Merkmale der Leica R-Objektive

Leica R-Objektive sind das Ergebnis einer über 75jähri-gen Erfahrung im Bau von Objektiven für das Leica System. Sie werden seit vielen Jahren mit Hilfe moder-ner Computer und unter Einsatz spezieller, bei Leitz/ Leica entwickelter hochleistungsfähiger Rechenpro-gramme konstruiert. Leitz hat als erster Objektiv-Her-steller der Welt bereits in den 50er Jahren Computer für derartige Aufgaben eingesetzt.

Die Mechanik

- Ein wichtiger Bestandteil aller Leica R-Objektive ist die Präzisions-Mechanik. Ohne sie kann auch eine Hochleistungs-Optik nicht zeigen, was in ihr steckt. Deshalb schenkt man auch bei den Leica Objektiven der Mechanik sehr viel Aufmerksamkeit.
- Das Material der Einstell-Schnecken – Messing auf Messing und Messing auf Aluminium – kommt ent-sprechend den technischen Erfordernissen zum Ein-satz. Wo nötig, werden die Schneckengangteile indi-viduell aufeinander eingeschliffen. Das ergibt eine hohe Paßgenauigkeit. Daher genügt ein dünner Film eines für die Leica entwickelten Spezialfettes, der auch bei extremen Temperaturen einen gleich-bleibenden Lauf der Einstellschnecke gewährleistet.

Eine Eigenschaft, die auch bei langem Dauergebrauch erhalten bleibt. Leica Objektive besitzen also keine dicken, mit der Zeit weglaufenden Fettschichten!

- Die Drehmomente der Objektivschnecken für die Entfernungseinstellung und Brennweitenverstellung sowie der Blendenrastung sind aneinander angepaßt und so eingestellt, daß auch bei extrem hohen und tiefen Temperaturen eine optimale Bedienung gewährleistet wird. Die Objektive sind in einem Temperaturbereich von -25°C bis +60°C uneingeschränkt verwendbar. Alle Objektivteile sind gegen Korrosion geschützt, so daß unter allen Klimabedingungen eine einwandfreie Funktion garantiert ist.
- Die Geradführung der Leica Objektive sorgt dafür, daß bei der Entfernungseinstellung nur der Einstellring des Objektives gedreht wird. Der vordere Teil der Optik (Frontlinse und Linsenfassung) bewegt sich dagegen lediglich vor und zurück. Bei einigen Leica R-Objektiven, vornehmlich bei langen Brennweiten, werden auch nur im Inneren des Objektivs einige Linsen und Linsengruppen vor und zurück bewegt (Innenfokussierung). Trickvorsätze, Polarisationsfilter sowie die viereckigen Gegenlichtblenden der Super-Weitwinkel-Objektive verbleiben dadurch in ihrer Position und ihre Wirkung deshalb voll erhalten.
- Leica Objektive gewährleisten auch eine hohe Stabilität der Geradführungsteile. Die Länge der tragenden Teile aller Einstellschnecken ist entsprechend ausgebildet. Damit ergeben sich bessere Gleiteigenschaften und eine leichte Handhabung.
- Die Springblende der Leica R-Objektive ist kugelgelagert und besitzt einen langen Schließweg bei kurzer Schließzeit. Dadurch bleibt trotz sehr geringer Zeitparallaxe von der Kameraauslösung bis zur Filmbelichtung der sogenannte Prellschlag sehr klein. Das heißt, trotz des unvermeidbaren, nochmaligen Zurückschnellens der Blendenlamellen auf eine größere Blendenöffnung – nachdem die Lamellen durch den festen Anschlag der vorgewählten Blende abrupt abgebremst wurden – sind die gewählten Blendenwerte reproduzierbar und garantieren eine einwandfreie Belichtung!
- Aus der Rückseite der Leica Objektive ragen keine Hebel oder ähnliche Steuerelemente heraus, die beim Objektivwechsel Schaden nehmen könnten. Die Objektive können daher auch ohne besondere Vor sicht mit ihrer Rückseite auf jeden festen, ebenen Untergrund gestellt werden!

Die Optik

Kenner behaupten seit langem, und die Tests unabhängiger Institute beweisen es, daß die außergewöhnlichen Leistungen der Leica R-Objektive für ein sichtbar besseres Ergebnis sorgen. Das hat die Leica R-Objektive weltberühmt gemacht. Wenn auch normale Summicron-Objektive in Sensoren zur Steuerung automatischer Surveyor-Mondsonden benutzt wurden, so weiß doch jeder erfahrene Fotograf: Leica R-Objektive können ihre volle Leistung nur in den Bereichen erbringen, für die sie konzipiert wurden. Ein Superweitwinkel-Objektiv wird man deshalb z.B. nicht für hochwertige Reproduktionen benutzen. Diese Aufgabe übernehmen besser Makro-Objektive, deren Optiken speziell für den Nahbereich berechnet sind. Fast alle Leica R-Objektive sind für den Fernbereich und für die bildmäßige Fotografie plastischer Objekte bestimmt. Ein fotografischer Test, dem die Aufnahme einer Zeitungsseite aus wenigen Metern Entfernung zugrunde liegt, ist praktisch wertlos für die Beurteilung der Abbildungsqualität solcher Objektive.

Auf die besondere Leistungscharakteristik eines Objektivs und auf den jeweiligen Anwendungsbereich wird in den Beschreibungen und technischen Daten der einzelnen Leica R-Objektive weiter hinten hingewiesen. Darüber hinaus gilt für alle:

- Leica Objektive basieren auf hochwertigen optischen Gläsern, die z.T. vom Leitz-Glasforschungs-Laboratorium entwickelt wurden und in renommierten Glashütten unter Verwendung seltener Erden erschmolzen werden. Leica Spezialgläser zeichnen sich durch hohe Brechungsindizes bei geringer Dispersion bzw. anomaler Teildispersion zur Reduktion des sekundären Spektrums aus und wurden teilweise für den Einsatz in speziellen Mikroskop-Objektiven entwickelt.
- Alle Leica Objektive weisen schon bei voller Öffnung einen sehr hohen Korrektionszustand auf. Das bedeutet: bei den Leica Objektiven ist die größte Öff-

Abb. 112 a u. b: Leica R-Objektive brauchen den Vergleich nicht zu scheuen. Bei der Leica Camera AG wird die «Konkurrenz» nicht nur mit Hilfe elektronischer Meßeinrichtungen geprüft, sondern auch fotografisch getestet. Jedes Objektiv entsprechend seinem Anwendungsbereich! Lichtstarke Objektive z.B. in der

Dämmerung. Unter derartigen, praxisbezogenen Bedingungen zeigen die Objektive, was wirklich in ihnen steckt. In diesem Beispiel werden die Koma-Erscheinungen am Bildrand sichtbar. Links: Summilux-R 1:1,4/50 mm bei voller Öffnung. Rechts: Mitbewerber-Objektiv 1:1,4/50 mm bei gleichen Bedingungen.

nung bereits eine voll nutzbare Arbeitsblende und keine «Renommierblende»!

- Die Abbildungsleistung der Leica Objektive ist im gesamten Bildfeld sehr ausgeglichen, d.h. ohne störenden Eckenabfall. Außerdem besitzen sie eine weitgehende Verzeichnungsfreiheit: Es gibt keine störenden Verzerrungen gerader Linien!
- Leica Objektive garantieren Aufnahmen mit hoher Farbsättigung sowie feiner Farbdifferenzierung und dadurch eine sichtbare Erhöhung der Brillanz des Bildes. Das ist zugleich eine der wichtigsten Voraussetzungen für den hohen Sucherkontrast der Leica R8-Modelle, der für eine optimale Scharfeinstellung unbedingt notwendig ist. Außerdem wird durch die weitgehende Konstanz der Pupillenlage aller Objektive eine gleichmäßige Ausleuchtung des gesamten Sucherfeldes erreicht, ohne daß die Einstellscheibe beim Objektivwechsel ebenfalls ausgewechselt werden muß!
- Leica Objektive besitzen eine Lichtdurchlässigkeit von nahezu 100% im gesamten sichtbaren Spektralbereich und daher eine hohe, effektive Lichtstärke! Die Blendenzahl ist nämlich nur eine rein geometrische Größe und sagt daher nichts darüber aus, wieviel Licht von dem Glas und den Kittschichten des Objektivs absorbiert wird!
- Die hohe Streulicht-Freiheit wird durch eine wirksame Oberflächen-Entspiegelung im Zusammenwirken

mit einem ausgefeilten Fassungsaufbau, der das vagabundierende Licht in sorgfältig geschwärzten «Lichtfallen» abfängt, erreicht. Bei Leica Objektiven dient die Fassung der einzelnen Linsen also nicht nur der Linsenhalterung!

- Alle Glas/Luftflächen sind mit hochwirksamen Antireflex-Schichten belegt, die unter Zuhilfenahme aufwendiger mathematischer Computer-Rechnungen auf die verwendeten Gläser optimal abgestimmt werden, Doppel- und Mehrfachschichten finden dort Verwendung, wo sie einen echten Vorteil bieten. Bei der Leica Camera AG werden nicht wahllos alle Flächen mit dem gleichen Belag belegt!
- Durch ionengestützte Bedampfung der Linsen-Oberflächen wird eine besonders große Verdichtung der reflexmindernden Schichten erreicht und damit eine sehr gleichmäßige Schichtdicke. Mit diesen Antireflexschichten wird auch eine gleiche Farbwiedergabe durch alle Leica Objektive erreicht – unabhängig von Lichtstärke und Brennweite.

Die Oberflächenvergütung

Mit Antireflex- und anderen Schichten werden schon seit vielen Jahren Linsen, Prismen und Filter für die Leica und deren Objektive belegt. Man sprach einfach vom vergüteten Objektiv – ohne dabei besonders zwi-

Abb. 113 a u. b: *Durch sehr große Kontraste können auch bei mit Mehrfachschichten vergüteten Objektiven Reflexe auftreten. Weil die Krümmungsradien der einzelnen Objektivlinsen und der jeweilige Einfallswinkel des Lichts die Reflexbildung entscheidend beeinflussen, sollte man in derartigen Situationen das Sucherbild genau beobachten. Oft genügt eine kleine Korrektur des Bildausschnitts, um Reflexe verschwinden zu lassen.*

schen Einfach- und Mehrfachschichten zu differenzieren. Im Vordergrund aller Überlegungen stand (und steht) immer nur der Gedanke, möglichst ein besonders gutes Objektiv zu schaffen. Die Gesamtleistung eines Foto-Objektivs wird jedoch von einer ganzen Reihe von Einzel-Merkmalen bestimmt: z.B. Konturenschärfe, Kontrast- und Farbwiedergabe, Detailauflösung sowie Verzeichnungs- und Reflexfreiheit. Insbesondere die zur Reflexminderung angewandten technischen Verfahren werden von verschiedenen Seiten in der Werbung stark herausgestellt. Multi-coating heißt das Zauberwort. Worum geht es dabei?

Beim Durchgang von Lichtstrahlen durch eine Glasfläche entsteht ein Reflex, dessen Stärke vom Brechungsindex des Glases abhängt. So reflektiert z.B. Fensterglas an Vorder- und Rückfläche je ca. 4% des auftreffenden Lichtes. Es spiegelt! Das gleiche gilt für optisches Glas, bei dem je nach Brechungsindex 4,2% bis 9,6% des Lichts reflektiert werden. Bei viellinsigen Objektiven entstehen auf diese Weise Mehrfachreflexionen innerhalb des optischen Systems. Seine Lichtdurchlässigkeit wird dadurch herabgesetzt, d.h. seine photometrischen bzw. sensitometrischen Werte verändert und die effektive Lichtstärke reduziert. Außerdem wird der Streulichtanteil (Schleier) erhöht, der sich dem eigentlichen Bild überlagert und den Bildkontrast mindert. In ungünstigen Fällen können sogar verstärkt Doppelbilder von Lichtquellen oder Blendenflecken auf dem Film entstehen. Die moderne Technik der Oberflächenvergütung (coating) gibt die Möglichkeit, diese

störenden Effekte weitgehend zu verringern. Dabei werden eine oder mehrere extrem dünne Schichten auf jede freistehende Linsenfläche aufgedampft. Durch diese Maßnahme wird ein Teil des Lichts an der Schicht – bei mehreren Schichten an jeder Schicht – und ein anderer Teil an der Glasfläche selbst reflektiert. Wenn dabei z.B. eine Einfachschicht die Dicke von einem Viertel einer Wellenlänge des Lichts beträgt, haben beide reflektierten Lichtstrahlen dieser Wellenlänge eine Phasenverschiebung (Gangunterschied) von der Hälfte der Lichtwellenlänge, d.h. ein Wellenberg trifft ein Wellental. Geschieht dies, löschen sie sich gegenseitig aus. Dieses Phänomen nennt man Interferenz. Weil Energie, hier in Form von Licht, nicht vernichtet werden kann, erhöht sich durch die Reflexminderung die Lichtdurchlässigkeit (Transmission) für diese Wellenlänge. Bei Mehrfachschichten ist der Interferenzeffekt – da bei unterschiedlichen Lichtwellenlängen wirksam – wesentlich größer.

Um eine gleichmäßig hohe Reflexminderung über den für die Fotografie wichtigen Spektralbereich des Lichts von 380 bis 700 Nanometer (nm) zu erhalten, werden mehrere dünne Schichten in unterschiedlichen Stärken von ein zehntausendstel Millimeter bis zu einigen Mikrometern aufgedampft. Diese sog. Breitbandschichten bestehen bei Leica in der Regel aus sechs Einzelschichten; Leica intern werden sie WeCo genannt. Ganz entscheidend für ihre Wirkung ist, daß die Schichten mit höchster Präzision aufgedampft werden, denn nur dann zeigt die Vergütung den gewünschten Effekt. Ein

Beispiel: Zur Einhaltung der WeCo 40 Toleranz muß in den Einzelschichten auf ein Nanometer genau gearbeitet werden Ein Nanometer gleich 1/1.000.000 Millimeter! Für das Vergüten werden bei Leica computergesteuerte Aufdampfanlagen modernster Bauart benutzt. Von hand- oder ultraschallgereinigt und auf Kalotten aufgesetzt kommen die zu belegenden Linsen in die Vakuumkammern (Rezipienten) der Anlagen. Die Substanzen (Metalloxide und-fluoride), aus denen die Einzelschichten der reflexmindernden Schicht bestehen, werden mit Widerstands- bzw. Elektronenstrahlverdampfern aufgebracht. Eine Ionenquelle sorgt für eine Verdichtung der aufgedampften Schichten, verhindert im hohen Maße das Eindringen von Feuchtigkeit und macht die Schichten dadurch widerstansfähiger. Jede Glasart erfordert wegen der unterschiedlichen Brechzahlen einen eigenen Schichtaufbau.

Zur Steuerung der Bedampfung werden die Schichtdicken mit einem Schwingquarz bzw. einem optischen Schichtdickenmeßgerät ermittelt. Der Steuerungscomputer vergleicht ständig Meßwerte mit Sollwerten und beendet die Bedampfung bei Erreichen dieser Werte. Ein Testglas mit gleicher Brechzahl wie die Linsen wird in jeder Charge mit bedampft. So kann sichergestellt werden, daß die aufgedampfte Schicht der geforderten Qualität entspricht.

Durch die reflexmindernden Schichten wird erreicht, daß alle Leica Objekitive, unabhängig von Brennweite oder Lichtstärke, eine ähnliche hohe Transmission und eine annähernd gleich Farbwiedergabe besitzen. Die Vergütung wird unter Umweltbedingungen nach DIN- und MIL-Spezifikation geprüft. Dazu gehört u.a. der sogenannte Radiergummitest (mit 50% Bimsstein) sowie ein Klimatest von 72 Stunden bei +50°C und 40% Luftfeuchtigkeit. Die relativ robusten Schichten bieten auch den äußeren Flächen von Front- und Hinterlinse Schutz bei unbeabsichtigten Berührungen. Vorsichtiges Reinigen (siehe Seite 221) schadet nicht.

Die Qualitätsicherung

Leica Kameras waren und sind berühmt für ihre Langlebigkeit. Hohe Präzision über einen langen Zeitraum, auch bei hartem Einsatz unter extremen Bedingungen, sind nicht nur Forderungen von Profi-Fotografen. Das gilt auch für Leica R-Objektive. In der Leica Qualitätssicherung, so lautet der Oberbegriff für die vielen Prüfabteilungen, wurden dafür ausgeklügelte Testprogramme und besondere Prüfbedingungen entwickelt:

- Jedes zur Neuproduktion anstehende Objektiv wird erst nach einer sehr umfassenden Prüfung zur Fertigung freigegeben. Die mechanischen Einzelteile und das Glas werden harten Tests unterzogen. Das fertige Objektiv wird in nicht weniger als 75 Punkten geprüft, z.B. fotografisch in Kälte und in Hitze sowie mit einem Temperaturschock von +20°C auf -20°C und umgekehrt!
- Leica Objektive erfüllen in vielen Fällen militärische Vorschriften für höchste Ansprüche unter härtesten Bedingungen, z.B. Reflexminderung MIL-C-675, Klimabelastung MIL-STD-170 und Fungusschutz (wichtig bei Reisen in Tropengebiete). Die schwarze Hart-Eloxierung nach einem besonderen Verfahren läßt sie lange «wie neu» erscheinen!
- Leica Objektive sind konstruktiv und fertigungstechnisch so ausgeführt, daß sie Schlag- und Stoßbelastungen bis zur 100fachen Erdbeschleunigung verkraften, ohne Schaden zu nehmen!
- Sehr enge Toleranzen bei der Herstellung gewährleisten eine hohe Fertigungskonstanz. Die einzelnen Linsen werden beim Fassen nach einem mathematischen Modell individuell zu einem Objektiv-System zusammengefügt. Dadurch werden die in der Fertigung anfallenden Plus/Minus-Toleranzen ausgeglichen (Toleranzausgleichkopplung)

Die Standard-Brennweiten

Normal- oder Standard-Brennweite heißen die Objektive, deren Brennweite etwa der Bilddiagonale entspricht. Das sind beim Kleinbild-Format von 24 x 36 mm rund 43 mm. In der Praxis werden durchweg ein wenig längere Brennweiten bevorzugt, weil sie optisch und fertigungstechnisch günstiger sind. Zu den Leica R- und Leicaflex-Modellen werden zwei Standard-Objektive mit 50 mm Brennweite und unterschiedlichen Lichtstärken sowie ein 60-mm-Objektiv mit besonders großem Naheinstell-Bereich angeboten. Viele Leica Spiegelreflex-Kameras werden auch heute noch mit dem Normal- oder Standard-Objektiv von 50 mm Brenn-

weite gekauft. Fast alle Fotografen beginnen mit diesem Standard-Objektiv zu fotografieren. Auch das berühmte Leica Objektiv Summicron ist in dieser Gruppe zu finden. Wer ständig eine schnappschußbereite Leica mit sich führt, wird bald die Vielseitigkeit der Normal-Objektive schätzen. Es gibt sogar berühmte Fotografen, die die Standard-Objektive besonders bevorzugen, weil sie viele Vorteile in sich vereinen: Bei hoher Lichtstärke sind sie noch kompakt und von geringem Gewicht, bei schlechten Lichtverhältnissen kann man mit ihnen noch aus der Hand fotografieren, und die Abbildungsleistung ist im vorgesehenen Anwendungsbereich hervorragend. Die Bedienung der Standard-Objektive ist unkompliziert und erfordert keine besondere Übung. Für den Ungeübten ist das Fotografieren mit diesen Objektiven deshalb problemlos, weil sie mit einem Aufnahmewinkel von etwa 45 Grad dem natürlichen Eindruck des menschlichen Auges am ehesten entsprechen. Und sie sind, gemessen an ihren vielen Vorzügen, preiswert!

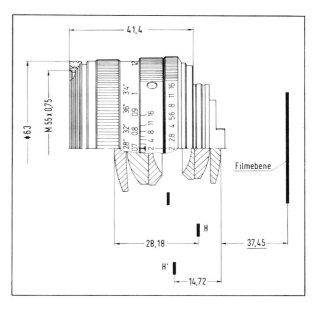

Abb. 116: *Summicron-R 1:2/50 mm*

Summicron-R 1:2/50 mm

Dieses Objektiv gilt als Weltstandard für Abbildungsleistung. Es ist der Maßstab dafür, was heute ein Spitzenobjektiv zu leisten vermag. Bei Unendlich-Einstellung und voller Öffnung 1:2 zeigt es schon eine überragende Bildqualität durch sehr gute Kontrastleistung und Bildfeldebnung. Auch im Bereich kurzer Aufnahmeabstände ist die Verzeichnung äußerst gering. Dabei ist es mit

Abb. 114: *Objektive mit 50 mm Brennweite sind gleichermaßen erfolgreich in vielen Gebieten der Fotografie einzusetzen. Auch in der Landschaftsfotografie, wie das nebenstehende Beispiel vom Dachsteinmassiv zeigt. Summicron-R 1:2/50 mm, 1/125s, Bl. 5,6, Pol-Filter.*

Abb. 115: *Die Standard-Brennweiten*

einer Länge von 41 mm sehr kompakt und mit 290 g das
zur Zeit leichteste Leica R-Objektiv. Mit dem Summicron-
R 1:2/50 mm steht dem Benutzer eine kompakte Einheit
von Kamera und Objektiv zur Verfügung. Die fest eingebaute und ausziehbare Gegenlichtblende kann nicht
verlorengehen und erhöht die Aufnahmebereitschaft.
Für das Summicron-R 1:2/50 mm sind die Elpro-Nahvorsätze 1 und 2 von besonderer Bedeutung. Sie erhalten
die vorzügliche Objektivleistung auch im Nahbereich,
sind einfach zu handhaben, erweitern die Möglichkeiten
der Bildgestaltung und verlangen keine Verlängerungsfaktoren. Das maximal zu erreichende Abbildungsverhältnis beträgt 1:2,6, die kleinste Objektfeldgröße
62 x 93 mm.

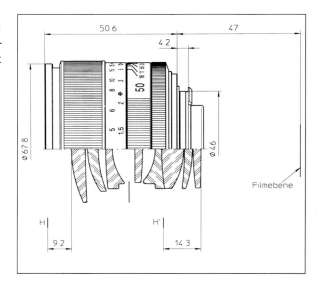

Abb. 117: *Summilux-R 1:1,4/50 mm*

Summilux-R 1:4/50 mm

Das lichtstärkste Standard-Objektiv zur Leica R weist
bereits bei voller Öffnung im gesamten Einstellbereich
eine für hochlichtstarke Objektive bemerkenswerte Abbildungsleistung auf. Gerade bei diesem Objektiv erfährt
die Leica Philosophie, wonach die volle Öffnung eines
Objektivs eine voll nutzbare Arbeitsblende sein muß
(und nicht nur eine Renommierblende sei darf) ihre Bestätigung. Durch Abblenden um 1–2 Blendenstufen wird
eine weitere Kontraststeigerung im gesamten Bildfeld
erzielt. Koma ist bei größter Blende gering; Astigmatismus kaum vorhanden. Ab Blende 4–5,6 ist das Summilux-R 1:1,4/50 mm frei davon. Die Vignettierung ist bei
Blende 1,4 schon sehr gering, wozu insbesondere der
große Fassungsdurchmesser beiträgt, der für Filter mit
60 mm Durchmesser ausgelegt ist. Auch ab Blende 4–5,6
ist eine künstliche Vignettierung nicht mehr vorhanden.
Die gering tonnenförmige Verzeichnung ist im normalen
Anwendungsbereich praktisch nicht nachweisbar.

Macro-Elmarit-R 1:2,8/60 mm

Zu den Normal- oder Standard-Objektiven kann man gu
ten Gewissens auch noch das Macro-Elmarit-R mit 60 mm
Brennweite zählen. Wegen seines besonders großen Nah-
einstell-Bereiches und den hervorragenden Eigenschaften im Nahbereich erfolgt die technische Beschreibung
jedoch unter der Rubrik «Die Makro-Objektive».

Die Weitwinkel-Objektive

Wo ein normalbrennweitiges Objektiv nur einen Ausschnitt wiedergeben kann, erfaßt ein Weitwinkel-Objektiv den ganzen Raum. Bei gleichem Abstand werden
selbstverständlich alle Einzelheiten entsprechend kleiner wiedergegeben. Innenräume und große Bauwerke
lassen sich oft nur mit einem Weitwinkel-Objektiv erfassen. Auch Landschaften mit hohem Himmel oder
enge Schluchten verlangen einen großen Bildwinkel.
Auf fast allen Gebieten der Fotografie lassen sich die
Eigenschaften der Weitwinkel-Objektive nutzen. Die
Schärfentiefe reicht schon bei geringer Abblendung
vom Vordergrund bis zur Ferne. Gleicher Aufnahmestandpunkt und gleiche Blende vorausgesetzt, ist die
Schärfentiefe um so größer, je kürzer die Brennweite
ist; z.B. bei Einstellung auf 2 m und Blende 8:
50 mm Brennweite: Schärfentiefe von 1,70–2,40 m
35 mm Brennweite: Schärfentiefe von 1,42–3,42 m
24 mm Brennweite: Schärfentiefe von 1,10–14,84 m
19 mm Brennweite: Schärfentiefe von 0,90–∞
Beim Einstellen auf einen nahen Vordergrund lassen
sich besonders dramatische Effekte durch fliehenden
Hintergrund erzielen, also eine starke perspektivische
Verjüngung. In der Werbe-, Presse- und technischen
Fotografie nutzt man seit langem die betonte Raum-

wirkung eines Weitwinkel-Objektivs, um effektvolle, ja sogar übertriebene Perspektiven zu erhalten. Eine typische Eigenschaft ist dabei, daß die Dinge im Vordergrund «groß» und im Hintergrund «klein» wiedergegeben werden. Neigt man die Kamera, so kommt es zu stürzenden Linien. Diese – manchmal übertriebene – perspektivische Darstellung hat nichts mit einer Verzeichnung zu tun. Verzeichnung hat ein Objektiv, wenn u.a. gerade Linien am Bildrand durchgebogen erscheinen. Stürzende Linien entstehen, weil z.B. bei einem zu fotografierenden Hochhaus die Aufnahmeentfernung zur Eingangstür im Erdgeschoß wesentlich geringer ist als zum Schriftzug am Dachfirst. Und was vom Fotografierenden weiter entfernt ist, wird nach den Regeln der Zentralperspektive zwangsläufig kleiner abgebildet!

Bei allen Weitwinkel-Objektiven läßt sich eine geringfügige Verzeichnung jedoch generell nicht vermeiden; bei Leica Objektiven ist sie aber so klein, daß in der Praxis kaum störende Einflüsse vorhanden sind. Durch geschicktes Einbeziehen unregelmäßiger Strukturen und Linien am Bildrand, z.B. von Räumen, Menschen und Mobiliar bei Architekturaufnahmen, kann man außerdem die meist tonnenförmige Verzeichnung der Weitwinkel-Objektive total vertuschen. Ähnlich verhält es sich mit der Vignettierung, d.h., ein geringer natürlicher Lichtabfall zum Bildrand hin kann nicht vermieden werden. Im Bild störend sichtbar wird diese nicht zu umgehende Erscheinung allerdings erst bei knapper Belichtung. Nicht zu umgehen ist auch die Tatsache, daß bei extremen Bildwinkeln kugelige Objekte in den Randpartien des Bildformates als Ellipsoide wiedergegeben werden. Bei Gruppen-Aufnahmen werden routinierte Fotografen deshalb nicht das Bildformat bis in die äußersten Ecken nutzen, sondern die Personen mit einem genügend großen Umfeld im Bild arrangieren.

Floating element

Dieser Begriff wird bei Weitwinkel-Objektiven häufig als Synonym für eine besonders gute Abbildungsleistung im Nahbereich benutzt. Es kann, muß aber nicht so sein! Welche Bewandnis hat es damit?

Foto-Objektive für Kleinbildkameras erreichen in der Regel ihre optimale Abbildungsleistung bei einer Entfernungseinstellung auf unendlich, die etwa der 50 bis 100fachen Brennweite des jeweiligen Objektivs entspricht. Im näheren Bereich nimmt die Bildqualität zwangsläufig ab. Meistens ist dieser Leistungsabfall in der Praxis nicht spürbar. Bei einigen Objektiven, wie z.B. bei lichtstarken Weitwinkel-Objektiven mit sehr großen Bildwinkeln, kann es dagegen bei kurzen Aufnahmeabständen zu einer deutlich sichtbaren Verschlechterung der Abbildungsqualität kommen. Eine Korrektur kann u.a. durch Abstandsveränderungen einzelner Linsen oder Linsenglieder innerhalb eines Objektivs vorgenommen werden. Dieses «floating element» wird entsprechend seiner optischen Wirkung vor- und zurückbewegt und ist mit der Entfernungs-

Abb. 118 a u. b: *Weitwinkel-Objektive reagieren beim Neigen der Kamera sofort mit stürzenden Linien (Abb. links). Wird Parallelität im Foto gewünscht, muß auch die Kamera parallel zum Objekt ausgerichtet werden. Das kann durch einen erhöhten Aufnahme-Standort, z.B. aus dem zweiten Stock des gegenüberliegenden Hauses, erreicht werden. Wenn aus großem Abstand mit längerer Brennweite fotografiert werden kann, wird ebenfalls eine bessere Parallelität im Bild erreicht (Abb. rechts).*

einstellung des Objektivs gekuppelt. Untersuchungen haben gezeigt, daß durch ein floating element in der Regel die Bildqualität nur in der Einstellebene selbst deutlich verbessert wird. Der Raum davor und dahinter, die Schärfentiefe, profitiert davon nicht im gleichen Maße. Bei einer Einstellung auf den Vordergrund des Motivs werden dann weiter entfernte Objekte in den Bildecken unscharf abgebildet, obwohl die Schärfentiefe laut Tabelle und Schärfentiefeanzeige groß genug ist, um auch diese scharf wiederzugeben. Dieser Effekt stört in der bildmäßigen Fotografie enorm, weil wir durchweg räumliche Motive fotografieren und nicht ebene Flächen reproduzieren. Bei jedem Weitwinkel-Objektiv zur Leica wird deshalb geprüft, ob ein floating element für die fotografische Praxis Vorteile bringt oder nicht; ob man darauf verzichten kann oder ob es sinnvoll ist, diesen erhöhten Aufwand für ein Objektiv zu betreiben. Geleitet von diesen praxisorientierten Überlegungen hat sich Leica nur beim Super-Elmar-R 1:3,5/15 mm, Elmarit-R 1:2,8/19 mm, Elmarit-R 1:2,8/ 24 mm, PC-Super-Angulon-R 1:2,8/28 mm und Summilux-R 1:1,4/35 mm für ein floating element entscheiden können.

Abb. 119: Absolut unbeobachtet und unauffällig läßt sich nur fotografieren, wenn man die Kamera wie im Traum beherrscht. Das Einstellen der Entfernung und das Ausrichten der Kamera müssen absolut diskret vorgenommen werden. Entsprechende Übungen sind unumgänglich. Sehr wichtig sind auch die Bewegungen und die Mimik des Fotografen. Sie müssen jeweils den Aufnahme-Situationen entsprechend angepaßt werden und dürfen kein Mißtrauen bei den zu fotografierenden Personen aufkommen lassen.

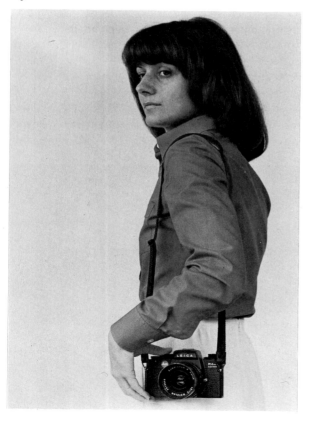

Retrofocus-Objektive

Das Prinzip der Spiegelreflex-Kamera mit Schwingspiegel erfordert zudem Weitwinkel-Objektive besonderer Art. Der Abstand zwischen hinterstem Linsenscheitel und der Filmebene, die sog. Schnittweite, muß größer sein als bei herkömmlicher Bauart. Diese Objektive mit vergrößerter Schnittweite sind gekennzeichnet durch ein mehrlinsiges zerstreuendes Vorderglied und ein sammelndes Hinterglied. Es sind Retrofocus-Konstruktionen. In dieser stark unsymmetrischen Bauform liegt auch das gegenüber herkömmlichen Objektiven abweichende Verhalten im Nahbereich begründet.
Die Scharfeinstellung der Weitwinkel-Objektive erfolgt am besten mit Hilfe des Schnittbild-Indikators. Da unser Auge nur Details ab einer gewissen Größe auflöst, Weitwinkel-Objektive zwar viele Einzelheiten, diese jedoch sehr klein abbilden, können manchmal Fehleinstellungen der Entfernung die Folge sein. In der fotografischen Praxis spielen Fehleinstellungen bei mittleren Blenden keine wesentliche Rolle mehr. Trotzdem können wir unsere Aufnahmetechnik verbessern und schneller werden, wenn wir lernen, durch einen kurzen Blick auf die Einstellskala und die Schärfentiefeanzeige die Schärfe an die bildwichtige Stelle zu legen.

Die normalen Weitwinkel-Objektive

Objektive mit Brennweiten von 28 mm und besonders 35 mm wirken in vielen Fällen wie ein 50-mm-Objektiv. Die Kombination mit etwas längeren Brennweiten, z.B.

Abb. 120: *Die normalen Weitwinkel-Objektive.*

80, 90 oder 100 mm, kann als kleinstes und weitgehend universelles Kamera-System angesehen werden: ideal für jeden, der auf kleines Volumen und geringes Gewicht Wert legt. Auf das Standard-Objektiv von 50 mm Brennweite kann man dann verzichten! Im Vergleich zu diesem Objektiv ergibt sich eine größere Schärfentiefe und daraus resultierend eine bequemere Schnappschuß-einstellung. Man kann mit ihnen unbeschwert Menschen im Reportagestil fotografieren, und auch das oftmals unvermeidliche Neigen der Kamera ergibt noch keine stürzenden Linien, die im Bild auffallend stören. Bei Schnappschuß- und Reportageaufnahmen erlebt man oft Situationen, wo es wünschenswert wäre, fast unbemerkt zu fotografieren. Das Hochnehmen der Kamera ans Auge bedeutet schon ein Risiko und kann unter Umständen die ganze Aufnahme unmöglich machen. Der große Bildwinkel eines 35-mm-Weitwinkel-Objektivs erlaubt auch Aufnahmen, ohne durch den Sucher zu sehen. Eine große Hilfe ist dabei, ungefähr zu wissen, wie die Bildbegrenzung verlaufen wird. Es gibt dafür eine klassische Faustregel: Die Entfernung zum Objektiv entspricht der Bildbreite.

Beim Fotografieren «zielt» man auf die Bildmitte. Beträgt die Entfernung zum Objektiv z.B. 3 m, ergeben sich folgende Abbildungsverhältnisse: Bildbreite 3 m, und zwar 1,50 m nach links und rechts vom Bildmittelpunkt. Bildhöhe 2 m entsprechend 1 m nach oben und unten. Da die Kamera normalerweise am Riemen oder in der Bereitschaftstasche vor der Brust getragen wird, kann man ohne weiteres mit dem Objektiv auf den gedachten Mittelpunkt zielen, ohne die Leica ans Auge zu nehmen. Die geschätzte Entfernung wird vorher am Schnecken-gang des Objektivs eingestellt, je nach vorhandenem Licht die Blende gewählt und mit Integral-Messung die Belichtungszeit (automatisch) dazu ermittelt.

Summicron-R 1:2/35 mm

Lichtstarke Weitwinkel-Objektive werden häufig als Schnappschuß-Objektive für Aufnahmen bei schlechten

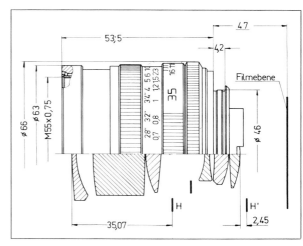

Abb. 121: *Summicron-R 1:2/35 mm*

Lichtverhältnissen benutzt. Dementsprechend wurde das Summicron-R 1:2/35 mm in der Gesamt-Korrektion für den Fernbereich von unendlich bis 1,4 m ausgelegt. Bereits bei voller Öffnung zeigt das Objektiv nicht nur in der Bildmitte eine kontrastreiche Wiedergabe. Bildelemente mit erhöhtem Kontrast, z.B. wenn Lichtquellen mit im Bild sind, zeigen nur eine geringe Tendenz zu Überstrahlungen; Koma-Figuren sind relativ schwach ausgeprägt. Im gesamten Bildfeld ist deshalb eine konturenscharfe Abbildung mit höchstem Informationsgehalt vorhanden. Trotzdem: Auch im Nahbereich besitzt das Summicron-R 1:2/35 mm eine gute Gesamtleistung!

Was für die volle Öffnung des Objektivs gilt, behält auch bei Abblendungen seine Gültigkeit. Im gesamten Bildfeld wird dann durch geringere Bildfeldwölbung und höhere Detailwiedergabe eine nochmals gesteigerte Spitzenleistung geboten. Die überragenden Eigenschaften des Objektivs Summicron-R 1:2/35 mm kommen vor allem bei lebendigen Farbaufnahmen unter schlechten Lichtverhältnissen voll zur Geltung.

Summilux-R 1:1,4/35 mm

Dieses Objektiv ist speziell für Aufnahmen bei schlechtesten Lichtverhältnissen konzipiert worden. Entsprechend seinem vorgegebenen Einsatzbereich zeigt dieses

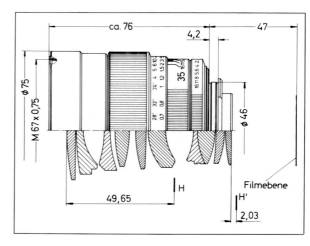

Abb. 123: *Summilux R 1:1,4/35 mm*

Objektiv auch bei Aufnahmen mit starken Kontrasten, z.B. bei Scheinwerferlicht, sehr gute Abbildungsleistungen, und selbst Lichtquellen im Bild führen nicht zu störenden Reflexen. Koma ist praktisch nicht vorhanden. Bereits bei voller Öffnung sind daher in der Bildmitte und einem Teil des Bildfelds hohe Kontrastleistung und gute Detailwiedergabe vorhanden. Der Schärfeabfall setzt erst kurz vor den Ecken ein und wird durch Abblenden gemindert. Aufgrund von floating elements weist das Summilux-R 1:1,4/35 mm auch im nahen Einstellbereich (0,5 m) eine gute Ebnung des Bildfelds auf. Ab Blende 5,6 werden auch ebene Objekte randscharf

Abb. 122: *Typisch für ein «normales» Weitwinkel-Objektiv sind seine vielseitigen nwendungsmöglichkeiten. Es schafft genügend Übersicht, auch, wenn der Platz für den Fotografen limitiert ist, wie bei dieser Aufnahme. Summicron-R 1:2/35 mm. 1/250s, Bl. 4.*

abgebildet. Für Nahaufnahmen mit Zwischenringen bzw. Balgeneinstellgerät ist dieses Spezialobjektiv nicht zu empfehlen. Die Verzeichnung ist für ein so lichtstarkes Weitwinkel-Objektiv beachtlich gering und zeigt eine kaum spürbare Zunahme der tonnenförmigen Verzeichnung in den nahen Einstellbereichen. Es besitzt bei den großen Blendenöffnungen eine systembedingte Vignettierung, die besonders bei knapper Belichtung und gleichmäßig hellen Flächen im Bild, z.B. einer Hauswand oder blauem Himmel, sichtbar wird, also nicht im vorgesehenen Anwendungsbereich stört: bei available light! Bei mittleren Blenden (4–5,6) ist sie praktisch behoben.

Trotz des großen Filterdurchmessers verursacht die Benutzung des relativ dicken, drehbaren Zirkular-Polfilters eine Beschneidung der Bildecken – selbst bei Abblendung. Diese Vignettierung ist auch bei gerahmten Diapositiven sichtbar. Deshalb kann die Benutzung eines solchen Pol-Filters nicht empfohlen werden.

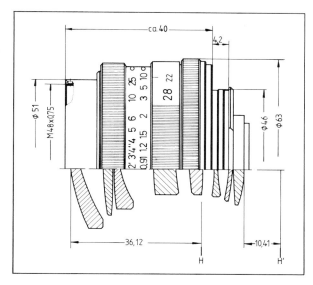

Abb. 125: *Elmarit-R 1:2,8/28 mm*

Elmarit-R 1:2,8/28 mm

Wo 35-mm-Objektive beim Fotografieren noch zu wenig Weitwinkelcharakteristik bieten und auf einen extrem großen Bildwinkel verzichtet werden kann, hat sich das 28er bewährt. Vorteilhaft sind neben ausgeprägter Kompaktheit und geringem Gewicht – trotz eingebauter, ausziehbarer Gegenlichtblende – vor allem die bei dieser kurzen Brennweite noch relativ geringe Neigung zu stürzenden Linien, wenn die Kamera ein wenig nach oben oder unten geneigt wird. Die universelle Einsatzmöglichkeit eines 28-mm-Weitwinkel-Objektivs wird außerdem dadurch unterstützt, daß der große Bildwinkel von 76° auch noch von vielen modernen Blitzgeräten voll ausgeleuchtet wird.

Bereits bei voller Öffnung zeigt das 28-mm-Weitwinkel-Objektiv eine sehr gute Kontrast- und Detailwiedergabe in der Bildmitte und im Bildfeld. Außerdem ist es

Abb. 124: *Um die vom spärlichen Licht geschaffenen Stimmungen fotografisch nutzen zu können, sind große Blendenöffnungen nötig. Wie bei dieser Aufnahme, die in einem kleinen, alten Pub in Schottland entstand. Summilux-R 1:1,4/35 mm, 1/15s, volle Öffnung.*

auch bei größter Blendenöffnung praktisch frei von Koma. Ein Abblenden um 1 ¹/₂ bis 2 Blendenstufen verbessert diese sehr gute Abbildungsleistung noch ein wenig. Dafür, daß diese Charakteristik auch im Nahbereich weitgehend erhalten bleibt, sorgt ein «floating element».

Die jedem optischen System eigene Vignettierung ist bei einem Weitwinkel-Objektiv naturgemäß stärker ausgeprägt als bei normal- oder langbrennweitigen Objektiven. Außerdem wird dieser Lichtabfall zum Bildrand hin besonders bei knapper Belichtung und gleichmäßig hellem Bildfeld, wie bei Häuserwänden und blauem Himmel, sichtbar. Doch auch hier zeigt sich das Elmarit-R 1:2,8/28 mm von der besten Seite. Bei mittlerer Abblendung (Blende 5,6 bis 8) ist es bereits frei von systembedingter Vignettierung.

Abb. 126: Weil das Wesentliche aus geringem Abstand groß erfaßt werden konnte und trotzdem das ganze Drumherum noch zu sehen ist, fühlt man sich förmlich in die Szenerie des Frankfurter Flohmarktes versetzt. Elmarit-R 1:2,8/28 mm, 1/250s, Blende 4.

Die Verwendung eines Zirkular-Polarisationsfilters E55 früherer Bauart (Best.-Nr. 13357) führt zu deutlicher Vignettierung. Deshalb sollte nur das jetzt von Leica angebotene Pol.-Filter E55 mit größerem freien Filterglas-Durchmesser (Best.-Nr. 13335) benutzt werden. Egal, ob das neue Elmarit-R 1:2,8/28 mm bei available light, in sonniger Landschaft, für Reportagen oder bei Werbeaufnahmen eingesetzt wird, mit seinen in allen Bereichen ausgeprägt guten Abbildungseigenschaften begeistert es als Allround-Objektiv im Weitwinkel-Bereich sicher viele Leica R-Fotografen.

Das Weitwinkel-Objektiv für perspektivische Korrekturen

Wer kennt sie nicht, die stürzenden Linien, die entstehen, wenn z.B. beim Fotografieren von hohen Gebäuden die Kamera geneigt wird? Abhilfe schaffen nur erhöhte Standpunkte oder, wo diese fehlen, Entzerrung beim Vergrößern. Eine Aufnahme mit einem noch kurzbrennweitigeren Weitwinkel-Objektiv, aus der nachträglich ein

Abb. 127: *Das Weitwinkel-Objektiv für perspektivische Korrekturen.*

Ausschnitt vergrößert wird, ist eine weitere Möglichkeit, die allerdings oft mit erheblichen Qualitätseinbußen des Bildes erkauft werden muß. Entzerrung und Ausschnittsvergrößerung scheiden beim Farbdiapositiv zudem von vornherein aus. Eine bessere Lösung verspricht in solchen Fällen die Verwendung von speziellen Weitwinkel-Objektiven, die eine entsprechende Vorrichtung für eine perspektivische Korrektur (PC) besitzen. Gemeint ist damit, daß der nutzbare Bildkreisdurchmesser dieser Objektive wesentlich größer ist als bei den normalen Weitwinkel-Objektiven gleicher Brennweite. Durch besondere konstruktive Maßnahmen läßt sich die Optik dieser Objektive aus der normalen Symmetriestellung um einige Millimeter verschieben. Durch diese Dezentrierung werden Bildpartien erfaßt, die sonst außerhalb des Filmformats liegen. Für die fotografische Praxis bedeutet das: um z.B. ein Hochhaus von der Straße aus ohne stürzende Linien in seiner vollen Höhe erfassen zu können, muß die Kamera nicht mehr nach oben geneigt, sondern nur die Optik des Objektivs nach oben verschoben werden.

Da die Kamera bei dieser Aufnahme-Technik parallel zum Hochhaus ausgerichtet bleibt, zeigt die Abbildung keine stürzenden Linien (siehe Abb. 128). Objektive, deren Optik sich in der geschilderten Art verschieben lassen, werden auch als Shift-Objektive bezeichnet. «Shift» ist das englische Wort für verschieben.

Zum Leica R-System gehört ein Weitwinkel-Objektiv, das eine Vorrichtung für perspektivische Korrekturen besitzt: das PC-Super-Angulon-R 1:2,8/28 mm. Das Objektiv entstand in Zusammenarbeit mit dem renommierten Objektiv-Hersteller Schneider Kreuznach. Die Verschieberichtung kann bei diese Shift-Objektiv frei gewählt werden. Da in der Praxis vor allem Verschiebungen in vertikaler oder horizontaler Richtung interessieren, sind diese Vorzugs-Verschiebungen gerastet oder als Anschlag ausgebildet. Man kann jedoch auch jede gewünschte Zwischenstellung wählen. Damit bietet dieses Weitwinkel-Objektiv die gleichen Verstellmöglichkeiten, wie sie bei Großformat-Kameras durch die Standartenverstellung schon lange üblich sind. Objektivblende und Entfernung werden durch die Objektiv-Verschiebung nicht beeinflußt. Eine automatische Springblende ist bei diesem Objektiv jedoch nicht möglich. Das bedeutet: in der Regel erfolgt die Scharfeinstellung bei mittlerer Stellung, die Belichtungsmessung, nachdem das Objektiv abgeblendet und verschoben wurde. Es gibt allerdings eine Ausnahme, weil eine Verschiebung nach unten ab 9,5 mm zu einer unkorrekten Belichtungsmessung führt. Sie wird dadurch verursacht, daß bei größerer Verstellung ein Teil des Lichts nicht mehr auf den Fresnel-Reflektor hinter dem teildurchlässigen Schwingspiegel der Leica R4-Modelle, der Leica R5, R-E, R6, R6.2 und R7 gelangt und damit auch nicht

Abb. 128 a–c: *Diese Situationen sind bei Weitwinkel-Aufnahmen oft gegeben: Bei parallel zum Kinloch Castle ausgerichteter Kamera wird zuviel vom Vordergrund abgebildet und die Türme werden in ihrer Höhe beschnitten (Abb. oben). Neigt man die Kamera nach oben, stimmt zwar der Bildausschnitt, doch die stürzenden Linien stören enorm (Abb. Mitte). Mit nach oben verschobenem PC-Super-Angulon-R wird das ganze Gebäude in seiner vollen Größe erfaßt, ohne daß die Kamera geneigt werden muß (Abb. unten).*

Abb. 2A: *Unkonventionell, aber praktisch: die als «Hochstativ» umfunktionierte Leiter, an deren Spitze ein normales Dreibein-Stativ mit Klebeband befestigt wurde*

Abb. 2B: *Durch die große Verstellbarkeit des Shift-Objektivs PC-Super-Angulon-R 1:2,8/28 mm lassen sich auch bei Aufnahmen von einem erhöhten Standpunkt stürzende Linien vermeiden, wenn gleichzeitig der Vordergrund erfaßt werden soll. Das durch die Fenster fallende bläuliche Licht der Dämmerung und der warme Ton der eingeschalteten Beleuchtung geben dem Raum seinen wohnlichen Charakter. Kunstlicht-Farbumkehrfilm ISO 50/18°, 4s, Bl. 11.*

Abb. 2C: *Mit dem Shift-Objektiv läßt sich der Horizont bei Landschafts-Aufnahmen dort plazieren, wo es bildgestalterisch sinnvoll ist, ohne die Kamera neigen zu müssen. Dadurch können stürzende Linien (Lampenmasten rechts und Baumstämme links im Bild) vermieden werden. PC-Super-Angulon-R 1:2,8/28 mm, 1/90s, Bl. 8, Pol.-Filter, Stativ, Tageslicht-Farbumkehrfilm ISO 64/19°.*

Abb. 2D: *Die Nachtaufnahme wurde durch einen Maschendraht-Zaun hindurch fotografiert, an dessen oberen Ende eine Glühlampe befestigt war. Summilux-R 1:1,4/50 mm, 1/15s, volle Öffnung, Tageslicht-Farbumkehrfilm ISO 64/19°*

Abb. 2[

Abb. 3A

Abb. 3B

Abb.

Abb. 3A u. 3B: Verhaltene Farben und weiches Licht dominieren bei wolkenverhangenem Himmel. Wer unter solchen Bedingungen noch fotografiert, wird von den Ergebnissen angenehm überrascht sein. Landschafts-Aufnahme: Summicron-R 1:2/35 mm, 1/15s, volle Öffnung. Porträt: Apo-Elmarit-R 1:2,8/180 mm, 1/125s, volle Öffnung. Beide Aufnahmen: Farb-Umkehrfilm ISO 64/19°

Abb. 3C–3E: Die große Universalität der Makro-Objektive bewährt sich immer wieder – vor allem auf Reisen. Alle Fotos: Macro-Elmarit-R 1:2,8/60 mm, Farb-Umkehrfilm ISO 25/15°

Abb. 3F: Porträts gelingen auch mit 35-mm-Objektiven, wenn man das vorhandene Umfeld mit in die Bildgestaltung einbezieht. Summicron-R 1:2/35 mm, 1/250s, Bl. 8, Farb-Negativfilm

von der Fotodiode des Belichtungsmessers empfangen werden kann. Die daraus resultierende Überbelichtung von etwa einer halben Blendenstufe bei maximaler Verschiebung läßt sich vermeiden, wenn die Belichtungszeit vor der Verstellung ermittelt wird. Die besten Ergebnisse erreicht man, wenn man mit Stativ arbeitet und das Objektiv bei großer Verschiebung mindestens auf Blende 8 abblendet. Der im Sucher zu beobachtende Lichtabfall in den Bildecken macht sich im Foto nicht störend bemerkbar. Das gilt auch für die Abschattung im oberen Teil des Sucherbildes, die bei Querformat-Aufnahmen mit dem PC-Super-Angulon-R sichtbar wird, wenn man bei großer Verschiebung nach unten stark abblendet.

Durch die Verstell-Möglichkeiten des Objektivs ergeben sich viele Vorteile, die z.B. dem Architektur-Fotografen die Arbeit sehr erleichtern. In der Industrie sowie in Wissenschaft und Technik kann die Verschiebe-Möglichkeit ebenfalls Vorteile bringen. Auch der Amateur kann von der Vielseitigkeit des Shift-Objektivs profitieren, denn außer für eine perspektivische Korrektur kann es auch für perspektivische Übertreibung, d.h. zum Erzielen besonderer Effekte, benutzt werden.

Besonders empfehlenswert ist es, beim Fotografieren mit Shift-Objektiven der Leica R eine Vollmattscheibe mit Gitterteilung zu verwenden.

Verschiebungen nach oben

Hochgelegene Aufnahme-Objekte, wie z.B. Reliefs oder Plastiken an Architekturen, auch Gemälde, die an Ort und Stelle aufgenommen werden, und vor allem hohe

Gebäude, müssen meistens aus einer «Untersicht» heraus fotografiert werden. In diesem Fall wird von ebener Erde aus nach oben fotografiert. Wird dabei die Kamera nach hinten gekippt, damit der höchste Objektpunkt noch erfaßt wird, so verlaufen die in der Natur senkrechten Linien in der Abbildung nicht mehr parallel zum Bildrand. Sie streben vielmehr einem gemeinsamen Fluchtpunkt zu, d.h. das Aufnahme-Objekt wird unten breiter abgebildet als oben. Da solche perspektivischen Darstellungen mit stürzenden Linien fast immer unerwünscht, für viele technischen und kunsthistorischen Aufnahmen sogar strikt abzulehnen sind, muß bei der Aufnahme darauf geachtet werden, daß die Filmebene senkrecht zur Objektebene ausgerichtet bleibt. Um den unerwünschten Vordergrund nicht zu erfassen und dafür mehr von den interessierenden oberen Partien des Objekts zu bekommen, werden Shift-Objektive nach oben verschoben.

Die Veränderung des Bildfeldes in Meter, die durch die Verschiebung des Objektivs erreicht wird, läßt sich leicht nach folgender Formel errechnen:

$$\frac{\text{Verschiebung (mm)}}{\text{Brennweite (mm)}} \times \text{Aufnahmeentfernung (m)}$$

Dazu gleich ein Beispiel:

Verschiebung: 11 mm
Brennweite: 28 mm
Aufnahmeentfernung: 140 m

Veränderung in Verschieberichtung: $\frac{11}{28} \times 140 = 55$ m

Verschiebungen nach unten

Auch «Obersichten» bei Objekten mit senkrechten Linien, die man häufig in der Werbe-, wissenschaftlichen und technischen Fotografie wegen der besseren Anschaulichkeit bei Sachaufnahmen benötigt, können nach der gleichen Methode fotografiert werden. Um zu verhindern, daß die senkrechten Linien nach oben auseinanderlaufen, wird das Objektiv nach unten verschoben. Für diese Aufnahmen ist die kürzeste Einstell-Entfernung von 30 cm besonders günstig. Selbstverständlich können beide vertikalen Verschieberichtungen auch «nur» zur Betonung oder Unterdrückung des Vordergrundes, z.B. bei Landschaftsaufnahmen, benutzt werden.

Verschiebungen nach der Seite

Die Verschiebung des Objektivs in horizontaler Ebene kann ebenfalls Vorteile bei einer Reihe von Anwendungsmöglichkeiten bringen. Besondere Bedeutung gewinnen hier die aus den unterschiedlich großen Verschiebungen des Objektivs resultierenden differenzierten Darstellungsformen der Perspektive bei Frontalaufnahmen von Gebäuden und technischen Produkten. Die Anschaulichkeit dieser Objekte kann nämlich durch eine kombinierte Frontal- und Seitenansicht gewinnen, wenn die dem Betrachter zugewandte Seite perspektivisch unverändert, d.h. nicht verkürzt wiedergegeben wird (Abb. 130). Hier führt nur der seitliche Aufnahmestandpunkt mit parallel zur Frontseite ausgerichteter Filmebene und seitlich verschobenem Objektiv zum Ziel. Müssen aus bestimmten Gründen seitliche Standpunkte eingenommen werden, was der Fall sein kann, wenn z.B. bei einem Gemälde ein Teil durch eine Säule, einen Leuchter o.ä. verdeckt wird, dann können bei starren Objektiven horizontale Linien nicht mehr parallel abgebildet werden. Durch eine parallele Ausrichtung von Kamera (Filmebene) zum Gemälde und entsprechender Verschiebung des Objektivs wird die gewünschte Korrektur erzielt. Auch bei unerwünschten Spiegelungen kann eine Verlegung des Kamera-Standpunktes nach links oder rechts zusammen mit der oben beschriebenen Korrektur Abhilfe schaffen. Selbst Aufnahmen mit Breitwand-Effekt lassen sich leicht und exakt

mit den Shift-Objektiven herstellen. In der Regel werden derartige Panorama-Aufnahmen aus zwei einzelnen Bildern montiert, die durch Schwenken der Kamera nach links und rechts gewonnen wurden. Durch geringe Unterschiede in der perspektivischen Wiedergabe an den Bildrändern beider Bilder entstehen dadurch oftmals Differenzen, die eine Montage erschweren können oder unmöglich machen. Bei einem langgestreckten Gebäude ergeben sich auch zwei Fluchtpunkte, die entgegengesetzt liegen und z.B. ein Gebäude in unnatürlicher Weise wiedergeben (siehe auch Seite 394). Mit dem PC-Super-Angulon-R 1:2,8/28 mm können zwei Aufnahmen ohne Kameraverstellung gemacht werden, die zusammen einen Bildwinkel von 93° ausmachen, wenn mit extremer Seitenverstellung nach links und nach rechts fotografiert wird. Ein Bildpaar, das so entsteht, läßt sich anschließend relativ leicht zu einer Panorama-Aufnahme montieren.

Verschiebungen für besondere Effekte

Durch die vielen Verschiebe-Möglichkeiten ergeben sich unzählige Einflußnahmen auf die Gestaltung der Perspektive, so wie sie häufig in der professionellen Fotografie gefordert werden. Aber auch für den experimentierfreudigen Fotografen sind diese Objektive eine echte Bereicherung. Besondere Effekte lassen sich z.B. dann erzielen, wenn man bei Langzeit-Aufnahmen die Objek-

Abb. 129 a u. b: *Wenn aus optischen oder räumlichen Gründen (Fotograf und Kamera sind im Spiegel zu erkennen) ein seitlicher Standpunkt bei Frontalaufnahmen eingenommen* *werden muß, kann die Kamera mit seitlich verschobenem Objektiv wieder parallel zur Objektebene ausgerichtet werden. Beide Aufnahmen: 1/15s, Bl. 8.*

 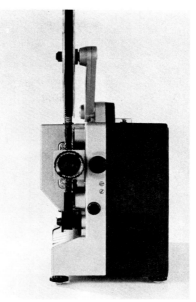 

Abb. 130 a–c: *Für die Darstellung technischer Produkte kann eine direkte Aufsicht ohne perspektivische Verjüngung vorteilhaft sein, wenn z.B. Maße entnommen werden müssen. Soll dabei gleichzeitig der räumliche Eindruck gewahrt bleiben, darf der seitliche Einblick nicht verlorengehen. Eine Kombina-tion von direkter Aufsicht mit Seitenansicht kann nur durch ein seitliches Verschieben des Aufnahme-Objektivs erreicht werden. Links: normale perspektivische Aufnahme. Mitte: Frontalaufnahme. Rechts: kombinierte Frontal- und Seiten-ansicht.*

tivachse während der Belichtung verschiebt – ruckweise oder kontinuierlich; senk-, waagerecht oder diagonal.

PC-Super-Angulon-R 1:2,8/28 mm

Durch den nutzbaren Bildkreis-Durchmesser von 62 mm kann die optische Achse dieses Shift-Objektivs um 11 mm horizontal bzw. vertikal bzw. um 9,5 mm diagonal verschoben werden. Verstellungen in Richtung der Bildlängsseite – d.h. vertikale Verstellungen bei Hochformat-Aufnahmen oder horizontale Verstellungen bei Querformat-Aufnahmen – sowie Diagonal-Verstellungen sollten allerdings nur bis ca. 9,5 mm vorgenommen werden. Ansonsten kommt es zu Vignettierungen, die auch durch starkes Abblenden nicht behoben werden können. Die Verstellung erfolgt in einer Schwalbenschwanz-Führung mittels Feintrieb. Auf einer Millimeter-Skala kann die eingestellte Verschiebung abgelesen werden. Dabei sind die normale Mittelstellung und die Verstellung bei 9,5 mm spürbar gerastet. Durch eine stufenlose, radiale Verstellung des Objek-tivs, die nach links bis 45° und nach rechts bis 90° möglich ist, können Verschiebungen in allen Richtungen vorgenommen werden. Die Positionen von 45° und 90° sind gerastet.

Abb. 132: *PC-Super-Angulon-R 1:2,8/28 mm*

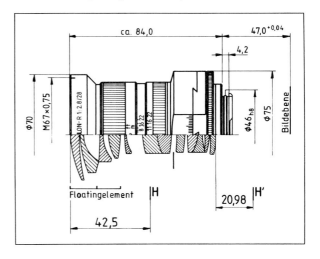

Abb. 131 a u. b: Typisch für Weitwinkel-Aufnahmen ist die »verzerrte« Wiedergabe von Köpfen, wenn die Personen am Bildrand plaziert werden. Bei diesen Ausschnittsvergrößerungen aus einer Gruppenaufnahme ist das deutlich zu erken- nen. Links die Weitwinkel-Aufnahme, rechts die gleiche Gruppe mit Tele-Objektiv aufgenommen. Auch ein Shift-Objektiv kann diesen Effekt kaum beeinflussen.

Am Blendeneinstellring lassen sich die Blenden von 2,8 bis 22 vorwählen und durch einen leicht zu bedienenden Blendenschließer von Hand einstellen.

In Normalstellung besitzt das PC-Super-Angulon-R 1:2,8/28 mm bereits bei voller Öffnung ein hervorragend geebnetes Bildfeld mit guter Schärfeleistung. Der Kontrast wird durch geringes Abblenden (Blende 4–5,6) noch gesteigert.

In Verschiebe-Stellung dient die volle Öffnung des Objektivs zur Kontrolle des Bildausschnitts und zur Scharfeinstellung. Eine gute Abbildungsleistung – selbst bei 11 mm Verstellung – wird durch stärkeres Abblenden erreicht. Bei maximaler Verstellung ist Blende 11 empfehlenswert.

Die bei Weitwinkel-Objektiven in der Regel tonnenförmige Verzeichnung ist beim PC-Super-Angulon-R gering und nimmt bei Verschiebung ein wenig zu. Im Bild kann sie bei geometrischen Strukturen manchmal störend in Erscheinung treten.

Wie jedes Weitwinkel-Objektiv besitzt auch das PC-Super-Angulon-R 1:2,8/28 mm eine systembedingte Vignettierung. Dieser Lichtabfall zu den Bildecken hin wird besonders bei knapper Belichtung und gleichmässig hellem Bildfeld, z.B. bei einer Hauswand, sichtbar. Durch Abblenden auf mittlere Blendenwerte wird bei «0»-Einstellung der Verschiebe-Einrichtung jedoch eine gute Ausleuchtung des gesamten Bildfeldes erreicht. Bei Verschiebung ist ein Abblenden auf Blende 11 empfehlenswert. Fotografisch wirksam bleibt auch ein natürlicher Lichtabfall, der zum Rand des nutzbaren Bildkreisdurchmessers hin zunimmt. Beide, künstliche und natürliche Vignettierung, können bei großer Verstellung sichtbar werden, wenn kritische Motive, wie zum Beispiel ein gleichmäßig blauer Himmel bei Landschaftsaufnahmen, fotografiert werden. Auch im Nahbereich bleiben die guten Abbildungseigenschaften dank eines mit der Entfernungseinstellung gekoppelten floating elements voll erhalten. Zum Lieferumfang des Objektivs gehört eine einschraubbare Gegenlichtblende, die auch als Spezial-Weitwinkel-Filterhalter dient. Die dafür vorgesehenen ungefaßten Glasfilter mit einem Durchmesser von 74 mm werden von der Filterfabrik B+W angeboten. Vom gleichen Hersteller wird auch ein Zirkular-Pol-Filter der Größe 67EW geliefert, das trotz Drehfassung selbst bei maximaler Verschiebung des Objektivs PC-Super-Angulon-R 1:2,8/28 mm die Randstrahlung nicht beschneidet, also nicht vignettiert. Die Verwendung der Gegenlichtblende ist dann allerdings nicht mehr möglich.

Die Super-Weitwinkel-Objektive

Der extreme Weitwinkel-Bereich steckt voller Dynamik und Faszination. Objektive dieser Kategorie sind aus der modernen Kleinbild-Fotografie nicht mehr fortzudenken. Eines der Charakteristika besteht darin, den Vordergrund besonders groß und betont, den Hintergrund hingegen sehr klein und zurückgedrängt wieder-

Abb. 133: *Die Super-Weitwinkel-Objektive*

zugeben. Die Gestaltung des Vordergrundes verlangt daher bei der Aufnahme besondere Sorgfalt. Alle von normalen Weitwinkel-Objektiven her bekannten Eigenschaften treten wesentlich deutlicher hervor. Stürzende Linien werden bereits als störend empfunden, wenn man die Kamera nur ein wenig kippt. Das Ausrichten der Kamera auf einem Stativ, z.B. bei Architekturaufnahmen, erfordert große Genauigkeit und viel Geduld. Aufsteckbare Wasserwaagen reichen manchmal nicht mehr für eine exakte Kontrolle aus. Ein zusätzliches «Anpeilen» von senkrechten und waagerechten Linien unter oder über den Kamerakörper hinweg, z.B. mit Hilfe des Kamerabodens als Visierlinie, ist bei derartigen Aufnahmen immer empfehlenswert.

Abb. 134: *Elmarit-R 1:2,8/24 mm*

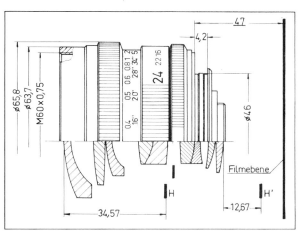

Elmarit-R 1:2,8/24 mm

Eines der beliebtesten Super-Weitwinkel-Objektive zur Leica ist das Elmarit-R 1:2,8/24 mm. Es vereinigt einen großen Bildwinkel mit hoher Lichtstärke und ist deshalb insbesondere für Schnappschüsse und Reportagen auf engem Raum sehr vorteilhaft. Doch auch im Nahbereich zeigt dieses Objektiv beachtliche Qualitäten. Bildfeldebnung und Kontrast sind im gesamten Arbeitsbereich sehr gut. Bei diesem Objektiv macht sich der Einfluß der floating elements auf die Korrektion des optischen Systems positiv bemerkbar. Die Brennweite von 24 mm ergibt Aufnahmen, die in ihrer Wirkung und ungewöhnlichen Perspektive verblüffen, nicht aber zugleich auf die Verwendung eines Super-Weitwinkel-Objektivs schließen lassen. Viele Bildjournalisten haben das Elmarit-R 1:2,8/24mm zu ihrem Lieblingsobjektiv erkoren: In bekannten in- und ausländischen Illustrierten wurden schon viele Bilder doppelseitig gedruckt, die mit diesem Objektiv fotografiert worden sind.

Elmarit-R 1:2,8/19 mm

Hoher Kontrast, ein gut geebnetes Bildfeld und eine Innenfokussierung, die die Baulänge des Objektivs über den gesamten Einstellbereich konstant hält, das sind die Hauptmerkmale dieser optischen Rechnung. Ein bei voller Öffnung noch vorhandener geringer Lei-

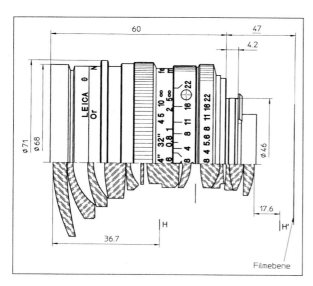

Abb. 141: *Elmarit-R 1:2,8/19 mm*

stungsabfall in den äußeren Bildecken wird durch Abblenden gemindert. Diese ausgeprägt gute Leistungscharakteristik wird auch bei kurzen Aufnahmeabständen beibehalten. Die kürzeste Entfernungseinstellung beträgt 30 cm; das dann erfaßte Objektfeld 264 x 396 mm (Abbildungsverhältnis 1:11). Damit eignet sich das Elmarit-R 1:2,8/19 mm auch gut für Aufnahmen von Modellen, die dem Betrachter einen realistischen Eindruck vermitteln sollen.

Die Neigung zu Blendenflecken und Nebenbildern bei extremen Aufnahme-Situationen, z.B. bei Gegenlichtaufnahmen, ist gering. Als ebenfalls gering kann die Verzeichnung – gemessen am Bildwinkel von 96° – bezeichnet werden. Bei geometrischen Strukturen am Bildrand, wie z. B. waagerechte und senkrechte Linien bei Architektur-Aufnahmen, können sie allerdings noch sichtbar in Erscheinung treten. Die konstruktiv bedingte künstliche Vignettierung kann durch starkes Abblenden (Blende 11–16) behoben werden.

Das Elmarit-R 1:2,8/19 mm besitzt einen eingebauten Filterrevolver mit vier Filtern: NDx1 (Neutral-Dichte-Filter) Gelb, Orange und Blau (Konversionsfilter KB 12). Eine aufsteckbare, rechteckige Gegenlichtblende mit einem klemmbaren Schutzdeckel, durch den die Frontlinse des Objektivs auch bei aufgesetzter Gegenlichtblende geschützt werden kann, gehört zum Lieferumfang.

Super-Elmar-R 1:3,5/15 mm

Die kürzeste Brennweite in der Palette der Leica R-Objektive besitzt mehrere außergewöhnliche Merkmale und Eigenschaften. Obwohl für den extremen Bildwinkel von 110° (diagonal) mit relativ hoher Lichtstärke ausgestattet, ist das Super-Weitwinkel-Objektiv trotzdem noch recht handlich. Und für ein Objektiv dieses Typs ist die Korrektion beachtlich gut und die Ausleuchtung bis in die Bildecken bereits bei mäßiger Abblendung hervorragend. In Verbindung mit der großen Öffnung 1:3,5 läßt sich die kürzeste Einstellentfernung von 0,16 m (Objektfeldgröße 70 x 106 mm = Abbildungsverhältnis 1:3) nicht nur für statische Modell-Aufnahmen, z.B. von Bauvorhaben und Theaterdekorationen, nutzen, sondern besonders gut für dynamische Werbeaufnahmen mit bewegter Szenerie einsetzen.

Landschafts- und Architekturfotografen bekommen mit dem Super-Elmar-R 1:3,5/15 mm ein Werkzeug in die Hand, das ihnen mit einem Bildwinkel von 110° neue perspektivische Möglichkeiten erschließt. Und der Bildreporter, der bisher vor großen Problemen stand, wenn er die Total-Situation bei Innenaufnahmen mit Objektiven großen Bildwinkels fotografieren mußte und gleichzeitig die Szenerie mit Blitzlicht auszuleuchten hatte, wird die hohe Lichtstärke begrüßen, die ihm ganz einfach Momentaufnahmen bei available light gestattet.

Abb. 142: *Super-Elmar-R 1:3,5/15 mm*

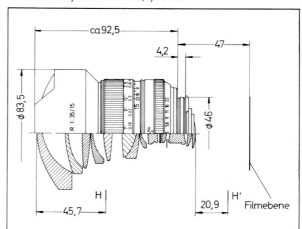

Abb. 135 a u. b: *Super-Renner oder Kompaktwagen? Der Auf-*
nahmestandort bestimmt die Perspektive und damit die
Bildaussage! Oben: mit Elmarit-R 1:2,8/19 mm aus ca. 1 m
Abstand fotografiert. Unten: aus ca. 50 m Abstand mit 800 mm
Brennweite aufgenommen.

Abb. 136 a u. b: *Ein großer Einstellbereich ist in Verbindung*
mit der «übertriebenen» Perspektive aller Super-Weitwinkel-
Objektive ideal für Modell-Aufnahmen geeignet. Oben: das
Ergebnis mit dem Super-Elmar-R 1:3,5/15 mm. Unten: die
Aufnahme-Situation.

Abb. 137: *Werbeaufnahmen sollen in der Regel einen großen Aufmerksamkeitswert besitzen.*
Ein Frühstücksei, so groß wie der menschliche Kopf – wer wird die Qualität dieses Produktes in Frage
stellen wollen! Super-Elmar-R 1:3,5/15 mm, Aufnahme-Entfernung zum Ei = 16 cm, 1/30 s, Bl. 11.

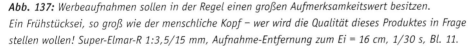

Abb. 138: *Starke Betonung des Vordergrundes, fliehender*
Hintergrund und große Schärfentiefe sind die Gestaltungsele-
mente dieser Aufnahme vom Rathaus in Toronto. Für eine ef-
fektvolle Wiedergabe der Wolken sorgte das integrierte Orange-
Filter. Super-Elmar-R 1:3,5/15 mm, 1/60s, Bl. 11.
Abb. 139: *Stürzende Linien werden auch bei Super-Weitwinkel-*
Aufnahmen vermieden, wenn die Kamera exakt ausgerichtet
wird. Elmarit-R 1:2,8/19 mm.
Abb. 140: *Die Möglichkeit, auch aus kurzer Distanz noch einen*
großen Überblick zu vermitteln, gibt Reportage- und Sportauf-
nahmen eine gewisse Dynamik. Elmarit-R 1:2,8/24 mm.

Beim Super-Elmar-R 3,5/15 mm wird eine Bildfehlerkompensation im Nahbereich durch floating elements erreicht. Wie beim Fisheye-Elmarit-R 1:2,8/16 mm ist ein Filterrevolver mit vier Filtern eingebaut: UV-Licht absorbierend (UVa), Gelb (Y), Orange (Or) und Blau (B) – ein Konversionsfilter für Kunstlichtaufnahmen auf Tageslicht-Umkehrfilm. Die starr eingebaute Gegenlichtblende schützt vor allem die Frontlinse des Objektivs gegen mechanische Beschädigungen. Ein optimaler «Lichtschutz» für alle Licht-Situationen ließe sich nur durch eine unverhältnismäßig größere Gegenlichtblende erreichen. Die würde jedoch aus diesem handlichen Objektiv ein Monstrum machen. Bei extremen Seiten- oder Gegenlichtaufnahmen ist deshalb ein zusätzliches Abschatten der Objektiv-Frontlinse (schattiger Standpunkt, erhobene Hand etc.) nötig.

Das Fisheye-Objektiv

Das erste «Fischauge», so die deutsche Übersetzung für «fisheye», wurde vor mehr als 50 Jahren konstruiert und zur Überwachung und fotografischen Registratur des Himmels, z.B. für meteorologische Zwecke, eingesetzt. Aufsehenerregende Fotos wurden mit einem solchen Objektiv allerdings erst 1956 in Afrika und 1957/58 in der Antarktis von dem bekannten Leica

Fotografen Emil Schulthess gemacht. Obwohl diese Aufnahmen in erster Linie als wissenschaftliches Material anzusehen waren, gelangen diesem Fotografen erstmals auch Bilder von ästhetischem Reiz. Werbefotografen entdeckten den optischen Effekt dieses Superweitwinkels als «Gag», und so dauerte es nicht lange, und das Fisheye war «in».
Zunächst erkannte man alle Fisheye-Bilder unter anderem daran, daß sie kreisrund waren. Der diametrale Bildwinkel betrug 180 Grad. Kreisrunde Bilder werden allerdings auch von jedem normalen Foto-Objektiv entworfen und nur durch die Bildfeldmaske der Kamera auf ein rechteckiges Bildformat beschnitten. Und so sind neuere Fisheye-Objektive dieser «normalen» Art der Bildfeldausnutzung angeglichen, das heißt, sie leuchten das Aufnahmeformat der Kamera voll aus. Der Bildwinkel beträgt dann allerdings «nur» 180° in der Diagonalen, wie beim Fisheye-Elmarit-R 1:2,8/16 mm. Der erfolgreiche Einsatz des Fisheye-Objektivs hängt, wie auch bei Super-Weitwinkel-Objektiven, im wesentlichen vom jeweiligen Aufnahmestandpunkt ab. Es reagiert wie sie auch empfindlich auf leichtes Kippen und Verkanten der Kamera. Abgesehen von der kurzen Brennweite sind das aber auch die einzigen Ähnlichkeiten, weil Fisheye-Objektive nämlich ein völlig anderes Bild auf den Film projizieren als herkömmliche Objektive.

Abb. 144: *Fisheye-Elmarit-R 1:2,8/16 mm*

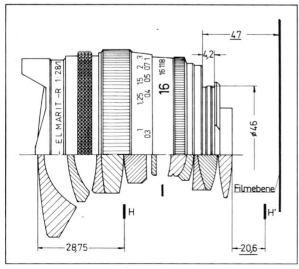

Abb. 143 a u. b: *Im Vergleich zu Aufnahmen, die mit «norma-len» Objektiven gemacht werden, zeigt das Fisheye-Objektiv ganz deutlich seine besondere Abbildungscharakteristik: Je weiter gerade Linien vom Zentrum des Bildes entfernt sind, um* *so stärker werden sie durchgebogen. Diese Besonderheit läßt sich oft vorteilhaft in die Gestaltung des Bildes miteinbezie-hen. Links: Super-Elmar-R 1:3,5/15 mm. Rechts: Fisheye-Elmarit-R 1:2,8/16 mm.*

Fisheye-Elmarit-R 1:2,8/16 mm

Der deutlichste Unterschied eines Fisheye-Bildes zu einem normalen Foto sind wohl die stark durchgeboge-nen Geraden am Bildrand. Die für normale Foto-Objek-tive geltenden Regeln der zentral-perspektivischen Wiedergabe werden bei diesem Objektiv nämlich nicht eingehalten. Gerade Linien werden durch das Fisheye-Elmarit-R nur gerade abgebildet, wenn sie durch den Bildmittelpunkt verlaufen. Das gilt für alle waagerecht, senkrecht und diagonal durch den Mittelpunkt laufen-den Geraden. Je weiter gerade Linien am Bildrand lie-gen, um so mehr werden sie gewölbt. Dieser Effekt kommt einer tonnenförmigen Verzeichnung nahe. Weil die verschiedenen Bildwinkel stark voneinander abwei-chen (diagonal = 180°, horizontal = 137°, vertikal = 86°), das Leica Format aber rechteckig ist, scheinen die äußeren Bildpartien um so mehr gestaucht zu wer-den, je weiter sie vom Bildmittelpunkt entfernt sind. Verwirrung kann die Behauptung stiften, das Fisheye-Elmarit-R erfasse Objektfelder, die kissenförmig seien. Aber die Aussage ist richtig! Die Betonung liegt hier auf Objektfeld, also das, was wir fotografieren, wobei die Ecken des Objektfeldes die Zipfel eines «Kissens» darstellen. Die besondere Abbildungs-Charakteristik ist dadurch gekennzeichnet, daß der Abbildungsmaßstab dabei zu den «Zipfeln» hin stark ab- und die Schärfen-tiefe zunimmt. Man kann auch sagen, die Brennweite des Objektivs Fisheye-Elmarit-R wird zum Bildrand hin

kürzer. Nur so ist es möglich, in der Diagonalen (von Zipfel zu Zipfel) einen Bildwinkel von 180° zu bekom-men. Fachleute sprechen bei dieser Abbildungsart von der Equisolidangle-Projektion, im Gegensatz zur gno-monischen Projektion, die eine verzeichnungsfreie Ab-bildung liefert, wie wir sie von normalen Objektiven her kennen. Probleme mit dunklen Bildecken (Vignet-tierung) gibt es nicht, und die Lichtstärke von 1:2,8 läßt auch den Einsatz bei relativ schlechten Lichtver-hältnissen zu. Dabei zeichnet sich das Fisheye-Elmarit-R 1:2,8/16mm durch gute Kontrastleistung und Detail-wiedergabe aus. Ein geringes Abblenden steigert die Schärfentiefe beträchtlich.

Besonders vorteilhaft sind die im Objektiv eingebauten vier Filter. Weil die Filterfassung eines aufgesetzten Filters immer den Strahlengang eines 180°-Objektivs beschneiden würde, sind integrierte Filter unabdingbar. Darüber hinaus ist die ständige Verfügbarkeit verschie-dener Filter fotografisch recht reizvoll. Normalerweise ist das UVa-Filter (Bezeichnung A1) eingeschwenkt und, wie alle übrigen Filter auch, als optisches Element in die Berechnung des Objektivs mit einbezogen. Ist ein Filter nicht exakt in den Strahlengang eingebracht wor-den, wird das durch einen leuchtend roten Ring am Objektiv angezeigt. Für Kunstlicht-Aufnahmen auf Ta-geslicht-Farbumkehrfilm ist ein blaues Konversionsfilter (Bezeichnung 80B) stets verfügbar. Es entspricht dem Kodak-Wratten-Filter Nr. 80B. Ein Filmwechsel ist also nicht nötig, wenn man bei verschiedenen Lichtsituatio-

Abb. 145: *Nicht jede Fisheye-Aufnahme muß gleich als solche erkannt werden. Bei diesem Beispiel wurde der große Bild-* *winkel des Objektivs sinnvoll eingesetzt. Fisheye-Elmarit-R 1:2,8/16 mm, 1/125s, Bl. 8.*

nen arbeiten muß. Für Schwarzweiß-Aufnahmen werden Gelb- und Orangefilter (Bezeichnung Y bzw. Or) zur Tonwert-Korrektur oder Steigerung der Kontraste eingeschwenkt. Natürlich lassen sich alle Filter bei Farbaufnahmen auch für Verfremdungen benutzen. Die beträchtlich voneinander abweichenden Bildwinkel geben der Gegenlichtblende ein völlig ungewohntes Aussehen, weil ihre Form den Gegebenheiten der Aufnahmewinkel angepaßt wurde. Sie schützt, außer gegen Streulicht, die Frontlinse gegen mechanische Beschädigungen. Übrigens muß man nicht, wie manche meinen, allen Fisheye-Bildern gleich ansehen, mit welchem Objektiv sie aufgenommen wurden. Eine Welle der «Versachlichung» hat inzwischen die Fisheye-Fotografie erfaßt.

Abb. 146: *Ein Schritt vor oder zurück, aus der Hocke oder von oben – geringe Standortänderungen zeigen beim Fisheye-Objektiv oft eine große Wirkung. Fisheye-Elmarit-R 1:2,8/16 mm, 1/125 s, Bl. 5,6, Orange-Filter*

Beim Fotografieren muß man allerdings ständig aufpassen, daß beispielsweise die Hutkrempe, der Kameratragriemen oder Teile der eigenen Schuhspitzen nicht mit ins Bild kommen.

Die langen Brennweiten

Im Vergleich zur Normalbrennweite von 50 Millimetern «holen» lange Brennweiten ferne Dinge greifbar nahe heran und bilden kleinere Objekte auch aus größerer Entfernung noch formatfüllend ab. Da bei gleichem Motivausschnitt der Aufnahmestandort weiter entfernt ist als bei kürzeren Brennweiten, wird die Perspektive entscheidend verändert, d.h. lange Brennweiten raffen den Raum. Bei voller Öffnung des Objektivs wird außerdem der Vorder- und Hintergrund «aufgelöst», dadurch das Hauptmotiv fotografisch freigestellt und besonders betont.

Manchmal wird die Frage gestellt, wie groß denn die Vergrößerung eines bestimmten langbrennweitigen Objektivs sei, z.B. die vom Apo-Telyt-R 1:2,8/400 mm. Diese Frage läßt sich jedoch nur beantworten, wenn man die Vergrößerung im Vergleich zu einer anderen Brennweite, z.B. 50 mm angibt. Bei unserem Beispiel ist die Wiedergabe eines Objektes durch das 400-mm-Objektiv linear 8mal größer als durch das Standard-Objektiv mit 50 mm Brennweite. Man errechnet den Vergrößerungsfaktor ganz einfach, indem man die längere Brennweite durch die kürzere dividiert.

Oft werden die Erwartungen, die man an den «Vergrösserungseffekt» einer langen Brennweite stellen darf, zu hoch angesetzt. Wer z.B. in freier Wildbahn eine Elefantenkuh aus der Herde heraus formatfüllend fotografieren möchte, wird enttäuscht sein, weil er selbst mit einem 250-mm-Objektiv noch so nah herangehen muß, daß entweder die Elefantenherde die Flucht ergreift oder ihn gefährdet. Als Merksatz sollte man sich einprägen: 100fache Brennweite = 100faches Format. Das bedeutet für unser Beispiel: aus einem Abstand von 25 m (100fache Brennweite) wird ein Objektfeld von 2,4 x 3,6 m (100faches Format) erfaßt; aus 50 m Abstand ein Objektfeld von 4,8 x 7,2 m, also 200fache Brennweite = 200faches Format, usw.

Um einen Elefanten, Größe etwa 2,8 m, formatfüllend im Querformat zu erwischen, darf der Abstand nicht viel größer als 30 m sein. Mit 560 mm Brennweite kann die Aufnahmeentfernung schon etwas mehr als 65 m betragen, um das gleiche Objektfeld abzubilden. Pars pro toto - einen Teil für das Ganze setzen - oder, fotografisch gesagt, das Wesentliche formatfüllend zu erfassen, ist eines der wesentlichsten Gestaltungsmittel großer Lichtbildner und eine der wichtigsten Regeln in der Kleinbildfotografie. Will man den großen Kleinbildfotografen nacheifern, so läßt sich allein daraus schon ableiten, wie wichtig auswechselbare Brennweiten für die eigene Leica Ausrüstung sind. Lange Brennweiten kommen nämlich den beiden oben erwähnten Forderungen sehr entgegen. Dabei kann man die typischen Merkmale dieser Brennweitengruppe, die beim Leica R-System von 90 mm bis 800 mm reicht, auch noch anders beschreiben:

Bei der Konstruktion aller Leica Objektive werden die Erfordernisse der dynamischen Kleinbildfotografie besonders berücksichtigt. Das gilt auch für die langen

Brennweiten, mit denen man deshalb – einschließlich des 280-mm-Objektivs – sehr gut aus der freien Hand fotografieren kann. Ausnahmen bilden da wirklich nur die Tele-Objektive des Apo-Telyt-R Modul-Systems mit 400, 560 und 800 mm Brennweite. In der Praxis sollten Kamera und Objektiv, wann immer möglich, abgestützt bzw. aufgelegt werden. Feste Regeln für bestimmte Belichtungszeiten gibt es nicht. Normalerweise gilt:

$$\frac{1}{f} = \text{Belichtungszeit in Sekunden,}$$

wobei f die benutzte Brennweite in Millimetern ist. Natürlich können durch entsprechendes Training auch noch wesentlich längere Belichtungszeiten verwacklungsfrei freihändig gehalten werden! Kürzere Verschlußzeiten sind andererseits nicht unbedingt eine Garantie für einwandfreie Aufnahme-Ergebnisse. Eine gewisse Sorgfalt in der Handhabung von langen Brennweiten ist unbedingt erforderlich.

Tele-Objektive

Lange Brennweiten werden häufig auch als Tele-Objektive bezeichnet. Diese Bezeichnung sagt jedoch nur etwas über die Konstruktion aus. Es sind Objektive, deren Baulänge kürzer ist als sie, entsprechend der Brennweite, eigentlich sein müßte. Das bedingt einen unsymmetrischen Aufbau der Optik, deren besonderes Merkmal das brechkraftschwache oder zerstreuende Hinterglied ist. Solche Objektive benötigen mehr Linsen als normale Konstruktionen und werden dadurch schwerer! Teleobjektive sind deshalb durch die kürzere Bauweise nur dann handlicher, solange das Gewicht nicht stört. Beim Konstruieren längerer Brennweiten muß man sich daher entscheiden, ob die Baulänge oder das Gewicht des Objekts reduziert werden soll. Die Konstrukteure der Leica haben immer gute Kompromisse gefunden, bei denen auch das Öffnungsverhältnis, also die Lichtstärke des Objektivs, mit berücksichtigt wurde.

Weil die längeren Brennweiten auch häufig zur Überbrückung großer Distanzen eingesetzt werden, wo die kontrastmindernde Wirkung der Atmosphäre durch die Verwendung eines entsprechenden Filters kompensiert werden muß, sind die Tele-Objektive ab 280 mm Brennweite mit einer Filterschublade ausgestattet. Dadurch lassen sich Serienfilter oder spezielle Pol.-Filter mit relativ kleinem Durchmesser benutzen.

Die kleinen Tele-Objektive

Zur Gruppe der langen Brennweiten gehören natürlich auch schon die kleinen Tele-Objektive mit 80, 90 und 100 mm Brennweite. Erfahrene Kleinbild-Fotografen wissen jedoch, daß diese Objektive die Universalität von Standard-Objektiven mit den charakteristischen Merkmalen langer Brennweiten vereinen. Umschreibungen wie «mittellange Brennweite» und «kleines Tele» zeigen deutlich das Verlangen der Praktiker, dieser Brennweite einen besonderen Stellenwert innerhalb des Kleinbild-Systems einzuräumen. Sie wissen nämlich, wie wichtig es ist, schon beim Kauf der Leica R, d.h. beim Einstieg in das Leica R-System, den weiteren Ausbau genau zu planen. Vordringlich stellt sich deshalb die Frage, ob anstelle des Standard-Objektivs nicht eher ein Objektiv mit 80, 90, oder 100 mm Brennweite gewählt werden sollte.

Natürlich richtet sich die Wahl des ersten Objektivs nach den bevorzugten Fotomotiven, die damit fotografiert werden sollen. Die Kleinbild-Praxis hat gezeigt, daß eine «Miniausrüstung», bestehend aus einem kleinen Tele, ergänzt durch ein Weitwinkel-Objektiv von 35 oder 28 mm Brennweite, als recht universelles Kamera-System angesehen werden kann und vielen Aufnahme-situationen gerecht wird. Die mittellange Brennweite hat dabei die wesentlich wichtigere Funktion zu erfüllen: Durch den engen Bildwinkel zwingt es den Fotografen, sich auf das Wesentliche zu konzentrieren; es erlaubt ihm aber, auch aus einer größeren Distanz noch formatfüllend zu fotografieren. Nicht ohne Grund spricht man z.B. von «den 90 mm-Objektiven, die den Grundstein eines Kamera-Systems bilden»! Für Landschafts- und Porträtaufnahmen ist dieses Objektiv genauso ideal wie für die Fotoreportage und Schnappschuß-Fotografie. Und in Verbindung mit dem Vorsatz-Achromaten Elpro 3 wird der Nahbereich bis zum Abbildungsmaßstab 1:3 (kleinste Objektfeldgröße 72 x 108 mm) erschlossen.

Unschlagbar in der Abbildungsleistung und universellen Anwendungsbreite ist das Apo-Macro-Elmarit-R 1:2,8/100 mm. Es zählt zwar auch zur Gruppe der kleinen Tele-Objektive, seine Exklusivität verdankt dies Objektiv jedoch dem für Makro-Aufnahmen erweiterten Einstellbereich. Deshalb mehr darüber im Kapitel «Die Makro-Objektive auf Seite 192.»

Abb. 147: *Die kleinen Tele-Objektive mit 80, 90 und 100 mm Brennweite*

Abb. 150 a und b: Mit 90 mm Brennweite kann oft die nötige Distanz geschaffen oder überbrückt werden, um Bildinhalte auf das Wesentliche zu reduzieren. Abbildungsleistung und Lichtstärke meistern dabei große Kontraste und ungünstige Beleuchtungsverhältnisse. Beide Aufnahmen mit Summicron–R 1:2/90 mm.
Oben: 1/250s, Bl. 5,6.
Unten: 1/125s, volle Öffnung.

Abb. 152: Wenn die Entfernung vorher am Objektiv eingestellt wurde, läßt sich die Schärfenebene durch Vor- und Zurückbewegen schnell finden – und wieder angleichen, wenn sich das «Objekt» bewegt. Die hellen Sucherbilder von Leica R und Leicaflex unterstützen dabei die Arbeit des Fotografen. Summilux-R 1:1,4/80 mm, 1/125s, volle Öffnung.

Abb. 151 a u. b: Die lichtstärksten Leica R-Objektive heißen Summilux-R und werden mit 35, 50 und 80 mm Brennweite angeboten. Gegenüber dem normalbrennweitigen Objektiv «zwingt» das Summilux-R 1:1,4/80 mm den Fotografen, sich auf das Wesentliche zu beschränken. Beide Aufnahmen wurden vom gleichen Standpunkt aus mit voller Öffnung und 1/125s fotografiert.

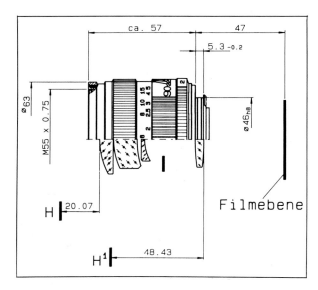

Abb. 148: *Summicron-R 1:2/90 mm*

Summicron-R 1:2/90 mm

Das Besondere dieses Hochleistungs-Objektivs ist nicht nur die kompakte Baulänge von 61 mm. Für Aufnahmen bei ungünstigen Lichtverhältnissen besitzt es außerdem noch weitere gute Eigenschaften: Die Kontrastwiedergabe ist auch bei größter Blende gut, die Überstrahlung bei Objekten höchster Leuchtdichte (Lichtquellen) sehr gering und die Auflösung über das ganze Bildfeld hervorragend. Im Nahbereich unter 1,5 m ist ein Abblenden auf mittlere Blendenwerte (5,6–8) empfehlenswert, wenn auch in diesem Bereich höchste Anforderungen gestellt werden. Die Verzeichnung des Objektivs Summicron-R 1:2/90 mm ist im gesamten Arbeitsbereich äußerst gering. Nicht unerwähnt sollten zwei weitere Vorteile der hohen Lichtstärke bleiben, die für die fotografische Praxis von Bedeutung sind: Mit Blende 2 kommt man auch bei wenig Licht auf kurze Belichtungszeiten, und die geringe Schärfentiefe stellt das Objekt, z.B. ein Porträt, plastisch vor den unscharfen Hintergrund. Das Summicron-R 1:2/90 mm läßt sich für Nahaufnahmen ebenfalls bis auf 0,7 m einstellen. Der daran anschließende Bereich bis zum Abbildungsverhältnis 1:3 wird durch den Elpro-Nahvorsatz 3 erschlossen.

Summilux-R 1:1,4/80 mm

Die Frage, warum sich die Konstrukteure der Leica entschlossen haben, der traditionellen Brennweite der Kleinbildfotografie von 90 mm auch eine von 80 mm hinzuzufügen, läßt sich leicht mit Argumenten beantworten, die aus der fotografischen Praxis abgeleitet werden können. Beim Blick durch den Sucher fällt im Vergleich zum 90 mm-Objektiv vor allem die durch die höhere Lichtstärke bedingte, größere Helligkeit des Sucherbildes auf. Daß durch die 10 Millimeter kürzere Brennweite der diagonale Bildwinkel nur um 3° erweitert und damit ein etwas größeres Objektfeld erfaßt wird, fällt erst bei genauerer Betrachtung des Sucherbildes auf: Bei einer Porträt-Aufnahme aus 1,50 m Abstand wird z.B. auf der langen Formatseite nur 7 cm «mehr» vom Motiv erfaßt. Diese geringe Differenz, im Vergleich zu einem vom 90 mm-Objektiv erfaßten Objektfeld, läßt sich, wenn erforderlich, beim Fotografieren durch Vorbeugen aus der Hüfte heraus ausgleichen. Damit bleibt die von den 90 mm-Objektiven gewohnte Bildcharakteristik auch bei Aufnahmen mit dem Summilux-R 1:1,4/80 mm erhalten. Vergleicht man das äußere Erscheinungsbild des Objektivs Summilux-R 1:1,4/80 mm mit dem des lichtstarken 90 mm-Objektivs Summicron-R, dann fällt auf, daß das doppelt so lichtstarke Summilux-R nur unwesentlich größer ist. Mit anderen Worten: Die enorm hohe Lichtstärke für ein Objektiv aus der Gruppe der «mit-

Abb. 149: *Summilux-R 1:1,4/80 mm*

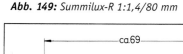

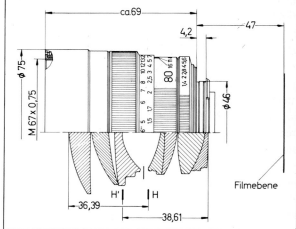

tellangen Brennweiten» konnte realisiert werden, ohne dem Objektiv ein unhandliches Volumen geben zu müssen. Die praxisbezogene Konzeption wurde vor allem dadurch erreicht, daß die Brennweite auf 80 mm festgelegt wurde.

Darüber hinaus konnten Gewicht und Volumen des Objektivs Summilux-R 1:1,4/80 mm auch durch den Einsatz neuer, im Glasforschungslabor von Leitz entwickelter Gläser, günstig beeinflußt werden, ohne Abstriche an die Abbildungsleistung machen zu müssen. Die Kontrastleistung des Objektivs ist bei allen Blenden sehr gut. Selbst bei voller Öffnung ist das Summilux-R 1:1,4/80 mm nahezu frei von Koma. Der leichte, korrekturbedingte Helligkeitsabfall in den Bildecken kann zugunsten der hervorragenden Abbildungsleistung bei voller Öffnung akzeptiert werden; zumal er durch geringe Abblendung ausgeglichen wird. Das Summilux-R 1:1,4/80 mm weist besonders im Unendlichbereich eine hohe Leistung auf. Im Nahbereich unter 1,50 m ist ein Abblenden auf mittlere Blendenwerte empfehlenswert, wenn auch hier hohe Anforderungen gestellt werden.

Die Apo-Tele-Objektive

Alle Tele-Objektive zur Leica R tragen ab 100 mm Brennweite die zusätzliche Bezeichnung «APO» in ihrem Namen. Dieser Hinweis, der darauf aufmerksam macht, daß diese Objektive eine apochromatische Korrektion besitzen, ist gleichzeitig auch für viele Fotografen so etwas wie eine Garantie für außergewöhnlich scharfe und kontrastreiche Abbildungen mit hervorragender Farbwiedergabe. Was verbirgt sich außerdem noch hinter dem Begriff «APO»?

Der Weg bis zum heutigen Leistungsstand der Leica Objektive war nie einfach, denn alle optischen Systeme verursachen eine Reihe von «Bildfehlern», die mühsam durch ein ganzes Maßnahmenpaket wieder ausgeglichen werden müssen. Zum Beispiel durch geeignete Glassorten mit entsprechenden Radien sowie die Anordnung dieser einzelnen Linsen zueinander. Genaugenommen bleiben trotz aller Bemühungen immer gewisse «Restfehler» bestehen. Diese sind aber glücklicherweise meistens vernachlässigbar, weil nahezu unsichtbar. Vorausgesetzt, man berücksichtigt, daß jede optische

Konstruktion, auch solche auf höchstem Niveau, letztlich ein Kompromiß ist, der für einen definierten Anwendungsbereich konzipiert wurde. Bei Leica nimmt man beispielsweise bei einem hochlichtstarken Objektiv zugunsten maximaler Leistung bei offener Blende eine nicht ganz perfekte Bildfeldebnung in Kauf. Umgekehrt wird bei einem Makro-Objektiv gerade im Sinne einer optimalen Korrektion dieser sphärischen Aberration bewußt auf höhere Öffnungen verzichtet. Und im Falle lichtstarker Tele-Objektive würde ein anderer (nicht korrigierter) Restfehler, der bei Weitwinkel-Objektiven gar nicht in Erscheinung tritt, die Abbildungsleistung unter Umständen sogar sichtbar beeinträchtigen: entsprechende Aufnahmen lassen Farbsäume und Kontrastarmut sowie einen allgemeinen Schärfenmangel erkennen.

Die Ursache liegt in der Eigenart des nur scheinbar einheitlich weißen Lichts, von jedem optischen Element nicht nur gebrochen, sondern auch in seine Farbanteile aufgespalten zu werden. Das bekannte Spiel mit dem Prisma, bei dem der wunderschöne Fächer in den Regenbogenfarben entsteht, veranschaulicht dieses Prinzip der Farbstreuung, in der Fachsprache Dispersion genannt. Dabei wird die kurzwellige, blaue Strahlung stets stärker abgelenkt als die langwellige, rote.

In normal- und kurzbrennweitigen Objektiven begegnet man diesem Problem mit einer achromatischen Korrektion. Durch die Wahl passender Glassorten und Linsen-Kombinationen werden dabei zumindest die blauen und grünen Anteile des Lichts in der Bildebene zur Deckung gebracht. Da diese chromatische Aberration jedoch im selben Maß vergrößert wird wie das Motiv, fällt der auch dann noch verbleibende Restfehler, das sogenannte sekundäre Spektrum, der auf die unkorrigierten roten Anteile zurückgeht, bei Teleobjektiven zunehmend ins Gewicht. Oder anders herum: werden gleichzeitig lange Brennweiten, hohe Lichtstärken und höchste Abbildungsqualität verlangt, ist eine apochromatische Korrektion unumgänglich. Durch diese wird dann das gesamte Spektrum in einer Ebene vereint. Die Entwicklung neuartiger Glassorten im früheren Leitz Glas-Forschungslaboratorium ergab optische Gläser, die alle diese Anforderungen erfüllen. Sie vereinen hohe Brechkraft mit einer anomalen Teildispersion, d.h., mit je nach Farbe deutlich unterschiedlicher, vor allem aber außergewöhnlich geringer Farbstreuung. Da diese Spezialgläser sehr teuer sind, außerdem für die größten Linsen benötigt werden und nur eine extrem präzise Montage sowie ebensolche Verstellmechanik sicherstellen, daß ihre Leistungsfähigkeit stets optimal zum Tragen kommt, potenzieren sich die Preise entsprechender Objektive natürlich.

Eine Besonderheit ist, daß die Leica Camera AG sich ihre eigenen Kriterien für apochromatisch korrigierte Foto-Objektive geschaffen hat. Diese gehen wesentlich weiter als die in keiner Norm festgelegt, klassische Definition für eine apochromatische Korrektion, nach der ein so korrigiertes optisches System folgende Bedingungen erfüllen muß:

1. Für einen Objektpunkt auf der optischen Achse und von ihm ausgehende achsnahe Strahlen – also bei Bedingungen, die einer kleinen Öffnung entsprechen – gibt es für drei verschiedene Lichtwellenlängen (Farben) einen gemeinsamen Bildpunkt (Korrektion der chromatischen Schnittweitendifferenz, des sekundären Spektrums).

2. Für einen vom gleichen Objektpunkt ausgehenden achsfernen Lichtstrahl – eine Situation, die bei großer Öffnung gegeben ist – gibt es für mindestens zwei Wellenlängen einen gemeinsamen Schnittpunkt mit der optischen Achse; muß also die sphärochromatische Aberration behoben sein.

3. Der Öffnungsfehler und die achsnahe Koma müssen monochromatisch weitgehend auskorrigiert sein (Sphärische Korrektion, Erfüllung der Isoplanasiebedingung).

Mit diesem Inhalt ist die Bezeichnung Apochromat ursprünglich im Zusammenhang mit Fernrohr- und Mikroskop-Objektiven eingeführt worden, d.h. bei Systemen, die zu ihrer Zeit nur für relativ kleine Bildfelder korrigiert waren (und werden konnten). Demzufolge macht die obige Definition nur eine Aussage über die chromatische und monochromatische Korrektion für Bildpunkte auf der optischen Achse (Bildmitte) und in deren unmittelbarer Umgebung. Sie deckt also nicht die Korrektion in den mittleren und äußeren Bereichen eines ausgedehnten Bildfeldes ab, wie es beim Kleinbild-Format gegeben ist. Letzteres ist aber für die Leica eine unabdingbare Forderung, wenn mit einem «Apo» fotografiert werden soll und das Objektiv nicht nur ein «Apo» als Floskel zum Namen erhält,

auch wenn diese Bezeichnung nach der obigen ursprünglichen Definition durchaus korrekt ist.

Für Leica Apo-Objektive gelten deshalb strengere Forderungen: Sie zeichnen sich dadurch aus, daß sie bereits bei großer Öffnung und auch außerhalb der Bildmitte, also im Bildfeld und bis in die Bildecken hinein, eine apochromatische oder doch nahezu apochromatische Korrektion besitzen. Und, daß diese Charakteristik auch bei Verwendung von Leica Apo-Extendern weitgehend erhalten bleibt! Grundsätzlich verschlechtert sich zwar die Abbildungsleistung gegenüber dem jeweiligen Objektiv allein, doch durch die außerordentlich großen Leistungsreserven jedes einzelnen Apo-Objektivs kann das Abbildungsergebnis der Kombination «Apo-Objektiv plus Apo-Extender» bereits bei voller Öffnung als gut bezeichnet werden. Erfahrene Fotografen wissen, daß dunkle Rotfilter bei langen Brennweiten Probleme aufwerfen können. Bei ungenügender Abblendung kann es zu Unschärfen kommen, die durch die weiter vorne beschriebene, unzulängliche Farbkorrektion (chromatische Aberration) des Objektivs verursacht wird. Wichtig ist daher bei diesen Objektiven, daß auch mit aufgesetztem Filter die Schärfe eingestellt wird. Das ist allerdings nur durchführbar, wenn genügend Licht zur Verfügung steht. Bei sog. Schwarzfiltern für Infrarot-Aufnahmen ist das unmöglich. In all diesen Fällen gibt es bei den Leica Apo-Objektiven keine Probleme. Man stellt ohne Filter ein und fotografiert mit aufgesetztem Filter. Die praktisch fehlende Fokusdifferenz bei IR-Aufnahmen, die bei normalen Objektiven etwa 1/200 bis 1/400 der Brennweite beträgt, macht

Abb. 153: *Bei voller Blendenöffnung zeigt das Apo-Summicron-R 1:2/180 mm sein überragendes Leistungsvermögen. Die nebenstehende 30fache Ausschnittsvergrößerung macht das deutlich. Das zum Vergleich als Kontaktkopie wiedergegebene Negativ wurde auf Kodak Technical Pan Film 2415 mit Blende 2 (volle Öffnung) und 1/2000s aufgenommen und bei 20°C Tetenal Neofin-Doku 15 Minuten entwickelt. Die gesamte Vergrößerung des Negativs ergibt bei 30facher Vergrößerung ein Bildformat von 72 x 108 cm. Die Durchmesser der Schindeln auf den Dächern der Burgtürme sind im Negativ kleiner als 1/300 mm. Apo-Summicron-R 1:2/180 mm, 1/2000s, volle Öffnung.*

diese Objektive besonders interessant für den Einsatz in diesem Sondergebiet der Fotografie.

Besondere Beachtung muß man der Unendlich-Einstellung bei Brennweiten ab 180 mm schenken, weil die Einstellschnecken dieser Objektive dafür keinen festen Anschlag besitzen und die Entfernungseinstellung somit «über unendlich» hinaus geht. Diese konstruktive Lösung wurde aus zwei Gründen gewählt. Erstens, weil sich bei sehr hohen und sehr niedrigen Temperaturen die Nominal-Brennweite eines Tele-Objektiv verändern kann. Ein Apo-Elmarit-R 1:2,8/180 mm mit festem Anschlag für unendlich könnte dann bei -20° weit entfernte Objekte, wie z.B. die Berge im Hintergrund bei einer Landschaftsaufnahme, nicht mehr scharf abbilden. Dieser «Überhub» wurde zweitens gewählt, um auch Entfernungseinstellungen, die kurz vor dem Unendlich-Anschlag des Objektivs liegen, noch sicher vornehmen zu können. Durch einen Anschlag würde nämlich die Möglichkeit des Durchfokussierens fortfallen. Das hätte zur Folge, daß bei langbrennweitigen Objektiven im Sucher der Kamera kein deutlich erkennbarer Unterschied in der Scharfeinstellung zwischen endlicher Einstellebene und Unendlich-Anschlag des Objektivs erkennbar wäre. Eine exakte Scharfeinstellung für weit entfernte, aber noch nicht im Unendlich-Bereich des Objektivs befindliche Objekte wäre dann nur sehr schwer möglich; bei Verwendung eines Extenders sogar aussichtslos.

Die beiden 180er

Für die verschiedenen Bedürfnisse der fotografischen Praxis werden zwei Objektive mit 180 mm Brennweite zum Leica R-System angeboten. Sie unterscheiden sich durch Lichtstärke, Volumen, und Gewicht voneinander. Sehr oft wird die Frage gestellt, welches der beiden Objeitive wohl «das beste» sei. Leider läßt sich diese Frage nicht so einfach beantworten. Auch die Höhe des Preises sagt nichts über das Leistungsvermögen aus. Entscheidend für die Wahl eines bestimmten 180 mm-Objektivs ist sein Verwendungszweck.

Für alle beide Objektive gilt gleichermaßen: Fotos, die mit einer Brennweite von 180 mm aufgenommen sind, zeigen die chrakteristischen Merkmale einer langen Brennweite schon recht deutlich und eindrucksvoll. Allerdings wird auch die Anwendungsbreite der 180-mm-Objektive durch den kleineren Bildwinkel schon ein wenig eingeengt. Objektive mit 180 mm Brennweite ergänzen Fotoausrüstungen, deren Umfang mindestens schon ein normales Weitwinkel-Objektiv und ein 60er oder 100er Makro bzw. ein 80er oder 90er Objektiv enthält, in idealer Weise.

Abb. 154: *Die beiden 180er.*

Apo-Elmarit-R 1:2,8/180 mm

Die Vorgänger dieses Objektivs haben in den vergangenen Jahren einen legendär guten Ruf erworben. An die besonders guten Eigenschaften, auf die viele Fotografen, Profis und Amateure, nicht mehr verzichten möchten, knüpft das Apo-Elmarit-R 1:2,8/180 mm an. Dank der Innenfokussierung – dabei wird ein Kittglied mit zwei Linsen innerhalb des optischen Systems vor- und zurück bewegt – bleibt die Baulänge des Objektivs über den gesamten Entfernungseinstellbereich erhalten. Durch die fehlende Auszugsverlängerung verlagert sich auch nicht der Schwerpunkt von Kamera und Objektiv, wenn aus der Hand fotografiert wird. Mit der gummiarmierten, ausziehbaren Gegenlichtblende kann dabei die Ausrüstung durch An- oder Auflegen zusätzlich abgestützt werden, ohne ein Verkratzen dieses Bauteils zu riskieren.

Das Apo-Elmarit-R 1:2,8/180 mm verkörpert alle von Leica in der Vergangenheit gesammelten Erfahrungen bei Entwicklung und Bau von 180-mm-Objektiven. In der siebenlinsigen Optik sind vier Linsen aus Sondergläsern gefertigt.

Schon bei voller Öffnung wird bei diesem Objektiv eine hervorragend gute Abbildungsleistung erreicht. Sie ist auch durch Abblenden nicht mehr zu verbessern. Kontrast und Auflösung sind im gesamten Bildfeld außerordentlich hoch. Bildfeldwölbung, Koma und Astigmatismus sind praktisch nicht vorhanden. Auch im Nahbereich, und dieser reicht bis 1,5 m (Abb.-Verh. ca. 1:6,7), bleibt diese Leistung nahezu voll erhalten. Die jedem optischen System eigene Vignettierung kann als sehr gering bezeichnet werden. Ab Blende 4–5,6 ist das Apo-Elmarit-R 1:2,8/180 mm frei von künstlicher Vignettierung. Auch die kissenförmige Verzeichnung ist so gering, daß sie kaum nachgewiesen werden kann. Außerdem ist das optische System relativ reflexunempfindlich, d.h. es entstehen kaum Blendenflecken bei sehr hohen Kontrasten im Bild. Gegen schräg einfallendes Sonnenlicht sollte die Frontlinse allerdings geschützt werden – Gegenlichtblende ausziehen, evtl. zusätzlich noch abschatten – weil sonst durch Streulicht die sehr gute Abbildungsleistung herabgesetzt werden kann. Mit dem Apo-Extender-R 2x erhält man ein Apo-System mit den Daten 1:5,6/360 mm, dessen Abbildungsqualität bei voller Öffnung als «beispielhaft gut» be-

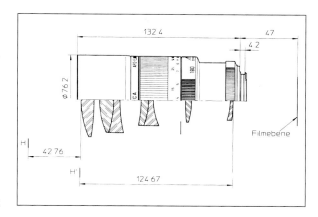

Abb. 155: *Apo-Elmarit-R 1:2,8/180 mm*

zeichnet werden kann. Nach einer Stufe Abblendung zeigt diese Kombination bereits die optimale Leistung. Mit dem kontrastreich arbeitenden Apo-Elmarit-R 1:2,8/180 mm kann man auch bei wenig Licht noch gut und schnell scharfstellen. Als ideales „Reise-Objektiv" ist es für die Reportage, für Architektur-, Landschafts- und Porträt-Aufnahmen so gut wie unentbehrlich.

Apo-Summicron-R 1:2/180 mm

Auch das optische System dieser Tele-Konstruktion wurde – wie beim Apo 2,8/180 mm – auf Höchstleistung konzipiert. Bei doppelter Lichtstärke bedeutet das ein Vielfaches an Mehraufwand bei Entwicklung,

Abb. 157: *Apo-Summicron-R 1:2/180 mm*

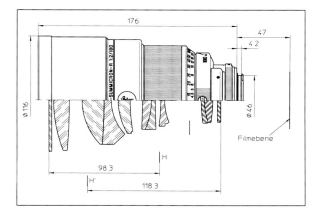

*Abb. 156: Wer auf Reisen nur eine kleine Fotoausrüstung mit-
nehmen kann, sollte trotzdem nicht auf ein 180 mm-Objektiv
verzichten, weil man damit auch bei Großaufnahmen noch
einen «sympathischen Abstand» halten kann. Diese Aufnahme
entstand bei voller Öffnung (Blende 2,8) und 1/250s Belichtungszeit.*

Konstruktion und Fertigung. Aus diesem Grund werden
auch acht der neun Linsen aus optischen Sondergläsern gefertigt, die einerseits zwar schwer und teuer
sind, andererseits jedoch eine hohe anomale Teildispersion besitzen. In der Praxis zeigt das Apo-Summicron-R 1:2/180 mm daher schon bei voller Öffnung
seine volle Leistung im gesamten Bild: maximalen Kontrast, höchste Auflösung und differenzierte Farbwie-

*Abb. 158: Was Leica Apo-Objektive wirklich leisten können
zeigen sie in extremen Lichtsituationen – und das bereits bei
voller Öffnung. Apo-Summicron-R 1:2/180 mm, 1/180s, volle
Öffnung.*

dergabe. Eine evtl. geringe Kontrastminderung in den
äußeren Bildecken, hervorgerufen durch die verbliebene chromatische Vergrößerungsdifferenz, ist praktisch
nicht nachweisbar. Die Abbildung ist vollkommen frei
von Koma, Astigmatismus und Bildfeldwölbung. Mit
anderen Worten, durch Abblenden kann die exzellente
Abbildungsleistung des Objektivs Apo-Summicron-R
1:2/180 mm so gut wie gar nicht gesteigert werden.
Auch im Nahbereich unter fünf Metern bleibt diese Abbildungs-Charakteristik weitgehend erhalten. Nur wenn
allerhöchste Anforderungen an die Abbildung gestellt
werden, kann ein geringes Abblenden (Blende 2,8–4)
in diesem Bereich die Leistung noch steigern.
Die jedem optischen System eigene Vignettierung, die
sich vor allem bei knapper Belichtung und gleichmäßig hellem Bildfeld, wie z.B. bei Häuserwänden und
blauem Himmel, in den Bildecken durch Lichtabfall
bemerkbar macht, ist beim Apo-Summicron-R 1:2/180
mm sehr gering und ab Blende 2,8 nicht mehr vorhanden. Und die kissenförmige Verzeichnung ist so gering,
daß sie im Bild praktisch nicht nachweisbar ist.

Mit seinem vorderen Durchmesser von 116 mm und der Baulänge von 176 mm wirkt das Apo-Summicron-R 1.2/180 mm auf den ersten Blick „bullig" und elegant zugleich. Daß es für Freihand-Aufnahmen praxisgerecht konstruiert wurde, merkt man spätestens bei Fotografieren. Die stattlichen 2,5 kg liegen dann wohlausgewogen in der Hand des Fotografen. Das Gewicht, das sich vor allem bei einem längeren Transport bemerkbar machen kann, ist für lange Belichtungszeit ein idealer „Dämpfer" gegen Verwacklungen. Trotzdem, müssen Kamera und Objektiv für eine längere Zeit im Anschlag gehalten werden, ist hier die Benutzung der Universal-Schulterstütze oder eines Einbeinstativs für ein ermüdungsfreies Arbeiten empfehlenswert. Die schwenkbare Stativbefestigung besitzt Raststellungen für Hoch- und Querformat-Aufnahmen. Mit einer zusätzlichen Feststellschraube können diese Stellungen, ebenso wie jede andere Position, von Hand fixiert werden. Die ausziehbare Gegenlichtblende ist gummiarmiert und damit auch ideal geeignet, um die Ausrüstung beim Fotografieren auf eine feste Unterlage abzustützen. Wie die Focus Module der Apo-Objektive ab 280 mm Brennweite, besitzt auch das Apo-Summicron 1:2/180 mm den bewährten Entfernungseinstellring mit zwei unterschiedlichen Durchmessern. So kann auch bei diesem „Tele" mit dem Daumen der linken Hand eine schnelle und exakte Feinfokussierung erfolgen, während Handfläche und Finger das Objektiv wirkungsvoll von unten abstützen. Natürlich ist auch das Apo-Summicron 1:2/180 mm mit einer Innenfokussierung ausgestattet, d.h. im neunlinsigen optischen System werden drei in eine Gruppe zusammengefaßte Linsen vor und zurückgeschoben. Da für die Einstellung von unendlich bis nah nur im Objektivinneren Linsen bewegt werden, bleibt die Baulänge des Objektivs konstant und damit auch bei veränderter Scharfeinstellung die Balance der Ausrüstung in der Hand erhalten. Durch die Innenfokussierung bedingt, ist die Drehbewegung des Einstellelements beim Scharfeinstellen von unendlich bis in den Nahbereich sehr kurz und leichtgängig. Bei kürzester Einstellentfernung von 1,5 m wird ein Objektfeld von ca. 161 x 243 mm erfaßt. Das entspricht einem Abb.-Verh. von ca. 1:6,7. Zum optischen System gehören auch ein festeingebautes Schutzfilter vor der Frontlinse und ein in die Filterschublade eingelegtes Filter der Größe Serie 6. Im Lieferumfang enthalten ist das Neutral-Dichte-Filter ND x1.

Zur Konzeption des Objektivs Apo-Summicron-R 1:2/180 mm und dessen überragende Abbildungsleistung paßt der Apo-Extender R 2x hervorragend. Mit ihm entsteht ein Apo-Objektiv 1:4/360 mm. Auch in dieser Kombination wird bereits bei voller Öffnung eine exzelente Aufnahme-Qualität garantiert. Ein geringes Abblenden um 1 bis 1 1/2 Blendenstufen – im Nahbereich auf Blende 4 bis 5,6 – steigert sie noch ein wenig, so daß auch hier kaum Wünsche offen bleiben.
Wer erst einmal mit dem Aop-Summicron-R 1:2/180 mm fotografiert hat, egal ob z.B. für Porträts oder Mode-, Werbe- und Sport-Aufnahmen, wird nicht verstehen können, warum er dieses Objektiv nicht schon lange schmerzlich vermißt hat.

Die klassischen Tele-Objektive

Die Bedeutung an langbrennweitigen Objektiven nimmt ständig zu. Das hat viele Gründe: Presse- und Sportfotografen müssen immer größere Sicherheitsabstände fotografisch überbrücken, Tier- und Naturfotografen möchten auch kleinere Lebewesen groß ins Bild bringen ohne sie in ihren gewohnten Lebensräumen zu stören; Mode-, Architektur- und Landschaftsfotografen suchen nach neuen, ungewohnten Sehweisen; um nur einige Beispiele zu nennen. Doch je länger die Brennweite, um so schwieriger wird es auch, hohe Lichtstärken und Springblende bei einem Objektiv zu verwirklichen, das selbst aus der Hand noch leicht bedienbar sein muß. Dabei stört nicht so sehr das Gewicht als vielmehr der Durchmesser, der, wenn das Objektiv von Hand präzise und bequem fokussiert werden soll, nicht zu groß sein darf. Mit einem Einstellring, der zwei unterschiedliche Durchmesser erhielt, haben die Konstrukteure von Leica eine optimale Lösung für die, hochlichtstarken Tele-Objektive gefunden. Auch die Springblende, deren Steuerungsmechanismen in solchen Objektiven «weite Wege» zu überbrücken haben, ist nicht frei von Problemen, wenn sie trotzdem auch höchsten fotografischen Anforderungen gewachsen sein soll und in kürzester Zeit, während des Auslösevorganges, reproduzierbare Blendenwerte bilden muß. Mit großem konstruktiven Aufwand gelang es hier, die Schließzeiten für die Blende trotzdem so enorm zu verkürzen, daß die Zeitparallaxe zwischen dem Nieder-

Abb. 161 a u. b: Im Vergleich von Übersicht (35 mm-Objektiv, links) und Ausschnitt wird deutlich, welche Möglichkeiten der Bildgestaltung lange Brennweiten bieten. Rechte Aufnahme mit Apo-Telyt-R 1:4/280 mm, 1/250s, volle Öffnung, Pol-Filter.

Abb. 162: Ob bei Reportagen oder bei Sport-, Tier- und Land-schaftsaufnahmen, die längste Brennweite, mit der dabei noch relativ bequem aus der Hand fotografiert werden kann, besitzt das Apo-Telyt-R 1:4/280 mm. Die Aufnahme entstand mit Blende 5,6 und 1/1000s.

drücken des Kamera-Auslösers und der eigentlichen Belichtung bei der Leica R6.2 und R8 zu den kürzesten zählt. Das ist wichtig wenn «action» angesagt ist, wie z.B. bei Sport- und Tier-Aufnahmen wo oft der fotografische Höhepunkt im Bruchteil einer Sekunde erwischt werden muß.

Für alle Tele-Objektive ab 280 mm gilt: Wenn Kamera und Objektiv nicht auf einem stabilen Dreibein-Stativ befestigt sind, sondern für eine längere Zeit im Anschlag gehalten werden müssen, ist die Benutzung der Universal-Schulterstütze oder eines Einbeinstativs für ein ermüdungsfreies Arbeiten empfehlenswert. Die schwenkbare Stativbefestigung dieser Objektive besitzt Raststellungen für Hoch- und Querformat-Aufnahmen. Mit einer zusätzlichen Feststellschraube können diese Stellungen, ebenso wie jede andere Position, von Hand fixiert werden. Die – je nach Objektiv – ausziehbare oder ansteckbare Gegenlichtblende ist gummiarmiert und damit auch ideal geeignet, um die Ausrüstung beim Fotografieren auf eine feste Unterlage abzustützen.

Apo-Telyt-R 1:4/280 mm

Die Abbildungsleistung dieses Objektivs ist im Fern- und Nahbereich hervorragend. Schon bei voller Öffnung weist es in der Bildmitte und im gesamten Bildfeld eine hohe Auflösung feiner Details bei sehr guter Kontrastwiedergabe auf. Die Kantenschärfe ist exzellent. Und aufgrund der guten Bildfeldebnung, die auch im Nahbereich erhalten bleibt, kann in der Praxis eine Abnahme der ausgeprägt guten Schärfenleistung von der Bildmitte bis zum Bildrand hin nicht nachgewiesen werden. Selbst der Öffnungsfehler ist so gut auskorrigiert, daß auch bei geringen Objektentfernungen und Aufnahmen mit größter Blende keine Kontrastverluste durch Überstrahlung entstehen. Koma ist nicht vorhanden; Astigmatismus kaum nachweisbar. Sehr gut korrigiert ist ebenfalls der Farbfehler. Auf der optischen Achse liegt deshalb keiner mehr vor, und im Bildfeld ist der Farbfehler so gering, daß er sich in der Praxis nicht bemerkbar macht. Aufnahmen im nahen Infrarot-Bereich sind ohne die sonst üblichen Korrekturen der Entfernungseinstellung möglich.

Die geringe kissenförmige Verzeichnung – in den äußersten Ecken unter 1% – tritt selbst bei kritischen Objekten nicht störend in Erscheinung, z.B. bei Architektur-Aufnahmen mit parallel zum Bildrand verlaufenden Linien. Auch bei Motiven mit sehr hohen Kontrasten (Lichtquellen im Bild) oder im extremen Gegenlicht ist die Neigung zu Reflexen und Blendenbildern sehr gering. Die farbneutrale Wiedergabe entspricht in ihrer Charakteristik den übrigen Leica R-Objektiven. Die jedem optischen System eigene Vignettierung spielt selbst bei voller Blendenöffnung praktisch keine Rolle.

Abb. 159: *Das klassische Tele-Objektiv Apo-Telyt-R 1:4/280 mm.*

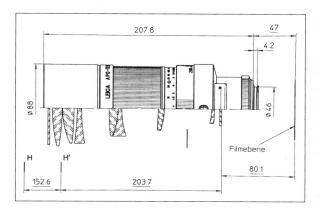

Abb. 160: *Apo-Telyt-R 1:4/280 mm*

Als optimale Blende des Objektivs Apo-Telyt-R 1:4/280 mm kann bereits die volle Öffnung, also Blende 4, bezeichnet werden. Ein Abblenden steigert die schon außergewöhnlich hohe Abbildungsleistung praktisch nicht mehr.

Eine sehr gute Abbildungsleistung wird auch bei Verwendung der Apo-Extender-R 1,4x und 2x erzielt. Hier kann jedoch bei ebenen Objekten ein Abblenden um eine Blendenstufe die Abbildungsleistung der Kombination in den Bildecken noch etwas steigern, wenn auch dort sehr hohe Ansprüche an die Wiedergabe gestellt werden.

Die fotografische Praxis bestätigt, was die optische Rechnung dieses Linsen-Systems verspricht: das Apo-Telyt-R 1:4/280 mm ist in seiner Klasse ein Objektiv der Superlative. Bei sechs von sieben Linsen werden optische Sondergläser mit anomaler Teildispersion verwendet. Zum optischen System gehören weiter ein fest eingebautes Schutzfilter vor der Frontlinse und ein in die Filterschublade eingelegtes Filter der Größe Serie 5,5. Im Lieferumfang enthalten ist das Neutral-Dichte-Filter NDx1.

Mit einer Baulänge von nicht einmal 210 mm bis zur Bajonettauflage ist das Apo-Telyt-R 1:4/280 mm eine echte Tele-Konstruktion. Durch die Innenfokussierung bleibt die Baulänge des Objektivs über den gesamten Entfernungs-Einstellbereich bis 1,7 m (Abb.-Verh. 1:5) erhalten, und durch die griffgünstige Anordnung aller Bedienelemente liegt das Apo-Telyt-R 1:4/280 mm sehr gut für Freihand-Aufnahmen in der Hand. Das für diese Leistungsklasse relativ geringe

Gewicht von unter 1,9 kg unterstützt dabei eine ruhige Kamera-Haltung. Wenn Kamera und Objektiv für eine längere Zeit im Anschlag gehalten werden müssen, ist die Benutzung der Universal-Schulterstütze oder eines Einbeinstativs empfehlenswert. Die schwenkbare Stativbefestigung besitzt Raststellungen für Hoch- und Querformat-Aufnahmen. Mit einer zusätzlichen Feststellschraube können diese Stellungen, ebenso wie jede andere Position, von Hand fixiert werden.

Das Apo-Telyt-R Modul-System

Es ist noch gar nicht so lange her, da mußten in Sporthallen und Stadien viele helle Scheinwerfer eingeschaltet werden, damit eine Fernseh-Reportage in Farbe gesendet werden konnte. Fotografen hatten es bei solchen Veranstaltungen relativ leicht. Bei Blende 5,6 wurde ein hochempfindlicher Film noch bei 1/500s richtig belichtet. Doch diese Zeiten sind heute längst vorbei. Ob bei politischen Kundgebungen, Rock-Konzerten oder Hallenturnieren, die gleißende Lichtfülle wird mehr und mehr zurückgenommen. Das reduziert den Energieverbrauch erheblich, senkt die Kosten der Veranstalter, schont die Augen der Akteure und Zuschauer und sorgt für erträgliche Temperaturen in geschlossenen Räumen. Möglich wurde das reduzierte Licht-Angebot, weil die hochsensiblen Fernsehkameras des Fernsehen, des für Großveranstaltungen mit Abstand wichtigsten Mediums, mit immer weniger Licht auskommen. Leider zum Nachteil der Fotografen, die trotz höherempfindlicher Filme deshalb auch heute noch auf lichtstarke Objektive angewiesen sind. Und weil diese Fotografen ihre Arbeitsplätze immer weiter vom Geschehen zugewiesen bekommen – damit z.B. entsprechende Sicherheitsabstände eingehalten werden können oder den (Fernseh-) Zuschauern ein ungestörtes Bild dargeboten werden kann –, müssen sie auch immer langbrennweitigere Objektive benutzen. Egal, ob als Profi oder Amateur, wer sich bestimmten fotografischen Themen zuwendet, wird über kurz oder lang seine Ausrüstung schwerpunktmäßig darauf abzustimmen haben, um erfolgreich agieren zu können. Tier-, Sport- und Modefotografen kommen z.B. nicht ohne unterschiedliche Teleobjektive aus, die in Brennweite und Lichtstärke variieren. Natürlich weiß man

Abb. 163: *Das Apo-Telyt-R Modul-System. Die Abbildung zeigt die mit 800 mm längste Brennweite und die mit 280 mm kürzeste Brennweite in diesem System.*

Abb. 164: *2 Objektivköpfe + 3 Focus Module = 6 Apo-Telyt-R-Objektive.*

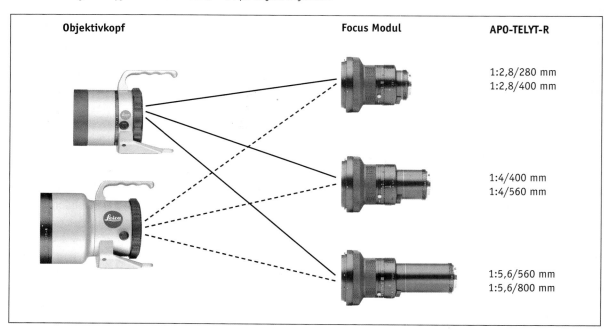

Objektivkopf	Focus Modul	APO-TELYT-R
		1:2,8/280 mm 1:2,8/400 mm
		1:4/400 mm 1:4/560 mm
		1:5,6/560 mm 1:5,6/800 mm

das auch bei Leica und hat darauf entsprechend reagiert: mit einem modularen optischen System, bei dem sich verschiedene Linsengruppen zu unterschiedlichen Tele-Objektiven kombinieren lassen.

Die Überlegung an sich, durch Austauschen der vorderen Linsengruppe eines Objektivs eine neue Brennweite zu erhalten, ist schon früher durch sog. Satzobjektive verwirklicht worden. Kameras mit fest eingebautem Objektiv ließen sich so mit unterschiedlichen Brennweiten ausstatten. Von Leica wurde diese Idee erneut aufgegriffen; allerdings mit anderen Zielvorgaben. Es sollten insbesondere die Fotografen von Gewicht, Volumen und auch von den Kosten «entlastet» werden, die häufig mit unterschiedlich langen und längsten Brennweiten fotografieren (müssen). Außer den Tier-, Sport- und Mode-Fotografen sind das vor allem Foto-Amateure, die sich der Natur-Fotografie verschrieben haben. Gleichzeitig wollte man bei Leica jedoch keine Abstriche an der optischen Leistung eines derartigen Systems hinnehmen. Klar, daß bei der Realisation dieser Vergaben die optischen Rechner, die Konstrukteure und die Techniker aus der Fertigung oft bis an die Grenzen des technisch Machbaren herangehen mußten.

Das Apo-Telyt-R Modul-System besteht aus zwei unterschiedlichen Objektivköpfen und drei unterschiedlichen Focus-Modulen. An jedem Objektivkopf kann eines der Focus-Module adaptiert werden. Dadurch entstehen sechs unterschiedliche Tele-Objektive mit vier verschiedenen Brennweiten, von denen jedes einzelne für sich mit einer eigenen Charakteristik in Bezug auf Volumen, Gewicht und kürzester Einstellentfernung aufwarten kann. Auch in den Lichtstärken gibt es Varianten. Die hervorragende Abbildungsleistung einer apochromatischen Korrektion ist jedoch allen gemeinsam. Im Einzelnen sind folgende Objektiv-Kombinationen möglich:

• APO-TELYT-R 1:2,8/280 mm
• APO-TELYT-R 1:2,8/400 mm
• APO-TELYT-R 1:4/400 mm
• APO-TELYT-R 1:4/560 mm
• APO-TELYT-R 1:5,6/560 mm
• APO-TELYT-R 1:5,6/800 mm

Die beiden Komponenten, Objektivkopf und Focus-Modul, werden durch ein robustes, hochpräzises Bajonett miteinander verbunden. Am Objektivkopf ist der äußere Teil davon als gummiarmierter Klemmring ausgebildet. Beim Zusammensetzen wird das Bajonett des Focus-Moduls, entsprechend den Markierungen, an das Bajonett des Objektivkopfes angelegt. Sobald die drei Lamellen des Modul-Bajonetts im Bajonett des Objektivkopfes vollflächig aufliegen, wird automatisch eine Sperre für den Klemmring aufgehoben und dieser durch Federkraft gedreht. Dadurch sind beide Komponenten gesichert. Für eine stabile und exakte Verbindung muß der Ring anschließend nur noch von Hand durch eine weitere kleine Drehung festgezogen werden. Entriegelt werden Kopf und Modul, indem der Bajonett-Klemmring entgegengesetzt gedreht wird. In der markierten Einstellung wird der Ring automatisch arretiert; die beiden Komponenten lösen sich und können gewechselt werden.

Die beiden Objektivköpfe besitzen einen Handgriff, der den Transport des kompletten Objektivs oder das Aufsetzen auf ein Stativ erleichtert. Er ist mit einer Visier-Einrichtung versehen, so daß sich auch mit längster Brennweite bereits vor einem Blick durch den Kamera-Sucher die «Zielrichtung» einfach und schnell festlegen läßt. Auch die stabile Stativauflage mit nach DIN 4503 genormter Stativbefestigung und Verdrehsicherung befindet sich an beiden Köpfen. Handgriff und Stativauflage sind für die Befestigung des zum Lieferumfang gehörenden Tragriemens ausgebildet. Damit können die Objektive sowohl in senkrechter als auch in waagrechter Position bequem getragen und transportiert werden.

Die Gegenlichtblende des kleineren Objektivkopfes Apo-Telyt-R 280/400/560 ist ausziehbar; die des größeren Kopfes Apo-Telyt-R 400/560/800 aufriegelbar. Beide bieten bereits in der Transportstellung – eingeschoben bzw. umgekehrt aufgesetzt – ausreichend Schutz gegen Beschädigungen, Schmutz und Seitenlicht. Trotzdem sollten sie immer, also nicht nur bei Regen und extremem Gegenlicht, ausgezogen bzw. in Gebrauchsstellung aufgeriegelt werden. Die vorderen Partien der Gegenlichtblenden sind gummiarmiert. Dieser Kantenschutz bietet Sicherheit gegen Beschädigungen, wenn die Objektive abgestellt werden.

Wie der Name vermuten läßt, kombinieren die drei verschiedenen Focus-Module nicht nur die beiden Objektivköpfe zu jeweils einem kompletten Objektiv, sondern dienen auch zur Scharfeinstellung – zum Fokussieren. Insbesondere lichtstarke, langbrennweitige Objektive hoher Abbildungsleistung erfordern eine exakte Scharfeinstellung, um die Leistung auch optimal auf dem Film zu erhalten. Diese Forderung erfüllen alle Focus-Module hervorragend, denn die zügig arbeitende Innenfokussierung und die unterschiedlichen Durchmesser des gummiarmierten Einstellelements erlauben eine sehr präzise Scharfeinstellung.

Die extrem kurze Naheinstellung bei allen Objektiven des Apo-Telyt-R Modul-Systems erweitert den Einstellbereich dieser Tele-Objektive erheblich. Dabei läßt sich von der kürzesten Einstellentfernung ausgehend bis unendlich, jeder gewünschte Nahpunkt durch einen variablen Anschlag festlegen und fixieren. Bei Sport-

Abb. 165: *Objektivkopf Apo-Telyt-R 280/400/560*

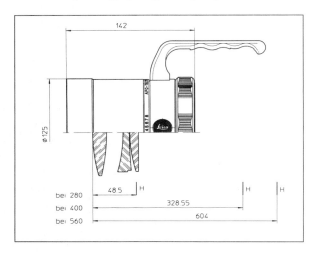

Abb. 166: *Objektivkopf Apo-Telyt-R 400/560/800*

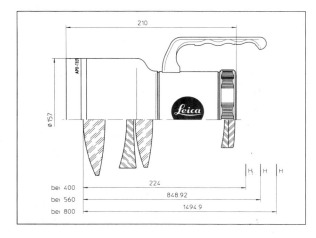

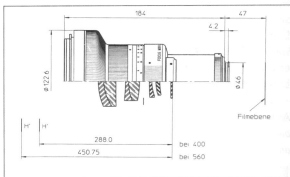

Abb. 167: *Focus Module 2,8/280/400*

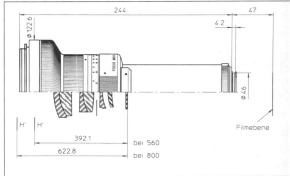

Abb. 168: *Focus Module 4/400/560*

Abb. 169: *Focus Module 5,6/560/800*

aufnahmen vom Spielfeldrand kann z.B. die Scharfeinstellung für den nächstgelegenen Torraum vorher bestimmt werden. Während des Spiels ist dann für alle Situationen auf dem gesamten Spielfeld ein normales Fokussieren möglich, bei überraschenden Aktionen vor dem nahen Tor kann jedoch die Scharfeinstellung im Bruchteil einer Sekunde auf Anschlag erfolgen.

Bedingt durch den Einsatz von hochbrechenden Gläsern und Gläsern mit anomaler Teildispersion – sowohl in den Objektivköpfen als auch in den Focus-Modulen – wird eine apochromatische Korrektion dieser Objektive erreicht, bei der nur noch sehr geringe, vernachlässigbare Farbfehler auftreten. Darüber hinaus kann ohne

Abb. 170: *Wenn Stative nicht zum Einsatz kommen können, sollten lange Brennweiten «abgestützt» werden. Bewährt haben sich dafür kleine Ledersäcke, die, mit getrockneten Bohnen locker gefüllt, auf eine feste Unterlage plaziert werden. Ledersack und Bohnen passen sich der jeweiligen «Unterlage» und dem Objektiv hervorragend an und geben der Ausrüstung so eine enorme Sicherheit gegen Verwacklungen – wie hier während eines Fotostopps in der Serengeti.*

Nachfokussieren im Infrarot-Bereich bis 1000 nm fotografiert werden. Durch die Wahl der Gläser und Vergütung aller Glas-Luft-Flächen ist die Farbcharakteristik neutral und die Lichtdurchlässigkeit sehr hoch. Die äußeren Linsenflächen erhalten sogar durch eine spezielle Hartvergütung einen besonders widerstandsfähigen Schutz.

Bereits bei voller Öffnung weisen alle Objektive eine hervorragend gute Kontrastleistung und Detailwieder-

Abb. 171: *Nicht nur die excellente Abbildungsleistung, sondern auch die Möglichkeit, sich der jeweiligen Situation schnell durch einen Wechsel des Focus Moduls «brennweitengerecht»* anpassen zu können, schätzen vor allem Tier- und Sportfotografen. Dieses Löwenporträt entstand mit dem Apo-Telyt-R 1:5,6/560 mm bei voller Öffnung des Objektivs mit 1/500s.

Tabelle 1: Die technischen Daten der Apo-Telyt-R-Modul-System Objektive

Objektivkopf Focus-Module	APO-TELYT-R 280/400/560			APO-TELYT-R 400/560/800		
	2,8/280/400	4/400/560	5,6/560/800	2,8/280/400	4/400/560	5,6/560/800
Lichtstärke	1:2,8	1:4	1:5,6	1:2,8	1:4	1:5,6
Brennweite	280 mm	400 mm	560 mm	400 mm	560 mm	800 mm
Bildwinkel	8,8°	6,2°	4,4°	6,2°	4,4°	3,1°
Zahl der Linsen	8 (7 Glieder)	9 (7 Glieder)	9 (7 Glieder)	10 (8 Glieder)	11 (8 Glieder)	11 (8 Glieder)
Entfernungs-einstellbereich	∞ −2 m	∞ −2, 15 m	∞ −2, 15 m	∞ −3,70 m	∞ −3,90 m	∞ −3,90 m
Kleinstes Objektfeld	145 x 218 mm (ca. 1:6,1)	109 x 164 mm (ca. 1:4,5)	75 x 113 mm (ca. 1:3,1)	207 x 310 mm (ca. 1:8,6)	15,4 x 231 mm (ca. 1:6,5)	106 x 160 mm (ca. 1:4,4)
Länge bis Bajonett-Auflage	276 mm	314 mm	374 mm	344 mm	382 mm	442 mm
Gewicht	3,6 kg	3,8 kg	3,9 kg	5,9 kg	6,1 kg	6,2 kg
Vorderer Objektiv-durchmesser	122 mm			157 mm		
Höhe Stativauflage bis über Handgriff	188 mm			200 mm		
Gegenlichtblende	eingebaut, ausziehbar und gummiarmiert			separat, umgek. aufsteckbar, mit Kantenschutz		
Filtergewinde (vorne)	M 112 x 1,5			nicht vorhanden		
Gemeinsame Merkmale	Kombinierte Meter/feet-Einteilung; Naheinstellgrenze zwischen kürzester Naheinstellung und unendlich einstellbar; Feintrieb für präzise Scharfeinstellung in Hoch- und Querformat; Innenfokussierung; Geradführung; vollautomatische Springblende; Blendenvorwahl mit Rastung (auch halbe Werte); Kleinste Blende: 22; Filtergröße Serie 6 in Filterschublade; Transporthandgriff am Objektivkopf; Tragriemenbefestigung am Objektivkopf; Stativbefestigung: A 1/4 und A 3/8, DIN 4503 (1/4" und 3/8"); schwenkbar für Hoch- und Querformat, rastend; Objektivköpfe silberfarben lackiert; Focus-Module schwarz eloxiert					

gabe auf, was auch einer schnellen und sicheren Scharfeinstellung im Sucher zu Gute kommt. Das Bildfeld ist über den gesamten Einstellbereich sehr gut geebnet, d.h. die Schärfeleistung ist bis in die Ecken bereits bei voller Öffnung ausgezeichnet. Abblendung bringt nur noch eine geringe Leistungssteigerung. Auch Koma- und Astigmatismus sind bereits bei voller Öffnung so gering, daß sie selbst bei kritischen Objekten, wie z.B. punktförmige Lichtquellen im Bild, nicht stören. Und die (kissenförmige) Verzeichnung ist gering – bei 800 mm Brennweite praktisch kaum noch nachweisbar (< 1%).

Diese exzellente Abbildungsleistung bleibt auch im Nahbereich erhalten. Die jedem optischen System eigene Vignettierung, die vor allem bei knapper Belichtung und gleichmäßig hellen Flächen – wie bei Häuserwänden und wolkenlosem Himmel – sichtbar wird, ist bei allen Objektiven sehr gering. Die beiden lichtstärksten Objektive Apo-Telyt-R 1:2,8/280 mm und 1:2,8/400 mm sind ab Blende 5,6 völlig vignettierungsfrei; alle anderen Apo-Tely-R Modul-System-Objektive bereits nach Abblenden um eine Stufe. Die apochromatische Abbildungsleistung wird auch bei Verwendung der Apo-Extender-R 1,4x und 2x erhalten. Gemessen an der Leistung der Objektive allein

kann hier jedoch ein Abblenden um eine bis zwei Blendenstufen die Abbildungsleistung der Kombination in den Bildecken noch etwas steigern, wenn auch dort sehr hohe Ansprüche an die Wiedergabe gestellt werden.

Abb. 172: *Die Filterschublade (links) nimmt Filter der Größe Serie 6 auf. Das Zirkular-Polfilter (rechts) kann, auch wenn es eingeschoben ist, von außen gedreht werden.*

Abb. 173 a–c: *Mit dem Apo-Extender-R 1,4x wird die Anwendungsbreite der langbrennweitigen Apo-Objektive ohne Qualitätseinbuße erweitert. Dieser Vergleich macht das deutlich. Die linke Abbildung wurde mit 50 mm Brennweite fotografiert. Mitte: Apo-Telyt-R 1:2,8/280 mm. Rechts: Das gleiche Objektiv mit Apo-Extender-R 1,4x.*

Zu allen optischen und mechanischen Merkmalen und Vorzügen, die das Apo-Telyt-R Modul-System besitzt, zählt auch die außerordentlich kurze Bauweise der einzelnen Objektive. So mißt z.B. das Objektiv Apo-Telyt-R 1:5,6/800 mm mit einer Länge von lediglich 44,2 Zentimetern nur ein wenig mehr als die Hälfte dieser Brennweite! Vorteile gibt es auch beim Gewicht, wenn zwei oder drei verschiedene Brennweiten zum Einsatz kommen. Als Zubehör werden zwei Metallkoffer angeboten, die entweder den kleinen oder großen Objektivkopf zusammen mit einem der Focus-Module aufnehmen können; also jeweils ein komplettes Objektiv. Für die einzelnen Focus-Module sind Lederköcher mit Tragriemen lieferbar.

Abb. 174: *Fotografieren mit langen Brennweiten*

Die Makro-Objektive

Universal-Objektive, die für alle Aufgaben der Kleinbild-Fotografie gleich gut geeignet sind, gibt es nicht. Aber es gibt im Leica R-System zwei Objektive, die eine besonders weit gespannte Einsatzbreite besitzen: das Macro-Elmarit-R 1:2,8/60 mm, und das Apo-Macro-Elmarit-R 1:2,8/100 mm. Bei beiden wurde bewußt auf eine hohe Lichtstärke verzichtet. Dafür wurde das Leistungsoptimum weitgehend über den gesamten Arbeitsbereich von unendlich bis in den Nahbereich gespreizt. Besondere Aufmerksamkeit wurde dabei vor allem dem Nahbereich geschenkt. Aber auch bei Unendlich-Einstellung ist die Abbildungsleistung der Macro-Objektive mit anderen Leica R-Objektiven vergleichbar, wenn auf mittlere Blendenwerte (5,6 bzw. 8) abgeblendet wird. Die Lichtstärke von 1:2,8 kommt außerdem der Handlichkeit dieser Objektive zugute. Die bei dieser Öffnung bereits vorhandene Schärfentiefe erlaubt oft reizvolle Nahaufnahmen aus der Hand. Zur Erweiterung des fotografischen Arbeitsbereiches beim Macro-Elmarit-R 1:2,8/60 mm wird der Macro-Adapter-R (siehe auch Seite 243) angeboten. Zum Apo-Macro-Elmarit-R wurde dafür der spezielle Nahvorsatz Elpro 1:2–1:1 gerechnet. In der Praxis hat sich folgende Arbeitsmethode im Nahbereich bewährt: Der geeignete Abbildungsmaßstab bzw. die gewünschte Entfernung werden vorher am Objektivschneckengang eingestellt. Durch Abstandsveränderungen – der gesamte Oberkörper des Fotografen bewegt sich aus der Hüfte heraus vor bzw. zurück – wird die gewünschte Schärfenebene im Sucher der Leica R oder Leicaflex ermittelt. In dem Moment, wo die beste Schärfe in der «richtigen» Ebene liegt, wird unverzüglich ausgelöst. So lassen sich auch Eigenbewegungen der Objekte, z.B. eine im Wind schwankende Blume, kompensieren. Außer den üblichen kombinierten Meter/feet-Einteilungen sind bei den Macro-Objektiven zusätzlich eine Reihe von Abbildungsverhältnissen graviert. Beim Apo-Macro-Elmarit-R 1:2,8/100 mm können sie im Nahbereich am Objektiv-Tubus abgelesen werden. Beim Macro-Elmarit-R 1:2,8/60 mm sich diese Angaben auf dem Entfernungs-Einstellring: die weiße bzw. gelbe (feet) Gravur gilt für die Objektive ohne Macro-Adapter-R, die grüne Gravur für die Bereiche mit Macro-Adapter-R. Beim Macro-Adapter-R bleiben Offenblenden-Messung und Springblende voll erhalten, wenn er an die Leica R angesetzt wird. In Verbindung mit der Leicaflex SL/SL2 wird der 1:1 Adapter (Bestell-Nr. 14198) für das «2,8/60» benutzt.

Abb. 175: Die Makro-Objektive

Offenblenden-Messung und Springblende bleiben dann ebenfalls voll erhalten (auch wenn Leica R-Modelle benutzt werden). Die auf dem Objektiv angegebenen Abbildungsverhältnisse werden ebenfalls mit diesem Adapter erreicht (siehe Seite 245).

Macro-Elmarit-R 1:2,8/60 mm

Immer mehr Fotografen entscheiden sich beim Einstieg in das Leica R-System für dieses Objektiv, weil es nicht nur die Funktion eines Standard-Objektives übernimmt, sondern zusätzlich noch den Nahbereich bis zum Abbildungsverhältnis 1:1 erschließt. Bei einer Brennweite von 60 mm ist der Bildwinkel mit 39° nur um 6° kleiner als beim 50 mm-Objektiv. Das Macro-Elmarit-R 1:2,8/60 mm hat vielen Fotofreunden eine neue Welt des fotografischen Sehens erschlossen. Die Availablelight-Nahaufnahme ist mit diesem Objektiv Wirklichkeit geworden. Durch die weiche Verschlußauslösung von Leica R und Leicaflex und weil die Kamera mit diesem

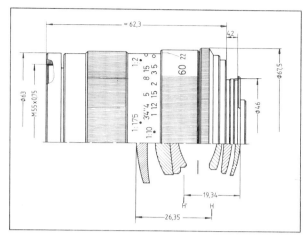

Abb. 176: *Macro-Elmarit-R 1:2,8/60 mm*

Abb. 177: *Nur eine Umdrehung an der Einstellschnecke des Macro-Objektivs und schon gelangt der Fotograf in die faszinierende Welt des Nahbereichs. Macro-Elmarit-R 1:2,8/60 mm, 1/125s, Bl. 5,6.*

Abb. 178 a–c: *Die volle Anwendungsbreite, von unendlich bis in den Nahbereich, wird ohne besondere Probleme von den Makro-Objektiven ausgeschöpft. Wie beim Filmen lassen sich* *Totale, Halbtotale und Naheinstellung für den effektvollsten Bildausschnitt sinnvoll nutzen. Alle Aufnahmen mit Blende 8 und 100 mm Brennweite.*

Tabelle 2: MACRO-ELMARIT-R 1:2,8/60 mm; Arbeitsabstände, Objektfeldgrößen und Schärfentiefebereiche in mm*

| | Abbildungs-verhältnis | freier Arbeits-abstand bis Vorderkante Objektiv | Objekt-feldgröße | Schärfentiefe bei Blende | | | |
				5,6	8	11	16
ohne Macro-Adapter-R	1:10	619	240 x 360	41	58	82	116
	1:5	312	120 x 180	11	16	22	32
	1:4	250	96 x 144	8	11	16	22
	1:3	191	72 x 108	4,5	6,3	9	12,5
	1:2,5	158	60 x 90	3,4	4,8	6,8	9,6
mit Macro-Adapter-R	1:2	128	48 x 72	2,2	3,2	4,4	6,4
	1:1,75	113	42 x 63	1,7	2,5	3,5	5
	1:1,5	97	36 x 54	1,4	2	2,8	4
	1:1,25	82	30 x 45	1,1	1,6	2,2	3,2
	1:1	66	24 x 36	0,75	1,1	1,5	2,2

* Den abgerundeten Werten wurde ein Zerstreuungskreis von 1/30 mm zugrunde gelegt.

Objektiv fest und ruhig in der Hand liegt, sind verwacklungsfreie Aufnahmen auch bei längeren Belichtungszeiten ohne Stativ möglich. Nahaufnahmen werden bis zum Abbildungsverhältnis 1:2 (Objektfeldgröße 48 x 72 mm) mit der Entfernungseinstellung am Objektiv vorgenommen. Für extreme Nahaufnahmen (von 1:2 bis 1:1) verlängert der Macro-Adapter-R den Auszug. Er läßt sich schnell und einfach wechseln. Mit aufgeschraubtem Nahvorsatz Elpro 3 wird der Abbildungsbereich auf 1,1:1 erweitert. Damit lassen sich gerahmte Diapositive formatfüllend ohne Rand des Diarahmens reproduzieren. Beim Macro-Elmarit-R 1:2,8/60 mm liegt die Frontlinse, gut geschützt gegen Streulicht, Schmutz und Beschädigungen, tief innerhalb des mechanischen Aufbaues. Der Objektivtubus ist trichterförmig ausgebaut und wirkt als Gegenlichtblende. Werden Filter oder Elpro-Nahvorsatz benutzt, sollte der Adapter für Serienfilter (Bestell-Nr. 14 225) als Schutz für diese Glasflächen vor das Filter bzw. vor den Nahvorsatz eingeschraubt werden.

Apo-Macro-Elmarit-R 1:2,8/100 mm

Bei der Konzeption des Objektivs Apo-Macro-Elmarit-R 1:2,8/100 mm stand die Forderung nach einer großen Anwendungsbreite im Mittelpunkt aller Überlegungen. Mit einer Lange von wenig mehr als 100 mm und einem größten Durchmesser von etwas über 70 mm liegt das

760 g schwere Apo-Macro-Elmarit-R beim Fotografieren gut in der der Hand. Wie üblich sind auf den Einstellring für die Entfernung auch die Aufnahmedistanzen

Abb. 179: Im Einstellbereich von unendlich bis 0,7 m, das entspricht nicht ganz einer Umdrehung des Entfernungseinstellrings, kann die Schärfentiefe, wie bei Leica R-Objektiven üblich, am Schärfentiefering abgelesen werden (links). Durch weiteres Drehen des Einstellrings wird der sich daran anschließende Nahbereich von 1:5 bis 1:2 erfaßt. Dann lassen sich die erreichten Abbildungsverhältnisse am Objektiv ablesen (rechts)

Tabelle 3: APO-MACRO-ELMARIT-R 1:2,8/100 mm; Arbeitsabstände, Objektfeldgrößen und Schärfenbereiche in mm

	Abbildungs- verhältnis	freier Arbeits- abstand bis Vorderkante Objektiv/ELPRO	Objekt- feldgröße	Schärfentiefe bei Blende*			
				5,6	8	11	16
ohne ELPRO 1:2–1:1	1:10	1058	240 x 360	41	58	82	116
	1:5	539	120 x 180	11	16	22	32
	1:4	439	96 x 144	8	11	16	22
	1:3	338	72 x 108	4,5	6,3	9	12,5
	1:2,5	288	60 x 90	3,4	4,8	6,8	9,6
	1:2	238	48 x 72	2,2	3,2	4,4	6,4
mit ELPRO 1:2–1:1	1:2	184	48 x 72	2,2	3,2	4,4	6,4
	1:1,75	165	42 x 63	1,7	2,5	3,5	5
	1:1,5	143	36 x 54	1,4	2	2,8	4
	1:1,25	131	30 x 45	1,1	1,6	2,2	3,2
	1:1	101	24 x 36	0,75	1,1	1,5	2,2
	1,1:1	95	23 x 35	0,60	0,8	1,2	1,6

* Den abgerundeten Werten wurde ein Zerstreuungskreis von 1/30 mm zugrunde gelegt.

für den Normalbereich graviert. Bei einer ganzen Umdrehung reicht dieser von unendlich bis 0,7 m, das entspricht dem Abbildungsverhältnis 1:5. In diesem Bereich kann auch die Schärfentiefe wie gewohnt am Schärfentiefering des Objektivs abgelesen werden. Eine zweite Umdrehung des Entfernungs-Einstellrings erschließt den Nahbereich von 1:5 bis 1:2. Die erreichten Abbildungsverhältnisse werden dabei auf dem unter dem Entfernungs-Einstellring liegenden Tubus angezeigt. Aufgrund des hervorragenden Korrektionszustandes zeigt das Apo-Macro-Elmarit-R 1:2,8/100 mm im Fernbereich schon bei voller Öffnung eine außergewöhnlich gute Abbildungsqualität. Ein Abblenden verbessert diese Spitzenleistung nur noch geringfügig. Diese Leistungscharakteristik bleibt über den gesamten Einstellbereich, also von unendlich bis zum Abbildungsverhältnis 1:2, weitgehend erhalten. Bedingt durch die sehr gute Bildfeldebnung, die ausgezeichnete Detail-Wiedergabe und die hohe Kontrastleistung ist die Abbildungsqualität daher auch im gesamten Nahbereich bereits bei voller Öffnung beispielhaft. Diese an sich schon überragend gute Gesamtleistung wird durch Abblenden auf mittlere Blendenwerte (Blende 4–5,6) nur noch geringfügig gesteigert. Das Apo-Macro-Elmarit-R 1:2,8/100 mm ist frei von Koma und zeigt praktisch keine Verzeichnung. Die Ausleuchtung des Bildfeldes ist sehr gut, das bedeutet,

daß die jedem optischen System eigene systembedingte Vignettierung selbst bei voller Öffnung des Objektivs in der Praxis nicht stört. Durch die apochromatische Korrektion kann bei IR-Fernaufnahmen auf die sonst übliche Korrektur der Entfernungseinstellung verzichtet werden.

Bei Aufnahmen mit dem Apo-Extender-R 2x wird die exzellente Abbildungsqualität des Objektivs Apo-Macro-Elmarit-R beibehalten. Im Nahbereich ist dann ein Abblenden um zwei bis drei Blendenstufen empfehlenswert, wenn hohe Anforderungen an die Wiedergabe – auch in den Bildecken – gefordert wird. Der Apo-Extender-R 1,4x darf nicht adaptiert werden, weil er beim Anriegeln das Objektiv beschädigen würde. Der Nahbereich bis zum Abbildungsverhältnis 1,1:1 wird mit dem als Zubehör lieferbaren Nahvorsatz Elpro 1:2–1:1 (Bestell-Nr. 16545) erschlossen. Dabei bleibt die hervorragende optische Leistung des Objektivs auch in diesem Nahbereich weitgehend erhalten. Werden besonders große Anforderungen an die Abbildungsleistung bis in die Bildecken gestellt, ist ein Abblenden von zwei bis drei Stufen empfehlenswert (siehe auch Seite 236). Die außergewöhnlich gute Wiedergabe-Qualität dieses Leica R-Objektivs wird von Fotografen, Fachjournalisten und Test-Instituten immer wieder besonders gewürdigt. Der frühere Leiter des Zentralbereichs Entwicklung Optik und des Optik-

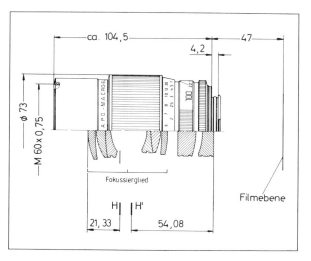

Abb. 180: *Apo-Macro-Elmarit-R 1:2,8/100 mm*

Rechenbüros bei Leitz, Dr. W. Vollrath, hat dazu einmal folgendes gesagt: «Die Ziele bei der Entwicklung dieses Apo-Macro-Objektivs waren:

- überragende Abbildungsleistung
- weitgehende Konstanz der Abbildungsleistung über den gesamten Einstellbereich
- stufenloser Einstellbereich von unendlich bis zum Abbildungsverhältnis 1:2.

Die ursprünglichen Systemstudien konzentrierten sich zunächst auf einen ähnlichen optischen Aufbau wie der des anerkannt guten und universellen Objektivs Macro-Elmarit-R 1:2,8/60 mm. Ausgangspunkt war also ein sogenannter Doppel-Gauß-Typ mit einer Fokussierung durch Verschieben des gesamten Objektivs. In dieser frühen Entwicklungsphase sind auch bereits erste erfolgversprechende Untersuchungen in Richtung einer apochromatischen Korrektion erfolgt. Bei dieser Konzeption der Fokussierung ist eine optimale Bildfehlerkorrektion allerdings nur für eine Einstellentfernung möglich. Durch eine geschickte Wahl einer mittleren Einstellentfernung bei der Korrektion eines solchen Objektivs läßt sich der Leistungsabfall zu den Grenzen des Einstellbereichs jedoch in vertretbaren Grenzen halten. Trotzdem ist bei großen Objektentfernungen (unendlich) ein Abblenden um mindestens eine Blendenstufe, im Nahbereich um mindestens zwei bis drei Blendenstufen nötig, wenn höchste Anforderungen an die Abbildungsleistung gestellt werden. Umgehen kann man diesen Nachteil, indem man beim Fokussieren ein

oder zwei Untergruppen des Objektivs relativ zueinander verschiebt, also das optische System quasi als Vario-Objektiv aufbaut. Dadurch erhöhen sich natürlich Fertigungsaufwand und Fertigungsschwierigkeiten. Die endgültige Lösung muß also wohlüberlegt sein. Es ergibt keinen Sinn, die Bildfehlerkorrektion auf ein Höchstmaß zu treiben, wenn man das Objektiv in der Fertigung nicht wirtschaftlich in dieser Qualität herstellen kann.

Das Apo-Macro-Elmarit-R 1:2,8/100 mm besteht aus einem vorderen sechslinsigen Gaußtyp und einer hinteren zweilinsigen Gruppe. Beim Fokussieren wird nur der vordere Gaußteil bewegt; die hintere Gruppe ist stationär. Durch diesen optischen Aufbau und die Relativbewegung beider Gruppen wird eine insgesamt ungewöhnlich hohe Abbildungsleistung erreicht, die auch über den ganzen Einstellbereich nahezu konstant bleibt. Die Art der gewählten Fokussierung hat eine Änderung der Brennweite mit der Entfernungseinstellung zur Folge. Damit die Variation der Brennweite klein bleibt, ist die Brechkraft des stationären Hintergliedes nur schwach ausgeprägt worden. Die Brennweite ändert sich von 100 mm bei unendlich auf 92 mm beim Abbildungsverhältnis 1:2.

Wer Aufnahmen im Bereich von 1:2–1:1 machen möchte, sollte unbedingt den speziell zum Apo-Macro-Elmarit-R 2,8/100 mm entwickelten Nahvorsatz Elpro 1:2–1:1 verwenden. Von der Arbeit mit Zwischenringen (Auszugverlängerung) oder dem Extender-R 2x ist abzuraten. Wie jeder Nahvorsatz, so ändert auch der Elpro 1:2–1:1 die Brennweite der Gesamtkombination. Bei 1:2 besitzt sie 77 mm Brennweite, bei 1:1 dagegen 71 mm. Die kleinere Brennweite hat einen kleineren freien Arbeitsabstand zur Folge, reduziert aber auch den notwendigen Verlängerungsfaktor für die Belichtungszeit erheblich. Würde man nämlich das Apo-Macro-Elmarit-R 1:2,8/100 mm bei Unendlich-Einstellung, aber mit entsprechenden Zwischenringen beim Abbildungsverhältnis 1:1 benutzen, so müßte die Belichtungszeit um etwa das Fünffache verlängert werden. In Verbindung mit dem Nahvorsatz ist dagegen nur eine etwa zweifache Verlängerung nötig. Einen wesentlichen Beitrag zu der überragenden Bildfehlerkorrektion liefert die apochromatische Korrektion der Farbfehler. Diese wird landläufig mit «Korrektion für den Infrarot-(IR)Bereich» in Verbindung gebracht. Dies ist zwar

Abb. 181: *Die Abbildungsleistung bei voller Öffnung macht das Apo-Macro-Elmarit-R auch zum idealen Schlechtwetter-Objektiv. Gewicht und Größe sorgen dann dafür, daß auch bei relativ langen Belichtungszeiten noch verwacklungsfrei aus der Hand fotografiert werden kann. Apo-Macro-Elmarit-R 1:2,8/100 mm, 1/60s, volle Öffnung.*

richtig, jedoch ist die Korrektion für das nahe IR nicht Ziel, sondern nur «Abfallprodukt» bei der Korrektion apochromatischer Foto-Objektive. Ziel ist die Reduktion des sogenannten sekundären Spektrums im sichtbaren Spektralbereich; die positiven Auswirkungen auf den IR-Bereich ergeben sich dabei zwangsläufig.

Möglich bzw. deutlich erleichtert wurde die apochromatische Korrektion durch die Verwendung eines im Leitz-Glaslabor entwickelten Glases. Es trägt die Bezeichnung 598671 und findet im Apo-Macro-Elmarit-R 1:2,8/100 mm erstmals in einem Leica Objektiv Verwendung, und zwar in Linse 2 und 5. Die ersten drei Ziffern der Glasbezeichnung geben die ersten drei Nachkommastellen der Brechzahl «n_e» für grünes Licht der Wellenlänge 546 nm an: n_e = 1,59842. Die hinteren drei Ziffern stehen für die mit 10 multiplizierte Abbé-Zahl «v_e», also v_e = 67,1. Je größer dieser Wert, desto kleiner ist die Dispersion (Farbzerstreuung) des

Glases. Diese Koordinaten im n_e-v_e-Diagramm für sich alleine genommen machen das Glas 598671 im Hinblick auf eine apochromatische Korrektion noch nicht interessant. Hinzu kommt eine große anomale Teildispersion, d.h., in den Randbereichen des sichtbaren Spektrums weicht die Dispersion stark von derjenigen – normaler – Gläser mit ansonsten gleichem n_e und v_e ab. Unterstützt wird die apochromatische Korrektion durch ein weiteres spezielles Glas (in Linse 3) mit einer ebenfalls hohen anomalen Teildispersion, jedoch mit umgekehrtem Vorzeichen.

Das Glas 598671 ist eine Weiterentwicklung von 554666. Beide Gläser gehören zur Gruppe der fluoridhaltigen Phosphatgläser, und 554666 war mit ausschlaggebend für die außerordentlich hohe Leistung des früheren Apo-Telyt-R 1:3,4/180 mm. Es bedarf eines ganz besonderen Know-how, um solche Gläser in größeren Mengen schlieren- und kristallisationsfrei zu erschmelzen. Das Erarbeiten einer geeigneten Schmelz-technologie für das aus elf chemischen Komponenten bestehende Glas 598671 hat fast sieben Monate gedau-ert. An die Reinheit der Rohstoffe werden sehr hohe Anforderungen gestellt. Der Schwermetallanteil sollte unter 15 ppm liegen, das sind 0,015 Gramm in 1000 Gramm! In der Kombination Brechzahl/Dispersion/Teil-dispersion liegt 598671 an der Grenze der heute tech-nisch darstellbaren Gläser.

Die besten Gläser nutzen wenig, wenn ihr Potential nicht durch erfahrene Optik-Rechner unter Verwendung leistungsfähiger Computerprogramme in eine über-legene Abbildungsleistung umgesetzt werden kann. Interessant sind deshalb auch einige Zahlen zur Bild-fehlerkorrektion. In der Endphase der Feinkorrektion des Apo-Macro-Elmarit-R 1:2,8/100 mm mußte das Leicaeigene automatische Korrektionsprogramm COMO ca. 30 Bildfehler, davon sechs Farbfehler und ca. 30 Fertigungsbedingungen, simultan unter Kontrolle hal-ten und optimieren. Dafür standen – mathematisch gesehen – etwa 45 sogenannte Freiheitsgrade (Linsen-radien, -dicken, Brechzahlen) zur Verfügung. Wesent-licher Anteil an der optischen Entwicklungsarbeit ist auch die Minimierung von Lichtreflexionen an den Linsenflächen und die Anpassung der spektralen Trans-mission an die Farbcharakteristik der übrigen Leica Objektive. Die Absorption der beim Apo-Macro-Elmarit-R 1:2,8/100 mm verwendeten Gläser bereitete keine

Probleme, und durch die optimal aufeinander abge-stimmte Vergütung der zwölf Glas-/Luftflächen mit sechs Mehrfach- und sechs Einfachschichten konnte das gewünschte Ziel erreicht werden.»

Die Vario-Objektive

Optische Systeme, deren Brennweiten sich durch Ver-schieben einzelner Linsen oder Linsenglieder in gewis-sen Grenzen kontinuierlich verändern lassen, sind schon seit einigen Jahrzehnten bekannt und werden für Fernrohre und Filmkameras genauso lange benutzt. Diese Objektive sind unter verschiedenen Bezeichnun-gen bekannt. Man nennt sie Vario- oder Zoom-Objektive, aber auch Transfaktoren oder pankratische Systeme, und einige sprechen sogar von Gummilinsen. In Deutschland hat sich die Bezeichnung Vario-Objektiv durchgesetzt (DIN 19040), während international das Wort Zoom-Objektiv gebräuchlicher ist. Lange Zeit war die Abbildungsleistung von Objektiven mit veränderli-chen Brennweiten auch nicht annähernd mit der von festbrennweitigen Objektiven vergleichbar. In den letz-ten Jahren wurden jedoch beachtliche Fortschritte in der Entwicklung neuer Vario-Objektive gemacht. Diese neuen Konstruktionen sind leistungsfähiger und hand-licher geworden. Wie bei jedem anderen Foto-Objektiv bestimmen Lichtstärke, Brennweite und Abbildungs-

Abb. 182: *Die Vario-Objektive*

Vario-Elmar-R 1:3,5-4,5/28–70 mm

Vario-Elmar-R 1:4/35–70 mm

Abb. 183 a– k: *Der variable Brennweitenbereich der Leica R-Vario-Objektive reicht lückenlos von 28 mm (links oben) bis 280 mm (gegenüberliegende Seite, rechts unten). Alle Bildbeispiele entstanden mit der kürzesten und längsten Brennweiten-Einstellung des jeweiligen Objektivs.*

Makro-Einstellung

Vario-Elmar-R 1:4/80–200 mm

Vario-Apo-Elmarit-R 1:2,8/70–180 mm

Vario-Elmar-R 1:4,2/105–280 mm

leistung auch bei Vario-Objektiven das Volumen, Gewicht und den Preis. Einfluß darauf haben ebenfalls die Bauart – ob Frontlinsenverstellung oder Geradführung, ob Ein- oder Zweiring-Bedienung, ob mit oder ohne Stativträger und, ob die Gegenlichtblende ausziehbar ist oder aufgeschraubt werden muß. Bestimmte Merkmale lassen sich auch nicht optimieren, ohne andere negativ zu beeinflussen. Eine höhere Lichtstärke z.B. vergrößert zwangsläufig den Durchmesser des Objektivs und erhöht dessen Gewicht. Durch eine Frontlinsenverstellung kann dagegen z.B. der vordere Durchmesser, und damit auch das Gewicht des Objektivs, verringert werden. Allerdings ist dann die Verwendung eines Pol.-Filters fast unmöglich.

Aus der Vielzahl an technisch möglichen Lösungen wurde bei Leica ein Konzept abgeleitet, welches die unterschiedlichen Wünschen und Ansprüchen der beiden wichtigsten Anwender-Gruppen berücksichtigt:

- Die Reihe der kompakten und leichten Vario-Objektive ist für Fotografen konzipiert worden, die gerne mit einer kleinen Ausrüstung bequem und komfortabel fotografieren möchten und dabei eine gute Abbildungsqualität erzielen wollen. Mann könnte sie auch als Leica Standardzooms bezeichnen.
- Die Reihe der leistungsstarken Vario-Objektive ist für die Fotografen entwickelt worden, die bei allen Vorteilen, die eine variable Brennweitenverstellung bietet, keinesfalls auf eine möglichst hohe Lichtstärke und eine exzellente Abbildungsleistung verzichten können. Es sind die Leica Hochleistungszooms.

Bei der Komplettierung der zukünftigen Vario-Objektivpalette von Leica werden beide Produktlinien gebührend berücksichtigt werden.

Trotzdem, die Vario-Objektive werden auch in Zukunft die «festen» Brennweiten keineswegs ersetzen können. Es darf nämlich nicht übersehen werden, daß die Lichtstärke der Varios schon aus praktischen Gründen (Volumen/Handhabung) limitiert bleiben muß. Verglichen mit gleicher Brennweite und Lichtstärke herkömmlicher Objektive, sind sie – insbesondere für den kurzbrennweitigen Bereich, den sie bieten, – recht voluminös. Auch das Licht wird bei Vario-Objektiven wegen der wesentlich höheren Anzahl von Linsen stärker absorbiert, so daß bei gleichen geometrischen Öffnungen die Belichtungszeiten mit normalen Objektiven

kürzer ausfallen. Anmerkung: Die Absorption wird natürlich bei der Blitzlicht- und Belichtungsmessung durch das Objektiv automatisch berücksichtigt.

Das Argument, daß beim Übergang von einer Brennweite zur anderen ein Filterwechsel nicht mehr nötig ist, verliert für die Praxis oft an Bedeutung, wenn man folgendes berücksichtigt: Bei den kompakten Vario-Objektiven wird meistens der gesamte vordere Teil beim Scharfeinstellen gedreht (Frontlinsenverstellung). Sie besitzen nämlich in der Regel keine Geradführung wie die anderen Leica R-Objektive. Werden an diesen Vario-Objektiven z.B. Polarisationsfilter oder Tricklinsen benutzt, muß man deshalb viel Geduld für das Einrichten dieser fotografischen Hilfsmittel mitbringen (siehe Seite 261).

Zweifellos liegt der größte Vorteil der Vario-Objektive in der Möglichkeit, innerhalb des Vario-Bereiches jeden gewünschten Bildausschnitt wählen zu können. Das ist besonders wichtig, wenn man den notwendigen Aufnahmestandpunkt nicht ohne weiteres verändern kann, wie z.B. beim Bergsteigen oder bei einer Bildreportage. Vorteilhaft ist auch bei den neuen Vario-Objektiven mit ROM die automatische Anpassung des Blitz-Leuchtwinkels an die jeweils benutzte Objektivbrennweite, wenn zur Leica R8 ein Blitzgerät benutzt wird, das einen motorgesteuerten Reflektor besitzt und mit dem Adapter SCA 3501 ausgestattet ist. Wird die Brennweite der Vario-Objektive während der Belichtung verstellt, können Effekte erzielt werden, die mit Objektiven fester Brennweiten nicht erreichbar sind. Diese sogenannten Zoomeffekte lassen sich vielfach variieren und erweitern das aufnahmetechnische Repertoire des kreativen Fotografen ganz enorm. Die Aufnahmen lassen den Eindruck entstehen, als ob sie aus einem auf das Objekt zurasenden Auto fotografiert wurden, d.h. in der Bildmitte erscheinen die abgebildeten Details relativ scharf, während zum Bildrand hin eine immer stärker werdende Verwischung auftritt. Das Motiv scheint förmlich zu explodieren und in Fetzen nach allen Seiten hin auseinanderzureißen. Das Verhältnis zwischen dem «scharfen» Bildmittelpunkt und der verwischten Randzone ist abhängig vom Verhältnis zwischen kürzester und längster Brennweite während der Belichtung. Je größer das Brennweitenverhältnis, um so größer der Verwischungsgrad am Bildrand. Warum das so ist, läßt sich leicht erklären: Wird z.B. mit einem Vario-Elmar-R 1:4/80–200 mm fotografiert und der ganze Brennweitenbereich während der Öffnungszeit des Verschlusses durchfahren, so erreicht man ein Brennweitenverhältnis von 1:2,5. Das bedeutet, daß die mit der 80 mm-Brennweite erfaßten Details mit einer Brennweite von 200 mm genau 2,5x linear bzw. 6,25x flächenmäßig vergrößert wiedergegeben werden. Wenn nun eine Abbildung derart vergrößert wird, dann muß sich zwangsläufig jedes Bilddetail vom «ruhenden» Mittelpunkt des Bildes aus um den Betrag der linearen Vergrößerung entfernen, bei dem erwähnten Beispiel um das Dreifache. Vergleicht man dabei zwei Details miteinander, die verschieden weit von der Bildmitte entfernt sind, zum Beispiel einen Millimeter und acht Millimeter, dann kann man feststellen, daß zwar beide Details um den gleichen Faktor (2,5) zum Bildrand wanderten, die effektiven Weglängen aber unterschiedlich sind. So ist das erste Detail jetzt zweieinhalb Millimeter vom Bildmittelpunkt entfernt, während das zweite schon 20 Millimeter Abstand gewonnen hat. Es leuchtet ein, daß eine Verwischung von zweieinhalb Millimetern «schärfere» Ergebnisse liefert als eine solche von 20 Millimetern. Der soeben beschriebene Zoomeffekt kann durch unterschiedliche Belichtungszeiten und unterschiedlich schnelle Brennweitenverstellung vielfältig variiert werden. Entscheidend für die optische Wirkung des gewünschten Zoomeffektes ist die jeweilige Beschaffenheit des gewählten Hintergrundes. Ist dieser sehr unruhig, so ergibt sich eine unübersehbare Flut von Linien und Wischzonen zum Bildrand hin, in der die feinen, zarteren, vom Vordergrund kommenden Wischeffekte untergehen. Ist der Hintergrund gleichmäßig hell, so vertiefen sich die Wischer in ein Nichts zum Bildrand hin. Bei dunklem Hintergrund treten dagegen die Wischerstrahlen eines hellen Objektes besonders deutlich hervor. Darum sind «gewischte» Nachtaufnahmen auch meistens ein voller Erfolg. Die Angaben des Belichtungsmessers können direkt übernommen werden, wenn die Helligkeit von Hauptmotiv und Hintergrund fast gleich ist. Ist der Hintergrund heller, muß in der Regel etwas knapper belichtet werden; ist der Hintergrund dunkler, sollte dagegen eine um einen halben bis zwei Belichtungswerte längere Belichtung erfolgen. Eigene Versuche mit unterschiedlichen Belichtungszeiten sind unumgänglich. Nicht ohne Einfluß auf das Ergebnis ist die

Frage, ob die Wischbewegung von kurzer nach langer Brennweite erfolgt oder umgekehrt. In den meisten Fällen wird die Brennweitenverstellung von kurz nach lang das ansprechendere Resultat zeigen. Auch die Art der Zoombewegung spielt eine Rolle. So kann die Brennweitenverstellung während der Belichtung entweder kontinuierlich erfolgen, oder aber man steigert oder verlangsamt das Tempo während des Verstellens. Eine andere Variante: Während der Belichtung wird die kürzeste Brennweiteneinstellung zunächst beibehalten und erst für den Rest der Belichtung verändert oder umgekehrt. Auch eine ruckartige Verstellung der Brennweite über den gesamten Brennweitenbereich ist möglich. Hier wird die Art des Zoomens, die eine gewisse «Terrassendynamik» erzeugt, deutlich sichtbar. Außerdem lassen sich die verschiedenen Zoomtechniken miteinander kombinieren. Für Farbaufnahmen besonders wirksam ist eine Variante, bei der mehrere Belichtungen mit verschiedenfarbigem Licht und unterschiedlichen Brennweiteneinstellungen erfolgen. Die meisten dieser Techniken lassen sich nicht nur bei statischen Aufnahmen anwenden, sondern sind für die dynamische Fotografie von Live-Szenen geradezu wie geschaffen. Viele Fotokalender-Motive und Poster mit Sportaufnahmen beweisen das. Doch sind damit noch lange nicht alle Vario-Variationen aufgezählt. Erinnert sei hier nur noch an zusätzliche Scharf- und Unscharfeinstellungen. Die Vielfalt der Möglichkeiten ist verblüffend, die Zahl der Gelegenheiten, eigene Ideen zu verwirklichen, praktisch unbegrenzt. Man sollte allerdings «Zoomen um jeden Preis» vermeiden, denn allzu leicht wird hier Kunst zu Kitsch.

Vario-Elmar-R 1:3,5–4,5/28–70 mm

Damit dieses Objektiv möglichst klein gehalten werden konnte, wurde die Lichtstärke in Abhängigkeit von der Brennweite variabel gestaltet. Das heißt, bei der kürzesten Brennweite von 28 mm beträgt die größte Blendenöffnung 1:3,5; sie verändert sich kontinuierlich bis zum Öffnungsverhältnis 1:4,5 bei 70 mm Brennweite. Die Differenz von 3/4 Blendenstufen zwischen der kürzesten und der längsten Brennweite gilt für alle Blendenwerte von 3,5–22. Die aufgravierten Blendenwerte gelten daher ausschließlich für die Brennweite von

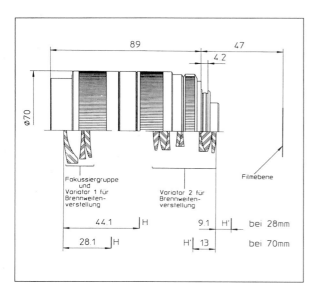

Fokussiergruppe und Variator 1 für Brennweitenverstellung

Variator 2 für Brennweitenverstellung

Filmebene

44,1 H 9,1 H' bei 28mm

28,1 H H' 13 bei 70mm

Abb. 184: *Vario-Elmar-R 1:3,5–4,5/28–70 mm*

28 mm. Bei der Leica R8 wird der jeweilige Blendenwert sogar im Sucher angezeigt: beim Fotografieren mit voller Öffnung des Objektivs in 10tel Schritten (3,5– 3,6– 3,7 usw. bis 4,5) bei abgeblendetem Objektiv in halben Blendenstufen. Selbstverständlich wird auch bei der Belichtungsmessung die jeweils gültige Blendenöffnung automatisch berücksichtigt, wenn die übrigen Leica R-Kameras benutzt werden.

Das Vario-Elmar-R 1:3,5–4,5/28–70 mm wurde als sogenanntes Zweiring-Zoom ausgebildet, d.h., Brennweitenverstellung und Scharfeinstellung erfolgen durch zwei verschiedene Einstellringe am Objektiv. Dadurch, und weil sich die Baulänge des Objektivs mit angeschraubter Gegenlichtblende beim Einstellen von Brennweite und Schärfe nicht verändert, liegt es beim Fotografieren gut in der Hand.

Die Verwendung eines Polarisationsfilters wird von Leica nicht empfohlen, weil bei kürzester Brennweiten-Einstellung die Drehfassung dieses Filters zu Abschattungen in den Bildecken führt. Außerdem läßt es sich bei län-geren Brennweiten als 35 mm nicht mehr bedienen. Bereits bei voller Öffnung weist das Vario-Elmar-R 1:3,5–4,5/28–70 mm eine gute Kontrastleistung und Detailwiedergabe auf. Eine geringe Abblendung um 1–2 Blenden steigert diese gute optische Gesamtleistung zusätzlich. Die kürzeste Naheinstellung beträgt 0,5 m. Mit längster Brennweiteneinstellung wird dann ein

Abb. 4A–4F: *Lange und längste Brennweiten sind in vielen Bereichen der Fotografie unverzichtbar geworden. Werbe-, Mode,- Landschafts- und Natur-, sowie Tier-, Sport- und Architektur-Fotografen verlangen höchste Abbildungsleistung und eine bequeme, sichere und schnelle Bedienung. Das Apo-Telyt-R Modul-System erfüllt diese Wünsche,* **Abb. 4A:** *Tele-Objektive raffen den Raum und konzentrieren im Bild das Wesentliche; je länger die Brennweite, desto stärker. Die Frauenkirche bei Admont in der Steiermark ist mehr als zehn Kilometer von der Felswand des Großen Ödstein im Gesäuse entfernt. Nur aus großer Entfernung fotografiert, läßt sich die vergleichsweise kleine Kirche vo dem übermächtig und steil aufsteigenden Gebirge anschaulich darstellen. Apo-Telyt-R 1:2,8/400 mm, 1/125s, Bl. 5,6, Pol.-Filter, Stativ, Farb-Umkehrfilm ISO 64/19°.* **Abb. 4B:** *Als das auf einem Grashalm kauende Zebra seinen Kopf wendete, wurde blitzschnell auf den Kopf nachfokussiert und ausgelöst. Apo-Tely-R 1:5,6/800 mm, 1/500s, volle Öffnung. Das Objektiv wurde durch ein mit Bohnen gefülltes Ledersäckchen auf dem Fahrzeugdach abgestützt. Tageslicht-Farbumkehrfilm ISO 64/19°.* **Abb. 4C–4F:** *Im Vergleich werden die vom gleichen Standort mit verschiedenen Brennweiten erfaßten Ausschnitte deutlich sichtbar:* **Abb. 4C:** *Die Übersicht wurde mit dem PC-Super-Angulon-R 1:2,8/28 mm fotografiert.* **Abb. 4D:** *Apo-Telyt-R 1:2,8/280 mm.* **Abb. 4E:** *Apo-Telyt-R 1:5,6/800 mm.* **Abb. 4F:** *Apo-Telyt-R 1:5,6/800 mm mit Apo-Extender-R 2x = 1600 mm Brennweite. Alle Aufnahmen mit Stativ, Farb-Negativfilm ISO 100/21°.* **Abb. 4G u. 4H:** *Der Nahbereich kann auf unterschiedlichen Wegen erschlossen werden. Auch mit langen Brennweiten vom Stativ, um z.B. bei Kleinlebewesen die Fluchtdistanz nicht unterschreiten zu müssen, oder mit voller Öffnung, um durch kurze Belichtungszeiten noch aus der Hand verwacklungsfrei fotografieren zu können.* **Abb. 4G:** *Apo-Telyt-R 1:4/280 mm mit Apo-Extender 2x aus einer Entfernung von ca. 1,75 m.* **Abb. 4H:** *Apo-Macro-Elmarit-R 1;2,8/100 mm, bei offener Blende mit geringer Schärfentiefe jedoch relativ kurzer Belichtungszeit.* **Abb. 5A–5D:** *Farbwiedergabe, Kontrast- und Schärfe-Leistung der Leica Vario-Objektive sind exzellent. Gegenüber festen Brennweiten gibt es da schon lange keine Abstriche mehr.* **Abb. 5A:** *Vario-Elmar-R 1:4,2/105–280 mm mit längster Brennweiten-Einstellung,* **Abb. 5B:** *Vario-Apo-Elmarit-R 1:2,8/70– 180 mm, Brennweiten-Einstellung ca. 135 mm.* **Abb. 5C u. 5D:** *Vario-Elmar-R 1:4/80–200 mm mit kürzester und längster Brennweiten-Einstellung. Abb. 5A wurde auf Farb-Umkehrfilm ISO 64/19° fotografiert, alle anderen Aufnahmen auf Farb-Negativfilm ISO 100/21°.* **Abb. 5E u. 5G:** *Vom gleichen Standpunkt aus den jeweils günstigsten Ausschnitt zu erfassen, ist der besondere Vorzug aller Vario-Objektive. Wird die Brennweiten-Einstellung während der Belichtung verändert, können interessante Effekte erreicht werden. Im oberen Bild wurde die Brennweite während der Belichtungszeit von 1/15s sehr schnell (jedoch kontinuierlich) von der längsten zur kürzesten Brennweite hin verändert. Die beiden unteren Aufnahmen entstanden mit kürzester und längster Brennweiten-Einstellung. Der Aufnahmestandort ist bei allen drei Bildern gleich*

Abb. 4C

Abb. 4G

Abb. 5A

Abb. 5B

Abb. 5E

Abb. 5F

Abb. 5G

Objektfeld von etwa 150 x 225 mm erfaßt. Das entspricht einem Abbildungsverhältnis von ca. 1:6,3. Die Stärke des Objektivs liegt im Einstellbereich der mittleren und großen Entfernungen. Bei kürzeren Aufnahmeabständen mildert ein systembedingter Eckenabfall die Abbildungsleistung geringfügig. Diese Wiedergabe-Charakteristik stört in der bildmäßigen Fotografie kaum. Sie tritt nur bei der Wiedergabe von planen Vorlagen, wie z.B. bei Reproduktionen, als Unschärfe zum Rand hin in Erscheinung und wird durch stärkere Abblendung nahezu völlig behoben. Wie bei allen kurzbrennweitigen Vario-Objektiven zeigt auch das Vario-Elmar-R 1:3,5-4,5/28–70 mm bei kurzen Brennweiten eine tonnenförmige, bei langen Brennweiten eine kissenförmige Verzeichnung. Bei Brennweiten knapp unter 50 mm ist es praktisch verzeichnungsfrei. Bei normaler bildmäßiger Fotografie stört die Verzeichnung im kürzeren und längeren Brennweitenbereich allerdings nur selten.

Die jedem optischen System eigene Vignettierung (Lichtabfall zu den Ecken hin) kann vor allem bei kurzen Brennweiten-Einstellungen sichtbar werden. Insbesondere bei knapper Belichtung und gleichmäßig hellem Bildfeld, z.B. bei einer Hauswand oder blauem Himmel. Durch Abblenden auf mittlere Blendenwerte (5,6–8) wird dieser Effekt spürbar verringert.

Damit das Volumen des Vario-Objektivs so klein wie möglich gehalten werden konnte, wurde beim Vario-Elmar-R 1:3,5–4,5/28–70 mm bewußt auf eine Geradführung bei der Entfernungseinstellung verzichtet und die zum Lieferumfang gehörende Gegenlichtblende ist als separates Teil aufschraubbar gestaltet. Man kann sie für den Transport auch umgekehrt auf das Objektiv aufschrauben.

Vario-Elmar-R 1:4/35–70 mm

Um es vorweg zu sagen: das Vario-Elmar-R 1:4/35–70 mm trägt in sich eine kleine Sensation. Hier haben die optischen Rechner von Leica zum ersten Mal auch bei einem Vario-Objektiv eine Linse mit asphärischer Fläche ausgestattet. Geschliffen und poliert nach einem neuartigen Verfahren, das von Leica mitentwickelt wurde. Außerdem bestehen vier der acht Linsen aus hochbrechenden Gläsern. Das Objektiv besitzt für Entfernungs- und Brennweiten-Einstellung zwei relativ weit auseinanderliegende Einstellringe. Durch diese deutlich fühlbare Trennung,

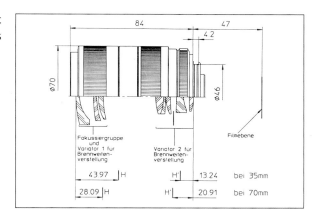

Abb. 185: *Vario-Elmar-R 1:4/35–70 mm*

die griffgünstigste Positionierung und die breite, geriffelte Gummiarmierung beider Bedienelemente liegt das Objektiv beim Fotografieren ausgesprochen gut in der Hand. Es läßt sich auch bei Hitze und Kälte schnell und sicher bedienen. Bei der Brennweiten-Verstellung werden die hintere und die vordere Linsengruppe achsial gegeneinander verschoben; und bei der Scharfeinstellung die Frontgruppe zusätzlich in ihrer Position verändert. Trotzdem bleibt die Baulänge des Objektivs mit aufgeschraubter Gegenlichtblende bei allen Einstellungen konstant. Die zum Lieferumfang gehörende aufschraubbare Gegenlichtblende kann zum Transport umgekehrt auf das Objektiv, und damit platzsparend, aufgeschraubt werden. Bereits bei voller Öffnung wird mit dem Vario-Elmar-R 1:4/35–70 mm ein kontrastreiches Bild mit guter Detailauflösung erreicht. Beim Abblenden um eine Blendenstufe wird der Kontrast noch etwas gesteigert. Diese gute bis sehr gute Abbildungsleistung wird über den ganzen Brennweitenbereich beibehalten, wobei die höchste Abbildungsleistung im mittleren Brennweitenbereich von 45–55 mm erzielt wird. Bei kürzester Brennweiten-Einstellung ist die Abbildung frei von Öffnungsfehler und Koma. Die Bildfeldwölbung ist äusserst gering, d.h. nur in den äußeren Bildecken nachweisbar. Auch die bei Vario-Objektiven in diesem Brennweitenbereich obligatorische tonnenförmige Verzeichnung kann beim Vario-Elmar-R 1:4/35–70 mm als gering bezeichnet werden. Das gilt auch für die Vignettierung bei Unendlich-Einstellung des Objektivs, d.h. für den Lichtabfalls zu den Bildecken hin. Ab Blende 8 ist dieses Vario-Objektiv im Weitwinkel-Bereich bei unendlich sogar frei von künstlicher Vignettierung. Im Nahbereich wird mit dieser Brennweiten-Einstellung allerdings ein Lichtabfall in den Bildecken sichtbar. Je kürzer die Entfernung, um so deutlicher. Bei längster Brennweiten-Einstellung sind die Öffnungsfehler und Koma kaum nachweisbar. Auch die Bildfeldwölbung ist soweit reduziert worden, daß sie nur noch in den äußersten Bildecken vorhanden ist. Sehr gering ist auch die bei Vario-Objektiven im langbrennweitigen Bereich übliche kissenförmige Verzeichnung. Ab Blende 5,6 ist das Objektiv frei von künstlicher Vignettierung. Im mittleren Brennweiten-Bereich (um 50 mm) ist die Abbildungsleistung des Objektiv Vario-Elmar 1:4/35–70 mm den Festbrennweiten dieses Bereichs absolut ebenbürtig. Bildfeldwölbung, Öffnungsfehler und Koma sind nicht vorhanden. Die geringe (tonnenförmige) Verzeichnung von unter 1% kann nur bei parallel direkt am Bildrand verlaufenden Linien in der Abbildung nachgewiesen werden. Künstliche Vignettierung ist ab Blende 5,6 nicht mehr vorhanden. Bezüglich seiner Abbildungsleistung ist das Vario-Elmar-R 1:4/35–70 mm also eine echte Alternative zu den Leica R-Standardobjektiven, wenn keine größere Lichtstärke benötigt wird.

Die kürzeste Einstellentfernung beträgt bei allen Brennweiten 60 cm. Damit wird bei längster Brennweite ein Objektfeld von etwa 192 x 288 mm erfaßt (Abb.-Verh. ca. 1:8). Werden in diesem Bereich besonders hohe Anforderungen an die Abbildungsleistung des Objektivs gestellt, sollte es um zwei Blendenstufen abgeblendet werden. Für Nahaufnahmen besitzt das Vario-Elmar-R 1:4/35–70 mm zusätzlich eine Makro-Einstellung. Der Einstellring für die Brennweiten-Verstellung kann dafür über den Anschlag bei längster Brennweiten-Einstellung hinaus gedreht werden, wenn dazu gleichzeitig der Sperrknopf auf diesem Ring gedrückt wird. Als kleinstes Objektfeld läßt sich dann eine Fläche von ca. 67 x 101 mm erfassen (Abb.-Verh. ca. 1:2,8). Der freie Aufnahme-Abstand vom Objekt zur Vorderkante der Gegenlichtblende beträgt dabei etwa 12 cm. Die Abbildungsleistung ist zwar nicht mit der von einem Leica Makro-Objektiv vergleichbar, doch bei Abblendung um ein bis zwei Blendenstufen genügt sie auch höheren Anforderungen, wenn Blüten, Kleinlebewesen oder ähnliche plastische Objekte fotografiert werden.

Das Vario-Elmar-R 1:4/35–70 mm ist gegen Reflexbildung und Streulicht gut durch Mehrfachbeschichtungen auf allen Linsenoberflächen geschützt. Bei großen Kontra-

sten, insbesondere jedoch, wenn sich helle Lichtquellen knapp außerhalb des erfaßten Bildfeldes befinden, sind derartige Erscheinungen allerdings nicht ganz auszuschließen. Die Gegenlichtblende sollte deshalb immer aufgesetzt werden. Wenn nötig, muß die Frontlinse zusätzlich durch geeignete Maßnahmen «abgeschattet» werden, z.B. durch die (linke) Hand des Fotografen. In seiner Farbwiedergabe entspricht das Vario-Objektiv den anderen Leica R-Objektiven.

Dank der ausgezeichneten Abbildungsleistung kann auch die Kombination mit dem Apo-Extender-R 2x empfohlen werden. Dann wird aus dem Vario-Elmar-R 1:4/35–70 mm ein Vario-Objektiv 1:8/70–140 mm; und das Abbildungsverhältnis auf maximal etwa 1:1,4 vergrößert (Objektfeldgröße ca. 34 x 50 mm). In Kombination mit dem Extender sollte das Vario-Objektiv zur Steigerung der Kontrastwiedergabe um zwei Stufen abgeblendet werden. Um das Volumen so klein wie möglich zu halten, wurde bei diesem Vario-Objektiv bewußt auf eine Geradführung bei der Entfernungseinstellung und eine ausziehbare Gegenlichtblende verzichtet.

Vario-Elmarit-R 1:2,8/35–70 mm ASPH.

Schon das äußere Erscheinungsbild verspricht immense Leistungsstärke. Dabei wirkt das vom Volumen her nicht unbedingt als «klein» zu bezeichnende Vario-Elmarit-R 1:2,8/35–70 mm ASPH. durchaus auch elegant. Beim Fotografieren profitiert der Fotograf von dieser Baugröße und vom Design: Das Objektiv liegt ausgesprochen gut in der Hand! Dazu trägt auch das Gewicht mit 1000 g bei.

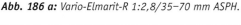

Abb. 186 a: Vario-Elmarit-R 1:2,8/35–70 mm ASPH.

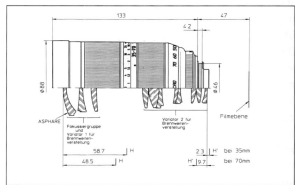

Denn das unterstützt eine ruhige Kamera-Haltung und verwacklungsfreie Auslösung. Ein unschätzbarer Vorteil – insbesondere bei längeren Belichtungszeiten! Nur beim Transportieren geht dem Fotografen ein wenig Bequemlichkeit verloren. Doch als «Reise-Objektiv» wurde das Vario-Elmarit-R 1:2,8/35–70 mm ASPH. nicht konzipiert. Dieses «Hochleistungszoom» zeigt seine Stärken vor allem in Lichtsituationen, in denen die volle Blendenöffnung genutzt werden muß. Und die ist mit Blende 2,8 für einen Brennweiten-Bereich von 35 bis 70 mm recht groß. Hohe Lichtstärke, eine Geradführung um auch Pol.-Filter problemlos benutzen zu können, die eingebaute, ausziehbare Gegenlichtblende und nicht zuletzt das in aufwendiger Mechanik geführte optische System für ein Höchstmaß an Abbildungsleistung, bestimmen letztendlich Größe und Gewicht dieses Objektivs.

Bereits bei voller Öffnung zeigt das Vario-Elmarit-R 1:2,8/35–70 mm ASPH. eine exzellente Kontrastwiedergabe und Auflösung über das ganze Bildfeld im gesamten Entfernungs- und Brennweiten-Bereich. Ein weiteres Abblenden steigert die Abbildungsleistung kaum. Verzeichnung und Vignettierung – häufig ein besonderer Schwachpunkt bei Vario-Objektiven im kürzeren Brennweiten-Bereich – sind ebenfalls sehr gering. Bei mittlerer Brennweiten-Einstellung (um 55 Millimeter) ist davon in den Abbildungen nichts mehr zu erkennen.

Das elf-linsige System besteht aus neun Gliedern, die in vier Gruppen zusammengefaßt wurden. Zur vorderen Gruppe, die aus drei Linsen besteht, gehört auch die Frontlinse mit einer asphärischen Fläche zur Reduzierung der Verzeichnung. Diese Linsen-Gruppe dient zur Scharfeinstellung und wird außerdem bei einer Brennweiten-Verstellung achsial gegenläufig zu den sich ebenfalls bewegenden hinteren drei Gruppen verschoben. Dabei verstellt sich zusätzlich die mittlere der hinteren drei Gruppen und gewährleistet damit die exakte Scharfeinstellung über den gesamten Brennweiten-Bereich.

Die kürzeste Einstellentfernung beträgt bei allen Brennweiten 0,7 m. Das kleinste Objektfeld beträgt dann bei 70 mm Brennweite etwa 230 x 346 mm (Abb.-Verh. ca. 1:10). Mit der Makro-Einstellung des Objektivs wird bei etwa 30 cm Aufnahme-Abstand sogar ein Objektfeld von nur ca. 67 x 101 mm erfaßt (Abb.-Verh. ca. 1:2,8). Wie bei allen anderen Leica R-Vario-Objektiven sind auch die beiden Einstellringe des als Zweiring-Zooms ausgebildeten Objektivs gummiarmiert. Relativ breit und (fühlbar) weit

auseinanderliegend lassen sie sich beim Fotografieren schnell und sicher bedienen. Das ist wichtig, wenn «action» angesagt ist. Und dafür ist dieses außergewöhnliche Vario-Objektiv prädestiniert.

Vario-Elmar-R 1:4/80–200 mm

Die schlanke Form des Objektivs vermittelt nicht nur visuell den Eindruck schlichter Eleganz und großer Funktionalität, sie trägt auch ganz wesentlich dazu bei, daß das Vario-Elmar-R 1:4/80–200 mm beim Fotografieren sehr gut in der Hand liegt. Die beiden voneinander getrennten Einstellringe für Entfernung (Schärfe) und Brennweite (Ausschnitt) liegen genau an der richtigen Stelle und sind daher unverwechselbar, schnell und sicher zu bedienen. Davon profitiert auch die Sicherheit, mit Objektiv und Kamera auch bei längeren Belichtungszeiten noch verwacklungsfrei aus der Hand fotografieren zu können, weil sich auch bei einem festen Zupacken die Einstellungen nicht unbeabsichtigt verändern. Beide Einstellringe lassen sich zügig verstellen und sind gummiarmiert. Damit können diese bei Hitze – mit verschwitzter Hand – und bei Kälte – mit klammen Fingern – gleichermaßen gut bedient werden. Da die Brennweiten-Verstellung die äußeren Abmessungen des neuen Objektiv nicht beeinflußt, wird bei jeder Brennweite die ausgewogene Gewichtsverteilung der Ausrüstung in der Hand des Fotografen beibehalten. Und um optische Vorsätze, vor allem aber Zirkular Polarisationsfilter uneingeschränkt benutzen zu können, ist dieses Vario-Objektiv mit Geradführung ausgestattet.

Abb. 187: *Vario-Elmar-R 1:4/80–200 mm*

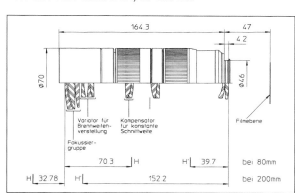

Im Unendlich-Bereich zeigt das Vario-Elmar-R 1:4/80–200 mm bereits bei voller Öffnung in allen Brennweiten-Bereichen eine gute, kontrastreiche Abbildungsleistung über das gesamte Bildfeld. Bildfeldwölbung, Astigmatismus und Koma sind kaum vorhanden. Diese Qualität der Wiedergabe wird durch ein leichtes Abblenden um ein bis eineinhalb Stufen noch geringfügig gesteigert. Die insgesamt beste Wiedergabe wird durch ein leichtes Abblenden um ein bis eineinhalb Stufen noch geringfügig gesteigert. Die insgesamt beste Wiedergabe wird im mittleren Brennweiten-Bereich um 135 mm erreicht. Auch im Nahbereich unter drei Metern bleibt diese Abbildungsleistung erhalten.

Die jedem optischen System eigene Vignettierung ist beim Vario-Elmar-R 1:4/80–200 mm im Unendlich-Bereich bei allen Brennweiten gering und bereits bei Abblendung um eine Stufe, bzw. zwei Stufen bei kurzen Brennweiten, nicht mehr wahrnehmbar. Im extremen Nahbereich ist bei längeren Brennweiten (ab 150 mm) ein etwas stärkeres Abblenden (auf Blende 8 bis 11) erforderlich, um eine Vignettierung zu vermeiden. Im Bereich um 100–135 mm Brennweite kann die künstliche Vignettierung, die vor allem bei hellen Flächen, und knapper Belichtung sichtbar wird, wie z.B. bei einem gleichmäßig ausgeleuchteten Hintergrund, auch durch starkes Abblenden nicht völlig beseitigt werden. Die für Vario-Objektive typischen Verzeichnungen – bei langen Brennweiten kissenförmig, bei kurzen Brennweiten tonnenförmig – kann bei sehr kritischen Motiven mit senkrechten und/oder waagerechten Linien am Bildrand auch beim Vario-Elmar-R 1:4/80–200 mm nachgewiesen werden. Typisch für Vario-Objektive ist auch die im Gegensatz zu Festbrennweiten etwas stärker ausgeprägte Neigung zu Reflexen bei sehr hohen Kontrasten, wie z.B. in Gegenlicht-Situationen. Deshalb sollte immer mit ausgezogener Gegenlichtblende fotografiert werden. Wird die Vorderlinse des Objektivs trotzdem noch direkt von hellem Licht getroffen, z.B. von Strahlen der tiefstehenden Sonne, sollte dieses Nebenlicht durch Abschatten mit einer Hand ferngehalten werden, um störende Aufhellungen im Bild zu vermeiden. Die Farbwiedergabe entspricht in ihrer Charakteristik dem Leica Standard, d.h. zu anderen Leica R-Objektiven ist praktisch keine unterschiedliche Farbwiedergabe erkennbar.

Die gute optische Leistung des Objektivs bleibt auch zusammen mit dem Apo-Extender-R 2x weitgehend erhalten. Zur Steigerung der Kontrastleistung dieser Kombination, die ein Vario-Objektiv der Lichtstärke 1:8 mit einem Brennweiten-Bereich von 160–400 mm ergibt, ist ein Abblenden um zwei Stufen sinnvoll.

Das optische System des Objektivs Vario-Elmar-R 1:4/80–200 mm besteht aus zwölf Linsen, von denen drei aus Sondergläsern mit anomaler Teildispersion gefertigt werden. Außerdem kommen noch drei weitere hochbrechende Gläser zum Einsatz. Insgesamt werden sogar elf verschiedene Sorgen optischen Glases für das System verwendet. Mit der durch diesen technischen Aufwand erzielten Abbildungsleistung erreicht dieses Vario-Objektiv durchweg die Qualität der als gut und sehr gut bezeichneten Leica R-Objektive mit fester Brennweite. Baulänge, Durchmesser und Gewicht sowie die praxisgerecht angeordneten und ergonomisch gestalteten Einstellringe für Brennweite, Entfernung und Blende unterstützen die Handhabung des Objektivs beim Fotografieren. Und der enorm große Einstellbereich bis 1,10 m, bei dem mit längster Brennweiten-Einstellung ein Objektfeld von nur 94 x 140 mm erfaßt wird (Abb.-Verhältnis 1:3,9), ermöglicht eine große Anwendungsbreite in vielen Bereichen der Fotografie.

Vario-Apo-Elmarit-R 1:2,8/70–180 mm

Lichtstärke und Brennweiten-Bereich dieses Vario-Objektivs und das daraus resultierende Volumen und Gewicht wird man zunächst Aufnahme-Situationen zuordnen, in denen längere Transportwege, wie unter anderen auf Reisen üblich, ausgeschlossen werden können und wo der Fotograf von einem ihm zugewiesenen Platz zu fotografieren hat. Dazu zählen zum Beispiel Sportveranstaltungen in Hallen und beleuchtete Stadien. Hier sind die große Blendenöffnung und eine variable Brennweite von entscheidender Bedeutung. Doch bei weiteren Überlegungen gelangt man zur Erkenntnis, daß auch auf Reisen zumindest eine hohe Lichtstärke unverzichtbar ist, wenn man Diapositive von Landschaften groß projizieren (drucken) oder vom Negativ als Poster vergrößern möchte. Dann sind nämlich gering empfindliche Filme und Polarisationsfilter zwingend erforderlich; und wenn man außerdem den Aufnahmestandpunkt nicht verändern kann, auch eine variable Brennweite. Wenn man weiß, daß bei einer Filmempfindlichkeit von

ISO 25/15° bei strahlendem Sonnenschein gerade eine Zeit-Blenden-Kombination von 1/250 Sekunde bei Blende 2,8–4 erreicht wird, sofern auch noch ein Pol.-Filter zur Anwendung kommt, dann sind Gewicht und Volumen eher von sekundärer Bedeutung – die Belichtungszeit aber gerade noch ausreichend, um aus freier Hand mit 180 mm Brennweite fotografieren zu können.

Mit 1870 g Gewicht kann das Vario-Apo-Elmarit-R 1:2,8/180 mm nicht als Leichtgewicht bezeichnet werden. Vom Transport einmal abgesehen, wirkt sich das Gewicht des Vario-Objektivs beim Fotografieren mit langen Belichtungszeiten jedoch sehr positiv aus, weil es die Verwacklungsgefahr minimiert. Um über eine längere Zeit Kamera und Objektiv ermüdungsfrei im Anschlag halten zu können, ist die Benutzung der Universal-Schulterstütze oder eines Einbein-Stativs empfehlenswert. Für diesen Zweck besitzt das Vario-Apo-Elmarit-R 1:2,8/70–180 mm eine großdimensionierte Stativbefestigung. Sie ist schwenkbar und besitzt für Hoch- und Querformat-Aufnahmen Raststellungen. Mit einer zusätzlichen Feststellschraube können diese Stellungen, ebenso wie jede andere Position, von Hand fixiert werden.

Das elegante äußere Erscheinungsbild dieses Vario-Objektivs mit hoher Lichtstärke im mittleren Tele-Bereich vermittelt bereits auf den ersten Blick den Eindruck von Leistungsstärke. Nimmt man Kamera und Objektiv ans Auge, liegt diese Ausrüstung «satt» in der Hand. Die Einstellringe dieses auch als Zweiring- oder Drehzoom bezeichneten Vario-Objektiv-Typs befinden sich dann griffgünstig an der richtigen Stelle. Die Entfernungseinstellung erfolgt vorn, die Brennweite wird mit dem hinteren Ring gewählt. Beide Einstellringe sind gummi-

Abb. 188: *Vario-Apo-Elmarit-R 1:2,8/70–180 mm*

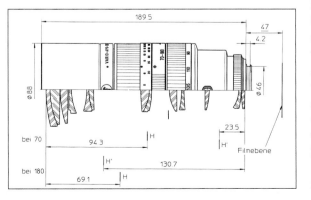

armiert und geriffelt, also bei Hitze und Kälte gleichermaßen gut zu handhaben. Auch die ausziehbare Gegenlichtblende ist gummiarmiert. Sie kann daher beim Fotografieren praxisgerecht zum Abstützen der Ausrüstung auf eine feste Unterlage auf- bzw. angelegt werden ohne Schaden zu nehmen. Da das Gummi um den vorderen Rand der Gegenlichtblende herumgezogen wurde, kann das Objektiv (samt Kamera und Motor) darauf senkrecht abgestellt werden, z.B. um den Film in der Kamera zu wechseln. Für den Transport – auch mit Kamera – besitzt das Objektiv zwei Tragösen, an die der zum Lieferumfang gehörende Tragriemen befestigt wird. Die exzellente Rechnung dieses mit großem Aufwand hergestellten Vario-Objektivs basiert auf dreizehn Linsen in zehn Gliedern. Dabei kommen zwölf verschiedene optische Gläser zum Einsatz, fünf davon sind Sondergläser mit anomaler Teildispersion. Durch eine präzise Mechanik werden bei Änderung der Brennweiten-Einstellung fünf Linsen in zwei Gruppen unterschiedlich zueinander im optischen System verschoben. Beim Fokussieren werden drei weitere Linsen in zwei Gruppen bewegt. Trotzdem besitzt das Vario-Apo-Elmarit-R 1:2,8/70–180 mm Geradführung, d.h., die Verwendung eines Zirkular-Polarisationsfilters (E77) ist ohne Einschränkung möglich.

Die Abbildungsleistung des optischen Systems, das für ein Vario-Objektiv im mittleren Tele-Bereich die hohe Lichtstärke von 1:2,8 besitzt, läßt sich durchaus mit den Leistungscharakteristiken festbrennweitiger Leica Objektive höchster Abbildungsleistung vergleichen. Die kürzeste Einstellentfernung von 1,7 m ist für ein Hochleistungs-Vario-Objektiv beachtlich. Bei Aufnahme-Entfernungen von etwa fünf Metern bis unendlich wird im gesamten Brennweitenbereich von 70 bis 180 mm bereits bei voller Öffnung eine hervorragende Schärfeleistung erreicht. Sie kann durch Abblenden nicht mehr erkennbar gesteigert werden; lediglich die Bildfeldausleuchtung profitiert dadurch noch ein wenig. Astigmatismus und Koma sind im gesamten Bildfeld praktisch nicht vorhanden. Bei einer Brennweiten-Einstellung von 100 mm ist die Abbildungsleistung des Objektivs Vario-Apo-Elmarit-R 1:2,8/70–180 mm z.B. vergleichbar mit der des 100 mm Apo-Macro-Objektivs! Im näheren Einstellbereich (unter fünf Metern) werden Kontrast und Auflösung durch ein Abblenden um ein bis zwei Blendenstufen geringfügig gesteigert.

Die jedem optischen System eigene Vignettierung, die insbesondere bei knapper Belichtung und gleichmäßig hellen Flächen sichtbar in Erscheinung treten kann – wie z.B. bei Häuserwänden und blauem Himmel – ist bei großen Entfernungseinstellungen gering. Beim Abblenden auf Blende 5,6–8 ist das Vario-Elmarit-R 1:2,8/70–180 mm frei von künstlicher Vignettierung. Wenn im Nahbereich hohe Anforderungen gestellt werden, ist ein stärkeres Abblenden (Blende 8–11) im kürzeren und längeren Brennweitenbereich empfehlenswert. Im mittleren Brennweitenbereich, von etwa 100 bis 135 mm, sollten bei kritischen Motiven allerdings kürzere Aufnahme-Entfernungen als etwa 2,2 m gemieden werden, weil dann mit diesen Einstellungen selbst bei kleinster Blende noch Vignettierung in den äußersten Bildecken nachgewiesen werden kann. Beim Dia-Positiv wird diese Erscheinung allerdings in der Regel vom Dia-Rahmen abgedeckt.

Die bei Vario-Objektiven allgemein auftretenden Verzeichnungen – bei längeren Brennweiten kissenförmig, bei kürzeren tonnenförmig – sind auch beim Vario-Apo-Elmarit-R 1:2,8/70–180 mm nachweisbar und können bei Motiven mit senkrechten oder waagerechten Linien am Bildrand, z.B. bei Architektur-Aufnahmen, sichtbar werden. Im mittleren Brennweitenbereich, von etwa 100 bis 160 mm, ist davon praktisch nichts mehr zu erkennen.

Die große Anzahl von Linsenflächen in Vario-Objektiven führt trotz Mehrfachschichten (multicoating) in kritischen Lichtsituationen, wie z.B. bei Gegenlicht, auch oft zu Bildung von Reflexen und Streulicht. Das Vario-Apo-Elmarit-R 1:2,8/70–180 mm tendiert ebenfalls ein wenig dazu. Die Gegenlichtblende sollte deshalb beim Fotografieren immer herausgezogen sein. Wenn trotzdem noch helles Licht auf die Frontlinse fällt, kann dieses, z.B. durch zusätzliches Abschatten mit einer Hand, davon abgehalten werden.

Die Farbwiedergabe dieses Vario-Objektivs ist in seiner Charakteristik den Leica R-Objektiven mit fester Brennweite gut angepaßt.

In Verbindung mit dem Apo-Extender-R 2x wird aus dem Vario-Apo-Elmarit-R 1:2,8/70–180 mm ein Vario-Objektiv mit der Lichtstärke 1:5,6 und einem Brennweitenbereich von 140 bis 360 mm. Auch in dieser Kombination wird bereits bei voller Öffnung des Objektivs die maximale Abbildungsleistung erreicht. Dadurch

wird das Bemühen des Fotografen unterstützt, bei längeren Brennweiten möglichst mit kürzeren Belichtungszeiten fotografieren zu können, um Verwacklungen zu vermeiden. Ein stärkeres Abblenden ist der Abbildungsleistung nicht förderlich. Bedingt durch konstruktive/physikalische Gegebenheiten bleibt die Scharfeinstellung bei einem Brennweitenvergleich nicht immer optimal erhalten, wenn ein Extender benutzt wird. Ein geringes «Nachfokussieren» kann deshalb manchmal erforderlich sein.

Vario-Elmar-R 1:4,2/105–280 mm

Von den insgesamt dreizehn Linsen, die in zehn Gliedern zusammengefaßt sind, bestehen vier aus optischem Glas mit anomaler Teildispersion. Mit großem Aufwand werden beim Vario-Elmar-R 1:4,2/105–280 mm verschiedene Linsenglieder unabhängig voneinander verschoben. Beim Scharfeinstellen bewegen sich die vorderen Linsen mit Geradführung. Zirkular-Polarisationsfilter oder andere optische Vorsätze können deshalb ohne Einschränkungen benutzt werden. Zwei weitere Linsenglieder werden innerhalb des Systems beim Verstellen der Brennweite bewegt. Während die Linsengruppe des Variators für die Brennweitenverstellung ihre Position linear entsprechend der Brennweitenverstellung verändert, gleitet die des Kompensators für konstante Schnittweite im gleichen Moment – durch entsprechend ausgebildete Kurven geführt – vor und zurück. Die gesamte Abbildungsleistung kann daher beim Vario-Elmar-R 1:4,2/105–280 mm über den ganzen Brennweitenbereich nahezu konstant gehalten werden. Und diese Abbildungsleistung ist sehr gut! Schon bei voller Öffnung sind Kontrast und Auflösung hervorragend. Bildfeldwölbung und Koma sind sehr gering und werden durch Abblenden um eine Stufe behoben. Astigmatismus ist nicht vorhanden. Die bei Vario-Objektiven übliche Verzeichnung, tonnenförmig bei kurzer Brennweite – kissenförmig bei langer, kann als gering bezeichnet werden, d.h. sie läßt sich sichtbar nur nachweisen, wenn parallel zu den äußeren Bildrändern gerade Linien abgebildet werden. Im mittleren Brennweitenbereich von etwa 140–200 mm besitzt das Vario-Elmar-R 1:4,2/105–280 mm keine Verzeichnung. Auch die jedem optischen System eige-

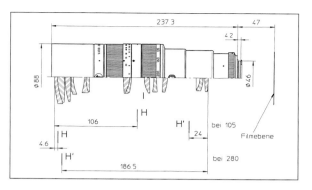

Abb. 189: *Vario-Elmar-R 1:4,2/105–280 mm*

ne Vignettierung, die insbesondere bei knapper Belichtung und gleichmäßig hellen Flächen sichtbar wird, wie z.B. bei Häuserwänden und wolkenlosem Himmel, ist sehr gering und ab Blende 5,6 nicht mehr vorhanden. Die Farbwiedergabe entspricht der Charakteristik aller festbrennweitigen Leica R-Objektive.

Besonders hervorzuheben ist der große Entfernungseinstellbereich des Objektivs Vario-Elmar-R 1:4,2/105–280 mm. Mit der kürzesten Einstellentfernung von knapp unter 1,7 m wird bei längster Brennweiteneinstellung ein Objektfeld von 112 x 168 mm erfaßt. Das entspricht einem Abb.-Verh. von ca. 1:4,7. Damit ist dieses Vario-Objektiv auch ideal für Kleintier-Aufnahmen geeignet, bei denen die Fluchtdistanz durch eine relativ große Aufnahmeentfernung gewahr bleiben muß. Im Nahbereich bleibt die exzellente Abbildungsleistung ebenfalls erhalten. Auch die Verwendung der Apo-Extender-R 1,4x und 2x ist uneingeschränkt möglich. Werden dabei höchste Ansprüche auch an die Wiedergabe in den Bildecken gestellt, ist ein Abblenden um ein bis zwei Blendenstufen empfehlenswert. Mit seinem größten Durchmesser von 89 mm und einer Baulänge von 238 mm kann das Vario-Elmar-R 1:4,2/ 105–280 mm durchaus mit den Abmessungen (und auch mit der Lichtstärke) des 1:4/280 mm verglichen werden. Obwohl nur 30 mm länger, wirkt das Vario-Objektiv wesentlich schlanker und damit auch ein wenig eleganter. Es reiht sich daher mit seinem Design unverwechselbar in die Reihe der Leica R-Objektive ein. Dieser erste positive Eindruck wird noch verstärkt, wenn mit dem Vario-Elmar-R 1:4,2/105–280 mm fotografiert wird. Mit 1,95 kg liegt das Vario-Objektiv dann ausgewogen in der Hand. Die Einstellringe für Entfer-

nung und Brennweite sind gummiarmiert und liegen griffgünstig genau dort, wo sich Daumen und Finger befinden, wenn die Hand das Objektiv an der Stativ-Auflage abstützt. Auch dann, wenn ein Einbeinstativ oder die Universal-Schulterstütze zur Entlastung des Fotografen bei längerem Arbeitseinsatz benutzt werden. Dabei sind beide Einstellringe deutlich fühlbar voneinander getrennt, so daß selbst dem weniger geübten Fotografen eine Verwechslung beim Einstellen der Entfernung (vorne) und der Brennweite (hinten) erspart bleibt und damit ein schnellen Arbeiten gefördert wird.

Die stabile Stativauflage ist schwenkbar und besitzt für Hoch- und Querformat-Aufnahmen Raststellungen. Außerdem können diese Rastungen mit einer zusätzlichen Feststellschraube – ebenso wie jede andere Position – von Hand fixiert werden. Die Stativbefestigung ist nach DIN 4503 ausgebildet, d.h. sie besitzt Verdrehsicherung und die beiden Gewindeanschlüsse A 1/4 und A 3/8 (1/4" und 3/8"). Auch zwei stabile Ösen zur Befestigung des zum Lieferumfang gehörenden Tragriemens befinden sich an der Stativauflage. Die ausziehbare Gegenlichtblende ist ebenfalls gummiarmiert und kann deshalb zum Abstützen der Ausrüstung z.B. auf Geländern und Mauern oder an Bäumen und Masten auf- bzw. angelegt werden, ohne daß davon Spuren auf ihrer Oberfläche zurückbleiben. Da die Armierung um die vordere Kante herumgezogen ist, kann das Vario-Elmar-R 1:4,2/105–280 mm auch senkrecht auf der Gegenlichtblende abgesetzt werden, ohne Schaden zu nehmen.

Wer häufig mit langen Brennweiten fotografiert, z.B. auf Reisen oder als Natur-Fotograf, sollte dieses leistungsstarke Vario-Objektiv als ebenbürtige Alternative in die Überlegungen zur Auswahl seiner ganz persönlichen Objektiv-Palette mit einbeziehen.

Leica M-Objektive an der Leica R

Dem vielfachen Wunsch, die Objektive der Leica M-Modelle auch an der Leica R verwenden zu können, kann nur in begrenztem Maße Rechnung getragen werden. Das Auflagemaß – der Abstand zwischen Schnellwechselbajonett und Film – der Leica R-Objektive beträgt 47 mm, das der Leica M-Objektive 27,8 mm (Leica Ge-

Tabelle 4: Alle aktuellen Leica R-Objektive auf einen Blick

R-Objektiv	Bestell-Nr.	Lichtstärke Brennweite (mm)	Bild-winkel	Zahl der Linsen	Zahl der Glieder	kleinste Blende	Entfernungs-Einstellbereich (m)	kleinstes Objektfeld (mm)	Suchervergrößerung	PV	empfohlene Filtergröße	Baulänge (mm)	Größter Ø (mm)	Gewicht (g)
SUPER-ELMAR-R	11 325	1:3,5/15	110°	13	12	22	∞ −0,16	70 x 106	0,24	3,60	eingebaut	92,5	83,5	910
FISHEYE-ELMARIT-R	11 327	1:2,8/16	180°	11	8	16	∞ −0,30	401 x 601	0,26	4,12	eingebaut	60	71	460
ELMARIT-R	11 329	1:2,8/19	96°	12	10	22	∞ −0,30	264 x 396	0,32	3,30	eingebaut	60	71	560
ELMARIT-R	11 331	1:2,8/24	84°	9	7	22	∞ −0,30	250 x 374	0,39	2,40	S 8[1]	48,5	63,7	400
ELMARIT-R	11 333	1:2,8/28	76°	8	7	22	∞ −0,30	192 x 288	0,45	1,90	E 55	48	67,5	435
PC-SUPER-ANGULON-R	11 812	1:2,8/28	73° 93°	12	10	22	∞ −0,30	146 x 219	0,45	2,40	Spezialfilter 67 EW	84	75	600
SUMMICRON-R	11 339	1:2/35	64°	6	6	16	∞ −0,30	140 x210	0,57	1,65	E 55	54	66	430
SUMMILUX-R	11 337	1:1,4/35	64°	10	9	16	∞ −0,50	266 x 399	0,57	1,90	E 67	76	75	685
SUMMICRON-R	11 345	1:2/50	45°	6	4	16	∞ −0,50	180 x 270	0,85	1,17	E 55	41	66	290
SUMMILUX-R	11 344	1:1,4/50	45°	8	7	16	∞ −0,50	180 x 270	0,85	1,40	E 60	51	70	490
MACRO-ELMARIT-R mit Adapter	11 347	1:2,8/60	39°	6	5	22	∞ −0,27 1:2–1:1	48 x 72 24 x 36	1,00	1,04	E 55	62,3 92,3	67,5	400 530
SUMMILUX-R	11 349	1:1,4/80	30°	7	5	16	∞ −0,80	192 x 288	1,30	0,90	E 67	69	75	700
SUMMICRON-R	11 254	1:2/90	27°	5	4	16	∞ −0,70	140 x 210	1,46	0,82	E 55	62,5	70	520
MARCRO-ELMAR für Balgen BR 2	11 270	1:4/100	25°	4	3	22	∞ −1,1:1	22 x 33	1,62	1,06	E 55	48,5	66	290
APO-MACRO-ELMARIT-R mit ELPRO 1:2–1:1	11 352	1:2,8/100	25°	8	6	22	∞ −0,45 1:2–1:1.1:1	48 x 72 22 x 33	1,62	1,00	E 60 E 60	104,5 140,5	73	760 950
APO-ELMARIT-R	11 273	1:2,8/180	14°	7	5	22	∞ −1,50	168 x 252	2,92	0,48	E 67	132	76	970
APO-SUMMICRON-R	11 354	1:2/180	14°	9	6	16	∞ −1,50	160 x 240	2,92	0,50	S 6[2]	176	116	2500
APO-TELYT-R	11 360	1:4/280	8,8°	7	6	22	∞ −1,70	120 x 180	4,54	0,40	S 5,5[3]	210	90	1875
APO-TELYT-R	11 846	1:2,8/280	8,8°	8	7	22	∞ −2,00	146 x 220	4,54	0,40	S 6[4]	276	128[5]	3700
APO-TELYT-R	11 857	1:4/400	6,2°	9	7	22	∞ −2,15	110 x 164	6,50	0,34	S 6[4]	314	128[5]	3800
APO-TELYT-R	11 847	1:2,8/400	6,2°	10	8	22	∞ −3,70	206 x 310	6,50	0,27	S 6[4]	344	157[5]	5900
APO-TELYT-R	11 858	1:5,6/560	4,5	9	7	22	∞ −2,15	75 x 113	9,10	0,35	S 6[4]	374	128[5]	3950
APO-TELYT-R	11 848	1:4/560	4,5	11	8	22	∞ −3,95	154 x 231	9,10	0,24	S 6[4]	382	157[5]	6000
APO-Telyt-R	11 849	1:5,6/800	3,1	11	8	22	∞ −3,90	107 x 160	13,07	0,25	S 6[4]	442	157[5]	6200
VARIO-ELMAR-R	11 364	1:3,5–4,5/28–70	76°–34°	11	8	22	∞ −0,50	340 x 510 150 x 225	0,45–1,14	2,50–1,0	E 60	82[8]	70	450
VARIO-ELMAR-R	11 277	1:4/35–70	64°–34°	8	7	22	∞ −0,60[6]	350 x 525 192 x 288[7]	0,57–1,14	1,20–1,60	E 60	85[8]	70	505
VARIO-ELMARIT-R ASPH	11 275	1:2,8 35–70	64°–34°	11	9	22	∞ −0,70[9]	436 x 654 230 x 346[10]	0,57–1,14	1,16–1,96	E 77	133	88	1000
VARIO-ELMAR-R	11 281	1:4/80–200	29°–12,5°	12	8	22	∞ −1,10	222 x 333 94 x 140	1,30–3,25	1,20–0,50	E 60	165	71	1020
VARIO-APO ELMARIT-R	11 279	1:2,8/70–180	34°–14°	13	10	22	∞ −1,70	436 x 655 175 x 263	1,14–2,92	1,40–0,60	E 77	189,5	89[11]	1870
VARIO-ELMAR-R	11 268	1:4,2/105–280	23,2°–8,8°	13	10	22	∞ −1,70	281 x 421 112 x 168	1,7–4,54	1,50–0,60	E 77	238	89[11]	1950

[1] Adaption durch Gegenlichtblende, Filtergewinde E 60
[2] In Filterschublade, Filtergewinde E 100
[3] In Filterschublade, Filtergewinde E 77
[4] In Filterschublade
[5] Ohne Tragegriff und Stativauflage
[6] Bei Makro-Einstellung bis 0,26 mm
[7] Bei Makro-Einstellung bis 67 x 101 mm
[8] Bei 70 mm Brennweite mit umgekehrt aufgeschraubter Gegenlichtblende
[9] Bei Makro-Einstellung bis 0,30 m
[10] Bei Makro-Einstellung bis 67 x 101 mm
[11] Höhe über Stativauflage 97,5 mm

M-Objektiv (Bestell-Nr.)	Einstell- schnecke (Best.-Nr.)	Einstell- bereich in cm	Objektfeldgröße bei kürzestem Abstand (mm)
ELMAR-M 1:3,5/65 mm (11 162)	16 464	∞ −33	58 x 87
ELMARIT-M* 1:2,8/90 mm (11 026)	16 464	∞ −50	80 x 120
SUMMICRON-M* 1:2/90 mm (11 133)	16 462	∞ −72	144 x 216
TELE-ELMAR-M* 1:4/135 mm (11 852)	16 464	∞ −98	120 x 180
ELMARIT-M* 1:2,8/135 mm (11 828)	16 462	∞ −151	216 x 324
TELYT-M 1:4/200 mm (11 063)	Adapter 16 466	∞ −300	307 x 461
TELYT-M 1:4,8/280 mm (11 914)	–	∞ −350	242 x 363

* nur Objektivkopf   alle Werte abgerundet

Tabelle 5: M-Objektive an der Leica R
mit Hilfe des Adapters 14147

windeobjektive = 28,8 mm). Außerdem ist der Durchmesser des Schnellwechselbajonetts der Leica R wesentlich größer. Daraus ergibt sich, daß alle mit dem Meßsucher der Leica M-Modelle gekuppelten M-Objektive nicht direkt an einem Leicaflex- oder Leica R-Modell zu verwenden sind. In allen Fällen muß ein Adapterring benutzt werden: Bestell-Nr. 14167 für alle Leica R-Modelle sowie für Leicaflex SL und SL2. Der nicht mehr angebotene Adapterring 14127 ist für Leicaflex und Leicaflex SL bestimmt. Mit der Adapterhöhe von 21,8 mm wird das Auflagemaß der für die Verwendung an allen Spiegelreflex-Ansätzen Visoflex 2 und 3 bestimmten M-Objektive (68,8 mm) erreicht. Die Arbeitsbedingungen, z.B. Aufnahmeabstand und erreichbare Objektfeldgrößen, sind dann bei allen Leicaflex- und Leica R-Modellen die gleichen wie bei Benutzung dieser M-Objektive am Visoflex 2 und 3. Weil Leica M-Objektive keine Springblende besitzen, wird der Aufnahmekomfort und die Anwendungsbreite – gemessen an den R-Objektiven – spürbar eingeschränkt. Die Belichtungsmessung erfolgt mit Arbeitsblende. Die umschaltbaren Belichtungsmeßmethoden und die Zeit-Automatik der Leica R-Modelle bleiben voll erhalten.

Warum keine Fremd-Objektive an der Leica R?

Manchmal wird die Frage nach den Möglichkeiten, Objektive fremder Hersteller an der Leica R zu adaptieren, gestellt. Oder die Frage nach einer Benutzung von Leica R-Objektiven am Gehäuse einer anderen Kamera-Marke. Die knappe Antwort von der Leica Camera AG lautet: «Nein, das ist von uns nicht vorgesehen.» Die Gründe für ein so kurzes Nein sind mannigfaltig. Da sind zunächst die rein mechanischen Funktionen von Kamera und Objektiven, die aufeinander abgestimmt sein müssen. Ist die Bewegung der Springblende z.B. nicht so auf den Verschlußablauf der Leica R- und Leicaflex-Modelle abgestimmt, wie das bei Leica R-Objektiven der Fall ist, dann kann es zu Fehlbelichtungen kommen. Meistens sind diese auch noch bei den verschiedenen Blenden unterschiedlich, so daß eine generelle Korrektur nicht vorgenommen werden kann. Auch der Prellschlag der Blendenlamellen ist in diesem Zusammenhang von größter Bedeutung. Jedes Objektiv besitzt noch Restfehler; jedes menschliche Auge ist in gewisser Weise unvollkommen. Die negativen Eigenschaften dieser beiden «optischen Instrumente» können sich sowohl gegenseitig aufheben als auch verstärken. Die Scharfeinstellung, die wir mit unserem Auge auf der Einstellscheibe der Kamera vornehmen, wird dadurch entsprechend beeinflußt. Verallgemeinernd kann man sagen, daß ein Foto-Objektiv an einer Spiegelreflex-Kamera unter Umständen nicht die gleiche Schärfeleistung auf den Film bringt, die man im Sucher sieht. Aus diesem Grund werden alle Leica R-Objektive individuell auf die Leica R- und Leicaflex-Kameras abgestimmt. Auch die Abstimmung der Einstellscheiben berücksichtigt diese Gegebenheiten entsprechend. Objektive anderer Hersteller sind entweder an eine bestimmte Kamera gebunden, wie die R-Objektive an Leicaflex und Leica R, oder für eine Vielzahl von verschiedenen Kameras gedacht. Die oben beschriebene individuelle Abstimmung entfällt also. Das bedeutet, daß selbst die Benutzung eines Hochleistungsobjektivs von einem fremden Hersteller nicht die Garantie für eine gute Abbildungsleistung in Verbindung mit der Leica R geben kann!
Außerdem ist die Präzision des Objektivsitzes an der Kamera von der Anzahl der Kopplungspunkte abhän-

gig. Bei der Leica R ist, wie bei jeder System-Kamera, mindestens ein Anschlußpunkt unumgänglich. Durch Adapter, wie sie bei Fremd-Objektiven üblich sind, kommt mindestens noch ein weiterer hinzu. Damit addieren sich auch die Toleranzen! Zusätzlich dürfen auch die nachfolgenden Punkte nicht außer acht gelassen werden, wenn über die Verwendung von Fremd-Objektiven an der Leica R gesprochen wird:

- Korrekturen für den Belichtungsmesser, die bei verschiedenen Objektiven notwendig sind und bei den Leica R-Objektiven automatisch durch die Steuerkurven und des ROM-Bausteins erfolgen, werden bei Fremd-Objektiven nicht vorgenommen.
- Die gewählte Blende kann im Sucher nicht abgelesen werden.
- Die Farb-Charakteristik ist nicht auf Leica R-Objektive abgestimmt. Das stört vor allem bei der Dia-Projektion.
- Die Bajonettanschlüsse können bei unsachgemäßer Fertigung zum Abrieb neigen und auch das Bajonett der Leica R beschädigen.
- Und es stellt sich auch die Frage, von wem man Hilfe erwarten darf, wenn man mit der Aufnahmeeinrichtung «Kamera plus Fremd-Objektiv» einmal Probleme hat.

Tipps Zur Pflege der Leica R-Objektive

Die Objektive zur Leica R sind praktisch wartungsfrei. Trotzdem sollten sie von Zeit zu Zeit oder nach einem «harten» Einsatz gesäubert werden. Das gilt selbstverständlich auch für Filter, Nahvorsätze und Extender. Staub auf den Außenlinsen des Objektivs wird zunächst mit einem weichen Haarpinsel entfernt. Danach wischt man vorsichtig mit einem sauberen, trockenen, weichen Lappen, zum Beispiel einem sauberen Baumwolltaschentuch, nach. Dabei ist darauf zu achten, daß der Teil des Tuches, der zum Abwischen benutzt werden soll, nicht vorher angefaßt wurde. Nur so kann mit Sicherheit verhindert werden, daß Handschweiß auf die Linse gelangt. Hartnäckig haftende Verunreinigungen, wie aufgetrocknete Wasserflecke und Fingerabdrücke, lassen sich besser entfernen, wenn die Linsenoberfläche vor dem Abwischen vorsichtig angehaucht wird. Flecke und Fingerabdrücke können auch mit Hilfe von Reinigungs-

tüchern, wie sie heute speziell für moderne, hochwertige Objektivgläser im Handel angeboten werden, entfernt werden. Nicht zu empfehlen sind Spezial-Reinigungstücher, die zum Reinigen von Brillengläsern bestimmt sind. Diese sind mit chemischen Stoffen imprägniert und können die Objektiv-Gläser angreifen. Das für Brillen verarbeitete Glas ist dagegen resistent, da es eine andere Zusammensetzung hat als das optische Glas für Hochleistungs-Objektive. Versehentlich auf das Objektiv gelangter Handschweiß, also Fingerabdrücke, muß sofort wieder entfernt werden, da er die Oberfläche angreifen kann. Für einen leichten, sanft gleitenden Objektivwechsel ist das Bajonett werksseitig mit einem hauchdünnen Fettfilm belegt. Bei normalem Gebrauch bleibt dieser Zustand über Jahre erhalten, auch wenn das Bajonett von Zeit zu Zeit mit einem sauberen Tuch abgewischt wird. Erfolgt die Reinigung mit einem fettlösenden Mittel, muß der Fettfilm wieder ersetzt werden. Mit ganz wenig säurefreier Vaseline am Finger über das Bajonett gestrichen und mit einem sauberen Tuch verrieben, wird wieder ein entsprechend dünner Film gebildet. Nicht das Bajonett verschmieren!

Brennweiten-Verlängerung durch Extender

Der Wunsch, eine möglichst große Wirkung mit einer möglichst kleinen (sprich «handlichen») Einrichtung zu erzielen, ist auf vielen technischen Gebieten so alt wie die Technik selbst. Neue Erkenntnisse und verbesserte Technologien sorgen auch meist dafür, daß es nicht nur bei diesem Wunsch bleibt. Auf dem Gebiet der Fotografie ist das seit Jahren deutlich zu erkennen. Die Idee, mit einer kleinen Linse die Brennweite des Foto-Objektives zu verlängern, ist ebenfalls nicht neu und beschäftigt seit Generationen Fotografen und Optische Rechner. Konkrete Vorstellungen darüber, wie die Wirkungsweise eines derartigen optischen Zubehörs sein müßte, gab es genug, denn auf dem Gebiet der astronomischen Optik wurde bereits im 19. Jahrhundert die sogenannte Barlow-Linse eingeführt. Damit ließ sich in kleinen bis mittelgroßen Fernrohren die Vergrößerung erhöhen, ohne die Länge des Instrumentes wesentlich zu ändern. Die Barlow-Linse ist eine starke Negativ-Linse, die kurz vor dem Brennpunkt des Objektivs in den Strahlengang eingeführt wird. Je nach Brennweite und Stellung dieser Linse ist damit eine bis zu 4fache Erhöhung der Fernrohrvergrößerung möglich. Der Grundgedanke der Barlow-Linse wurde auch relativ rasch für Zwecke der Fotografie übernommen. So sind streuende Zusatzglieder unter dem Namen «Tele-Negativ» bereits vor dem ersten Weltkrieg angeboten worden. Sie ergaben eine verlängerte Brennweite, vorausgesetzt, daß der Balgen der Großformat-Kamera einen genügenden Auszug erlaubte. Für die mit dem «Tele-Negativ» gemachten Aufnahmen nahm man damals die effektive Öffnung 1:16 oder kleiner gerne in Kauf, zumal man sowieso an Objektive mit geringer Lichtstärke gewöhnt war und generell vom Stativ fotografierte.

Durch die Kleinbildfotografie änderten sich die Verhältnisse: Kleinbild-Kameras wurden mit lichtstärkeren Objektiven ausgestattet, weil man mit ihnen aus der Hand fotografieren wollte. Außerdem mußte das Negativ-Format von 24 x 36 mm vergrößert werden, und damit auch der kleinste «Fehler». Daraus ergaben sich Qualitätsprobleme, die eine Benutzung des Konzeptes zunächst unmöglich machten. Erst seit etwa 1965, d.h. nach einer Pause von mehr als 30 Jahren, wurde das Konzept unter dem Namen Converter, Tele-Converter bzw. Extender oder Tele-Extender wieder aufgegriffen. Für den Kleinbild-Fotografen stellen sich damit heute die Fragen: Unter welchen Bedingungen ist ein Extender nützlich, welche Leistung kann von ihm erwartet werden?

Die einfache Antwort darauf lautet: Bei Aufnahmen auf Negativfilm kann ein Extender Vorteile bieten, wenn das mit ihm fotografierte Bild nicht deutlich schlechter ist als eine entsprechende Ausschnittsvergrößerung aus einer Aufnahme, die mit dem Grund-Objektiv allein gemacht wurde. Bei der Benutzung von hochempfindlichen Filmen werden der nachträglichen Ausschnittsvergrößerung allerdings durch die Körnigkeit des Aufnahmematerials natürliche Grenzen gesetzt. Bei Aufnahmen auf Farb-Umkehrfilm spielt der optimale Bildausschnitt bei der Aufnahme eine wesentliche Rolle. Da eine nachträgliche Ausschnittsvergrößerung praktisch nicht möglich ist, wird man gegebenenfalls auch eine gewisse Qualitätsminderung in der Abbildung durch die Verwendung eines Extenders in Kauf nehmen. Angenommen, es gäbe einen optisch fehlerfreien Extender, also ein optisches System ohne Abbildungsfehler, dann wären folgende Effekte mit seiner Benutzung verbunden:

• Die Öffnungszahl des Objektivs wird mit dem Vergrößerungsfaktor des Extenders multipliziert. Durch einen 2fach-Extender wird z.B. aus der Anfangsöffnung 1:2,8 die effektive Lichtstärke 1:5,6; bei Abblendung des Objektivs auf Blende 4 resultiert daraus die effektive Lichtstärke 1:8 usw.

• Die erforderliche Belichtungszeit für gegebene Beleuchtungsverhältnisse wird um das Quadrat des Extender-Vergrößerungsfaktors erhöht, d.h., beim Fotografieren mit einem 2fach-Extender wird die Belichtungszeit 4mal so lang.

• Alle Bildfehler des Grundobjektivs werden um den Vergrößerungsfaktor des Extenders vergrößert. In der Praxis können diese Faktoren nicht unberücksichtigt bleiben. Wird ein 2fach-Extender z.B. mit einem Objektiv 1:2,8/180 mm benutzt, so erhält man eine Kombination von 360 mm mit der Anfangsöffnung 1:5,6. Dafür wird rechnerisch eine 4mal längere Belichtungszeit benötigt als für das Grundobjektiv alleine. In der Praxis wird man jedoch um ca. 1/3 Belichtungszeit länger belichten müssen, da zusätzlich noch weiteres Licht durch die Absorption des Extender-Glases verloren geht. Bei der Belichtungsmessung durch das Objektiv wird das selbstverständlich automatisch berücksichtigt. Bei Blitzlicht-Aufnahmen ohne Blitzlichtmessung durch das Objektiv darf man das nicht außer acht lassen.

Mit Benutzung des Extenders erhöht sich auch gleichzeitig die Empfindlichkeit gegen Bewegungsunschärfe um den Faktor 2. Bei strahlendem Sonnenschein könnte ein Film mit einer Empfindlichkeit von ISO 50/18° bei Blende 5,6 mit etwa 1/400s belichtet werden. Das entspricht einer Belichtungszeit, die ein Durchschnitts-Fotograf mit einem Objektiv von 360 mm Brennweite aus freier Hand ohne störende Verwacklungsunschärfe benutzen kann. Damit wird deutlich, daß für die beschriebene Kombination eine Filmempfindlichkeit von ISO 50/18° nur bei besten Lichtverhältnissen gerade noch ausreicht.

In Wirklichkeit geht jedoch auch diese Rechnung nicht ganz auf, weil ein Extender eben nicht frei von Fehlern sein kann. Die Möglichkeiten für eine bessere Korrektur sind bei einer Optik mit negativer Brennweite (Extender) in der Regel begrenzt. Bei den im Prinzip ähnlich aufgebauten «echten» Tele-Objektiven erfolgt die Kompensation der «Restfehler» des negativen Hinter-

Abb. 190: *Die Apo-Extender im Leica R-System.*

gliedes oft durch entgegengesetzte Fehler, die der Optik-Rechner dann bewußt im positiven Vorderglied des Objektivs beläßt. Das ist bei der Kombination Objektiv + Extender naturgemäß nicht gegeben, und die Bildqualität wird dadurch meistens mehr oder weniger negativ beeinflußt. Ein Effekt, den man nur durch Abblenden mildern kann. Damit ist jedoch auch die Notwendigkeit der Verwendung hochempfindlicher Filme vorgegeben, wenn aus der Hand fotografiert werden soll. Bei schlechten Lichtverhältnissen ist die Grenze für Freihand-Aufnahmen dann bald erreicht.

Apo-Extender-R 2x

Der Apo-Extender-R 2x ist zur Verwendung an den Leica R-Modellen bestimmt. Zeit-Automatik und manuelle Einstellung von Belichtungszeit und Blende sind ohne Einschränkung nutzbar. Obwohl dieser Extender speziell für die Apo-Objektive gerechnet ist, können auch fast alle Leica R-Objektive ab 50 mm Brennweite und länger, mit Lichtstärken von 1:2 und geringer, benutzt werden. Von Leica ausdrücklich nicht empfohlen werden nur die Objektive Vario-Elmar-R 1:3,5–4,5/28–70 mm, Vario-Elmar-R 1:4/35–70 mm, Vario-Elmar-R 1:4/70–210 mm, Telyt-R 1:6,8/400 mm und 1:6,8/560 mm sowie das Spiegel-Linsen-Objektiv MR-Telyt-R 1:8/500 mm. Die Abbildungsleistung aller Leica R-Objektive, die

bereits bei voller Öffnung hervorragend ist, zahlt sich in Verbindung mit dem Apo-Extender-R 2x aus. Die Qualität der Wiedergabe kann noch gesteigert werden, wenn Objektive mit der Lichtstärke 1:2 um zwei Blendenstufen, Objektive mit der Lichtstärke 1:2,8 und geringer um eine Blendenstufe abgeblendet werden. Werden Apo-Objektive benutzt, bleibt deren Abbildungsleistung voll erhalten. Der Apo-Extender-R 2x verdoppelt die Brennweite des benutzten Objektivs und verringert dessen Lichtstärke um zwei Blendenstufen. Aus einem Apo-Telyt-R 1:2,8/280 mm wird also ein «Apo» 1:5,6/560 mm. Da die kürzeste Einstellentfernung der Objektive beibehalten wird, halbieren sich die Maße der erzielbaren Objektfeldgrößen bzw. die Daten der Abbildungsverhältnisse.

Das optische System besteht beim Apo-Extender-R 2x aus sieben Linsen in 5 Gliedern. Durch diesen großen optischen Aufwand und durch den Einsatz spezieller Gläser (drei von sieben Linsen bestehen aus einem Glas, das im Glasforschungslabor von Leitz entwickelt wurde) ist eine optimale Abstimmung für die Leica R-Objektive erreicht worden.

Diese speziellen Gläser müssen auch mit besonderen Entspiegelungsschichten, deren Aufbau als Mehrfachschicht von denen der normalen Gläser abweicht, belegt werden. Derartige Vergütungen machen sich beim Betrachten statt durch die üblicherweise blau-rot bzw. dunkelgrün erscheinenden Spiegelbilder durch einen

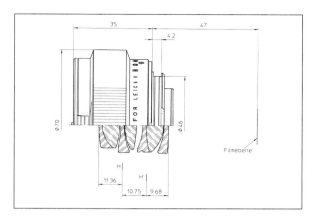

Abb. 191: *Apo-Extender-R 2x*

gelbgrünen Schimmer bemerkbar. Und da sowohl der Apo-Extender-R 2x als auch andere Leica R-Objektive durchweg Gläser mit sehr verschiedenem Brechungsindex in den einzelnen Linsen enthalten, gilt die früher allgemeine Regel, daß kaleidoskopartig schillernde Entspiegelungsschichten eines Objektivs auf große Fertigungsschwankungen schließen lassen, heute zumindest nicht für Leica!

Wer auf die relativ großen Öffnungen der normalen Objektive verzichten kann und die Verwendung von hochempfindlichen Filmen nicht scheut, für den kann der Apo-Extender-R 2x eine zusätzliche Bereicherung

Abb. 192: *Apo-Extender-R 1,4x*

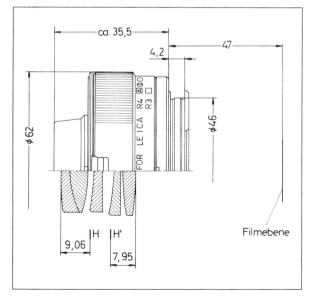

seiner Fotoausrüstung sein, wenn die daran geknüpften Erwartungen nicht den Rahmen der angeführten Fakten sprengen. Das geringe Gewicht von 245g sowie das kleine Volumen von 35,4 mm Länge und 62 mm Durchmesser lassen sich bequem unterbringen und transportieren.

Apo-Extender-R 1,4x

Der Apo-Extender-R 1,4x ist speziell für Apo-Objektive ab 280 mm Brennweite und länger, mit Lichtstärken von 1:2,8 und geringer gerechnet worden und zur Verwendung an den Leica R-Modellen bestimmt. Durch die weit nach vorne aus dem Extender-Tubus herausragende Optik ist eine Adaption des Extenders an den meisten Leica R- und einigen Apo-Objektiven auch gar nicht möglich. Es können sogar Objektive – oder der Extender selbst – beim Einsetzen beschädigt werden! Anders als beim Apo-Extender-R 2x können alle Programme der Leica R-Kamera uneingeschränkt benutzt werden, wenn mit dem Apo-Extender-R 1,4x gearbeitet wird.

Das aus fünf Linsen bestehende optische System dieses Extenders garantiert in Verbindung mit den Apo-Objektiven, daß die Abbildungsleistung in Apo-Qualität erhalten bleibt. Damit wird z.B. aus dem Apo-Telyt-R 1:2,8/280 mm eine «Apo» 1:4/400 mm oder aus dem Apo-Telyt-R 1:5,6/560 mm ein «Apo» 1:8/800 mm. Beide mit automatischer Springblende. Mit dem Apo-Extender-R1,4x schrumpfen die Objektfeldgrößen, die bei kürzester Einstellentfernung der jeweiligen Objektiv/Extender-Kombination erfaßt werden, flächenmäßig fast um die Hälfte.

Beim Fotografieren aus der Hand führt die durch den Apo-Extender-R 1,4x um 25 mm weiter nach hinten versetzte Kamera zu einer noch besseren Haltung. Auch wenn an der Kamera kein Motor-Winder oder Motor-Drive angesetzt ist, wird dadurch die Gewichtsverteilung besonders günstig beeinflußt.

Keine Frage, anspruchsvolle Fotografen werden die Möglichkeiten, die der Apo-Extender-R 1,4x bietet, ihre Arbeitsbereiche in vielfältiger Weise sinnvoll und einfach erweitern können. Wie beim Apo-Extender-R 2x gilt auch hier: Das geringe Gewicht von 220 g sowie das kleine Volumen 36 mm Länge und 62 mm Durchmesser lassen sich bequem unterbringen und transportieren. Besitzen Apo-Extender-R 2x und das benutzte Objektive elektrische Kontakte wird bei der Belichtungsmessung die individuelle «Charakteristik» dieser Kombination berücksichtigt und deren korrekter Blendenwert im Sucher der Leica R8 angezeigt, sofern die Lichtstärke nicht größer als 1:2 und/oder die Brennweite nicht kürzer als 50 mm ist. Bei Blitzgeräten mit Motor-Zoomreflektor und Adapter SCA 3501 wird auch die Einstellung des Reflektors der durch diese Kombination entstandenen Brennweite automatisch angepaßt. Wichtig: Ein Extender ohne elektrische Kontakte muß immer zuerst in die Leica R eingeriegelt werden bevor ein Objektiv mit elektrischen Kontakten in den Extender eingesetzt werden kann. Bei Extendern mit elektrischen Kontakten ist diese Reihenfolge nicht nötig. Sie spielt auch keine Rolle, wenn beide – Extender und Objektiv – nicht mit elektrischen Kontakten ausgestattet sind.

Extender-Tipps für die Praxis

Eine exakte Scharfeinstellung für weit entfernte, aber noch nicht im Unendlich-Bereich des Objektives befindliche Objekte ist bei langen Brennweiten manchmal kritisch. Leica R-Objektive ab 180 mm Brennweite lassen sich deshalb über unendlich hinaus fokussieren. Bei

Extender-Benutzung werden normale Brennweiten zu langen, und lange zu längsten Brennweiten. Um auch dann noch eine exakte Einstellung vornehmen zu können, wenn die erforderliche Entfernungseinstellung kurz vor dem Unendlich-Anschlag des Grundobjektives liegt, sind die Apo-Extender so abgestimmt, daß sich einige Objektive über unendlich hinaus fokussieren lassen. Weil die Lichtstärke des mit dem Apo-Extender-R 2x benutzten Objektivs um zwei Blendenstufen reduziert wird, sind in vielen Fällen weder der Schnittbild-Entfernungsmesser noch die groben Mikroprismen in der Mitte der Universal- bzw. Mikroprismenscheibe für eine Scharfeinstellung geeignet. Da diese «Einstellhilfen» für die Blende 4–5,6 optimiert sind, treten bei kleineren Objektivöffnungen Abschattungen der Teilbilder auf, die ein Fokussieren unmöglich machen. In solchen Fällen muß die Scharfeinstellung auf den feinmattierten Mikroprismen der Einstellscheiben erfolgen. Besser, und daher besonders empfehlenswert, ist die Benutzung einer Vollmattscheibe.

Die auf dem Objektiv aufgravierte Schärfentiefe-Skala verliert bei Benutzung des Extenders natürlich ihre Gültigkeit. Sie wird durch die Daten des «neuen Objektivs» bestimmt, die sich aus der Kombination von Objektiv plus Extender ergeben. Wird z.B. das Elmarit-R 1:2/90 mm bei Blende 8 mit dem Apo-Extender-R 2x benutzt, so kann die Schärfentiefe in einer entsprechenden Tabelle für 180 mm-Objektive bei Blende 16

Abb. 193 a–c: *Die hervorragende Korrektion aller Leica R-Objektive und die mit großem optischen Aufwand darauf abgestimmten Extender sind die Garanten für gute Aufnahme-Ergebnisse. Die Aufnahmen entstanden im Walsroder Vogel-* *park mit dem Elmarit-R 1:2,8/180 mm und der Blenden-Einstellung von 5,6. Links ohne Extender, 1/1000s; Mitte mit Apo-Extender-R 1,4x, 1/500s; rechts mit Apo-Extender-R 2x, 1/250s.*

abgelesen werden. Eine Schärfentiefe-Tabelle für Leica M- und Leica R-Modelle kann übrigens von der Leica Camera AG oder von der jeweiligen Landesvertretung bezogen werden. Mit Hilfe der Schärfentiefe-Skala des benutzten Objektivs läßt sich die Schärfentiefe ebenfalls ermitteln, wenn die Werte jeweils bei der um eine Stufe (Apo-Extender-R 1,4x) bzw. um zwei Stufen niedrigeren Blendenzahl (beim Apo-Extender-R 2x) abgelesen werden. Bei der oben beschriebenen Blendeneinstellung des Objektivs Elmarit-R 1:2/90 mm also bei Blende 4. Offiziell werden die beiden hochlichtstarken Objektive Summilux-R 1:1,4/50 mm und Summilux-R 1:1,4/80 mm nicht für die Benutzung mit dem Apo-Extender-R 2x empfohlen. In der Praxis bringen beide Objektive jedoch gute Ergebnisse, wenn man folgendes beachtet:

• Ein Lichtgewinn durch die höhere Lichtstärke der Objektive, d.h. eine größere Sucherhelligkeit bzw. kürzere Belichtungszeiten, wird nicht erreicht.

• Für eine korrekte Belichtung muß eine Korrektur der Belichtungsmessung von «-1» durch Override erfolgen.

• Beide Objektive müssen dann auch mindestens auf Blende 2 (optimal auf Blende 4) abgeblendet werden. Auch am Apo-Summicron-R 1:2/180 mm läßt sich der Extender-R 1,4x benutzen, obwohl seine Konzeption erst ab Lichtstärken von 1:2,8 und geringer eine uneingeschränkte Verwendung erlaubt. Eine Korrektur durch Override ist dann mit «-0,5» erforderlich; und ein Abblenden des Objektivs im 1–2 Blendenstufen empfehlenswert. Durch diese Kombination entsteht ein «Apo» 1:3,2/250 mm.

Ungeachtet der vielen «Besonderheiten» gibt es zweifellos eine Reihe von Möglichkeiten, bei denen die

Apo-Extender nur Vorteile bieten. Besonders interessant sind die Kombinationen der Makro-Objektive mit dem Apo-Extender-R 2x.

Weil nicht nur die Brennweite verdoppelt wird, sondern bei gleichem Einstellbereich auch das Abbildungsverhältnis, erreicht man z.B. mit dem Macro-Elmarit-R 1:2,8/60 mm das Abbildungsverhältnis 1:1 ohne Macro-Adapter-R bzw. 1:1-Adapter aus etwa 30 cm Entfernung. Und mit dem Apo-Macro-Elmarit-R 1:2,8/100 mm läßt sich ein Schmetterling formatfüllend fotografieren, ohne daß die Fluchtdistanz unterschritten wird! Der Apo-Extender-R 2x kann auch verwendet werden, wenn mit dem Macro-Elmarit-R 1:2,8/60 mm einschließlich Macro-Adapter-R gearbeitet wird. Der Apo-Extender-R 2x muß dann zwischen Kamera und Macro-Adapter-R eingesetzt werden. Auch in dieser Kombination wird bei gleichen Aufnahmebeständen das Abbildungsverhältnis verdoppelt.

Bei allen übrigen Leica R-Objektiven empfiehlt die Leica Camera AG, auf die zusätzliche Benutzung von auszugsverlängerndem Zubehör wie Macro-Adapter-R, Ringkombination und Balgeneinstellgerät-R zu verzichten, wenn mit Extendern gearbeitet wird. Trotzdem sollte man sich durch diese Empfehlung nicht davon abhalten lassen, selbst einmal auszuprobieren, was dabei herauskommt. Erstaunlicherweise reicht nämlich die Wiedergabequalität für viele Aufnahmen völlig aus! Manchmal kann sie außerdem gesteigert werden, wenn zusätzlich ein entsprechender Elpro-Nahvorsatz benutzt wird.

Normalerweise wird der Apo-Extender-R 2x zwischen Kamera und Objektiv bzw. zwischen Kamera und auszugsverlängerndem Zubehör plus Objektiv eingesetzt. Wird er zwischen Objektiv und auszugsverlängerndem Zubehor adaptiert, z.B. zwischen Objektiv und Balgeneinstellgerät-R, und dann diese Kombination in die Kamera eingeriegelt, ist auf einmal alles anders. Zwar wird ebenfalls mit verdoppelter Brennweite fotografiert, doch die erreichbaren Abbildungsverhältnisse werden nicht verdoppelt, sondern halbiert. In diesem Fall passiert nämlich nichts anderes, als daß im Balgeneinstellgerät anstelle der «kurzen» Brennweite des normalen Objektivs eine längere Brennweite, nämlich die von Objektiv plus Extender, benutzt wird. Und für die ist dann der Balgenauszug relativ kürzer.

Tabelle 6: Daten der aktuellen LEICA R-Objektive
in Verbindung mit APO-Extender-R

Verwendbare LEICA R-Objektive	Mit APO-EXTENDER-R 2x	Mit APO-EXTENDER-R 1,4x
1:2/50 mm	1:4/100 mm	–
1:2,8/60 mm	1:5,6/120 mm	–
1:2/90 mm	1:4/180 mm	–
1:2,8/100 mm APO	1:5,6/200 mm APO	–
1:2/180 mm APO	1:4/360 mm APO	–
1:2,8/180 mm APO	1:5,6/360 mm APO	1:4/250 mm APO
1:2,8/280 mm APO	1:5,6/560 mm APO	1:4/400 mm APO
1:4/280 mm APO	1:8/560 mm APO	1:5,6/400 mm APO
1:2,8/400 mm APO	1:5,6/800 mm APO	1:4/560 mm APO
1:4/400 mm APO	1:87800 mm APO	1:5,6/560 mm APO
1:4/560 mm APO	1:8/1120 mm APO	1:5,6/800 mm APO
1:5,6/560 mm APO	1:11,2/1120 mm APO	1:8/800 mm APO
1:5,6/800 mm APO	1:11,2/1600 mm APO	1:8/1120 mm APO
1:3,5/35–70 mm	1:7/70–140 mm	–
1:2,8/70–180 mm	1:5,6/140–360 mm APO	–
1:4|80–200 mm	1:8/160–400 mm	–
1:4,2/105–280	1:8,4/210–560 mm	1:5,9/150–400 mm

Abb. 195: *Mit dem Leica TO-R wird aus jedem langbrennweitigen Leica R-Objektiv ein leistungsstarkes Spektiv für Beobachtungen.*

Griffschale für Freihand-Aufnahmen

Die Griffschale erleichtert das Fotografieren aus der Hand mit langen Brennweiten. Sie kann an allen Leica R-Objektiven, die mit einer Auflage für die Stativbefestigung ausgestattet sind, adaptiert werden. Die Griffschale wird mit einer Führungsplatte an das Stativgewinde des Objektivs befestigt und kann in die für den Fotografen griffgünstigste Position geschoben werden und dann mittels einer Knebelschraube arretiert werden Die Griffschale

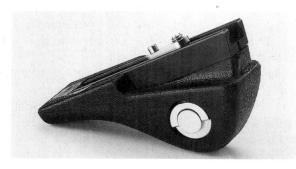

Abb. 194: *Die Griffschale sorgt für Komfort und verringert die Verwacklungsgefahr, wenn mit langen Brennweiten aus der Hand fotografiert wird.*

schmiegt sich in die Hand des Fotografen, wenn er Kamera und Objektiv zum Fotografieren ans Auge nimmt. Da die Ausrüstung dabei im Wesentlichen durch die gekrümmte Handinnenfläche abgestützt und gehalten wird, bleiben Daumen, Zeige- und Ringfinger frei für ein schnelles Fokussieren und auch Verstellen der Brennweite bei Vario-Objektiven. Weil dabei die Ausrüstung ausgewogener und sicherer in der Hand des Fotografen liegt, wird er mit diesem fast unscheinbaren Zubehör wesentlich unverkrampfter und damit ermüdungsfreier fotografieren.

Das Leica Objektiv als Beobachtungsinstrument

Mit dem als Zubehör erhältlichen Teleskop-Okular Leica TO-R (Best.-Nr. 14234), das an jedes Leica R-Objektiv ab 50 mm Brennweite anstelle des Kameragehäuses angesetzt werden kann, wird aus dem Aufnahmeobjektiv ein hochwertiges Teleskop. Die Vergrößerung ergibt sich aus Objektivbrennweite geteilt durch 12,5 mm (Brennweite des Okulars). Mit einem 100 mm-Objektiv erhält man z.B. eine 8fache Vergrößerung. Bei zusätzlicher Benutzung eines Extenders erhöht sie sich nochmals um den Extender-Faktor (1,4x bzw. 2x). Bei Makro-Objektiven bzw. bei entsprechend eingesetztem Nahzubehör erhält man in Verbindung mit dem Leica TO-R eine Vergrößerung, die sich aus dem jeweiligen Abbildungsmaßstab, multipliziert mit der Lupenvergrößerung des Okulars (20x), ergibt. Beim Abbildungsmaßstab 1/2 mit dem Makro-Elmarit-R 1:2,8/60 mm also eine 10fache Vergrößerung.

AUFNAHME-PRAXIS

Abb. 196: *Die Welt der Nahaufnahmen ist formen- und farben-reich, voller Kontraste und fein abgestufter Zwischentöne.*

DER NAHBEREICH

Die Welt der kleinen Dinge ist vielfältig. Nah herangehen und sie möglichst groß erfassen, das ist die Devise für besonders reizvolle Fotos. Egal, ob wir als Fotografen das Spiel mit Formen und Farben lieben oder Dinge entdecken wollen, die unserem Auge normalerweise verborgen sind. Im Gegensatz zur oft vertretenen Meinung ist dieses Gebiet der Fotografie schon lange nicht mehr nur etwas für Spezialisten. Im Gegenteil! Das auf die verschiedenen Bedürfnisse der Fotografen zugeschnittene Zubehör im Leica R-System und dessen einfache Bedienung machen es ihm leicht und garantieren auch dem weniger Geübten auf Anhieb respektable Ergebnisse. Trotzdem kann es nicht schaden, wenn wir uns vorher ein wenig mit der Theorie der Nahaufnahmen beschäftigen. Durch einfaches Rechnen läßt sich z.B. die jeweils optimale Ausrüstung zusammenstellen, ohne vorher lange experimentieren zu müssen. Der Aufnahmeabstand, wichtig, wenn z.B. eine bestimmte Fluchtdistanz bei Insekten eingehalten werden muß oder wenn entsprechend Raum für die Beleuchtungstechnik erforderlich ist, kann so schnell und leicht ermittelt werden; ebenso welche Brennweite z.B. für eine ganz bestimmte fotografische Aufnahme benutzt werden muß, welcher Zwischenring erforderlich ist usw. Bald werden wir merken, daß die im zweiten Satz dieses Kapitels verkündete Devise «nah heran und groß erfassen» für Nahaufnahmen nicht unbedingt zwingend ist. Unter bestimmten Bedingungen sind nämlich auch Nahaufnahmen aus größerer Distanz möglich.

Das Abbildungsverhältnis

Das Maß für die Nahaufnahme heißt Abbildungsverhältnis oder Abbildungsmaßstab. Welche Bewandtnis hat es damit? Die kürzeste Einstellentfernung mit 50-mm-Objektiven liegt bei 50 cm. Dabei wird ein Abbildungsverhältnis von etwa 1:8 erreicht. Aufnahmen darunter, z.B. 1:5, nennt man Nahaufnahmen. Nach DIN 19 040 (Blatt 2) wird bei den Aufnahmetechniken nur zwischen Fernaufnahmen (Abbildungsverhältnis 1:∞ bis ca. 1:10),

Nahaufnahmen (Abbildungsverhältnis 1:10 bis 10:1) und Mikroskop-Aufnahmen (Abbildungsverhältnis ca. 10:1 bis ∞:1) unterschieden. Es wird aber auch ausdrücklich darauf hingewiesen, daß Makro-, Lupen- und Mikro-Aufnahmen zwar benutzte, aber unterschiedlich ausgelegte Begriffe sind. Bei der Leica Camera AG bezeichnet man Aufnahmen mit den Abbildungsverhältnissen von ca. 1:10 bis 1:1 und darüber hinaus bis zum Abbildungsverhältnis von 30:1 als Nah- und Makro-Aufnahmen, ohne eine strenge Teilung zwischen beiden Begriffen vorzunehmen. In Anlehnung daran sind auch die Namen Macro-Elmarit-R, Macro-Adapter etc. entstanden. Die Nahaufnahmen werden also durch das Abbildungsverhältnis gekennzeichnet. Das Abbildungsverhältnis (Abb.-Verh.) oder der Abbildungsmaßstab (Abb.-M.) zeigt an, in welcher Größenrelation das Bild zum Original steht.

$$\text{Abb.-Verh. } 1{:}10 = \text{Abb.-M. } \frac{1}{10} \quad \text{(dezimal: 0,1)}$$

bedeutet, daß das Objekt zehnmal kleiner wiedergegeben wird. Mit anderen Worten: auf das Kleinbildformat (Negativgröße) von 24 x 36 mm wird ein Objektfeld (Gegenstand) von 240 x 360 mm abgebildet.

$$\text{Als Formel: Abb.-M.} = \frac{\text{Negativgröße (N)}}{\text{Objektfeldgröße (G)}}$$

Praxisnah ist die Errechnung des Abbildungsmaßstabes nach folgender Methode: auf das Objekt oder anstelle des Objektes wird Millimeterpapier gelegt. Die jetzt auf der Einstellscheibe der Leica R oder Leicaflex SL/SL2 abgebildeten Millimeter werden mit dem 7 mm großen Durchmesser des großen, zentralen Kreises (Meßfeld bei selektiver Belichtungsmessung) verglichen. Zählt man eine Strecke von 21 Millimetern innerhalb des größten Kreisdurchmessers, dann gilt:

$$\text{Abb.-M.} = \frac{7}{21} = \frac{1}{3} \quad \text{oder Abb.-Verh. } 1{:}3 \ (0{,}33)$$

Zählt man sieben Millimeter:

$$\text{Abb.-M.} = \frac{7}{7} = \frac{7}{7} \quad \text{oder Abb.-Verh. } 1{:}1 \ (1)$$

Bei 2,3 gezählten Millimetern:

$$\text{Abb.-M.} = \frac{7}{2,3} = \frac{3}{1} \text{ oder Abb.-Verh. 3:1 (3)}$$

Die Vollmattscheibe mit Gitterteilung zur Leica R besitzt auch zwei Strichmarken im Abstand von 10 mm zur Ermittlung des Abbildungsmaßstabes. Mit dieser «runden Zahl» können die notwendigen Rechenoperationen noch etwas leichter durchgeführt werden.
Es gibt mehrere Möglichkeiten, um die Bedingungen für Nahaufnahmen zu erfüllen:
- durch optische Hilfsmittel, die vor das Objektiv geschraubt werden
- durch optische Hilfsmittel, die zwischen Objektiv und Kameragehäuse angebracht werden
- durch Auszugsverlängerung der Objektive

Zu den beiden optischen Hilfsmitteln zählen im Leica R-System die Elpro-Nahvorsätze und die Extender. Für entsprechende Auszugsverlängerungen sorgen der Macro-Adapter-R, die Ringkombination und das Balgeneinstellgerät-R BR2. Die zu erreichenden Abbildungsverhältnisse, Objektfeldgrößen, Arbeitsabstände etc. können aus Tabellen entnommen oder errechnet werden.

Abb. 197: *Die Elpro-Nahvorsätze 1 und 2 bzw. VIa und VIb unterscheiden sich äußerlich in ihren Linsendurchmessern von den Elpro-Nahvorsätzen 3 und 4 bzw. VIIa und VIIb. Damit Elpro 1 und 2 auch am «älteren» Summicron 1:2/50 mm benutzt werden können, besitzen sie zusätzlich ein zweites Gewinde (rechts im Bild).*

Optische Nahvorsätze

Sammel- oder Zerstreuungslinsen, die, vor einem Foto-Objektiv angebracht, dessen Brennweite verkürzen oder verlängern, sind schon sehr lange bekannt. Ohne das Objektiv zu wechseln, lassen sich dadurch – in gewissen Grenzen – die Abbildungsverhältnisse verändern. Heute werden zur Leica R anstelle der einfachen Vorsatzlinsen hochwertige Achromate benutzt: die Elpro-Nahvorsätze. Das sind zwei verkittete Linsen, die, wie schon das Wort Achromat sagt, vom Aufbau her als Objektiv zu betrachten sind. Die früheren 400 und 560 mm Telyt-Objektive waren z.B. auch Achromate. Noch aufwendiger konstruiert ist der dreilinsige Nahvorsatz Elpro 1:2–1:1 für das Apo-Macro-Elmarit-R 1:2,8/100 mm. Während in der Regel im Bereich von kurzen Aufnahmeabständen die Abbildungsleistung eines herkömmlichen Foto-Objektives durch die für Nahaufnahmen notwendige Auszugsverlängerung negativ beeinflußt wird, kann durch speziell für diesen Zweck gerechnete Achromate die optische Abbildungsqualität in diesem Bereich gesteigert werden. Wohlgemerkt, nur durch Achromate, also nicht durch einfache Vorsatzlinsen, und nur, wenn diese für die jeweils benutzten Objektive gerechnet werden!
Die Elpro-Nahvorsätze verwandeln die Leica R-Objektive quasi in Spezialobjektive für den Nahbereich. Dabei bleibt die Aufnahmetechnik unverändert, d.h., die automatische Springblende des jeweiligen Objektivs und die Belichtungsmessung bei offener Blende werden voll genutzt. Die Brennweite (f) eines durch Nahvorsatz und Objektiv geschaffenen «Spezialobjektivs»

Abb. 198 a–c: Beispiel für die mit den Elpro-Vorsätzen 1 und 2 erreichbaren Abbildungsverhältnisse mit dem 50 mm Summicron-R bei 50 cm Entfernungseinstellung: Links ohne Elpro, in der Mitte mit Elpro 1 und rechts mit Elpro 2.

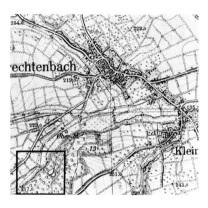  

Abb. 199 a–c: Zeitungsseiten oder, wie in diesem Beispiel, der Ausschnitt einer Landkarte, sind keine Testobjekte, an denen das Leistungsvermögen eines normalen Foto-Objektivs gemessen werden kann! In diesem Fall läßt sich allerdings der Unterschied zwischen den Aufnahmen mit und ohne Elpro-Nahvorsatz so am besten demonstrieren. Beide Aufnahmen wurden im Abbildungsverhältnis von ca. 1:3 mit 90 mm Brennweite fotografiert. Die mittlere Abbildung mit Macro-Adapter-R, die rechte Abbildung mit Elpro 3. Aus diesen Negativen (Abbildung links) wurden von den äußersten Randpartien mit etwa 10facher Vergrößerung Ausschnittsvergrößerungen angefertigt. Die bessere «Randschärfe» der Elpro-Aufnahmen ist bis Blende 5,6 deutlich zu erkennen. Danach gibt es keine nennenswerten Unterschiede mehr.

läßt sich übrigens leicht errechnen, wenn man die Brechkraft beider optischen Systeme addiert. Die Einheit der Brechkraft heißt Dioptrie (dpt) und ist der reziproke Wert von f (1/f), wobei f in Metern gemessen wird. Das hört sich komplizierter an, als es ist. Darum gleich ein Beispiel:

Tabelle 7: Elpro-Nahvorsätze und deren optische Daten

ELPRO	Brennweite in mm	Dioptrie
1 oder VIa	399,04	2,51
2 oder VIb	203,45	4,92
3 oder VIIa	602,56	1,66
4 oder VIIb	1333,57	0,75
1:2–1:1	206,89	4,80

1. Brechkraft Objektiv Summicron R 1:2/90 mm:

$$\frac{1}{f} = \frac{1}{0,09} = 11,11 \text{ dpt}$$

2. Brechkraft Nahvorsatz Elpro 4:

$$\frac{1}{f} = \frac{1}{1,33} = 0,75 \text{ dpt}$$

3. Brechkraft «Spezialobjektiv»:

1. + 2. = 11,11 + 0,75 = 11,86 dpt

Brennweite «Spezialobjektiv»:

$$\frac{1}{11,86} = 0,084 \text{ m} = 84 \text{ mm}$$

Streng genommen muß bei der Errechnung der Brechkraft des «Spezialobjektivs» auch der spezielle Aufbau des jeweiligen R-Objektivs sowie der Abstand zwischen Objektiv-Vorderlinse und Elpro-Nahvorsatz berücksichtigt werden. Für die Praxis ist diese unkomplizierte Rechnung jedoch ausreichend. An dem obigen Beispiel erkennt man übrigens deutlich, weshalb man diese Kombination (90 mm Objektiv + Elpro 4) nicht empfehlen kann: Die Brennweitenveränderung ist noch zu gering, und die so zu erreichenden Abbildungsmaßstäbe unterscheiden sich kaum von denen, die man mit den 90-mm-Objektiven ohne Elpro 4 erreicht.

Tabelle 8: Welcher Elpro-Nahvorsatz für welches R-Objektiv?

Elpro Best.-Nr.	Gewinde	Zur Benutzung an Objektiv
VIa/VIb 16531/16532	M 44 x 0,75	SUMMICRON-R 1:2/50 mm Best.-Nr. 11228
VIIa 16533	M 54 x 0,75	SUMMICRON-R 1:2/90 mm bis Nr. 2770950 ELMARIT-R 1:2,8/90 mm bis Nr. 2809000 MACRO-ELMAR 1:4/100 mm (Balgen) bis Nr. 2933350 ELMARIT-R 1:2,8/135 mm bis Nr. 2772618
VIIb 16534	M 54 x 0,75	MACRO-ELMAR 1:4/100 mm (Balgen) bis Nr. 2933350 ELMARIT-R 1:2,8/135 mm bis Nr. 2772618
1 16541 2 16542	M 55 x 0,75 und M 44 x 0,75	SUMMICRON-R 1:2/50 mm Best.-Nr. 11215 und 11216 SUMMICRON-R 1:2/50 mm* Best.-Nr. 11228
3 16543	M 55 x 0,75	SUMMICRON-R 1:2/90 mm ab Nr. 2770951 ELMARIT-R 1:2,8/90 mm ab Nr. 2809001 MACRO-ELMAR 1:4/100 mm (Balgen) ab Nr. 2933351 MACRO-ELMAR-R 1:4/100 mm ELMARIT-R 1:2,8/135 mm ab Nr. 2772619 VARIO-ELMAR-R 1:4,5/80-200 mm VARIO-ELMAR-R 1:4,5/75-200 mm
4 16544	M 55 x 0,75	MACRO-ELMAR 1:4/100 mm (Balgen) ab Nr. 2933351 MACRO-ELMAR 1:4/100 mm ELMARIT-R 1:2,8/135 mm ab Nr. 2772619 VARIO-ELMAR-R 1:4,5/80-200 mm VARIO-ELMAR-R 1:4,5/75-200 mm
1:2-1:1 16545	M 60 x 0,75	APO-MACRO-ELMARIT-R 1:2,8/100 mm

* Die Gegenlichtblende kann nicht benutzt werden

Die Elpro-Nahvorsätze

Alle Elpro-Nahvorsätze sind entsprechend ihrer Objektivzugehörigkeit gekennzeichnet. Die erste von Leitz gefertigte Serie trug die römischen Ziffern «VI» bzw. «VII» sowie zusätzlich die Buchstaben «a» oder «b». Diese Bezeichnungen sind nach den Filtergrößen der Objektive (Serie VI bzw. VII) und zur Unterscheidung der Abbildungsbereiche (a bzw. b) vorgenommen worden. Die neuere Elpro-Serie zur Leica R wird nur noch durch die Zahlen 1, 2, 3 und 4 gekennzeichnet. Diese Vorsätze besitzen ein einheitliches Filtergewinde M 55 x 30,75. Die optischen Daten beider Serien sind gleich und in Tabelle 7 zusammengefaßt. Die Elpro-Nahvorsätze 1/VIa und 2/VIb wurden speziell für das Summicron-R 1:2/50 mm, der Nahvorsatz Elpro 3/VIIa dagegen für die 90 mm Objektive bzw. das Elmarit-R 1:2,8/135 mm entwickelt; für letzteres Objektiv ist auch Elpro 4 oder VIIb gedacht. Da die Nahvorsätze größtenteils mit einem einheitlichen Filtergewinde ausgestattet sind (siehe Tabelle 8), können sie auch auf andere Objektive mit entsprechendem Gewinde aufgeschraubt werden. Natürlich kann dann nicht in allen Fällen ein optimales Ergebnis erwartet werden. Das gilt vor allem dann, wenn mehrere Vorsätze gleichen oder unterschiedlichen Typs aufeinander geschraubt werden. Manchmal bringt auch die Benutzung eines Elpro-Nahvorsatzes keinen Gewinn an Abbildungsgröße. Die empfohlenen Kombinationen hin-

Tabelle 9: Technische Daten der derzeitigen R-Objektive mit Elpro-Nahvorsätzen

R-Objektiv	ELPRO	Entfernungsskala auf	Entfernung in cm Objektiv bis Frontlinse	Abbildungsverhältnis	Objektfeldgröße in mm
SUMMICRON-R 1:2/50 mm	1/VIa	∞	41	1:7,7	184 x 276
	1/VIa	0,5	21	1:3,8	91 x 137
	2/VIb	∞	21	1:3,9	94 x 141
	2/VIb	0,5	14	1:2,6	62 x 93
SUMMICRON-R 1:2/90 mm	3/VIIa	0,7	30	1:3,0	72 x 108
APO-MACRO ELMARIT-R 1:2,8/100 mm	1:2-1:1	∞	18	1:2	48 x 72
		1:2/07	10	1,1:1	22 x 33

* alle Werte abgerundet

Abb. 200: *Als eine typische Leica Lösung kann die zum Elpro 1:2–1:1 gehörende Gegenlichtblende bezeichnet werden. Für den Transport läßt sie sich auf den Nahvorsatz schrauben (links im Bild) und schützt mit Vorder- und Rückdeckel das dreilinsige optische System.*

sichtlich der zu erreichenden Abbildungsqualität (bereits bei mittleren Blendenöffnungen) sind in Tabelle 9 zusammengefaßt worden. Trotzdem sollte man sich nicht abhalten lassen, ein wenig mit den Elpro-Nahvorsätzen zu experimentieren. Bei kleineren Blendenöffnungen kann auch bei Benutzung mehrerer miteinander kombinierter Elpro-Vorsätze in der Regel mit einem akzeptablen Ergebnis gerechnet werden. In der Praxis hat sich z.B. die Kombination zweier Elpro 3 bzw. VIIa vor dem früheren Elmarit-R 1:2,8/135 mm für Abbildungsverhältnisse von 1:2 bis 1:1,5 bewährt. Selbstverständlich können Elpro-Nahvorsätze auch in Verbindung mit dem Macro-Adapter, dem Balgeneinstellgerät-R BR2 oder der dreiteiligen Ringkombination 14159 erfolgreich benutzt werden. Ein stärkeres Abblenden der Objektive ist dann ebenfalls empfehlenswert. Es stört kaum, weil in diesen Bereichen der Nahaufnahme meistens eine größere Schärfentiefe gefordert wird. Einige Beispiele für die erreichbaren Abbildungsverhältnisse bei Kombination von Zwischenring bzw. Balgeneinstellgerät-R BR2 und Elpro-Nahvorsatz zeigen die Tabellen 13, 14, 17 und 19. Die fotografische Praxis beweist, daß man unter bestimmten Be-

dingungen eine exaktere Scharfeinstellung über Mikroprismen oder Mattscheibe erreicht als bei einer Einstellung über Schnittbild-Indikator. Da die Schärfe/Unschärfe-Beurteilung des abgebildeten Motivs sowieso auf der ganzen Fläche der Einstellscheibe vorgenommen wird, sollte man sich angewöhnen, bei Nahaufnahmen auf das Arbeiten mit dem Schnittbild-Entfernungsmesser zu verzichten.

Ein wesentlicher Vorteil der Elpro-Nahvorsätze sollte nicht unerwähnt bleiben: der sonst bei Nahaufnahmen übliche Verlängerungsfaktor entfällt. Er würde zwar bei Lichtmessung durch das Objektiv automatisch berücksichtigt werden, doch das Sucherbild wäre dann dunkler und die Belichtungszeit länger. Das hellere Sucherbild und die kürzere Belichtungszeit sind jedoch eminent wichtig, wenn Nahaufnahmen bei vorhandenem Licht aus der Hand gelingen sollen.

Elpro 1:2–1:1

Mit dem speziell für das Apo-Macro-Elmarit-R 1:2,8/
100 mm gerechneten Nahvorsatz wird der Nahbereich
dieses Objektivs von 1:2 bis 1:1 erweitert.
Genaugenommen sogar bis 1,1:1. Das ist für alle Fotografen wichtig, die gerahmte Diapositive duplizieren
möchten. Der Nahvorsatz besteht aus dem optischen
Vorsatz, der eigentlich ein dreilinsiges Objektiv ist, und
der Gegenlichtblende, die zum Transport platzsparend
am optischen Vorsatz hinten eingeschraubt werden
kann. Die Höhe des Nahvorsatzes beträgt dann nur
45 mm. Schutzdeckel schützen dabei Front- und Hinterlinse der wertvollen Optik.
Im Filtergewinde des Nahvorsatzes Elpro 1:2–1:1 läßt
sich anstelle der Gegenlichtblende auch ein Einschraubfilter E60 plazieren. Die Gegenlichtblende kann
dann in das Filter eingeschraubt werden. Außerdem
läßt sich mit Hilfe der Gegenlichtblende ein Serienfilter 7,5 adaptieren.
Mit dem Nahvorsatz Elpro 1:2–1:1 bleibt die hervorragende optische Leistung des Apo-Objektivs weitgehend
erhalten. Wenn besonders große Anforderungen an
die Abbildungsleistung bis in die Bildecken gestellt
werden, sollte das Objektiv allerdings um zwei bis drei
Stufen abgeblendet werden. Ab Blende 8 wird keine
Verbesserung mehr erreicht. Bei hochauflösenden Filmen, wie z.B. Kodak Technical Pan Film, und kritischen
Objekten mit vielen winzigen Details kann ein weite-

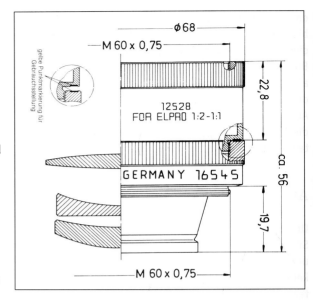

Abb. 202: Elpro 1:2–1:1

res Abblenden des Objektivs sogar die Schärfe durch
Beugung beeinträchtigen. Bei normalen Filmen ist
davon jedoch nichts zu spüren.
Um die volle Leistung der Kombination Apo-Macro-
Elmarit-R 1:2,8/100 mm und Nahvorsatz Elpro 1:2–1:1
uneingeschränkt nutzen zu können, ist eine exakte
Scharfeinstellung erforderlich. Am besten gelingt das
mit einer Vollmattscheibe, wobei die Schärfe außerhalb des Kreises (Meßfeld für die selektive Belichtungsmessung) kontrolliert wird.

Nahaufnahmen durch Auszugsverlängerung

Die im Nahbereich notwendige Auszugsverlängerung ist
abhängig vom Abbildungsverhältnis. Die verschiedenen
Leica R-Objektive haben aus mechanischen oder optischen Gründen unterschiedliche Begrenzungen im Nahbereich. In den technischen Daten zu den einzelnen
Objektiven werden die Einstellbereiche und das kleinste
zu erreichende Objektfeld angegeben. Eine besonders
große Auszugsverlängerung besitzen das Macro-Elmarit-
R 1:2,8/60 mm und das Apo-Macro-Elmarit-R 1:2,8/
100 mm. Durch weiteres mechanisches Zubehör kann die
Auszugsverlängerung aller R-Objektive vergrößert und

Abb. 201: Der Nahvorsatz Elpro 1:2–1:1 (rechts im Bild) wurde
speziell für das Apo-Macro-Elmarit-R 1:2,8/100 mm gerechnet.

damit der Nahbereich erweitert werden. Allerdings bleibt bei Vario-Objektiven die Scharfeinstellung unter diesen Bedingungen nicht mehr erhalten, wenn die Brennweite verändert wird. Außerdem wird nicht mit allen Objektiven eine akzeptable Abbildungsleistung durch die große Auszugsverlängerung erreicht. Oder die Aufnahmeabstände werden zu klein. In den Tabellen dieses Buches werden deshalb nur die empfehlenswerten Ausrüstungen aufgeführt.

Abbildungsgesetze

Um die Gesetzmäßigkeiten der bei allen Aufnahme-Situationen herrschenden Bedingungen zu erkennen und sie für die fotografische Praxis umzusetzen, ist keine besondere physikalische Vorbildung des Fotografen erforderlich. Nur einige wenige, immer wiederkehrende Begriffe sind erklärungsbedürftig. Sie kennzeichnen bestimmte «Größen», also Distanzen, vorgegebene Punkte etc. und werden mit Buchstaben gekennzeichnet. Die gleichen Kennzeichen werden sowohl «vor» dem Objektiv, d.h. auf der Objektseite, benutzt als auch «hinter» dem Objektiv, nachdem die Lichtstrahlen durch das Objektiv hindurch getreten sind, d.h. auf der Bildseite. Zur Unterscheidung wird den bildseitigen Bezeichnungen ein kleiner Strich angehängt, z.B. objektseitige Brennweite = f, bildseitige Brennweite = f'. Alle zeichnerischen Darstellungen werden so angelegt, daß sich die Objektseite links, die Bildseite rechts in der Abbildung befindet.

Abb. 203

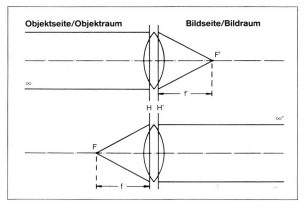

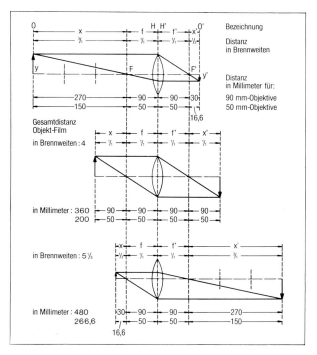

Abb. 204

Die Beziehungen der einzelnen «Größen» zueinander unterliegen relativ einfachen Gesetzmäßigkeiten, so daß daraus leicht entsprechende Maßnahmen für bestimmte Aufnahme-Situationen abgeleitet werden können. Ohne Rechenschieber, ohne Computer, ganz einfach im Kopf. Dabei ist eine einfache Überschlagsrechnung für die praktische Anwendung in der Fotografie völlig ausreichend! Zwei extreme Möglichkeiten, unter denen reelle Bilder – also vom Film auffangbare Abbildungen – zustande kommen, sind für alle weiteren Überlegungen wichtig:

- Ist ein Gegenstand unendlich (∞) weit entfernt, treten die von ihm ausgehenden Lichtstrahlen parallel in das Objektiv ein, werden gebrochen und vereinen sich in der bildseitigen Brennebene im Brennpunkt F'. In schematischen Zeichnungen wird das anhand von nur zwei Lichtstrahlen dargestellt. In Wirklichkeit entsteht z.B. ein Bild in der Größe des Kleinbild-Formates 24 x 36 mm aus mehreren Millionen solcher Bildpunkte. Für ein scharfes fotografisches Bild muß der Film exakt in der Brennebene angeordnet sein!
- Die Lichtstrahlen treten parallel aus dem Objektiv

aus, d.h. sie vereinen sich in unendlich (∞), wenn sie vom vorderen Brennpunkt F kommend in das Objektiv eintreten. In diesem Fall muß der Film also unendlich weit entfernt angeordnet sein, um ein scharfes Bild auffangen zu können!

Die beiden Brennpunkte F und F' sind jeweils eine Brennweite f und f' von der vorderen Hauptebene H bzw. hinteren Hauptebene H' entfernt. Wie die Zeichnungen der einzelnen Leica R-Objektive von Seite 139 bis 219 zeigen, variiert die Lage der Hauptebene je nach Bauart des Objektivs. So kann z.B. die hintere Hauptebene H' vor der vorderen Hauptebene H angeordnet sein: das typische Merkmal einer Tele-Konstruktion. Oder H' liegt bildseitig außerhalb des optischen Systems, wie z.B. bei Retrofokus-Objektiven. Für die fotografische Praxis ist das normalerweise jedoch unerheblich. Und für praxisorientierte Überlegungen geht man davon aus, daß sich die Hauptebenen etwa in der Mitte der Objektive befinden. Andere Fakten sind dagegen von besonderer Bedeutung.

- Für die Bildseite gilt: der Film darf niemals in einer näheren Entfernung zum Objektiv angeordnet sein, als die Objektiv-Brennweite groß ist, wenn ein scharfes Bild aufgefangen werden soll.
- Für die Objektseite gilt: das Objekt darf sich niemals in einer näheren Entfernung zum Foto-Objektiv befinden, als die Objektiv-Brennweite groß ist, wenn ein reelles, auffangbares Bild vom Objekt entworfen werden soll.
- In der Regel werden die beiden extremen Situationen «Bild in ∞» und «Objekt in ∞» fotografisch nie genutzt. Selbst wenn die untergehende Sonne bei ∞-Einstellung des Objektivs fotografiert wird, ist das streng genommen keine Situation «Objekt in ∞», da die Erde im Mittel «nur» 150 Millionen Kilometer von der Sonne entfernt ist, die Sonne sich also nicht in ∞ befindet.

Anmerkung: In der fotografischen Praxis gilt bei normalen Objektiven allerdings eine Entfernung von einigen 1000f als unendlich (∞).

Fazit: Wenn sich einerseits das zu fotografierende Objekt nicht in ∞ befindet und andererseits das reelle Bild nicht in ∞ entsteht, dann muß sich das Objekt zwangsläufig irgendwo zwischen vorderem Brennpunkt F und ∞ befinden. Das reelle Bild wird immer irgendwo

zwischen hinterem Brennpunkt F' und ∞' gebildet. Die Distanz vom Objekt–Ort O bis zum vorderen Brennpunkt F wird mit x gekennzeichnet, die Distanz vom hinteren Brennpunkt F' bis zum Ort des reellen, auffangbaren Bildes O' wird mit x' gekennzeichnet. Die Größe des Objektes wird mit y, die Größe des Bildes mit y' gekennzeichnet. X und x' sowie y und y' stehen in Reziprozität zueinander. Die Distanz x' wird von Fotografen auch als Auszugsverlängerung bezeichnet. Die für bestimmte Abbildungsverhältnisse erforderliche Auszugsverlängerung ist, in Millimetern gemessen, abhängig von der benutzten Brennweite. In der fotografischen Rechenpraxis ist es zunächst einfacher, alle Distanzen in Brennweiten anzugeben. Dann gilt: um das Abb.-Verh.:3 bzw. den Abb.-M. 1/3 (0,33) zu erreichen, wird eine Auszugsverlängerung (x') von 1/3 der benutzten Brennweite benötigt. Beim Abb.-Verh. 1:1 bzw. Abb.-M. 1/1 (1) ist die Auszugsverlängerung (x') eine Brennweite groß, und eine Auszugsverlängerung (x') von 3 Brennweiten ist nötig, um das Abb.-Verh. 3:1 bzw. den Abb.-M. 3/1 (3) zu erreichen. Die Abbildung 204 verdeutlicht das. Werden den verschiedenen Distanzen (f und f' sowie x und x') anschliessend die entsprechenden Maße in Millimeter zugeordnet, hat man die zum Fotografieren erforderlichen Angaben.

Nimmt man beim Fotografieren zunächst Tabellen zur Hand oder werden mit Hilfe von Formeln erst Rechen-Operationen durchgeführt, bleibt der fotografische Erfolg meistens aus. Übung macht auch hier den Meister! Für die Vorbereitungen beim Zusammenstellen der Ausrüstung und als Grundlage zum besseren Verstehen der optisch physikalischen Gesetzmäßigkeiten ist ein wenig Theorie jedoch erforderlich. Mit ihrer Hilfe kann man z.B. die erforderliche Brennweite und das eventuell notwendige Zubehör ermitteln, wenn Objektfeldgröße und Aufnahmeabstand bekannt sind. Beispiel: Angenommen, es soll die Fütterung von Jungvögeln per Fernauslösung fotografiert werden. Die Leica R wird deshalb mit motorischem Aufzug versehen und in der Baumkrone montiert. Zum Schutz der Vögel, und auch weil geklettert werden muß, kann zum Ausprobieren kein umfangreiches Objektiv-Sortiment verschiedener Brennweiten mit in den Baum genommen werden. Da das Objektfeld von ca. 120 x 180 mm (Nest mit Jungvögeln) und der Abstand des für die Kamera-

Montage notwendigen Astes von ca. 1,3 m vorgegeben sind, läßt sich die zum Einsatz kommende Objektiv-

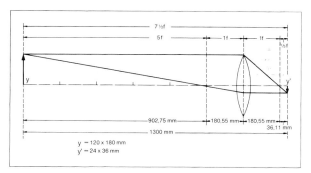

Abb. 205

Brennweite wie folgt errechnen:
Zunächst wird der Abbildungsmaßstab bzw. das Abbildungsverhältnis ermittelt:

$$\frac{N}{G} = \frac{36}{180} \text{ oder } \frac{24}{120} = \frac{1}{5} = 1:5$$

Für den Abb.-M. $^1/_5$ wird eine Auszugsverlängerung (x') von $^1/_5$ der zu ermittelnden Brennweite benötigt. Daraus ergibt sich vom vorderen Brennpunkt (F) bis zum Nest eine Distanz (x) von $^5/_1$ = 5 f Brennweiten. Zusammen mit der vorderen und der hinteren Brennweite (f und f') beträgt der gesamte Abstand vom Nest bis zum Film also $7^1/_5$ Brennweiten. Und der ist vorgegeben mit 1,3 m (siehe Abb. 205). Die erforderliche Brennweite ist demnach:

1300 mm = $7\frac{1}{5}$ f, 1f = 180,55 mm

Wir wählen für diese Aufnahme also ein 180er, z.B. das Apo-Elmarit-R 1:2,8/180 mm. Da die kürzeste Einstellentfernung dieses Objektivs 1,50 m beträgt, muß außerdem eine zusätzliche Auszugsverlängerung geschaffen werden. Das dafür erforderliche Zubehör läßt sich aus der bisherigen Rechnung ebenfalls ableiten:

Auszugsverlängerung (x') = $\frac{1}{5}$ f = 36 mm

Zwei Möglichkeiten aus dem Leica R-System bieten sich an. Entweder die zweiteilige Ringkombination mit 25 mm Höhe oder der 30 mm hohe Macro-Adapter. Die fehlenden Millimeter bis zur notwendigen Auszugsver-

längerung von 36 mm werden aus dem Schneckengang des Objektivs «herausgeholt»; beim Scharfeinstellen, nachdem die Kamera am Ast montiert wurde! Mit solchen Rechenoperationen kann ebenso einfach das Abbildungsverhältnis errechnet werden, wenn Aufnahmebrennweite und Aufnahmeabstand bekannt sind, bzw. der Aufnahmeabstand, wenn die benutzte Brennweite und der gewünschte Abbildungsmaßstab festliegen.

Der Verlängerungsfaktor

Durch die Auszugsverlängerung muß das durch das Objektiv fallende Licht einen längeren Weg bis zum Film zurücklegen. Da dabei das Licht im Quadrat der Entfernung abnimmt und damit auch die Beleuchtungsstärke, die auf den Film einwirkt, muß die Belichtungzeit entsprechend korrigiert werden. Sie wird mit dem sogenannten Verlängerungsfaktor multipliziert. Bei der Belichtungsmessung durch das Objektiv, wie bei den Leica R- und Leicaflex SL/SL2-Modellen, entfällt diese zusätzliche Manipulation in der Regel. Nur in extremen Bereichen, wenn die Lichtverhältnisse nicht mehr für eine Belichtungsmessung durch das Objektiv ausreichen, und wenn mit Elektronenblitzgeräten ohne Blitzbelichtungsmessung durch das Objektiv gearbeitet wird, muß der Verlängerungsfaktor (VF) errechnet werden. Er ist abhängig vom Abbildungsmaßstab und der Pupillenvergrößerung (PV). Die Pupillenvergrößerung kann aus den technischen Daten zu den Objektiven entnommen oder gegebenenfalls errechnet werden:
Das zur Anwendung kommende Objektiv wird um ein oder zwei Stufen abgeblendet. Dann wird mit Hilfe eines Maßstabes zunächst der Durchmesser der Austrittspupille (AP) hinten und dann der Durchmesser der Eintrittspupille (EP) vorn gemessen. Dividiert man Austrittspupille durch Eintrittspupille, erhält man die Pupillenvergrößerung. Der Verlängerungsfaktor läßt sich dann nach folgender Formel errechnen:

$$VF = \left(1 + \frac{\text{Abb.-M.}}{PV}\right)^2$$

Beispiele:

1. Abbildungsmaßstab 1:1, Pupillenvergrößerung 1,0:

$$\left(1 + \frac{1}{1}\right)^2 = 4$$

2. Abbildungsmaßstab 1:1, Pupillenvergrößerung 0,5:

$$\left(1 + \frac{1}{0,5}\right)^2 = 9$$

Es fällt auf, daß symmetrisch aufgebaute Objektiv-Systeme Pupillenvergrößerungen um 1 aufweisen, Während bei Tele-Objektiven die PV kleiner, bei Retrofokus-Objektiven die PV größer ist. Daraus resultieren erhebliche Unterschiede in den Belichtungszeiten, wenn die gleichen Abbildungsmaßstäbe unter gleichen Voraussetzungen (Beleuchtung, Filmempfindlichkeit etc.) mit verschiedenen Objektiv-Typen erreicht werden.

Die Schärfentiefe

Normale Foto-Objektive sind für unendlich gerechnet, d.h. sie bilden sehr weit entfernte Objekte optimal ab. Im Nahbereich läßt ihre Abbildungsleistung dann zwangsläufig nach. Das ist besonders deutlich spürbar, wenn mit voller Öffnung des Objektivs fotografiert

Tabelle 10: Schärfentiefe bei Blende 8 und verschiedenen Pupillenvergrößerungen

Abbildungs-verhältnis	Pupillenvergrößerung		
	0,5	1	1,5
1:4	12,8 mm	10,7 mm	10,0 mm
1:1	1,6 mm	1,1 mm	0,9 mm
4:1	0,3 mm	0,2 mm	0,1 mm

wird. Ein Abblenden auf mittlere Blendenwerte von 5,6–8, bei Reproduktionen sogar auf 11, ist daher immer empfehlenswert, insbesondere, wenn eine gute Abbildungsleistung über das ganze Bildfeld gefordert wird. Außerdem gilt, daß ein Objektiv im extremen Nahbereich (größer als das Abb.-Verh. 1:1) immer nur so weit abgeblendet wird, wie es zum Erreichen der erforderlichen Schärfentiefe notwendig ist. Weiteres Abblenden führt zu längeren Belichtungszeiten und erhöht die Gefahr von Verwacklungs-Unschärfe. Bei sehr starkem Abblenden wird die Bildqualität durch Beugungserscheinungen (allgemeiner Verlust an Kontrast und Auflösung) herabgesetzt. Die Schärfentiefe ist von der Blende, vom Abbildungsverhältnis und von der Pupillenvergrößerung abhängig (Tabelle 10). Für die Praxis kann die PV jedoch unberücksichtigt bleiben. Die in Tabelle 11 aufgeführten Schärfentiefe-Angaben sind abgerundete Werte, ohne Berücksichtigung

Tabelle 11: Schärfentiefe-Bereich bei Abbildungsverhältnis 1:20 bis 10:1

Abb.-Verh.	Abb.-Maßstab	Verlängerungsfaktor für Belichtungszeit bei Pupillenvergrößerung 1:1	Schärfentiefe in mm *				
			Blende 4	Blende 5,6	Blende 8	Blende 11	Blende 16
1:20	0,05	1,1 x	110	154	220	308	440
1:15	0,067	1,1 x	65	90	130	180	260
1:10	0,1	1,2 x	30	40	60	80	120
1:5	0,2	1,4 x	8	10	15	20	30
1:4	0,25	1,6 x	5,5	7,5	11	15	22
1:3	0,33	1,8 x	3	4,5	6	9	12
1:2	0,5	2,3 x	1,5	2	3	4	6
1:1,5	0,67	2,8 x	1	1,4	2	2,7	4
1:1	1	4 x	0,5	0,7	1	1,4	2
1,5:1	1,5	6,3 x	0,3	0,4	0,6	0,8	1
2:1	2	9 x	0,2	0,3	0,4	0,6	0,8
3:1	3	16 x	0,1	0,2	0,25	0,35	0,5
4:1	4	25 x	0,08	0,12	0,16	0,23	0,32
5:1	5	36 x	0,06	0,09	0,13	0,18	0,26
6:1	6	49 x	0,05	0,07	0,10	0,14	0,20
7:1	7	64 x	0,04	0,06	0,09	0,12	0,17
8:1	8	81 x	0,04	0,05	0,08	0,10	0,15
9:1	9	100 x	0,03	0,05	0,07	0,09	0,13
10:1	10	121 x	0,03	0,04	0,06	0,08	0,12

* Den abgerundeten Werten wurde ein Zerstreuungskreis von 1/30 mm zugrunde gelegt.

der PV. Geringfügig abweichende Angaben in anderen Veröffentlichungen und Prospekten zur Leica sind deshalb möglich. Abweichend vom normalen fotografischen Bereich, ist die Schärfentiefe in Nahbereichen

vor und hinter der Einstellebene etwa gleich groß. Sie verändert sich genau proportional zum Blendenwert. Mit Blende 11 erhält man eine doppelt so große Schärfentiefe wie mit Blende 5,6, mit Blende 16 ist sie doppelt so groß wie mit Blende 8 usw.

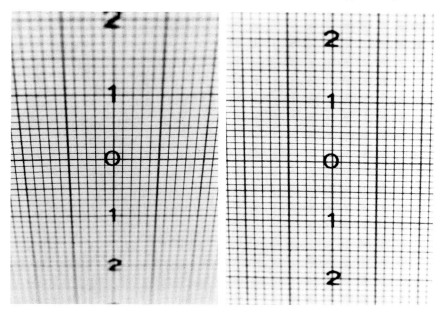

Abb. 206: *Die Abbildung eines mit zwei verschiedenen Brennweiten fotografierten Millimeter-Papiers, das im Winkel von 45° zur optischen Achse angeordnet war, zeigt einen interessanten Effekt. Obwohl die Schärfentiefe rein rechnerisch nur vom Abbildungsverhältnis abhängig ist und nicht von der benutzten Brennweite, erkennt man doch, daß in der Praxis bei langer Brennweite der Übergang zur totalen Unschärfe langsamer verläuft (Abbildung rechts) als bei kurzer Brennweite (Abbildung links).*

Die Ringkombination

Mit Zwischenringen kann die für Nahaufnahmen erforderliche Auszugsverlängerung am einfachsten erreicht werden. Dabei wird das hohe Maß an Parallelität von Kamera- und Objektiv-Bajonett zum Film beibehalten, weil die beiden Auflageflächen eines jeden Zwischenringes gleichzeitig und somit exakt parallel gefertigt werden. Die Ringkombination im Leica R-System besteht aus drei verschiedenen Ringen, die zusammengeschraubt werden können. Die beiden Endringe (Bestell-Nr. 14 158) besitzen ein Kamera- bzw. Objektiv-Bajonett. Zusammen ergeben sie eine Auszugsverlängerung von 25 mm. Der Mittelring (Bestell-Nr. 14 135) mißt ebenfalls 25 mm. Als dreiteilige Ringkombination (Bestell-Nr. 14159) werden also 50 mm Auszugsverlängerung erreicht. Mit dem Summicron-R 1:2/50 mm erhält man damit z.B. ein Abbildungsverhältnis von 1,1:1, wenn der volle Hub des Objektiv-Schneckenganges mit einbezogen wird. Das erlaubt die formatfüllende Reproduktion eines gerahmten Diapositivs (Objekt-

feldgröße 23 x 35 mm). In der Tabelle 12 sind die wichtigsten Daten der dreiteiligen Ringkombination für verschiedene Objektive zusammengefaßt. Darüber hinaus können mehrere Mittelringe benutzt werden. Allerdings wird mit zunehmender Anzahl von Mittelringen die Gefahr von Innenreflexionen größer. Durch «vaga-

Abb. 207: *Die Ringkombination*

Tabelle 12: Ringkombination, Bestell-Nr. 14159 (alle Werte abgerundet)

R-Objektiv	Entfernungs-skala auf	Ringkombination					
		2teilig (25 mm hoch)			3teilig (50 mm hoch)		
		Entfernung Objekt – Frontlinse in cm	Abbildungs-verhältnis	Objektfeld-größe in mm	Entfernung Objekt – Frontlinse in cm	Abbildungs-verhältnis	Objektfeld-größe in mm
SUMMICRON-R 1:2/50 mm	∞	13,5	1:2,1	50 x 75	8,1	1:1,04	25 x 37
	0,5	11,2	1:1,6	38 x 57	7,5	1,09:1	22 x 33
ELMARIT-R 1:2,8/90 mm	∞	37,6	1:3,6	86 x 130	21,4	1:1,8	43 x 65
SUMMICRON-R 1:2/90 mm	0,7	25,2	1:2,2	53 x 79	17,6	1:1,4	34 x 50
ELMARIT-R 1:2,8/135 mm	∞	87,2	1:5,4	130 x 195	50,7	1:2,7	65 x 97
	1,5	59,7	1:3,4	81 x 121	42,3	1:2,1	50 x 75
APO-TELYT-R 1:3,4/180 mm	∞	154	1:7,2	172 x 258	89,4	1:3,6	86 x 129
	2,5	104	1:4,4	106 x 159	74,0	1:2,7	66 x 99
ELMARIT-R 1:2,8/180 mm	∞	146	1:7,2	172 x 258	81,2	1:3,6	86 x 129
	1,8	84,9	1:3,8	91 x 137	61,3	1:2,5	60 x 90
TELYT-R 1:4/250 mm	∞	299	1:10,1	242 x 363	172	1:5,0	121 x 181
	1,7	104	1:3,2	76 x 114	85,8	1:2,3	55 x 82
TELYT-R 1:4,8/350 mm	∞	558	1:13,9	334 x 501	316	1:7,0	167 x 250
	3,0	187	1:4,4	105 x 157	153	1:3,2	76 x 114

Tabelle 13: Ringkombination, Bestell-Nr. 14158 + Elpro-Nahvorsatz (alle Werte abgerundet)
2teilige Kombination, 25 mm hoch

R-Objektiv	ELPRO-Nahvorsatz	Entfernungs-skala auf (m)	Entfernung Objekt – Frontlinse in cm	Abbildungs-verhältnis	Objektfeld-größe in mm
SUMMICRON-R 1:2/50 mm	1	∞	9,4	1:1,64	39 x 59
		0,5	7,9	1:1,35	32 x 48
	2	∞	7,7	1:1,35	32 x 48
		0,5	6,6	1:1,14	27 x 41
SUMMICRON-R 1:2/90 mm	3	∞	23	1:2,27	54 x 82
		0,7	18	1:1,61	39 x 58

Tabelle 14: Ringkombination, Bestell-Nr. 14159 + Elpro-Nahvorsatz (alle Werte abgerundet)
3teilige Kombination, 50 mm hoch

R-Objektiv	ELPRO-Nahvorsatz	Entfernungs-skala auf (m)	Entfernung Objekt – Frontlinse in cm	Abbildungs-verhältnis	Objektfeld-größe in mm
SUMMICRON-R 1:2/50 mm	1	∞	5,7	1:09:1	22 x 33
		0,5	5,2	1,22:1	19,7 x 29,5
	2	∞	5,0	1,23:1	19,5 x 29,3
		0,5	4,6	1,36:1	17,6 x 26,5
SUMMICRON-R 1:2/90 mm	3	∞	16	1:1,36	33 x 49
		0,7	13	1:1,09	26 x 39

bundierendes Licht» wird dann der Kontrast der Abbildung herabgesetzt und die Abbildungsqualität stark gemindert. Durch eine spezielle Vorrichtung kann mit halbautomatischer Springblendenfunktion der Leica R-Objektive gearbeitet werden: wird das eingesetzte Objektiv zunächst aufgeblendet, bleibt beim Betätigen des Vorwahlringes die Objektivblende zur Scharfeinstellung geöffnet. Durch Druck auf den Blendenauslöser am vorderen Teil der Ringkombination oder mit Hilfe eines Doppeldrahtauslösers ist es möglich, die Objektivblende kurz vor der Belichtung auf den vorgewählten Wert zu schließen. Bei den Leicaflex SL/SL2- und Leica R-Modellen erfolgt die Belichtungsmessung mit der jeweiligen Arbeitsblende. Die entsprechenden Verlängerungsfaktoren gehen in die Belichtungsmessung mit ein.

In der Praxis haben sich folgende Arbeitsmethoden bewährt:

Leica R8, R7, R-E, R5 und Leica R4-Modelle mit Doppel-Drahtauslöser

Bei diesen Leica R-Modellen wählt man die Zeit-Automatik – je nach Objekt mit integraler oder selektiver Belichtungsmeßmethode. Bei voller Öffnung des Objektivs nimmt man dann, z.B. durch Vor- und Zurückbewegen, die Scharfeinstellung vor. Im Moment der besten Schärfe wird sofort der Doppel-Drahtauslöser betätigt. Dabei schließt sich zunächst die Blende des Objektivs auf den vorgewählten Wert. Bevor nun unmittelbar darauf der Verschluß der Leica R ausgelöst wird, erfolgt noch die Belichtungsmessung (einschließlich der Meßwertspeicherung bei selektiver Belichtungsmessung), die den Verschluß automatisch steuert. Wird die Belichtungszeit manuell eingestellt, haben sich die beiden Methoden bewährt, die auch für die Leica R6.2, R6 sowie die Leica R3- und Leicaflex SL/SL2-Modelle gelten:

Fotografieren mit Doppel-Drahtauslöser

- Objektiv auf Arbeitsblende abblenden
- Belichtungszeit messen – evtl. Ersatzmessung durchführen – und manuell einstellen

- Objektiv aufblenden, Schärfe einstellen durch Vor- und Zurückbewegen
- mit Doppel-Drahtauslösung auslösen

Fotografieren ohne Doppel-Drahtauslöser

- Scharfeinstellung bei voller Öffnung des Objektivs vornehmen
- auf Arbeitsblende abblenden
- Belichtungszeit selektiv oder integral messen mit normalem Drahtauslöser oder von Hand bzw. bei motorischem Aufzug mit Kabelauslöser oder über Steuergerät auslösen

Beim Fotografieren ohne Doppel-Drahtauslöser kann die Zeit-Automatik der Leica R-Modelle, sowohl bei selektiver als auch bei integraler Belichtungsmeßmethode, benutzt werden.

Die zusätzliche Anwendung von Elpro-Nahvorsätzen ist empfehlenswert, weil dadurch die Abbildungsleistung günstig beeinflußt wird. Beispiele für die damit erreichbaren Abbildungsverhältnisse zeigen die Tabellen. Werden hohe Ansprüche an die Abbildungsqualität gestellt, muß in allen Fällen mindestens auf Blende 8 abgeblendet werden. Die Verwendung von Weitwinkelobjektiven kann in Verbindung mit der Ringkombination nicht empfohlen werden.

Das Gewinde der Ringkombination ist nicht aufgerichtet. Dadurch werden die Objektive beim Einsetzen unter Umständen azimutal versetzt, d.h. deren Indizes für Entfernung und Blende können dann nicht direkt «von oben» abgelesen werden, und das Stativgewinde der Objektive, wie z.B. am Apo-Summicron-R 1:2/180 mm, kann nicht benutzt werden. Aus diesem Grund wird die Ringkombination für die Objektive mit Stativbefestigung nicht empfohlen.

Macro-Adapter-R

Als Zwischenring mit allem Komfort, d.h. mit Springblenden-Automatik, erweitert der Macro-Adapter-R (Bestell-Nr. 14299) die Auszugsverlängerung der Objektive um 30 mm. In Verbindung mit den Leica R-Modellen bleiben die Offenblenden-Messung und die

Funktion der Springblenden aller R-Objektive voll erhalten. Außer der manuellen Einstellung von Belichtungszeit und Blende kann auch die Zeit-Automatik der Leica R-Modelle ohne Einschränkung benutzt werden. Mit dem Macro-Adapter-R läßt es sich daher auch im Nahbereich genauso unproblematisch fotografieren wie im normalen Bereich. Welche Abbildungsverhältnisse mit den Objektiv-Brennweiten von 50 mm bis 800 mm erreicht werden, zeigt die Tabelle 15. Die Objektive Macro-Elmarit-R 1:2,8/60 mm und auch das frühere Macro-Elmar-R 1:4/100 mm sind speziell auf eine Be-

nutzung mit dem Macro-Adapter-R abgestimmt. Auf beiden Objektiv-Einstellschnecken können außer den üblichen kombinierten Meter/feet-Entfernungseinstellungen auch die mit dem Macro-Adapter-R erreichbaren Abbildungsverhältnisse abgelesen bzw. eingestellt werden.

Bei kritischen Motiven ist ein Abblenden der normalen R-Objektive auf Blende 8 oder 11 erforderlich, wenn eine ausgewogene Abbildungsleistung bis in die Bildecken gefordert wird. Blüten, Kleinlebewesen und ähnliche Objekte können meistens schon bei voller Öff-

Tabelle 15: aktuelle R-Objektive mit Macro-Adapter-R (alle Werte abgerundet)

R-Objektiv	Entfernungs-skala auf (m bzw. Abb.-Verh.)	Entfernung Objekt – Frontlinse in cm	Abbildungs-verhältnis	Objektfeld-größe in mm
SUMMICRON-R 1:2/50 mm	∞ 0,5	11,6 9,9	1:1,75 1:1,42	42 x 63 34 x 51
MACRO-ELMARIT-R 1:2,8/60 mm	∞ 1:2	16 9,7	1:2 1:1	48 x 72 24 x 36
SUMMICRON-R 1:2/90 mm	∞ 0,7	32 23	1:3 1:2	72 x 108 48 x 72
APO-ELMARIT-R 1:2,8/180 mm	∞ 1,5	125 70	1:5,8 1:2,9	139 x 208 69 x 103
APO-SUMMICRON-R 1:2/180 mm	∞ 1,5	125 70	1:5,7 1:2,9	137 x 205 69 x 103
APO-TELYT-R 1:4/280	∞ 1,7	315 100	1:9 1:2,9	215 x 322 69 x 103
APO-TELYT-R 1:2,8/280 mm	∞ 2	315 110	1:9 1:3,3	215 x 335 80 x 120
APO-TELYT-R 1:4/400 mm	∞ 2,15	630 140	1:13 1:3	310 x 465 72 x 108
APO-TELYT-R 1:2,8/400 mm	∞ 3,7	630 210	1:13 1:4,3	310 x 465 102 x 152
APO-TELYT-R 1:5,6/560 mm	∞ 2,15	1160 150	1:20 1:2,3	480 x 720 56 x 84
APO-TELYT-R 1:4/560 mm	∞ 3,95	1160 285	1:20 1:4,4	480 x 720 105 x 157
APO-TELYT-R 1:5,6/800 mm	∞ 3,90	2240 310	1:26 1:3,4	630 x 945 83 x 124

Tabelle 16: R-Objekte mit Macro-Adapter-R und Elpro-Nahvorsatz (alle Werte abgerundet)

R-Objektiv	ELPRO-Nahvorsatz	Entfernungs-skala auf	Entfernung Objekt – Frontlinse in cm	Abbildungs-verhältnis	Objektfeld-größe in mm
SUMMICRON-R 1:2/50 mm	1	∞ 0,5	8,2 7,0	1:1,43 1:1,2	34 x 51 29 x 43
	2	∞ 0,5	6,9 6,0	1:1,2 1:1,04	29 x 43 25 x 37
SUMMICRON-R 1:2/90 mm	3	∞ 0,7	21 16	1:2 1:1,5	48 x 72 35 x 53

nung der Objektive optimal wiedergegeben werden. Dabei läßt sich die zwangsläufig geringe Schärfentiefe als besonderes Gestaltungsmittel einsetzen. So sind effektvolle Nahaufnahmen auch aus der Hand leicht möglich. Mit 130 g belastet der Macro-Adapter-R auch nicht die Foto-Ausrüstung und kann daher ständig mitgeführt werden.

Wichtig: Ein Macro-Adapter-R ohne elektrische Kontakte muß immer zuerst in die Leica R eingeriegelt werden bevor ein Objektiv mit elektrischen Kontakten in den Macro-Adapter-R eingesetzt werden kann. Beim Macro-Adapter-R mit elektrischen Kontakten ist diese Reihenfolge nicht erforderlich, wenn beide – Macro-Adapter-R und Objektiv – mit elektrischen Kontakten ausgestattet sind.

Aus konstruktiven Gründen kann der Macro-Adapter-R jedoch nicht an den Leicaflex-Modellen benutzt werden. Eine Sperre verhindert eine irrtümliche Adaption und schließt damit eine unsachgemäße Bedienung aus. Für die beiden Makro-Objektive Macro-Elmarit-R 1:2,8/60 mm und Macro-Elmar-R 1:4/100 mm sind zur Benutzung an den Leicaflex-Modellen spezielle Adapter mit Springblenden-Automatik nötig:

Der 1:1-Adapter für das Macro-Elmarit-R
1 : 2,8/60 mm
Der Nahring für das Macro-Elmar-R 1:4/100 mm

Die beiden Adapter erweitern ebenfalls die Auszugsverlängerung um 30 mm. Damit gelten auch die gleichen Angaben über Abbildungsverhältnisse, Objektfeldgrössen und Arbeitsabstände wie beim Macro-Adapter-R. 1:1-Adapter und Nahring lassen sich nur ansetzen und verriegeln, wenn der Blendenvorwahlring des Objektivs auf Blende 22 gestellt wird. Diese Einstellung ist durch eine zusätzliche Markierung an den Makro-Objektiven gekennzeichnet (grüner Punkt). Ein falsches Ansetzen wird durch eine Sperre verhindert.

Sind 1:1-Adapter oder Nahring mit den Objektiven gekuppelt, so wird die Blendeneinstellung des Objektivs am Adapter selbst vorgenommen; der gewählte Wert wird auch im Sucher der Leicaflex SL2/SL2-Mot

angezeigt. Alle Funktionen, einschließlich der eingespiegelten Blendenwerte, bleiben auch bei Verwendung dieser Adapter an den Leica R-Modellen erhalten. Der 1:1-Adapter und der Nahring sind nicht für die Verwendung an anderen Objekten gedacht.

Sofern Elpro-Nahvorsätze zur Verfügung stehen, können diese zur Optimierung der Wiedergabe und zur Erweiterung der Arbeitsbereiche auch in Verbindung mit den Adaptern genutzt werden. Für alle drei gilt jedoch: die Kombination mehrerer 1:1-Adapter, Nahringe und Macro-Adapter-R wird offiziell nicht empfohlen.

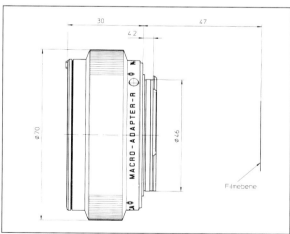

Abb. 208 a u. b: Der Macro-Adapter-R

Balgeneinstellgerät-R BR2

Die universellste Art, den Nahbereich durch Auszugsverlängerung zu schließen, bietet das Balgeneinstellgerät-R BR2. Präzise und stabil gebaut besitzt es alle Voraussetzungen, die man für ein schnelles und zuverlässiges Arbeiten braucht. Die automatische Springblendenübertragung erleichtert auch im extremen Nahbereich das Fotografieren und erlaubt außerdem dynamische Nahaufnahmen aus freier Hand. Durch den großen Balgenauszug von 110 mm, der sich kontinuierlich verstellen läßt, erweitert das Balgeneinstellgerät-R BR2 den fotografischen Anwendungsbereich der Leica R-Modelle in vielfältiger Weise. Vor allem in Wissenschaft und Technik – bei extremen Nahaufnahmen – ist es unentbehrlich.

Das vordere bewegliche Teil – die Objektiv-Standarte – besitzt das Schnellwechselbajonett für R-Objektive. Mittels eines auf der linken Seite angeordneten Einstellrades wird die Scharfeinstellung und damit die gewünschte Auszugsverlängerung, also der entsprechende Abbildungsmaßstab, eingestellt. Auf der rechten Seite kann die Standarte, resp. die Auszugsverlängerung, fixiert werden. Das ist z.B. nötig, wenn das Balgeneinstellgerät mit einem schweren Objektiv am Reprovit-R benutzt wird.

Ist beim Fotografieren vom Stativ oder an einer Reprosäule ein bestimmter Abbildungsmaßstab vorgegeben, kann man die Schärfe durch den eingebauten Einstellschlitten in die gewünschte Ebene legen. Diese Einstellung ist ebenfalls fixierbar.

Fast alle Leica R-Objektive von 50 mm bis 180 mm Brennweite können für Nahaufnahmen mit dem Balgeneinstellgerät-R BR2 benutzt werden. Welche Abbildungsverhältnisse, Objektfeldgrößen und Arbeitsabstände dabei erreicht werden, zeigt die Tabelle 17.

Auf einer seitlich am Balgeneinstellgerät-R BR2 angeordneten Millimeterskala kann der eingestellte Verstellweg abgelesen und bei Bedarf wieder neu eingerichtet werden.

Als spezielles Objektiv für das Balgeneinstellgerät-R ist das Macro-Elmar 1:4/100 mm vorgesehen. Ein Objektivkopf ohne Einstellschnecke. Der Einstellbereich reicht mit diesem Spezial-Objektiv von unendlich bis zum Abbildungsverhältnis 1,1:1. Bei allen anderen Leica R-Objektiven wird eine Einstellung auf unendlich nicht

erreicht, weil durch den zusammengeschobenen Balgen und die beiden Standarten des Balgeneinstellgerätes bereits eine Auszugsverlängerung von 54 mm gegeben ist. Die größte Auszugsverlängerung beträgt 164 mm. Für eine vergrößernde Wiedergabe werden spezielle Lupen-Objektive angeboten:

Photar 1:4/50 mm   (Bestell-Nr.549027)
Photar 1:2/25 mm   (Bestell-Nr.549026)
Photar 1:2,4/12,5 mm   (Bestell-Nr.549025)

Sie lassen sich über den Photar-Adapter-R (Bestell-Nr. 14259) in das Leica R-Schnellwechselbajonett des Balgeneinstellgerätes einsetzen.

Zum Lieferumfang des Balgeneinstellgerätes gehört ein Kompendium, das als wirkungsvolle Gegenlichtblende in extremen Beleuchtungssituationen unentbehrlich ist. Es wird über zwei Führungsstangen in die

Abb.209 a u.b: *Das Balgeneinstellgerät-R BR2 (oben) und der Objektivkopf Macro-Elmar 1:4/100 (unten)*

Tabelle 17: Balgeneinstellgerät-R BR 2
mit verschiedenen R-Objektiven   (alle Werte abgerundet)

R-Objektiv	Entfernung Objekt – Vorderkante Obj. in cm von – bis	Abbildungs-verhältnis von – bis	Objektfeld-größe in mm von – bis
SUMMICRON-R 1:2/50 mm	6,0–2,4	1:1–3,2:1	24 x 36– 7,5 x 11,3
MACRO-ELMARIT-R 1:2,8/60 mm	7,2–2,2	1:1,2–3,2:1	29 x 43– 7,5 x 11,3
MACRO-ELMARIT-R 1:2,8/60 mm mit MACRO ADAPTER-R	4,8–1,8	1,4:1–3,7:1	17 x 25,5– 6,5 x 9,7
SUMMICRON-R 1:2/90 mm	21–10	1:1,7–2:1	41 x 61– 12 x 18
MACRO-ELMAR 1:4/100 mm	∞–15	∞:1–1:1	∞–22 x 33
APO-ELMAR-R 1:2,8/180 mm	90–34	1:3,4–1,25:1	83 x 122– 19 x 29

Vorderseite des Balgengeräts eingesteckt und über einen Zwischenring an die Objektive mit Filtergröße E55 adaptiert. Durch Auswechseln des Ringes lassen sich auch Objektive mit anderen Filtergrößen verwenden. Wichtig ist, daß das Kompendium beim Einrichten nicht zu weit ausgezogen wird, weil ansonsten Vignettierungen auftreten können. Im Sucher der Leica R läßt sich das leicht kontrollieren.

Achtung: Die Führungsstangen für die Objektiv-Standarte und den Einstellschlitten des Balgeneinstellgerätes ragen bei nur geringem Balgenauszug über die Vorderkante der Lupen-Objektive hinaus. Größere Objekte lassen sich deshalb nicht immer nah genug an diese Objektive heranführen, d.h., bestimmte Abbildungsbereiche können dann nicht erreicht werden (siehe Abb. 210). Allgemein gültige Empfehlungen, in welchem Maße das jeweils benutzte Objektiv abgeblendet werden sollte, können nicht gegeben werden. Während die speziell für den Nahbereich gerechneten Lupen-Objektive bereits bei geringer Abblendung von zwei bis drei Blendenstufen eine gute Abbildungsleistung erreichen, müssen normale Foto-Objektive mindestens auf Blende 8 oder 11 abgeblendet werden, wenn hohe Ansprüche an die Wiedergabe gestellt werden. Auch hier gilt, daß die Elpro-Nahvorsätze nicht nur den Abbil-

dungsbereich erweitern, sondern auch die Abbildungsleistung steigern. In Tabelle 18 können die wichtigsten Daten abgelesen werden.

Macro-Elmar 1:4/100 mm

Der Objektivkopf für das Balgeneinstellgerät-R BR2 ist eine 4-linsige, 3-gliedrige Triplet-Variante und entspricht damit vom Aufbau her einem typischen Elmar. Allerdings speziell für den Nahbereich gerechnet. Seine beste Abbildungsleistung zeigt das Macro-Elmar 1:4/100 mm bei Abbildungsverhältnissen von 1:10 bis 1:5. Hier wird bereits bei voller Öffnung eine sehr gute Auflösung im gesamten Bildfeld erreicht. Lediglich der Kontrast läßt sich noch etwas steigern, wenn das Objektiv um eine halbe bis eine Stufe abgeblendet wird. Im näheren Einstellbereich, d.h. bis zum Abb.-Verh. 1:1, sollte auf Blende 8 abgeblendet werden, wenn sehr hohe Ansprüche an die Abbildungsleistung gestellt werden. Das gilt auch für den Bereich von 1:20 bis unendlich. Hier wird zwar bei voller Öffnung die Gesamtleistung durch Bildfeldwölbung ein wenig beeinträchtigt (Eckenabfall), doch ab Blende 5,6–8 ist das Makro-Elmar 1:4/100 mm durchaus mit anderen, für unendlich gerechnete Leica R-Objektive vergleichbar.

Querformat-Aufnahmen aus der Hand

Das Balgeneinstellgerät-R BR2 besitzt eine automatische Springblendenübertragung und ist mit allen Leica R-Modellen bei Zeitautomatik sowie manueller Einstellung von Belichtungszeit und Objektivblende ohne Einschränkung zu benutzen. Das Motiv läßt sich dabei immer bei voller Helligkeit beobachten, da sich die Objektivblende erst beim Auslösen auf den vorgewählten Wert schließt. Da das Balgeneinstellgerät kompakt ist, sind Querformat-Aufnahmen aus der Hand möglich. Die rechte Hand hält dabei die Kamera und bedient Schnellschalthebel und Auslöser, während die linke Hand das Einstellrad für den Balgenauszug betätigt und beim Auslösen die Ausrüstung am Einstellschlitten abstützt. Noch bequemer gelingen Querformat-Aufnahmen aus der Hand mit motorischem Antrieb der Leica R und Universal-Handgriff mit Schulterstütze

Abb. 210 a u. b: *Wenn im extremen Nahbereich die Führungs-stangen der Objektivstandarte die notwendig kurze Aufnahme-Entfernung behindert (Abb. links), kann die Benutzung einer* *längeren Brennweite notwendig werden. Oben: keine Behin-derung!*

(Bestell-Nr. 14239). Ausgelöst wird die Kamera dann am Handgriff über den als Zubehör lieferbaren elektrischen Auslöseschalter R (Bestell-Nr. 14254 bzw. 14237). Wichtig ist, daß die gesamte Gerätekombination gut (ggf. einschließlich Blitz) ausbalanciert in der Hand liegt. Durch den Einstellschlitten läßt sich der Schwerpunkt des Balgeneinstellgerätes, der sich je nach verwendetem Objektiv verschiebt, optimal festlegen. Mit vorher eingestelltem Abbildungsverhältnis und bei geöffneter Objektivblende wird das Objekt dann im Sucher der Leica R anvisiert. Gleichzeitig wird durch Vor- und Rückwärtsbewegen der gesamten Ausrüstung die optimale Scharfeinstellung «eingependelt». Im Moment der höchsten Schärfe erfolgt die Auslösung. Muß die Ausrüstung über einen längeren Zeitraum in Anschlag gehalten werden, z.B. bis sich ein Schmetterling auf eine bestimmte Blüte niederläßt, wird das Gewicht am besten durch ein Einbein-Stativ aufgefangen. Es wird über den Leica Kugelgelenkkopf entweder an den Universal-Handgriff oder direkt an den Einstellschlitten angesetzt. Wird das Kugelgelenk nicht fixiert, bleibt die volle Bewegungsfreiheit für die Scharfeinstellung (siehe oben) erhalten. Bei Hochformat-Aufnahmen ist ein stabiles Dreibeinstativ empfehlenswert.

Warum keine Umkehrringe?

Im Angebot anderer Kamera-Systeme, in Katalogen der Zubehör-Lieferanten und in der Foto-Literatur liest man immer wieder von sogenannten Umkehrringen, die in Verbindung mit normalen Foto-Objektiven eine Verbesserung der Abbildungsleistung im Nahbereich bringen sollen. Tun sie das wirklich? In der Regel werden normale Foto-Objektive für den «Unendlich-Bereich» gerechnet, weil man in der Praxis die meisten Objekte aus relativ großem Abstand fotografiert; dabei ist das Objektiv sehr nah vor dem Film angeordnet. Im

Tabelle 18: Balgeneinstellgerät-R BR2 mit verschiedenen R-Objekten und Elpro-Nahvorsätzen

Balgen-einstellgerät R BR2 mit R-Objektiv	ELPRO-	Entfernung Objekt – Vorder-kante Obj. in cm von – bis	Abbildungs-verhältnis von – bis	Objektfeldgröße in mm von – bis
SUMMICRON-R 1:2/50 mm	1/VIa 2/VIb	5,1–1,9 4,6–1,8	1,1:1–3,3:1 1,3:1–3,4:1	22 x 33–7,5 x 11 18 x 27–7,0 x 10,5
SUMMICRON-R 1:2/90 mm	3/VIIa	15,6–8,9	1:1,3–2,3:1	31 x 47–10,5 x 16
MACRO-ELMAR 1:4/100 mm	4/VIIb 3/VIIa	145–12,7 62–11,3	1:15–1,15:1 1:6,4–1,3:1	360 x 540–21 x 31 154 x 230–18 x 27

Abb. 211: *Wer die Welt der Nahaufnahme entdeckt hat, geht immer wieder auf die Jagd nach Details. Im System der Leica R gab und gibt es dafür viele Varianten zur optimalen Anpassung. Diese Aufnahme entstandmit dem Elmarit-R 1:2,8/135 mm, der 2teilige Ringkombination, und mit 1/125 Sekunde bei Blende 4.*

Nahbereich ändern sich diese Bedingungen. Je mehr wir uns dem Objekt nähern, um so weiter muß das Objektiv beim Scharfeinstellen vom Film entfernt werden. Trotzdem bleibt die Distanz vom Objektiv zum Film immer kleiner als vom Objektiv zum Objekt. Doch die Abbildungsleistung der normalen Foto-Objektive verringert sich dennoch stetig mit zunehmender Auszugsverlängerung. Beim Abbildungsverhältnis 1:1 sind dann beide Distanzen gleich groß. Darüber hinaus, also bei vergrößerter Wiedergabe, kehren sich die Bedingungen um, d.h. man fotografiert das Objekt aus sehr geringer Entfernung, während der Film relativ weit vom Objektiv entfernt ist. Je größer etwas abgebildet wird, um so mehr wächst die Auszugsverlängerung, um so mehr verringert sich die Distanz zwischen Objektiv und Objekt und um so schlechter wird die Abbildungsleistung des Objektivs. Bei unendlich großer Wiedergabe hat

man die gleichen Bedingungen in Umkehrung wie beim Fotografieren von unendlich weit entfernten Gegenständen: Die Bildwiedergabe ist entsprechend miserabel! Kehrt man jetzt jedoch das Objektiv um (Retrostellung), so werden die Bedingungen wieder hergestellt, für die das Objektiv gerechnet wurde. Entsprechend gut fällt die Abbildungsleistung aus.
In der Praxis haben Umkehrringe deshalb nur ihre Berechtigung, wenn sehr große Abbildungsmaßstäbe auf dem Film mit normalen Foto-Objektiven erreicht werden sollen. Dann sind allerdings bei allen Leica R-Objektiven die Arbeitsabstände so gering, daß eine vernünftige Auflicht-Beleuchtung nicht mehr möglich ist. Außerdem würde beim Umkehren der Objektive auch ein wirksamer Blendschutz fehlen. Dadurch bilden sich leicht Streulicht und Reflexe, die gerade im Nahbereich besonders stören.

So gesehen bringen Umkehrringe keine anwendungstechnischen Vorteile in der Praxis. Bei der Leica verzichtet man deshalb auf ein derartiges Zubehör und bietet dafür Elpro-Nahvorsätze, Makro- und Lupen-Objektive an, die für die verschiedenen Nahbereiche speziell konzipiert wurden.

Photar-Objektive

Bei diesen Lupen-Objektiven ist das Linsen-System, vereinfacht ausgedrückt, bereits in Retrostellung, also umgekehrt, gefaßt worden. Die Photar-Objektive sind nämlich speziell für vergrößernde Abbildungen gerechnet, d.h. für Aufnahmesituationen, bei denen die Abstände zwischen Objektiv und Objekt klein und zwischen Objektiv und Film groß sind. Photar 1:2,4/12,5 mm, Photar 1:2/25 mm und Photar 1:4/50 mm besitzen Mikrogewinde W 0,8" x 1/36" und werden mit Hilfe des Zwischenringes Photar-Adapter R (Best.-Nr. 14259) in das Balgeneinstellgerät-R BR2 eingesetzt. In Tabelle 19 sind die mit dem Balgeneinstellgerät-R BR2 und den verschiedenen Photar-Objektiven zu erreichenden Abbildungsverhältnisse abzulesen. Diese Bereiche können durch die Ringkombination (Best.-Nr. 14158) und weitere Mittelringe (Best.-Nr. 14135) noch erheblich erweitert werden, ohne daß die Abbildungsleistung der Photar-Objektive dadurch vermindert wird. Natürliche Grenzen werden

Abb. 212: *Photar-Adapter-R mit Photar 1:2,4/12,5 mm*

Tabelle 19: Balgeneinstellgerät R BR2
mit Lupen-Objektiven Photar   (alle Werte abgerundet)

Objektiv	Entfernung Objekt – Frontlinse in cm von – bis	Abbildungs- verhältnis von – bis	Objektfeld- größe in mm von – bis
PHOTAR 1:4/50 mm	8,1–6,0	1,4:1– 3,4:1	17 x 26 7,1 x 10,5
PHOTAR 1:2/25 mm	2,0–1,5	3,5:1– 7,5:1	6,8 x 10,2 3,2 x 4,8
PHOTAR 1:2,4/12,5 mm	0,9–0,8	8,5:1– 17,5:1	2,8 x 4,2 1,4 x 2,1

praktisch nur durch vagabundierendes Licht, d.h. durch Innenreflexionen bei Verwendung von mehr als fünf Mittelringen, und (vor allem) durch Verwacklungen bei Benutzung instabiler Repro-Stative gesetzt. Ein stabiles Repro-Stativ oder der Universal-Kamerahalter zum Reprovit IIa bieten alle Voraussetzungen für erschütterungsfreie Aufnahmen.

Insbesondere in den Arbeitsbereichen, in denen Photar-Objektive Hervorragendes leisten, gilt: abgeblendet wird nur soweit, wie es die Schärfentiefe erfordert! Und die ist auch in diesen Arbeitsbereichen bei abgeblendetem Photar nicht sehr groß. Optimal ist eine Abblendung um etwa zwei Blendenstufen. Daß Photar-Objektive keine Rastblenden besitzen, stört nicht. Im Gegenteil, die Blendeneinstellringe lassen sich so leichter bedienen. Ein Vorteil, der bei diffizilen Einstellvorgängen von besonderem Wert ist.

Bei 10facher Vergrößerung sind auch die Präzisionsfeintriebe vom Balgeneinstellgerät-R BR2 und Reprovit IIa für eine Feinfokussierung fast überfordert. Im Bereich der vergrößernden Abbildung haben sich dafür spezielle Objekttische bewährt, wie z.B. das frühere Modell von Leitz, das eine parallele Höhenverstellung und Mikrometerschraube besitzt..

Eine exakte Scharfeinstellung kann bei starken Vergrößerungen nur über Vollmattscheibe erfolgen. Auch die Verwendung eines hellen Einstellichtes ist unbedingt erforderlich. Mikroskopierlampen oder spezielle Beleuchtungseinrichtungen für Makro-Aufnahmen, die das bieten, sind durchweg mit Halogenlampen, Kaltlichtspiegel und Wärmeschutzfilter ausgestattet. So bleibt die thermische Belastung des Objektes gering; auch wenn viel Licht darauf konzentriert wird. Flexible, selbsthaltende Lichtleiter mit Beleuchtungslinsen und

Tabelle 20: R-Objektive im Nahbereich erforderliches Zubehör und erreichbare Abbildungsverhältnisse   (alle Werte abgerundet)

R-Objektiv	ohne Nahgeräte	APO-EXTENDER-R 1,4x	APO-EXTENDER-R 2x	ELPRO-Nahvorsatz	MACRO-ADAPTER-R	Ringkombination 2teilig (25 mm hoch) Best.-Nr. 14158	3teilig (50 mm hoch) Best.-Nr. 14159	Balgenein-stellgerät-R BR2
	bis	bis	bis	von – bis	von – bis	von – bis	von – bis	von – bis
SUMMICRON-R 1:2/50	1:7,6	–	1:3,8	1 1:7,7–1:3,8 2 1:3,9–1:2,6	1:1,8–1:1,4	1:2,1–1:1,6	1:1–3,2:1	
MACRO-ELMARIT-R 1:2,8/60	1:2	–	1:1	–	1:2–1:1	–	–	1:1,2–3,2:1
MACRO-ELMARIT-R 1:2,8/60 mit MACRO-ADAPTER-R	–	–	2:1	–	–	–	–	1,4:1–3,7:1
SUMMICRON-R 1:2/90	1:5,8	–	1:2,9	3 1:6,7–1:3	1: 3–1:2	1:3,6–1:2,2	1:1,8–1:1,4	1:1,7–2:1
MACRO-ELMAR 1:4/100 für Balgen BR2	–	–	2:1	4 1:13,4–1,1:1 3 1:6–1,2:1	–	–	–	∞ –1,1:1
APO-MACRO-ELMARIT-R 1:2,8/100	1:2	–	1:1	1:2–1,1:1	–	–	–	–
APO-ELMARIT-R 1:2,8/180	1:7	1:5	1:3,5	–	1: 5,8–1:2,9	1:7–1:3,2	1:3,5–1:2,1	1:3,4–1,25:1
APO-SUMMICRON-R 1:2/180	1:6,7	1:4,8	1:3,4	–	1: 5,7–1:2,9	–	–	–
APO-TELYT-R 1:4/280	1:5	1:3,6	1:2,5	–	1: 9–1:2,9	–	–	–
APO-TELYT-R 2,8/280	1:6,1	1:4,4	1:3	–	1: 9–1:3,3	–	–	–
APO-TELYT-R 4/400	1:4,6	1:3,3	1:2,3	–	1:13–1:3	–	–	–
APO-TELYT-R 2,8/400	1:8,6	1:6,1	1:4,3	–	1:13–1:4,3	–	–	–
APO-TELYT-R 5,6/560	1:3,1	1:2,2	1:1,5	–	1:20–1:2,3	–	–	–
APO-TELYT-R 4/560	1:6,4	1:4,6	1:3,2	–	1:20–1:4,4	–	–	–
APO-TELYT-R 5,6/800	1:4,5	1:3,2	1:2,3	–	1:26–1:3,4	–	–	–
PHOTAR 1:2,4/12,5	–	–	–	–	–	–	–	8,5:1–17,5:1
PHOTAR 1:2/25	–	–	–	–	–	–	–	3,5:1– 7,5:1
PHOTAR 1:4/50	–	–	–	–	–	–	–	1,4:1– 3,4:1

einsetzbare Filter gestatten eine optimale Anpassung des Lichtes im Makro-Bereich. Beim Macrolight von Novoflex kann die eigentliche Aufnahme sogar mit Hilfe eines normalen Blitzgerätes erfolgen dessen Licht in das Beleuchtungssystem dieser Einrichtung einge-spiegelt wird. Durch das SCA-System bleibt dabei auch die TTL-Blitzbelichtungsmessung erhalten.

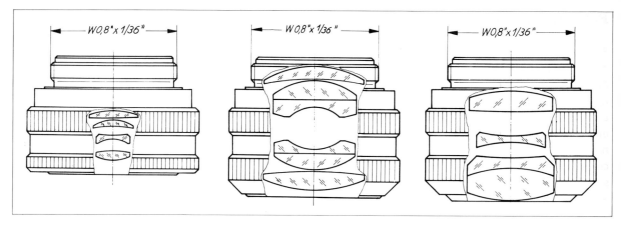

Abb. 213: Die Photar-Objektive. Von links: 1:2,4/12,5 mm, 1:2/25 mm und 1:4/50 mm

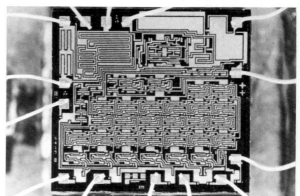

Abb. 214 a–c: Durch die extreme Nahaufnahme wird uns vor Augen geführt, was nur schwer zu schildern ist. Im Vergleich wird sichtbar, wie winzig integrierte Schaltungen sind, die unser tägliches Leben schon zu einem großen Teil beeinflussen und die u.a. auch die Leica R4-Modelle, Leica R5, R-E, R7 und R8 «steuern».

Oben links: Photar 1:4/50 mm, Abb.-Verh. 1,1:1
Oben rechts: Photar 1:2/25 mm, Abb.-Verh. 6:1
Rechts: Photar 1:2,4/12,5 mm, Abb.-Verh. 15,5:1

Reproduktionen

Ein spezielles Gebiet der Nahaufnahme ist die Reproduktion. Dabei unterscheidet man bei Schwarzweiß-Aufnahmen grundsätzlich zwischen Halbtonreproduktionen, d.h. Nahaufnahmen von Vorlagen mit vielen unterschiedlichen Detailhelligkeiten, wie z.B. Fotos und Gemälde, und Strichreproduktionen, d.h. Nahaufnahmen von Vorlagen mit nur wenigen unterschiedlichen Detailhelligkeiten, wie z.B. eine Buchseite mit schwarzer Schrift auf weißem Grund.

- Halbtonreproduktionen geben die Objekte originalgetreu in vielen Grauabstufungen – vom reinen Weiß bis zum tiefen Schwarz – wieder.

- Strichreproduktionen geben die Objekte nur in Schwarzweißmanier, also ohne Zwischentöne, wieder. Sind Bild und Schrift in einer Vorlage vereint und sollen in der Reproduktion die Helligkeitsabstufungen der Abbildung weitgehend erhalten bleiben, ohne daß die Lesbarkeit der Buchstaben zu sehr beeinträchtigt wird, wählt man ebenfalls die Halbtonreproduktion. Dafür eignen sich alle normalen, niedrig-empfindlichen Schwarzweiß-Filme.

Für Strichreproduktionen werden ortho- und panchromatische Dokumentenfilme angeboten (siehe Seite 290 und 297). Sie sind speziell für die Wiedergabe feinster Linien gedacht, besitzen also ein hohes Auflösungsvermögen. Ihre von Haus aus steile Gradation kann durch die Entwicklung in starkem Maße beeinflußt werden (siehe Seite 297). Entsprechend diesen Entwicklungsmethoden können Dokumentenfilme nicht nur für Strichreproduktionen, sondern auch für viele Halbtonaufnahmen verwendet werden. Bei farbigen Vorlagen und bei der Benutzung von Filtern spielt die Farbempfindlichkeit des Dokumentenfilms eine wesentliche Rolle (siehe Seite 290).

Für farbige Reproduktionen von Aufsichtsvorlagen eignen sich alle normalen, niedrig-empfindlichen Farb-Umkehrfilme und Farb-Negativfilme.

Andere Arbeitstechniken, z.B. die direkte oder indirekte chromogene Entwicklung von Schwarzweiß-Filmen, führt zu weißer Schrift auf farbigem Untergrund, wenn normale Buchseiten mit schwarzer Schrift auf weißem Untergrund reproduziert werden.

Gleichmäßige Ausleuchtung

Voraussetzung für eine gute Reproduktion ist immer eine gleichmäßige Ausleuchtung der Vorlage. Werden Fotolampen oder Blitzgeräte benutzt, installiert man jeweils eine Leuchte gleichen Typs links und rechts von der Vorlage. Bei kleinen Vorlagen (DIN-A4 und kleiner) reicht auch eine Lichtquelle, wenn der Beleuchtungs-

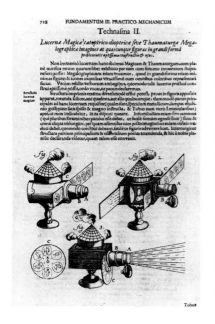

Abb. 215 a u. b: Der Verwendungszweck kann auch bei Reproduktionen die Art der Aufnahme bestimmen. Um die Seite eines alten Buches so wiederzugeben, wie sie dem Betrachter im Original erscheint, müssen alle Zwischentöne des alten Werkes, einschließlich des durchscheinenden Rückseitendrucks, erhalten bleiben und durch eine Halbtonreproduktion wiedergegeben werden (Abbildung links)! Wird dagegen eine besonders gute Lesbarkeit gefordert, wird man sich für die Strichreproduktion (Abbildung rechts) entscheiden.

abstand groß genug gewählt wird, d.h. mindestens das 6fache der längsten Vorlagen-Seite – beim DIN-A4-Format z.B. etwa 2 m – beträgt. Grundsätzlich sollte der Lampenabstand nicht zu gering sein, damit der Beleuchtungswinkel der Lichtquellen nicht steiler als 45° wird. Bei steilerer Beleuchtung können durch glänzende Papier-Oberflächen, durch den Glanz der Druckerschwärze und durch Spiegelungen in Glasscheiben, die die Vorlage beschweren, Reflexe auftreten. Praxisgerecht ist die sogenannte Schattenprobe: Ein auf die Mitte der Vorlage gehaltener Bleistift soll bei guter, ordnungsgemäßer Ausleuchtung mit Fotolampen nach beiden Seiten gleich dunkle Schatten werfen. Am besten gelingt die Beurteilung, wenn über die Vorlage ein weißes Blatt Papier gelegt wird. Bei ungleichmässiger Ausleuchtung muß eine Leuchte so lange korrigiert werden, bis eine gleichmäßige Ausleuchtung erreicht ist. Diese Methode sichert ausreichend gleichmäßige Beleuchtung. Besser ist jedoch, die Vorlage mit dem eingebauten Belichtungsmesser der Leica R bzw. Leicaflex SL/SL2 bei selektiver Meßmethode «abzutasten». Als Meßpunkte dienen die vier Ecken und die Mitte der Vorlage. Selbstverständlich muß dabei die Reflexion aller Meßpunkte gleich sein. Empfehlenswert ist auch in diesem Fall die Benutzung weißen Papiers, das an den Meßpunkten über die Vorlage gelegt wird. Die so ermittelten Meßwerte sollen dabei insgesamt nicht mehr als um einen halben Belichtungswert (halbe Blendenstufe) differieren.
Bei Reproduktionen mit Tageslicht arbeitet man am besten in der Nähe eines Fensters. Der Abstand sollte (je nach Fensterhöhe) mindestens 2 m betragen. Direktes Sonnenlicht muß in der Regel vermieden werden. Außerdem muß man damit rechnen, daß sich die Beleuchtung plötzlich durch Wolkenverschiebungen ändern kann. Tageslicht-Reproduktionen gelingen am besten bei diffuser Beleuchtung, also bei einer gleichmäßigen, hellen Wolkendecke. Der Lichtabfall von der einen zur anderen Seite der Vorlage läßt sich dadurch ausgleichen, daß man auf der fensterabgewandten Seite – in etwas Abstand von der Vorlage – einen weißen Karton aufstellt, der das Licht reflektiert.

Bestimmung der Belichtungszeit

Die automatische Belichtungsmessung führt nur dann zu einer korrekten Belichtung, wenn das Meßfeld, d.h. die angemessene Vorlage, annähernd 18% Licht reflektiert. Das kann bei Halbtonreproduktionen eventuell zutreffen, bei Strichreproduktionen von Buchseiten, Tabellen etc. ist das praktisch nie der Fall. Vorteilhaft ist deshalb das Anmessen einer weißen Fläche (weißes Papier, das anstelle der Vorlage oder auf die Vorlage gelegt wird) bei manueller Einstellung von Zeit und Blende. Der so gefundene Belichtungswert muß dann entsprechend der Helligkeit der Vorlage korrigiert werden (siehe Seite 77). Als Durchschnittswert wird die für die weiße Fläche (Schreibmaschinenpapier) gemessene Belichtungszeit bei Strichreproduktionen verdreifacht und bei Halbtonreproduktionen mit dem Faktor 4 multipliziert. Eine Korrektur durch die Blendeneinstellung ist nicht üblich. Da in den meisten Fällen bei allen Reproduktionen die optimale Abbildungsleistung des Objektivs bei Blende 11 erreicht wird, ist dies die gebräuchlichste Blendeneinstellung.

Kamera exakt ausrichten

In der Regel werden Reproduktionen von einem speziellen Reprostativ aus gemacht. Die Aufnahme erfolgt dabei von oben (Kamera) nach unten (Vorlage). Mit entsprechendem Zubehör, wie z.B. einem Reprowinkel, können auch normale Dreibein-Stative dafür benutzt werden. In Ausnahmefällen kann die Vorlage auch an einer senkrechten Wand befestigt werden, vor die dann die Kamera plaziert wird. Wichtig ist in allen Fällen die Erhaltung paralleler Linien. Das wird dadurch erreicht, daß die Negativebene exakt parallel zur Vorlagenebene ausgerichtet wird. Das Objektiv der Kamera befindet sich dabei genau im Schnittpunkt der Vorlagen-Diagonalen. In der Praxis – auch bei Leica – haben sich die verchiedenen Reprostative von der Fa. Kaiser Fototechnik bewährt. Sie werden in unterschiedlichen Größen, mit nützlichem Zubehör und entsprechenden Beleuchtungseinrichtungen im Foto-Fachhandel angeboten. Vorteilhaft ist bei Reproduktionen mit der Leica R die Verwendung der Vollmattscheibe mit Gitterteilung. Das Ausrichten der Kamera wird damit erleichtert. Ist eine

Abb. 216: *Ideal für Reproduktionen und Nahaufnahmen ist ein stabiles Reprostativ mit Beleuchtungseinrichtung für eine gleichmäßige Ausleuchtung.*

solche Einstellscheibe nicht zur Hand oder werden Leicaflex- bzw. Leica R3-Kameras benutzt, orientiert man sich am besten anhand der Sucherbegrenzung. In vielen Fällen erleichtert auch der Winkelsucher das Arbeiten beim Reproduzieren. Er liefert ein seitenrichtiges und aufrecht stehendes Bild.

Leitz Reprovit IIa

Das Reprovit IIa wird seit Jahren nicht mehr gefertigt. Da dieses universelle Reproduktionsgerät jedoch nach wie vor täglich von Tausenden von Fotografen benutzt wird, darf es an dieser Stelle nicht unerwähnt bleiben. Durch den Universal-Kamerahalter zum Leitz Reprovit IIa (Best.-Nr. 16 799) werden Leica R und Leicaflex in das universelle Reprovit IIa-System integriert. Das bedeutet, daß eine Vielzahl von speziell für den Nah- und Reprobereich entwickelten Geräten nicht nur den Anwendungsbereich dieser Kameras erweitern, sondern auch die Arbeitsbedingungen für diesen fotografischen Sektor erheblich verbessern. Das Universal-Reproduktionsgerät Reprovit IIa eignet sich für Nahaufnahmen und Reproduktionen von ebenen und plastischen Objekten. Das Grundbrett ist 67 x 68 cm groß und trägt eine stabile Säule mit Geradführung. Der Kamera-Tragarm besitzt Grob- und Feineinstellung sowie einen

Magnetauslöser, der über eine Belichtungsschaltuhr betätigt wird. Bei «B»-Einstellung der Kamera können damit über einen Drahtauslöser Belichtungzeiten von 0,5 bis 60s erschütterungsfrei ausgelöst werden. Durch Gewichtsausgleich ist die Bedienung des Tragarms auch mit angesetzter schwerer Kamera-Ausrüstung ausgesprochen leicht.

Die Vierlampenbeleuchtung garantiert eine hervorragend gleichmäßige Ausleuchtung bis über das Format 45 x 68 cm (etwa DIN-A2) hinaus. Sie ist für Schwarzweiß-Aufnahmen mit vier 200-Watt-Lampen bestückt (Farbtemperatur ca. 2600 Kelvin). Bei Farbaufnahmen werden sie gegen vier Nitraphot- oder Opallampen von je 250W ausgetauscht. Sie besitzen eine Farbtemperatur von 3400 Kelvin und sind damit für Aufnahmen auf Kunstlicht-Farb-Umkehrfilme gut geeignet. Reflex-Schutztücher schirmen die Kamera-Ausrüstung und die Säule ab.

Umfangreiches Reprovit-Zubehör

Zur Grundausrüstung des Universal-Reproduktionsgerätes Reprovit IIa gehören vier Distanzstäbe für «schattenlose Fotografie», die in das Grundbrett eingeschraubt werden können und dann eine Glasplatte in mehr als 15 cm Abstand über dem Grundbrett tragen. Die Schatten der Objekte, die auf dieser Glasplatte angeordnet sind, liegen dann außerhalb des erfaßten Bildfeldes (siehe auch Seite 323). Außerdem hat diese Anordnung den Vorteil, daß der Untergrund stets sauber bleibt und nach Belieben ausgewechselt werden kann, ohne dabei das Objekt in seiner Lage verändern zu müssen.

Der Bucheinspannkasten nimmt Vorlagen, Einzelblätter oder Bücher bis zum Format 29,7 x 42 cm (DIN-A3) und bis zu einer Dicke von 14 cm auf. Sie werden von unten gegen eine Glasplatte gedrückt. Dadurch bleibt die Scharfeinstellung auch erhalten, wenn unterschiedlich dicke Vorlagen reproduziert werden. Bei kleinen Objekten eignet sich der Bucheinspannkasten ebenfalls sehr gut für Fotos mit einem schattenfreien Hintergrund. Die Vorrichtung zum Anpressen der Vorlagen wird dann einfach abgesenkt.

Durchsichtige Objekte bis zu einer Größe von 40 x 61,5 cm, wie z.B. Glasmalereien, Röntgen-Filme, Negative und Dias, werden auf den Leuchtkasten gelegt und re-

Abb. 217: *Das Leitz Reprovit IIa ist ein universelles Reproduktionsgerät für ebene oder plastische Objekte. Eine 4-Lampen-Beleuchtung garantiert eine gleichmäßige Ausleuchtung der 67 x 68 cm großen Grundplatte. Die stabile Säule und die selbstsperrende Höhenverstellung des Tragarmes mit Gewichtsausgleich, Grob- und Feineinstellung, ermöglichen ein sicheres, schnelles und ermüdungsfreies Arbeiten. Mit Hilfe des Universal-Kamerahalters werden Leica R- und Leicaflex-Modelle am Reprovit IIa adaptiert.*

produziert. Eine zusätzliche Glasplatte von 42 x 43,7 cm sorgt für die Planlage der Objekte. Durch vier schwarze Tücher kann das Umfeld exakt abgedeckt und «Störlicht» vermieden werden. Zwei Leuchtstoffröhren sorgen für eine gleichmäßige Ausleuchtung der Opalglasplatte. Die Lichtfarbe dieser Leuchtstoffröhren entspricht zwar in etwa einer Farbtemperatur von 3200 Kelvin, wegen des fehlenden, kontinuierlichen Spektrums bei Leuchtstoffröhren kann der Leuchtkasten jedoch nicht für Farbreproduktionen empfohlen werden, wenn eine exakte Farbwiedergabe gewünscht wird (siehe Seite 266). Für farbige Reproduktionen im Durchlicht (Duplizieren von Farbdiapositiven) wird das Illumitran empfohlen.
Die Helligkeit des Leuchtkastens beträgt 9000 Lux. Die Wärmeentwicklung ist trotzdem sehr gering. Die Vorlagen nehmen also keinen Schaden, wenn sie längere Zeit

aufliegen. Deshalb ist der Leuchtkasten hervorragend zum Sortieren von Diapositiven geeignet. Auf die beleuchtete Opalglasplatte können 96 gerahmte Kleinbild-Dias (5 x 5 cm) aufgelegt werden.
Auch der Leuchtkasten eignet sich sehr gut zur «schattenlosen» Fotografie. Die zur Grundausstattung des Universal-Reproduktionsgerätes Reprovit IIa zählenden vier Distanzstäbe lassen sich auch in den Leuchtkasten einschrauben.
Der Objekttisch erleichtert ein genaues Scharfeinstellen beim Abbildungsverhältnis von 1:1 und darüber. Die Höhenverstellung erfolgt durch eine Mikrometerschraube parallel zur Filmebene. Das ist wichtig, damit die Schärfe über das gesamte Bildfeld erhalten bleibt. Der Objekttisch besitzt zusätzlich eine Halterung für gerahmte Kleinbild-Diapositive (5 x 5 cm bzw. 35 mm Filmstreifen).

Abb. 218 a–c: *Die Gestaltung des Hintergrundes ist bei Nahaufnahmen sehr wichtig. Er sollte in keinem Fall vom Objekt ablenken, sondern den Blick darauf lenken. Ein dazugelegter Maßstab verdeutlicht das Größenverhältnis.*

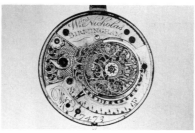

Dias duplizieren

Auch beim Duplizieren von Diapositiven handelt es sich streng genommen um Reproduktionen. Genauso wie das optimale Umkopieren eines Negativs zum Positiv. Auch dafür wird im Foto-Fachhandel umfangreiches Zubehör angeboten. Vom einfachen Vorsatz für Balgeneinstellgeräte bis zum komfortablen Dia-Duplikator von Kaiser, der nach dem gleichen Prinzip wie der Farbmischkopf eines Vergrößerungsgerätes arbeitet. Nur umgekehrt als «Mini-Leuchtkasten». Damit lassen sich alle nötigen Farbkorrekturen in Feinabstimmung (wie bei einer Farbvergrößerung) relativ einfach bewerkstelligen. Natürlich auch Farbverfremdungen.

Abb. 219: Der Dia-Duplikator von Kaiser.

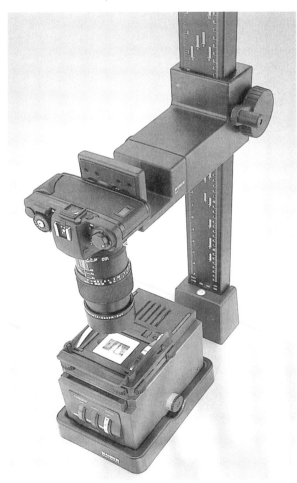

Außer Duplikat-Diapositiven können Internegative für schwarzweiße oder farbige Vergrößerungen und Schwarzweiß-Dias von Schwarzweiß-Negativen optisch reproduziert werden. Sandwich-Montagen werden ebenfalls auf diese Weise verfielfältigt.

Der Dia-Duplikator wird auf dem Grundbrett des Reprostativs plaziert und darüber, am Reproarm der Säule, die Leica R, Leicaflex oder Mittelformat – bzw. Großformat-Kameras adaptiert. Für das Duplizieren sind Makro-Objektive, z.B. das Apo-Macro-Elmarit-R 1:2,8/100 mm mit dem Elpro 1:2–1:1 am besten geeignet. Auf die Bildbühne des Dia-Duplikators können für verschiedene Filmformate entsprechende Masken für gerahmte Diapositive oder Filmstreifen angebracht werden.

Zum Diaduplizieren verwendet man spezielle Farbumkehrfilme, die sehr weich arbeiten. Normale Diafilme neigen oft zu unerwünschten Kontraststeigerungen im Duplikat.

Tips zum Reproduzieren

Für einwandfreie Reproduktionen muß der Aufnahmeraum abgedunkelt werden. Bei hellen, reflektierenden Wänden in unmittelbarer Nähe kann es zur ungleichmäßigen Ausleuchtung des Objektfeldes kommen. Helle Decken können Reflexe auf glänzenden Vorlagen verursachen. Zweckmäßig ist daher ein dunkelgrauer, nicht reflektierender Anstrich. Deckenlampen dürfen nicht über der Aufnahme-Einrichtung angebracht sein. Fahrende Straßenbahnen sowie im Betrieb befindliche Fahrstühle und Klimaanlagen können die Ursache dafür sein, daß keine optimale Schärfe erzielt wird. Auch die kleinsten Vibrationen werden bei starker Verkleinerung und bei vergrößernder Abbildung sofort durch Verwacklungsunschärfe sichtbar. Wenn möglich, sollten sehr kurze oder sehr lange Belichtungszeiten für Nahaufnahmen und Reproduktionen benutzt werden. Zeiten von 1/2 bis 1/125 Sekunde gelten als besonders kritisch, wenn Stative benutzt werden.

Bei Farb-Reproduktionen von Ölgemälden erhält man eine bessere Farbsättigung durch die Verwendung von Polarisations-Filtern. Man benötigt für jede Lichtquelle und für das Aufnahme-Objektiv jeweils ein Polarisations-Filter! Bei doppelseitig bedruckten Blättern können

Schrift und Abbildung der jeweils anderen Seite durch-
scheinen. Legt man schwarzes Papier unter die zu re-
produzierende Seite, ist davon nichts mehr zu erkennen. Entsprechende Filter und Filme (siehe Seite 267)

können das Aufnahme-Ergebnis bei vergilbten
Vorlagen verbessern und Stockflecken unsichtbar
werden lassen.

DIE FOTO-FILTER

Erfahrene Fotografen zählen die Foto-Aufnahmefilter
zu ihren wichtigsten Hilfsmitteln. Durch sie lassen sich
für Schwarzweiß-Aufnahmen z.B. Korrekturen bei der
Umsetzung der Farben in Grauwerte vornehmen oder
Kontraste steigern. Auch zur Verfremdung der Motive
können Filter benutzt und damit Bildinhalte verändert
werden. Von besonderer Bedeutung sind auch Aufnah-
me-Filter für Farbaufnahmen, die u.a. zur Verbesserung der Farbwiedergabe beitragen können. Die Bild-
analyse kann durch ein gezieltes Einsetzen bestimmter
Filter sehr oft merklich gesteigert werden. Zum Leica
R-System gehören deshalb auch jene Filter, die in der
Praxis am häufigsten gebraucht werden:

UVa-Schutz-Filter
Zirkular-Polarisations-Filter
Gelbgrün-Filter
Orange-Filter

Sie werden in verschiedenen Seriengrößen und mit
Schraubfassung angeboten. Über das gesamte Leica R-
Filter-Programm, die Bestell-Nummern und welche Filtergrößen für die einzelnen Objektive empfohlen werden, geben die Tabellen auf diesen Seiten Auskunft.
Darüber hinaus lassen sich selbstverständlich auch Filter anderer Hersteller benutzen oder Filterfolien mit
entsprechendem Folienhalter an Leica R-Objektiven
ansetzen.
Beim Kauf von Filtern sollte man unbedingt auf eine
einwandfreie Qualität achten, denn die Schärfe des
Fotos darf natürlich durch das Filter nicht beeinträchtigt werden. Leica Filter werden mit der gleichen Präzision hergestellt wie die Leica R-Objektive. Aus optisch reinen, in der Masse gefärbten Glasschmelzen bestehend, besitzen sie planparallel geschliffene und
polierte Oberflächen. Dadurch bleibt die Schärfeleistung der Objektive auch in der Kombination mit Leica

Filtern erhalten. Sie sind ebenso wie die Leica R-Objektive vergütet, wobei der aufgedampfte Antireflexbelag
dem Anwendungsbereich des Filters angepaßt ist.
Wo notwendig, werden die Leica Filtergläser lose, also
spannungsfrei, in die Fassung eingelegt. Das gelegent-
liche «Klappern» der Filter sollte deshalb den Anwender nicht stören. Die besonderen Merkmale der Leica
Filter sind ihre Unempfindlichkeit gegen Wärme, Licht-
einfluß und Feuchtigkeit.

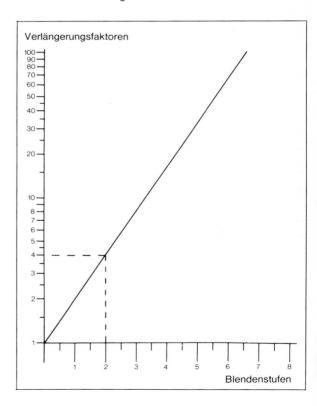

Abb. 220: *Nomogramm zum Ablesen korrespondierender Werte
von Verlängerungsfaktoren und Blendenstufen. Bei diesem
Beispiel: Verlängerungsfaktor 4 = 2 Blendenstufen.*

Tabelle 21: Empfohlene Filtergrößen und Filtergewinde für derzeitige R-Objektive

R-Objektiv	Bestell-Nr.	empfohlene Filtergröße	Filtergewinde
SUPER-ELMAR-R 1:3,5/15 mm	11325	eingebaut	–
FISHEYE-ELMARIT-R 1:2,8/16 mm	11327	eingebaut	–
ELMARIT-R 1:2,8/19 mm	11329	eingebaut	–
ELMARIT-R 1:2,8/24 mm	11331	S 8[1]	M 60 x 0,75
ELMARIT-R 1:2,8/28 mm	11333	E 55	M 55 x 0,75
PC-SUPER-ANGULON-R 1:2,8/28 mm	11812	67 EW[2]	M 67 x 0,75
SUMMICRON-R 1:2/35 mm	11339	E 55	M 55 x 0,75
SUMMILUX-R 1:1,4/35 mm	11337	E 67	M 67 x 0,75
SUMMICRON-R 1:2/50 mm	11345	E 55	M 55 x 0,75
SUMMILUX-R 1:1,4/50 mm	11344	E 55	M 55 x 0,75
MACRO-ELMARIT-R 1:2,8/60 mm	11347	E 55	M 55 x 0,75
SUMMILUX-R 1:1,4/80 mm	11349	E 67	M 67 x 0,75
SUMMICRON-R 1:2/90 mm	11254	E 55	M 55 x 0,75
MACRO-ELMAR 1:4/100 mm	11230	E 55	M 55 x 0,75
APO-MACRO-ELMARIT-R 1:2,8/100 mm	11352	E 60	M 60 x 0,75
APO-ELMARIT-R 1:2,8/180 mm	11273	E 67	M 67 x 0,75
APO-SUMMICRON-R 1:2/180 mm	11354	S 6[3]	M 100 x 1
APO-TELYT-R 1:4/280 mm	11360	S 5,5[3]	M 77 x 0,75
APO-TELYT-R 1:2,8/280 mm	11846	S 6[3]	–
APO-TELYT-R 1:4/400 mm	11857	S 6[3]	–
APO-TELYT-R 1:2,8/400 mm	11847	S 6[3]	–
APO-TELYT-R 1:5,6/560 mm	11858	S 6[3]	–
APO-TELYT-R 1:4/560 mm	11848	S 6[3]	–
APO-TELYT-R 1:5,6/800 mm	11849	S 6[3]	–
VARIO-ELMAR-R 1:3,5–4,5/28–70 mm	11364	E 60	M 60 x 0,75
VARIO-ELMAR-R 1:4/35–70 mm	11281	E 60	M 60 x 0,75
VARIO-ELMARIT-R 1:2,8/35–70 mm ASPH.	11275	E 77	M 77 x 0,75
VARIO-ELMAR-R 1:4/80–200 mm	11281	E 60	M 60 x 0,75
VARIO-APO-ELMARIT-R 1:2,8/70–180 mm	11279	E 77	M 77 x 0,75
VARIO-ELMAR-R 1:4,2/105–280 mm	11268	E 77	M 77 x 0,75

[1] Adaption durch Gegenlichtblende
[2] Im Angebot der Fa. B+W
[3] In Filterschublade

Fast alle Filter absorbieren Licht. Ist der Lichtverlust erheblich, muß er durch Verlängern der Belichtungszeit oder Öffnen der Blende ausgeglichen werden. Um wieviel, gibt der Verlängerungs- oder Filterfaktor an. Verlängerungsfaktor (VF) 2 bedeutet z.B., daß die normale Belichtungszeit zweimal, also doppelt so lang, gewählt werden muß oder daß die Blende um eine Stufe weiter zu öffnen ist. Hierbei sei erwähnt: der gewünschte Filtereffekt ist häufig bei etwas knapperer Belichtung am wirkungsvollsten; reichliche Belichtung schwächt ihn meist ab! In Katalogen werden Verlängerungsfaktoren für die Filter angegeben. Dagegen sind bei Objektiven und Belichtungsmessern üblicherweise Blendenstufen markiert. Für die Umrechnung kann man sich eines logarithmischen Nomogramms (s. Abb. 220) bedienen, aus dem die korrespondierenden Werte sofort ablesbar sind. Der Verlängerungsfaktor des Filters ist allerdings keine absolute Konstante, sondern von der Farbempfindlichkeit des Films und den spektralen Eigenschaften der Beleuchtung abhängig. Man bestimmt ihn in kritischen Fällen am besten experimentell (Testaufnahmen). Bei Polarisations- und neutralen Grau-Filtern beeinflussen die Farbempfindlichkeit des Films und die Lichtfarbe den Verlängerungsfaktor nicht. In der Regel wird die Absorption des Lichtes bei der Belichtungsmessung durch das Objektiv automatisch berücksichtigt. Trotzdem sind auch bei Kameras mit Lichtmessung durch das Objektiv, wie z.B. der Leica R, bei bestimmten Filtern zusätzlich Verlängerungsfaktoren notwendig! Belichtungsmesser besitzen nämlich eine etwas andere Farbenempfindlichkeit als die meisten Filme; sie ist außerdem bei den verschiedenen Film-Fabrikaten noch unterschiedlich. Vor allem bei Schwarzweiß-Aufnahmen mit Rot-, Orange- und strengem Grün-Filter ist ein vorheriger Test angebracht, während bei der Benutzung von Gelb-, Gelbgrün- und Blau-Filtern ein zusätzlicher Verlängerungsfaktor vernachlässigt werden kann.

Filter für Schwarzweiß- und Farbaufnahmen

Mit wenigen Ausnahmen werden für die verschiedenen Möglichkeiten der fotografischen Wiedergabe – schwarzweiß oder farbig – unterschiedliche Filter benötigt. Zu den Filtern, die eine Ausnahme machen, gehören das ultraviolette Licht absorbierende Filter und das Polarisationsfilter, kurz UVa- bzw. Pol-Filter genannt, sowie das farbneutrale Grau-Filter.

UVa-Filter

Farbloses Filter zur Absorption von UV-Strahlen. Verlängerungsfaktor: 1

UV-Strahlen sind für das Auge unsichtbar, wirken jedoch auf den Film ein. Sie sind bei klaren Sichtverhältnissen überall vorhanden. Zum Teil werden sie durch die Staubteilchen der Luft zurückgehalten und dadurch, z.B. in großen Städten, stark absorbiert. Umgekehrt ist das Licht in der reinen Luft, z.B. an der See oder im Hochgebirge, besonders reich an ultravioletten Strahlen. UV-Strahlen beeinträchtigen die Schärfe der Schwarzweiß-Aufnahmen und verursachen bei Farbfilmen zusätzlich eine Verblauung, d.h. eine zu kalte Farbwiedergabe. Man muß sie deshalb ausfiltern. Früher geschah das auch bei Leica Objektiven durch ein UVa-Filter. Leica R-Objektive absorbieren durch die Verwendung bestimmter Glassorten und vor allem durch eine besondere Vergütung und/oder Verkittung der Linsen die UV-Strahlen, so daß sich im Grunde genommen ein UVa-Filter erübrigt. Diese Maßnahmen garantieren bei allen Objektiven die gleiche Farbcharakteristik und damit eine einheitliche, neutrale Farbwiedergabe. Auch in sehr großen Höhen! Das UVa-Filter dient daher bei Leica R-Objektiven nur noch als Schutz für die Frontlinse des Objektives! An dieser Stelle muß allerdings erwähnt werden, daß auch hochwertige Filter in bestimmten Situationen problematisch sein können. Bei hohen Kontrasten, wie z.B. beim Fotografieren der untergehenden Sonne, Nachtaufnahmen mit starken Lichtquellen im Bild und bei Aufnahmen heller Objekte aus einem dunklen Torbogen heraus, ist die Gefahr der Reflexbildung auch durch planparallele, geschliffene und vergütete Filter sehr groß. Doppelbilder oder eine allgemeine Kontrastverflachung bzw. partielle Aufhellungen durch Streulicht sind relativ häufig. Bei derartigen Aufnahme-Situationen sollten alle Filter, auch das UVa-Filter, abgenommen werden. Bei extremen Weitwinkel-Objektiven können Filter vor dem Objektiv ebenfalls zu schlechteren Aufnahme-Ergebnissen führen. Durch den größeren Aufnahmewinkel müssen die Rand-Licht-strahlen bei diesen Objektiven einen geringfügig längeren Weg durch das Filter zurücklegen als die Lichtstrahlen in der Mitte. Das kann in vielen Fällen die Bildqualität mindern. Ein Grund, warum z.B. im Leica R-System kein Filter zum früheren Elmarit-R 1:2,8/19 mm angeboten wurde.

Skylight- und Haze-Filter

Diese leicht getönten UVa-Filter wurden früher für Farbaufnahmen bei Motiven mit besonders großen UV- und Blau-Anteilen des Lichtes empfohlen, wie bei Objekten im Schatten unter wolkenlosem Himmel und bei Fernsichten mit leicht bläulichem Dunst. Vor ihrer Benutzung in Verbindung mit Leica R-Objektiven muß gewarnt werden, weil durch sie die Farben unnatürlich warm wiedergegeben werden.

Polarisations-Filter (P/P-cir)

Filter zum Löschen von Reflexen
Verlängerungsfaktor: 3

Das Polarisationsfilter – kurz Pol-Filter genannt – dient in erster Linie zum Beseitigen störender Reflexe auf nichtmetallischen Oberflächen, wie sie z.B. auf Wasser, Plastikteilchen, Glas, poliertem Holz und Lack-flächen, aber auch auf Gräsern und Blättern vorkom-men. Durch Löschen der Reflexe wird ein höherer Kon-trast, eine bessere Farbtrennung und damit eine sat-

tere Farbwiedergabe erreicht. Die Wirkung beruht da-rauf, daß das reflektierte (polarisierte) Licht nur eine Schwingungsebene besitzt, während normales Licht in allen Richtungen schwingt. Da das Pol-Filter nur Licht in einer Schwingungsebene passieren läßt, kommt es also darauf an, das Pol-Filter vor dem Objektiv durch Drehen in die «richtige Stellung» zu bringen: in die Stellung nämlich, in der polarisiertes Licht gesperrt wird. Man findet diese am einfachsten beim Betrach-ten des Objektes durch das Pol-Filter, während es gedreht wird. Bei Spiegelreflex-Kameras, wie der Leica R, wird die Wirkung am besten durch den Sucher der Kamera beobachtet, das Pol-Filter also vor dem Objek-tiv bzw. in dessen Strahlengang gedreht. Bei einigen Leica R-Objektiven sind die aufsetzbaren Gegenlicht-blenden als Filteradapter für Serienfilter ausgebildet. Für Pol-Filter besitzen diese Gegenlichtblenden eine einfach zu bedienende Drehvorrichtung. Mit Hilfe die-ser Einrichtung werden auch alle Filter gegen ein unbeabsichtigtes Herausfallen gesichert, wenn die Gegenlichtblende abgenommen wird. In die meisten Leica R-Objektive mit eingebauter, ausziehbarer Gegenlichtblende lassen sich Pol-Filter mit Drehfas-sung einschrauben.

Ausnahmen: die früheren Telyt-Objektive besitzen Filterschubladen oder Filtertaschen, durch die Serien-Filter in den Strahlengang gebracht und gedreht wer-den können. Bei den jetzigen Tele-Objektiven mit Filterschublade werden Polfilter in einem speziellen Filterhalter mit Drehvorrichtung in den Strahlengang geschoben und bequem von außen bedient (gedreht). **Wichtig:** Sollen Reflexe auf metallischen Oberflächen beseitigt werden, muß das Aufnahme-Licht polarisiert sein. Bei Kunstlicht-Aufnahmen geschieht das, indem

Tabelle 22: Leica Filter, Filteradapter und Filterschubladen

	Einschraubfilter					Serienfilter				
	E 32	E 55	E 60	E 67	E 77	5,5	6	7	7,5	8
UVa	13 400	13 373	13 381	13 386	13 337	–	–	13 009	–	13 018
Gelbgrün	–	13 391	13 392	13 393	13 333	–	13 014	13 007	–	13 021
Orange	13 402	13 312	13 383	13 388	–	–	–	13 008	–	13 017
Zirkular-Polfilter	–	13 335	13 406	13 407	13 336	13 338[1]	13 340[1]	13 370	–	13 372
Filteradapter	–	–	–	–	–	14 591 (Schublade)	14 592 (Schublade)	14 225 (E 55)	14 263 (E 60)	14 264 (E 67)

[1] Im Filterhalter mit Drehvorrichtung

Abb. 221 a–d: In welchem Maße die Brennweiten der Aufnahme-Objektive die Pol-Filter-Wirkung beeinflussen können,
zeigen diese Vergleichsfotos von einem Schaufenster. Oben:
35 mm Weitwinkel-Aufnahme, ohne und mit Pol-Filter (rechts).

Unten: Aus gleicher Blickrichtung mit einem 90 mm Objektiv,
ebenfalls ohne und mit Pol-Filter (rechts). Deutlich ist ein
wesentlich besserer Wirkungsgrad beim Löschen der Reflexe zu
erkennen, wenn mit längerer Brennweite gearbeitet wird.

man vor der Lichtquelle ebenfalls ein Pol-Filter an-
bringt. Die Schwingungsebenen der beiden Pol-Filter
müssen zur Reflexlöschung gekreuzt werden. Auch das
wird am besten mit einem Blick durch den Kamera-
sucher kontrolliert (siehe auch Seite 321).
Da das Löschen von Reflexen nur unter ganz bestimmten Aufnahme-Winkeln möglich ist (bei Wasser z.B. ca.
37 Grad, bei Glas ca. 33 Grad und bei poliertem Holz
ca. 35 Grad), werden nicht immer alle Reflexe vollständig gelöscht werden können. Der Wirkungsgrad eines
Pol-Filters ist auch von der benutzten Objektiv-Brennweite abhängig. Je länger die Brennweite, desto besser.
Besondere Bedeutung hat das Pol-Filter bei Landschaftsaufnahmen auf Farbfilm. Da auch ein gewisser
Anteil des natürlichen Lichtes polarisiert ist, läßt es
sich durch Pol-Filter mehr oder weniger beeinflussen.

Abb. 222: Die Aufnahmewinkel bestimmen den Grad der
Reflexlöschung. Sind sie nahezu identisch, wie bei langen
Brennweiten (A, B und C), ist der Erfolg größer.

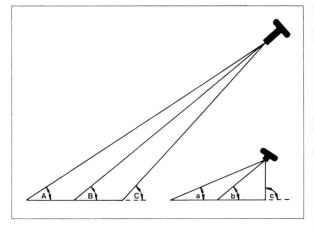

Der Grad der Polarisation des Himmelslichtes ist abhängig vom Sonnenstand und von der Trübung der Atmosphäre (Dunst). In größeren Höhen nimmt der Anteil des polarisierten Lichtes zu. Je größer der Anteil, um so größer auch der Effekt bei der Benutzung eines Pol-Filters. Für die Praxis ist es wichtig zu wissen, daß der größte Anteil polarisierten Lichtes etwa im rechten Winkel zur Sonneneinfallsrichtung strahlt. Bei seitlichem Sonnenstand (dem meistens idealen Fotolicht) erreicht man also die beste Pol-Filter-Wirkung. Auch bei Landschaftsaufnahmen ist der erzielte Effekt von der Brennweite abhängig. Das ist leicht einzusehen, wenn man sich folgende Situation vorstellt: Landschaftsaufnahme mit dem Elmarit-R 1:2,8/19 mm bei seitlichem Sonnenstand. Bedingt durch den großen Bildwinkel von über 90 Grad wird die Pol-Filter-Wirkung über das Bild unterschiedlich stark ausgeprägt sein, weil die Winkel, unter denen die Sonnenstrahlen im Vergleich zum Aufnahmewinkel auf das Motiv treffen, zwangsläufig enorm variieren. Auf der einen Bildseite haben wir schon fast eine Gegenlichtsituation, während wir auf der anderen Bildseite quasi aus der Richtung des einfallenden Lichtes, also mit dem Licht, fotografieren. Ein Lichteinfall von 90 Grad (beste Pol-

Filter-Wirkung) ist daher nur in der Bildmitte wirksam. Das bisher Gesagte gilt sowohl für Linear- als auch für Zirkular-Polarisations-Filter. Die früher ausnahmslos benutzten Linear-Pol-Filter (P) wurden bei der Leica durch Zirkular-Pol-Filter (P-cir) ersetzt, um beim Benutzen der Leicaflex SL/SL2 und Leica R (Kamera mit Lichtmessung durch das Objektiv) eine einfachere Handhabung zu erreichen. Die Anwendung von Zirkular-Pol-Filtern erspart nämlich bei diesen Kamera-Modellen umständliche Korrekturen oder Umrechnungen, die bei Linear-Pol-Filtern nötig sind. Das liegt an der Art der Lichtmessung durch das Objektiv, wie sie bei Leica Spiegelreflexkameras üblich ist. Bei der selektiven Belichtungsmessung von Leicaflex SL/SL2 und Leica R3 wird das für die Messung nötige Licht über einen physikalischen Strahlenteiler, die teildurchlässigen Schwingspiegel dieser Kameras, abgezweigt. Das gilt auch für die beiden Belichtungs-Meßmethoden (integral oder selektiv) der Leica R-Modelle. Da diese Strahlenteiler selbst als Polarisatoren wirken, wird das Meßergebnis bei Verwendung «normaler» Linear-Pol-Filter verfälscht: es kommt zu Fehlbelichtungen, wenn keine Korrektur vorgenommen wird. Bei den beiden Meßmethoden der Leica R3/R3-Mot (ebenfalls integral oder selektiv) ist das ähnlich. Allerdings gelangen bei diesen Kamera-Modellen je nach Meßmethode mehr oder weniger große Anteile des für die Belichtungsmessung insgesamt notwendigen Lichtes durch den teildurchlässigen Schwingspiegel auf die Meßzellen im Kameraboden. Die beiden Meßzellen oberhalb der Einstellscheibe, die für die integrale Belichtungsmessung zusätzlich benötigt werden, sind jedoch frei von diesem Effekt. Eine für alle Fälle gültige Korrektur ist deshalb nicht möglich. Dagegen kann beim Zirkular-Polarisations-Filter in jedem Fall der Belichtungsmeßwert direkt übernommen werden. Die Leica Camera AG empfiehlt daher zu den Leica R-Modellen nur die Benutzung von Zirkular-Pol-Filtern!

Wichtig: Zirkular-Pol-Filter in Serienfassung haben einen gelben Punkt, der die Kamera-Seite markiert. Er muß also nach dem Einlegen des Filters in die Gegenlichtblende sichtbar sein. Nur so ist eine Wirkung zu erwarten (siehe Abb. 223).

Abb. 223: Leica Zirkular-Pol-Filter in Seriengrößen besitzen einen gelben Punkt, der die Kameraseite markiert, d.h. er muß nach dem Einlegen des Filters in die Gegenlichtblende sichtbar sein.

Neutral-Dichte-Filter (NG)

Filter zur Lichtdämpfung
Verlängerungsfaktor: 2, 4 oder 8
Farbneutrales Filter zur Lichtdämpfung des gesamten sichtbaren Spektrums (Grau-Filter). Dieses Filter wurde bisher hauptsächlich beim Filmen benutzt. Es findet jedoch in zunehmendem Maße auch in der Fotografie Verwendung, wenn aus bildgestalterischen Gründen lange Belichtungszeiten gefordert werden müssen, weil z.B. während der Belichtung die Brennweite des Vario-Objektives langsam verändert werden soll oder weil bei großen Blendenöffnungen (geringe Schärfentiefe) sowie guten Lichtverhältnissen und hochempfindlichen Filmen die kürzeste Belichtungszeit für eine korrekte Belichtung nicht kurz genug ist. Da Spiegel-Linsen-Objektive nicht abgeblendet werden können, jedoch bei guten Lichtverhältnissen und hochempfindlichen Filmen auch die kürzeste Belichtungszeit oftmals nicht ausreicht, um Überbelichtungen zu vermeiden, gehören Grau-Filter zum wichtigsten Zubehör dieser Objektive.
Als Filter ohne Graufärbung dient es zum Schutz der Frontlinsen beim Apo-Telyt-R 1:4/280 mm und als «optisches Element» im Strahlengang der langbrennweitigen Apo-Objektive.

Filter für Farbaufnahmen

Um es gleich vorweg zu sagen: Im Leica R-System finden wir kein einziges Filter, welches speziell nur für Farbaufnahmen gedacht ist. Warum das so ist, kann man sich vorstellen, wenn man nur an die Vielzahl der unterschiedlichen Filter-Farben denkt, die weltweit von den Fotografen individuell gefordert werden. Jedes einzelne dieser Filter ist, wird es gerade benötigt, zwar unbedingt notwendig, kann aber naturgemäß nur für wenige Leica Fotografen von Wichtigkeit sein. Weltweit angeboten und für jedes Kamera-System passend kann man diese Filter rationeller in spezialisierten Fabriken fertigen und damit kostengünstiger herstellen. Filterfabriken haben sich auf diese Produktion eingestellt. Zusammen mit den Filmherstellern haben sie die umfangreichsten Programme, jedoch hat keiner ein komplettes Angebot aller Filter. Die vielen Filter-Varianten

lassen sich in drei Hauptgruppen einordnen:
• Konversions-Filter
• Kompensations-Filter
• Effekt- oder Trick-Filter
Nachfolgend werden die charakteristischen Merkmale dieser Filter kurz beschrieben. Wer mehr darüber wissen möchte, findet entsprechende Literatur bei seinem Foto- oder Buchhändler.

Konversions-Filter (LA/LB)

Diese Filter dienen zur Anpassung der Farbtemperatur (Kelvin) des Lichtes an die jeweilige Abstimmung der Farbfilme, z.B. Tageslicht- oder Kunstlicht-Umkehrfarbfilm. Von den verschiedenen Film- und Filterherstellern werden jeweils eine rötliche und eine blaue Filterreihe in verschiedenen Dichten (oft als Folien-Filter) angeboten. Die entsprechende Dichte, d.h. der Verschiebungs- oder Umwandlungswert, wird nicht als Farbtemperatur-Wert angegeben. Sie werden wie folgt errechnet:

$$\frac{1\ 000\ 000}{Kelvin} = 1\ Mired$$

$$10\ Mired = 1\ Dekamired = \frac{100\ 000}{Kelvin}$$

Mit Hilfe eines Farbtemperaturmessers können die notwendigen Korrekturwerte zur Verringerung oder zur Erhöhung der Farbtemperatur des Aufnahmelichtes in Dekamired ermittelt werden. Blaue Konversions-Filter erhöhen die Farbtemperatur und setzen die Mired-Werte herab, rötliche Konversions-Filter ergeben eine niedrigere Farbtemperatur und damit höhere Mired-Werte. Bei Tageslicht-Aufnahmen auf Kunstlichtfilm benötigt man ein rötliches Konversions-Filter. Bei Kunstlicht-Aufnahmen auf Tageslichtfilm ist ein blaues nötig.
Im Fisheye-Elmarit-R 1:2,8/16 mm, Super-Elmar-R 1:3,5/15 mm und Elmarit-R 1:2,8/19 mm sind zum Beispiel blaue Konversionsfilter eingebaut. Man kann damit auf Tageslicht-Umkehrfilm bei Kunstlicht (Fotolampen) fotografieren; also auf den Film, der meistens schon in der Kamera ist. Wer allerdings aus bestimmten Gründen ständig abwechselnd bei Tages- und

Ohne Filter: wenig Differenzierung
zwischen Blau und Rot

Gelb-Filter: Gelb und Rot heller,
Blau dunkler

Grün-Filter: Grün und Blau heller,
Rot sehr dunkel

Orange-Filter: Rot und Gelb heller,
Grün und Blau dunkler

Rot-Filter: Rot und Gelb sehr hell,
Grün und Blau sehr dunkel

Blau-Filter: wenig Differenzierung
zwischen Blau, Grün und Gelb

Abb. 224 a–f: *Die Serie von Aufnahmen, die mit den verschiedenen Foto-Filtern fotografiert wurde, zeigt am besten die Wirkung dieser Filter und wie sie die Umsetzung der Farben in unterschiedliche Grauwerte beeinflussen. Vergleicht man dazu das Farbbild auf Seite 281, erkennt man deutlich, wie groß der Einfluß durch Foto-Filter bei Schwarzweiß-Aufnahmen sein kann. Dem Fotografen ist damit eine breite Skala von Möglichkeiten in die Hand gegeben. An ihm liegt es, was er daraus macht! Feine Grauwerte-Verschiebungen, wie sie im Originalfoto deutlich zu sehen sind, gehen leider durch den Druck etwas verloren.*

Kunstlicht auf Umkehrfarbfilm fotografieren muß, sollte Kunstlicht-Umkehrfilm für seine Arbeit wählen. Dieser Film-Typ ist in der Regel um einige ISO(ASA-/DIN-)Werte empfindlicher als der artgleiche Tageslicht-Umkehrfilm und schafft damit günstigere Verhältnisse: bei (häufig schwachem) Kunstlicht keine durch Konversionsfilter herabgesetzte Empfindlichkeit, bei Tageslicht wird trotz der Absorption des Lichtes durch das notwendige Konversionsfilter das Empfindlichkeits-Niveau der üblichen Tageslicht-Umkehrfilme gehalten. Konversions-Filter mit geringen Dichten können zur Korrektur bestimmter Lichtstimmungen, wie zum Beispiel bei Morgen- oder Abendlicht, benutzt werden, wenn aus bestimmten Gründen eine neutrale Farbwiedergabe erreicht werden soll. Daß dabei dann der Charakter dieser Lichtstimmungen verlorengeht, muß wohl nicht extra betont werden.

Kompensations-Filter (CC)

Kleinere Verschiebungen im allgemeinen Farbgleichgewicht eines Farbfilms, wie sie zum Beispiel bei sehr kurzen oder sehr langen Belichtungszeiten auftreten können, werden durch Kompensations-Filter korrigiert. Sie werden in den Farben Gelb, Purpur, Blaugrün, Blau, Grün und Rot jeweils in fein differenzierten Dichten als Folien-Filter angeboten.

Korrekturen bei Leuchtstoffröhren

Leuchtstoffröhren besitzen kein kontinuierliches Farbspektrum. Das führt bei Aufnahmen auf Farbfilmen zu einem Farbstich. Eine optimale Korrektur durch die Kombination verschiedener Konversions-Filter ist nur bedingt möglich! Fast alle Filter-Hersteller bieten auch für die heute «üblichen» Tageslicht-Leuchtstoffröhren ein sogenanntes FL-D-Filter an, das bei Verwendung von Tageslicht-Umkehrfarbfilmen und Farbnegativfilmen zur besseren Farbwiedergabe beiträgt. Für »weisse« Leuchtstoffröhren ist das Filter FL-W bestimmt. In Verbindung mit Kunstlicht-Umkehrfarbfilmen (Type B) wird ein FL-B-Filter empfohlen. Als «Universal-Filter» für alle Leuchtstoffröhren hat sich in der Praxis das purpurfarbene Kompensations-Filter CC 30M bewährt.

Effekt-Filter

Zu dieser Filter-Gruppe zählt man in erster Linie die sogenannten Pop-Filter, also Filter in kräftigen Farben: einfarbig, mehrfarbig oder als Verlauf-Filter. Der Verlängerungsfaktor (VF) des jeweiligen Filters variiert sehr stark und ist von den Objektfarben abhängig.
Zeigt das Motiv dominierend die Filterfarbe, so wird der VF kürzer, ist es überwiegend in den Komplementärfarben gehalten, wird der VF länger. Knappere Belichtungszeiten führen zu einer verstärkten Wirkung. Die Vielfalt der Effekt-Filter läßt sich kaum beschreiben. Klarheit kann man sich aus den Angeboten der Filter-Hersteller verschaffen.

Filter für Schwarzweiß-Aufnahmen

Schwarzweiß-Filme setzen Farben in Grautöne um. Dabei kann es passieren, daß verschiedene Farben in den gleichen Grautönen wiedergegeben werden. Um in diesen Fällen eine bessere Differenzierung zu erreichen, verwendet man Farbfilter. Dadurch werden bestimmte Farben im Grauwert heller oder dunkler. Das kann auch für besondere Gestaltungs-Effekte ausgenutzt werden. Bezogen auf das Positiv gilt, daß die Eigenfarbe des Filters heller, die Komplementär- oder Gegenfarbe dunkler wiedergegeben wird:

Gelb-Filter (Y)

Verlängerungsfaktor: 1,5
Durch die heute angebotenen panchromatischen Filme, die eine hervorragende tonwertrichtige Wiedergabe garantieren, hat das Gelb-Filter weitgehend die Bedeutung verloren, die es früher einmal hatte. Die Aufhellung gelblicher, grünlicher und rötlicher Töne ist sichtbar; die Hautfarbe wird aufgehellt, Hautverunreinigungen treten etwas zurück. Wichtig auch für Schneeaufnahmen mit Sonne, um die blauen Schatten kontrastreicher wirken zu lassen. Schneeaufnahmen ohne Filter wirken meistens etwas flau.

Gelb-grün-Filter (Y-G)

Verlängerungsfaktor: 2
In der Wirkung etwa wie das Gelb-Filter. Es führt zu annähernd gleicher Wolkenwiedergabe. Grüne Töne kommen jedoch etwas heller, deshalb ist es besonders vorteilhaft für Aufnahmen von Landschaften mit viel Grün, Waldmotiven und botanischen Objekten. An der See läßt sich mit einem Gelb-grün-Filter der Wolkenhimmel tonwertrichtig wiedergeben, ohne zugleich gebräunte Haut aufzuhellen. Die Hautfarbe wird vielmehr dunkler wiedergegeben, Hautverunreinigungen, Rötungen der Haut und Sommersprossen treten allerdings auch etwas stärker hervor. Rotes Millimeterpapier wird dunkler wiedergegeben; interessant für bestimmte Gebiete der technisch-wissenschaftlichen Fotografie.

Grün-Filter (G)

Verlängerungsfaktor: 3–4
Deutlich stärkere Wirkungsweise als ein Gelbgrün-Filter. Bei Landschaftsaufnahmen starke Aufhellung von Grün. Auch im Schatten liegende grüne Bildpartien (Waldrand, Berghänge) weisen noch Strukturen auf. Rottöne werden sehr dunkel wiedergegeben. Rote Dachziegel werden z.B. bei Landschaftsaufnahmen dunkelgrau wiedergegeben, Sommersprossen und Hautverunreinigungen werden unnatürlich stark hervorgehoben.

Orange-Filter (O)

Verlängerungsfaktor: 2–5
Blau erscheint merklich dunkler, die Wolkenbildung wirkt deshalb besonders eindrucksvoll. Auch für Winteraufnahmen mit Sonne gut geeignet, wenn der Schnee durch etwas kräftigere Schatten plastischer dargestellt werden soll. Bei Landschaftsmotiven nimmt es den leichten Dunst fort, so daß Fernsichten brillanter und klarer werden. Gelbe und rötliche Töne kommen sehr hell. Auch sonnengebräunte Haut wirkt wesentlich heller. Bei Aufnahmen alter Dokumente können Stockflecken weggefiltert werden. Orange-Filter können nicht in Verbindung mit orthochromatischem Film (Dokumenten-Film) benutzt werden, da diese Filme nicht rotempfindlich sind.

Rot-Filter (R)

Verlängerungsfaktor: 6–25
Das Rot-Filter hat eine noch stärkere Wirkung als das Orange-Filter. Es dramatisiert, d.h. übertreibt Wolkenstimmungen. Da Blau fast wie Schwarz wiedergegeben wird, ergeben sich interessante Möglichkeiten. Zum Beispiel in der Architektur-Fotografie: strahlend weiße Hausfassaden gegen tiefdunklen Himmel. Bei Fernsichten wird Dunst noch besser als mit Orange-Filter durchdrungen. Die Linien von rotem Millimeterpapier verschwinden (interessant bei technischen Zeichnungen auf Millimeterpapier); frische Narben, Sommersprossen, Hautrötung und Hautverunreinigungen auch. Hauttöne erscheinen daher sehr hell. Auch dieses Filter ist nicht für orthochromatisches Filmmaterial verwendbar. Bei längeren Brennweiten (ab 135 mm) ist es sinnvoll, die Scharfeinstellung mit aufgesetztem Rot-Filter vorzunehmen, wenn mit großen Blendenöffnungen fotografiert werden soll. Die normalerweise nicht störend wirkende Unzulänglichkeit der Farbkorrektur normaler Objektive kann sonst bei Rot-Filter-Aufnahmen zu unscharfen Abbildungen führen (gilt nicht für die Apo-Objektive zur Leica).

Blau-Filter (B)

Verlängerungsfaktor: 1,5
Panchromatische Filme bekommen durch das Blau-Filter fast die Eigenschaften orthochromatischer Filme, wenn sie bei Tageslicht oder mit Blitzlicht benutzt werden. Narben werden dann, ebenso wie feinste Äderchen unter der Haut, deutlich sichtbar. Hautrötungen heben sich stark von ihrer Umgebung ab. Bei Tageslicht kommen Blau-Filter zum Beispiel auch für Nebel-Aufnahmen auf panchromatischem Film in Frage, wenn die dunstige Atmosphäre erhalten bleiben soll. Bei Kunstlicht-Aufnahmen verhindert es die zu dunkle Wiedergabe blauer Augen und läßt Lippen, beziehungsweise Hauttöne, kräftiger und eindrucksvoller erscheinen. Als Konversions-Filter im Super-Elmar-R 1:3,5/15 mm, Elmarit-R 1:2,8/19 mm und Fisheye-Elmarit-R 1:2,8/16 mm eingebaut, erfüllt es die Voraussetzungen, die nötig sind, um auf Tageslicht-Umkehrfarbfilmen bei Kunstlicht fotografieren zu können.

Tabelle 23

Farbe	Gegenfarbe (Komplementärfarbe)
Blau	Gelb
Grün	Purpur
Rot	Blaugrün

Für die Praxis bedeutet das:

Filterfarbe	im Positiv heller	im Positiv dunkler
Blau	Blau	Grün/Rot = Gelb
Grün	Grün	Rot/Blau = Purpur
Rot	Rot	Blau und Grün
Gelb	Grün/Rot = Gelb	Blau

Abb. 225 a u. b: Orange-Filter steigern nicht nur den Kontrast zwischen blauem Himmel und weißen Wolken (rechts unten). Auch die Wiedergabe der fein strukturierten Häuserfront wirkt in dieser Aufnahme durch die verstärkte Differenzierung der unterschiedlichen Farbtöne und des ausgeprägteren Schattenspiels wesentlich plastischer. Zusammen mit der Aufhellung der roten Bootsrümpfe im Vordergrund und den deutlich gesteigerten Weißtönen der Decks vermittelt das Foto erst mit Orange-Filter den Charakter eines freundlichen Sommertages. Die Geduld des Fotografen, auf etwas Windstille zu warten, wurde durch lebhaftere Spiegelungen im Wasser zusätzlich belohnt.

Abb. 226 a–c: Rot und Grün werden ohne Filter nur ungenügend differenziert wiedergegeben (links). Der entsprechende Helligkeitskontrast in Grauwerten wurde erst durch ein Grün-Filter (Mitte) bzw. Rot-Filter (rechts) erreicht. Der Verwendungszweck bestimmt, mit welchem Filter die optimale Wiedergabe erzielt wird. Auf Seite 281 wird das Motiv in Farbe wiedergegeben.

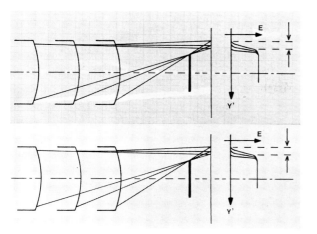

Abb. 227: *Technische Zeichnungen, Diagramme und Tabellen lassen sich auf rotem Millimeter-Papier einfacher erstellen als auf normalem Zeichenpapier (oben). Werden sie anschließend mit einem Rot-Filter vor dem Objektiv reproduziert, verschwinden die roten «Hilfslinien» (unten).*

Filterfolien und Filter-/Folienhalter

Bestimmte Filter werden nur als Gelatine-Filterfolien angeboten. Sie sind empfindlich gegen Fingerabdrücke, Feuchtigkeit und mechanische Beschädigungen. Wann immer möglich, sollte man sie von einer Filterfabrik zwischen zwei Planglasscheiben fassen bzw. verkitten lassen. Es gibt auch Folienhalter, die insbesondere dann von Vorteil sind, wenn mit vielen verschiedenen Filterfolien gearbeitet werden muß und das Fassen zwischen Glasplatten zu teuer wird. Der Filterfolien-Halter von Hoya, der Cokin-Filterhalter und das Proson-Kompendium von Novoflex sind bewährte Hilfsmittel für Experimente mit Filterfolien. Bedingt durch die ausziehbaren Gegen-

lichtblenden der Leica R-Objektive lassen sich die beiden erstgenannten Filterhalter nicht ohne weitere Maßnahmen tief genug, und damit nicht sicher, einschrauben. Mit Hilfe des eingeschraubten Filter-Adapters, Best.-Nr. 14 225, wird z.B. ein optimaler Sitz an allen R-Objektiven mit Filter-Gewinde M55 x 0,75 erzielt. Für die Kleinbild-Fotogra-fie können Filterfolien in Folienhaltern jedoch nur bedingt empfohlen werden. Die Abbildungsqualität kann spürbar darunter leiden; sie muß es aber nicht. Nur eigene Versuche (Testaufnahmen) können Aufschluß über die Tauglichkeit derartiger Filter geben!

Filter-Zwischenringe

Wenn Objektive mit unterschiedlich großen Filtergewinden benutzt werden, lassen sich die größeren Filterdurchmesser häufig mit Zwischenringen, sog. Reduzierringen, auch in kleinere Gewindedurchmesser einschrauben. Diese Möglichkeit birgt allerdings eine Gefahr, denn die Gegenlichtblende läßt sich nicht mehr ausziehen bzw. aufsetzen. Die Neigung zur Reflexbildung ist daher sehr groß.

Tipps für die Praxis

Halten Sie Ihre Filter stets sauber. Pflegen Sie sie wie Ihre hochempfindlichen Leica R-Objektive. Mehrere Filter übereinander gesetzt nutzen selten etwas; meistens beeinträchtigen sie nur die Abbildungsqualität. Orientieren Sie sich vorher über Filter-Möglichkeiten bei Ihrem Foto-Fachhändler oder bei den Film- und Filterherstellern.

EFFEKTVORSÄTZE UND TRICKLINSEN

Professionelle Kameramänner von Film und Fernsehen benutzen schon lange sogenannte Effektvorsätze und Tricklinsen, um die Bildaussage zu verdichten, Träume und Visionen zu symbolisieren oder um störende Lichtquellen im Bild als attraktiv blitzende Sterne

erstrahlen zu lassen. Fotografen und Hobby-Filmer haben inzwischen auch die Möglichkeiten erkannt, die mit diesen Vorsätzen realisiert werden können, und fast alle Hersteller fotografischer Filter tragen dieser Entwicklung Rechnung. Zusammen mit Vertriebsfirmen

Abb. 228: Mit speziellen Haltern können auch die vielen verschiedenen Filterfolien vor einem Leica R-Objektiv angebracht werden. Links der Cokin-Filterhalter, der auch Trick- und Effektvorsätze aufnehmen kann. Der Filterfolien-Halter von Hoya wird aufgeklappt, wenn Filterfolien eingelegt werden. Sehr dunkle Filterfolien, z.B. für IR-Aufnahmen, können auf das vordere, bewegliche Teil aufgeklebt und beim Blick durch den Kamera-Sucher einfach «weggeklappt» werden. Für diesen Filterfolien-Halter werden auch verschiedene Gummi-Gegenlichtblenden angeboten.

Tabelle 24: Empfohlene Filtergrößen und Filteradapter für frühere R-Objektive

R-Objektive	empfohlene Filtergröße	Filteradapter	Filtergewinde
SUPER-ANGULON-R 1:3,4/21 mm Bestell-Nr. 11803	Serie 8	Gegenlichtblende Bestell-Nr. 12511	M 67 x 0,75
SUPER-ANGULON-R 1:4/21 mm Bestell-Nr. 11813	Serie 8,5	Gegenlichtblende Bestell-Nr. 11813	M 72 x 0,75
PA-CURTAGON-R 1:4/35 mm Bestell-Nr. 11202	Serie 8	Gegenlichtblende Bestell-Nr. 12514	M 60 x 0,75
ELMARIT-R 1:2,8/35 mm bis Nr. 2517850, Bestell-Nr. 11201	Serie 6	Bestell-Nr. 14160	M 44 x 0,75
ELMARIT-R 1:2,8/35 mm bis Nr. 2928900, Bestell-Nr. 11201	Serie 7	Gegenlichtblende	M 48 x 0,75
ELMARIT-R 1:2,8/35 mm Bestell-Nr. 11251	E 55	–	M 55 x 0,75
SUMMICRON-R 1:2/35 mm bis Nr. 2791416, Bestell-Nr. 11227	Serie 7	Gegenlichtblende Bestell-Nr. 12509	M 48 x 0,75
SUMMICRON-R 1:2/50 mm bis Nr. 2816850, Bestell-Nr. 11218 u. 11228	Serie 6	Bestell-Nr. 14160	M 44 x 0,75
SUMMILUX-R 1:1,4/50 mm bis Nr. 2806500, Bestell-Nr. 11875	Serie 7	Gegenlichtblende Bestell-Nr. 12508	M 48 x 0,75
MACRO-ELMARIT-R 1:2,8/60 mm bis Nr. 3013650, Bestell-Nr. 11203	Serie 8	Gegenlichtblende Bestell-Nr. 12514	M 60 x 0,75
ELMARIT-R 1:2,8/90 mm bis Nr. 2809000, Bestell-Nr. 11239	Serie 7	Bestell-Nr. 14161	M 54 x 0,75
ELMARIT-R 1:2,8/90 mm Bestell-Nr. 11154	E 55	–	M 55 x 0,75
SUMMICRON-R 1:2/90 mm bis Nr. 2770950, Bestell-Nr. 11219	Serie 7	Bestell-Nr. 14161	M 54 x 0,75
SUMMICRON-R 1:2/90 mm bis Nr. 3381676	E 55	–	M 55 x 0,75
MACRO-ELMAR 1:4/100 mm (Balgen) bis Nr. 2933350, Bestell-Nr. 11230	Serie 7	Bestell-Nr. 14161	M 54 x 0,75

MACRO-ELMAR-R 1:4/100 mm Bestell-Nr. 11232	E 55	–	M 55 x 0,75
ELMARIT-R 1:2,8/135 mm bis Nr. 2772618, Bestell-Nr. 11211	Serie 7	Bestell-Nr. 14161	M 54 x 0,75
ELMARIT-R 1:2,8/135 mm Bestell-Nr. 11211	E 55	–	M 55 x 0,75
ELMAR-R 1:4/180 mm Bestell-Nr. 11922	E 55	–	M 55 x 0,75
APO-TELYT-R 1:3,4/180 mm bis Nr. 2947023, Bestell-Nr. 11240	Serie 7,5	Bestell-Nr. 14222	M 59 x 0,75
APO-TELYT-R 1:3,4/180 mm Bestell-Nr. 11242	E 60	–	M 60 x 0,75
ELMARIT-R 1:2,8/180 mm bis Nr. 2939700, Bestell-Nr. 11919	Serie 8	Bestell-Nr. 14165	M 72 x 0,75
ELMARIT-R 1:2,8/180 mm Bestell-Nr. 11356	E 67	–	M 67 x 0,75
TELYT-R 1:4/250 mm bis Nr. 3050600, Bestell-Nr. 11920	Serie 8	Bestell-Nr. 14165	M 72 x 0,75
TELYT-R 1:4/250 mm Bestell-Nr. 11925	E 67	–	M 67 x 0,75
APO-TELYT-R 1:2,8/280 mm bis Nr. 3492510, Bestell-Nr. 11245	E 112	–	M 112 x 1,5
APO-TELYT-R 1:2,8/280 mm Bestell-Nr. 11263	Serie 5,5 Bestell-Nr. 14591	Filterschublade	M 112 x 1,5
TELYT-R 1:4,8/350 mm Bestell-Nr. 11915	E 77	–	M 77 x 0,75
TELYT-R 1:6,8/400 mm Bestell-Nr. 11953	Serie 7	Filter-Tasche	M 72 x 0,75
TELYT-R 1:6,8/400 mm (Novoflex) Bestell-Nr. 11926 Novoflex	Spezialfilter	Filterschublade	–
TELYT-R 1:5,6/400 mm (Televit-R) Bestell-Nr. 14154	Serie 7	Filter-Tasche	–
APO-TELYT-R 1:2,8/400 mm Bestell-Nr. 11263	Serie 5,5 Bestell-Nr. 14591	Filterschublade	–
MR-TELYT-R 1:8/500 mm Bestell-Nr. 11243	Spezialfilter E 32	–	M 77 x 0,75
TELYT-R 1:6,8/560 mm Bestell-Nr. 11865	Serie 7	Filter-Tasche	–
TELYT-R 1:6,8/560 mm (Novoflex) Bestell-Nr. 11927	Spezialfilter Novoflex	Filterschublade	–
TELYT-R 1:5,6/560 mm (Televit-R) Bestell-Nr. 14155	Serie 7	Filter-Tasche	–
TELYT-S 1:6,3/800 mm Bestell-Nr. 11921	Serie 7	Filter-Tasche	M 138 x 1,5
VARIO-ELMAR-R 1:3,5–4,5/28–70 mm bis Nr. 3787884, Bestell-Nr. 11265	E 60	–	M 60 x 0,75
VARIO-ELMAR-R 1:3,5/35–70 mm bis Nr. 3393300, Bestell-Nr. 11244	E 60	–	M 60 x 0,75
VARIO-ELMAR-R 1:3,5/35–70 mm Bestell-Nr. 11248	E 67	–	M 67 x 0,75
VARIO-ELMAR-R 1:4,5/80–200 mm Bestell-Nr. 11224	E 55	–	M 55 x 0,75
VARIO-ELMAR-R 1:4,5/75–200 mm Bestell-Nr. 11226	E 55	–	M 55 x 0,75
VARIO-ELMAR-R 1:4/70–210 mm Bestell-Nr. 11246	E 60	–	M 60 x 0,75

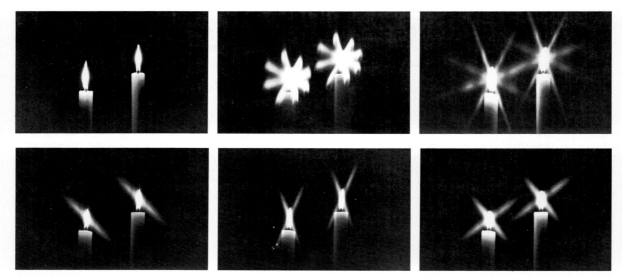

Abb. 230 a–f: *Zwei brennende Kerzen wurden mit verschiedenen Sterneffekt-Vorsätzen fotografiert. Von links: ohne Vorsatz; 8strahliger Sterneffekt-Vorsatz; Kreuzgitter-Vorsatz. Mit drehbaren Scheiben (Variocross) lassen sich die Sternstrahlen beein-* flussen (unten). Sie können außerdem durch Drehen des gesamten Vorsatzes in die gewünschte Position gebracht werden. Die Länge der Sternstrahlen hängt im wesentlichen vom Helligkeitskontrast der Lichtquelle zur Umgebung ab.

Abb. 229 a–f: *Variationen über das Thema Sonnenblumen. Eine einzige Blüte wird durch radiale und parallele optische Reihung vervielfacht. Oben von links: ohne Vorsatz; 3fach-Prisma mit 50-mm-Objektiv; 3fach-Prisma mit 90-mm-Objektiv; unten: 5fach-Prisma; unterschiedliche Helligkeit und Schärfe der mehrfach abgebildeten Blüte sind auf den Bildern mit* Parallel-Vorsätzen zu erkennen. Die «Nebenbilder» der 3fachen und 6fachen Prismen-Vorsätze mit paralleler Anordnung sind deutlich sichtbar, da sie dunkler und leicht unscharf erscheinen. Durch Drehen der prismatischen Vorsätze kann die Bildwirkung zusätzlich variiert werden.

von Fotozubehör bieten sie eine große Auswahl unterschiedlichster Vorsätze. Die Leica Camera AG selbst liefert keine derartigen Vorsätze. Genaue Angaben über das jeweilige Lieferprogramm der verschiedenen Hersteller sind in entsprechenden Prospekten enthalten, die beim Fachhandel erhältlich sind. Fast alle Effektvorsätze sind für normalbrennweitige Objektive konzipiert und verlangen meistens den Einsatz einer großen Blendenöffnung. Damit man auch bei hervorragenden Lichtverhältnissen und beim Einsatz hochempfindlicher Filme mit offener Blende arbeiten kann, ist oftmals ein zusätzliches Graufilter notwendig. Fotografieren mit Effektvorsätzen ist keineswegs schwierig. Die Lichtmessung durch das Objektiv ist unbedingt von Vorteil. Ob bei der Belichtungsmessung selektiv oder integral gemessen werden soll, ist von Motiv und Vorsatz abhängig. Die Zeitautomatik der Leica R3- und R4-Modelle sowie die der Leica R5, R-E, R7 und R8 können fast immer benutzt werden. Manuelle Einstellungen von Blende und Zeit sind manchmal nötig. Einige Testaufnahmen geben darüber Aufschluß. Für die bekanntesten Vorsätze gelten die nachfolgenden Empfehlungen:

Prismatische Vorsätze

Mit prismatischen Vorsätzen lassen sich Motive gleichzeitig mehrfach abbilden. Grundsätzlich werden zwei verschiedene Arten von «Mehrfachprismen» angeboten: Eine Version, die eine parallel-streifenförmige Reihung bewirkt, und eine andere, mit der man radiale Unterteilungen erzielt. Demnach liegen die Abbildungen entweder nebeneinander (parallel) oder sind kreisförmig angeordnet (radial). Die Facetten der Mehrfachprismen rufen Nebenbilder hervor, die – gegenüber dem Zentralbild – ein wenig unscharf sind und manchmal Farbsäume zeigen. Alle Vorsätze sind vor dem Objektiv drehbar und können miteinander oder mit anderen Vorsätzen – selbstverständlich auch mit Filtern – kombiniert werden. Es gibt außerdem spezielle Farbsegment-Filter, bei deren Einsatz die einzelnen Bilder der Mehrfachprismen in unterschiedlichen Farben wiedergegeben werden. Auch Mehrfachprismen mit ineinander übergehenden Farben sind auf dem Markt. Wie kommt man damit zu guten Ergebnissen?

Besonders empfehlenswert sind Aufnahmen von hellen Objekten vor ruhigen, möglichst dunklen Hintergründen. Aber auch hier gilt die Erfahrung, daß Ausnahmen die Regel bestätigen. Wie die meisten Trickvorsätze sind Mehrfachprismen auf normal- bis kurzbrennweitige Objektive abgestimmt. Je länger die Brennweite, um so mehr rücken die einzelnen Abbildungen auseinander, bis sie schließlich außerhalb des Bildfeldes liegen. Beim Einsatz von Radial-Mehrfachprismen lassen sich alle um das Zentralbild angeordneten Nebenbilder durch Abblenden des Objektivs so in ihrer Intensität verringern, daß sie schließlich bei kleinster Blendenöffnung völlig verschwinden. Eine Ausnahme bildet hier der Dreifach-Vorsatz, bei dem durch Abblendung lediglich eine klarere Trennung der drei einzelnen Bilder erzielt wird, was sogar erwünscht sein kann. Auch bei Parallel-Mehrfachprismen verschwinden durch das Abblenden nach und nach die weit außen liegenden Nebenbilder, so daß bei mittleren Blenden (5,6–8) nur noch drei oder vier Nebenbilder von ehemals sechs erhalten bleiben.

Sterngitter-Vorsätze

Punktförmige Lichtreflexe auf glänzenden Gegenständen oder entfernte Lichtquellen bei Nachtaufnahmen verwandeln sich in gleißende, sternartige Strahlen, wenn bei der Aufnahme ein sogenannter Sterngitter-Vorsatz benutzt wird. Verschiedenartige Typen ergeben unterschiedliche Wirkungen. Zwei, drei oder vier in die Vorsatzlinse eingravierte und sich kreuzende Linien rufen vier-, sechs- oder achtstrahlige Sterne hervor (Abb. 230). Feine Kreuzgitternetze zaubern langstrahlige Sterne ins Bild. Es gibt sogar Vorsätze, bei denen die Linien zur Erzeugung des Sterneffektes auf voneinander getrennten und beliebig gegeneinander verdrehbaren Scheiben angeordnet sind. Dadurch können die Sterne in ihrer Form verändert werden. Vielstrahlige Sterne lassen sich durch Übereinandersetzen mehrerer Vorsätze erzeugen. Auch die Kombination mit Filtern oder anderen Effektvorsätzen ist möglich. Allen Sternvorsätzen haftet ein gewisser Weichzeichner-Effekt an, der aber meistens nicht stört – oft sogar zur Bildgestaltung herangezogen werden kann.

Abb. 231 a u. b: Punkt- oder Spotlinse nennt sich ein Vorsatz, der dazu dient, das Zentrum eines Motivs durch Schärfe zu betonen. Zum Rand hin wird das Blickfeld unscharf und verzerrt, der bildwichtige Teil in der Mitte tritt dadurch, wie in diesem Beispiel deutlich wird, klarer hervor. Der Vorsatz ist besonders für Farbaufnahmen interessant.

Spectral-Vorsätze

Ein wahres Feuerwerk an farbigen Strahlen, Reflexen und Nebenbildern erzeugen die Spectral-Vorsätze. Nach den Angaben des Herstellers fächern ca. 30 Millionen Kristalle die Lichtquellen und Reflexe in den Farben des Regenbogens auf, wobei sie, in Sterneffekte verwandelt, gleichzeitig drei Farben des Spektrums wiedergeben. Einzelne starke Lichtquellen im Bild, eine Kerzenflamme oder die untergehende Sonne, das sind die Motivdetails, die sich besonders zur Verfremdung mit diesem Vorsatz eignen. Spectral-Vorsätze sind naturgemäß prädestiniert für Farbaufnahmen.

Punkt- oder Spot-Vorsätze

Bei bestimmten Objekten, die im Zentrum eines Bildes angeordnet sein sollten, wie beispielsweise das Gesicht bei einer Porträt-Aufnahme oder eine einzelne Blüte am Zweig (Abb. 231), kann die Punkt- oder Spotlinse den symmetrischen Bildaufbau unterstreichen. Bei diesem Vorsatz ist das Mittelfeld optisch plan geschliffen und dann vom Zentrum gewölbt (konvex) bzw. mattiert oder eingefärbt. Die Abbildung erfolgt demnach in der Bildmitte scharf, während zum Rand hin eine zunehmende Unschärfe, auch farbig verfremdet, eintritt. Der Effekt wird um so deutlicher, je mehr Struktur (z.B. Zweige, Blätter) die Umgebung des scharf abzubildenden Kernmotivs aufweist. Die Größe des scharfen Mittelfeldes ist dabei von der Brennweite des Objektivs abhängig. Je kürzer sie ist, um so kleiner ist das Feld. Der Grad der Randunschärfe kann durch ein Verstellen der Blende beeinflußt werden. Starkes Abblenden läßt den Effekt verschwinden.

Bifokal-Vorsätze

Für Nahaufnahmen gibt es zu den R-Objektiven die Elpro-Nahvorsätze. Von verschiedenen Filterherstellern werden besondere Nahlinsen angeboten, die nur für einen Teil der Abbildung wirksam werden. Die Bezeichnungen dafür sind recht unterschiedlich, erkennbar sind sie jedoch alle daran, daß sie wie halbierte Vorsatzlinsen aussehen. Während die eine Hälfte als Nahlinse wirkt, bleibt die andere Hälfte frei für die Kamera-Optik. Dadurch können kleine Gegenstände aus nächster Nähe groß und scharf abgebildet werden – bei gleichzeitiger Unendlich-Schärfe des übrigen Motivdetails. Auf diese Weise kann z.B., wie Abb. 232 zeigt, ein extrem im Vordergrund befindliches Objekt aus dem Unschärfenbereich in die Schärfe gerückt werden. Die Vorsätze werden in verschiedenen Dioptrien-Stärken angeboten. Je größer die Dioptrie, um so kürzer wird die nächste Aufnahmeentfernung. Diese Vorsätze sind ebenfalls in erster Linie für Standard-Objektive mit 50 mm Brennweite gedacht.

Weichzeichner-Vorsätze

Von allen Vorsätzen ist der Weichzeichner der bekannteste, weil älteste Vertreter. Selbst Leica Fans der ersten Stunde haben schon mit Weichzeichnern besondere und kunstvolle Effekte im Foto zu erzielen versucht. Vor vierzig Jahren gab es sogar ein weichzeichnendes Porträt-Objektiv, das Thambar 1:2,2/90 mm, zur Leica. Heute kann man das Weichzeichner-Objektiv Imagon der Firma Rodenstock an alle Leica R- und Leicaflex-Modelle adaptieren (siehe Seite 372). Eine ähnliche Wirkung erzielt man mit entsprechenden Vorsätzen vor den Leica R-Objektiven. Bei den meisten Weichzeichner-Vorsätzen wird nur ein kleiner Teil des durch das Objektiv tretenden

Lichtes durch die reliefartige Oberfläche des Vorsatzes beeinflußt. Dadurch wird erreicht, daß ein schwaches, unscharfes Bild den scharf abgebildeten Bildkern überlagert. Man spricht von «künstlerischer Unschärfe». Die reliefartigen Oberflächen dieser Weichzeichner werden durch konzentrische Ringe (Duto-Scheibe), eine Vielzahl von Linsenelementen (Softare) oder durch Gitterstrukturen gebildet. Diese Reliefs erzeugen durch Brechung und Beugung des Lichtes eine Überstrahlung, während die zwischen den Reliefs durchgehenden Strahlen die scharfen Bildkerne erzeugen. Charakteristisch für «echte» Weichzeichner-Aufnahmen ist, daß das Licht in die Schatten überstrahlt. Im Gegensatz dazu laufen die Schatten in die Lichtpartien, wenn die Weichzeichner-Vorsätze nachträglich, beim Vergrößern, benutzt werden. Bei der Weichzeichner-Aufnahme findet quasi eine Aufhellung statt, die beim Betrachter des Bildes den Eindruck erweckt, als sei es beschwingt und duftig. Weichzeichner-Vergrößerungen können das nicht; sie wirken häufig «gedämpft» und «stumpf».

Die oftmals störende Körnigkeit hochempfindlicher Filme ist dagegen bei Vergrößerungen mit Weichzeichnern kaum zu spüren. Außer den oben beschriebenen Weichzeichner-Vorsätzen werden auch andere Ausführungen mit total reliefartigen Oberflächen angeboten. Low-Contrast- und Diffusions-Filter zählen dazu. Da sie jeweils in fünf Abstufungen zur Verfügung stehen, kann man ihre Wirkung fein dosieren. Die mit Low-Contrast-Filter aufgenommenen Porträts weisen einen gewissen Schmelz auf, der durch gedämpfte Farbsättigung und gemilderten Kontrast entsteht. Wesentlich kräftiger wirkt dagegen das Diffusions-Filter. Obwohl Farben und Kontraste klarer erscheinen, wird ein verschwommeneres Bild erzeugt. Je länger die Brennweite, um so größer ist die Wirkung beider Filter. Steigerungen sind auch durch Kombination mehrerer aufeinander geschraubter Filter möglich. Der jeweilige Weichzeichner-Effekt ist bei allen Vorsätzen vom Motiv-Kontrast und der Stärke des Vorsatzes abhängig. Je größer der Kontrast, um so stärker der Effekt und um so geringer kann die Weichzeichner-Stärke gewählt werden. Kontrastlose Motive eignen sich kaum für Weichzeichner-Aufnahmen. Bei Gegenlichtaufnahmen sind fast immer gute Ergebnisse zu erwarten. Durch den wesentlich weicheren Übergang von der Schärfe in die Unschärfe entsteht der Eindruck einer größeren Schärfentiefe oder, besser gesagt, einer größeren Raumtiefe.

Belichtungskorrekturen (Verlängerungsfaktoren) sind in der Regel nicht notwendig. Für Kleinbildaufnahmen sind Weichzeichner mit geringer Stärke meist vorteilhaft. Der Effekt kann nur bei den Duto-Scheiben und den Vorsätzen mit Gitterstruktur durch Abblendung des Objektivs reguliert werden und ist bei kleinster Blendenöffnung häufig nicht mehr wahrzunehmen. Durch Vorsetzen von Tüllstoff, Georgette oder Gaze, durch teilweise eingefettete Glasscheiben o.ä. vor dem Objektiv oder durch Anhauchen der Objektiv-Frontlinse können ähnliche Wirkungen erzeugt werden. Allerdings ist der Erfolg meistens geringer als bei den optischen Verfahren.

Nebel-Effekt-Vorsätze

Eine dem Weichzeichner ähnliche Wirkung besitzen die Nebel-Effekt-Filter. Sie sind in mehreren Stärken zu haben und lassen das Motiv in einem Dunstschleier erscheinen. Mit zunehmender Nebel-Wirkung nimmt die allgemeine Auflösung ab. Natürlicher Dunst und Nebel werden durch diese Filter verstärkt (siehe Abb. 7g). Eine leichte Überbelichtung erzeugt in vielen Fällen eine helle, lichte Atmosphäre, während Aufnahmen ohne Belichtungskorrektur fast immer so aussehen, als wären sie an einem grauen, nebligen Novembertag entstanden. Auch bei diesen Vorsätzen ist die Wirkung nicht von der Aufnahmeblende, wohl aber von der Brennweite abhängig. Je kurzbrennweitiger das Objektiv, um so geringer der Effekt.

Pop-Filter

Popfarbene Filter, also Filter in satten Farben, verwandeln normale Motive in fast monochrome Bildgrafiken. Dabei nimmt die Abbildung die jeweilige Filterfarbe an, die aber weitgehend durch Variation der Belichtungszeit in ihrer Intensität gesteuert werden kann. Kombinationen mit anderen Effekt-Vorsätzen, Mehrfachbelichtungen mit verschiedenfarbigen Pop-Filtern und späteres Übereinanderlegen verschiedenfarbiger Dias (Sandwich-Methode) bringen zusätzliche interessante Effekte. Die entsprechenden Verlängerungsfaktoren dieser kräftigen Farbfilter werden bei der Belichtungsmessung durch das Objektiv wesentlich schlechter berücksichtigt als die der normalen Filter. Außerdem muß beachtet werden, daß

***Abb. 232 a u. b:** Mit einem Bifocal-Vorsatz (Teilbild-Linse) läßt sich eine gestochene Schärfe vom Nah- bis in den Unendlich-Bereich auch bei großen Objektiv-Öffnungen erzielen.*

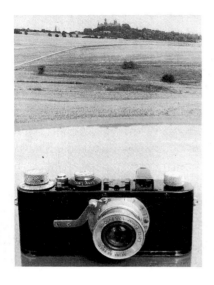

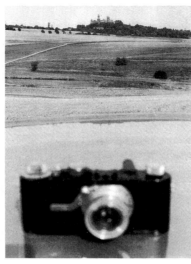

die Farbe des Objektes die Belichtungszeit beeinflussen kann: komplementäre Farben verlangen längere Belichtungszeiten als filtergleiche. Es ist auch ein Unterschied, ob bei Tages- oder Kunstlicht fotografiert wird. Die Prospekte der Filterhersteller geben darüber zwar Auskunft, doch wird man um einige Testaufnahmen trotzdem nicht herumkommen, wenn man zuverlässig damit arbeiten will.

Verlauf-Filter

Um bei Landschaftsaufnahmen eine Überbelichtung des bedeckten Himmels zu vermeiden oder um die Bewölkung dramatisch zu betonen, bediente man sich schon vor Jahrzehnten des Verlauf-Filters in Gelb oder Orange. Für die heutigen Schwarzweißfilme sind sie in dieser

***Abb. 6A u. 6B:** Wenig Licht ist fotografisch oft besonders reizvoll. Mit Objektiven, die bereits bei voller Öffnung ihr Bestes geben, aber leicht zu meistern. **Abb. 6A:** Apo-Macro-Elmarit-R 1:2,8/100 mm, 1/125s, Bl. 2,8, Farb-Umkehrfilm ISO 64/19°. **Abb. 6B:** Summilux-R 1:1,4/35 mm, 1/30s, Bl. 1,4, Kunstlicht-Farbumkehrfilm ISO 160/23°. Beide Aufnahmen aus freier Hand. **Abb. 6C:** Die Wirkung des Pol-Filters läßt sich im Sucher gut beurteilen. Summicron-R 1:2/35 mm, 1/25s, Bl. 5,6–8, Pol-Filter, Farb-Umkehrfilm ISO 64/19 ° **Abb. 6D u. 6E:** Im Vergleich wird deutlich, welche Beeinflussung durch Pol-Filter möglich ist. Links ohne, rechts mit Pol-Filter. Alle Aufnahmen mit 180 mm Brennweite, Farb-Umkehrfilm ISO 25/15°. **Abb. 6F–6H:** Kenner wissen seit langem, daß Nahaufnahmen nicht immer mit abgeblendetem Objektiv fotografiert werden müssen, sondern das Spiel mit der Unschärfe die Bildwirksamkeit fördert. Außerdem kann mit offener Blende des Objektivs auch noch bei schlechten Lichtverhältnissen aus der Hand fotografiert werden. Alle Aufnahmen mit voller Öffnung aus freier Hand. **Abb. 6F:** Summicron-R 1:2/50 mm mit Elpro-Nahvorsatz. **Abb. 6G:** Apo-Elmarit-R 1:2,8/180 mm und 3teilige Ringkombination. **Abb. 6H:** Macro-Elmarit-R 1:2,8/60 mm. Farb-Umkehrfilm ISO 64/19°.*

***Abb. 7A u. B:** Vergleichsaufnahme zu den Filter-Vergleichen auf Seite 265 und 268. **Abb. 7C u. 7D:** Die hervorragende Farbwiedergabe der unbestechlichen Farbumkehrfilme ist auch «nur subjektiv»! Differenzierungen sind von Fabrikat zu Fabrikat und von Film-Typ zu Film-Typ absolut normal. Links Kodak Ektachrome 400, rechts Kodak Ektachrome 64 **Abb. 7E:** Für Aufnahmen «im Vorübergehen» ist die Programm-Automatik der Leica R4, R5, R7 und Leica R8 ideal. Summicron-R 1:2/35 mm, Farb-Umkehrfilm ISO 64/19° **Abb. 7F–7H:** Für den Porträt-Fotografen sind Weichzeichnervorsätze ein unentbehrliches Requisit. Gestochene Schärfe im Gesicht weicht einem zarten Schmelz, dessen Wirkung vor allem an den Lichtreflexen der Brille deutlich sichtbar wird (rechts oben). Nebel-Effekt-Filter für die Landschaftsfotografie täuschen feinen Dunst vor oder verstärken ihn (Mitte rechts). Prismatische Vorsätze mit farbigen Segmenten verblüffen mit effektvollen Ergebnissen (unten rechts). Alle Aufnahmen: Farb-Umkehrfilm ISO 25/15°*

Abb. 6C

Abb. 6D

Abb. 6F

Abb. 6G

Abb. 6H

Abb. 7A

Abb. 7B

Abb. 7C

Abb. 7D

Abb. 7F

Abb. 7G

Abb. 7H

Abb. 233 a u. b: *Mit Verlauf-Filtern können bestimmte Partien im Bild beeinflußt werden. Bei diesem Beispiel wurde ein graues Verlauf-Filter benutzt, um durch Unterbelichtung der oberen Bildpartien eine Dramatisierung des verschleierten Himmels zu erreichen.*

Version kaum erforderlich und für Farbaufnahmen nicht zu gebrauchen. So gerieten sie bald in Vergessenheit. Jetzt sind sie als farbige oder neutralgraue Verlauf-Filter wieder zu haben.

Sie werden in verschiedenen Ausführungen mit unterschiedlichen Dichten und Übergängen angeboten und sind einfach zu handhaben.

Verlauf-Filter werden z.B., wie andere Filter auch, vor dem Objektiv angebracht. Allerdings liegt bei dieser Ausführung der Übergang von der absolut klaren zur eingefärbten Filterhälfte (und damit auch die Horizontlinie) fest: Sie verläuft durch die Bildmitte. Diese Filter erzeugen bei langen Brennweiten und mittleren Blendenöffnungen einen ausreichend weichen Übergang vom Himmel zur Horizontlinie. Mehr Spielraum bei der Gestaltung lassen Verlauf-Filter, die als «Filterplatte» ausgebildet sind und sich in Filterhaltern vor dem Objektiv drehen und verschieben lassen. Die Horizontlinie läßt sich damit den verschiedenen Motiven anpassen.

Verlauf-Filter lassen sich nicht nur sinnvoll bei Außenaufnahmen benutzen. Auch im Innenraum, wenn starke Lichtquellen im oberen Bildteil alles überstrahlen oder bei Blitzlichtaufnahmen der Vordergrund überbelichtet wird, können Verlauf-Filter die Wiedergabe verbessern. Außerdem werden dem phantasievollen Fotografen unzählige Möglichkeiten der Verfremdung durch die große Farbskala der Verlauf-Filter angeboten. Je kürzer die Brennweite, um so deutlicher ist die Wirkung der Verlauf-Filter. Je länger die Brennweite, um so geringer sind die unterschiedlichen Dichten, die zur Wirkung kommen; es sei denn, man kann das Filter in einem Kompendium mit genügend großem Abstand vor der Frontlinse des Objektivs anbringen. Der Übergang wird jeweils bei starker Abblendung des Objektivs am deutlichsten sichtbar. Neutralgraue Verlauf-Filter, die sich auch mit anderen Farbfiltern kombinieren lassen, sind im gleichen Maße für Schwarzweiß- und Farbfotografen interessant.

FILME

Eigenschaften, Anwendung und Verarbeitung

Die Filme für den Kleinbild-Fotografen können in vier Hauptgruppen eingeordnet werden: Schwarzweiß-

Negativfilme, Schwarzweiß-Umkehrfilme, Farb-Negativfilme und Farb-Umkehrfilme, die sich wiederum, entsprechend ihrer Allgemein-Empfindlichkeit, als niedrig-, mittel- und hochempfindliche Filme klassifizieren lassen. Für das Gelingen einer qualitativ hochwertigen Aufnahme ist die Wahl des Films mit von entscheidender Bedeutung. Sie richtet sich in erster Linie nach dem gewünschten Ergebnis: schwarzweiß oder farbig. Auch die Art des Bildes, ob Papierbild oder Diapositiv, bestimmt die Wahl des Aufnahmematerials. Eine optimale Schwarzweiß-Vergrößerung läßt sich am besten vom Schwarzweiß-Negativ erstellen. Schwarzweiß-Diapositive lassen sich ebenfalls vom Schwarzweiß-Negativfilm herstellen – oder man benutzt von vornherein einen Schwarzweiß-Umkehrfilm. Vom Farb-Umkehrfilm erhält man ein ideales Farbdia, von dem sich unter günstigen Voraussetzungen (geringer Kontrast im Dia) auch leicht ein gutes Farbbild vergrößern läßt. Wer in erster Linie das farbige Papierbild anstrebt, wird den Farb-Negativfilm wählen, von dem auch Farb-Diapositive hergestellt werden können. Natürlich muß das Aufnahme-Material auch den verschiedenen Anwendungsbereichen angepaßt sein. Welches Licht steht zur Verfügung? Tages- oder Kunstlicht? Werden kurze Belichtungszeiten gefordert? Oder ist ein besonders großes Auflösungsvermögen des Films wichtig, usw., usw. Fragen, die sich leicht beantworten lassen, wenn man die wichtigsten Eigenschaften der Filme kennt. Sie sollen nachfolgend beschrieben werden.

Allgemein-Empfindlichkeit

Für die richtige Belichtung eines Films ist eine gewisse Menge Licht notwendig, die in Abhängigkeit steht zu seiner allgemeinen Empfindlichkeit. In Deutschland galten bis etwa 1980 als Maß dafür die nach dem Deutschen Institut für Normung benannten DIN-Werte. Die Abstufung ist so gewählt, daß drei DIN mehr einer doppelten Empfindlichkeit gleichkommen. In den USA und international wurden bis dahin für die Empfindlichkeitsangabe ASA-Werte benutzt (ASA = American Standard Association). Die Empfindlichkeitsbestimmung regeln entsprechende Normblätter. Die Messung nach der ASA-Norm stimmt genau mit der nach der deutschen DIN-Norm überein. Die DIN-Zahl ist allerdings ein logarithmischer Wert, während die ASA-Skala arithmetisch aufgebaut ist. Ein Film von ASA 50 ist doppelt so empfindlich wie einer von ASA 25. Seit einigen Jahren wird die Allgemein-Empfindlichkeit von

Filmen in ISO-Werten (ISO = International Organization for Standardization) angegeben, z.B. ASA 50/18 DIN = ISO 50/18°.

Entsprechend der ISO- oder ASA- bzw. DIN-Empfindlichkeit wird der Belichtungsmesser eingestellt und der Film belichtet. Außerdem ist eine kleine Reserve vorhanden, die eine Blende oder mehr beträgt. Das bedeutet: In der Regel kann ein Film von ISO 50/18° unter bestimmten Voraussetzungen auch wie ISO 100/21° belichtet werden, wenn die Entwicklung darauf abgestimmt wird.

Der beim ISO-System vorhandene Dreier-Rhythmus (abgeleitet von DIN) berücksichtigt nicht, daß die Objektivblenden günstigstenfalls in halber Blendenstufe rasten. In der Praxis ist das unbedeutend, da Belichtungsunterschiede von 30% bei den herkömmlichen Schwarzweiß- und Farb-Filmen nicht deutlich spürbar in Erscheinung treten.

Körnigkeit und Korn

Bei stärkeren Vergrößerungen macht sich gelegentlich in der Abbildung eine grießelige Struktur bemerkbar, die fälschlicherweise mit Korn bezeichnet wird. Was zu sehen ist, das ist die Körnigkeit: Eine Ballung von Silberbromid-Kristallen, die beim Entwicklungsprozeß zusammengewachsen sind. Die Silberbromid-Kristalle selbst sind wesentlich kleiner. Ihre Größe ist abhängig von der Allgemein-Empfindlichkeit. Je größer sie sind, desto größer ist in der Regel auch die Allgemein-Empfindlichkeit des Filmmaterials. Während der Begriff «Korn» also auf das unentwickelte Silberbromid-Kristall anzuwenden ist, bezieht sich die Körnigkeit auf die entwickelte Schicht.

Bei Farbfilmen wird zwar das metallische Silber später herausgebleicht, so daß die Silberpartikel selbst gar nicht mehr sichtbar sind, aber es bleiben gewissermaßen die «Löcher» in der Schicht zurück und führen ebenfalls zu einem körnigen Gesamteindruck. Die geringempfindlichen Emulsionen haben nach der Entwicklung die geringste Körnigkeit. Die Lage der Zwischenräume ist dabei entscheidend. Die wichtigsten Verbesserungen, besonders der feinkörnigen Filme, beruhen auf der Tatsache, daß es gelungen ist, genügend Silberbromid-Kristalle in verhältnismäßig wenig Gelatine ein-

zubetten und damit dünne Schichten zu gießen. Die Feinheit der einzelnen Kornpartikel ist auch ein Kriterium für die Schärfe. Ein Bildpunkt, der kleiner ist als ein Filmkorn, kann auch bei stärkster Vergrößerung nicht mehr aufgelöst werden.

Auflösungsvermögen und Konturenschärfe

Die häufig anzutreffende Ansicht, diese beiden Eigenschaften seien mit der Korngröße streng gekoppelt, ist falsch. In erster Linie ist die Schichtdicke der ausschlaggebende Faktor. Da die lichtempfindliche Schicht ein trübes Medium ist, streut sie das Licht. Weil die Streuung innerhalb der Schicht sehr groß ist, vermindert eine kräftige Überbelichtung unter Umständen das Auflösungsvermögen. Früher wurde das Auflösungsvermögen fotografischer Schichten nur durch Testfiguren (Strichraster, Radialgitter oder Miren) geprüft. Das Ergebnis wurde in Linien pro Millimeter angegeben. Da bei der Messung sehr viele nebensächliche Dinge Einfluß haben, versuchte man, andere Maßstäbe zu finden. Ein neuer Begriff ist die «Konturenschärfe». Sie ist ein objektives Maß für die Schärfeleistung des Films, unabhängig von der Körnigkeit und der Gradation. Von entscheidendem Einfluß ist dabei der Diffusions-Lichthof. Die Konturenschärfe wird mit Hilfe eines Spaltes ermittelt, der 15/1000 mm breit ist. Er wird im Kontakt, ohne Verwendung eines Objektivs, aufbelichtet und die entstehende Verbreiterung nach der Entwicklung ausgemessen.

Lichthof-Freiheit

Beim Lichthof unterscheidet man zwischen Diffusions- und Reflexions-Lichthof. Beim ersteren handelt es sich um Streuungen innerhalb der Schicht, im zweiten Fall um Rückstrahlung von der Rückseite des Films. Beide Formen treten meistens kombiniert auf. Voraussetzung für Lichthofbildung ist immer ein großer Lichtkontrast bei der Aufnahme. Typisches Beispiel dafür ist die Überstrahlung, der «Hof» bei einer im Bild erscheinenden Lichtquelle. Durch Dünnschichtfilme wird der Diffusions-Lichthof geringer. Den Reflexions-Lichthof vermeidet man durch Anfärben der Rückseite des Schichtträgers. Eine noch bessere Wirksamkeit wird durch eine Lichthof-Schutzschicht zwischen lichtempfindlicher Emulsion und Schichtträger erzielt.

Gradation

Eine der wichtigsten Eigenschaften der Filme fällt unter den fotografischen Begriff «Gradation». Damit ist die Abstufung der Helligkeitswerte, der Kontrast, gemeint. Die Aufnahmeobjekte sind in den verschiedenen Helligkeiten und Farben abgestuft. Das kann vom hellsten Weiß bis zum tiefsten Schwarz gehen. Sie können sich aber auch auf geringe Differenzierungen beschränken, beispielsweise im Nebel. Gibt ein Film diese Unterschiede in etwa so wieder, wie sie unser Auge sieht, besitzt er eine normale Gradation. Dämpft er die Kontraste, so daß größere Lichtgegensätze überbrückt werden, hat der Film eine weiche oder flache Gradation. Umgekehrt: verstärkt ein Film geringe Helligkeitsunterschiede, besitzt er eine harte oder steile Gradation. Er kann dann aber keine großen Helligkeitsgegensätze differenziert wiedergeben! Für Sonderfälle in der Reproduktionstechnik gibt es sogar Filme mit extra harter Gradation. Der Grundcharakter

einer fotografischen Schicht wird im wesentlichen bei der Herstellung festgelegt. Er kann aber, insbesondere bei Schwarzweiß-Filmen, durch die Art der Entwicklung beeinflußt werden. Dabei wird allerdings auch die Allgemein-Empfindlichkeit des Films verändert.

Schwarzschild- und Ultrakurzzeit-Effekt

Für ein optimales fotografisches Ergebnis ist nicht zuletzt auch die richtige Belichtung entscheidend. Sie ist das Produkt aus Beleuchtungsstärke und Zeit (E x t). Dabei ist es keineswegs gleich, ob die Belichtung der lichtempfindlichen Schicht bei sehr hoher Beleuchtungsstärke mit sehr kurzer oder bei sehr geringer Beleuchtungsstärke mit sehr langer Zeit erfolgt. Bei gleichen Lichtverhältnissen gibt z.B. eine Belichtung von 1/1000s bei Blende 1 nicht die gleiche Dichte wie bei Blende 32 und 1s Belichtungszeit, obwohl das theoretisch der Fall sein müßte. Die Erscheinung nennt man, nach seinem Entdecker, den Schwarzschild-Effekt. Generell macht sich der Schwarzschild-Effekt bei extrem langen und bei sehr kurzen Belichtungszeiten (Ultrakurzzeit-Effekt bei Elektronenblitz-Aufnahmen) durch Empfindlichkeitsverlust, Gradationsänderung und bei Farbfilm zusätzlich noch durch eine Störung des Farbgleichgewichtes bemerkbar. Moderne Elektronenblitzgeräte besitzen deshalb durchweg eine Blitzdauer von 1/1000s und länger und liegen damit innerhalb der zulässigen Zeittoleranz fast aller Filme. Nur die Kunstlicht-Umkehr-Farbfilme sind für längere Belichtungszeiten optimal ausgelegt. Entsprechende Angaben über den sog. Schwarzschildfaktor (Verlängerungsfaktor für die Belichtung) sowie über erforderliche Farbkorrekturen kann man den Film-Anleitungen entnehmen bzw. werden von den Film-Herstellern in Datenblättern veröffentlicht.

Schwarzweiß-Filme

Die schwarzweiße Wiedergabe unserer farbigen Umwelt wird durch die Farben-Empfindlichkeit der Schwarzweiß-Filme beeinflußt. Dabei ist der Ausdruck Farben-Empfindlichkeit vielleicht nicht ganz zutreffend, da ja die Wiedergabe bei S/W-Filmen in Graustufen erfolgt. Die Unterschiede betreffen also nur die Helligkeitswerte, in denen verschiedene Farben wiedergegeben werden. Zu diesem Zweck werden der lichtempfindlichen Schicht Farbstoffe beigefügt. Der Film wird sensibilisiert. Ursprünglich ist die Schicht nur für Ultraviolett (UV) und Blau empfindlich. Ein Film mit erweiterter Empfindlichkeit für Grün und Gelb wird orthochromatisch, ein für alle Farben – also einschließlich Rot – empfindlicher Schwarzweiß-Film panchromatisch genannt. Allerdings ist die Farben-Empfindlichkeit nicht bei allen panchromatischen Filmen einheitlich, sondern schwankt von Fabrikat zu Fabrikat. Insbesondere weist die Rot-Sensibilisierung große Unterschiede auf. Meistens steigt die Empfindlichkeit im roten Spektralbereich mit Zunahme der Allgemein-Empfindlichkeit. Bei Verwendung von Orange- oder Rot-Filtern kann deshalb nicht immer der durch das Filter gemessene Belichtungswert übernommen werden. Durch Testaufnahmen läßt sich ein eventuell erforderlicher Korrekturfaktor leicht ermitteln. Durch farbige Foto-Filter können die Helligkeitswerte der verschiedenen Farben bei der Aufnahme beeinflußt werden.

Die für das Auge nicht mehr sichtbaren Strahlen des ultravioletten Bereiches werden von allen Filmen aufgenommen, wenn sie nicht vorher durch das Objektiv absorbiert werden. Bei den Leica R-Objektiven ist das der Fall. Dagegen benötigt man für das langwellige Infrarot (IR) besondere Filmmaterialien und Filter (siehe Seite 306).

Das Angebot des Weltmarktes an Schwarzweiß-Filmen und Schwarzweiß-Entwicklern ist fast unübersehbar groß. Entsprechend vielfältig sind die Möglichkeiten ihres Einsatzes. Um für die praktische Anwendung eine gewisse Übersicht zu behalten, sollen an dieser Stelle nur die Materialien genannt werden, die vom Autor selbst und vom anwendungstechnischen Fotolabor der Leica Camera AG benutzt werden. Dieses Labor beschäftigt sich ständig mit allen Fragen der Kleinbildfotografie, u.a. auch mit den Filmen und Entwicklern des Weltmarktes. Die dabei gewonnenen Erfahrungen werden durch die Leica Akademie in seminarartigen Kursen alljährlich an viele Fotofreunde weitervermittelt. Um bei der Vielzahl der verschiedenen Aufgaben – es kommen Amateure, Fotohändler, Laboranten, Kriminalisten, medizinische Fotografen, Pressefotografen, Werksfotografen etc. – mit relativ wenigen Filmen und Entwicklern arbeiten zu können, wurde

eine Auswahl der Materialien getroffen, die eine gleichmässig gute Ausbeute garantiert. Bei der Leica Camera AG weiß man allerdings auch, daß unter bestimmten Bedingungen ganz bestimmte Film-Entwickler-Kombinationen bessere Ergebnisse bringen können! Doch aus rationellen Gründen und wegen der nicht zu unterschätzenden Sicherheit durch das kleine Sortiment bleibt man bei diesem Standard-Programm. Selbstverständlich wird dieses Programm den jeweils neuesten Erkenntnissen angepaßt.

Konventionelle Schwarzweiß-Filme

Normale Schwarzweiß-Filme werden nach ihrer Allgemein-Empfindlichkeit unterteilt. Danach ergibt sich folgende Klassifizierung:

Geringempfindliche Filme

Geringempfindliche Filme von ISO 16/13° bis ISO 50/18° sind ideal für alle Aufnahmen, bei denen feinste Details wiedergegeben werden müssen, wie z.B. bei Landschafts-, Architektur- und Sachaufnahmen sowie für makro- und mikrofotografische Zwecke und für Halbton-Reproduktionen. Gering empfindliche Filme sind wegen ihres großen Auflösungsvermögens und ihrer geringen Körnigkeit besonders gut für Großvergrößerungen geeignet.

Mittelempfindliche Filme

Mittelempfindliche Filme von ISO 64/19° bis ISO 200/24° werden für die gleichen Aufgaben benutzt, wenn weniger Licht vorhanden ist und bei längerer Belichtungszeit Verwacklungsgefahr besteht oder wenn eine größere Blendenöffnung nicht genügend Schärfentiefe gibt. Allerdings ist die Körnigkeit etwas grösser und das Auflösungsvermögen dieser Filme ein wenig geringer. Mittelempfindliche Filme sind Allround-Filme des Kleinbildfotografen für die angewandte Fotografie. Vom Erinnerungsbild über das Porträt bis hin zum Architektur-, Sport- und Landschaftsfoto erstreckt sich die Anwendungsbreite dieses Filmmaterials.

Hochempfindliche Filme

Hochempfindliche Filme von ISO 250/25° bis ISO 3200/36° (und darüber) werden verwendet, wenn unter ungünstigen Lichtverhältnissen noch mit kurzen Belichtungszeiten fotografiert werden muß. Diese Filme gelten als Standard-Aufnahmematerial für Reporter.

Die in den letzten Jahren erfolgte wesentliche Verbesserung, insbesondere die des Auflösungsvermögens und der Körnigkeit, macht die hochempfindlichen Filme für jeden Amateur interessant, der seine Filme selbst entwickelt. Letzteres ist eine unbedingte Notwendigkeit, sofern kein Labor für Sonderentwicklungen zur Verfügung steht.

Dokumentenfilme

Dokumentenfilme sind für Strich-Reproduktionen gedacht. Hier gibt es eine Unterteilung in orthochromatisches und panchromatisches Filmmaterial. Dokumentenfilme werden außerdem auch für die Mikrofotografie und zur Herstellung von Dias nach Negativen eingesetzt. Durch Umkehrentwicklung ergeben Dokumentenfilme direkt Diapositive. Orthochromatische und panchromatische Dokumentenfilme werden, außer als Meterware, auch konfektioniert als Kleinbildpatronen im Handel angeboten.

Orthochromatischer Dokumentenfilm

Orthochromatischer Dokumentenfilm ist nicht rotempfindlich und gibt daher Rot im Positiv dunkel wieder. Bei flacher Ausleuchtung und weicher Entwicklung kann er auch für die normale Fotografie verwendet werden; z.B. für die Landschaftsfotografie, wo selten rote Objekte vorkommen. Bei medizinischen Aufnahmen können dagegen feinste Äderchen oder Hautrötungen kontrastreicher, also verstärkt, wiedergegeben werden. Übrigens erzielt man fast die gleiche Wirkung des orthochromatischen Films bei allen Schwarzweiß-Filmmaterialien mit einem Blaufilter. Orange- und Rotfilter können in Verbindung mit orthochromatischen Dokumentenfilmen nicht angewandt werden.

Panchromatischer Dokumentenfilm

Panchromatischer Dokumentenfilm ist für alle Farben empfindlich, und die Filtertechnik ist bei diesem Film die gleiche wie bei normalen Schwarzweiß-Filmen. Dieser Dokumentenfilm kann bei kleineren technischen Zeichnungen und Diagrammen als Zwischenstufe für die Herstellung von Strichvorlagen benutzt werden. Dabei wird zuerst auf normalem, rotem Millimeterpapier mit schwarzer Tusche gezeichnet, wobei die roten Millimetereinteilungen als Hilfslinien dienen. Fehlerhafte Details können mit weißer Abdeckfarbe retuschiert werden. Die fertige Zeichnung wird dann mit Rotfilter vor dem Objektiv reproduziert. Die Vergrösserung eines solchen Negativs zeigt eine Strichzeichnung auf weißem Grund. Die roten Linien des Millimeterpapiers erscheinen nicht!

Schwarzweiß-Umkehrfilm

Schwarzweiß-Umkehrfilm liefert ohne Negativ direkt Positive und wird für alle vorher beschriebenen Anwendungsbereiche benutzt. Die Entwicklung ist bereits beim Kauf bezahlt und wird von autorisierten Entwicklungsanstalten durchgeführt. Bekanntester Vertreter dieser Film-Kategorie auf dem europäischen Markt ist der Film «Scala 200» von Agfa-Gevaert. Eine eigene Umkehr-Entwicklung wird nicht empfohlen.

Da eine Beeinflussung der Gradation nur begrenzt möglich ist, wird der Weg zum Diapositiv über ein Negativ manchmal vorgezogen.

Schwarzweiß-Positivfilm

Schwarzweiß-Positivfilm wird bei der Herstellung von Diapositiven nach Negativen verarbeitet. Die Gradation ist normal bis kräftig und nur durch die Entwicklung zu beeinflussen. Er ist unsensibilisiert und kann bei rotem Dunkelkammerlicht verarbeitet werden. Im Labor der Leica Akademie wird anstelle des Positivfilms der orthochromatische Dokumentenfilm benutzt.

Infrarot-Filme

Infrarot-Filme sind Spezial-Filme, die auch für das unsichtbare Infrarot-Licht empfindlich sind. Diese Filme können nur unter Beachtung besonderer Regeln benutzt werden (siehe Seite 306).

Die Schwarzweiß-Filmentwickler

Die Eigenschaften der Filme, besonders die Gradation, werden durch die Entwicklung stark beeinflußt. Da das Negativ nur eine Zwischenstufe zum Positiv darstellt, ist größter Wert darauf zu legen, daß es leicht weiterzuverarbeiten ist. Es muß bei richtiger Entwicklung eine gute Abstufung zeigen und nicht zu kontrastreich sein.

Im Entwicklungsprozeß werden Silberhalogenid-Kristalle, z.B. Silberbromid-Kristalle, zu metallischem Silber reduziert. Dabei wachsen benachbarte Silberkörner zusammen. Wird zur Entwicklung ein Ultra-Feinkornentwickler bzw. Feinkornentwickler benutzt, so wird die Verteilung der Silberkornstruktur gleichmäßiger, weil größere Ballungen vermieden werden. Beim Vergrößern fällt dann Licht durch die entwickelte Schicht auf das Fotopapier und es entsteht eine Abbildung der Zwischenräume. Da auf dem gleichen Film Aufnahmen ganz verschiedener Objekte vorhanden sein können, so kann auch die Körnigkeit mehr oder weniger stören. Besonders in hellgrauen Flächen wird die Körnigkeit sichtbar.

Wenn sehr feinkörnige Aufnahmen bevorzugt werden, ist es besser, einen sehr feinkörnigen Film zu verwenden, als durch Ultra-Feinkorn- oder Feinkornentwickler Filme höherer Empfindlichkeit feinkörnig zu entwickeln.

Hochempfindliche Filme sollten vorzugsweise in (Ultra-)Feinkornentwicklern verarbeitet werden, um das Korn möglichst klein zu halten. Zu den Entwicklern, die das tun, nicht zu kontrastreich arbeiten und die Filmempfindlichkeit gut ausnutzen, gehören z.B. Atomal (Agfa-Gevaert) und Microphen (Ilford), D76, T-MAX-Entwickler und Microdol-X (Kodak), Promicrol (May & Baker) und Ultrafin (Tetenal). Da die Entwicklungsgeschwindigkeit sowohl vom Film als auch vom Entwickler abhängig ist, entnimmt man die genauen Da-

ten für die Entwicklungszeiten den Gebrauchsanweisungen der Film- und Entwickler-Hersteller. Für gering- und mittelempfindliche Filme und für Dokumentenfilme haben sich Entwickler auf p-Aminophenol-Basis bewährt. Dazu zählt z.B. Rodinal von Agfa-Gevaert und Paranol von Tetenal. Diese Entwickler werden in hochkonzentrierter Form angeboten und zum Gebrauch kurz vor der Entwicklung verdünnt. In der Praxis hat sich eine Verdünnung von 1:50 bewährt. Die Entwickler werden nur einmal benutzt und dann weggegossen. Die Entwicklungszeit ist vom Filmmaterial und vom gewünschten Kontrast abhängig. Diese Oberflächenentwickler holen die beste Schärfe aus dem Negativ heraus und verstärken den Eindruck der Schärfe durch den Nachbareffekt. Dieser Effekt bewirkt, daß an den Begrenzungen von hellen und dunklen Bildpartien die helleren Partien heller und die dunkleren dunkler nachgezogen erscheinen. Dadurch werden vor allem feine Helligkeitsabstufungen im Foto besser differenziert wiedergegeben.

Tabelle 25: Beispiel für empfindlichkeitsbeeinflussende Entwicklung

Film: Ilford Pan F plus = ISO 50/18°
Oberflächenentwickler: Agfa-Gevaert Rodinal, 20°C

Kontrast	Entwicklung	zu belichten wie
weich	1:50/8,5 Min.	ISO 25/15°
normal	1:25/6 Min.	ISO 50/18°
hart	1:25/8,5 Min.	ISO 100/21°

Der Kontrast kann bei (Ultra-)Feinkornentwicklern in geringem Maße, bei Oberflächenentwicklern sehr stark durch die Entwicklungszeit – bei Oberflächenentwicklern auch durch die Konzentration – beeinflußt werden. Bei längerer Entwicklung wird der Kontrast angehoben, und die Empfindlichkeit des Films steigt. Bei kurzen Entwicklungszeiten wird der Kontrast gemildert und die Filmempfindlichkeit geringer. Für die Praxis bedeutet das: Bei Aufnahmen mit hohen Lichtgegensätzen muß der Film reichlicher belichtet werden, damit bei einer weichen (verkürzten) Entwicklung das Negativ noch genügend Deckung besitzt. Bei Objekten mit geringem Kontrast kann dagegen kürzer belichtet und länger entwickelt werden. Als Orientierungswert gilt, daß eine Verlängerung der Entwicklungszeit um den

Faktor 1,4 die Empfindlichkeit des Films verdoppelt. Bei einer weichen Entwicklung unter 5 Minuten muß die Konzentration von 1:25 auf 1:50 verändert werden, damit die Entwicklungszeit heraufgesetzt werden kann. Entwicklungszeiten unter 5 Minuten führen häufig zu ungleichmäßiger Entwicklung (Schlieren). Eine besonders große Kontraststeigerung kann durch die Entwicklung in Papierentwicklern erreicht werden.

Daten zur Filmentwicklung

Vom Autor werden alle Filme bis ISO 80/20°, und dazu zählen auch Dokumentenfilme, in Rodinal (Agfa-Gevaert) entwickelt. Eine Ausnahme bildet nur der Technical Pan von Kodak, der in Neofin-Doku entwickelt wird. Filme mit einer höheren Empfindlichkeit werden im Ultra-Feinkornentwickler Atomal (Agfa-Gevaert) oder im Feinkornentwickler D 76 bzw. T-MAX-Entwickler (beide von Kodak) entwickelt. Alle drei Entwickler werden vor allem wegen ihrer gut ausgleichenden Wirkung bei unterschiedlichen Kontrasten geschätzt. Die Empfindlichkeitsausnutzung ist dabei normal.
Die angegebenen Daten gelten für Kippentwicklung. Kodak T-MAX-Filme werden bei 24°C verarbeitet, alle anderen Filme bei 20°C. In den ersten 30 Sekunden muß die Entwicklungsdose ständig, in der Restzeit alle 30 Sekunden einmal gekippt werden. Bei Rodinal hat der Härtegrad des Wassers Einfluß auf die Entwicklungszeit. Je «härter» das Wasser ist, um so länger muß entwickelt werden. Die angegebenen Zeiten beziehen sich auf 18 deutsche Härtegrade (dH°). Da die nachfolgend angegebenen Entwicklungszeiten unter anderen Bedingungen zu veränderten Resultaten führen können – die Negative werden dann zu dicht oder zu transparent – sind vorherige Testbelichtungen empfehlenswert. Dabei muß man beachten: Je steiler die Gradation eines Filmes ist, um so geringer ist auch sein Belichtungsspielraum, um so exakter muß er belichtet werden! Wählt man bei einer Testbelichtung eines normalen Schwarzweiß-Filmes eine Abstufung der einzelnen Belichtungen um den Faktor 2, kann bei gleicher Blenden-Einstellung z.B. mit 1/125, 1/60, 1/30, 1/15 und 1/8s belichtet werden. Die als richtig angenommene Belichtungszeit liegt dabei in der Mitte der Belichtungsreihe, so daß sowohl Über als auch Unterbelichtungen durchgeführt werden. Testbelichtungen bei einem kontrastreich arbeitenden Dokumentenfilm, z.B. bei dem für Landschaftsaufnahmen hervorragend geeigneten Kodak Technical Pan Film 2415, müssen dagegen mit einer Abstufung um den Faktor 1,4 vorgenommen werden: 1/125s bei Blende 5,6, 1/125s bei Blende 5,6–4, 1/60s bei Blende 5,6, 1/60s bei Blende 5,6–4, 1/30s bei Blende 5,6.

Umkehr-Entwicklung

Fast alle gering- und mittelempfindlichen Filme lassen sich direkt in Diapositive umkehren. Die Fa. Tetenal bietet auch dafür einen Umkehr-Entwicklungssatz für Schwarzweiß-Filme an. Der Umkehrprozeß erfordert fünf Arbeitsgänge: Im Erstentwickler wird ein negatives Bild hervorgerufen, im Bleichbad wird dieses Negativbild, d.h. das metallische Silber, aus der Schicht herausgelöst; das Klärbad hat danach die Aufgabe, das Bleichbad aus der Schicht zu entfernen. Nach diesen Arbeitsgängen kann bei hellem Licht weitergearbeitet werden. Es folgt die diffuse Zweitbelichtung, durch die das in der Schicht verbliebene Silberbromid entwicklungsfähig wird. Bei der Zweitentwicklung wird dann dieses belichtete Silbersalz geschwärzt. Zum Schluß wird durch ein Fixierbad unverändertes Silberbromid aus der Schicht entfernt. Da die Empfindlichkeit des Films durch die Umkehrentwicklung beeinflußt wird, müssen die Hinweise von Tetenal besonders beachtet werden. Dokumentenfilme haben einen farblosen Schichtträger und eignen sich daher für die Projektion besonders gut. Wird der Agfaortho 25 nach Umkehrrezept entwickelt, ist es zweckmäßig, eine Belichtungsprobe mit dem Faktor 1,3 vorzunehmen, so daß erst die dritte Stufe eine Verdoppelung der Belichtungszeit ergibt, z.B. 1; 1,3; 1,6; 2; 2,6; 3,2; 4s.

Tabelle 26

Strich-Vorlagen	Halbton-Vorlagen
Agfa-Gevaert Agfaortho 25 zu belichten wie ISO 8/10°	Agfa-Gevaert Agfaortho 25 zu belichten wie ISO 4/7°

Entw.: Tetenal SW-Dia-Kit

Bei Halbton-Reproduktionen sollten hellere Vorlagen um eine Stufe kürzer, dunklere Vorlagen um eine Stufe länger belichtet werden.

High-Key- und Low-Key-Technik

Die Bildaussage von Motiven, bei denen durchweg alle Details «hell in hell» oder «dunkel in dunkel» gehalten sind, kann durch die High-Key- oder die Low-Key-Technik gesteigert werden. Beide englischen Begriffe beziehen sich in erster Linie auf die Schwarzweiß-Fototechnik, können jedoch sinngemäß auch auf die Farbfotografie übertragen werden.
High-Key-Fotos bestehen ausschließlich oder fast ausschließlich aus hellen Nuancen (high key = hoher Ton = sehr helle Bildtöne). Das Objekt darf keine großen Farbkontraste aufweisen. Beispiele dafür sind unter anderem das Porträt eines semmelblonden Mäd-

Abb. 235 a–e: Der Kontrastumfang des Motivs hängt u.a. von der Beleuchtung, den Farben der verschiedenen Details und deren Helligkeiten ab. Wie dieser Vergleich zeigt, spielt z.B. bei Landschafts-Aufnahmen auch die Witterung eine Rolle. Anders als bei Farbaufnahmen kann man durch die Entwicklung des Schwarzweiß-Films diesen Gegebenheiten Rechnung tragen und die Filme «motivgerecht» entwickeln. Auf diesen Seiten werden dafür die Rezepte angegeben. Eine weitere Beeinflussung des Kontrastes kann beim Vergrößern durch die Wahl der entsprechenden Papiergradation vorgenommen werden. Was allerdings bei der Filmentwicklung versäumt wurde, läßt sich auch beim Vergrößern nicht mehr zurückgewinnen!

Tabelle 27: Bewährte Film/Entwickler-Kombinationen für Schwarzweiß-Aufnahmen

Verwendungszweck	Filmtyp	Fabrikat	zu belichten wie	Entwicklung
Für feine Details, z. B. Landschaften und Sachaufnahmen mit normalem Kontrast	Geringempfindlicher Film	Agfa-Gevaert Agfapan APX 25	ISO 25/15°	Agfa-Gevaert Rodinal, 20°C, 1:25/6 Min.
		Ilford Pan F plus	ISO 50/18°	Agfa-Gevaert Rodinal, 20°C, 1:25/6 Min.
Bei hohen Kontrasten, z. B. Porträt-Aufnahmen bei Sonne mit tiefen Schatten		Agfa-Gevaert Agfapan APX 25	ISO 12/12°	Agfa-Gevaert Rodinal, 20°C, 1:50/8,5 Min.
		Ilford Pan F plus	ISO 25/15°	Agfa-Gevaert Rodinal, 20°,1:50/8,5 Min.
Bei sehr hohen Kontrasten, z. B. Innenräume mit Fenster-Ausblick		Agfa-Gevaert Agfapan APX 25	ISO 9/6°	Agfa-Gevaert Rodinal, 20°C, 1:50/6 Min.
		Ilford Pan F plus	ISO 12/12°	Agfa-Gevaert Rodinal, 20°C, 1:50/6 Min.
Als Allround-Film für Schlechtwetter-, Sonnenschein und Blitz-Aufnahmen auf einem Film. Ideal auf Reisen, im Urlaub und für Reportagen	Mittelempfindlicher Film	Agfa-Gevaert Agfapan APX 100	ISO 100/21°	Agfa-Gevaert Rodinal, 20°C, 1:25/8 Min.
		Ilford FP 4 plus	ISO 125/22°	Agfa-Gevaert Atomal, 20°C, 8 Min.
		Kodak T-Max 100	ISO 100/21°	Kodak T-Max, 24°C, 6,5 Min.
Um bei schlechten Lichtverhältnissen noch aus der Hand fototgrafieren zu können. Ideal für Reportagen ohne Blitz in Innenräumen, für kurze Belichtungszeiten bei schlechtem Wetter und für Sportaufnahmen	Hochempfindlicher Film	Ilford XP2	ISO 400/27°	C41-Prozess oder Ilford XP1-Entw.
		Kodak Tri X	ISO 400/27°	Kodak D 76, 20°C, 8 Min.
		Kodak T-Max 400	ISO 400/27°	Kodak T-Max, 24°C, 6 Min.
Wenn bei extrem schlechten Lichtverhältnissen in Action-Situationen mit kurzen Belichtungszeiten fotografiert wird.		Kodak T-Max P 3200	ISO 3200/36°	Kodak T-Max, 24°C, 9,5 Min.
Für feine Details und Großvergrößerungen bei normalem Kontrast	Dokumentenfilm	Kodak Technical Pan Film 2415	ISO 50/18°	Tetenal Neofin-Doku, 20°C, 15 Min.
Für feine Details und Großvergrößerungen bei kontrastreichen Motiven		Kodak Technical Pan Film 2415	ISO 25/15°	Tetenal Neofin-Doku, 20°C, 13 Min.

Abb. 236: *Viele winzige Details sind typisch für die meisten Landschafts-Aufnahmen. Ein natürlicher, plastischer Eindruck im schwarzweißen Foto ist dann nur bei exzellenter Abbildungsleistung des Objektivs und hoher Auflösung des Films zu erzielen. Licht und Schatten sowie eine verwacklungsfreie Auslösung und das richtige Filter sind jedoch genauso wichtig. Auch Belichtung und Ausschnitt müssen stimmen. Gute Fotos gelingen deshalb selten zufällig. Summicron-R 1:2/35 mm, Kodak Technical-Pan-Film, 1/125s, Bl. 5,6 Gelbgrün-Filter*

chens mit weißer Bluse vor heller Hauswand oder ein Dutzend weißer Hühnereier in einer weißen Porzellanschale, die auf einer weißen Tischdecke steht. Eine total diffuse Beleuchtung unterstützt diese besondere Bildcharakteristik wirkungsvoll; harte Schatten würden sie zerstören. Besonders effektvoll kann die High-Key-Technik sein, wenn im Motiv ein winziges Detail in tiefem Schwarz gehalten wird. Beispiel: die dunklen Augen in dem oben genannten Mädchen-Porträt. Eine korrekte Belichtung bei etwas reduzierter Entwicklungszeit – «weiche» Unterentwicklung – garantiert zarte Schwarzweiß-Negative, die für High-Key-Vergrö-

Tabelle 28: Film/Entwickler-Kombinationen für Repro-Aufnahmen

Bei den allerersten Aufnahmen empfiehlt es sich, das beste Ergebnis durch eine Belichtungsprobe zu ermitteln. Die Faktoren, mit denen die Abstufungen der Belichtung erfolgen, sind von den zur Verwendung kommenden Filmen abhängig (siehe auch Seite 292).

Dokumentenfilme: Faktor 1,4
(z.B. 0,5; 0,7; 1,4 und 2 Sekunden)

Normale Filme: Faktor 2 (z.B. 0,5; 1, 2, 4 und 8 Sekunden)

Repro-Vorlage	Filmtyp	Fabrikat	zu belichten wie	Entwicklung (20°C)
Strich; normale Vorlagen wie Buchseiten, Tabellen Diagramme etc.	Dokumentenfilm	Agfa-Gevaert Agfaortho 25	ISO 12/12°	Agfa-Gevaert Rodinal, 1:50/7 Min.
Durch eine längere Entwicklung werden die Negative brillanter. Diese Methode ist zu empfehlen, wenn von dem so behandelten Negativ Diapositive hergestellt werden sollen.		Agfa-Gevaert Agfaortho 25	ISO 25/15°	Agfa-Gevaert Rodinal, 1:50/10 Min.
Zur Herstellung von Negativen die direkt projiziert werden sollen (weiße Striche auf schwarzem Untergrund, wie z. B. Schrift, Tabellen, techn. Zeichnungen), eignen sich normale Papierentwicklungen sehr gut.		Agfa-Gevaert Agfaortho 25	ISO 25/15°	Agfa-Gevaert Neutol NE, 4 Min.
Strich– und Halbton–Herstellung von Diapositiven nach Negativen		Agfa-Gevaert Agfaortho 25	ISO 12/12°	Agfa-Gevaert Neutol NE, 2,5 Min.
Halbton Normale Vorlagen, wie Gemälde,Landkarten etc.	Geringempfindlicher Film	Agfa-Gevaert Agfapan APX 25	ISO 25/15°	Agfa-Gevaert Rodinal, 1:25/6 Min.
		Ilford Pan +F plus	ISO 50/18°	Agfa-Gevaert Rodinal 1:25/6 Min.
Kontrastreiche Vorlagen wie z. B. Schwarzweiß-Fotos		Agfa-Gevaert Agfapan APX 25	ISO 12/12°	Agfa-Gevaert Rodinal, 1:50/8,5 Min.
		Ilford Pan F plus	ISO 25/15°	Agfa-Gevaert Rodinal, 1:50/8,5 Min.
Herstellung von Schwarzweiß-Negativen nach Farbdias. Je kontrastreicher eine Vorlage ist, um so weicher muß entwickelt werden. Sehr hoch ist der Kontrast fast immer bei Farbdiapositiven.		Agfa-Gevaert Agfapan APX 25	ISO 8/10°	Agfa-Gevaert Rodinal, 1:50/5,5 Min.
		Ilford Pan F plus	ISO 10/11°	Agfa-Gevaert Rodinal, 1:50/5,5 Min.

ßerungen unerlässlich sind. Im Gegensatz zur High-Key-Technik sind die Motive für Low-Key-Fotos bei allen tiefdunklen Bildtönen angesiedelt. Das Porträt eines farbigen Sängers mit schwarzem Hemd vor dunklem Hintergrund wäre prädestiniert für diese Aufnahme- und Wiedergabetechnik. Damit sich das tiefdunkle Gesicht vom sattschwarzen Hintergrund löst, sind nur einige wenige Spitzlichter (Spotlight-Beleuchtung) erlaubt. Auch bei dieser Technik sollten «zarte» Negative durch eine etwas kürzere (weiche) Entwicklung angestrebt werden.

Chromogene Schwarzweiß-Filme

Als «silberfrei» wurde erstmals auf der photokina '80 ein neuartiger Schwarzweiß-Film von Ilford, der XP1, vorgestellt. Er heißt heute «XP2», wird wie ein Farb-Negativfilm entwickelt und ist, wie jeder Farbfilm auch, nach der Entwicklung silberfrei. Auf gleicher Basis arbeitet auch der T-Max T400 CN von Kodak. Beide «farbigen» (chromogenen) Schwarzweiß-Filme besitzen zwei panchromatisch sensibilisierte Schichten: eine hoch- und eine niedrigempfindliche Emulsion, die sich überlagern und derart ergänzen, daß eine besonders weiche Gradation erreicht wird. Der Belichtungsspielraum dieser Filme ist dabei wesentlich größer als der von herkömmlichen Schwarzweiß-Filmen. Deshalb können sie sowohl als hoch- und mittelempfindliche Filme wie auch als höchstempfindliche Filme benutzt werden. Beim Ilford XP2 reicht die Empfindlichkeit von ISO 50/18° bis ISO 800/30°; beim Kodak T 400 CN T-Max von ISO 25/15° bis ISO 1600/33° (gepuscht sogar bis ISO 3200/36° Bei reichlicher Belichtung (entsprechend der geringsten Empfindlichkeits-Angabe dieser Filme) nimmt die sowieso schon geringe Körnigkeit der Filme noch weiter ab. Die geringe Körnigkeit der neuartigen Filme ist auch der besondere Vorteil gegenüber den konventionellen Schwarzweiß-Filmen. Er wird vor allem dadurch erreicht, daß in den Filmen sogenannte «DIR-Kuppler» eingelagert sind, die bei der Farbentwicklung den besonderen Effekt hervorrufen, daß die Körnigkeit vor allem an den dichten Stellen des Negativs abnimmt. «DIR» ist die englische Abkürzung für «Development Inhibitor Release» und heißt auf Deutsch soviel wie «Entwicklungs-Verzögerer-Freisetzung». Wichtig ist auch der ökologische und volkswirtschaftliche Aspekt der Rückgewinnung des aus dem Film herausgelösten Silbers. Unter dem Gesichtspunkt der immer knapper werdenden Silbervorräte entspricht die neue Technologie deshalb der Forderung, mit wertvollen Rohstoffen sparsam umzugehen. In Analogie zum normalen Farbfilm kann das aus den neuartigen Schwarzweiß-Filmen herausgelöste Silber später aus den Fixier- und Wässerungsbädern zurückgewonnen werden. Dadurch entsteht ein Rohstoff-Kreislauf, der – rein wirtschaftlich gesehen – einer Teuerung der Produkte, die Silber enthalten, gegensteuert.

Farb-Negativfilme

Alle Farb-Negativfilme besitzen im Prinzip drei lichtempfindliche Schichten übereinander, von denen die oberste blau-, die mittlere grün- und die unterste rotempfindlich ist. Da alle Schichten von Haus aus blauempfindlich sind, muß unter der ersten Schicht eine Gelbfilter-Schicht liegen. Sie hält bei der Belichtung die blauen Lichtstrahlen von den darunterliegenden Schichten zurück und wird durch den Entwicklungsprozeß entfärbt.

Außer den für den jeweiligen Farbbereich empfindlichen Silberbromid-Kristallen enthält jede Emulsionsschicht zusätzlich sogenannte Farbkuppler. Das sind komplizierte chemische Verbindungen, die dafür sorgen, daß während der Entwicklung in den einzelnen Schichten Farbe erzeugt wird. Und zwar in der blauempfindlichen Schicht Gelb, in der grünempfindlichen Purpur und in der rotempfindlichen Blaugrün. Ein sattes Blau erzeugt daher nur in der gelbkuppelnden Schicht ein Bild, Grün entsprechend in der purpurkuppelnden und auf Rot reagiert nur die blaugrünkuppelnde Emulsionsschicht. Bei Mischfarben reagieren entsprechend mehrere Schichten. Ist das Licht weiß, d.h. sind alle Farben vorhanden, reagieren alle Schichten gleichermaßen. Das ergibt im Negativ die größte Deckung = Weiß im Positiv.

Das bei der Entwicklung reduzierte metallische Silber wird ebenso wie das nicht belichtete Silberbromid durch den Bleich-Fixierprozeß herausgelöst. Übrig bleiben im Film nur noch die reinen Farbstoffanteile. So entsteht das negative Abbild des Objektes. Seine farbige Zusammensetzung ergibt sich aus der Dichte der Farbstoffe der einzelnen drei Schichten. Ein Problem der Farb-Negativfilme ist, daß die drei lichtempfindlichen Schichten nicht exakt jeweils ein Drittel des Farbspektrums abdecken. Mit anderen Worten: die grün-empfindliche Schicht hat in ihrem Spektralbereich zwar die größte Empfindlichkeit, ist jedoch auch ein wenig empfindlich in den zwei anderen Bereichen Blau und Rot.

Diese Farbempfindlichkeit gilt ebenso für die blau- und rotempfindlichen Schichten. Das führt in der Praxis zu unerwünschten Nebenwirkungen, die durch Farbtonverschiebungen, geringere Farbsättigung und Helligkeitsverminderung sichtbar werden. Um die Lichtempfindlichkeit in den zwei unerwünschten Bereichen zu reduzieren, d.h. um Nebendichten zu vermeiden, legt man zwischen die jeweiligen Schichten des Farb-Negativfilms sogenannte farbige Masken, die wie ein Filter wirken und den nicht gewünschten Farbanteil absorbieren. Das Vorhandensein dieser Masken ist für jeden deutlich durch die Orange-Färbung des gesamten Films zu erkennen. Aus dem bisher Gesagten läßt sich ableiten, daß der Farbfilm aus mehr als nur drei Schichten bestehen muß. Das ist richtig! Bei den heutigen Farb-Negativfilmen werden aus Gründen der Qualitätsverbesserung sogar die lichtempfindlichen drei Schichten nochmals unterteilt. Hinzu kommen auch noch Lichthofschutzschicht, Zwischenschichten und Substrat-Schicht, so daß ein moderner Farb-Negativfilm mit mehr als 10 Schichten aufwarten kann.

In den letzten Jahren wurden vor allem die Silberhalogenid-Kristalle entscheidend verbessert. Die bis dahin üblichen Emulsionen enthielten kieselsteinförmige Kristalle, die z.B. bei Kodak durch flache, tafelförmig aussehende, sogenannte T-Kristalle ersetzt wurden. Sie bieten bei gleichem Volumen wie herkömmliche Kristalle eine größere Oberfläche, die mehr Licht aufnehmen kann. Fuji nennt ähnliche Formen Doppel-Struktur-Kristalle, und Agfa spricht von strukturierten Zwillingskristallen. Der geringe Lichtbedarf dieser Silberhalogenid-Kristalle bedeutet nichts anderes als höhere Empfindlichkeit ohne Steigerung der Filmkörnigkeit. Außerdem verdanken die heutigen Farbfilme den neuen DIR-Farbkupplern reinere Farben, geringere Körnigkeit, einen größeren Belichtungsspielraum und besseren Kanten-Effekt, der so wirkt, als wären die Grenzen zwischen zwei Helligkeits- oder Farbbereichen mit einer hauchdünnen Linie nachgezogen. Anders als bei Schwarzweiß-Filmen waren Farb-Negativfilme früher immer an bestimmte Entwickler gebunden. Vor allem deshalb, weil zwei grundsätzlich anders arbeitende Farbkuppler bei den verschiedenen Filmen zur Anwendung kommen. So verwendet die Firma Agfa-Gevaert z.B. die wasserlöslichen, aber fettgebundenen Kuppler, die Firma Kodak dagegen die wasserunlöslichen, ölgeschützten Farbkuppler. Heute gibt es praktisch nur noch eine Farbnegativ-Verarbeitungstechnik nach dem Muster des Kodak-C41-Prozesses. Trotzdem ist es wichtig, die von den jeweiligen Filmherstellern herausgegebenen Entwicklungs-Anleitungen genau zu beachten. Das gilt auch für die von Fremdherstellern angebotenen Entwicklungssätze. Die Beeinflussung der Gradation durch die Farbfilm-Entwicklung ist im Gegensatz zur Schwarzweiß-Verarbeitung äußerst gering. Die verschiedenen Farbprozesse sind so komplex, daß sich Veränderungen von einzelnen Verarbeitungsschritten nicht gezielt auf eine Eigenschaft des Films auswirken. Durch eine verkürzte Entwicklungszeit erreicht man z.B. nicht nur eine weichere Gradation, sondern beeinflußt gleichzeitig auch den Maskenaufbau und das Farbgleichgewicht des Films störend. Ähnliche Beeinträchtigungen werden auch durch eine nicht typgerechte Entwicklung hervorgerufen. Typgerecht sind die von den Filmherstellern zu ihren Filmen angebotenen Chemikalien und Verarbeitungsmethoden bzw. die von Fremdherstellern ausdrücklich als solche bezeichneten Entwicklungssätze. Alle Farb-Negativfilme lassen sich verhältnismäßig einfach von Profis und Amateuren entwickeln.

Im Gegensatz zur typgebundenen Entwicklung des Farb-Negativfilms kann beim Farbvergrößern weitaus mehr manipuliert werden als bei der Schwarzweiß-Vergrößerung. Außer Nachbelichten und Abwedeln partieller Bildpartien lassen sich auch die Farben partiell oder insgesamt stark beeinflussen – bis hin zur Verfremdung.

Die als Kleinbildfilme konfektionierten Farb-Negativfilme sind in der Regel auf die mittlere Farbtemperatur des Tageslichtes (5500K) abgestimmt und damit für Tageslicht- bzw. Elektronenblitz-Aufnahmen bestimmt. Eine neutrale Abstimmung kann jedoch nachtraglich beim Vergrößern innerhalb weiter Grenzen durch Filterung des Kopierlichtes vorgenommen werden. Bei Kunstlichtaufnahmen ist ein bläuliches Konversionsfilter dennoch empfehlenswert. Die jeweilige Anleitung des Farb-Negativfilms gibt darüber genaue Auskunft. Farb-Negativfilme werden mit verschiedenen Empfindlichkeiten von ISO 25/15° bis ISO 1600/33° angeboten. Sie werden normalerweise entsprechend ihrer ISO-Werte belichtet, die vom Film-Hersteller vorgegeben sind. Bei starken Kontrasten im Motiv sollte man jedoch etwas reichlicher belichten, d.h. die Schatten anmessen. Das gilt auch für alle Grenzsituationen, denn unterbelichtete Farb-Negativfilme lassen sich nur unvollkommen vergrößern.

Farb-Umkehrfilme

Farb-Umkehrfilme sind ähnlich aufgebaut wie Farb-Negativfilme. Sie besitzen also im Prinzip ebenfalls drei lichtempfindliche Schichten. Auch die Gelbfilter-Schicht ist vorhanden. Selbstverständlich haben in den letzten Jahren die neuen Emulsions- und Kristall-Technologien auch das Leistungsvermögen der farbigen Diafilme enorm gesteigert. Mit Ausnahme des Kodachrome-Films, bei dem die Farbkuppler nicht im Film, sondern im Entwickler enthalten sind, wird auch die Weiterverarbeitung aller Farb-Umkehrfilme heute nur noch nach einem Muster (Kodak-E6-Prozeß) vorgenommen.

Beim normalen Farb-Umkehrprozeß wird zunächst eine regelrechte Schwarzweiß-Entwicklung (natürlich mit einem speziellen Schwarzweiß-Entwickler) durchgeführt, so daß in den drei Schichten jeweils ein schwarzweißes Negativ entsteht. Neben diesen – aus metallischem Silber bestehenden – Negativbildern befindet sich auch noch das unbelichtete und unentwickelte Silberbromid in den Emulsionsschichten. Es verhält sich genau komplementär zu den Negativbildern und repräsentiert damit das Positivbild. Dieses unentwickelte Silberbromid wird anschließend durch eine chemische Umwandlung entwickelt, wobei proportional zur Schwärzung in den einzelnen Schichten zugleich die farblosen Farbkomponenten in diffusionsechte Farbstoffe überführt werden. Danach wird das in beiden Entwicklungen gebildete metallische Silber zusammen herausgebleicht. Das Ergebnis ist ein farbiges Positivbild: das Farb-Diapositiv. Die Verarbeitung des Kodachrome-Films ist wesentlich aufwendiger.

Bei diesem Verfahren werden nach der (schwarzweissen) Erstentwicklung die Schicht-Farbstoffe durch nacheinander erfolgende Rot-, Grün- und Blau-Belichtungen mit jeweils anschließender Entwicklung in getrennten Bädern gebildet. Jede Entwicklung arbeitet nach dem Prinzip des chromogenen Verfahrens, d.h., die Farbkuppler sind im jeweiligen Entwickler und nicht in den einzelnen Emulsionsschichten enthalten. Die Vorteile des Kodachrome-Verfahrens sind bekannt: Da sehr reine Farbstoffe verwendet werden können, bildet sich eine hohe Farbsättigung. Und die Schärfeleistung ist unübertroffen, weil durch das Fehlen der Farbkuppler die einzelnen Emulsionsschichten sehr viel dünner

gehalten werden können als beim normalen Farb-Umkehrverfahren.

Ein Vorteil des Farb-Umkehrfilmes ist seine geringe Körnigkeit. Wie bereits angeführt, ist diese abhängig von der Allgemein-Empfindlichkeit. Je empfindlicher der Film ist, um so größer sind die Silberbromid-Kristalle. Die größeren nehmen mehr Photonen auf, werden entsprechend eher entwicklungsfähig und dementsprechend beim Umkehrfilm zuerst entwickelt. Das Positiv-Bild baut sich aber erst durch die Zweitentwicklung auf, also durch die restlichen, nach der Erstentwicklung noch verbliebenen Silberbromid-Kristalle. Und das sind vor allem die kleineren. Die Körnigkeit ist deshalb bei Farb-Umkehrfilmen immer geringer als bei Farb-Negativfilmen der gleichen Empfindlichkeitsklasse.

Da der Farb-Umkehrfilm das Licht immer objektiv empfängt und registriert, muß er jeweils auf die Zusammensetzung des Lichtes abgestimmt sein, wenn er Weiß als Weiß wiedergeben soll. Eine nachträgliche Korrektur, wie beim Farb-Negativfilm durch Filterung des Kopierlichtes, ist normalerweise ausgeschlossen. Farb-Umkehrfilme werden deshalb, außer in verschiedenen Empfindlichkeiten, auch in zwei Abstimmungen geliefert: für Tageslicht- und für Kunstlicht-Aufnahmen. Das geschieht deshalb, weil die Zusammensetzung des von uns als «weiß» empfundenen Lichtes unterschiedlich sein kann. Da wir Farben nicht objektiv wahrnehmen können, wird uns ein weißes Blatt Papier immer weiß erscheinen. Egal, ob am Arbeitsplatz mit Kunstlicht-Beleuchtung oder im Freien bei Sonnenschein, das Blatt Papier erscheint uns weiß! Es fällt uns schwer, die trotzdem vorhandenen Unterschiede im Farbcharakter, nämlich die gelblich-rötliche Wiedergabe bei Kunstlicht oder die bläuliche Wiedergabe bei Tageslicht, zu erkennen. Das wissen zum Beispiel alle, die ihre Garderobe bei den Lichtbedingungen aussuchen, bei denen sie später vorwiegend getragen werden soll: Bevor man sich zum Kauf eines Mantels entschließt, tritt man mit ihm ans Fenster, um seine Farbwirkung bei Tageslicht besser beurteilen zu können! Die Tageslicht-Farb-Umkehrfilme sind auf ein mittleres Tageslicht von 5500 K abgestimmt; die Kunstlicht-Farb-Umkehrfilme entweder auf 3100 K bzw. 3200 K (Fotolampen) oder 3400 K (Halogenlicht). Weicht die Farbtemperatur des Aufnahmelichtes um mehr als 200 K

von der ab, auf die der Film abgestimmt ist, reagiert
der Farb-Umkehrfilm mit einem deutlichen Farbstich.
Anpassungen an unterschiedliche Farbtemperaturen
des Aufnahmelichtes sind durch Konversionsfilter
(siehe Seite 264) möglich.

Farb-Umkehrfilme besitzen einen geringeren Belichtungsspielraum als normale Schwarzweiß- und Farb-
Negativfilme und müssen daher exakt belichtet werden. Über- und Unterbelichtungen von mehr als einem
halben Belichtungswert (1/2 Blendenstufe) werden
bereits sichtbar. Bei Testbelichtungen erfolgt die Abstufung der Belichtungen deshalb um den Faktor 1,4.
Im Zweifelsfall, vor allem bei starken Kontrasten, sollte man eher etwas knapper belichten, d.h. die «Lich-
ter», also die helleren Partien, anmessen. Der besondere Vorteil des Farb-Umkehrfilmes ist seine hohe
Leuchtkraft. Im Gegensatz zum Papierbild, das maximal einen Helligkeitskontrast von ca. 1:30 aufweist,
kann das Farbdia einen Kontrast-Umfang von ca.
1:300 besitzen.

Groß, hell und scharf projiziert, zeigt ein Farbdiapositiv, was in ihm steckt. Vom nicht zu kontrastreichen
Dia lassen sich jedoch auch leicht Farbvergrößerungen
herstellen.

Abgesehen vom Kodachrome-Film können alle Farb-
Umkehrfilme vom Fotografen selbst entwickelt werden.
Das ist allerdings nur vorteilhaft, wenn die Zeit bis
zum fertigen Dia entscheidend ist, weil die notwendige
Genauigkeit der Farb-Umkehrentwicklung nur durch
einen relativ großen apparativen Aufwand erreicht
werden kann. Bei vielen Farb-Umkehrfilmen ist deshalb im Kaufpreis bereits die Umkehrentwicklung mit
eingeschlossen.

Farb-Umkehrfilme gibt es in verschiedenen Empfindlichkeiten von ISO 25/15° bis ISO 1600/33°. Die meisten Labors können auch eine empfindlichkeitssteig-
gernde Sonderentwicklung bei verschiedenen Farb-
Umkehrfilmen durchführen. Allerdings sind dann häufig geringe Abstriche in der Farbqualität zu machen.
Informationen darüber, welche Farb-Umkehrfilme dafür
in Frage kommen und bis zu welcher Empfindlichkeit
die Filme jeweils ausgenutzt werden können, gibt es
im Foto-Fachhandel oder von den Entwicklungslabors
bzw. Filmherstellern.

Sofortdia-Filme

Unter dem Namen «35 mm Autoprocess System» bietet
die Firma Polaroid fünf verschiedene Filme für Kleinbild-Diapositive an, für deren Entwicklung keine Dun-
kelkamera benötigt wird. Jeder Film wird mit einem
separaten Entwicklerpack geliefert, der die zur Entwicklung der Filme benötigten Chemikalien enthält.
Die Entwicklung aller Filme erfolgt in einem sogenannten Autoprocessor. Für das Schneiden der Filme und
zum Rahmen wird außerdem spezielles Zubehör angeboten. Die fünf Sofortdia-Filme, ob farbig oder
schwarzweiß, können überall dort sinnvoll eingesetzt
werden, wo von Berufs wegen schnelle Verfügbarkeit
gewünscht wird oder erforderlich ist. Aber auch für
Amateur-Fotografen ergeben sich unzählige Einsatz-
möglichkeiten, die sich auch in kreativer Hinsicht
nutzen lassen. Bei Parties, Hochzeiten oder anderen
familiären Festen kann man u.a. die Gäste in Staunen
versetzen, wenn man soeben Erlebtes noch einmal
in einer Diaschau Revue passieren läßt.

Polachrome-CS für farbige Dias

Der farbige Sofortdia-Film, Polachrome-CS, arbeitet wie
alle Sofortbild-Filme nach dem Silbersalz-Diffusions-
verfahren. Die Farbmischung erfolgt nach dem additiven
Prinzip, d.h. rotes, blaues und grünes Licht ergibt zusammen Weiß. Diese Farbmischung erzielt man mit sehr
dünnen Farbstreifen der drei erwähnten Grundfarben,
die im Film einer Schwarzweiß-Schicht vorgelagert sind
und wie kleine, farbige Filter wirken. Der Polachrome-CS
ist also ein nach dem additiven Verfahren arbeitender
Linienraster-Film. Bei diesem Film ist das Linienraster
so fein, daß es in der Projektion nur dann stört, wenn
der normale Betrachtungsabstand unterschritten wird.
Das Raster setzt sich aus 180 Linien pro Millimeter
zusammen. Die abwechselnd roten, grünen und blauen
Linien haben jeweils eine Breite von nur 0,0085 mm.
Dieses Linienraster reduziert naturgemäß die Empfindlichkeit des Films auf ISO 40/17°. Ein weiteres Raster-
bedingtes Merkmal ist die geringe Transparenz der Polachrome-CS-Dias, die in der Projektion besonders unangenehm auffällt, wenn diese Dias mit herkömmlichen
Diapositiven gemischt projiziert werden.

Das Linienraster bedingt einen völlig ungewohnten Filmaufbau: Polochrome-CS besteht aus nur einer einzigen, sehr dünnen Schicht, weil lediglich ein Schwarz-weiß-Bild aufgebaut wird. Trotz des aufgelegten Rasters ist dieser Film sehr viel dünner als konventionelle Umkehrfilme.

Die Körnigkeit erscheint im Verhältnis zur effektiven Empfindlichkeit relativ groß und macht sich vor allem in den Schattenpartien bemerkbar. Das ist auf die schon erwähnte beträchtliche Empfindlichkeitsreduzierung durch das enge Linienraster zurückzuführen. Dadurch bedingt muß nämlich die Empfindlichkeit der Filmemulsion, die ja hinter dem Linienraster liegt, wesentlich höher sein – etwa ISO 800/30°.

An die Farbwiedergabe muß man sich erst gewöhnen: Der erste Eindruck bei normaler Betrachtung führt zu Fehlschlüssen. Der dabei dominierende Purpurstich stört bei der Projektion nämlich nur wenig. Mit Hilfe der lichtstarken Projektoren von Leica und bei nicht allzu großem Projektionsbild auf einer gut reflektierenden Projektionswand erstrahlen die Farben relativ natürlich. Der Belichtungsspielraum des Polachrome-CS-Films ist enger als bei konventionellen Umkehrfilmen. Über- oder Unterbelichtungen führen zu Farbverschiebungen, Langzeit-Belichtungen bis etwa 10s dagegen nicht. Motive mit hohen Kontrasten sind zu meiden. Die besten Aufnahmen entstehen morgens oder nachmittags bei leicht verschleierter Sonne. Bei Blitzlicht-Aufnahmen sollte man weiches, indirektes Licht anwenden. Erfolgt eine TTL-Blitzbelichtungsmessung, muß eine Korrektur durch Override erfolgen (siehe Seite 332).

***Abb. 237:** Ob bei Kerzenlicht, in einer Diskothek oder im dämmrigen Halbdunkel eines Tempels, hochempfindliche Filme und lichtstarke Objektive kennen kaum noch Grenzen, um bei vorhandenem Licht ohne zusätzliche Beleuchtung auszukommen. Mit ein wenig Geschick werden auch schwierige Aufnahmeverhältnisse gemeistert. Diese Aufnahme gelang mit 1/2s Belichtungszeit, weil die Kamera zwischen zwei Türflügeln eingeklemmt wurde und damit unverwackelbar ruhig gehalten werden konnte. Elmarit-R 1:2,8/19 mm, 1/2s, volle Öffnung, hochempfindlicher Film.*

Tipps zur Weiterverarbeitung

Polachrome-CS-Dias sind in erster Linie für die Projektion gedacht. Werden sie zur Herstellung von Papierbildern oder Lithos benutzt, ist allergrößte Sorgfalt nötig, da die Diapositive sehr kratzempfindlich sind. Werden die Dias für kleine Vergrößerungen bis etwa 13 x 18 cm benutzt, so kann man sich bedenkenlos auf einen Positiv-/Positiv-Prozeß beschränken. Bei stärkeren Vergrößerungen ist der Weg über ein Internegativ zu empfehlen. In beiden Fällen muß man lediglich die Filterung etwas korrigieren, d.h. um etwa 30–40 Magenta-Einheiten reduzieren.

Auch eine Duplikat-Herstellung auf konventionellem Umkehrfilm ist völlig problemlos. Etwas schwieriger wird es, wenn man ein Polachrome-CS-Dia dem Lithografen gibt, um Farbauszüge und Druckfilme herstellen zu lassen. Hier gibt es einige Punkte zu bedenken. Und für optimale Ergebnisse werden einige Versuche unumgänglich sein, da die Scanner in der Regel für dieses Material (noch) nicht programmiert sind:

- Das Dia muß so auf die Abtastwalze aufgespannt werden, daß das Linienraster nicht parallel, sondern 90° gedreht zur Abtastrichtung zu liegen kommt.
- Um eine Linienstruktur und Moiré-Erscheinungen zu vermeiden, empfiehlt es sich, das Polachrome-CS-Dia unscharf zu stellen und die Unscharfmaskierung zu erhöhen.
- Die Tonwerteinstellung und die Farbkorrektur gestalten sich schwieriger als bei konventionellen Diapositiven. Beides muß individuell vorgenommen werden.
- Um Kratzer bei der nachträglichen Reinigung zu vermeiden, sollten die Polachrome-CS-Dias nicht eingeölt, sondern nur mit Talkumpuder behandelt werden.

Polachrome-HCP

Dieser Film liefert Hochkontrast-Diapositive und wurde speziell für Reproduktionen, Mikrofotos und die Erstellung von Computer-Grafiken konzipiert. Alles zum Polachrome CS gesagte gilt auch für diesen Film.

Polapan-CT für S/W-Halbton-Dias

Der Schwarzweiß-Diafilm Polapan-CT eignet sich vorzüglich für die Herstellung von Halbton-Reproduktionen. Durch seinen ausreichend großen Belichtungsspielraum ist er allerdings auch für ganz normale Aufnahmen, z.B. für Pressebilder, geeignet.
Der Polapan-CT hat eine Empfindlichkeit von ISO 125/22°. Er zeichnet ausreichend scharf und hat eine Körnigkeit, die einem hochempfindlichen konventionellen Kleinbildfilm entspricht. Bei der Projektion ergeben sich keine Probleme, da die Grunddichte der Polapan-CT-Dias nicht nennenswert höher als bei konventionellen Schwarzweiß-Diafilmen ist.

Polagraph-HC für S/W-Strichdias

Für das Reproduzieren von Plänen, Tabellen, Schriftvorlagen u.ä. bietet Polaroid den Hochkontrast-Strichfilm Polagraph-HC an. Dieser Film eignet sich z.B. sehr gut zur Herstellung von Schrift-Titeldias.

Pola-Blue BN

Der orthochromatisch sensibilisierte Film ist wie der Polagraph-HC für die Erstellung von Strichdias bestimmt. Anstelle von Schwarz/Weiß tritt hier Weiß/Blau, d.h. bei Schrift-Titeldiapositiven liefert dieser Film weiße Schrift auf blauem Grund.

Die Entwicklung der Sofortdia-Filme

Das Einlegen aller Sofortdia-Filme in die Kamera und das Herausnehmen erfolgen wie üblich. Sollte das Filmende beim Rückspulen des belichteten Films versehentlich in der Kassette verschwinden, so kann man es mit der zum Autoprozessor mitgelieferten Metallzunge leicht herausziehen.

Der Autoprozessor ist ein handliches Entwicklungsgerät, in das der zu jedem Film gehörende Entwicklerpack zusammen mit dem Film eingelegt wird. Dabei werden der aus der Kassette herausschauende Filmanfang mit der Filmlasche des Entwicklerpacks zusammen an der gleichen Aufwickelspule befestigt. Nach Zuklappen des Deckels wird der Entwicklerpack per Hebeldruck geöffnet und eine Kapsel mit Entwicklerflüssigkeit gesprengt. Danach erfolgt die Kurbelbetätigung des Autoprozessors, wobei die Flüssigkeit gleichmäßig auf die Oberfläche des belichteten Sofortdia-Filmes aufgetragen wird. Sie durchdringt die Filmschicht und reduziert die belichteten Silberhalogenide der Negativschicht zu Silber. Nach 60s wird der Film mit der gleichen Kurbel zurückgespult. Die Kassette kann entnommen, der Diastreifen sofort gerahmt werden. Bis zum projektionsbereiten Diapositiv alles in allem eine Angelegenheit von nur wenigen Minuten!

Lagerung von Filmen

Wer häufig fotografiert, sollte immer eine größere Anzahl von Filmen mit gleichen Emulsionsnummern kaufen. Die Qualität, z.B. der Farbcharakter, ist dann einheitlich. Wichtig ist auch das Ablaufdatum. Bis zu diesem Termin sollte es noch länger als ein Jahr sein. Wichtig: alle Filme sollten möglichst kühl gelagert werden (siehe auch Seite 362). Bewährt hat sich die Aufbewahrung im Kühlschrank oder (noch besser) bei Tiefkühlung. Für diesen Zweck werden die Filme, gegen Feuchtigkeit geschützt, in Plastikbehälter oder -tüten verpackt. Ständig so aufbewahrt, bleiben die Filme auch über das auf der Verpackung angegebene Ablaufdatum hinaus haltbar.
Geraume Zeit vor der Verwendung (mehrere Stunden vorher bei Tiefkühlung) holt man den Film heraus, damit er sich den normalen Temperaturen anpassen kann. Der Film verbleibt dabei in seiner Original-Verpackung.

Handhabung der Filme

Das Einlegen von Filmen in die Leica R oder Leicaflex sollte man ausgiebig mit «Übungsfilmen», z.B. Filmen, deren Ablaufdatum weit überschritten ist, üben. Niemals Filme im direkten Sonnenlicht in die Kamera einlegen oder herausnehmen; gegebenenfalls im eigenen Körperschatten. Die ersten Aufnahmen werden sonst durch Lichteinfall verdorben. Zurückgespulte Filme setzt man niemals länger dem Licht aus. Sie gehören sofort in die Filmdose zurück bzw. werden lichtdicht verpackt.

Möchte man teilbelichtete Filme entwickeln, klebt man den Film ab: nach der letzten Aufnahme wird eine Leeraufnahme gemacht und der Film noch einmal weitertransportiert. Bei «B»-Einstellung und Druck auf den Kamera-Auslöser öffnet sich der Schlitzverschluß. Ist das Objektiv aus der Leica R oder Leicaflex herausgenommen worden, kann auf dem frei zugänglichen Film bei gedämpftem Licht (Körperschatten) ein selbstklebendes Stückchen Papier (Haftetiketten) aufgebracht werden. Danach wird der Verschluß wieder geschlossen und der Film zurückgespult. Bei Dunkelheit im Labor läßt man den Film beim Herausziehen aus der Kassette durch zwei ausgestreckte Finger gleiten. Die aufgeklebte Markierung kann man so leicht ertasten. Der Film wird an dieser Stelle abgeschnitten und anschließend entwickelt.

Die Kamera bei Dunkelheit zu öffnen und den Film in der Kamera abzuschneiden ist nicht empfehlenswert, weil dabei der Verschluß beschädigt werden kann. Die oben geschilderte Methode hat außerdem den Vorteil, daß die Kamera an jedem Ort sofort wieder zur Verfügung steht und nicht in einen dunklen Raum getragen werden muß.

Will man beim Fotografieren das Filmmaterial zwischendurch wechseln, muß zunächst der in der Kamera befindliche Film zurückgespult werden, ohne daß dabei der Filmanfang im Kassettenmaul der Kleinbildpatrone verschwindet. Man beendet deshalb den Rückspulvorgang sofort, wenn der relativ große Widerstand überwunden ist, der beim Herausziehen des Films aus den Schlitzen der Kamera-Aufwickelspule entsteht.

Durch die automatische Film-Einfädelung fehlt bei der Leica R8 dieser Widerstand. Hier muß die Filmtransportkontrolle beobachtet werden. Sobald die Strichmarkierungen im Filmtransportfenster auf der Rückwand stillstehen, wird die Rückwicklung sofort abgebrochen; die Filmlasche ragt jetzt noch aus der Kassette.

Paßt man nicht auf, rutscht der Filmanfang in die Kassette. Dann muß er wieder hervorgeholt werden, bevor man ihn noch einmal einlegen kann, um die restlichen Aufnahmen zu belichten. Für derartige Manipulationen bietet der Foto-Fachhandel entsprechende Hilfsmittel an, z.B. von Ilford eine Vorrichtung mit geschwungenen Kunststoff-Laschen, mit deren Hilfe der im Kassettenmaul verschwundene Filmanfang schnell und sicher herausgezogen werden kann. Ist ein solches Hilfsmittel nicht zur Hand, hat sich folgende Methode bewährt: Von einem unbrauchbaren Planfilm oder einer ähnlich steifen Kunststoff-Folie schneidet man einen etwa 30 mm breiten, hinlänglich langen Streifen ab und klebt – wenige Millimeter von der schmalen Kante des Streifens entfernt – ein doppelseitig klebendes Klebe-

Abb. 238 a u. b: *Auch mit einer steifen Folie und einem doppelseitig klebenden Klebeband läßt sich der Filmanfang aus der Filmkassette herausholen.*

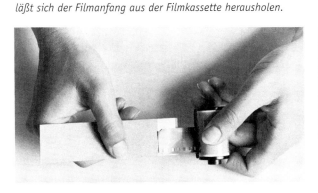

band auf. Bei gedämpftem Licht führt man dann den Streifen mit der klebenden Seite nach unten vorsichtig durch das Kassettenmaul in die Filmkassette ein, dreht den Filmkern ein kurzes Stück entgegen der Aufwickelrichtung und zieht den präparierten Streifen langsam aus dem Kassettenmaul wieder heraus (Abb. 238).

Sollte dabei der Anschnitt des Kleinbild-Filmes nicht haften geblieben sein, muß man den Filmkern um eine Vierteldrehung in Aufwickelrichtung bewegen und die vorstehend beschriebene Prozedur wiederholen. Nach einigen Versuchen hat man den Filmanfang mit Sicherheit «herausgefischt».

FOTOGRAFIE IM UNSICHTBAREN

Infrarot-Fotografie

Infrarot-Fotografie heißt, mit unsichtbarem, langwelligem Licht zu fotografieren – sozusagen unkontrolliert durch unser Auge. Das menschliche Auge ist nämlich nur für einen bestimmten Teil des Lichtspektrums empfindlich. Es kann die verschiedenen Wellenlängen des Lichtes von etwa 400–700 nm (nm = Nanometer = 1/1.000.000 mm) empfangen. Dabei erscheinen dem Auge die unterschiedlichen Wellenlängen als Farben, zum Beispiel 400 nm = blauviolett, 550 nm = gelbgrün und 700 nm = rot. Kürzere Lichtwellenlängen als 400 nm (ultraviolettes Licht) und längere Lichtwellenlängen als 700 nm (infrarotes Licht) bleiben unsichtbar. Fotografisch lassen sich diese Wellenlängen allerdings nutzen.

Während für die Fotografie mit ultraviolettem Licht (UV-Fotografie) spezielle Objektive erforderlich sind, können mit jedem normalen Foto-Objektiv auch Infrarot- (IR) und UV-Lumineszenz-Aufnahmen gemacht werden. Allerdings müssen entsprechende Vorkehrungen getroffen werden. Bei IR-Aufnahmen gelangen z.B. besondere Filme und Filter zur Anwendung, und von Ausnahmen abgesehen müssen die Leica R-Objektive auf die zur Verwendung kommenden IR-Filme und IR-Filter wegen einer kleinen Fokusdifferenz «geeicht» werden.

Angewandt wird die IR-Fotografie auf verschiedenen Gebieten. Als Beispiele seien nur genannt:

Kriminalistik

Beim IR-fotografischen Nachweis von Urkundenfälschungen treten Kontrastunterschiede zwischen dem Urtext und der eingefügten Schrift auf, wenn andere Tinten, Farben oder Tuschen benutzt wurden als beim Original. Graphit-Spuren können bei Schriftfälschungen sichtbar gemacht werden. Durch die IR-Fotografie können außerdem verbrannte und dadurch unleserliche Schriften auf Papier wieder lesbar hervortreten. Entfernte Tätowierungen lassen sich deutlich darstellen. Auch Schmauchspuren auf dunklen Stoffen heben sich auf dem IR-Foto deutlich ab.

Medizin

In der medizinischen Fotografie lassen sich Venen mit Hilfe der IR-Fotografie sichtbar machen. Bei der Untersuchung von Blut- und Augenkrankheiten wird die IR-Fotografie ebenfalls mit Erfolg eingesetzt. Bei Trübung der Hornhaut des Auges kann durch diese hindurch fotografiert werden. Der Heilungsverlauf bei Hautkrankheiten läßt sich durch den evtl. vorhandenen Schorf hindurch registrieren.

Botanik

Das im Pflanzengrün enthaltene Chlorophyll reflektiert das IR-Licht besonders stark (Wood- oder Chlorophyll-Effekt). Dadurch erscheinen alle absterbenden Stellen und kranken Teile dunkel auf hellem Grund. In der Forstwirtschaft können daher erkrankte Waldgebiete rechtzeitig durch «Luftaufklärung» erkannt werden.

Angewandte Fotografie

Dem Fotografen sind mit den IR-Filmen neue Möglichkeiten gegeben, besondere Effekte zu erzielen. Bei Sonnenschein und wolkenlosem Himmel entsteht der Eindruck einer Nachtaufnahme, da der Himmel und die Schatten schwarz wiedergegeben werden. Bei Landschaftsaufnahmen erscheinen Wiesen und Bäume wie verschneit. Für das unbemerkte Fotografieren im Dunkeln kann mit wenig Aufwand ein Blitzgerät entsprechend eingerichtet werden; eine Möglichkeit, die auch von Reportern und Kriminalisten angewandt wird. Für den experimentierenden Fotografen stellt der Kodak Ektachrome Infrared Film, oft auch als Falschfarbenfilm bezeichnet, eine erhebliche Erweiterung seines Betätigungsfeldes dar.

Schwarzweiß-IR-Aufnahmen

Infrarot-Filme sind für den langwelligen, unsichtbaren Teil des Lichtspektrums empfindlich, aber auch für sichtbares Licht. Um die reine Wirkung des infraroten Lichtes zu bekommen, werden Spezialfilter vor das Objektiv oder vor die Lichtquelle gesetzt. Infrarot-Filme sind relativ grobkörnig, und die Auflösung ist schlechter als die von hochempfindlichen Schwarzweiß-Filmen. Entwickelt werden die IR-Filme daher in Feinkornentwicklern. Richtig belichtet und entwickelt zeigen sie eine größere Dichte als normale Filme. Die Gradation kann wie bei normalen S/W-Filmen durch die Entwicklungszeit beeinflußt werden. Dabei wird auch die Empfindlichkeit des Aufnahmematerials beeinflußt (s. Tabelle 29). Die Entwicklung muß bei völliger Dunkelheit erfolgen. Dabei ist zu bedenken, daß Tageslicht-Entwicklungsdosen aus Kunststoff eventuell IR-durchlässig sind. Der IR-Film muß bei Benutzen dieser Entwicklungsdosen ebenfalls im Dunkeln entwickelt werden. Wird Meterware verwendet, so dürfen keine Kunststoffpatronen benutzt werden. Vorzuziehen sind Metallkassetten, die garantiert IR-undurchlässig sind.

Abb. 239 a u. b: Eine mattschwarze Folie, auf die Filmandruckplatte geklebt, verhindert die in IR-Aufnahmen häufig sichtbare Erscheinung (unten Ausschnittsvergrößerung)

Durch die fehlende Lichthof-Schutzschicht auf der Rückseite von IR-Filmen durchdringen die IR-Strahlen sowohl die Filmschicht als auch das Trägermaterial und werden von der Filmandruckplatte reflektiert. Dabei entstehen an jeder Kante der vielen winzigen, in die Andruckplatte geprägten Vertiefungen Reflexe. Sie werden von schwarzweißen IR-Filmen registriert und in den Vergrößerungen mehr oder weniger deutlich sichtbar. So entsteht eine Art Muster, das vor allem in großflächigen, dunklen Motivdetails wie z.B. im unbedeckten Himmel sehr störend wirkt und oft die Aufnahme unbrauchbar macht (Abb. 239). Die Erscheinung verschwindet, wenn ein etwa 35 x 50 mm großes Stück einer mattschwarzen Folie auf die Filmandruckplatte geklebt wird. Für die Aufnahmen auf normalen Schwarz-weiß- oder Farbfilmen muß die Folie wieder entfernt werden. Folien sind im Fachhandel, also in Bastler-Geschäften und Bau-Märkten oder beim Heimwerker-Bedarf erhältlich. Hersteller der vom Autor benutzten Folie ist die Firma d-c-fix, Konrad Hornschuch AG, D-74679 Weißbach.

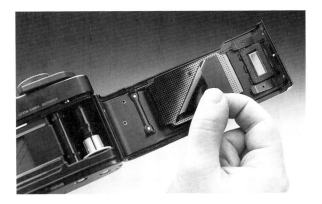

IR-Filter

Die verschiedenen IR-Filter haben unterschiedliche Öffnungscharakteristika, das heißt, sie sperren mehr oder weniger das sichtbare Licht aus. Dabei wird verhindert, daß zu viel sichtbares Licht auf den IR-Film einwirkt. Die Filter werden aus optischem Glas oder als Gelatine-Filterfolie geliefert. Die meisten der von den Filter-Herstellern angebotenen IR-(Glas)-Filter entsprechen der Filterfolie «Kodak Wratten Nr.25» und sehen in der Durchsicht dunkelrot aus. Filter, die noch mehr das sichtbare Licht absorbieren, zum Beispiel das Kodak Wratten Filter Nr. 87, werden auch Schwarzfilter genannt. Die unterschiedlichen Filter müssen bei der Belichtung berücksichtigt werden. Sie verändern außerdem die Korrekturen der Objektiv-Scharfeinstellung.

Scharfeinstellung

Da normale Foto-Objektive nicht für das infrarote Licht korrigiert sind, muß die Scharfeinstellung geändert werden. Infrarot-Indizes auf den Objektiven, z.B. ein roter Punkt mit der Bezeichnung «R», wie sie früher bei Leica Objektiven üblich waren, können allenfalls bedingt für eine Korrektur benutzt werden, weil die Markierung nur für einen Film, ein Filter und Unendlich-Einstellung des Objektivs gelten kann. Bei den Leica Objektiven verzichtet man deshalb auf eine IR-Markierung.

Als Anhaltswert kann angenommen werden, daß eine Auszugsverlängerung von 1/200 bis 1/400 der benutzten Brennweite nötig ist. Um die beste Scharfeinstellung zu finden, muß ein Test durchgeführt werden. Man verfährt dabei wie folgt: Zuerst sucht man die optimale Unendlich-Einstellung für Infrarot. Ausgehend davon, daß eine Auszugsverlängerung von 1/300 der Brennweite einen Mittelwert darstellt, wird das Objektiv nicht auf unendlich, sondern auf eine nähere Entfernung eingestellt, die 300 Brennweiten des benutzten Objektives entsprechen sollte. Das sind beim 50-mm-Objektiv 15 m (300 x 50 mm), beim 90-mm-Objektiv 27 m, beim 135-mm-Objektiv 40 m usw. Jetzt klebt man auf die Einstellschnecke des Objektivs Millimeterpapier, so daß man bei den anschließenden Test-

aufnahmen die Einstellschnecke jeweils um 1 mm verstellen kann, sowohl nach links als auch nach rechts (Abb. 240). Die Öffnung des Objektivs beeinflußt ebenfalls die Scharfeinstellung, daher sollte möglichst immer mit gleichen Blenden fotografiert werden. Bei zu starker Abblendung, vor allem im Nahbereich, wird das Auflösungsvermögen des Objektivs im IR-Bereich stark herabgesetzt. Als Arbeitsblende ist Blende 8 zu empfehlen. Hat man alle Aufnahmedaten notiert, bereitet es keine Schwierigkeiten, nach der Entwicklung anhand der besten Negativschärfe die richtige Einstellung zu finden. Gegenüber dem Symbol für unendlich kann auf der Schärfentiefeanzeige jetzt eine Markierung angebracht werden, welche die richtige Korrektur angibt. Allerdings nur für den beim Test benutzten Film mit gleichem Filter.

Bei Nahaufnahmen verschiebt sich der gefundene Index, weil die Verlängerung von 1/200 bis 1/400 der Brennweite plus Auszug berücksichtigt werden muß. Für jeden Abbildungsmaßstab ist eine andere Korrektur notwendig. Um einen neuen Index zu finden, kann man wieder nach der beschriebenen Methode arbeiten. Als erste Näherung gilt dabei die schon angebrachte Markierung für unendlich. Beim Abbildungsmaßstab 1:1 ist die notwendige Korrektur etwa doppelt so groß wie bei unendlich.

Abb. 240: *Mit Hilfe von aufgeklebtem Millimeterpapier läßt sich der IR-Index exakt ermitteln.*

Abb. 241 a u. b: *Dunst wird bei Fernsichten vom IR-Film gut durchdrungen. Frisches Pflanzengrün reflektiert die IR-Strahlen besonders stark und wird deshalb im Bild fast weiß wiedergegeben (Wood- oder Chlorophyll-Effekt). Nebel setzt allerdings auch dem normalen IR-Film deutlich Grenzen. Links: Kodak High Speed Infrared-Film, Wratten-Filter Nr. 87. Rechts: mittelempfindlicher Film. Beide Aufnahmen mit 180 mm Brennweite.*

Abb. 242 a u. b: *Bei medizinischen Aufnahmen können mit Hilfe des IR-Films direkt unter der Haut liegende Venen sichtbar gemacht werden. Die Wiedergabe kann durch eine forcierte (längere) Entwicklung des Films verbessert werden. Die Beleuchtung muß dann sehr diffus gehalten werden. Links: Kodak High Speed Infrared-Film, Wratten-Filter Nr. 87, Fotolampen. Rechts: mittelempfindlicher Film. Beide Aufnahmen mit 90 mm Brennweite.*

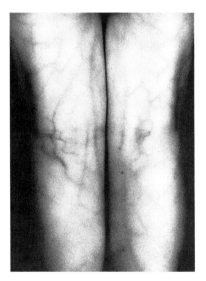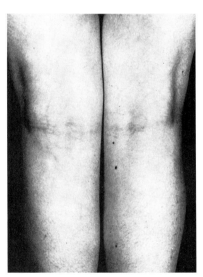

Abb. 243 a u. b: *Beim gefälschten Schriftzug (unten) sind deutlich Graphit-Spuren zu erkennen. Die Schrift wurde vom Fälscher mit Bleistift vorgezeichnet und mit Tinte nachgezogen. Anschliessend sind die Bleistift-Spuren durch Radierungen entfernt worden. Für den IR-Film aber blieben sie sichtbar. Oben: Original-Schriftzug. Unten: Fälschung, Kodak High Speed Infrared-Film, Wratten-Filter Nr. 87. Beide Aufnahmen mit 60 mm Brennweite.*

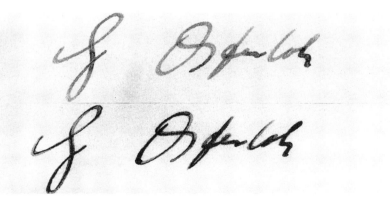

Belichtungsmessung, Beleuchtung und Entwicklung

Das infrarote Licht kann nicht mit einem normalen Belichtungsmesser gemessen werden, da dieser für das sichtbare Licht geeicht ist. Der Belichtungsmesser kann aber Vergleichswerte liefern. Allerdings ist die Filmempfindlichkeit je nach Beleuchtungsart verschieden hoch anzusetzen. Bei Glühlampenlicht oder bei Verwendung von Blitzlampen ist der IR-Anteil wesentlich größer als bei Tages- oder Elektronenblitzlicht. Angaben darüber enthalten die Merkblätter der Filmhersteller. Beim Fotografieren von plastischen Objekten sollten vor den Kunstlichtquellen Streuscheiben, Transparentpapier oder ähnliche Diffusoren angebracht werden. Durch eine diffuse Beleuchtung wird eine gleichmäßige Ausleuchtung erreicht, die für die IR-Fotografie unerläßlich ist. Die verschiedenen Entwicklungsdaten sind ebenfalls in den jeweiligen Film-Merkblättern enthalten. In der Praxis hat sich der Autor dieser Zeilen an folgenden Anhaltswerten orientiert:

Tabelle 29: Empfindlichkeitseinstellungen für S/W-IR-Film

Film	Beleuchtung	Kodak Wratten-Filter	zu belichten wie
Kodak High Speed Infrared Film	Tageslicht	Nr. 25	ISO 200/24°
	(Sonnenschein)	Nr. 87	ISO 100/21°
	Kunstlicht	Nr. 25	ISO 800/30°
	(Halogen)	Nr. 87	ISO 400/27°

Entwicklung: Agfa Atomal, 12 Min. bei 20°C

Durch eine längere Entwicklung kann der Kontrast gesteigert werden. Dabei steigt die Empfindlichkeit. Bei einer Entwicklungszeit von 18 Min. kann die Empfindlichkeit des Films bei obiger Arbeitsweise um etwa den doppelten ISO-Wert höher angesetzt werden. Da der Belichtungsspielraum dabei kleiner wird, sollte bei Belichtungsstufen mit halben Blendenwerten gearbeitet werden, zum Beispiel: Belichtungszeit 1/60s mit Blendenstufen 5,6, 5,6–8 und 8. Anhand einer solchen Belichtungsreihe läßt sich dann für eine bestimmte Kombination (Film – Beleuchtung – Filter – Entwickler) die richtige Belichtung ermitteln.

IR-Farbaufnahmen

Die Fa. Kodak bietet neben ihrem Schwarzweiß-IR-Film auch noch einen IR-Farbumkehrfilm, den Kodak Ektachrome Infrared Film, an. Dieser Film wurde ursprünglich für militärische Zwecke benutzt, um z.B. in Wäldern getarnte Objekte fotografisch sichtbar zu machen. Bei Verwendung eines Orangefilters wird Pflanzengrün rot, künstliches Grün dagegen blau wiedergegeben. Auch die anderen Farben werden «verschoben». So erscheint bei starker IR-Reflexion Gelb z.B. weiß und Orange beziehungsweise Rot gelb. Der Film wird daher auch Falschfarbenfilm genannt. Heute wird dieser Film erfolgreich in der Forstwirtschaft eingesetzt, wenn bestimmte Erkrankungen oder Schädlingsbefall an Bäumen in Waldgebieten rechtzeitig erkannt werden sollen, und Fotografen freuen sich über die «verrückten» Farbeffekte, die man damit erreicht.

Abb. 244: Unbemerktes Fotografieren mit IR-Film und IR-Blitz (z.B. mit Teleblitz, Seite 352) ist einfach, wie diese Aufnahme zeigt. Sie wurde nachts in der Nähe des Kölner Hauptbahnhofes unterhalb der Domplatte gemacht. Das dort vorhandene Licht reichte gerade noch aus, um mit dem Schnittbild-Entfernungsmesser der Kamera die Schärfe einstellen zu können.
Bei Entfernungen zwischen 14 und 30 Metern wurde, obwohl ca. 20 Aufnahmen gemacht wurden, keine der Personen auf den Fotografen aufmerksam. Bei Dunkelheit wird nur ein IR-Filter vor dem Blitzreflektor benötigt.

Abb. 245: *Die interessanten Möglichkeiten, Infrarot-Filme für die Bildgestaltung einzusetzen, werden relativ selten genutzt. Dabei ist es ganz einfach! Mit Hilfe des Filter-Folien-Halters von Hoya (siehe Seite 270) lassen sich verschiedene IR-Filterfolien benutzen, die die Wiedergabe unterschiedlich beeinflussen. Kodak High Speed Infrared-Film, Wratten-Filter Nr. 87, 1/250s, Bl. 8.*

Farbwiedergabe

Im Gegensatz zum gewöhnlichen Kodak Ektachrome Film besitzt der Kodak Ektachrome Infrared Film anstelle der blauempfindlichen Schicht eine für Infrarot empfindliche; gefolgt von einer grün- und einer rot-

Tabelle 30

Originalfarbe	Farbwiedergabe	
	Starke IR-Reflexion	Geringe IR-Reflexion
Blaugrün (Cyan)	Magenta	Blau
Purpur (Magenta)	Gelb	Grün
Gelb	Weiß bis Grau	Cyan
Rot	Gelb	Grün
Grün	Magenta	Blau
Blau	Rot	Grau
Grau	Rot	Grau

empfindlichen Schicht – wie der herkömmliche Ektachrome Film auch. Nach der Verarbeitung weisen die drei Schichten des Falschfarbenfilms ein Cyan-, ein Gelb- und ein Magentabild auf. Durch diesen veränderten Schichtaufbau werden die Farben falsch wiedergegeben. Alle drei Schichten sind außerdem für Blau empfindlich, weshalb von Kodak generell die Benutzung eines strengen Gelbfilters (Kodak Wratten Nr. 12) vorgeschrieben wird. Mit diesem Filter lassen sich die Farbtendenzen wie in Tabelle 30 angeben. Da die jeweilige Farbwiedergabe von der Quantität der IR-Strahlung (Sonne oder bedeckter Himmel) und vom IR-Reflexionsvermögen abhängig ist, kommt es immer wieder zu überraschenden Ergebnissen. Durch Kompensationsfilter lassen sich die Farbverschiebungen in gewissen Grenzen beeinflussen (Tabelle 31):

Tabelle 31

Gewünschte Farbverschiebung	Kodak Kompensations-Filter
von Grün nach mehr Magenta	Cyan (CC 10 C)
von Gelb nach mehr Blau	Cyan-2 (CC 10 C-2)
von Cyan nach mehr Rot	Blau (CC 10 B)
von Blau nach mehr Gelb	Magenta (CC 10 M)

Selbstverständlich können auch kräftigere Farbverschiebungen durch normale Foto-Filter, wie sie für S/W-Aufnahmen üblich sind, hervorgerufen werden. Auf Seite 317 u. 320 werden einige Beispiele gezeigt. Der Kodak Ektachrome Infrared Film wird im Process E-4 entwickelt. Über Ihren Foto-Fachhändler kann das in entsprechenden Fachlabors durchgeführt werden.

Scharfeinstellung

Die Belichtung des Falschfarbenfilms erfolgt zu zwei Dritteln aus Lichtstrahlen des sichtbaren Spektrums. Nur zu einem Drittel trägt die IR-Strahlung zur Belichtung bei. Da der Anteil des sichtbaren Spektrums in der Regel überwiegt, ist eine Berücksichtigung der Fokusdifferenz nicht notwendig. Erst bei dunkelroten Filtern kann (bei «Schwarzfiltern» muß) eine Korrektur der Scharfeinstellung erfolgen.

Achtung: Alle IR-Filme sollten in ungeöffneter Originalpackung bei -23°C bis -18°C gelagert werden. Nach der Belichtung sollte so schnell wie möglich die Entwicklung erfolgen!

UV-Fotografie

Aufnahmen mit ultraviolettem Licht (UV-Fotografie) sind Aufnahmen mit unsichtbarem, kurzwelligem Licht. Anders als bei IR-Aufnahmen können dafür Leica R-Objektive praktisch nicht verwendet werden. Bei diesen Objektiven wird das ultraviolette Licht nahezu ganz absorbiert. Selbst Aufnahmen mit relativ langwelliger UV-Strahlung, von etwa 380 nm Wellenlänge, erfordern außergewöhnlich lange Belichtungszeiten. UV-Aufnahmen gelingen daher nur mit speziellen Objektiven, bei denen alle Linsen aus Kristallen, meistens Quarz, bestehen. Quarz-Objektive und Kondensoren werden seit vielen Jahren für Mikroskope und Meßgeräte hergestellt. Eine kleine Versuchsserie von Quarz-Foto-Objektiven wurde von Leitz vor geraumer Zeit schon einmal gefertigt. Da ein größerer Bedarf an Quarz-Foto-Objektiven jedoch nicht bestand, erfolgte anschließend keine Serien-Fertigung. Derartige Objektive sind auch für die allgemeine Fotografie zu empfindlich, weil die Kristalle nicht sehr haltbar sind, wenn sie ungeschützt den normalen atmosphärischen Bedingungen ausgesetzt werden. Außerdem sind sie sehr teuer.

UV-Lumineszenz-Fotografie

Im Gegensatz zur UV-Fotografie läßt sich die UV-Lumineszenz-Fotografie mit allen normalen Foto-Objektiven bewerkstelligen. Sie beruht darauf, daß sich bestimmte Stoffe durch die kurzwellige, unsichtbare UV-Strahlung anregen lassen, langwelligeres, sichtbares Licht auszusenden. Diese Lumineszenz, so der Oberbegriff für fluoreszierende und phosphoreszierende Leuchterscheinungen, kann mit allen herkömmlichen Filmen aufgenommen werden. Da die Lumineszenz der verschiedenen Stoffe nicht nur in unterschiedlichen Intensitäten, sondern auch in verschiedenen Farbtönen erfolgt, bietet sich die Farbfotografie von selbst an. Die Lumineszenz-Fotografie wird unter anderem in der Medizin, Pharmazie, Mineralogie, Paläontologie, Kriminalistik und für Materialprüfungen mit Erfolg eingesetzt.

Beleuchtung, Filter und Belichtungsmessung

Zur Beleuchtung werden u.a. Quarz-Lampen, wie zum Beispiel die Analysenlampen der Firma Original Hanau, benutzt. Eventuell vorhandenes Nebenlicht muß bei der Aufnahme vom Objekt ferngehalten werden, damit es schwache Lumineszenz-Erscheinungen nicht überstrahlt. Obwohl die unsichtbare UV-Strahlung auch unter extremen Bedingungen der Landschaftsfotografie, zum Beispiel in mehreren tausend Metern Höhe, von den Leica R-Objektiven absorbiert wird, ist beim Einsatz von Quarz-Lampen ein zusätzliches UV-Sperrfilter empfehlenswert. UV-Sperrfilter werden von

Abb. 246 a u. b: Im UV-Licht lassen sich entsprechend prä-
parierte Geldscheine leicht identifizieren. Macro-Elmarit-R
1:2,8/60 mm. UV-Lumineszenz-Aufnahme, Sperrfilter 409
(Fa. B+W)

der Leica R angemessen werden, wenn ein Sperrfilter
oder ein Konversionsfilter vor dem Objektiv angebracht
ist. Meistens kann die selektive Meßmethode vorteilhaft eingesetzt werden. Entscheidend für eine exakte
Messung ist, daß auch die Verteilung von hellen und
dunklen Objekt-Details gleichmäßig ist. Notfalls muß
entsprechend korrigiert werden.

Bewährt hat sich folgende Methode: Anstelle des Objektes wird ein weißes, lumineszierendes Blatt Schreib-
maschinen-Papier angemessen. Die so ermittelte Belichtungszeit wird mit sechs multipliziert.

Scharfeinstellung

Unproblematisch ist die Scharfeinstellung, weil das
Lumineszenz-Bild wie üblich auf der Einstellscheibe
der Leica R beobachtet werden kann.

Achtung! Da die UV-Strahlung für das Auge nicht
sichtbar, aber in stärkeren Dosen außerordentlich
schädlich ist, sind bei derartigen Aufnahmen gewisse
Vorsichtsmaßnahmen zu treffen. Keinesfalls sollte
das Auge der direkten UV-Strahlung ohne Schutzbrille
ausgesetzt sein. Da ein Übermaß dieser Strahlen auch
für unsere Haut schädlich ist (Sonnenbrand), sollten
z.B. die Hände durch Handschuhe geschützt werden.

allen wichtigen Filter-Herstellern angeboten. Die zum
Lieferprogramm der Leica gehörenden UVa-Filter können dafür nicht benutzt werden! Gut geeignet sind
dagegen normale Konversionsfilter KR12, wenn sie
selbst nicht fluoreszieren, was bei vielen Glasfiltern
der Fall ist.

Bei Schwarzweiß-Filmen haben sich UV-Sperrfilter und
Konversionsfilter gleichermaßen gut bewährt. Bei
Tageslicht-Umkehrfarbfilmen benutzt man UV-Sperr-
filter, bei Kunstlicht-Umkehrfarbfilmen werden gute
Ergebnisse mit Konversionsfiltern erzielt. Die lumines-
zierenden Stoffe können mit dem Belichtungsmesser

BELEUCHTUNGSTECHNIK

Licht und Schatten sind wesentliche Gestaltungsmittel
der Fotografie. Durch sie gewinnt das Foto an Plastizität. Neben der Perspektive müssen Licht und Schatten beim fotografischen Bild die dritte Dimension, die
Tiefe des Raumes, ersetzen. Bei Tageslicht-Aufnahmen
wird dem Landschafts- oder Architektur-Fotografen
daher oft eine große Portion Geduld abverlangt, wenn
er auf eine optimale Beleuchtung Wert legt und deshalb auf entsprechendes Licht warten muß. Kunstlicht

besitzt den Vorteil, daß es sich meistens manipulieren
und damit den jeweiligen Anforderungen anpassen
läßt. Das umfangreiche Angebot an Kunstlichtquellen
gestattet dem Fotografen außerdem, die jeweils optimale Lösung zu finden. Er wählt z.B. sogenannte
Lichtwannen für die weiche Ausleuchtung im Porträt-
Studio und das tragbare Elektronen-Blitzgerät für die
Reportage, wenn selbst höchstempfindliche Filme und
superlichtstarke Objektive nicht mehr ausreichen. Da

die Beleuchtungstechnik keine festen Regeln kennt, die, wie bei einem Kochbuch, vorschreiben, wann welche Lichtquelle aus welchen Abständen und unter welchen Winkeln zu benutzen ist, wird es uns Fotografen allerdings nicht leichtgemacht, die jeweils optimale Lösung zu finden. Es kann deshalb nicht schaden, wenn man sich ein wenig (theoretisch) mit den verschiedenen Prinzipien der Beleuchtungstechnik beschäftigt und sich mit dem Zusammenspiel von Licht und Schatten (praktisch) auseinandersetzt. Durch Licht und Schatten wird vor allem die räumliche Dimension im Foto dargestellt. Bei glänzenden Gegenständen, wie Glas, Chrom, Lack etc. werden die Oberflächen durch die sich darin abbildenden Lichtquellen, also durch die Reflexe, charakterisiert. Feinste Oberflächenstrukturen lassen sich durch eine geeignete Lichtführung sichtbar machen. Der Winkel, unter dem das Licht auf das Objekt fällt, ist dabei entscheidend.

Wichtig ist, daß sich der Einsatz von künstlichen Lichtquellen auch an unseren natürlichen Sehgewohnheiten orientiert. So scheint z.B. die Sonne, als «natürliche Lichtquelle», in der Regel von oben auf alle irdischen Objekte, und die Schatten fallen nach unten. Danach orientieren wir uns unbewußt, wenn wir ein Bild betrachten. Wird beim Ausleuchten das Licht von unten angesetzt (Rampenlicht) und fallen die Schatten nach oben, bekommen wir oft einen falschen Eindruck von der Plastizität des Objektes. Optische Täuschungen sind manchmal darauf zurückzuführen. Gewohnte Dinge können sogar bei einer derartigen Lichtführung unheimlich auf uns wirken. Dieser Effekt wird zum Beispiel beim Theater oder im Fernsehen bewußt ausgenutzt, wenn das Gesicht des Darstellers, der das Böse verkörpert, von unten angestrahlt wird. Eine derartige Porträt-Beleuchtung wirkt dämonisch auf uns. Achten Sie einmal darauf!

Da wir gewohnt sind, von links nach rechts und von oben nach unten zu lesen, tasten wir auch jedes Bild mit unseren Augen zunächst einmal unbewußt so ab. Dadurch ist bereits die Richtung, aus der wir das Licht ansetzen, in der Regel schon vorgegeben: Nämlich von links! Die Gestaltung von Porträts auf unseren Geldscheinen und Briefmarken wird z.B. oft nach dieser Regel vorgenommen. Selbstverständlich bestätigen Ausnahmen auch diese Regel. Wenn wir jedoch die uns zur Gewohnheit gewordenen Bedingungen verändern,

muß das bewußt geschehen und die damit verbundene Absicht deutlich erkennbar sein!

Lichtverlauf und Schattenbildung

Die Form und die Größe einer Lichtquelle sowie die Entfernung Lichtquelle – Objekt nehmen großen Einfluß auf eine ausgewogene Ausleuchtung. Ausgangspunkt für die nachfolgenden Untersuchungen sind normale Fotolampen und Elektronen-Blitzgeräte, die ihr Licht nicht durch spezielle optische Systeme gerichtet abgeben. Dabei werden der Einfachheit halber die Reflektoren als Lichtquellen angenommen und nicht das glühende Wendel der Fotolampe bzw. die aufleuchtende Gassäule der Blitzlichtröhre.

Wie aus Abb. 249 (links) hervorgeht, ist der Licht-Schattenanteil an einem kugeligen Körper gleich groß, wenn die Lichtquelle die gleiche Größe hat wie das Objekt. Ist die Lichtquelle kleiner, wächst der Schattenanteil. Ist sie größer, wird auch die vom Licht getroffene Fläche größer. Wenn große Lichtquellen auf eine genügend große Distanz gebracht werden, zeigen sie fast die gleichen Ausleuchtungsmerkmale wie die kleinere Lichtquelle aus geringerem Abstand. Der Übergang von Licht zu Schatten kann je nach Größe der Lichtquelle weich oder hart erfolgen (Abb. 249 Mitte u. rechts). Normalerweise werden weiche Schattenverläufe das bessere Ergebnis bringen. Nur für besondere Effekte und zur Sichtbarmachung feinster Oberflächenstrukturen ist in der Regel der harte Schattenverlauf günstiger.

Schatten auf dem Hintergrund können vom Objekt ablenken und als störend empfunden werden. Diese Schattenbildung ist von der Größe der Lichtquelle abhängig. Bei großen Lichtquellen verschwindet der Kernschatten, das ist die Partie, die nicht direkt vom Licht getroffen werden kann, völlig, wenn der Hinter-

Abb. 247 a u. b: Gleiche Beleuchtung im Fern- und Nahbereich. In beiden Fotos sorgt streifendes Gegenlicht für Plastizität. Unterschiedlich sind die Möglichkeiten, solche Bilder zu realisieren: Bei Landschaftsaufnahmen ist oft sehr viel Geduld nötig, bis die Beleuchtung alle Erwartungen erfüllt, im Foto-Studio kann man jede gewünschte Lichtsituation selbst herbeiführen!

Abb. 248 a–c: *Mit wenig Aufwand kann die Größe der Lichtquelle, und damit die Schattenbildung, beeinflußt werden.*

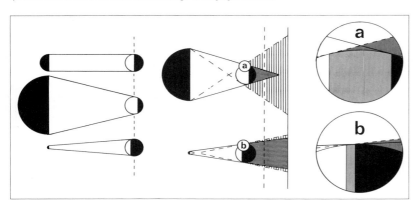

Abb. 249: *Licht- und Schattenanteile
auf einem kugeligen Körper bei unterschiedlicher Größe der Lichtquelle
(links). Die Bildung von Schatten auf
dem Hintergrund und der Übergang
von Licht zu Schatten am Objekt ist
von der Größe der Lichtquelle abhängig
(Mitte und rechts).*

grund entsprechend weit zurückverlegt wird. Der Randschatten bleibt zwar erhalten, wird aber von der Lichtquelle selbst aufgehellt (Abb. 248 u. 249) und tritt
deshalb weniger stark hervor. Ist der Abstand Objekt –
Hintergrund groß genug, wirkt der Schatten nicht
störend.

Je kleiner die Lichtquelle, um so weniger kann sich ein
Randschatten bilden, um so langsamer verschwindet
der Kernschatten. Bei einer punktförmigen Lichtquelle
ist kein Randschatten mehr vorhanden. Der Kernschatten verschwindet nicht mehr. Im Gegenteil, er wird
größer, je weiter der Hintergrund vom Objekt abrückt.
Dieser Effekt ist bei fast allen Blitzlichtaufnahmen zu
beobachten, da moderne Elektronen-Blitzgeräte durchweg kleine Reflektoren, also kleine Lichtquellen besitzen. Durch entsprechendes Zubehör kann der Effekt
gemildert werden. Im Prinzip geschieht das gleiche,
wenn vor einer kleinen Lichtquelle ein Stück Transparentpapier angebracht wird. So erzielt man annähernd
die Wirkung einer großen Lichtquelle. Der Lichtverlust
muß dabei natürlich berücksichtigt werden. Große
Lichtquellen, also Fotolampen und Studio-Blitzgeräte

Abb. 8A u. 8B: *Für experimentierfreudige Fotografen ist
der IR-Falschfarbenfilm eine willkommene Möglichkeit, fotografisches Neuland zu entdecken. Beide Fotos Ektachrome Infrared-
Film: Die Insel Antigua wurde durch ein Grün-Filter hindurch
belichtet. Den Klatschmohn fotografierte J. Behnke mit einem
Orange-Filter.*

Abb. 8C u. 8D: *Der Farbcharakter bestimmter Motive kann durch
Wahl des entsprechenden Farbumkehrfilms verdeutlicht werden.
Die «blaue Stunde» zwischen Tag und Nacht wurde auf Kunst-
licht-Farbumkehrfilm eingefangen.
Der warme Schein des Kerzenlichtes wird durch die Aufnahme
auf einen Tageslicht-Farbumkehrfilm verstärkt.*

Abb. 8E–8G: *Kunstlicht- und Tageslicht-Farbumkehrfilme haben
ihre volle Berechtigung für die Beleuchtung mit unterschiedlichen Farbtemperaturen. Bei Mischlicht-Aufnahmen benutzt man
in Zweifelsfällen Tageslicht-Farbumkehrfilm. Links jeweils
Kunstlicht-, rechts jeweils Tageslicht-Umkehrfilm.*

Abb. 8F: *Filtervergleich mit Kodak Ektachrome Infrared-Film. Die
obere linke Aufnahme entstand auf normalem Farb-Umkehrfilm.
Darunter Ektachrome Infrared-Film mit Gelb-Filter (Mitte) und
Orange-Filter (unten). Rechts von oben: Rot-Filter, Blau-Filter,
Grün-Filter. «Farbtendenzen» lassen sich aus Tab. 30 ablesen.*

Abb. 8A

Abb. 8B

Abb. 8C

Abb. 8D

Abb. 8E

Abb. 8F

Abb. 8G

Abb. 8F

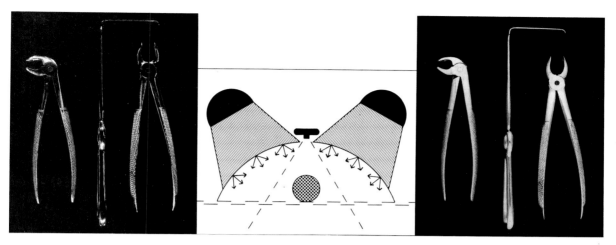

Abb. 250 a–c: *Durch Reflexe werden glänzende Oberflächen dargestellt.*
Links: Aufnahme ohne Lichtzelt. Rechts: Aufnahme mit Lichtzelt.

mit großen Reflektoren oder Reflexionsschirmen, werden als «Weichstrahler» bezeichnet. Bei Tageslicht wird der Charakter des Sonnenlichtes durch die Wolken beeinflußt. Bei Sonne ohne Wolken sind harte Übergänge von Licht zu Schatten unvermeidbar. Dieser Effekt wird oft durch Aufhellung der Schatten gemildert. Zum Beispiel durch reflektierende Wände (wie auch bei Blitzlichtaufnahmen im Zimmer), Schneeflächen, hellen Sand und Wolken. Schiebt sich eine entsprechende Wolkenformation vor die Sonne, läßt sich die Lichtcharakteristik mit der von einer großen Lichtquelle, einem Weichstrahler, vergleichen.

Lichtreflexe

Auf glänzenden Oberflächen bilden sich alle Lichtquellen ab. Große Lichtquellen erzeugen dabei große, kleine Lichtquellen kleine Reflexe. Häufig kann erst ein geschlossener Reflex, der sich über die gesamte Oberfläche legt, das Objekt und dessen Oberflächenmerkmale sichtbar machen. Zur Bildung von großen Reflexen benutzt man zweckmäßigerweise ein großes Stück weißes Transparentpapier, aus dem man ein sog. Lichtzelt bastelt (Abb. 250). Aber auch der Himmel (am besten total und gleichmäßig bedeckt) oder

Abb. 251 a u. b: *Unsere Sehgewohnheiten müssen bei der Ausleuchtung von plastischen Gegenständen berücksichtigt werden (links). Kommt das Licht nicht von oben, und fallen die Schat-*ten nicht nach unten, bekommen wir meistens einen falschen räumlichen Eindruck (rechts). Wird das Buch um 180° gedreht, verändert sich der räumliche Eindruck beider Aufnahmen.*

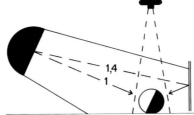

Abb. 252 a–c: *Seitlich, von oben angesetztes Gegenlicht erzeugt Schatten, der einen guten räumlichen Eindruck vermittelt (links). Tiefe Schatten werden am besten durch einen kleinen weißen Karton aufgehellt (rechts). Bei Blitzlicht-Aufnahmen sollte der Weg des Lichtes über den «Reflexionsschirm» (weißer Karton) um den Faktor 1,4 länger sein (Mitte).*

eine Hauswand können für diese Zwecke herangezogen werden. Selbstverständlich bildet sich auch eine dunkle oder farbige Umgebung in der glänzenden Oberfläche ab und kann zur Bildgestaltung beitragen. Sollen auf glänzenden, nicht ebenen Flächen alle Reflexe beseitigt werden, so muß vor der Lichtquelle und dem Objektiv ein Polarisationsfilter angebracht und die Schwingungsebene der beiden Filter um 90° versetzt angeordnet werden. Bei einer Ausleuchtung mit mehreren Lichtquellen muß vor jeder Lichtquelle ein Polarisationsfilter angebracht werden. Die Schwingungsebenen aller Lichtquellen-Polfilter müssen dabei untereinander gleich, die des Objektiv-Polfilters dagegen wiederum um 90° gedreht sein (siehe auch Seite 261).

Auch auf glänzenden Metall-Oberflächen lassen sich so Reflexe weitgehend vermeiden. Der Lichtverlust ist dann allerdings sehr groß. Man muß etwa neunmal länger belichten oder bei Blitzaufnahmen die Blende um etwa 3 1/2 Stufen weiter öffnen.

Die Lichtführung

Durch frontales Licht kann keine Plastizität im Foto erreicht werden, ebensowenig wie durch eine diffuse und gleichmäßige Beleuchtung. Streifendes Licht läßt dagegen auch feinste Oberflächenstrukturen oder Veränderungen sichtbar werden (Abb. 253). Zwischen diesen beiden extremen Möglichkeiten, das Licht anzusetzen, gibt es viele Variationen. Der Winkel, unter dem dabei das Objektiv vom Licht getroffen werden soll, ist von der Beschaffenheit des Objektes abhängig und muß deshalb jeweils neu gefunden werden. Die bei seitlich angesetztem Licht auftretenden Schatten müssen aufgehellt werden, wenn im Schatten noch Differenzierungen vorhanden sein sollen. Dazu kann eine zweite Lichtquelle benutzt werden. Da hierbei neue, entgegengesetzte Schatten entstehen, ist die Verwendung eines Aufhellschirms meist empfehlenswerter. Aufhellschirme sind im Foto-Fachhandel erhältlich, z.B. Rondoflex von der Fa. Multiblitz. Zur

Abb. 253 a–c: *Seitlich angesetztes Licht läßt die Struktur des Sägeschnittes deutlich hervortreten (links). Eine diffuse, gleichmäßige Ausleuchtung läßt dagegen die Wachstumsstruktur des Holzes besser erkennen (Mitte). Lichtzelte (Transparentpapier und aufgeschnittene Trinkbecher) geben diffuses Licht, kleine Reflexionsschirme aus Karton hellen die Schatten auf.*

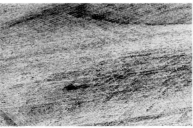

Aufhellung kann zum Beispiel im Freien auch eine helle Hauswand benutzt werden; im Aufnahmeraum kann ein Bogen Zeichenpapier oder die Projektionswand diese Funktion übernehmen. Bei Nahaufnahmen werden kleinere Kartonstücke diese Aufgabe erfüllen (Abb. 252 bis 254).

Der Kontrast zwischen Licht und Schatten darf in der Regel nicht größer als 4:1 sein, wenn auch im Schatten noch Differenzierungen sichtbar sein sollen. Das kann bei konstantem Licht mit einem Belichtungsmesser gemessen werden. Der Unterschied der Beleuchtungsstärke zwischen Licht und Schatten darf dabei nicht größer als zwei Blendenstufen sein. Bei Blitzlichtaufnahmen, wo eine Belichtungsmessung normalerweise nicht möglich ist, gilt folgende Regel: Der Weg des Lichtes über den Aufhellschirm soll um den Faktor 1,4 länger sein als der direkte Weg Lichtquelle – Objekt (Abb. 252).

Abb. 254 a–d: *Stören Schatten auf dem Untergrund (links oben), wird das Objekt auf eine erhöhte Glasscheibe gelegt (rechts oben). Licht und Schatten sorgen bei einseitig gesetztem Licht für eine plastische Wiedergabe (links unten). Sollen in den Schatten noch Differenzierungen vorhanden sein, müssen sie, z.B. durch Reflexion, aufgehellt werden (unten rechts).*

Schattenfreier Hintergrund

Bei Nahaufnahmen kann es günstig sein, das Objekt auf einer Glasplatte anzuordnen, die sich in einem gewissen Abstand von der Unterlage befindet. Bei einem Abb.-Verh. von 1:1 genügt ein Abstand von ca. 5 cm, beim Abb.-Verh. von 1:10 sollte der Abstand Glasplatte-Objekt mindestens 12 cm betragen. Der Schatten des Objektes, das auf der Glasplatte angeordnet ist, liegt dann außerhalb des erfaßten Bildfeldes und wird deshalb nicht mit abgebildet (Abb. 254). Außerdem wird dieser Hintergrund total unscharf wiedergegeben, so daß nichts Störendes den Blick vom Objekt ablenkt. Es sei denn, die grelle Farbe des Hintergrundes «übertönt» alles. Da das Objekt auf einer Glasplatte liegt, bleibt der Hintergrund stets sauber – eine verschmutzte Glasplatte kann leicht gesäubert werden! Von Vorteil ist auch die Möglichkeit, den Hintergrund nach Belieben und Anforderung auswechseln zu können, ohne daß dabei das Objekt in seiner Lage verändert werden muß. Als Glasplatte eignet sich sogenanntes Spiegelglas, das im Fachhandel (Bilderrahmung, Glaskontor) angeboten wird.

Durchlichtbeleuchtung

Bei den bisher aufgezeigten Varianten der Lichtführung spricht man von einer Auflichtbeleuchtung. Transparente Objekte lassen sich oftmals besser im Durchlicht fotografieren. Die Durchlichtbeleuchtung kann nach zwei verschiedenen Prinzipien erfolgen. Wird sie, wie Abb. 255 links) zeigt, direkt von unten vorgenommen, dann absorbiert das Objekt entsprechend seiner Transparenz einen mehr oder weniger großen Anteil des durchfallenden Lichtes. Bei völliger Transparenz des

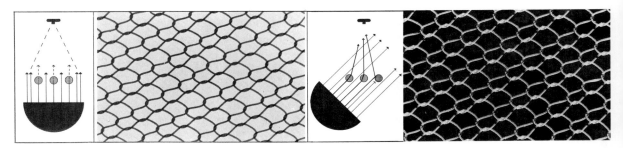

Abb. 255 a u. b: *Nylonstrumpf, 7fache Vergrößerung.*
Links: Durchlicht-Hellfeld-Beleuchtung. Rechts: Durchlicht-
Dunkelfeld-Beleuchtung.

Objektes, oder wenn es aus dem Strahlengang herausgenommen wird, entsteht ein helles Objektfeld. Daher heißt dieses Prinzip Durchlicht-Hellfeldbeleuchtung. Diese Art der Beleuchtung wird bei Objekten angewandt, deren Details sich durch ihre unterschiedliche Transparenz gut differenzieren. Als Paradebeispiel dafür sei hier nur die Herstellung von Negativen nach Diapositiven erwähnt.

Im Gegensatz dazu steht die Durchlicht-Dunkelfeldbeleuchtung. Dabei wird das Licht seitlich von unten angesetzt (Abb. 255 rechts). Solange sich kein Objekt im Strahlengang befindet, bleibt das Objektfeld dunkel, da alle Lichtstrahlen am Objektiv vorbeigehen. Wird ein Objekt in den Strahlengang gelegt, das einen anderen Brechungsindex als das umgebende Medium oder keine

planparallelen Flächen hat, dann werden die Lichtstrahlen so gebrochen bzw. reflektiert, daß sie vom Objektiv der Kamera «eingefangen» werden können. Das helle Objekt wird dann vor dunklem Hintergrund sichtbar. Die einzelnen Wassertropfen einer Fontäne können mit Hilfe dieser Beleuchtung effektvoll in Szene gesetzt werden. Die Durchlicht-Dunkelfeldbeleuchtung kann zu guten Ergebnissen führen, wenn Objekte fotografiert werden müssen, deren Details gleiche oder fast gleiche Transparenz, aber unterschiedliche Brechungsindizes haben. Feinste Oberflächenstrukturen, wie winzige Kratzer oder Fingerabdrücke, werden nach dieser Methode auf durchsichtigen Materialien, z.B. Glas, deutlich sichtbar und lassen sich gut fotografieren. Da die winzigen Flächen dieser reliefartigen «Spuren» in anderen Winkeln zu

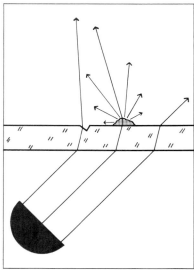

Abb. 256 a u. b: *Das Prinzip der Durchlicht-Dunkelfeld-Beleuchtung ist einfach: Oberflächenverletzungen und Spuren von transparenten Stoffen mit anderen Brechungsindizes geben den durchfallenden Lichtstrahlen andere Ausfallwinkel, so daß sie vom Aufnahme-Objektiv eingefangen werden können (rechts). Die Durchlicht-Dunkelfeld-Beleuchtung läßt den transparenten Daumenabdruck auf einer Glasplatte hell «aufleuchten». Auch feinste Kratzer und Staub werden deutlich sichtbar (links). Durch eine kontraststeigernde Entwicklung können die Ergebnisse oft noch verbessert werden.*

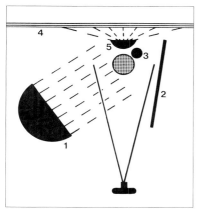

Abb. 258 a–e: *Schematische Darstellung einer Porträt-Ausleuchtung: Der vom Hauptlicht (1) erzeugte Schatten wird durch den Reflexionsschirm (2) aufgehellt. Für Spitzlichter im Haar sorgt das Oberlicht (3). Durch Anstrahlen (5) des Hintergrundes (4) wird das Porträt freigestellt. Für besondere Effekte kann eine zusätzliche Lichtquelle, z.B. zur Erzeugung von Gegenlicht, eingesetzt werden. Obere Reihe von links: Hauptlicht; Hauptlicht mit Aufhellung der Schatten; Hauptlicht mit Aufhellung der Schatten und zusätzlichem Oberlicht. Rechts: zusätzlich seitliches Gegenlicht, Hintergrund angestrahlt und Weichzeichner-Vorsatz.*

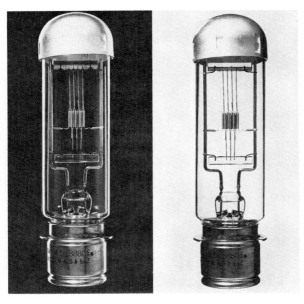

der sie umgebende Fläche angeordnet sind und dadurch die Lichtstrahlen in diesen Zonen einen anderen Ausfallwinkel bekommen, werden auch die kleinsten Veränderungen auf der Oberfläche deutlich sichtbar (Abb. 256).

Hoffnungslos unterbelichtete Negative lassen sich ebenfalls mit dieser Methode meistens noch retten. Eventuell vorhandene Beschädigungen und Verschmutzungen werden jedoch überdeutlich sichtbar. Der jeweils günstigste Lichteinfallswinkel bei der Durchlicht-Dunkelfeldbeleuchtung muß durch Versuche ermittelt werden. Kleine Veränderungen des Beleuchtungswinkels oder des Aufnahme-Standpunktes haben oft eine große Wirkung. Sie kann nur exakt beurteilt werden, wenn die Beobachtung direkt aus der Sicht der Kamera, am besten mit einem Blick durch den Sucher, vorgenommen wird.

Abb. 257 a u. b: Projektionslampen auf einer erhöht angebrachten Glasplatte. Für eine kräftige Abgrenzung des Glaskolbens gegen den Untergrund sorgt ein helles Umfeld beim dunklen Untergrund bzw. ein dunkles Umfeld beim hellen Untergrund, das sich im Glaskolben und Lampensockel spiegelt.

BLITZLICHTTECHNIK

In vielen Bereichen der Fotografie hat sich die Blitzlichttechnik gegenüber der konventionellen Kunstlichtbeleuchtung durchgesetzt. Dabei werden heute für Reportagen, Schnappschüsse und Nahaufnahmen durchweg netzunabhängige Elektronenblitzgeräte benutzt. Ihre wesentlichen Vorteile sind die kompakte Bauart und das geringe Gewicht der Geräte sowie die konstante Farbtemperatur des Aufnahmelichtes, verbunden mit einer im Verhältnis dazu hohen Lichtenergie. Letztere wird durch Wattsekunden (Joule) gekennzeichnet. Gebräuchlicher, und für die Praxis auch nützlicher, ist die Kennzeichnung der Leistung durch die Leitzahl. Sie wird in der Regel für eine Filmempfindlichkeit von ISO 100/21° angegeben. Bei vielen Blitzgeräten wird diese Leitzahl als Teil der Modellbezeichnung deutlich ausgewiesen, z.B. «Mecablitz 40 MZ» besagt, daß dieses Blitzgerät mit einer Leitzahl von 40 ausgestattet ist. Die Abkürzung «MZ» steht für «Motor-Zoom-Reflektor», d.h. der Leuchtwinkel des Blitzreflektors kann den Bildwinkeln der verschiedenen Objektiv-Brennweiten der Kamera durch eine motorische Verstellung an-

gepaßt werden. Auch beim Leica Blitz «SF 20» weist die Zahl auf die Leitzahl hin. «SF» ist die Abkürzung für System Flash, zu deutsch: System Blitz.

Um die Möglichkeit der Leica R-Blitztechnik ausschöpfen zu können, aber auch um ihre Grenzen zu erkennen, muß man die verschiedenen Funktionen von Kamera, Blitzgerät und evtl. nötigen Adaptern kennen. In Kombinationen bieten diese eine ganze Reihe von Möglichkeiten, das vorhandene, konstante Licht und das nur kurz aufleuchtende Blitzlicht jeweils allein zu nutzen oder miteinander zu kombinieren. Dabei regeln beide – Kamera und Blitzgerät – eigenständig oder in Abhängigkeit voneinander die Lichtmenge, die für eine korrekte Belichtung auf dem Film nötig ist. Allerdings geschieht das unterschiedlich.

Bei der Kamera wird das Licht immer durch die Belichtungszeit und die Blende des Objektivs reguliert. Beim Blitzgerät dagegen durch die Leuchtzeit des Blitzes bei Computerbetrieb und der TTL-Blitzbelichtungsmessung oder durch die Objektivblende, wenn das Blitzgerät mit voller Leistung oder konstanter Teilleistung arbeitet.

Beide, Kamera und Blitz, besitzen dafür unabhängig voneinander arbeitende Meßvorrichtungen und Steuerkreise. Mit Hilfe der Adapter SCA (**S**ystem **C**amera **A**daption) werden beide Steuerkreise miteinander gekoppelt, d.h. Kamera und Blitz tauschen Informa-tionen aus und verschiedene Funktionen lassen sich beeinflussen.

Blitz-Synchronisation

Bedingt durch die Arbeitsweise eines Schlitzverschlusses können nicht alle Belichtungszeiten für Blitzaufnahmen benutzt werden. Nur wenn vom ersten Verschlußvorhang das Bildfenster total freigegeben wurde und der zweite Verschlußvorhang noch nicht damit begonnen hat, es wieder abzudecken, kann das Licht des Blitzes auf das volle Format des Films einwirken. Die kürzeste Belichtungszeit die das noch ermöglicht, wird Blitzsynchronzeit genannt. Bei noch kürzeren Belichtungszeiten verdeckt der zweite Verschlußvorhang bereits wieder einen Teil des Bildfensters – das Licht des Blitzes wird an dieser Stelle also zurückgehalten und kann daher dort nicht auf den Film einwirken. Die meisten tragbaren Elektronenblitzgeräte besitzen einen Fuß, der sich in den Zubehörschuh der Leicaflex- oder Leica R-Modelle einschieben läßt. Durch den sogenannten Mittenkontakt wird dabei gleichzeitig die Synchronverbindung hergestellt. Fehlt ein Mittenkontakt bei der Kamera, wie bei der Leicaflex und Leicaflex SL, wird diese Verbindung über eine Blitzanschlußbuchse (3 mm Zentralstecker) durch ein Synchronkabel vorgenommen. Kabelverbindungen zum Zubehörschuh mit Mittenkontakt oder zur Blitzanschlußbuchse sind generell erforderlich, wenn ein Blitzgerät, z.B. für besondere Beleuchtungstechniken, auf eine Blitzlichtschiene montiert wird. Studio-Blitzgeräte können sogar durch Infrarot-Steuerungen kabellos ausgelöst werden. Der winzige IR-Sender wird dabei in den Zubehörschuh der Kamera eingeschoben und über Mittenkontakt oder Synchronkabel angesteuert.

Die schnell ablaufenden Schlitzverschlüsse der Leica R- und Leicaflex-Modelle besitzen Elektronenblitz-Synchronisation für 1/250s (R8) oder 1/100 bzw. 1/90s. Der Zeiteinstellknopf besitzt jeweils eine entsprechende Markierung dafür:

Leica R8 = X
Leica R7 = 100 ↯
Leica R6 u. R62 = X
Leica R5, R-E u. R4-Modelle = X und 100
Leica R3-Modelle = X
Leicaflex SL2-Modelle = •
Leicaflex u. Leicaflex SL = ↯

Die Blitz-Synchronisation ist bei allen Leica R- und Leicaflex-Modellen auch bei längeren Verschlußzeiten und bei «B» gewährleistet.

An die Leica R- und Leicaflex-Modelle können alle handelsüblichen Blitzgeräte und Studioblitzanlagen angeschlossen werden, die der aktuellen Norm DIN/ISO 10330 entsprechen. Entweder über den Zubehörschuh, der mit einem genormten Mittenkontakt ausgestattet

Abb. 259 a u. b: Nur bei der Blitzsynchronzeit oder bei längeren Belichtungszeiten kann das Licht des Blitzes auf das volle Format des Films einwirken (links). Bei kürzeren Belichtungszeiten verdeckt der zweite Verschlußvorhang bereits wieder einen Teil des Bildfensters (rechts).

ist oder über die Blitzanschlußbuchse für genormte Blitzstecker. Die Verwendung älterer Blitzgeräte kann zu Funktionstörungen oder gar Beschädigungen der Kamera-Elektronik führen. Beim Zünden des Blitzes sind bei diesen Elektronenblitzgeräten nämlich, je nach Fabrikat Spitzenströme bis zu 20 Ampere möglich. Diese Stromspitzen werden elektromagnetisch in die Elektronik der

Kamera eingekoppelt und können bei Automatik-Betrieb die Bildung einer um einige Zeitwerte zu langen oder zu kurzen Belichtungszeit bewirken oder die Kamera-Elektronik zerstören. Deshalb kann die Benutzung dieser Blitzgeräte nicht empfohlen werden. Bei älteren Studio-Blitzanlagen darf allerdings die Blitzzündung IR-gesteuert erfolgen.

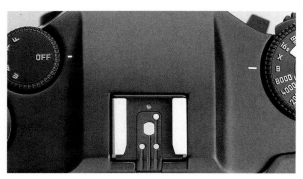

Abb. 260 a–c: *Im Zubehörschuh der Leica R8, R7, R5, R-E, R6.2 und R6 befinden sich alle nötigen Kontakte für die systemkonformen Blitzgeräte der Systeme SCA 3000 (oben links) und SCA 300 und SCA 500 (oben rechts). Kamera und Blitzgerät tauschen durch sie Daten aus bzw. kontrollieren und steuern über sie gegenseitig verschiedene Funktionen. Um den großen Mittenkontakt (X-Kontakt) für die Blitz-Synchronisation sind alle anderen Kontakte angeordnet. Bei der Leica R8 (oben links) wurde der obere rechte Kontakt für evtl. zukünftige, zusätzliche Funktionen freigehalten, ist also nicht belegt. Der Kontakt unten links dient zum Datenaustausch von Kamera und Blitzgerät. Über den unteren rechten Kontakt fließen die clock-Impulse, die zur Synchronisation des Datenaustauschs benötigt werden. Ganz oben erkennt man das kleine Loch, das den Sicherungsstift vom Adapter SCA*

3501 und SCA 3501 M1 aufnimmt. Bei der Leica R7, R5, R-E bzw. R6.2 und R6 (oben rechts) wird die Filmempfindlichkeitseinstellung an der Kamera über den Kontakt rechts oben im Bild auf den Blitz übertragen. Der verstärkte Fotostrom von der TTL-Blitzlicht-Meßzelle fließt über den Kontakt rechts unten. Vom Blitzgerät wird die Leica R7, R5 und R-E über den Kontakt links unten automatisch auf Blitzsynchronzeit (1/100s) umgeschaltet. Außerdem erfolgt nach dem Blitzen über diesen Kontakt die Erfolgsanzeige im Sucher. Die untere linke Abbildung zeigt den Zubehörschuh der Leica R4-Modelle mit Mittenkontakt für die Blitz-Synchronisation und den Kontakt für die automatische Umschaltung auf Blitzsynchronzeit. Unten rechts ist der Zubehörschuh der Leica R3-Modelle mit Mittenkontakt abgebildet.

Die Leica R3- und Leicaflex-Modelle besitzen für die Kabelverbindung mit Blitzgeräten eine mit «X» und eine mit «M» markierte Kontaktbuchse für genormte Zentralstecker. Die beiden Kontakte unterscheiden sich dadurch, daß die Zündung bei «X» erfolgt, wenn der erste Vorhang des Schlitzverschlusses abgelaufen und, bei Belichtungszeiten von «B» bis 1/100 bzw. 1/90s, das Bildfenster frei ist. Bei «M» erfolgt bereits die Zündung, bevor der erste Vorhang das Bildfenster freigibt. Dadurch wird die Zündverzögerung und die relativ lange Leuchtzeit einiger Blitzlampen berücksichtigt. Der Verschluß gibt das Bildfenster erst frei, wenn der Blitz seine größte Helligkeit erreicht hat. So ist es möglich, während des Aufleuchtens der Blitzlampe auch mit einer kürzeren Belichtungszeit als 1/100 bzw. 1/90s zu arbeiten. Dabei wird aber nur ein Teil der Blitzenergie ausgenutzt. Da diese Blitzlampen heute kaum noch zur Verfügung stehen und nur noch eine begrenzte Zeit produziert werden, haben die Konstrukteure mit Einführung der Leica R4-Modelle die «M»-Kontaktbuchse entfallen lassen. Die neuen Leica R-Modelle besitzen nur noch den «X»-Kontakt, über den auch die z.Zt. noch angebotene Blitzlampe bzw. der Würfelblitz gezündet werden.

Wahl des Zündzeitpunktes

Bei allen Kameras mit Schlitzverschlüssen wird der Blitz in der Regel dann gezündet, wenn der erste Verschlußvorhang das Bildfenster freigegeben hat. Der Zeitpunkt für die Zündung des Blitzes wird also durch den ersten Verschlußvorhang bestimmt. Bei der Leica R8 kann diese Zündung wahlweise dem ersten oder dem zweiten Verschlußvorhang zugeordnet werden. Damit besteht die Möglichkeit, den (kurzen) Blitz an den Anfang oder an das Ende einer Belichtung zu legen. Für normale Blitzaufnahmen mit kurzen Belichtungszeiten von 1/250 oder 1/125 Sekunde ist das von untergeordneter Bedeutung, weil der Zündzeitpunkt vom ersten Verschlußvorgang und der vom zweiten praktisch zusammenfallen. Das rührt daher, daß bei diesen kurzen Belichtungszeiten der erste Vorhang gerade das Bildfenster freigegeben hat und deshalb den Blitz zündet, während der zweite Vorhang bereits startet, um es wieder abzudecken und daher noch kurz vorher den Blitz zündet. Auch bei längeren Belichtungszeiten und Blitz ist der Zündzeitpunkt für die Bildgestaltung von untergeordneter Bedeutung, wenn es sich um statische Motive handelt und ein Stativ benutzt wird, mit anderen Worten: Solange sich die durch den Blitz gewonnene Abbildung und die durch die Belichtung mit vorhandenem Licht gewonnene Abbildung konturenscharf im Foto decken, ist der Zündzeitpunkt des Blitzes ohne Bedeutung. Bei Langzeit-Bewegungsaufnahmen in Kombination mit einem Blitz überlagern sich dagegen grundsätzlich ein durch Bewegungsunschärfe und/oder Verwacklung unscharfes Bild, sowie ein durch den kurzen Blitz «eingefrorenes» scharfes Bild. Erfolgt die Blitzbelichtung bei diesem Aufnahmen erst unmittelbar vor dem Ende der Langzeitbelichtung, befindet sich das scharfe Bild am Ende der unscharfen «Bewegungsspuren». Das entspricht in einem Foto unserem natürlichen Empfinden von Bewegung und Dynamik.

Kontrolle der Blitz-Synchronisation

Eine einfache Möglichkeit, die Blitz-Synchronisation der Leica R- bzw. Leicaflex-Modelle zu überprüfen, kann auf folgende Art vorgenommen werden: Man schließt das auf «manuell» eingestellte Blitzgerät über ein Kabel an,

Tabelle 32 Blitzsynchronisation

Blitz-Typ	LEICA R8	LEICA R7	LEICA R6/R6.2	LEICA R5/R-E	R4-Modelle	R3-Modelle		LEICAFLEX-MODELLE	
	X-Kontakt	X-Kontakt	X-Kontakt	X-Kontakt	X-Kontakt	X-Kontakt	M-Kontakt	X-Kontakt	M-Kontakt
Elektronen-blitz*	X $(\frac{1}{250})$	100 ⚡ $(\frac{1}{100})$	X $(\frac{1}{100})$	X, 100 $(\frac{1}{100})$	X, 100 $(\frac{1}{100})$	X $(\frac{1}{90})$	–	⚡ bzw. ● $(\frac{1}{100})$	–
	32–$\frac{1}{250}$, B	4→$\frac{1}{90}$, B	1→$\frac{1}{90}$, B	$\frac{1}{2}$→$\frac{1}{90}$, B	1→$\frac{1}{90}$, B	4→$\frac{1}{90}$, B		1→$\frac{1}{90}$, B	
Blitzwürfel AG3 B	32–$\frac{1}{90}$, B	4→$\frac{1}{90}$, B	1→$\frac{1}{90}$, B	$\frac{1}{2}$→$\frac{1}{90}$, B	1→$\frac{1}{90}$, B	4→$\frac{1}{90}$, B	–	1→$\frac{1}{90}$	1→$\frac{1}{90}$
Blitzlampe XM1 B	32–$\frac{1}{90}$, B	4→$\frac{1}{90}$, B	1→$\frac{1}{90}$, B	$\frac{1}{2}$→$\frac{1}{90}$, B	1→$\frac{1}{90}$, B	4→$\frac{1}{90}$, B	–	1→$\frac{1}{90}$, B	1→$\frac{1}{15}$

* Bei Aufnahmen mit systemkonformen Blitzgeräten sind die verschiedenen Automatik-Funktionen von Blitz und Kamera zu beachten.

öffnet die Kamerarückwand und legt bei gedämpftem Licht auf die Filmführung ein Stück Vergrößerungspapier. Bei herausgenommenem Objektiv hält man dann den Blitz direkt vor die Objektiv-Öffnung der Kamera und löst aus. Auf dem Fotopapier ist anschließend die Wirkung des Blitzes auch ohne Entwicklung direkt sichtbar. Bei ordnungsgemäßer Synchronisation hat sich durch das intensive Blitzlicht eine Fläche von 24 x 36 mm auf dem Fotopapier dunkel verfärbt.

Computer-Blitzgeräte

Tragbare Elektronen-Blitzgeräte moderner Bauart besitzen eine automatische Lichtmengensteuerung, d.h., über den Belichtungsmesser des Blitzgerätes, den Sensor, wird das vom Objekt reflektierte Licht des Blitzes gemessen und die Blitzdauer durch eine Computer-Steuerung sofort abgebrochen, wenn die vom Blitz abgegebene Lichtmenge für eine richtige Belichtung ausreicht. Die Blitzdauer variiert dabei, je nach Entfernung, Blende und Filmempfindlichkeit zwischen 1/250 und 1/50.000 Sekunde. Durch die Lichtmengensteuerung des Blitzlicht-Computers wird also nur soviel Lichtenergie abgegeben, wie für eine exakte Belichtung nötig ist. Die restliche Energie «fließt» bei älteren Modellen ungenutzt ab. Bei der jetzigen Blitzgeräte-Generation mit Thyristor-Lichtregelung wird die nicht genutzte Energie für die nachfolgende Aufnahme wei-

Abb. 261: Der Wahlhebel für die Blitzsynchronisation auf den ersten oder zweiten Verschlußvorhang ist bei der Leica R8 mit der Blitzanschlußbuchse für genormte Blitz-Zentralstecker kombiniert.

terhin gespeichert. Diese Blitzgeräte haben deshalb zwei Vorteile. Zum einen wird bei jedem Blitz nur soviel Energie verbraucht, wie nötig ist. Dadurch erhöht sich die Anzahl der Blitze pro Akku-Ladung bzw. pro Batteriesatz. Zum anderen ist das Gerät schneller wieder aufnahmebereit, wenn beim ersten Blitz nicht die gesamte gespeicherte Energie verbraucht wurde. Bei entsprechender Lichtdosierung kann ein solches Elektronen-Blitzgerät zwei, drei oder mehr Blitze in der Sekunde abgeben. Es läßt sich daher auch für Serien-Aufnahmen mit dem Winder oder Drive benutzen. Dabei muß man zwischen zwei Möglichkeiten unterschei-

Abb. 262 a u. b: Im Vergleich wird deutlich, wie bei einer Langzeit-Bewegungsaufnahme der Zündzeitpunkt des Blitzes das Bildergebnis beeinflußt. Links: Blitzzündung durch den

1. Verschlußvorhang. Rechts: Blitzzündung durch den 2. Verschlußvorhang. Beide Aufnahmen entstanden mit einer Belichtungszeit von einer Sekunde.

Blitzgerät mit	LEICA R8	LEICA R7 LEICA R5 LEICA R-E	LEICA R6.2 LEICA R6	LEICA R4-Modelle	LEICA R3-Modelle LEICAFLEX SL2-Modelle
SCA 3501 SCA 3501 M1	1, 2, 3, 4, 5, 6	–	–	–	–
SCA 351	5	1, 2, 3, 4, 5	1, 2, 4, 5	3, 4, 5	5
SCA 551	5	1, 2, 3, 4, 5	1, 2, 4, 5	–	–
SCA 350	5	3, 4, 5	4, 5	3, 4, 5	5
SCA 550	5	3, 4, 5	4, 5	3, 4, 5	5
Mittenkontakt	5	5	5	5	5

1 = TTL-Blitzbelichtungsmessung
2 = Blitzbelichtungskontrolle
3 = autom. Umschaltung auf »X«
4 = Blitzbereitschaftsanzeige
5 = Blitz-Auslösung
6 = Autom. Anpassung des Blitz-Zoomreflektors
– = nicht verwendbar

den: Lichtdosierung wie üblich, also durch Messen des Blitzlichtes, oder durch Vorwahl der pro Blitz abzugebenden Energiemenge. Die zweite Möglichkeit bietet dabei mehr Freiheit in der Gestaltung, setzt allerdings das Rechnen mit der Leitzahl voraus.

Die Meßsysteme der modernen Computer-Blitzgeräte lassen sich meistens für verschiedene Blenden programmieren. Einige können mit einem externen Sensor, der durch ein Kabel mit dem Blitz verbunden ist, betrieben werden. Das ist besonders vorteilhaft, wenn der Blitz nicht in unmittelbarer Nähe der Kamera angebracht wird. Dieser externe Sensor wird dann auf den Zubehörschuh der Kamera geschoben und mißt damit das Blitzlicht aus der gleichen Richtung, aus der fotografiert wird. Ist die Möglichkeit, mit externem Sensor zu arbeiten, nicht gegeben, wird das seitlich angesetzte Elektronen-Blitzgerät auf manuelle Betriebsart umgeschaltet und die Blende mit Hilfe der Leitzahl ermittelt.

Systemkonforme Blitzgeräte

Computer-Blitzgeräte werden in verschiedenen Größen, mit unterschiedlichen Leistungsdaten und Ausstattungsmerkmalen angeboten. Viele lassen sich zusätzlich über entsprechende Adapter in einem Kamera-System integrieren, wobei Kamera und Blitzgerät Daten austauschen, sich gegenseitig kontrollieren und verschiedene Funktionen steuern. Auch die Lichtmengen-

steuerung kann bei diesen Blitzgeräten mit Hilfe einer Messung durch das Objektiv der Kamera erfolgen (TTL-Blitzbelichtungsmessung), wenn die Kamera dafür eingerichtet ist. Die Computer-Blitzgeräte, die diese Möglichkeiten bieten, nennt man systemkonform. Das Adapter-System für die Kopplung dieser systemkonformen Blitzgeräte an alle Modelle ab der Leica R4 heißt SCA und steht für «Special Camera Adaption». Entsprechend ihren «Blitz-Möglichkeiten» werden die Leica R-Modelle und Blitzgeräte verschiedenen SCA-Systemen und -Adaptern zugeordnet:

- System SCA 3000 mit Adapter SCA 3501 und SCA 3501 M1 für die Leica R8.
- System SCA 300 und SCA 500 mit den Adaptern SCA 351 und SCA 551 für die Leica R7, R5, R-E, R6.2 und R6.
- System SCA 300 und SCA 500 mit den Adaptern SCA 350 und SCA 550 für alle Leica R4-Modelle.

Bei allen Unterschieden, die die verschiedenen SCA Systeme aufweisen, gibt es auch ein paar gemeinsame Merkmale. Dazu gehören die Blitzbereitschaftsanzeige im Sucher bei allen entsprechenden Leica R-Modellen und die automatische Umschaltung auf X-Synchronisation, d.h. auf die kürzeste Synchronzeit der jeweiligen R-Kamera, wenn diese mit Zeit-Automatik benutzt wird. **Wichtig:** Wer Farbumkehrfilme benutzt und blitzt, sollte wissen, daß die Blitzbereitschaftsanzeige und die automatische Umschaltung auf «X» bei einigen Blitzgeräten bereits bei siebzig Prozent ihrer vollen Energie erfolgt. Das ist nach DIN auch zulässig und muß nicht besonders gekennzeichnet werden. Wird jedoch mit diesen Blitzgeräten unmittelbar nach der Blitzbereitschaftsanzeige fotografiert und 100 Prozent der Blitzenergie benötigt, führt das zu einer spürbaren Unterbelichtung der Farbdias. In derartigen Situationen sollte erst nach einigen Sekunden zusätzlicher Ladezeit geblitzt werden.

Blitzbelichtungsmessung durch das Objektiv

Die TTL-Blitzbelichtungsmessung erfolgt bei Leica R8, R7, R5, R-E, R6.2 und Leica R6 immer integral – unabhängig vom gewählten Programm bzw. unabhängig von der gewählten Belichtungs-Meßmethode. Dabei wird

das vom Film reflektierte Licht von einer Silizium-Fotodiode empfangen, die sich neben der Meßzelle für die
umschaltbaren Belichtungs-Meßmethoden befindet. Da
die Filmschichten aller normalen Kleinbildfilme trotz
unterschiedlichen Aussehens nahezu die gleichen Re-
flexionseigenschaften besitzen, wird in der Regel auch
korrekt belichtet. In Ausnahmefällen kann eine Belichtungskorrektur durch das Override der Kameras erfolgen. Bei Polaroid-Sofort-Dia-Filmen z.B. durch eine
Stellung auf «-1 $^2/_3$» bzw. «-1.5».

Mit der TTL-Blitzbelichtungsmessung werden natürlich
nicht die üblichen, für die allgemeine Fotografie geltenden physikalischen Gesetze aufgehoben. So erfolgt
z.B. auch die Blitzbelichtungsmessung durch das Objektiv nach dem Prinzip einer normalen Objektmessung, d.h. nur wenn alle angeblitzten Objekte zusammen ein (normales) Reflexionsvermögen von annähernd 18% besitzen, kann ein korrektes Belichtungsergebnis erwartet werden. Bei besonders hellen oder
besonders dunklen Objekten oder wenn ein Porträt bei
Nacht im Freien angeblitzt wird und kein Hintergrund
vorhanden ist, der das Blitzlicht reflektiert, muß deshalb eine entsprechende Korrektur erfolgen, z.B. durch
Override. Auch die Regeln der Beleuchtungstechnik
behalten ihre Gültigkeit. Sie sind nur schwerer zu beurteilen als bei konstantem Licht.

Ein besonderer Vorteil der Blitzbelichtungsmessung
durch das Objektiv ist die (fast) freie Wahl der Objektiv-Blende. Sie wird lediglich durch den Regelbereich
des Blitzgerätes begrenzt. Weitere Vorteile sind, daß
die bei Vario-Objektiven besonders große Absorption

des Lichtes und bei Nahaufnahmen der Verlängerungsfaktor automatisch berücksichtigt werden. (Siehe dazu
«Blitzen im Nahbereich».) Vorteilhaft ist die TTL-Blitzbelichtungsmessung auch, wenn das Blitzgerät aus be-
leuchtungstechnischen Gründen nicht in unmittelbarer
Nähe der Kamera angeordnet werden kann.

Die elektrische Kopplung des entsprechenden Blitzgerätes an die Kamera erfolgt mit einem darauf abgestimmten Adapter über den Zubehörschuh der jeweiligen Kamera, der dafür außer dem Mittenkontakt noch
drei weitere Kontakte besitzt (siehe Abb. 260).

Zu den Blitzgeräte-Herstellern, die das SCA-System an-
bieten, gehören die Firmen Metz und Cullmann. Kein
anderes System bietet auch nur annähernd so viele
systemkonforme Blitzgeräte.

Zu den vielen Vorzügen der TTL-Blitzbelichtungsmessung zählen auch die automatische Umschaltung auf X-
Synchronisation (bei bestimmten Betriebsarten bzw.
Programmen) und die verschiedenen Kontroll-Anzeigen
im Sucher der Leica R-Kameras.

Der Blitz als Hauptlichtquelle

Immer dann, wenn bei vorhandenem Licht die Belichtungszeit nicht mehr ausreicht, um verwacklungsfrei
fotografieren zu können oder Bewegungsunschärfen zu
befürchten sind, kann der Blitz als Hauptlichtquelle
(Vollblitz) fungieren und das Motiv ausleuchten. Zu
allen Zeiten war die Unabhängigkeit von vorhandenem
Licht die wichtigste Zielvorgabe bei der Entwicklung

*Abb. 263 a–c: Bei der TTL-Blitzbelichtungsmessung wird das
vom Film reflektierte Licht gemessen (rechts). In der linken
und mittleren Abbildung, in denen die Meßempfindlichkeit der
TTL-Blitzbelichtungsmessung bei der Leica R7, R5, R-E, R6.2
und R6 dargestellt ist (siehe dazu auch Abb. 68), erkennt man*

*eine leichte «Verschiebung» der Meßempfindlichkeit nach links
unten. Verursacht wird dieser leicht asymmetrische Meßcha-
rakter dadurch, daß die Meßzelle seitlich neben der Fotodiode
für die selektive und integrale Belichtungsmessung angeordnet
ist. Für die fotografische Praxis ist das nicht von Bedeutung.*

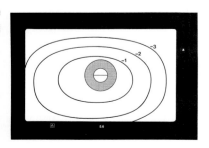
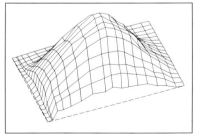
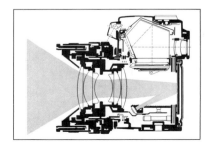

Abb. 264: Zu den Systemen SCA 300, SCA 500 und SCA 3000 gehören eine große Anzahl unterschiedlicher Blitzgeräte. Vom preiswerten Kompaktblitz bis zum leistungsstarken Profigerät. Der Adapter SCA 351 stellt z.B. die Verbindung zwischen einem Mecablitz und den Modellen Leica R7, R5, R-E, R6.2 und R6

her, wenn er anstelle des serienmäßigen Blitzgerätefußes am Blitz befestigt wird (links). Der gleiche Adapter kann mit dem Verbindungskabel SCA 300 A zur Trennung von Blitz und Kamera benutzt werden (rechts). Gleiche Möglichkeiten bieten die Adapter SCA 3501 in Verbindung mit der Leica R8 (Mitte).

von neuen Blitzgeräten. Zwei Besonderheiten beeinträchtigen allerdings die ansonsten enormen Vorteile dieser unabhängigen Blitzbeleuchtung:

- Durch die kurze Leuchtzeit des Blitzes ist eine Beurteilung der Lichtführung und damit auch die Verteilung von Licht und Schatten am Objekt und im Motiv nicht unmittelbar möglich. Man muß in der Regel erst das Bildergebnis abwarten.

- Unterschiedlich große Abstände vom Blitz zu den im Raum gestaffelten Objekten machen sich durch einen großen Lichtabfall vom Vorder- zum Hintergrund bemerkbar, wenn Normal- oder Weitwinkel-Objektive benutzt werden. Schlimmstenfalls ist vorn im Bild alles total vom Blitzlicht überstrahlt, während alles, was weiter entfernt ist, im Dunkeln verschwindet. Eine bessere Ausleuchtung der Raumtiefe wird dann erreicht, wenn der gleiche Motivausschnitt aus größerer Entfernung mit längerer Brennweite fotografiert wird. Warum das so ist, zeigt ein einfaches Beispiel: Eine Gruppe von Personen, an einem langen Tisch sitzend, wird zu-nächst mit einem 35 mm-Weitwinkel-Objektiv fotografiert. Der Abstand von Blitz und Kamera zur nächsten Person beträgt dabei etwa einen Meter, bis zur am weitesten entfernten Person etwa vier Meter. Da Licht im Quadrat zur Entfernung abnimmt, gelangt zur weit entfernten Person nur noch ein Viertel des Lichts wie zur nächsten. Das ist ein Unterschied von zwei Lichtwerten, also zwei Blendenstufen; zu groß für eine ausgewogene Ausleuchtung. Mit einer Brennweite von 100 mm fotografiert, wird der gleiche Motivausschnitt bei einem Abstand

von Blitz und Kamera zur nächsten Person von knapp drei Metern erfaßt. Bis zur am weitesten entfernten Person (6 m) beträgt der Lichtabfall jetzt nur noch die Hälfte. Das entspricht einem Lichtwert, also eine Blendenstufe. Diesen Lichtabfall können z.B. Farbnegativfilme durchaus verkraften.

Der Blitz als Aufhellicht

Eine nützliche Aufgabe, deren Wert von vielen Fotografen nicht immer entsprechend gewürdigt wird, kann der moderne Computer-Blitz dank seiner einfachen Bedienung sowie seines geringen Gewichtes und Volumens wegen leicht übernehmen: die Aufhellung von tiefen Schatten, die insbesondere bei Gegenlichtaufnahmen störend wirken können. Dabei sollte die Wirkung von Tages- und Blitzlicht so aufeinander abgestimmt sein, daß die zur Kamera weisenden Schattenpartien um eineinhalb bis zwei Blendenstufen knapper belichtet werden als die vom vollen Tageslicht getroffenen Partien. Das wird, je nach Kamera, auf unterschiedliche Weise erreicht.

Blitzen mit der Leica R8

Drei Meßmethoden sorgen dafür daß mit der Leica R8 auch beim Blitzen mit sehr unterschiedlichen Blitzgeräten einwandfreie Belichtungsergebnisse erzielt werden können.

Abb. 265 a u. b: Ob ohne oder mit Blitzlicht fotografiert werden soll oder kann, ist von vielen Faktoren abhängig. In der Regel wird die Bildaussage durch das frontale Blitzlicht reduziert. Außerdem kann der Fotograf ohne Blitz unauffälliger arbeiten. Für die reine Dokumentation oder wenn das vorhan- *dene Licht nicht mehr ausreicht, ist das Blitzlicht jedoch unentbehrlich. Beide Aufnahmen auf hochempfindlichem Film ISO 400/27°. Links: volle Öffnung, 1/250s. Rechts: Blitzlicht-Aufnahme mit Blende 8.*

Für alle Blitzgeräte, die stets mit voller Leistung oder konstanter Teilleistung arbeiten, besitzt sie die Möglichkeit, die für eine korrekte Belichtung nötige Blende vor der Aufnahme durch eine selektive TTL-Blitzlichtmessung zu ermitteln. Zu diesen Blitzgeräten zählen Studio-Blitzanlagen sowie Elektronen-Blitzgeräte ohne Computer-Steuerung. Aber auch die neuesten Thyristor-gesteuerten Blitzgeräte, und das sind auch die zum SCA-System gehörenden, können für die Blitzlichtmessung benutzt werden, wenn sie sich auf eine manuelle Betriebsart umschalten lassen.

Bei Blitzgeräten, die zum SCA-System 3000 gehören, kann bei Verwendung der Adapter SCA 3501 und SCA 3501 M1 eine integrale TTL-Blitzbelichtungsmessung erfolgen. Sie bietet die vielfältigsten Möglichkeiten für das Blitzen mit der Leica R8 und ist außerdem bequem und einfach zu handhaben. Die für eine korrekte Belichtung nötige Lichtmenge wird durch die Leuchtzeit des Blitzes bestimmt.

Eine weitere Möglichkeit, die Lichtmenge des Blitzes zu steuern, bieten die modernen Blitzgeräte selbst: die Computer-Automatik. Dabei wird die vom Motiv reflek-

Abb. 266 a u. b: Durch die Blitzaufhellung (rechts) bekommen auch tiefe Schatten noch genügend Zeichnung, ohne den Eindruck der natürlichen Beleuchtung zu zerstören.

tierte Lichtmenge nicht von der Leica R8 gemessen, sondern von einem im Blitzgerät integrierten Sensor. Die für eine korrekte Belichtung nötige Lichtmenge wird dann ebenfalls durch die Leuchtzeit des Blitzes bestimmt. Allerdings werden Verlängerungsfaktoren im Nahbereich, die Lichtabsorbation bei Vario-Objektiven oder Filtern nicht berücksichtigt.

Der Adapter SCA 3501 und SCA 3501 M1

verbindet die mit dem System SCA 3000 kompatiblen Blitzgeräte über den Zubehörschuh mit der Leica R8. Er wird im Zubehörschuh der Kamera durch einen Feststellring gesichert und durch einen kleinen Stift, der beim Festziehen des Ringes in ein entsprechendes Loch im Zubehörschuh gleitet, absolut unverrückbar gehalten. In Abhängigkeit von den gewählten Betriebsarten führen Kamera und Blitz jetzt verschiedene Funktionen automatisch aus bzw. lassen dem Fotografen den nötigen kreativen Spielraum, um Blitzaufnahmen den Anforderungen entsprechend gestalten zu können:

- TTL-Blitzbelichtungsmessung während der Aufnahme.
- Automatische Umschaltung auf die kürzeste Blitzsynchronzeit (1/250s bei Zeit- und Programm-Automatik).
- Automatische Übertragung der Filmempfindlichkeit.
- Anzeigen im Sucher und im Rückwand-Display der Leica R8:
- Blitz eingeschaltet, wird geladen = das Blitz-Symbol blinkt.
- Blitz ist blitzbereit = konstant sichtbares Blitz-Symbol.
- Überbelichtung durch Blitzlicht = Anzeige «HI».
- Unterbelichtung durch Blitzlicht = Anzeige «LO».
- Blitz-Override für gezielte Über- oder Unterdosierung des Blitzlichts von +3 $1/3$ EV bis -3 $1/3$ EV. Die Einstellung für eine normale Blitzaufhellung, z.B. bei Gegenlichtaufnahmen, ist rot gekennzeichnet (-2 und +$1/3$ = 1 $2/3$ EV).
- Automatische Anpassung von motorgesteuerten Blitzreflektoren an die benutzte Objektivbrennweite bei Verwendung von Leica R-Objektiven mit elektrischen Kontakten.

- Bei gewählter Computer-Automatik des Blitzgerätes:
- Blitzbelichtungsmessung durch den Sensor am Blitzgerät (keine Anzeige für Überbelichtung).
- Automatische Anpassung der nötigen längeren Verschlußzeit bei Stroboskopsblitz.

Mit Hilfe von entsprechenden Adaptern können auch mehrere SCA 3000 kompatible Blitzgeräte gleichzeitig drahtlos gesteuert werden.

In Verbindung mit einem SCA 3000 kompatiblen Blitzgerät und den Adaptern SCA 3501 erfolgt bei der Leica R8 eine integrale Blitzbelichtungsmessung während der Aufnahme durch das Objektiv. Sobald die nötige Menge Licht auf den Film eingewirkt hat, wird die Leuchtzeit des Blitzes abgebrochen. Da Licht im Quadrat zur Entfernung abnimmt, bestimmt auch der Abstand Blitz zu Objekt die Leuchtzeit des Blitzes. Je größer der Abstand, um so länger die Leuchtzeit. Bei sehr kurzen Abständen kann der Regelbereich für die Leuchtzeit (bis zu 1/10.000s oder kürzer) unterschritten werden; eine Überbelichtung wäre die Folge. Andererseits reicht bei großen Entfernungen die Leuchtdauer (1/300s oder länger), also die ganze Energie des Blitzes nicht aus, um eine korrekte Belichtung zu ermöglichen; eine Unterbelichtung wäre das Ergebnis. Deshalb werden im Display des Blitzgerätes die jeweils möglichen Blitzreichweiten angezeigt. Sie sind abhängig von der Filmempfindlichkeit und von der gewählten Objektivblende. Wird dieser Regelbereich unter- oder überschritten, kommt es also zu einer Über- oder Unterbelichtung, so wird dies im Sucher und im Rückwand-Display der Leica R8 durch «HI» für Überbelichtung und «LO» für Unterbelichtung angezeigt.

Für eine gezielte Dosierung des Blitzlichtes besitzen die Adapter SCA 3501 ein Override. Sollen z.B. tiefe Schatten bei einer Gegenlichtaufnahme aufgestellt werden. wird dafür eine Minus-Einstellung von 1 $2/3$ Lichtwerten (EV) gewählt. Da diese Einstellung sich in der fotografischen Praxis sehr bewährt hat, ist sie auch besonders gekennzeichnet.

Andere Einstellungen sind ebenfalls wählbar und auch nötig, wenn zum Beispiel ein Objekt wie eine weiße Blüte vor großem dunklen Hintergrund im Gegenlicht fotografiert wird. Dann ist eine Korrektur von mindestens -2 $1/3$ EV sinnvoll, weil sonst der Blitz, bedingt durch den dunklen, nicht reflektierenden Hintergrund eine zu große Lichtmenge für die helle Blüte abgeben würde.

Abb. 9A: *Bewegungsunschärfe und scharfes Blitzbild überlagern sich in dieser «mitgezogenen» Aufnahme, die mit einer relativ langen Belichtungszeit von 1/2 s entstand. Der Vollblitz wurde durch den 2. Verschlußvorgang gezündet. Elmarit-R 1:2,8/28 mm, Bl. 5,6.*

Abb. 9B u. 9C: *Die beiden Schnappschüsse im Gegenlicht entstanden mit der Leica R8. Blenden-Automatik, 1/250s, Bl. 8. Links ohne, rechts mit Aufhellblitz. Farb-Umkehrfilm ISO 64/19°.*

Abb. 9D u. 9E: *Zur Aufhellung des schattigen Vordergrundes wurden drei Blitzgeräte von Metz, Typ Mecablitz 40 MZ-3 benutzt, von denen zwei über Slave-Adapter SCA 3080 drahtlos TTL-gesteuert wurden. Leica R8; manuelle Einstellung von Belichtungszeit und Blende; 1/180s, Bl. 11; Blitz-Override – 2; Farb-Negativfilm ISO 100/21°.*

Abb. 9F–9H: *Reizvolle Lichtsituationen und Stimmungen, die oft bei wenig Licht entstehen, können durch eine normale Blitzaufnahme nicht wiedergegeben werden. Vollblitz 1/250s, Blende 5,6 (oben). Wird ohne Blitz, jedoch mit längerer Belichtungszeit fotografiert, bleibt der Charakter des vorhandenen Lichts erhalten. Große Kontraste können allerdings das Bild verderben, (Mitte). 1/15s, Bl. 5,6. Blitz und vorhandenes Licht können sich jedoch ideal ergänzen. Die Lichtstimmung bleibt erhalten und ein störender Kontrast wird ausgeglichen (unten). Vollblitz, 1/15s, Blende 5,6. Die Aufnahmen entstanden mit der Leica R8 bei manueller Einstellung von Belichtungszeit und Blende vom Stativ. Das PC-Super-Angulon-R 1:2,8/28 mm war um 7 mm nach oben verschoben (geshiftet). Farb-Negativfilm ISO 100/21°.*

Abb. 9I u. 9J: *Egal, ob mit Bedacht der richtige Standort gesucht wird oder ob der Schnappschuß im Vorübergehen keine Zeit dafür zuläßt, Foto und Fotograf werden später vor allem nach der Gestaltung des Bildes beurteilt. Neben einer guten Fototechnik muß jeder Fotograf auch die wesentlichen Gestaltungsregeln kennen und anwenden. Vorder- und Hintergrund, gerader Horizont sowie Goldener Schnitt sind nicht nur Schlagworte sondern einige der elementaren Mittel zur Bildgestaltung.*

Abb. 267: *Auf der Rückseite der Adapter SCA 3501 und SCA 3501 M1 befinden sich die Wahlschalter für die Blitz-Override-Einstellungen. Die gewählte Einstellung kann durch einen separaten Schalter (links oben) aktiviert werden. Das wird durch eine Leuchtdiode (rechts unten) angezeigt.*

Da sich der separate Blitz-Override von -3 $^1/_3$ EV bis +3 $^1/_3$ EV in ein Drittel Stufen einstellen läßt, ohne in die normale Belichtungssteuerung der Kamera einzugreifen, erhält der Fotograf die nötigen Freiheiten für optimale Anpassungen seines Blitzgerätes an die unterschiedlichsten Licht- und Beleuchtungssituationen.

Leica Blitz SF 20

Spezielle zur Leica R8 und Leica M6 TLL wird ein besonders kompaktes Blitzgerät von Leica angeboten. Es vereint in seinem Gehäuse die Funktionen eines Blitzgerätes mit denen des Adapters SCA 3501. Der Fuß des Blitzgerätes ist deshalb nicht auswechselbar. Bewußt wurde auch der Reflektor im oberen Teil des Gehäuses untergebracht und nicht wie bei den meisten anderen Kompakt-Blitzgeräten als Vorderteil des Gehäuses ausgebildet. Dadurch konnte die Distanz zwischen Kamera – Objektiv und Blitzreflektor erheblich vergrößert und damit die Gefahr von roten Augen beim Blitzen von Personenaufnahmen drastisch reduziert werden (siehe auch Seite 350).
Mit dem Leuchtwinkel des SF 20 werden Aufnahmen bis 35 mm ausgeleuchtet. Für kürzere Brennweiten bis 24 mm wird eine Streuscheibe vor den Reflektor gesteckt. Die auf der Rückseite des Gehäuses befindliche LCD-Anzeige ist beleuchtbar und zeigt bei der Leica R8 alle fürs Blitzen nötigen Daten, wie z.B. Blitzreichweite, am Objektiv eingestellte Blende, Override usw. an. Auch die Anzeigen im Sucher der Leica R8 korrespondieren mit denen, die bei Verwendung der zum System SCA 3000 gehörenden Blitzgeräte zu sehen sind, wenn diese mit den Adaptern SCA 3501, bzw. SCA 3501 M1 ausgestattet sind. Dazu zählen z.B. Blitzbereitschaft, Blitzerfolgskontrolle sowie Über- und Unterbelichtung.
Der SF 20 kann auch mit anderen Leica Modellen und Kameras anderer Hersteller benutzt werden. Dann allerdings nicht in Verbindung mit einer TTL-Blitzbelichtungsmessung. Manuelle Einstellung und Computer-Automatik sind jedoch möglich. Allerdings fehlen dann die bei Blitzbetrieb mit systemkompatiblen oder mit entsprechenden

Abb. 9A

Abb. 9B

Abb. 9C

Abb. 9D

Abb. 9E

Abb. 9F

Abb. 9G

Abb. 9H

Abb. 9I

Abb. 9J

Abb. 268: *Das kompakte Blitzgerät zur Leica R8, der system-konforme Leica SF 20.*

sinnvoll. Die fotografische Praxis beweist, daß eine Anpassung an die Vielzahl sehr unterschiedlicher Situationen und Aufgaben mit relativ wenigen Einstellungen bequem gelingt. Eine zusammenfassende Übersicht zeigt die Tabelle 34 (Seite 306).

Blitzen mit Programm-Automatik

ist die einfachste und bequemste Art für Blitzlichtaufnahmen. In Abhängigkeit vom vorhandenen Licht steuert die Leica R8 dabei den Blitz automatisch als Hauptlicht (Vollblitz) oder Aufhellblitz:

- Bei normalen Lichtverhältnissen regelt die Leica R8 bei blitzbereitem Blitz die Belichtungszeit automatisch auf die kürzeste Blitzsynchronzeit von 1/250s und wählt eine Blende entsprechend dem vorhandenen Licht dazu. Bereits ohne Blitz wird damit das Motiv richtig belichtet. Der Blitz wird von der Kamera als Aufhellblitz (-1 ^{2}/$_3$ EV) gesteuert, um z.B. im Vordergrund dunkle Schattenpartien bei Gegenlicht aufzuhellen oder bei trübem Wetter eine ausgewogenere Beleuchtung mit brillanteren Farben zu erhalten.

- Bei sehr großer Helligkeit und Verwendung hochempfindlicher Filme, wenn also 1/250s und selbst kleinste Objektivblende zur Überbelichtung führen würden, löst die Leica R8 den Blitz nicht aus. Belichtungszeit und Blende werden dann ganz normal durch die Programmautomatik geregelt und im Sucher angezeigt.

- Bei schlechten Lichtverhältnissen, z.B. in dunklen Innenräumen, bei denen in Verbindung mit der größten Objektivblende die dazu gebildete nötige Belichtungszeit zu einer Verwacklung führen könnte, wird automatisch mit Blende 5,6 bei 1/250s Belichtungszeit mit Vollblitz fotografiert. Das Resultat ist eine «normale » Blitzaufnahme.

Adaptern ausgestatteten systemkonformen Blitzgeräten üblichen Anzeigen im Sucher. Als Energieversorgung dienen zwei Lithium-Batterien 123A, die für etwa 180 Blitze mit voller Leistung reichen. Die Blitzfolge beträgt bei voller Leistungsabgabe etwa sechs Sekunden.

TTL-Blitzbelichtungsmessung mit der Leica R8

In Verbindung mit dem Leica Blitz SF 20 bzw. mit dem Adapter SCA 3501 kann grundsätzlich mit allen Betriebsarten der Leica R8 einschließlich der Einstellung «X» und «B» geblitzt werden. Ob dabei der Blitz als Hauptlicht oder zur Aufhellung eingesetzt wird, spielt keine Rolle. Weil jedoch die verschiedenen Betriebsarten und Einstellungen, die bei der Leica R8 sowie beim Adapter und Blitz möglich sind, zu unterschiedlichen Funktionsabläufen und Anzeigen führen, sind nicht alle Kombinationen auch

Blitzen mit X-Einstellung

ist die bewährte klassische Methode für den Vollblitz um bei wenig Licht mit kürzester Blitzsynchronzeit zu blitzen. Alle Betriebsarten der R8 sind unwirksam. Eine Belichtungsmessung für vorhandenes Licht findet nicht statt; kann also auch nicht kontrolliert werden. Der Zeiteinstellring der Leica R8 besitzt für die Einstellung

Tabelle 34: Blitzen mit der Leica R8

Kameraeinstellung		Einstellung Objektiv-Blende	Einstellung am Blitzgerät und Adapter SCA 3501, bzw. SCA 3501 M1		
Zeiteinstellring	Betriebsart		TTL-Automatik	Computer-Automatik	Manuelles Blitzen mit fester Leistung
X oder B	Beliebig außer F	Frei wählbar	Die Betriebsarten der Leica R8 – m, A, T, P – sind nicht mehr wirksam, eine Belichtungsmessung für vorhandenes Licht erfolgt nicht. Die Belichtung wird generell bei X mit 1/250s oder beliebig lange bei B und der manuell eingestellten Blende ausgeführt. Das Blitzlicht wird entsprechend der gewählten Blitzbetriebsart gesteuert.		
16s bis 1/250s [1]	m	Frei wählbar	Das vorhandene Licht wird von der Leica R8 gemessen und über die Lichtwaage im Sucher kontrolliert. Das Blitzlicht wird entsprechend der Blitzbetriebsart gesteuert.		
Alle Belichtungszeiten	A	Frei wählbar	Bei blitzbereitem Blitzgerät automatische Umschaltung auf 1/250s. [2] Der Blitz kann mittels Blitz-Override beeinflußt werden.	Die Zeit-Automatik führt eine normale Aufnahme mit vorhandenem Licht durch. Kürzeste Belichtungszeit 1/250s Der Blitz kann mittels Blitz-Override beeinflußt werden.	Blitz mit voller Leistung
16s bis 1/250s [1]	T	Kleinste Blende	Die Blenden-Automatik führt eine normale Aufnahme durch. Kürzeste Belichtungszeit 1/250s Der Blitz kann mittels Blitz-Override beeinflußt werden.	Die Blenden-Automatik führt eine normale Aufnahme mit vorhandenem Licht durch. Kürzeste Belichtungszeit 1/250s Der Blitz kann mittels Blitz-Override beeinflußt werden.	Blitz mit voller Leistung
1/30s P Alle Belichtungszeiten können zur Variation der Programm-Automatik benutzt werden.	P	Kleinste Blende	**Normale Lichtverhältnisse.** Bei blitzbereitem Blitzgerät automatische Umschaltung auf 1/250s. Durch die automatische Blendensteuerung wird eine normale Aufnahme mit vorhandenem Licht durchgeführt. Der Blitz dient mit einer automatisch reduzierten Leistung (-1 2/3 EV) nur zur Aufhellung. [2] **Bei sehr großer Helligkeit.** Führen 1/250s und die kleinste Objektivblende zur Überbelichtung, wird der Blitz nicht ausgelöst. Die Kamera arbeitet mit der normalen Programm-Automatik. [2] **Bei wenig Licht.** Die Belichtung wird automatisch mit 1/250s und Blende 5,6 durchgeführt, der Blitz als Hauptlicht TTL-gesteuert. [2]	Die Programm-Automatik führt eine normale Aufnahme mit vorhandenem Licht durch. Kürzeste Belichtungszeit 1/250s Der Blitz kann mittels Blitz-Override beeinflußt werden.	Blitz mit voller Leistung

[1] Bei kürzeren Belichtungszeiten erfolgt eine automatische Umschaltung auf 1/250s.
[2] Ist der Blitz nicht blitzbereit oder das Gerät ausgeschaltet erfolgt eine normale Aufnahme durch die gewählte Automatik-Betriebsart der Leica R8.

«X» eine besonders starke Rastung und ist dadurch gegen unbeabsichtigtes Verstellen gut geschützt. Die Stellung der Objektivblende erfolgt manuell. Durch die freie Wahl aller Blendenwerte läßt sie sich weitgehend an verschiedenste fotografische Aufgaben und Situationen anpassen. Bei entsprechenden Blitzgeräten wird die eingestellte Blende und der jeweils dazu gehörende Entfernungsarbeitsbereich des Blitzes im Blitz-Display angezeigt.

Blitzen mit manueller Einstellung von Belichtungszeit und Blende

ist die universellste Art, um mit vorhandenem Licht und Blitz, beide unabhängig voneinander steuerbar, zu fotografieren. Belichtungszeit und Blende werden manuell mittels Lichtwaage im Sucher der Leica R8 auf das vorhandene Licht abgestimmt. Alle Belichtungszeiten von 16s bis 1/250s können benutzt werden. Der Einfluß des vorhandenen Lichts auf das fotografische Ergebnis, z.B. die Helligkeit des Hintergrundes, kann so gezielt durch Unter- oder Überbelichtung beeinflußt werden. Die Dosierung des Blitzlichtes kann am Adapter SCA 3501 und SCA 3501 M1 durch Override geregelt werden: als Vollblitz, als Aufhellblitz mit unterschiedlicher Aufhellwirkung oder für eine gezielte Überbelichtung im Vordergrund.

Blitzen mit Zeit-Automatik

ist die Standardeinstellung für «normale» Blitzaufnahmen in Innenräumen und bei schlechten Lichtverhältnissen. Die Objektivblende wird entsprechend dem Arbeitsbereich des Blitzgerätes und der gewünschten Schärfentiefe eingestellt, die Belichtungszeit wird bei blitzbereitem Blitz von der Kamera automatisch auf 1/250s gesetzt.
Falls diese Einstellungen aufgrund des vorhandenen Lichts zu einer Überbelichtung führen würden, wird das durch Blinken der Zeitanzeige «250» angezeigt. In diesem Fall sollte eine kleinere Blende gewählt werden. Ist der Blitz noch nicht geladen oder das Gerät ausgeschaltet, erfolgt eine normale Aufnahme mit Zeit-Automatik.

Tabelle 35: Daten zur Leica R8-Blitztechnik

> **Blitzsynchronisation:** Über Mittenkontakt im Zubehörschuh oder über die Blitzanschlußbuchse. Wahlweise durch den 1. oder 2. Verschlußvorgang. Kürzeste Blitzsynchronzeit: X = 1/250s.
>
> **System-Camera-Adaption:** Blitzgeräte der Serie SCA 3000 mit Adapter SCA 3501, bzw. SCA 3501 M1.
>
> **TTL-Blitzbelichtungsmessung:** Mittenbetonte Integralmessung mit systemkonformen Blitzgeräten (SCA 3000) und Adapter SCA 3501, bzw. SCA 3501 M1.
>
> **Blitz-Computer-Automatik:** Mit entsprechenden Blitzgeräten.
>
> **TTL-Blitzlichtmessung:** Selektive Messung mit nicht systemkonformen Blitzgeräten, z.B. Studioblitzanlagen, und mit systemkonformen Blitzgeräten bei manueller Blitzbetriebsart.
>
> **Stroboskop-Blitzbetrieb:** Mehrere Blitzauslösungen während einer Aufnahme. Automatische Anpassung der Belichtungszeit mit entsprechenden Blitzgeräten und Adapter SCA 3501, bzw. SCA 3501 M1.
>
> **Meßzellen:** Zwei Si-Fotodioden für die mittenbetonte Integralmessung bei TTL-Blitzbelichtungsmessung. Links und rechts neben der Mehrfeld-Si-Fotodiode an streulichtgeschützter Stelle am Kameraboden. Eine Si-Fotodiode für die selektive TTL-Blitzlichtmessung auf dem Fresnel-Reflektor hinter dem teildurchlässigen Schwingspiegel.
>
> **Filmempfindlichkeitsbereich:**
> Bei TTL-Blitzbelichtungsmessung: ISO 12/12° bis ISO 3.200/36°
> Bei TTL-Blitzlichtmessung: ISO 25/15° bis ISO 400/27°
>
> **Blitz-Bereitschaftsanzeige:** Im Sucher und im Rückwand-Display der Leica R8 durch Blitz-Symbol bei Verwendung des Adapters SCA 3501, bzw. SCA 3501 M1.
>
> **Blitz-Erfolgskontrolle:** Anzeigen für Unter- oder Überbelichtung bzw. korrekte Belichtung erscheinen automatisch für ca. 4s nach der Aufnahme im Sucher und im Rückwand-Display der Leica R8 bei Verwendung des Adapters SCA 3501, bzw. SCA 3501 M1.
>
> **Aufhellblitz, Blitzbelichtungs-Korrektur:** Korrekturen von -3 1/3 bis +3 1/3 EV können in 1/3 EV-Stufen am Adapter SCA 3501, bzw. SCA 3501 M1 eingestellt werden.
> Automatische Einstellung von -1 2/3 EV bei Programmautomatik und normalen Lichtverhältnissen.
>
> **Zoomreflektor der Blitzgeräte:** Automatische Einstellung des Zoomreflektors an die benutzte Objektiv-Brennweite bei Blitzgeräten mit motorischer Reflektor-Einstellung bei Verwendung des Adapters SCA 3501, bzw. SCA 3501 M1 und Objektiven mit elektrischen Kontakten.

Aufhellblitz mit Blenden-Automatik

ist die ideale Einstellung für Aufnahmen bei vorhandenem Licht mit zusätzlicher Blitzaufhellung. Alle Belichtungszeiten von 16s bis 1/250s können benutzt werden. Ist eine kürzere Belichtungszeit als 1/250s eingestellt, schaltet die Leica R8 bei blitzbereitem Blitz automatisch auf die kürzeste Blitzsynchronzeit. Die Objektivblende wird von der Kamera entsprechend dem vorhandenen Licht automatisch gesteuert, so daß eine korrekte Belichtung bereits ohne Blitz erfolgt. Wird das Blitzlicht durch eine Override-Einstellung am Adapter SCA 3501, bzw. SCA 3501 M1 gezielt dosiert, z.B. -1 $^2/_3$ EV, erfolgt lediglich eine zusätzliche Aufhellung der dunklen Schattenpartien, z.B. bei Gegenlicht im Vordergrund, um hier eine ausgewogenere Ausleuchtung zu erzielen. Ohne diese Minus-Korrektur addieren sich vorhandenes Licht und Vollblitz zu einer Überbelichtung.

Blitzen über Mittenkontakt oder Blitzanschlußbuchse

bietet die Möglichkeit Studio-Blitzanlagen oder nicht zum System SCA 3000 zählende Blitzgeräte zu benutzen. Wird der Blitz über Mittenkontakt lediglich gezündet, also ohne die Adapter SCA 3501 betrieben, oder mittels Kabel mit der Blitzanschlußbuchse verbunden, verhält sich die Kamera so, als wäre kein Blitzgerät angeschlossen.

Da bei diesem Blitzbetrieb keine Informationen vom Blitzgerät übertragen werden, kann die Leica R8 ein angeschlossenes Blitzgerät nicht «erkennen». Es entfallen die Blitzbereitschafts- und Kontrollanzeigen im Sucher und auf dem Rückwand-Display der Leica R8; eine automatische Umschaltung auf die kürzeste Blitzsynchronzeit findet nicht statt. Falls das Blitzgerät dafür geeignet ist, kann eine Lichtmengensteuerung mit seiner Computer-Automatik (Sensor am Blitzgerät) erfolgen. Alle Belichtungszeiten von 16s bis 1/250s, sowie «X» und «B» sind einstellbar.

TTL-Blitzlichtmessung mit der Leica R8

Obwohl die TTL-Blitzlichtmessung für Blitzgeräte gedacht ist, die stets mit voller Leistung oder konstanter Teilleistung arbeiten, wie z.B. Studioblitzanlagen oder Elektronenblitzgeräte, die nicht zum System SCA 3000 zählen, kann sie auch mit den systemkompatiblen Blitzgeräten durchgeführt werden, wenn diese sich auf eine manuelle Betriebsart schalten lassen. Voraussetzung für alle Blitzgeräte ist jedoch, daß ihre Zündspannung nach DIN/ISO nicht mehr als 24V beträgt. Vor allem bei älteren Blitzgeräten liegt sie oft wesentlich höher (bis 500V). Werden diese Geräte bei einer Leica R8 bis zur Serien Nr. 2430999 über die Blitz-

buchse angeschlossen, können unkontrollierbar selbsttätige Blitzauslösungen erfolgen oder Teile der Kamera-Elektronik beschädigt werden. Um trotzdem diese Blitzgeräte an diesen Leica R8-Modellen benutzen zu können, bietet der Kundendienst der Leica Camera AG einen Adapter an (Teile Nr. 410-055.801-006), der zwischen Kamera-Blitzbuchse und Synchronkabel des Blitzgerätes gesteckt werden muß. Leica R8-Kameras mit Serien Nummern, die über der oben angeführten liegen, sind durch eine entsprechende Schaltung abgesichert und benötigen diesen Adapter nicht.

Gegenüber den z.B. in Fotostudios benutzen speziellen Belichtungsmessern zum Messen des Blitzlichtes, erfolgt die Blitzlichtmessung mit der Leica R8 durch das Objektiv. Das bringt enorme Vorteile bei der Verwendung von Vario-Objektiven und Filtern sowie im Nahbe-

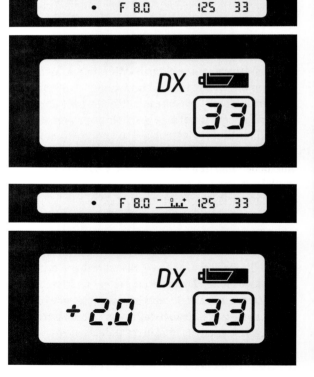

Abb. 269 a u. b: Sucher- und Rückwanddisplay-Anzeigen bei Blitzlichtmessung vor der Meßblitzauslösung (a) und danach (b). Bei diesem Beispiel muß die Blende für eine korrekte Belichtung um zwei EV-Werte, also um zwei Stufen auf Blende 16 geschlossen werden.

reich. Um bildwichtige Details oder eine Graukarte gezielt anmessen zu können erfolgt die TTL-Blitzlichtmessung selektiv. Das Meßfeld korrespondiert dabei mit der Markierung auf den Einstellscheiben der Leica R8. Für eine Blitzlichtmessung wird der Betriebsartenwähler der Leica R8 in die Stellung «F» gebracht und das anzumessende Motivdetail wie bei der selektiven Belichtungsmessung mit der Meßfeldmarkierung auf der Einstellscheibe anvisiert. Anstelle des Kamera-Auslösers wird dann jedoch die Abblendtaste vollständig niedergedrückt. Dabei wird die Leica R8 zunächst bestromt, und die Anzeigen werden lesbar. Gleichzeitig schließt sich die Objektivblende auf den eingestellten Wert; und zuletzt wird der Blitz gezündet, ohne daß der Verschluß abläuft. Es handelt sich also um einen Meßblitz, und die selektive Messung des Blitzlichts erfolgt bei Arbeitsblende.

Nach der Meßblitzauslösung wird eine eventuelle Abweichung von einer korrekten Belichtung im Sucher durch die Lichtwaage angezeigt und auf dem Rückwand-Display durch Lichtwerte von -2,5 EV bis +2,5 EV angegeben. Nach entsprechender Blendenkorrektur – ein EV-Wert entspricht einer Blendenstufe – kann die Aufnahme erfolgen. Abweichungen von drei oder mehr EV-Werten werden ebenfalls angezeigt (+3 oder -3) aber nicht mehr differenziert wiedergegeben und machen eine erneute Messung mit geänderter Blendeneinstellung erforderlich.

Alle Belichtungszeiten von 16s bis 1/250s sind einstellbar. Werden mehrere Blitzgeräte benutzt, wird die Lichtmenge aller Blitze gemessen. Da auch das vorhandene Licht in die Messung mit eingeht, muß bei Änderung der Belichtungszeit eine neue Blitzlichtmessung erfolgen. Deshalb verlöschen auch die Korrekturanzeigen im Sucher und auf dem Rückwand-Display, sobald der Zeiteinstellring betätigt wird.

Sehr leistungsstarke Blitzgeräte, insbesondere jedoch Studioblitzanlagen, haben bei voller Leistung oft längere Leuchtzeiten als die kürzeste Blitzsynchronzeit der Leica R8 (1/250s). Um die Lichtmenge dieser Blitzgeräte voll nutzen zu können, sind deshalb längere Verschlußzeiten, wie z.B. 1/180s oder 1/125s, empfehlenswert. Die TTL-Blitzlichtmessung funktioniert auch in Verbindung mit der Stroboskopeinstellung am Blitzgerät. In diesem Fall wird das Licht aller ausgesandten Blitze gemessen und ausgewertet.

Stroboskopblitzen mit der Leica R8

Bei einigen SCA 3000 kompatiblen Blitzgeräten – ausgestattet mit den Adaptern SCA 3501 – können mehrere Blitze nacheinander während einer Belichtung abgegeben werden. Die Anzahl der Blitze und die Blitzfrequenz lassen sich vorher festlegen. Diese Blitzmethode ist mit der Leica R8 bei manueller Einstellung von Belichtungszeit und Blende oder bei Zeitautomatik möglich.

Für eine gelungene Stroboskopaufnahme, bei der z.B. mehrere Phasen eines Bewegungsablaufes in einem Foto festgehalten werden, sind die Lichtleistung des Blitzgerätes (Arbeitsbereich), die Anzahl der Blitze, die Entfernung vom Blitz zum Objekt, die benutzte Objektivblende und auch die Filmempfindlichkeit von entscheidender Bedeutung. Die nötigen Informationen dazu sind in der zum jeweiligen Blitzgerät gehörenden Anleitung nachzulesen.

Bei manueller Betriebsart der Kamera können entsprechend den Empfehlungen der Blitzgeräteanleitung Belichtungszeiten von 16s bis 1/250s eingestellt und alle Objektivblenden gewählt werden.

Die Lichtwaage im Sucher der Leica R8 dient dabei zur Kontrolle des vorhandenen Lichts. Falls die benötigte Zeit, die sich aus der gewählten Anzahl der Blitze und der Blitzfrequenz ergibt, länger ist als die eingestellte Belichtungszeit, wird diese von der Leica R8 automatisch verlängert. Die Lichtwaage im Sucher ist weiterhin sichtbar und zeigt an, inwieweit sich durch das

Abb. 270: *Auch rasche Bewegungsabläufe, wie hier die Flugbahnen eines «springenden» Balles lassen sich durch Stroboskopaufnahmen anschaulich darstellen. Aufnahme: Dorothea Danner.*

vorhandene Licht eine Überbelichtung ergibt. Durch die Objektivblende ist dann eine Korrektur möglich, wenn der Arbeitsbereich des Blitzes dies zuläßt. Beim Arbeiten mit der Zeitautomatik bildet die Leica R8 die notwendige Zeit automatisch, abhängig von Blitzanzahl und Blitzfrequenz. Führt dies zu einer Überbelichtung aufgrund des vorhandenen Lichts, blinkt die Zeitanzeige im Sucher der Leica R8. Auch hier ist eine Korrektur in Abhängigkeit vom Arbeitsbereich des Blitzes durch die Blende möglich.

Falls etwas nicht stimmt

Bei den vielen Möglichkeiten, die die Blitzlichttechnik mit der Leica R8 bietet, ist es unumgänglich die ausführlichen Anleitungen zur Leica R8, zu den Adaptern SCA 3501 und den oft recht unterschiedlichen Blitzgeräten zu beachten. Trotzdem wird dem Fotografen, der sich mit allen Aspekten dieser Fototechnik praktisch auseinandersetzt, gelegentlich ein Fehler bei der Wahl der Kamerabetriebsart oder bei der Einstellung einer Blitzfunktion unterlaufen. Oft erscheinen dann im Sucher der Leica R8 oder auf ihrem Rückwand-Display Warnungen, die vom Fotografieren ohne Blitz her bekannt sind, und die natürlich auch hier beachtet werden müssen. Bei Einstellungen an Kamera, Blitz und Adapter, die falsch oder wenig sinnvoll sind, erscheint im Sucher der Leica R8 außerdem die zusätzliche Fehlermeldung «Err» in Verbindung mit verschiedenen zweistelligen Ziffern, die den Fehlern zugeordnet sind und die dadurch schnell ermittelt und behoben werden können (siehe Tabelle 36).

TTL-Blitzbelichtungsmessung mit der Leica R7

In Verbindung mit SCA 300 und SCA 500 kompatiblen Blitzgeräten und den Adaptern SCA 351 und SCA 551 ist die TTL-Blitzbelichtungsmessung bei der Leica R7 mit den unterschiedlichen Programmen der Kamera verknüpft. Alle für das Blitzen nötigen Anzeigen, wie Blitzbereitschaft, Belichtungszeit, Blende und Aufhellblitz-Funktion werden im Sucher der Leica R7 angezeigt, und nach der Aufnahme wird auch angezeigt, ob die Blitzlichtmenge ausreichend war.

Bei Zeit-Automatik erfolgt eine automatische Umschaltung auf X-Synchronisation, sobald das Blitzgerät blitzbereit ist. Der Blitz übernimmt dabei die Funktion als Hauptlicht. Das entspricht den üblichen Blitz-Situationen bei zu wenig Licht.

Bei manueller Einstellung von Belichtungszeit und Blende können auch die langen Belichtungszeiten beim Blitzen benutzt werden. Selbst bei Einstellung «B» erfolgt eine TTL-Blitzbelichtungsmessung. Dadurch läßt sich auch schwaches Umgebungslicht in die Blitz-Aufnahme mit einbeziehen, z.B. bei Nachtaufnahmen. Der Blitz arbeitet auch dabei als Hauptlicht.

Bei Blenden-Automatik wird das Blitzlicht zur Aufhellung genutzt. Das geschieht dadurch, daß die abgegebene Leistung des Blitzlichtes um 1 $^2/_3$ EV-Werte verringert wird. Die von der Blenden-Automatik ermittelte und automatisch gebildete Blende sorgt für eine korrekte Belichtung durch das vorhandene Licht. Das in seiner Leistung reduzierte Blitzlicht übernimmt lediglich die Aufhellung der im Schatten liegenden Motivdetails. Auch bei gedämpften oder trüben Lichtstim-

Tabelle 36: Fehleranzeigen im Sucher der Leica R8

Anzeige im Sucher	Ursache	Abhilfe
Err 12	Programmwähler der Leica R8 auf „F" (Blitzlichtmessung). Blitzgerät auf TTL-Steuerung.	Blitzgerät auf manuell umstellen.
Err 13	Programmwähler der Leica R8 auf „F" (Blitzlichtmessung). Blitzgerät auf Computer-Automatik.	Blitzgerät auf manuell umstellen.
Err 14	Stroboskopblitz bei den Kamerabetriebsarten „P"oder „T".	Kamera auf „m" oder „A" stellen.
Err 15	Programmwähler der Leica R8 auf „F". Zeiteinstellring auf „X". Blitzgerät im Stroboskop-Betrieb.	Zeiteinstellring auf beliebige Zeit, außer „X" oder „B".
Err 17	Die Filmempfindlichkeit liegt unterhalb von ISO 25/15°.	Die Meßblitzfunktion ist nur für Empfindlichkeiten im Bereich von ISO 25/15° bis ISO 400/27° möglich, daher einen Film mit anderer Empfindlichkeit benutzen.
Err 18	Die Filmempfindlichkeit liegt oberhalb von ISO 400/27°.	

Tabelle 37: Die Blitzsteuerung der Leica R7

Blitzsteuerung	Belichtungszeit-Einstellung	Blenden-Einstellung	Programm-Wahl
Hauptlicht	»100 ⚡« oder »B«	manuell 1,4 bis 32	beliebig
	manuell[1] 4 s bis 1/90 s	manuell 1,4 bis 32	ⓜ
	automatisch 1/100 s	manuell 1,4 bis 32	Ⓐ oder Ａ
automatisch als Hauptlicht oder automatisch als Aufhellicht[2]	automatisch 1/100 s	automatisch 5,6	⟱
	automatisch 1/100 s	automatisch 1,4 bis 22	
Aufhellicht	manuell[1] 4 s bis 1/90 s	automatisch 1,4 bis 22	⟱

[1] Automatische Umschaltung auf 1/100 s bei eingestellten Belichtungszeiten von 1/125 s und kürzer.
[2] Automatisch als Aufhellicht, sofern durch das vorhandene Umgebungslicht eine korrekte Belichtung bei 1/100 s Belichtungszeit und automatisch gebildeter Blende gewährleistet ist.
Beim Unterschreiten des Blenden-Regelbereiches (Unterbelichtung) wird der Blitz automatisch als Hauptlicht geschaltet.
Beim Überschreiten des Blenden-Regelbereiches (Überbelichtung) wird die Belichtungszeit auf 1/2000 s geschaltet und die Blende entsprechend dem vorhandenen Umgebungslicht gebildet; der Blitz bleibt unwirksam.

mungen liefert der Aufhellblitz brillantere Bilder; fast könnte man sagen: mit einem Hauch von Sonnenschein. Weil dabei der Aufhellblitz jedoch zum vorhandenen Licht – und damit auch zur gebildeten «normalen» Belichtung – addiert wird, bringt bei von Haus aus dunklen Motiven eine Override-Korrektur von -0,5 EV oft ein besseres Ergebnis. Natürlich wirken derartige Manipulationen nur dann sichtbar besser, wenn mit Umkehrfilm fotografiert. wird. In Verbindung mit Negativfilm sind derartige Feinheiten nicht erforderlich. Weil Filme mit einer Empfindlichkeit von ISO 100/21° bei Sonnenschein mit einer Belichtungszeit von 1/100s bei Blende 16 korrekt belichtet werden, ergeben sich gewisse Zwänge bei der Blitzaufhellung. Mit einer kürzeren Belichtungszeit kann einerseits nicht geblitzt werden, während andererseits die Blende 16 ein leistungsstarkes Blitzgerät verlangt, damit eine akzeptable Blitzreichweite erreicht wird. Grundsätzlich gilt deshalb: das zur Aufhellblitz-Technik benutzte Blitzgerät sollte mindestens die Leitzahl 40 besitzen. Dann ermöglichen geringempfindliche Filme – nicht höher als ISO 100/21° – auch bei strahlendem Sonnenschein eine Blitzaufhellung. Motive mit hellen Details, bei denen die integrale Belichtungsmessung zu einer knappen Belichtung tendiert, profitieren dabei besonders vom Aufhellblitz.

Bei Programm-Automatik ist die Steuerung des Blitzlichtes von besonderer Raffinesse: Bei schlechten Lichtverhältnissen, z.B. in der Dämmerung oder in dunklen Innenräumen, wird mit voller Leistung geblitzt. Der Blitz fungiert hier als Hauptlicht. Die Leica R7 benutzt dafür generell Blende 5,6 und 1/100s. Bei guten Lichtverhältnissen, z.B. in Gegenlichtsituationen, wird der Blitz als Aufhell-Licht gesteuert. Bei 1/100s Belichtungszeit wird die dafür entsprechende Blende zur korrekten Belichtung des gesamten Motivs vom Belichtungsmesser bestimmt und automatisch gebildet.

Entgegen einem weit verbreiteten Vorurteil stört die relativ lange Belichtungszeit von 1/100s als kürzeste Blitz-Synchronzeit in der Praxis weit weniger als angenommen. Vorausgesetzt, man benutzt Filme, deren Empfindlichkeit nicht größer ist als ISO 100/21°. Je geringempfindlicher, desto besser. Sollte dennoch einmal das vorhandene Licht trotz kleinster Blende bei 1/100s Belichtungszeit zu einer Überbelichtung führen, wendet die Programm-Automatik der Leica R7 einen Trick an, der in der Regel auch zu einem brauchbaren Ergebnis führt: die Belichtungszeit wird dann nämlich auf 1/2000s verkürzt und die Blende entsprechend geöffnet. Damit ist eine korrekte Belichtung durch das vorhandene Licht gesichert. Eine Aufhellung wird dabei allerdings nicht wirksam, weil beim Zünden des Blitzes der zweite Vorhang des Lamellen-Schlitzverschlusses bereits das Bild zum größten Teil abgedeckt hat. Nur in einem winzigen Streifen am oberen

347

Bildrand kann u.U. eine aufhellende Wirkung ausgemacht werden. Meistens ist das jedoch nicht zu sehen, da in diesem Bildbereich in der Regel weit entfernte Details oder gar der Himmel abgebildet werden. Und da zeigt der Aufhellblitz keine Wirkung mehr. Außerdem wird dieser «aufgehellte Streifen» beim Projizieren durch den Rahmen des Diapositivs verdeckt oder beim Vergrößern ausgeblendet.

TTL-Blitzbelichtungsmessung mit der Leica R5 und R-E

Bei diesen Kamera-Modellen erfolgt generell eine automatische Umschaltung auf X-Synchronisation, sobald der Blitz geladen, also blitzbereit ist, wenn die Blitzgeräte zum System SCA 300 oder SCA 500 gehören und die Adapter SCA 351 oder SCA 551 benutzt werden. Das gewählte Programm, egal ob Automatik oder manuelle Einstellung, ist jetzt außer Funktion. Ausgenommen davon sind die Einstellungen «B» und «100». Wobei «X» und «100» ohnehin Einstellungen für die Elektronenblitz-Synchronisation sind. Bei Blenden- und Programm-Automatik wird die Blende nicht mehr

automatisch gebildet. Sie schließt sich bei der Blitzaufnahme auf den eingestellten Wert (kleinste Blende)! Blitzbereitschafts-Anzeige und Blitzkontroll-Anzeige nach der Aufnahme erfolgen bei Leica R5 und Leica R-E ebenfalls im Sucher.

TTL-Blitzbelichtungsmessung mit der Leica R6.2 und R6

Bei diesen Kameras erfolgt keine automatische Umschaltung auf X-Synchronisation. Dagegen kann mit den mechanisch gesteuerten und manuell zu bedienenden Leica Modellen auch bei längeren Belichtungszeiten (1/60s bis 1s und «B») mit der TTL-Blitzbelichtungsmessung gearbeitet werden. Alle Einstellungen, auch «X», erfolgen von Hand am Zeiteinstellring der Leica R6.2 bzw. R6. Der Belichtungsmesser der Kamera arbeitet weiter – außer bei Einstellung «B». Anzeigen im Sucher für Blitzbereitschaft und ausreichende Blitzlichtmenge (Blitz-Erfolgskontrolle) sind auch bei diesen Kameras obligatorisch, wenn mit SCA 300 und SCA 500 kompatiblen Blitzgeräten und den Adaptern SCA 351 und SCA 551 gearbeitet wird.

***Abb. 271 a–c:** Auch mit tragbaren Elektronen-Blitzgeräten kann die Ausleuchtung dem jeweiligen Motiv angepaßt werden. Löst man den Blitz von der Kamera, kann er von links oder*

rechts, von unten oder oben angesetzt werden (links). Außerdem wird von den Herstellern entsprechendes Zubehör angeboten (Mitte und rechts).

Tabelle 38: Anzeigen durch Symbol ⚡ im Sucher der Leica R6.2 und R6 bei TTL-Belichtungsmessung

Einstellung am Zeiteinstellring	Anzeige vor der Aufnahme* Blitz ist blitzbereit	Anzeige nach der Aufnahme			
		Blitzlicht hat ausgereicht Blitzenergie nur zum Teil verbraucht			Blitzlicht hat nicht ausgereicht Blitzenergie total verbraucht Blitz ist erst nach längerer Zeit wieder blitzbereit
		Blitz ist sofort wieder blitzbereit	Blitz ist nach 2 Sekunden wieder blitzbereit	Blitz ist nach mehr als 2 Sekunden wieder blitzbereit	
X = 1/100 s	⚡ blinkt mit 2 Hz	⚡ blinkt mit 2 Hz	⚡ blinkt 2 Sekunden mit 8 Hz – danach wieder mit 2 Hz	⚡ blinkt 2 Sekunden mit 8 Hz – danach dunkel, dann wieder mit 2 Hz	⚡ verlischt, bis Ladevorgang abgeschlossen – dann wieder Blinken mit 2 Hz
1–1/60 s	⚡ leuchtet konstant	⚡ leuchtet konstant	⚡ leuchtet konstant	⚡ leuchtet 2 Sekunden konstant – danach dunkel, dann wieder konstant	⚡ verlischt, bis Ladevorgang abgeschlossen – dann wieder konstantes Leuchten
1/125–1/1000 s	⚡ bleibt dunkel				

* Diese Anzeigen erfolgen auch beim Blitzen mit SCA 350 und SCA 550 (ohne TTL-Blitzbelichtungsmessung)

Blitzen mit den Leica R4-Modellen

Diese Modelle besitzen keine TTL-Blitzbelichtungsmessung. Die Lichtmengensteuerung erfolgt bei ihnen durch das Meßsystem des Computer-Blitzgerätes. Mit den Adapter SCA 350 und 550 lassen sich die Blitzgeräte der Systeme SCA 300 und SCA 500 mit der Kamera-Elektronik koppeln: sind sie nach dem Einschalten blitzbereit (aufgeladen), wird der Verschluß automatisch auf X-Synchronisation umgeschaltet. Das geschieht unabhängig vom gewählten Programm bzw. von der eingestellten Belichtungszeit. Die Blitzbereitschaft wird im Sucher angezeigt.

Blitzaufhellung mit den Modellen Leica R4 bis Leica R6.2

Für eine Blitzaufhellung mit TTL-Blitzbelichtungsmessung sind diese Leica Modelle nicht konzipiert. Um trotzdem diese interessante Blitz-Technik nutzen zu können, werden systemkonforme Blitzgeräte einfach

Abb. 272 a–d: Je weiter der Blitz von der Kamera entfernt wird, um so mehr Schatten werden von der Kamera erfaßt (links). Stören die Schatten, so sorgen die auf der gegenüber- *liegenden Seite abgebildeten Reflexionshilfen für eine diffuse, fast schattenlose Ausleuchtung (rechts).*

auf Computer-Automatik umgeschaltet und ohne SCA-Adapter benutzt. Wird dann noch die Filmempfindlichkeit um fünf Stufen höher eingestellt als für den Film erforderlich, z.B. ISO 320/26° anstatt ISO 100/21°, kann auch bei dieser Arbeitsweise mit guten Ergebnissen gerechnet werden.

Blitzlicht-Tipps

Frontal oder seitlich angesetzter Blitz

Für das Fotografieren im Reportagestil bieten im Zubehörschuh der Kamera aufgesteckte Elektronenblitzgeräte die einfachste Art der Blitztechnik. Allerdings engen sie den Spielraum der anwendungstechnischen Möglichkeiten erheblich ein. Ganz unproblematisch ist diese Blitz-Methode auch nicht, weil direkt angeblitzte Personen oft rote «Kaninchenaugen» bekommen. Diese Erscheinung wird durch die Reflexion des Blitzlichtes auf dem Augenhintergrund hervorgerufen und ist nur dann zu sehen, wenn der Reflektor des Blitzgerätes nicht weit genug vom Objektiv der Kamera entfernt ist. Der Effekt wird durch weit geöffnete Pupillen, z.B. bei schwachem Raumlicht, begünstigt. Wenn möglich, sollte man deshalb mit einem aufgestecktem Blitzlichtgerät, dessen Reflektor – anders als beim Leica Blitzgerät SF20 – knapp oberhalb des Kamera-Objektivs

positioniert ist, indirekt blitzen (bounce-light) oder das Blitzgerät auf eine Schiene setzen und es damit weiter vom Kamera-Objektiv entfernen.

Zigarettenrauch und Staub in der Luft leuchten hell auf und reduzieren den Bildkontrast erheblich, wenn sich der Blitz in unmittelbarer Nähe der Kamera befindet. Regentropfen und Schneeflocken werden unter diesen Bedingungen als strahlend helle Scheibchen (Blendenflecken) abgebildet. Abhilfe schafft hier manchmal schon der vom ausgestreckten Arm des Fotografen gehaltene Blitz. Bei Nahaufnahmen ist diese Blitzlichtführung unbedingt notwendig, wenn Plastizität durch Licht und Schatten im Foto erreicht werden soll. Wird dabei der Zeigefinger von hinten auf den Reflektor gelegt, läßt sich die Blitz-Richtung «erfühlen». Daraus ergibt sich eine gewisse Kontrolle über die Lichtführung, ohne daß das Auge des Fotografen vom Sucherbild der Kamera abschweifen muß. Wird das Blitzlicht durch das Objektiv oder von dem auf die Kamera gesteckten separaten Sensor des Blitzgerätes gemessen, erfolgt auch bei seitlich angesetztem Blitz eine korrekte Lichtmengensteuerung. Ohne TTL-Messung oder separaten Sensor müssen das Blitzgerät auf manuelle Betriebsart umgestellt und mit der Leitzahl oder einer speziellen Rechenscheibe der Abstand des Blitzreflektors und die Blende ermittelt werden. Leitzahlen und Rechenscheiben geben allerdings nur so lange zuverlässige Werte an, wie frontal geblitzt wird, d.h. solange die optische Achse des Blitzlichtreflektors und des Foto-Objektivs keinen größeren Winkel als etwa 30° bilden. Sind die Winkel größer, so muß die Blende geöffnet werden.

Abb. 273 a–c: Eine zu «flache» Ausleuchtung und rote «Kaninchenaugen» werden bei indirektem Blitzen (rechts) vermieden.

Abb. 274 a u. b: *Bei Weitwinkel-Aufnahmen hat sich ein indirektes Blitzen bewährt. Für die Blitzaufhellung wurde der Blitz gegen die weiße Wand im Rücken des Fotografen* *gerichtet (Abb. links). Beide Aufnahmen entstanden mit einer Belichtungszeit von 1/30 Sekunde bei Blende 5,6.*

Blendenkorrekturen bei seitlicher Beleuchtung:

45° = 1/2 Blende öffnen
60° = 1 Blende öffnen
70° = 2 Blenden öffnen
90° = Das Licht spielt fast keine Rolle mehr bei der Blendenermittlung; es dient lediglich als Effektlicht.

Eine Korrektur kann ebenfalls durch die Veränderung der Entfernung Blitzlicht – Objekt erfolgen. Wird die Entfernung um den Faktor 1,4 vergrößert, so nimmt das wirksame Licht am Objekt um die Hälfte ab; wird sie um den Faktor 1,4 verkleinert, verdoppelt sich die Lichtintensität.

Indirektes Blitzen

Die Streuwinkel der Blitzgeräte-Reflektoren sind so beschaffen, daß auch Aufnahmen mit normalen Weitwinkel-Objektiven von 35 mm oder gar 28 mm Brennweite voll ausgeleuchtet werden. Für kürzere Brennweiten können oft zusätzlich Streuscheiben vor den Reflektor gesteckt werden. Soll eine Szenerie mit einem Superweitwinkel von 21 mm oder gar 15 mm Brennweite aufgenommen und mit Blitzlicht ausge-

leuchtet werden, erreicht man eine gleichmäßige Lichtverteilung nur durch indirektes Blitzen. In diesem Fall wird eine große reflektierende Fläche, z.B. die weiße Zimmerdecke oder eine helle Wand, die sich außerhalb des Bildfeldes befindet, angeblitzt. Das davon zurückgeworfene Licht ist stark gestreut, und, weil die reflektierende Fläche groß ist, sehr «weich». Bei vielen Elektronenblitzgeräten wird diese Arbeitsweise durch schwenkbare Reflektoren erleichtert. Erfolgt keine TTL-Blitzbelichtungsmessung, bleibt der Sensor des Blitzgerätes auf das aufzunehmende Objekt ausgerichtet und steuert exakt die notwendige Lichtmenge. Bei Farbaufnahmen entsteht durch indirektes Blitzen (bounce-light) ein Farbstich, wenn die reflektierenden Flächen nicht weiß, neutral grau oder silberfarbig sind. Dieser Effekt kann auch bewußt hervorgerufen werden, wenn z.B. farbige Kartons als Reflexionsschirme eingesetzt werden.

Um von Decken und Wänden unabhangig zu sein, werden zu manchen Blitzgeräten spezielle Reflexionsschirme als Zubehör angeboten (siehe Seite 348). Das Angebot reicht von der kleinen aufsteckbaren Reflexionsfläche bis zum riesigen, faltbaren Schirm auf dem Stativ. Im Heimstudio lassen sich auch weiße Plakatkartons oder Projektionswände sinnvoll nutzen. Bewährt haben sich auch Styropor-Platten, die im Baustoffhandel erhältlich sind.

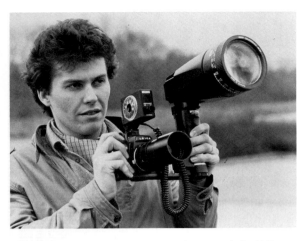

Abb. 275: Durch den Tele-Vorsatz werden normale Stabblitzgeräte von Metz zum Tele-Blitz.

Der Tele-Blitz

Für bestimmte Zwecke können die trotz Zoomreflektor noch immer relativ großen Leuchtwinkel der normalen Elektronenblitzgeräte durch spezielle Zusatzeinrichtungen an die kleinen Aufnahmewinkel sehr langer Brennweiten «angepaßt» werden. Oft sind es asphärische Spiegel oder Fresnel-Linsen-Vorsätze, die das Licht des Blitzgerätes bündeln. Dadurch wird die gesamte Lichtenergie in einem engen Leuchtwinkel zusammengefaßt und kann – wie das Fernlicht des Autos – weitentfernte Objekte hell anstrahlen. Durch den engen Leuchtwinkel wird ein Objektfeld ausgeleuchtet, das nur von Tele-Objektiven mit mindestens 135 mm Brennweite erfaßt werden kann. Wichtig ist, daß Leucht- und Aufnahmewinkel übereinstimmen. Das läßt sich durch den Sucher der Kamera leicht kontrollieren: Bei eingesetztem Normal-Objektiv von 50 mm Brennweite wird eine nicht zu nahe Fläche (Hauswand) angeblitzt. Wenn der Blitz von Hand ausgelöst wird, kann man im Sucher erkennen, wo sich der «Lichtfleck» des gebündelten Blitzlichtes befindet. Für eine gleichmäßige Ausleuchtung muß er exakt die Mitte des Sucherbildes ausleuchten (Abb. 276). Erst wenn Blitzgerät und Kamera entsprechend justiert wurden, wird das Tele-Objektiv in die Kamera eingesetzt. Mit Teleblitz-Einrichtungen können bei Verwendung von höchstempfindlichen Filmen Entfernungen bis zu 150 m und mehr überbrückt werden. Wird nicht mit TTL-Blitzbelichtungsmessung gearbeitet, geben Blen-

denrechner am Gerät Auskunft über die erforderliche Blende. Es hat sich gezeigt, daß große Blitzentfernungen nur bei sehr sauberer Luft (klares Wetter) zu erreichen sind. Auch bei scheinbar idealen Voraussetzungen sollten Schwarzweiß-Filme lieber etwas länger entwickelt werden, damit die Aufnahmeergebnisse möglichst kontrastreich ausfallen. Ein besonderer Vorteil des Teleblitzes: Aus größerem Abstand kann auch die Raumtiefe gleichmäßiger ausgeleuchtet werden (siehe Seite 333) Teleblitz-Einrichtungen sind jedoch nicht nur für Aufnahmen mit langen Brennweiten interessant. Bei normal- oder kurzbrennweitigen Objektiven kann die spotartige Beleuchtung bildwirksam als Gestaltungsmittel eingesetzt werden. Schwierigkeiten bereitet eventuell die exakte Scharfeinstellung auf das Objekt bei absoluter Dunkelheit. In solchen Fällen muß die Entfernung geschätzt werden.

Achtung: Da die Intensität des stark gebündelten Blitzlichtes sehr groß ist, muß unbedingt darauf geachtet werden, daß das Licht bei Entfernungen unter 12 m nicht direkt in das menschliche Auge gelangt!

Blitzen mit Infrarot-Licht

Sollte das grelle Blitzlicht zu unerwünschten Störungen führen, z.B. bei Sportveranstaltungen und im Verkehr, kann mit entsprechenden Filterfolien vor dem Blitzreflektor auf Infrarot-Film fotografiert

Abb. 276: Der «Lichtfleck» des Teleblitzes muß bei 50 mm Brennweite in der Mitte des Sucherbildes liegen. Der helle Rahmen zeigt den vom 135-mm-Objektiv erfaßten Bildausschnitt.

Abb. 277 a: *Keine Angst vor dem aus 80 m entfernt gezündeten Teleblitz zeigte dieser Hirsch. Obwohl mehrere Aufnahmen gemacht wurden, rührte sich der Hirsch nicht von der Stelle.*

Fotografiert wurde mit 400 mm Brennweite auf hochempfindlichem Film.

Abb. 278 b u. c: *Mit Teleblitz-Einrichtungen kann man von entfernten Standpunkten aus fotografieren, wie es vor Jahren noch nicht möglich gewesen wäre. Beim 6-Tage-Rennen wurde*

aus dem zweiten Rang zunächst mit dem Summicron-R 1:2/50 mm und dann mit 180 mm Brennweite (rechts) fotografiert. Beide Aufnahmen mit Blende 2,8

werden. Die TTL-Blitzbelichtungsmessung, der Sensor des Blitzgerätes und die angegebenen Leitzahlen können für IR-Aufnahmen nicht benutzt werden. Da der IR-Anteil bei den verschiedenen Elektronenblitzgeräten unterschiedlich groß ist, müssen eigene Versuche zur Ermittlung der Leitzahl durchgeführt werden. Außerdem muß die Scharfeinstellung geändert werden, weil normale Foto-Objektive nicht für das infrarote Licht korrigiert sind (siehe Seite 306).

Blitzen im Nahbereich

Seine große Überlegenheit gegenüber herkömmlichen Lichtquellen besitzt das Elektronen-Blitzgerät ohne Zweifel im Nahbereich. Zu beachten ist allerdings, daß die meisten Blitzgeräte für kürzere Arbeitsabstände als 50 cm zuviel Energie besitzen. Selbst ein totales Abblenden des Objektivs auf Blende 22 und die kürzeste Leuchtzeit des Blitzes (1/50.000s) führen noch zu Überbelichtungen. Dadurch, daß der Blitz entweder aus einem größeren Abstand «angesetzt» oder vor dem Reflektor ein farbneutrales, lichtabsorbierendes Material angebracht wird, kann fast jedes Blitzgerät den Anforderungen im Nahbereich angepaßt werden. Einige Blitzgeräte-Hersteller bieten dafür spezielle Streuscheiben als Zubehör an. Normales, weißes Schreibmaschinenpapier tut es auch.
Mit der Leica R8 sind sowohl TTL-Blitzbelichtungsmessung als auch TTL-Blitzlichtmessung möglich. Damit können alle Blitzgeräte, vom systemkonformen Modell bis zur Studio-Blitzanlage, benutzt werden. Der Verlängerungsfaktor (siehe Seite 239) wird bei den Messungen automatisch berücksichtigt und sowohl Unter- als auch Überbelichtungen werden im Sucher bzw. im Display auf der Rückwand der Leica R8 angezeigt.
Auch bei der Leica R7, R5, R-E, R6.2 und Leica R6 wird durch die TTL-Blitzbelichtungsmessung der jeweilige Verlängerungsfaktor mit berücksichtigt. Sofern die Lichtmengensteuerung wegen zu hoher Blitzlichtenergie überfordert ist und es deshalb zu Überbelichtungen kommt, wird das weder vom Blitzgerät noch im Sucher dieser Kameras angezeigt. Im Gegenteil: Blitzgerät und Sucheranzeige signalisieren «sofortige Blitzbereitschaft» und zeigen damit an, daß das Blitzlicht ausreichend war.

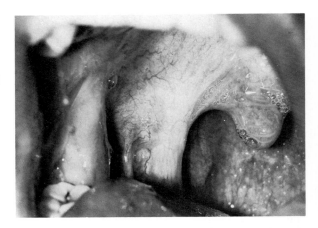

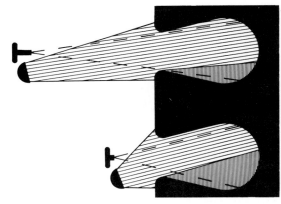

Abb. 279 a u. b: Beim Fotografieren aus großen Abständen, d.h. mit langen Brennweiten, werden Hohlräume besser ausgeleuchtet. Die Schatten-Anteile im Bild sind dann kleiner (senkrechte Schraffur). Die Aufnahme der Mundhöhle (im Hintergrund rechts das Zäpfchen) entstand mit 180 mm Brennweite am Balgeneinstellgerät.

Durch ein oder zwei Blatt normales, weißes Schreibmaschinenpapier, das vor dem Reflektor angebracht wird, läßt sich die Energie des Blitzlichtes jedoch erheblich reduzieren. Dadurch wird es mit Hilfe der Lichtmengensteuerung wieder regelbar. Sicher kann ein korrektes Blitz-Ergebnis erwartet werden, wenn nach erfolgter Aufnahme die Kontrollanzeige im Sucher der Kamera zwei Sekunden lang schnell blinkt (8 Hz) und damit «Blitzlicht war ausreichend, der Kondensator wurde stärker entladen» signalisiert wird.
Bei den Leica R4- und R3-Modellen und auch bei allen Leicaflex-Modellen sollte das Blitzgerät mit einem externen Sensor ausgerüstet sein. Sofern dieser

Abb. 280: *Wird der Blitz mit der Hand geführt, läßt sich die Blitzrichtung «erfühlen», wenn man den Zeigefinger hinter den Reflektor legt.*

auch noch (einstellbar) die jeweiligen Verlängerungsfaktoren mit berücksichtigen kann, gelingen die Aufnahmen ohne Probleme. Bei zu hoher Blitzenergie schaffen die oben beschriebenen Maßnahmen auch hier Abhilfe.

Ohne Computer-Betrieb, also ohne Lichtmengensteuerung, läßt sich die Leistung vieler Blitzgeräte variieren und damit auch auf die Belange im Nahbereich besser abstimmen. Das Rechnen mit Leitzahlen oder einer entsprechenden Rechenscheibe führt allerdings selten zu korrekt belichteten Aufnahmen, wenn der Reflektor des Blitzgerätes näher als 50 cm an das Objekt herangeführt wird. Größe und Form des Reflektors beeinflussen bei diesen kurzen Abständen die Lichtdosierung. Deshalb ist es angebracht, einen Stab zu benutzen, der Markierungen besitzt und nach denen der Blitz ausgerichtet werden kann. Ist der Stab zum Beispiel 50 cm lang, so besitzt er bei 35 cm, bei 25 cm und bei 17,5 cm jeweils eine Markierung. Mit einer Testreihe läßt sich ermitteln, auf welche Distanz der Blitz angesetzt werden muß. Da bei diesem Test der eventuelle Verlängerungsfaktor mit eingeht, wird man für verschiedene Abbildungsverhältnisse Tests durchführen müssen. Mit Hilfe des Stabes lassen sich alle Ergebnisse beliebig oft wiederholen.

Von der Firma Novoflex wird für den Nahbereich ein spezieller Blitzlichthalter mit flexiblen Armen angeboten. Wird der Blitz (oder die Blitze) damit in der Nähe des vorderen Teils des Objektives positioniert entspricht

der Blitzabstand jeweils dem freien Arbeitsabstand, der vom Abbildungsverhältnis und der jeweils benutzten Brennweite abhängig ist. Bei längeren Brennweiten von etwa 100 mm bis 180 mm resultiert daraus eine wesentliche Vereinfachung. Die einmal durch einen Test ermittelte Blende bleibt für verschiedene Abbildungsverhältnisse nahezu identisch. Der Grund dafür ist, daß sich bei den geringer oder größer werdenden Abständen auch der Blitz dem Objekt jeweils nähert oder entfernt. Die sich dadurch ebenfalls verändernden Lichtintensitäten werden wiederum durch die unterschiedlichen Verlängerungsfaktoren kompensiert. Mit anderen Worten, bei geringem Arbeitsabstand mit entsprechend großer Lichtintensität und großem Verlängerungsfaktor kann die gleiche Blende benutzt werden wie bei großem Arbeitsabstand, geringer Lichtintensität und kleinem Verlängerungsfaktor. Das gilt auch für Ringblitze, die ebenfalls vom Filtergewinde des Objektivs gehalten werden.

Der Ringblitz

Der Ringblitz kann mit Erfolg bei den Objekten benutzt werden, die in einer Vertiefung liegen und sich deshalb nur sehr schwer ausleuchten lassen. Er ist oft das einzige Hilfsmittel, durch das Licht in die Tiefe einer «Höhle» gelangt. Allerdings ist die Ausleuchtung sehr flach, und die Plastizität eines Schwarzweiß-Fotos leidet darunter. Für Schwarzweiß-Aufnahmen sollte man darum den Ringblitz nur dann benutzen, wenn es unumgänglich ist. Bei der Farbwiedergabe ist das nicht ganz so kritisch, da die Farbe auch Informationen über die Plastizität des Objektes gibt. Eine Kombination von Ringblitz und normalem, seitlich angesetztem Blitz führt zu besseren Ergebnissen, ist aber aufwendig und verlangt Übung! Die Reflexe eines Ringblitzes sind, bedingt durch die relativ große Blitzröhre, größer als bei normalen Blitzgeräten. Wenn nötig, können störende Reflexe durch Pol-Filter vor dem Ringblitz und dem Objektiv gelöscht werden (siehe Seite 261). Ringblitzröhren können häufig auch an vorhandene Blitzaggregate zweiteiliger Elektronenblitzgeräte angeschlossen werden. Ein mit dem SCA-Systen kompatibles Ringblitzgerät wird unter dem Namen Makromat SA 80B von der Firma Schreyer & Angly, Weinbergsweg 28, 97199 Ochsenfurt-

Abb. 281: Mit dem Ringblitz Makromat SA 80B können mit der Leica R7, R5, R-E, R6 und R6.2 alle Funktionen der Blitzbelichtungsmessung durch das Objektiv genutzt werden.

Großmannsdorf angeboten. Die Leistung des Ringblitzes beträgt ca. 70 W/s, das entspricht der Leitzahl 18 bei einer Filmempfindlichkeit von ISO 100/21°. Die Blitzfolgezeit ist bei voller Leistung etwa 10 Sekunden; entsprechend kürzer bei Teilleistung. Der Ringblitz ist für Objektive mit Filtergewinde M67 x 0,75 ausgelegt. Durch Reduzierringe, z.B. von der Fa. Hama, läßt er sich an alle Makro-Objektive der Leica R sowie verschiedene R-Objektive einschließlich der Elpro-Nahvorsätze anpassen. Durch den großen Durchmesser des Ringblitz-Reflektors bedingt, ist eine Benutzung am Balgeneinstellgerät-R BR2 nur mit großem Balgenauszug möglich.

Rechnen mit der Leitzahl

Wenn nicht anders vermerkt, bezieht sich die Leitzahl (LZ) auf eine Filmempfindlichkeit von ISO 100/21°. Bei Benutzung von höher empfindlichen Filmen erhöht sich die Leitzahl, bei geringer empfindlichen Filmen verringert sie sich: Jeweils der doppelte oder halbierte ISO-Wert ergibt eine Veränderung um den Faktor 1,4.

Die nachfolgende Tabelle verdeutlicht das:

Tabelle 39

Filmempfindlichkeit	Leitzahl		
ISO 25/15°	11	20	34
ISO 50/18°	16	28	48
ISO 100/21°	22	40	68
ISO 200/24°	32	56	96
ISO 400/27°	45	80	136

Mit Hilfe der Leitzahl läßt sich die erforderliche Blende errechnen, wenn der Abstand (m) zwischen Blitzlichtreflektor und Objekt bekannt ist, oder der notwendige Abstand, wenn die Blende festliegt:

$$\text{Blende} = \frac{\text{Leitzahl}}{\text{Entfernung}}$$

$$\text{Entfernung} = \frac{\text{Leitzahl}}{\text{Blende}}$$

Beispiel: Bei LZ 24 und 3 m Entfernung ist Blende 8 (24:3 = 8) erforderlich. Meistens sind die Blitzgeräte mit sogenannten Blendenrechnern ausgestattet, so daß die Rechnerei entfallen kann. Die Leitzahlen bzw. die Angaben des Blendenrechners gelten für die Benutzung des Blitzes in mittelgroßen Räumen, deren Wände ein normales Reflexionsvermögen besitzen. Bei Abweichungen von dieser «Norm», z.B. in großen Sälen mit dunkler Holzvertäfelung oder in kleinen, weiß gekachelten Badezimmern, muß die Blende um eine halbe bis eine Blendenstufe geöffnet bzw. geschlossen werden. Selbstverständlich werden derartige Abweichungen bei den modernen Computer-Blitzgeräten und bei der TTL-Blitzbelichtungsmessung automatisch mit berücksichtigt.

Blitzen mit mehreren Geräten

Für bestimmte fotografische Aufgaben, z.B. die Ausleuchtung eines großen Raumes oder im extremen Nahbereich, ist die Leistung eines einzigen Blitzes oft nicht ausreichend. Vor allem dann nicht, wenn entsprechend stark abgeblendet werden muß. Bei unbeweglichen Objekten (statische Motive) kann man in solchen Fällen mehrere Blitze hintereinander von Hand auslösen. Die Kamera steht dabei auf einem Stativ, und der Verschluß ist geöffnet. Bei angeschaltetem Computer wird dann mit der Leitzahl operiert. Sofern der Standort des Blitzgerätes nicht geändert wird, gilt, daß zwei Blitze die Lichtmenge verdoppeln, vier Blitze sie verdreifachen, acht Blitze die vierfache Lichtmenge abgeben usw. Entsprechend stärker kann abgeblendet werden. Man kann die neu einzustellende Blende auch nach folgender Formel ermitteln:

$$\text{LZ für einen Blitz} \times \sqrt{\text{Anzahl der Blitze}}$$

Natürlich kann man anstelle des mehrmaligen Blitzens auch mehrere Blitzgeräte benutzen. Sofern frontal geblitzt wird und alle Blitzgeräte die gleiche Leitzahl besitzen, gilt das oben Gesagte ebenfalls. Bei Blitzgeräten mit unterschiedlichen Leitzahlen errechnet man zunächst die neue Leitzahl. Dazu werden die Leitzahlen der einzelnen Blitzgeräte mit sich selbst multipliziert und anschließend addiert. Die Quadratwurzel aus dieser Summe ergibt die neue Leitzahl. Als Formel:

$$\sqrt{LZ\,1^2 + LZ\,2^2 + LZ\,3^2 + LZ\,4^2}$$

Selbstverständlich muß beim Ausleuchten mit mehreren Blitzgeräten auch darauf geachtet werden, daß bei seitlich angesetzten Blitzen notfalls entsprechende Blendenkorrekturen vorzunehmen sind.

Völlig unkompliziert ist das Fotografieren mit mehreren Computer-Blitzgeräten, wenn mit dem zum SCA-System gehörenden «TTL-Multiconnector SCA 305 A» gearbeitet wird. Die TTL-Blitzbelichtungsmessung erfolgt dann bei den Modellen Leica R7, R5, R-E, R6.2 und Leica R6 wie gewohnt. In Verbindung mit der Leica R8 lassen sich mehrere Blitzgeräte vom Typ Mecablitz 40 MZ-1 oder 40 MZ-3 über die «Slave-Adapter SCA 3080» sogar drahtlos steuern. Beim Mecablitz 50 MZ-5 Slave ist dieser Slave-Adapter bereits integriert. Relativ problemlos ist diese Blitz-Beleuchtungstechnik auch, wenn für das Hauptlicht ein Computer-Blitzgerät mit externem Sensor für die Lichtdosierung benutzt wird. Alle weiteren Blitzgeräte (eventuell vorhandene Computer werden ausgeschaltet) dienen dann nur zur Effektbeleuchtung. Da die Wirkung des Lichtes vom Standort des Blitzes abhängig ist und nicht exakt beurteilt werden kann, wird man auf entsprechende

Versuche nicht verzichten können. Eine exakte Bestimmung der erforderlichen Blende ist am sichersten mit Hilfe der Leica R8-TTL-Belichtungsmessung oder eines speziellen Blitz-Belichtungsmessers möglich. Mittenkontakt und Kabelanschluß der Leicaflex-Modelle können gleichzeitig belegt werden. Damit lassen sich zwei Elektronenblitzgeräte synchron auslösen. Bei den Leica R-Modellen ist das nicht möglich. Unter bestimmten Bedingungen können jedoch bei allen Kamera-Modellen bis zu drei Blitzgeräte über einen Kontakt mit Mehrfachstecker gezündet werden. Voraussetzung ist, daß sie gleichartig gepolt sind und die gleiche Spannung aufweisen, d.h. die Blitzgeräte müssen vom gleichen Hersteller sein und aus der gleichen Bauserie stammen.

Unproblematisch und sicher ist auch die drahtlose Auslösung zusätzlicher Elektronenblitzgeräte mit sogenannten Servo-Blitzauslösern, z.B. Mecalux 11 von Metz, die verzögerungsfrei arbeiten. Jedem Blitzgerät wird dabei ein Servo-Blitzauslöser zugeordnet. Dadurch entfallen auch die oft störenden Synchronkabel.

Blitzen mit Filterfolien

Interessante Effekte lassen sich durch farbliche Verfremdungen erzielen, die dadurch hervorgerufen werden, daß Farbfilter-Folien vor den Reflektor des Elektronenblitzgerätes angebracht werden. In Kombination mit Tageslicht können so z.B. farbige Lichtsäume einem Porträt die besondere Note geben. Bei Mehrfachbelichtungen lassen sich die einzelnen Bewegungsphasen besser durch verschiedenfarbige Einzelaufnahmen differenzieren. Vielfältige Möglichkeiten ergeben sich auch, wenn mit mehreren Blitzgeräten gearbeitet wird, die mit unterschiedlichen Farb-Folien ausgestattet sind. Als Filterfolien eignen sich u.a. auch die im Schreibwarenhandel erhältlichen farbigen Kunststofffolien, z.B. Astralon, die entweder mit transparentem Klebeband befestigt oder zwischen Reflektor und speziellem Folienhalter (Weitwinkel-Streuscheibe) gehalten werden. Die meisten Blitzgeräte-Hersteller bieten auch spezielle Filtersets zu ihren Geräten an. Ein Filter-Hersteller (Cokin) bietet eine Filterserie an, die in Verbindung mit dem Elektronenblitzgerät zu phantastischen Aufnahme-Ergebnissen führt. Jeweils zwei komplementärfarbige Filter werden dafür benutzt. Eines vor dem Objektiv der Kamera, das andere vor dem Blitzreflektor. Mit dem Objektiv-Filter wird das gesamte Bild farblich verfremdet, mit dem komplementärfarbigen Blitzlicht wird der Vordergrund «neutralisiert», d.h. er wird farbrichtig wiedergegeben. Das Ergebnis ist ein Farbfoto, auf dem die im Vordergrund plazierten Objekte in ihren Originalfarben vor farbverfremdetem Hintergrund zu sehen sind.

MIT DER LEICA UNTERWEGS

Reisen, ohne zu fotografieren, das ist kaum denkbar. «Mit der Leica reisen», das heißt nicht nur, fremde Menschen in fernen Ländern zu porträtieren, sondern auch, die benachbarte Großstadt an einem Wochenende fotografisch zu erschließen oder im nahegelegenen Tierpark zu fotografieren. Jede dieser «Reisen» stellt ihre besonderen Anforderungen an den Fotografen. Leider kommt es jedoch immer wieder vor, daß Fotografen, die nach der Rückkehr von einer solchen Reise ihre fotografische Ausbeute sichten, von den Ergebnissen enttäuscht sind. Insbesondere, wenn die Reise in ein Gebiet führt, das noch wenig bekannt ist und in dem ein ganz anderes, vielleicht extrem warmes oder kaltes Klima herrscht. Wichtiges Zubehör habe gefehlt, die Farbwiedergabe des Films habe durch klimatische Einflüsse gelitten, und auf die einmalige Gelegenheit, «das Foto meines Lebens» zu machen, habe ich verzichten müssen, weil die Kamera gerade im entscheidenden Moment streikte, so lauten die Kernsätze immer wiederkehrender Klagen. Der Reisende mit der Kamera, das zeigt sich immer wieder, muß um so mehr mit Schwierigkeiten fertig werden, je weiter er sich von zu Hause – aus seiner gewohnten Umgebung – entfernt. Je weiter die Reise, desto umsichtiger muß also die Fotoausrüstung zusammengestellt werden. Gewicht und Volumen setzen bereits Grenzen für den Sonntagsnachmittags-Spaziergang! Reisen in tropische und wüstenartige Gebiete und in Regionen des ewigen Eises, die heute keine Seltenheit mehr sind, weisen andere Probleme auf. Darauf, daß hier Kamera, Zubehör und Filmmaterial unterschiedlich beansprucht werden, muß man unbedingt achten. Obwohl jede Reise ihre individuelle Vorbereitung benötigt, können die nachfolgenden Tips und Anregungen vielleicht helfen, die nächste Reise besser zu planen, damit unterwegs unbeschwerter fotografiert werden kann.

Frühzeitig vorbereiten

Beim Zusammenstellen der Fotoausrüstung für eine Reise muß man Kompromisse eingehen. Ein Zuviel schränkt die Bewegungsfreiheit ein, ein Zuwenig kann zu enttäuschenden Ergebnissen führen. Eingehende Informationen darüber, auf welche Motivbereiche man sich einstellen muß, ob und wo mit fotografischen Tabus zu rechnen ist, sind unerläßlich und helfen die richtige Entscheidung darüber zu treffen, was man an Fotoausrüstung mitnimmt. Die Frage nach freier Einfuhr von Geräten und Filmen bei Reisen in ferne Länder muß geklärt werden: das Zollamt gibt darüber Auskunft. Beim Abschluß einer optimalen Versicherung sind uns die renommierten Versicherungsgesellschaften gerne behilflich. Vor großen Reisen sollte man seine Geräte rechtzeitig, d.h. etwa vier bis sechs Wochen vor Reiseantritt, auf ihre Funktion hin überprüfen lassen, damit für eventuell notwendige Reparaturen noch genügend Zeit verbleibt. Neue Kameras und Objektive sollten rechtzeitig vor der Reise getestet werden, auch die Filme, die man benutzen will. Bei Farbumkehrfilmen ist es empfehlenswert, nur Filme gleicher Emulsionsnummern zu verwenden. Der Farbcharakter aller Aufnahmen ist dann z.B. ähnlich, und es gibt keine störenden Unterschiede bei der Projektion.

Bewährte Zusammenstellungen

Viele Wege führen nach Rom ... und mit mehr als 30 Wechselobjektiven zur Leica R lassen sich Hunderte von Kombinationen darstellen.
Für viele Fotografen gilt die klassische Leica Ausrüstung, bestehend aus einem Leica R-Gehäuse mit normalem Weitwinkel-Objektiv von 35 mm Brennweite und

Abb. 282: *Taschen, Koffer und Köcher werden in ebenso großer Vielfalt angeboten wie Reiseziele in aller Welt. Wer sein Ziel kennt und weiß, was er fotografieren will und kann, der findet auch den «richtigen» Behälter. Einige Möglichkeiten sind in diesem Bild zu sehen: Alu-Koffer mit «maßgeschneidertem» Einsatz, Köcher für Objektive und Leica Taschen für unterschiedlich umfangreiche Ausrüstungen.*

einem 90er, auch heute noch als Standard-Ausrüstung. Mit ihr wird ein unerhört großer fotografischer Nutzen bei geringstem Aufwand erreicht. Von einer idealen Kombination schwärmen neuerdings die Leica R-Besitzer, deren Ausrüstung ein Macro-Elmarit-R 1:2,8/60 mm beinhaltet, das durch das Weitwinkel-Objektiv Elmarit-R 1:2,8/28 mm und eine längere Brennweite, z.B. Apo-Macro-Elmarit-R 1:2,8/100 mm oder Apo-Elmarit-R 1:2,8/180 mm ergänzt wird. Wer mit ungünstigen Lichtsituationen fertig werden muß, wird die «Lichtriesen» zur Leica R wählen. Als Reise-Objektiv hat sich auch das Vario-Elmar-R 1:4/ 80–200 mm bewährt. In Verbindung mit dem lichtstarken Summilux-R 1:1,4/50 mm und dem extremen Weitwinkel Elmarit-R 1:2,8/19 mm erhält man eine Reiseausrüstung besonderer Note.

Zu allen Ausrüstungen gehören unbedingt verschiedene Filter und ein Drahtauslöser. Empfehlenswert ist auch ein kleiner Elektronenblitz mit Ladegerät für unterschiedliche Netzspannungen. Ein Tischstativ und ein Kugelgelenkkopf sind nicht nur bei schlechten Lichtverhältnissen von großem Vorteil. Auf eine Mauer gestellt, auf den Kotflügel des Autos gesetzt oder an eine senkrechte Wand gepreßt, gibt es der Kamera oft-

mals einen stabileren Halt als ein zu leicht gebautes, größeres Stativ. Selbstverständlich gehören zur Grundausrüstung auch Ersatzbatterien für Kamera und Belichtungsmesser. Wer sich für die Spezialgebiete der Fotografie interessiert, kann seine Grundausrüstung mit weiterem Zubehör und zusätzlichen Objektiven ergänzen. Für Architekturaufnahmen zum Beispiel ist das PC-Super-Angulon-R 1:2,8/28 mm vorteilhaft, weil es sich nach oben, unten und nach beiden Seiten verschieben läßt. Tierfotografen werden zu längeren Brennweiten greifen und Taucher zum Unterwassergehäuse. Unterschätzt wird in vielen Fällen die Hilfe eines Einbeinstatives. Ob an der See bei stürmischen Winden oder nach einer stundenlangen Wanderung im Gebirge, das Einbeinstativ unterstützt die Kamera sicher und garantiert auch beim Einsatz langer Brennweiten eine verwacklungsfreie Aufnahme. Zusammengeschoben paßt es sogar in den Rucksack. Grundsätzlich gehört zu jeder Fotoausrüstung ein «Pflege-Set», bestehend aus einem weichen Haarpinsel, einem sauberen Leinen- oder Wildlederlappen (ersteren häufig waschen, letzteren in nicht allzulangen Zeitabständen durch einen neuen ersetzen), einem Uhrmacher-Schraubenzieher mit auswechselbaren Klingen, einer kleinen Schere und einer Pinzette. Diese Werkzeuge werden benötigt, um Linsen zu reinigen, Filmreste aus der Kamera zu entfernen oder eine Schraube am Stativ festzuziehen. Mit schwarzem Klebeband läßt sich manche Reparatur behelfsmäßig durchführen, und in einem Wechselsack kann die Kamera mit eingelegtem Film auch bei Sonnenschein geöffnet werden.

Keine Transportprobleme

Eine der am häufigsten gestellten Fragen ist die nach der geeigneten Kameratasche. Welche Tasche oder welcher Koffer bietet die besten Möglichkeiten, die notwendige Ausrüstung aufzunehmen, optimal zu schützen und leicht zu transportieren? Nach vielen Gesprächen auf Foto-Reisen, bei Foto-Kursen und auf Foto-Messen gelangt man zu der Erkenntnis, daß 100 Fotografen darüber 101 unterschiedliche Meinungen haben. Kein Wunder, wenn man logisch bedenkt, daß jeder eine andere Ausrüstung verstauen möchte, andere Foto-Ambitionen hat und andere Reisegewohnheiten besitzt.

Die meisten aller Taschen-Wünsche werden durch ein sinnvoll gestaltetes Taschen-Angebot zur Leica R von der Leica Camera AG erfüllt. Welche Ausstattungsmerkmale sie besitzen und wie Objektive und Zubehör darin verstaut werden können, wird nachfolgend beschrieben.

Abb. 284: Zum Apo-Telyt-R Modul-System werden Koffer für das komplette Objektiv und feste Lederköcher für die Focus-Module angeboten.

Taschen zur Leica R8, R7, R5, R-E, R6, R6.2 und den Leica R4-Modellen

Wer die Schnelligkeit der Leica R richtig nutzen möchte, wird sie am Tragriemen umgehängt mit sich tragen wollen. Im Auto, in der Bahn oder im Flugzeug, d.h. auf Reisen, ist diese Art des Transportes allerdings nicht ohne Risiko. Wo legt man sie ab, wenn man das Gepäck aufgibt? Wie verhindert man, daß sie im Gedränge Kratzer bekommt, und was schützt sie, wenn man im Schneetreiben ein Taxi sucht? Die Antwort darauf gibt die Leica Camera AG mit ihrem Taschenangebot zur Leica R.

Abb. 283: Bei fast allen Leica Objektiven ist ein Weichlederköcher Bestandteil der Verpackung. Er schützt das Objektiv, wenn gepolsterte Koffer oder Taschen nicht zum Einsatz kommen. Zum Beispiel bei Wanderungen in schwierigerem Gelände, wenn ein Touren-Rucksack benutzt werden muß. Die Weichlederköcher sind auch einzeln zu beziehen.

Die Bereitschaftstaschen

Angeboten werden zwei unterschiedliche Lösungen aus schwarzem Rindsnappaleder: Traditionell die eine, für alle Leica R-Modelle von der R4 bis zur R7, bei der das Unterteil der Bereitschaftstasche auch beim Fotografieren an der Kamera verbleibt. Dieses eng anliegende Unterteil wird in zwei unterschiedlichen Größen angeboten: für die Leica R7 oder für die Leica R5, R-E, R6, R6.2 und die Leica R4-Modelle. Alle Unterteile werden von unten auf das Kamera-Gehäuse «geschoben» und durch zwei verknüpfbare Lederlaschen gesichert, die sich um die Tragösen der Kamera legen. Der normale Tragriemen der Kamera muß dabei nicht abgenommen werden und wird weiterhin benutzt. Auf eine Befestigungsschraube mit Stativgewinde wurde bei den Bereitschaftstaschen aus zwei Gründen bewußt verzichtet. Eine Schraubverbindung kann nämlich eine feste Adaption mit dem Stativ nicht garantieren, weil sich zwischen Befestigungsschraube und Kamera-Gehäuse das flexible Leder der Bereitschaftstasche befindet. Gegen eine Schraubverbindung spricht auch, daß beim Fotografieren mit zwei Leica R-Gehäusen, wenn beide Kameras umgehängt sind, die Deckkappe der tiefer hängenden Kamera durch die Befestigungsschraube beschädigt werden kann. Je nach vorhandenem Objektiv muß ein normales oder ein großes Vorderteil benutzt werden.

In Anlehnung an normale Taschen, wurde die andere Lösung gefunden: Bei ihr wird die Kamera vor der Aufnahme herausgenommen. Ursprünglich wurde diese Tasche für Vario-Objektive mit 28–70 mm bzw. 35–70 mm Brennweite geschaffen. Sie kann aber auch eine mit anderen Objektivbrennweiten bestückte Leica R aufnehmen. Dieser Bereitschaftstaschen-Typ wird in unterschiedlichen Größen angeboten: für die Leica R-Modelle R4 bis R7 generell ohne Motor-Winder R oder Motor-Drive R, für die Leica R8 in drei Varianten. Eine dieser Taschen kann auch die Leica R8 mit angesetztem Motor-Winder R8 aufnehmen. Alle Taschen besitzen einen verstellbaren Tragriemen mit Gleitschutz und eine Vortasche für Reservefilme oder Kleinzubehör. Auch der zum Lieferumfang gehörende Hüftgurt läßt sich darin verstauen. Mit seiner Hilfe kann die am Tragriemen hängende Tasche zusätzlich am Körper gesichert werden, z.B. beim Radfahren oder Klettern.

Es wird nicht empfohlen, die Tasche ausschließlich mit dem abnehmbaren Hüftgurt oder am Gürtel zu tragen.

Die Weichleder-Taschen für Leica R-Modelle bis von R4 bis R7

Die schwarzen «Weichleder»-Taschen aus Rindsnappaleder bestechen durch ihre schlichte, elegante Form. Ein stabiler Einsatz schützt Kamera und Objektive vor Beschädigungen. In der großen Kombitasche R sowie in der Universal-Tasche R kann das Kamera-Gehäuse auch mit angesetztem Data-Back verstaut werden. Das die Rückwand der Kamera abstützende Zell-Polyäthylen-Polster ist deshalb zweiteilig. Legt man besonderen Wert auf einen absolut festen Sitz der Leica R in der Tasche, wenn keine Daten-Rückwand angesetzt ist, kann das lose beigefügte Polsterstück durch eine selbstklebende Schicht mit dem fest in der Tasche eingefügten Polster verbunden werden. In den Objektiv-Fächern «2» und «2a» aller Taschen lassen sich zwei mit einem Kupplungsring aneinander gekuppelte Objektive platzsparend unterbringen. Der Kupplungsring wird unter der Bestell-Nr. 14836 als Zubehör geliefert. In den gleichen Fächern sorgen lose eingelegte Zell-Polyäthylenpolster dafür, daß «schlanke» Objektive einen festen Halt haben. Bei Objektiven mit größerem Durchmesser nimmt man die Polster einfach heraus. Die Außentaschen, die sowohl über einen Druckknopf-Verschluß als auch über einen Klettverschluß verfügen, können zusätzlich Filme, Filter, Gegenlichtblenden, Drahtauslöser und ähnliches Zubehör aufnehmen.

Außenmaße der Weichledertaschen (B x H x T):
Kleine Kombitasche R ca. 25 x 14 x 19 cm
Große Kombitasche R ca. 31 x 18 x 23 cm
Universal-Tasche R ca. 36 x 21 x 24 cm

Die Kombitaschen Outdoor für alle Leica R-Modelle

Für den harten Einsatz, auch bei widrigen klimatischen Bedingungen, sind die aus wasserdichtem ballistischen Nylon hergestellten Kombitaschen «Outdoor» gedacht.

Sie besitzen eine flexible Inneneinteilung. Zusätzlich gibt das sogenannte Lens-Bridge Divider System den mit Winder oder Drive ausgestatteten Kameras einen festen Halt ohne ein schnelles Herausnehmen zu behindern. Die äußerst robusten Taschen sind wirkungsvoll gepolstert und besitzen neben den drei großen aufgesetzten Taschen noch weiteren Stauraum. Die Kombitasche wird in zwei verschiedenen Größen, beide in schwarz, angeboten.

Große Kombitasche Outdoor:
Außenabmessungen ca. 42 x 27 x 24 cm (B x H x T),
nutzbare Innenabmessungen ca. 30 x 20 x 15 cm,
Gewicht ca. 1500 g.

Kleine Kombitasche Outdoor:
Außenabmessungen ca. 33 x 23 x 24 cm (B x H x T),
nutzbare Innenabmessungen ca. 25 x 20 x 15 cm,
Gewicht ca. 1300 g.

Eigene Belange berücksichtigen

Weitere spezielle Anforderungen können fast immer durch das breitgefächerte Angebot der Fototaschen- und Koffer-Hersteller erfüllt werden. Ein vielgereister Leica Fotograf sagt zu diesem Thema: «Ich selbst habe mir ein Sortiment unterschiedlicher Taschen und Behältnisse zugelegt, mit denen ich jetzt seit einigen Jahren gut zurechtkomme. Zu Hause wird meine normale Fotoausrüstung in einem Koffer aus Leichtmetall aufbewahrt, der auswechselbare Einsätze aus Polyäthylen hat. Damit ist sie immer komplett griffbereit und muß nicht vor jedem Arbeitseinsatz auf ihre Vollständigkeit geprüft werden. Dieser Koffer wird auch als Transportbehälter für Autoreisen benutzt». Leichtmetall-Koffer werden von verschiedenen Firmen für unterschiedliche Ausrüstungen und Anforderungen angeboten und sind über den Fotofachhandel zu beziehen. Sie sind häufig auch in wasserdichter Ausführung zu bekommen und dann ideal für den Transport und die Aufbewahrung von Fotogeräten unter extremen Bedingungen. Wird die erste Etappe der Reise im Flugzeug zurückgelegt, benutze ich die große Leica Kombitasche «Outdoor» oder das Modell 335 von Billingham als Bordcase für die Foto-Ausrüstung, einige Filme und alle Reise-Dokumente. Im Koffer meines Fluggepäcks sind außer den nötigen Kleidungsstücken alle übrigen Filme und ein normaler Tourenrucksack. Manchmal auch noch das Stativ. Der Tourenrucksack nimmt im Koffer nicht sehr viel Platz weg, da er – anders als ein Fotorucksack – nicht gepolstert und deshalb sehr flexibel ist. Zum Transport werden Kameras und Objektive in kleine, selbst genähte Frotteesäckchen gesteckt; manche Objektive auch in die zur Verpackung gehörenden Lederköcher. Das Stativ läßt sich außen anbringen. Beim Wandern und Klettern ist die Foto-Ausrüstung so ausreichend gegen Beschädigungen geschützt. Der Vorteil des Rucksackes besteht darin, daß ich mich mit relativ schwerem Gepäck bequem und vor allem sehr sicher im Gelände bewegen kann. Fototaschen «schlenkern» dagegen unkontrolliert am Körper und haben selbst mit Hüftgurt schon manchen Fotografen aus dem Gleichgewicht gebracht. Zum Fotografieren muß ich den Rucksack natürlich abnehmen. Doch das kommt im Gelände nicht ständig vor. In den Städten, wo ich auch fast immer mit dem Rucksack unterwegs bin, hänge ich mir eine Kamera um und stecke mir zusätzlich ein oder zwei Objektive in die Taschen meiner Jacke oder Weste.
Ich kenne Fotografen, die auf die Bereitschaftstasche schwören und andere, für die nur die Universaltasche R in Frage kommt. Es gibt auch solche, die nur mit der XY-Tasche der Firma Z zurechtkommen. Sie alle haben – von ihrem Standpunkt aus gesehen – recht! Doch sollte jedermann bedenken, daß es keine einzige Tasche auf dem Weltmarkt gibt, die allen Anforderungen gerecht wird. Deshalb sollen meine Ratschläge nicht unbedingt eine zwingende Empfehlung sein, sondern nur Anregung und Anstoß für eigene Überlegungen!

Fotografieren bei Hitze

Am häufigsten werden fotografische Miseren durch Hitze ausgelöst. Bei intensiver Sonnenstrahlung am Strand oder in der Wüste werden Fototaschen, Kameras, Objektive und Filme bis zu 50°C aufgeheizt. Im Innern eines in der Sonne abgestellten Autos klettern die Temperaturen sogar bis auf 70°C. Das sind praktische Erfahrungswerte, an denen nicht zu rütteln ist. Den Leica Kameras und Objektiven heutiger Fertigung schadet das

Abb. 285: *Universell sollte die fotografische Grundausrüstung für die große Reise sein und trotzdem wenig Platz beanspruchen. Hilfsmittel, z.B. kleines Werkzeug für die Pflege und Instandsetzung der Geräte, dürfen ebensowenig fehlen wie Ersatzbatterien. Bewährt hat sich folgende Zusammenstellung: Leica R mit Elmarit-R 1:2,8/28 mm, Summilux-R 1:1,4/50 mm, Apo-Macro-Elmarit-R 1:2,8/100 mm, Apo-Elmarit-R 1:2,8/180 mm Apo-Extender-R 2x, Tischstativ mit Kugelgelenkkopf, Drahtauslöser, Orange- und Polarisationsfilter, Blitzgerät, Pflege-Set, schwarzes Klebeband, weicher Lederlappen und ein Wechselsack, falls Störungen auftreten und die Kamera mit eingelegtem Film geöffnet werden muß. Alles zusammen findet Platz in der großen Kombitasche Outdoor.*

nicht. Im Gegensatz dazu sind bei so hohen Temperaturen alle Filmmaterialien stark gefährdet. Sowohl vor, als auch nach der Belichtung verursacht eine solche Hitze Farbstiche. Auch die angegebene Filmempfindlichkeit verändert sich. Man lagert deshalb die Filme bzw. die mit Filmen bestückte Ausrüstung an luftigen, schattigen Orten und deckt Taschen und Geräte notfalls mit weißen Tüchern ab, die das Sonnenlicht reflektieren. Grundsätzlich sollte man versuchen, die gesamte Ausrüstung in Alu-Koffern, die das Sonnenlicht ebenfalls reflektieren, oder (noch besser) in Kühltaschen zu transportieren. Eine zusätzliche Kühlung dieser Transportmittel erreicht man durch Auflegen feuchter Handtücher. Die Metall- und Glasoberfläche der Geräte bewahrt man vor Schweiß, indem man nichtfusselnde Taschentücher zum Abwischen benutzt. Genieren Sie sich nicht, bei schweißtreibendem Wetter ein Handtuch um den Hals zu legen! Schutz vor Sand und Staub bieten einfache Plastiktüten. Am feinsandigen Meeresstrand ist die Kamera beispielsweise in einer wasser- und sanddichten Unterwasser-Kameratasche «ewa-marine» gut untergebracht. Besonders schwierig ist es, wenn zur Hitze hohe Luftfeuchtigkeit hinzukommt.

Fotografieren in den Tropen

In feuchtheißem Klima besteht für die gesamte Fotoausrüstung Gefahr der Fungusbildung, das heißt des Pilzbefalls. Filme, Linsen und Ledertaschen werden davon befallen. Je öfter man Kameras, Objektive und Zubehörteile der freien Luft aussetzt, desto weniger besteht die Gefahr der Fungusbildung. Fungusschäden treten um so häufiger auf, je weniger die Geräte benutzt werden! Für Fotopausen sollte man folgende Hinweise beachten:

- Kameras aus Ledertaschen herausnehmen; Kamera und Objektive z.B. auf einem offenen Bücherbord ablegen und mit einem Leinentuch gegen Staub abdecken. So oft wie möglich die Geräte bewegen. Keine Front- und Rückdeckel auf den Objektiven lassen!
- Filme nicht länger als zwei Tage in der Kamera lassen. Frontdeckel der Kamera abnehmen und Rückwand öffnen, damit Luftbewegung im Kamera-Innern entstehen kann.
- Bei längerer Nichtnutzung die Kamera in einem Exsikkator, z.B. einer Blechdose, die luftdicht ver-

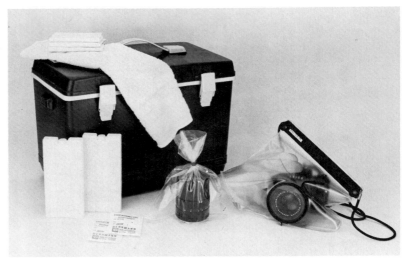

Abb. 286: *Hitze, Sand und Feuchtigkeit können dem Fotografen, der Kamera-Ausrüstung und allen Filmen enorm zusetzen und die fotografische Ausbeute zunichte machen. Wer entsprechende Vorkehrungen trifft und schützendes Zubehör verwendet, wird sich auch unter extremen Bedingungen auf seine Kamera-Ausrüstung verlassen können. Besonders wichtig sind Kühlboxen mit entsprechenden Kühl-Akkus, weiße Handtücher zum Schutz gegen direkte Sonneneinwirkung und möglichst viele Taschentücher gegen den Schweiß. Trockenmittel (Silicagel) werden im Chemikalienhandel angeboten. Kamera und Objektive sind in der Unterwasser-Tasche und in Plastiktüten sicher untergebracht, wenn es feucht oder naß wird.*

schlossen werden kann, zusammen mit dem immer wieder sich bewährenden Trockenmittel Silicagel aufbewahren.

- Muß das Gefäß bei feuchtem Wetter geöffnet werden, empfiehlt es sich, das Silicagel zu regenerieren oder zu erneuern. Andernfalls entsteht in den Behältnissen ein Klima, welches das Funguswachstum fördert, da jede Luftbewegung fehlt.
- Ledertaschen sind in feuchtwarmem Klima besonders für Fungus anfällig. Das versteht sich auch für die Geräte, die in Ledertaschen aufbewahrt werden. Taschen und Geräte legt man nicht in Schubladen oder Behälter, in denen sich auch noch Bücher, Papier oder Textilien befinden.
- Ledertaschen am besten nach Entnahme der Kamera im freien Raum aufhängen und sie häufig mit einem trockenen Tuch abreiben; mit Vorsicht der Sonne aussetzen. Die Pflege mit feinen Lederputzmitteln ist zu empfehlen.
- Wo und wann immer möglich sollte man die Fotoausrüstung freier Luftbewegung aussetzen.

Noch empfindlicher als Kameras und Objektive reagieren Filme auf das feuchtheiße Tropenklima. Schwierigkeiten ergeben sich dadurch, daß Filme Feuchtigkeit absorbieren, dadurch aufquellen und zum Beispiel in der Patrone oder auf der Aufwickelspule der Kamera

verkleben. Beim Filmtransport oder beim Rückspulen kann es dann passieren, daß die Schicht vom Schichtträger gerissen wird und die Bilder zerstört sind. Reste der Filmemulsion, die vor allem im Bereich der Filmandruckplatte zurückbleiben, fördern die Fungusbildung. Daher sollte die Kamera auch häufig von innen gereinigt werden. Die Filmhersteller geben folgende Empfehlungen:

- Verwenden Sie nur Filmmaterial, das in feuchtigkeitsdichter Verpackung konfektioniert ist (Markenfilme werden in Folien verschweißt oder sind in kleinen, dichtschließenden Dosen untergebracht). Ihren Filmvorrat sollten Sie vor Hitze schützen!
- Wasserdichte Behälter mit Silicagel verwenden. Eine Kühllagerung belichteter Filme im Kühlschrank darf nur erfolgen: in wasserdichtem Material, nach erfolgtem Feuchtigkeitsentzug durch Silicagel oder nach Trocknung in luftdurchlässiger Verpackung.

Fotografieren bei Nässe

Bei Regen schlüpft man am zweckmäßigsten in einen Regenmantel oder Umhang, der einige Nummern zu groß ist und unter dem deshalb auch noch die Fotoausrüstung Platz findet. Gegenlichtblenden auf allen

Abb. 287: Bei -20°C müssen Fotoausrüstung und Fotograf gleichermaßen »warmgehalten« werden. Plastiktüten schützen die einzelnen Geräte gegen ein Beschlagen und (2 Paar) Handschuhe die Hände des Fotografen. Alle Metallteile, die mit der Haut in direkten Kontakt kommen konnten, sollten mit Schaumstoff abgeklebt werden. Taschen-Öfchen «tauen» steif gewordene Finger wieder auf. Vielseitig verwendbar sind Klebeband und Dachshaarpinsel.

Objektiven schützen die Frontlinsen vor Regentropfen, die häufig Ursache von unscharfen Bildern sind. Ein großer Regenschirm ist beim Fotografieren immer noch der sicherste Schutz gegen Regen. Allerdings gehören akrobatische Fähigkeiten dazu, den Regenschirm selbst zu halten und gleichzeitig zu fotografieren. Die Hilfe eines Reisebegleiters ist dann vonnöten. Guten Regenschutz bieten die Kamera-Regenhauben, die von verschiedenen Firmen angeboten werden (fragen Sie Ihren Fotohändler danach). Selbstverständlich werden Wassertropfen nach getaner Arbeit mit einem fusselfreien Tuch (Taschentuch) abgewischt und Kamera samt Zubehör an einem luftigen Platz getrocknet. Am empfindlichsten reagieren die Metallteile der Kamera auf Salzwasser. Darum sind die oben beschriebenen Schutzmaßnahmen gegen Feuchtigkeit am Meer, in Brandungsnähe oder auf einem Boot noch wichtiger als bei Regenwetter. Absolut sicher, jedoch etwas weniger bequem zu bedienen, ist die Kamera in einer Unterwasser-Kameratasche. Für Kameras, die allzu gründlich mit Salzwasser in Berührung gekommen oder gar ins Meer gefallen sind, kommt meist jede Hilfe zu spät. Manchmal nützt es, die Kamera samt Objektiv in Süßwasser abzuspülen, schnell mit dem Fön zu trocken und an den Kundendienst der Leica Camera AG zu senden. Eine kostspielige Reparatur ist trotzdem meist die Folge.

Fotografieren bei Kälte

Leica R-Kameras und R-Objektive arbeiten von +70°C bis -20°C einwandfrei, solange sich die Schmiermittel nicht verändert haben, was nach mehreren Jahren der Fall sein kann. Soll bei tieferen Temperaturen fotografiert werden, kann die Mechanik bis zu -40°C kältefest gemacht werden (nähere Auskunft durch den Leica Kundendienst). Batterien, auch die für Belichtungsmesser, arbeiten in frischem Zustand ebenfalls bis -20°C. Das bedeutet, daß die Leica R bzw. der Belichtungsmesser der Leica R6.2, R6 und Leicaflex möglichst gut gegen extreme Kälte geschützt werden müssen. Es ist daher wichtig, daß die Kamera so lange wie möglich unter der warmen Kleidung in Körpernähe getragen wird. Der Motor-Winder und der Motor-Drive zur Leica R und der Motor zur Leicaflex SL/SL2-Mot werden für derartige Arbeitsbedingungen am besten mit Akkus bestückt. Außerdem lassen sie sich mit Fremdversorgungszubehör ausstatten. Die Akkus oder Batterien können dann extern, z.B. in Körpernähe untergebracht und warmgehalten werden. Die Kamera-Elektronik und Belichtungsmesser der Leica R6.2, R6, R5, R-E und der Leica R4-Modelle werden bei angesetztem Motor-Winder oder Motor-Drive von den Batterien oder Akkus dieser motorischen Aufzüge gespeist; auch wenn diese extern untergebracht sind. Damit wird auch bei extremer Kälte eine große Funktionssicherheit geboten. Die gleiche Funktionssicherheit wird bei der Leica R8 und R7 durch die beiden Lithium-Zellen in der Kamera erreicht. Wie reagieren Filme auf extreme Kälte? Sie werden spröde und brechen dann leicht. Der Schnellschalthebel und die Rückspulkurbel der Kamera dürfen deshalb nur mit «Gefühl», d.h. langsam, betätigt werden. Außerdem können sich die Filme bei allzu schneller Transportbewegung elektrisch aufladen. Dabei springen Funken vom Film auf das Kameragehäuse über, die sich als fein verästelte Liniennetze oder als Flocken auf dem Film abbilden, was man leider erst entdeckt, wenn der Film entwickelt ist. Wenn sich die Leica R auch mit normalen Handschuhen noch gut bedienen läßt, so sind doch die bei Expeditionen üblichen Fäustlinge nur noch bedingt dazu geeignet. Deshalb sollte man unter den Fäustlingen ein zweites Paar relativ dünner Fingerhandschuhe aus Baumwolle tragen. Zur Bedienung der Kamera können dann die Fäustlinge abgestreift werden. Für das mitunter notwendige Aufwärmen der Hände sind sogenannte Taschenöfen, die z.B. im Jagd- und Waffenhandel angeboten werden, hervorragend geeignet. Bei extremen Kältegraden sollte man die Berührung von Metallteilen mit bloßer Haut vermeiden, da diese augenblicklich am Metall festfriert, was zu ernsthaften Verletzungen führen kann! Kamerateile, die mit der Haut in Berührung kommen könnten (rund ums Okular), sollten mit Schaumgummi beklebt werden. Außerdem sollte man der Fotoausrüstung immer genügend Zeit lassen, sich abzukühlen, wenn man aus einer warmen Umgebung in die klirrende Kälte kommt. Schneeflocken könnten sonst bei der Berührung mit der warmen Kamera schmelzen und dann festfrieren: Kamera und Objektiv vereisen! Bei kalter Kamera lassen sich Schneeflocken mit einem Pinsel leicht entfernen. Atemluft, die sich auf der Okularlinse niederschlägt und gefriert, macht ein Arbeiten mit der Kamera praktisch unmöglich. Noch problematischer ist es, die Ausrüstung von draußen mit in stark beheizte Räume zu nehmen. Kameras und Objektive beschlagen sofort, und zwar von innen und außen. Es kann Stunden dauern, bis sie wieder absolut trocken und damit einsatzfähig sind. Nimmt man die Kamera zu früh wieder mit nach draußen, können die kleinen Wassertröpfchen im Gehäuse gefrieren und die Kamera blockieren. Deshalb steckt man Kamera samt Zubehör einfach in Plastikbeutel. Wenn diese Beutel gut verschlossen sind, beschlagen sie zwar von außen, doch die Geräte im Innern bleiben weitgehend trocken.

Die vielen notwendigen Zusatzgeräte und Hilfsmittel, das Aufzählen umfangreicher Vorsichtsmaßnahmen, die als Schutz gegen die Unbilden der Natur notwendig sind, könnten zu der Vermutung führen, daß die Kamera am besten nur an hochsommerlichen Tagen bei strahlendem Sonnenschein außerhalb des Hauses benutzt werden sollte. Das jedoch wäre grundfalsch. Erkannte Gefahren lassen sich fast immer meistern. Die meisten der hier erwähnten Vorsichtsmaßnahmen zum Schutz der Ausrüstung lassen sich leicht durchführen. Verlangt wird nur eines: Konsequenz. Und die Erfahrung lehrt: Gerade Bilder, die unter ungünstigen, ja extrem harten Bedingungen entstehen, sind oftmals die schönsten.

Röntgenkontrollen – Gefahr für Filme?

Neben den Unbilden der Natur wird man als moderner Flugreisender auch noch einem weiteren Foto-Risiko ausgesetzt, dem Security Check. Damit ist die Sicherheitskontrolle beim Anbordgehen gemeint. Handgepäck und aufgegebene Koffer werden dabei mit Röntgenstrahlen durchleuchtet. Die Frage, ob bei diesen Kontrollen Filme verdorben werden oder nicht, ist heute aktueller denn je. Neuartige Computertomografen, die in den USA bereits zur Kontrolle des aufgegebenen Gepäcks benutzt werden, sollen zukünftig auch beim Durchleuchten des Handgepäcks zum Einsatz kommen. Mit einer Energie, die mehr als 300 Mal stärker ist als die heute noch üblichen Scanner, sind Film-Schädigungen dann vorprogrammiert. Auch durch die neuen hochempfindlichen Filme von ISO 800/30° und mehr sowie durch die zunehmend häufigeren Reisen mit Flugzeugen stellt sich die Frage erneut, ob Filme im Handgepäck beim Security Check verdorben werden. Nach den zur Zeit vorliegenden Informationen kann man davon ausgehen, daß in den modernen Industrieländern in der Regel Kontrollgeräte benutzt werden, die mit einem «Röntgenblitz» arbeiten. Dabei wird das Gepäck der Strahlung nur extrem kurz – etwa 0,25 Mikrosekunden – ausgesetzt. Das durch diesen Röntgenblitz erzeugte Leuchtschirmbild wird von einer hochempfindlichen Fernsehkamera aufgenommen und von dort in einen Video-Speicher gegeben, der eine Betrachtung bis zu 15 Minuten auf einem Monitor gestattet. Die Strahlenbelastung durch den Röntgenblitz ist sehr gering. Sie liegt in einem Abstand zum Aufnahmegegenstand von 1 Meter und je nach Leistung der Röhre bei 0,18 bis 0,36 mR (Millirem). Dadurch ist sogar eine gefahrlose Durchleuchtung aller Flugpassagiere möglich, denn nach der Strahlenschutz-Verordnung beträgt die zulässige wöchentliche Strahlendosis für den Menschen 100 mR (0,1 R). Durch diese geringe Röntgenstrahlung werden selbst hochempfindliche Filme nicht beschädigt. Es besteht sogar ein ausreichender Spielraum, der es ermöglicht, auf längeren Flugreisen mehrmals derartige Röntgenkontrollen zu passieren, ohne eine Schädigung der Filme befürchten zu müssen.

Weltweit gilt allerdings folgendes: Nicht auf allen Flughäfen sind moderne Röntgenblitz-Geräte, sog. Scanner, im Einsatz; vor allem nicht in Ost-Europa und in den Entwicklungsländern. Andere Flughäfen setzen die modernen Prüfgeräte zwar zur Personen- und Handgepäck-Kontrolle, aber noch nicht zur Prüfung des Fluggepäcks ein, und in den USA werden bereits die neuen Computertomografen installiert, die jeden unentwickelten Film verderben.

Aus diesen Gründen ist es zweckmäßig, auf allen Flugreisen die Filme grundsätzlich im Handgepäck mitzuführen. Die Gefahr, daß Filme auch im Handgepäck verdorben werden, besteht heute nur noch in einigen osteuropäischen Staaten und in Entwicklungsländern. Auf diesen Flughäfen sollte man das Handgepäck zur Röntgenkontrolle nur abgeben, nachdem vorher die Filme entnommen wurden. Schutztaschen die im Foto-Fachhandel angeboten werden, schwächen zwar die Wirkung der Röntgenstrahlen ab, verhindern sie aber nicht! Anscheinend ist die Schutzwirkung der bisher bekannten Taschen noch immer zu gering, denn bei Meldungen über verdorbene Fotomaterialien sind sowohl die ungeschützten als auch die in Schutztaschen mitgeführten Filme unbrauchbar geworden. Wann immer möglich, sollte man also um «Kontrolle per Augenschein» bitten. Insbesondere dann, wenn sich hochempfindliche Filme im Gepäck befinden. Für den T-Max P3200 Professional Film (ISO 3200/36°) empfiehlt Kodak generell Handkontrollen.

Anmerkung: Einige der in diesem Buch gezeigten Bilder wurden auf Filmen fotografiert, die mehrmals durch Röntgenstrahlen kontrolliert worden sind und denen nichts passiert ist.

Da die natürliche Alterung aller fotografischen Materialien durch ungünstige Klimaeinflüsse (hohe Luftfeuchte und Temperatur) forciert wird, besteht bei längerem Aufenthalt in tropischen Gebieten der berechtigte Wunsch, belichtete Filme schnellstens per Luftpost an ein Verarbeitungslabor zu senden oder sich frische Filme per Luftpost nachsenden zu lassen. Nur ein Teil dieser Luftpostsendungen wird heute noch durchleuchtet. Meist sind es Sendungen in besonders gefährdete Länder, wobei das Empfängerland aus Sicherheitsgründen die Röntgenkontrollen wünscht. Um welche Länder es sich dabei handelt, erfährt man nicht auf dem Postamt, sondern nur bei den Poststellen der betreffenden Flughäfen. Da es sich bei einem Aufenthalt in tropischen Gebieten meist um Entwicklungsländer handelt, besteht bei einer Röntgenkontrolle in diesen Ländern stets die Gefahr, daß die Filme verdorben werden. Deshalb sollte man den Luftpostversand nur wählen, wenn es sichergestellt ist, daß keine Durchleuchtung der Post erfolgt.

FOTOGRAFIEREN IM NASSEN ELEMENT

Es gibt viele Hobbys, die sich ideal ergänzen und die erst durch ihre Kombination so richtig Spaß machen. Dazu zählen beispielsweise Tauchen und Fotografieren. Aber auch andere Steckenpferde erfahren durchs Fotografieren zweifellos eine Bereicherung. Ein Sturm während eines Segelturns oder eine turbulente Wildwasserfahrt im Kajak, das sind begeisternde Erlebnisse, bei denen es sich lohnt, zu fotografieren. Doch leider sieht man nur selten Fotos von derartigen, zugegeben etwas feuchten Abenteuern. Während der Taucher sowohl Land und Leute als auch – auf See – über und unter Wasser fotografiert, fehlen in der fotografischen Ausbeute von Seglern oder Paddlern fast immer Aufnahmen, die bei frischen und stürmischen Winden bzw. bei Wildwasserfahrten während besonders schneller und schwieriger Passagen fotografiert werden.

Abb. 288: Ein «Regenmantel» für die Leica.

Das liegt nun nicht etwa daran, daß Wassersportfreunde von Haus aus müde Knipser wären und den Reiz einer «spritzigen» Aufnahme nicht zu schätzen wüßten. Im Gegenteil, sie bedauern es sogar, daß sie in solchen Situationen – ihrer Meinung nach – nicht fotografieren können. Immer dann, wenn es nämlich bei den hier erwähnten Sportarten auch fotografisch interessant wird, sind Leica-R und Leicaflex im höchsten Maße durch Wasser gefährdet. Deshalb werden sie entsprechend verpackt, verstaut und erst wieder hervorgeholt, wenn Ruhe im Boot eingekehrt ist.

Doch das muß nicht so sein. Durch ein flexibles Kamera-Gehäuse, «ewa-marine» genannt, können Leica R und Leicaflex absolut sicher vor dem nassen Element geschützt werden. Es handelt sich dabei um eine taschenähnliche Hülle aus kräftiger PVC-Folie, in die zwei Planglasscheiben – die eine fürs Objektiv, die andere für den Sucher – sowie ein Fingerhandschuh für die Bedienung der Kamera eingelassen sind. Diese Hülle ist klein, leicht und eignet sich hervorragend als Schutz für Aufnahmen im Wasser, bei strömendem Regen, kurzum in feuchter Umgebung. Der Hersteller (Fa. Goedecke, München) empfiehlt sie auch für Unterwasser-Aufnahmen, allerdings nur bis zu Tauchtiefen von 10 Metern. Für fotografierende Urlaubs-Schnorchler, also für Foto-Exkursionen knapp unter der Wasseroberfläche, ist das meistens ausreichend. Auch einfallsreiche Foto-Designer, die ihre Modelle für einzelne Mode- und Werbeaufnahmen samt ihrem New-Look in die Brandung schicken, um sie in besonders origineller Situation zu fotografieren, werden für einen so praktischen Kameraschutz dankbar sein. Denn nichts ist

bei solchen Gelegenheiten für die Leica Ausrüstung schlimmer als Meerwasser. Auf alle Fälle haben Fotografen, die häufig in feuchter Umgebung agieren, für die «ewa-marine» immer wieder Verwendung. Ohne Gefahr für die Kamera können sie damit bei stärkstem Regen ohne Regenschirm und bei heftiger Brandung am Meer selbst aus der Froschperspektive fotografieren. Da es auch entsprechende Taschen für Kameras plus Elektronenblitz gibt, wird der Aktionsradius noch erweitert. Sie sind seewasserfest, staub- und sandfest und mit einer Kordel zum Umhängen versehen. Und noch ein Vorteil: Die eingeschlossene Luft trägt die Tasche samt Kamera, falls sie einmal «baden gehen» sollte.

Für den fotografischen Einsatz wird die Kamera so in die Hülle geschoben, daß vor Objektiv und Sucher-Okular die wasserdicht eingelassenen Planglasscheiben liegen. Dann wird die Hülle mit einer verschraubbaren Profilschiene geschlossen. Damit Objektiv oder Gegenlichtblende das Planglas nicht verkratzen, müssen sie vor dem Einsetzen der Kamera mit einem Schutz versehen werden. Dazu wird ein Neopren-Kraftstoffschlauch (erhältlich im Modellbau-Fachgeschäft) längs aufgeschnitten und um die Filterfassung oder Gegenlichtblende gelegt (siehe Abb. 289). Selbstverständlich ist die Kamera in dieser Verpackung nicht sonderlich bequem zu bedienen. Mit der rechten Hand kann man jedoch in den in die Tasche eingelassenen Handschuh schlüpfen und so den Schnellschalthebel und den Auslöser bedienen oder die entsprechende Aufnahmeent-

Abb. 289: Ein Kunststoffschlauch als Schutz für die Frontscheibe.

fernung einstellen. Erfreulicherweise läßt sich das Sucherbild samt Entfernungs- und Belichtungsmessung über Wasser mit ausreichender Genauigkeit kontrollieren. Mit Taucherbrille ist das allerdings kaum noch möglich. Hat man sich jedoch erst einmal an eine so vermummte Leica R oder Leicaflex gewöhnt, wird man Anwendungsmöglichkeiten entdecken, an die man vorher nie gedacht hat. Erinnert sei hier nur an die Situation, wo die Kamera, aus tiefer Kälte kommend, in eine wärmere Umgebung gebracht wird und schnellstens einsatzbereit sein muß. Ohne Schutz beschlagen Kamera und Objektiv so stark, daß für längere Zeit keine Aufnahmen getätigt werden können. Von der Gefahr des Blockierens ganz zu schweigen, wenn die Kamera-Ausrüstung anschließend − ohne eine entsprechend langwierige Trocknung − wieder der Kälte ausgesetzt wird (siehe auch Seite 365). Durch die «ewa-marine»-Tasche geschützt, kann dagegen die Kamera samt Objektiv und Blitz im Nu mit Hilfe warmer Luft (Föhn) oder warmen Wassers (Dusche) auf die entsprechende Temperatur gebracht und sofort benutzt werden.

Unterwasser-Fotografie

Wer den Anforderungen, die an eine Ausrüstung für Unterwasser-Aufnahmen gestellt werden, gerecht werden will, wird auf ein festes Unterwasser-Gehäuse nicht verzichten können. In den letzten Jahren sind eine Anzahl von Neuentwicklungen erschienen, die kaum noch Wünsche offenlassen. Selbstverständlich läßt sich die Leica R auch mit Motor-Winder in einige

dieser Unterwasser-Gehäuse einsetzen (Abb. 290). Ein Vorteil, der bei einer Neuanschaffung unbedingt berücksichtigt werden sollte.

Meistens bestehen Unterwasser-Gehäuse aus Aluminium-Druckguß oder Edelstahl. Es werden jedoch auch Kunststoff-Gehäuse in starrer Ausführung angeboten. Die «Ikelite»-Gehäuse sind die bekanntesten Vertreter dieser Kategorie. Sie sind sehr leicht und deshalb als Fluggepäck ideal mitzuführen. Da sie durchsichtig sind, wird ein eventueller Wassereinbruch auch sofort sichtbar. Allerdings ist ein Kunststoff-Gehäuse nicht so robust wie ein Unterwasser-Gehäuse aus Metall. Insbesondere die Frontscheibe, die beim «Ikelite»-Gehäuse aus Plexiglas besteht, ist sehr empfindlich gegen mechanische Beschädigungen (Kratzer).

Unter Wasser ist alles anders

Wer mit Super-Weitwinkel-Objektiven oder sogar mit dem Fisheye-Elmarit-R 1:2,8/16 mm unter Wasser fotografieren mochte, braucht ein Unterwasser-Gehäuse, bei dem die normale Planglasscheibe gegen eine sogenannte Dom-Scheibe ausgewechselt werden kann. Diese kugelige (sphärische) Scheibe ist deshalb notwendig, weil schräg einfallende Lichtstrahlen bei Unterwasser-Aufnahmen durch eine Planglasscheibe um so stärker abgebeugt werden, je flacher sie einfallen. Das ist anders als in unserer natürlichen Umgebung auf Land. Durch die verschiedenen Brechungsindizes von Wasser, Glas und Luft, wie sie beim Tauchen gegeben sind, wird u.a. der Bildwinkel stark beeinflußt. Bei den großen Bildwinkeln der Super-Weitwinkel-Ob-

Abb. 290: *Das Unterwassergehäuse der Schweizer Fa. Hugyfot kann die Leica R mit angesetztem Motor-Winder aufnehmen.*

jektive treten deshalb nicht nur starke Verzeichnungen und Unschärfen zum Bildrand hin auf, es kommt sogar zur Totalreflexion und damit zur Begrenzung der Aufnahmewinkel dieser Objektive. Deshalb kann eine Planglasscheibe nur für Aufnahmewinkel bis 60 Grad empfohlen werden.

Durch die Dom-Scheibe (abgeleitet vom englischen Begriff «dome port») wird erreicht, daß auch die seitlich einfallenden Lichtstrahlen senkrecht durch die Scheibe treten und damit nicht abgebeugt werden. Sind Kamera und Objektiv im Inneren des Unterwasser-Gehäuses so positioniert, daß sich alle senkrecht durch die Dom-Scheibe fallenden Strahlen in der Hauptebene des Objektivs vereinen, sind Verzeichnung und Unschärfe zum Bildrand hin praktisch ausgeschlossen. Eine Totalreflexion tritt nicht ein. Alle Weitwinkel-Objektive, bis hin zum Fisheye mit einem Aufnahmewinkel von 180 Grad, können benutzt werden.

Da die Dom-Scheibe jedoch als Linse wirkt, müssen die Objektive auf eine noch kürzere Entfernung eingestellt werden, als das bei einer normalen Planglasscheibe schon der Fall ist.

Die scheinbar kürzere Entfernung

Durch die unterschiedlichen Brechungsindizes von Wasser, Glas und Luft erscheinen uns unter Wasser alle Gegenstände näher und größer. In Abb. 291 ist das deutlich zu erkennen. Die Entfernung ist unter Wasser scheinbar um ein Viertel verkürzt; alle Objekte erscheinen dem Taucher und der Kamera dabei um ein Drittel vergrößert! Deshalb muß für Unterwasser-Aufnahmen die über Wasser ermittelte Entfernungseinstellung korrigiert werden. Der «Verkürzungsfaktor» beträgt 0,75 x. Wurde über Wasser z.B. eine Entfernung von 2 m gemessen, wird das Objektiv auf 1,5 m eingestellt (2 m x 0,75 = 1,5 m). Das gilt auch für Aufnahmen mit Hilfe von Maßstäben, die als Zubehör für Unterwasser-Gehäuse erhältlich sind. Die damit ermittelten Entfernungen werden zunächst mit dem Faktor 0,75 multipliziert und erst danach auf das Objektiv übertragen. Unter Wasser geschätzte Entfernungen werden dagegen (entsprechend der Schätzung) auf das Objektiv übertragen. Am genauesten und bequemsten – weil eine Korrek-

tur nicht nötig wird – ist das Fotografieren unter Wasser, wenn die Scharfeinstellung über den Sucher der Kamera vorgenommen werden kann. Leider ist das nicht bei allen Unterwasser-Gehäusen möglich.

Licht und Farbe

Die Sichtweite unter Wasser ist, wie wir wissen, unterschiedlich groß. In einem klaren Gebirgssee oder tropischem Meer sind Sichtweiten von mehr als 50 Metern nicht selten. In unseren heimischen Flüssen ist eine gute Sicht bis 2 Meter schon nicht mehr gegeben. Als fotografisch befriedigend gilt dabei nur noch ein Drittel der Sichtweite! Feinste Schwebeteilchen wie Sedimente, Plankton u.a. trüben jedoch nicht nur die Sicht, sondern absorbieren auch noch Teile des sichtbaren Licht-Spektrums. Während knapp unter der Wasseroberfläche noch alle Objekte farbgetreu abgebildet werden können, fehlen zum Beispiel in 5 m Tiefe schon die Rottöne. Je tiefer wir tauchen, um so mehr gehen die «warmen» Farben verloren, bis in etwa 30 bis 40 m Tiefe nur noch blaue Farbtöne vorherrschen. Ist das Wasser klar, wie zum Beispiel in einem Gebirgssee, können bis zu einer Tiefe von etwa 5 m rötliche Konversions-Filter (siehe Seite 264) für eine Farbkorrektur benutzt werden. Je größer Aufnahmeentfernung und/oder Tauchtiefe sind, um so dichter muß das Filter sein. Dem gleichen Zweck dient auch ein spezieller Film von Kodak, der Ektachrome Underwater. Er besitzt eine höhere Rot-Empfindlichkeit und unterdrückt dadurch die Blaustrahlung unter Wasser. Bei größeren Tauchtiefen als 5 m ist eine künstliche Beleuchtung (Blitz) in jedem Fall vorzuziehen, da auch die Lichtintensität mit zunehmender Tiefe rapide abnimmt und deshalb die Verwackelungsgefahr durch zu lange Belichtungszeiten sehr groß wird.

Blitzbeleuchtung unter Wasser

Neben speziellen Unterwasser-Blitzgeräten werden auch für herkömmliche Elektronen-Blitzgeräte eine Anzahl verschiedener Unterwasser-Gehäuse angeboten. Jedes Blitzlicht sollte, an einer «Schiene» befestigt, mindestens 30 bis 40 cm seitlich und oberhalb des

Abb. 291: *Weil Wasser einen anderen Brechungsindex als Luft besitzt, ist unter Wasser scheinbar alles näher. Fotografiert man, wie in diesem Beispiel, gleichzeitig über und unter Wasser, kann man das sogar im Bild festhalten. Leica R mit Summicron-R 1:2/35 mm in «ewa-marine»-Unterwassertasche.*

Abb. 292: *Für das Tauchen mit Atemgerät ist eine entsprechende Ausbildung unbedingt erforderlich. Für diese Tauchtiefen muß auch das Unterwassergehäuse der Leica R entsprechend ausgelegt sein. In diesem Bereich kann kein Kompromiß für Fotograf und Kamera geduldet werden. Leica R mit Summicron-R 1:2/35 mm in Unterwassergehäuse. Foto: Anthony J. Rankin.*

Objektivs angeordnet sein, damit die Schwebeteilchen im Wasser nicht direkt vor dem Objektiv aufleuchten und dadurch die Szenerie «vernebeln». Aus dem gleichen Grund muß bei Computer-Elektronen-Blitzgeräten ohne TTL-Blitzlichtmessung ein externer Sensor, in der Nähe des Objektivs angebracht, benutzt werden. Vor dem Computer-Auge des Elektronen-Blitzgerätes aufleuchtende Schwebeteilchen würden sonst das Meßergebnis verfälschen und zu Unterbelichtung führen. In der Praxis haben sich Blitzgeräte bewährt, die an verstellbaren Armen montiert sind und ein zusätzliches Einstellicht besitzen.

Tauchen muß man lernen

Zur Leica R und Leicaflex werden verschiedene hochwertige Unterwasser-Kameragehäuse mit reichem Zubehör angeboten. Damit ist jedoch nur ein Teil der Voraussetzungen erfüllt, die für das interessante fotografische Gebiet notwendig sind. Wer sich näher für Unterwasser-Aufnahmen interessiert, sollte sich unbedingt einem Tauchsportverein anschließen und einen Tauchlehrgang absolvieren. Im Verein kennt man außerdem die Quellen informativer Literatur und ist beim Zusammenstellen der Tauch- und Foto-Ausrüstung gerne behilflich.

Weichzeichner-Aufnahmen mit dem Imagon

Seit den Anfängen der Fotografie bemühen sich Objektiv- und Filmhersteller darum, durch immer bessere Produkte noch brillantere Fotos erzielen zu können. Moderne Rechenmethoden mit Computern, neuartige optische Gläser, spezielle Fertigungsmethoden und enorme Fortschritte in der Fotochemie liefern heute Bilderergebnisse mit einer Auflösung, die vor Jahren noch unvorstellbar war. Obwohl sich Mathematiker und Chemiker sowie Konstrukteure und Techniker um eine immer bessere Schärfe im Foto bemühen, verliert die Unschärfe nichts an ihrer Attraktivität als Gestaltungselement für den Fotografen. Für «künstlerische Zwecke» werden auch Objektiv-Vorsätze angeboten, die eine gestochene Schärfe unterbinden (siehe Seite 264). Es gibt sogar Objektive, die speziell für «unscharfe» Aufnahmen konstruiert wurden: die Weichzeichner-Objektive.

Eines der wohl bekanntesten Objektive dieser Art ist das Imagon von der Firma Rodenstock in München. Ursprünglich (seit 1931) nur für Großformat-Kameras gedacht, wird es heute auch mit 120 mm Brennweite für Mittelformat- und Kleinbild-Kameras angeboten. Für die Leica R kann dieses Objektiv vom Studio Schmachtenberg, 42799 Leichlingen, bezogen werden. Charakteristisch für das Imagon sind die weichen, vom Licht überstrahlten Konturen anstelle einer gestochenen Schärfe. Die von hellen, begrenzten Lichtsäumen umgebenen Konturen ähneln den Lichthoferscheinungen und verleihen dem Objektiv eine «malerische Bildzeichnung». Diese Wirkung läßt sich keinesfalls durch eine unscharfe Einstellung des Bildes erreichen oder vergleichen. Unschärfe bedeutet Zerstörung der Konturen. Beim Imagon sind aber die Konturen deutlich vorhanden. Sie zeigen lediglich keine harte, kontrastreiche Begrenzung, sondern weiche Übergänge. Damit verbunden ist ein gewisser Rückgang der Auflösung, der aber lediglich dazu führt, daß kleinere, oft unwesentliche oder gar störende Details verschwinden. Damit ist dieses Objektiv ideal für besondere künstlerische Zwecke, wie sie zum Beispiel beim Fotografieren von Porträts, Stilleben und Landschaften gewünscht werden.

Das Imagon für Kleinbildkameras ist ein Achromat mit 120 mm Brennweite, dem man wesentliche Reste von Abbildungsfehlern bewußt gelassen hat. Stark ausgeprägt ist bei diesen beiden verkitteten Linsen der sogenannte Öffnungsfehler, d.h. die sphärische Aberration. Dieser Bildfehler, der mit der sphärischen Form normaler Sammellinsen im Zusammenhang steht, wird dadurch verursacht, daß die Brennweite der Linsenrandzone kleiner ist als die der Bildmitte. Die sphärische Aberration ist abhängig von der Blende des optischen Systems. Bei großer Öffnung mindert sie die

Abb. 293: Das Imagon 120 mm an der Leica R6. Drei aufsteckbare Siebblenden, ein Grau-Filter und die Gegenlichtblende gehören zum Lieferumfang des Objektivs.

Abb. 294: Für romantische Bilder mit einem Hauch von Nostalgie ist das Imagon wie geschaffen. Aufnahme mit aufgeblendeter Siebblende H 5,8–H 7,7.

Qualität der Abbildung bis zur Verschwommenheit, nimmt jedoch ab, je weiter die Öffnung des Objektivs durch Abblenden verringert wird. Bei kleiner Blendenöffnung ist dieser Abbildungsfehler praktisch nicht mehr spürbar.

Durch Abblenden verschiebt sich auch die bei voller Öffnung ermittelte Entfernungseinstellung mit der «relativ besten Schärfe». Allerdings besitzt das Weichzeichner-Objektiv keine Blende, die mit der eines normalen Objektivs vergleichbar ist. Anstelle einer eingebauten Irisblende besitzt das Imagon drei Siebblenden, von denen jeweils eine vor das Objektiv gesteckt wird. Diese Siebblende sorgt für die zugleich klare und duftige Abbildung, die für das Imagon charakteristisch ist. Das geschieht einerseits durch die relativ kleine Öffnung der mittleren Lochblende, die eine weitgehend von Bildfehlern freie Abbildung garantiert, während andererseits durch die Randlöcher der Siebblende Randstrahlen zum Bildaufbau beitragen, die das scharfe Kernbild mit einer unscharfen Abbildung überlagern. Die verschiedenen Siebblenden teilen das Licht zwischen der Mitte und dem Rand des optischen Systems unterschiedlich auf, wobei ihre Randlöcher stufenlos geöffnet und geschlossen werden können. Damit ist dem Fotografen die Möglichkeit gegeben, sowohl die Schärfe des Kernbildes und dessen Schärfentiefe zu variieren als auch den Anteil der darüber lagernden unscharfen Abbildung. Auf Grund der besonderen Blendenform und der daraus resultierenden Abbildung wird beim Imagon auf die bei Foto-Objektiven übliche Angabe von Blenden verzichtet. Anstelle der Blendenzahlen werden Helligkeitswerte, abgekürzt H-Werte, benutzt. Sie entsprechen fototechnisch den gleichlautenden Blendenzahlen, d.h. sie können zum Beispiel beim Arbeiten mit Blitzbelichtungsmessern im Studio benutzt werden. Gleiche H-Werte bei unterschiedlichen Siebblenden liefern Bilder mit verschiedener Weichzeichner-Charakteristik. Der Grund dafür ist einleuchtend: H 7,7 beispielsweise bezeichnet sowohl die «kleinste» der drei Siebblenden aufgeblendet, als auch die «mittlere» abgeblendet. Beim ersten Beispiel wird die gleiche Menge Licht zwischen den Randlöchern und der Mittenöffnung (Lochblende) aufgeteilt, die beim zweiten allein durch die größere Lochblende gelangt.

Beim Imagon wird die Scharfeinstellung stets mit abgeblendeter Siebblende vorgenommen. Danach wird soweit aufgeblendet, bis der gewünschte Weichzeichner-Effekt erreicht ist. Erst dann wird die Belichtungszeit ermittelt. Die Belichtungsmessung erfolgt, wie üblich, selektiv oder integral. Durch den fehlenden Steuernocken im Adapter des Objektivs kann allerdings eine Korrektur durch override nötig sein. Ein eigener Test gibt darüber Auskunft. Fotografiert wird mit manueller Einstellung der Belichtungszeit oder mit Zeit-Automatik. Damit der Fotograf in den Kombinationen H-Werte und Belichtungszeiten benutzen kann, die er aus gestalterischen Gründen für nötig erachtet, gehört zum Imagon auch ein Neutral-Graufilter 4x zur Dämpfung des Lichts.

Zur Scharfeinstellung und Beurteilung des Weichzeichner-Effekts ist eine Mattscheibe besonders empfehlenswert. Da zum Fokussieren abgeblendet wird, ist das Sucherbild relativ dunkel und selbst bei bester Scharfeinstellung wirkt es noch unscharf. Beides ist sehr gewöhnungsbedürftig und verlangt ein wenig Übung in der Beurteilung der zu erwartenden Bilderergebnisse.

Auch Rückvergrößerung und Betrachtungsabstand beeinflussen das Bilderergebnis, da die Weichzeichnung mit vergrößert wird.

Aufnahmen vom Fernsehschirm

In Wissenschaft und Technik ist es keine Seltenheit, daß sich bestimmte Vorgänge leichter durch Bilder auswerten lassen, die vom Bildschirm einer Fernsehanlage fotografiert wurden. Interessante Fotos aus öffentlichen Fernsehsendungen können auch eine private Diaschau bereichern, ein Bild-Archiv vervollständigen und einen aktuellen Bericht illustrieren. Wer derartige Bilder anstrebt, muß unbedingt darauf achten, daß nicht die Bestimmungen des Urheberrechts verletzt werden. Das ist zum Beispiel der Fall, wenn solche Fotos nicht nur rein privat benutzt, sondern veröffentlicht oder in irgendeiner Form gewerblich benutzt werden.

Für die Aufnahme selbst müssen natürlich die technischen Belange berücksichtigt werden, wenn die Fotos vom Fernsehschirm gelingen sollen. Dazu gehört ein einwandfreier Empfang. Unzulänglichkeiten, wie eine falsche Einstellung des Empfängers oder eine unzureichende Antennen-Anlage, stören im fotografischen Bild erheblich mehr als beim direkten Betrachten des Fernsehbildes. Der Fernsehraum sollte abgedunkelt werden können, damit keine Reflexe auf der Bildröhre

Abb. 295 a u. b: *Fernsehbilder lassen sich mit Zeit-Automatik und integraler Belichtungsmessung fotografieren, wenn man ständig die Blende so nachreguliert, daß eine Belichtungszeit* *zwischen 1/30s und 1/15s, also etwa 1/25s gebildet wird (links). Sonst stören Streifen im Bild.*

stören. Außerdem gehört die Kamera auf ein stabiles Stativ und muß exakt ausgerichtet werden: Die optische Achse des Objektivs und die Mitte des Fernsehbildes fallen zusammen – Filmebene und Bildschirmebene sind dabei parallel zueinander ausgerichtet! Auch die notwendig langen Belichtungszeiten von 1/15s und länger erfordern ein entsprechendes Stativ. Das Fernsehbild wird möglichst formatfüllend aufgenommen. Ausschnitte lohnen sich wegen des begrenzten Auflösungsvermögens der Bildröhre nicht. Brennweiten von 90 oder 135 mm verhindern, daß sich die Wölbung des Bildschirms störend bemerkbar macht. Ab Blende 2,8 ist die Schärfentiefe ausreichend, wenn vermittelnd, also auf die Partien zwischen Mitte und Rand des Fernsehbildes, scharf eingestellt wird. Am besten gelingt das auf einer Vollmattscheibe der Leica R bzw. Leicaflex SL/SL2. Die Mikroprismen der Standard-Einstellscheibe interferieren manchmal ein wenig mit dem Raster bzw. mit den Zeilen des Fernsehbildes, d.h. sie flimmern dann ständig, so daß die Scharfeinstellung besondere Aufmerksamkeit erfordert. Als Aufnahme-Material kommen alle Filme mit einer Empfindlichkeit von ISO 400/27° in Betracht. Sie werden in dieser Empfindlichkeitsklasse als Schwarzweiß- und Farb-Negativfilm sowie als Farb-Umkehrfilm für Tageslicht-Aufnahmen angeboten.

Die Belichtung

Die Belichtungszeit wird wie gewohnt ermittelt. In den meisten Fällen kann mit der integralen Meßmethode gearbeitet werden. Nur wenn überwiegend große Bildpartien sehr hell oder sehr dunkel sind, ist die selektive Belichtungsmessung empfehlenswerter. Ein über mehrere Szenen hinweg ermittelter Belichtungswert gilt oft für die ganze Sendung. Wichtig ist, daß die Belichtungszeit nicht wesentlich kürzer als 1/25s ausfällt. Bei der Leica R8 und R7 wählt man bei Blenden-Automatik am Zeiteinstellring eine Einstellung zwischen «15» und «30», also 1/24 Sekunde; bei den Modellen R5 und R4 1/15s. Die erforderliche Abblendung wird dann automatisch dazu gesteuert. An allen anderen Leica R-Modellen wird eine manuelle Einstellung von Zeit (1/15s) und Blende vorgenommen. Da sich bei den Leicaflex-Modellen mit dem Zeiteinstellknopf auch

Zwischenwerte einstellen lassen, wählt man bei ihnen eine Einstellung zwischen 1/15 und 1/30s. Damit läßt sich eine Erscheinung reduzieren, die bei Schlitzverschluß-Kameras praktisch unvermeidlich ist: Ein durch das Bild laufender Streifen. Die Ursache dieses Streifens ist durch die Fernseh-Wiedergabe und die Arbeitsweise des Schlitzverschlusses bedingt. Die Fernseh-Wiedergabe erfolgt mit einer Bildfrequenz von 25 Bildern/s. Genaugenommen wird der «vollgeschriebene» Bildschirm sogar fünfzigmal angeboten. Jedes Einzelbild wird nämlich nacheinander durch zwei «Teilbilder» gebildet. Das erste Teilbild baut sich dabei aus den Bildzeilen 1, 3, 5, 7, 9 usw. auf, danach wird das zweite Teilbild aus den Bildzeilen 2, 4, 6, 8, 10 usw. aufgebaut. Um eine fehlerfreie Abbildung zu erhalten, müßten synchron mit der Bildfrequenz bei exakt 1/25s jeweils zwei komplette Teilbilder aufgenommen werden. Ohne diese Möglichkeit hängt alles vom Zufall ab, d.h. die jeweilige Plazierung des Streifens, die fehlenden oder doppelt registrierten Zeilen eines Teilbildes können vorher nicht bestimmt werden. Es kann auch vorkommen, daß der Streifen völlig ausbleibt.

Farbaufnahmen

Aufnahmen vom farbigen Bildschirm auf Farb-Negativfilm bereiten keine Probleme. Der auftretende Farbstich kann beim Vergrößern durch Filterung leicht korrigiert werden. Für Aufnahmen auf Farb-Umkehrfilmen wählt man Tageslicht-Emulsionen. Außerdem muß zusätzlich eine Filterung bei der Aufnahme erfolgen. Je nach Fernsehgerät und Motiv genügen oft schon rötliche Konversionsfilter der Dichte 1,5 oder 3 bzw. die Kombination beider Dichten, also 4,5. Vorausgesetzt, das Fernsehbild ist optimal eingestellt. Wer höchste Anforderungen an die Farbwiedergabe stellt, kommt um eine Feinfilterung mit Kompensations-Filtern meistens nicht herum. Diese Filter werden als Folien-Filter, z.B. von der Firma Kodak, geliefert und in entsprechenden Haltern (siehe Seite 270) vor dem Objektiv angebracht. Benötigt werden die Farben Gelb (Y) und Purpur (Magenta = M), jeweils in den Dichten 10, 20 und 40. Als Grundfilterung hat sich Y40 + M40 bewährt. Zeigt sich dann noch ein leichter Blaustich, muß eine höhere Gelbdichte gewählt werden. Bei

grünstichigen Ergebnissen wird dagegen die Magenta-
dichte erhöht. Geringe Unterschiede in der Farbwiedergabe sind trotzdem nicht immer vermeidbar, da der
Farbcharakter der Bildschirm-Wiedergabe von Sendung
zu Sendung, manchmal sogar während einer Sendung,
beim Umschalten auf eine andere Kamera, schwankt.

Aufnahmen vom Schirmbild

Außer vom Fernsehschirm können in ähnlicher Weise
auch Fotos von Oszillographen-, Röntgen- und Radar-
schirmen oder vom Bildschirm eines Raster-Elektronen-
mikroskopes, um nur einige Beispiele aufzuzählen, erstellt werden. Der Oberbegriff für diese Aufnahmetechniken lautet Schirmbild-Fotografie. Meistens werden
von den Herstellern der oben erwähnten Geräte auch
spezielle Kameraadapter angeboten. Ist das nicht der
Fall oder wird nur gelegentlich ein Bild benötigt, verfährt man im Prinzip wie bei einer Aufnahme vom
Fernsehschirm.
Oft läßt sich die Schreibdauer dieser Schirmbilder zeitlich variieren. Wichtig ist, daß die Belichtungszeit
nicht kürzer ist als die Schreibdauer. Periodische Vorgänge können bei langen Belichtungszeiten mehrmals
ausgeschrieben werden, wenn sie stillstehen. Bei
nichtperiodischen Vorgängen öffnet man den Verschluß der Kamera bei «B»-Einstellung, löst dann den
Schreibvorgang aus und schließt danach wieder den
Verschluß. Eventuell läßt sich der Vorgang auch durch
den Blitzkontakt der Kamera auslösen, oder das Gerät
selbst steuert bei Motor-Winder- bzw. Motor-Drive-Betrieb die Auslösung der Kamera. Manchmal sind Mehrfachbelichtungen sehr sinnvoll, weil sie zur Verdeut-
lichung bestimmter Vorgänge beitragen.

Elcovision 10

Unter der System-Bezeichnung Elcovision 10 wird die
Leica R5 auch als modifiziertes Gehäuse für Meßzwek-
ke erfolgreich eingesetzt: als geeichte Kleinbild-Spiegelreflexkamera mit speziell vermessenen Leica R-Objektiven für die Photogrammetrie. Als Photogrammetrie
werden Meßverfahren bezeichnet, mit deren Hilfe aus
einer fotografischen Aufnahme oder aus mehreren

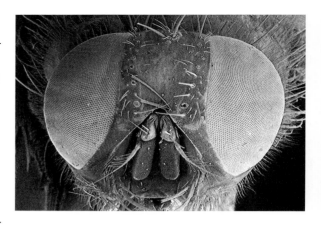

Abb. 296: *Aufnahmen am Raster-Elektronenmikroskop sind
Schirmbild-Aufnahmen. Charakteristisch für Aufnahmen
am Raster-Elektronenmikroskop ist die große Schärfentiefe.
Den Kopf einer Stubenfliege fotografierte G. Schlüter
mit ca. 25facher Vergrößerung. Die Leica R war dabei am
ISI DS 130 C von Wild-Leitz adaptiert.*

fotografischen Bildern eines Objektes dessen Form,
Größe und Lage durch Ausmessen dieser Bilder bestim-
mt werden können. Das bekannteste Anwendungsge-
biet der Photogrammetrie ist die Herstellung von
Landkarten nach Luftbild-Aufnahmen.
Die traditionelle Photogrammetrie verwendet Stereo-
Bildpaare. Das dreidimensionale Sehvermögen des
Menschen wird dabei meßtechnisch eingesetzt, d.h.,
zwei fotografische Aufnahmen mit nahezu parallelen
Aufnahmerichtungen werden gleichzeitig mit je einem
Auge betrachtet. So entsteht der Eindruck eines räumlichen Bildes, das auch als Raummodell bezeichnet
wird. Die Bildpaare werden dann ausgewertet, indem
die Meßmarke des photogrammetrischen Auswertege-
rätes über die Oberfläche dieses Raummodells geführt
wird. Die dreidimensionale Vermessung des in beiden
fotografischen Bildern abgebildeten Objektes erfolgt
dabei berührungslos.
Das optische, mobile 3D-Meßsystem Elcovision 10 von
PMS, St. Margarethen, Schweiz, setzt nicht das stereo-
skopische Sehvermögen des Menschen meßtechnisch
ein. Bei dieser Meßmethode wird vielmehr die Position
eines Objektpunktes in zwei unterschiedlichen, fotografischen Abbildungen des Objektes digitalisiert. Aus
diesen beiden zweidimensionalen Informationen werden die dreidimensionalen Punktkoordinaten rechne-

risch bestimmt. Die Auswertung per Computer bezieht sich also von vornherein auf Objektpunkte, während die traditionelle Photogrammetrie eine kontinuierliche Linienauswertung ermöglicht. Daraus ergeben sich gegenüber dem altbewährten Verfahren einige Vorteile: Die starre Anordnung der Aufnahmerichtungen, d.h. die Parallelität, die bei einer stereoskopischen Auswertung erforderlich ist, entfällt. Daher ist auch eine nahezu freie Wahl der Aufnahmestandpunkte möglich. Die Auswahl der Aufnahmestandorte kann also in hohem Maß an örtliche Gegebenheiten angepaßt werden. Dies ist insbesondere bei schwierigen Verhältnissen, z.B. bei Innenaufnahmen mit beengten Platzverhältnissen, von Vorteil. Außerdem ist kein stereoskopisches Sehvermögen erforderlich. Bei Elcovision 10 muß also auf physiologische Eigenschaften des Auswerters, wie z.B. stereoskopisches Sehvermögen, keine Rücksicht genommen werden. Auch der Einsatz photogrammetrisch geschulter Operateure ist nicht erforderlich. Weder die fotografische Aufnahme des Objektes noch die Digitalisierung der Fotografien auf einem Digitalisiertablett erfordert einen hochqualifizierten Anwender. Als Vorlagen für die Digitalisierung werden in der Regel normale, auf Fotopapier vergrößerte Meßbilder verwendet. Diese werden auf einem üblichen Digitalisiertablett befestigt und die in beiden Bildern abgebildeten «Punkte» mit dem Cursor abgetastet. Die Handhabung des Cursors ist sehr einfach und daher in kurzer Zeit erlernbar. Bei besonders großen Anforderungen an die Meßgenauigkeit können die Meßpunkte auch direkt vom Film mit Meßmikroskopen oder Tischprojektoren abgetastet und digitalisiert werden. Auch Leica Qualität, die höchsten fotografischen Ansprüchen gerecht wird, ist ohne Modifikationen für Meßaufgaben nicht ausreichend. Deshalb wird eine Restfehlerkompensation durch ein entsprechendes Computer-Programm durchgeführt. Kleinste Abweichungen von den geometrischen Idealbedingungen – die für fotografische Zwecke vollkommen belanglos sind – werden softwareseitig während der Auswertung vollautomatisch korrigiert. Eine solche Fehlerkompensation benötigt eine modifizierte Leica R5. Vor der Filmebene der Elcovision 10-Kamera ist deshalb eine hochpräzise Meßgitterplatte (Réseauplatte) mit 35 Meßkreuzen fest eingebaut. Äußerst geringe Toleranzen bei der Fertigung dieser Platte bieten die Gewähr für eine

Abb. 297: *Die modifizierte Leica R5 mit eingebauter Réseauplatte für meßtechnische Zwecke*

rechnerische Berücksichtigung der Restfehler. Hauptfehleranteile sind die für Meßzwecke mangelnde Planlage des Films, der Filmverzug nach der Aufnahme, die Ungenauigkeiten des Vergrößerungsobjektivs, mit dem die Papierbilder hergestellt werden, sowie Verzug der Vergrößerungen selbst. Sogar eventuelle systematische Fehler des benutzten Digitalisiertabletts werden über die auf jedem Bild mit aufbelichteten Meßkreuze weitgehend eliminiert. Die Meßgitterplatte erlaubt also die Berücksichtigung sämtlicher Einflüsse, die nach der Filmbelichtung auftreten. Dagegen dient die werkseitige Eichung der modifizierten Kamera und ihrer Objektive dazu, alle während des Aufnahmevorgangs vor der Belichtung wirksamen Fehlerkomponenten zu berücksichtigen, u.a. die Verzeichnung des Aufnahmeobjektivs. Auch die angegebene Nenn-Brennweite eines Objektivs, z.B. 50 mm, ist nicht genau mit der tatsächlichen Brennweite identisch. Außerdem stimmen Bildmittelpunkt und Durchstoßpunkt der Aufnahmerichtung in der Bildebene nicht exakt überein.
Alle diese Einflüsse bewegen sich in sehr engen Grenzen und beeinträchtigen die Abbildungsqualität in der bildmäßigen Fotografie auch in keiner Weise. Die Genauigkeit der Meß-Ergebnisse wird jedoch gestört. Durch die separate Eichung jeder einzelnen Kombination von Kamera und Objektiv wird eine höhere Genauigkeit des Systems erzielt. Auch die winzige Änderung der Brennweite beim Fokussieren wird bei der Kalibrierung der Leica R5 Elcovision berücksichtigt: Die mit der Kamera gelieferten Eichwerte gelten für die ge-

Abb. 298 a u. b: *Vier Aufnahmen, von unterschiedlichen Standpunkten aus aufgenommen (links), reichen für die Nachbildung eines Unfallortes mit Quindos Grafikprogramm auf einem Plotter aus.*

eichten Entfernungseinstellungen am Objektiv. Der im mobilen Meßsystem Elcovision 10 integrierte Rechner IBM-AT ist mit graphischem Bildschirm ausgestattet und erlaubt schnelle Rechenoperationen und graphische Darstellungen durch Drucker und Plotter. Zur Digitalisierung der Meßbilder wird ein Präzisions-Digitalisiertablett mit einer Auflösung von 0,05 mm im Format DIN A3 eingesetzt. Es erlaubt die Auswertung zweier ca. um den Faktor 10 vergrößerter Meßbild-Vergrößerungen. Mit der verwendeten Tastlupe des Digitalisiertabletts ist eine Genauigkeit von 0,1 mm für die Ansprache eines Punktes leicht erreichbar. Mit dem angeschlossenen Graphikdrucker können einfach und schnell ein- oder mehrfarbige Arbeitsunterlagen auf Papier oder Folien erzeugt werden. Normale Ansprüche an die Qualität eines graphischen Endresultats erfüllt

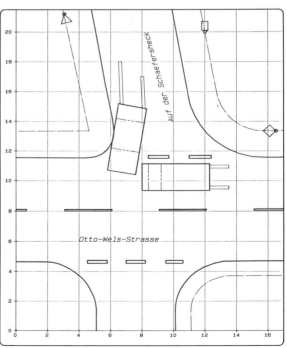

Abb. 299 a u. b: Für die maßstabgetreue Zeichnung einer Hausfront genügt eine
Aufnahme (links). Im Foto sind einige der 35 Meßkreuze deutlich zu erkennen.

z.B. der Graphikplotter im Format DIN A3/DIN A4. Die Wiederholgenauigkeit liegt bei diesem Gerät ohne Stiftwechsel bei 0,1 mm. Ergebnisse höchster graphischer Qualität und Genauigkeit bei erweitertem Anwendungsspektrum liefern andere Präzisionsplotter. Mit dem Modell TA 30 von Wild beispielsweise kann bis zum Format DIN A1 gezeichnet werden. Das System ermöglicht in Verbindung mit einem CAD-System die graphische Überarbeitung und Ergänzung der zuvor aus den Meßbildern gewonnenen maßstäblichen Zeichnungen. Elcovision 10 wird zum berührungslosen Vermessen von Bauwerken und Werkstücken sowie in der Archäologie eingesetzt. Für den Denkmalschutz ist allein die Datenspeicherung schon interessant. Gebäude, die historischen Wert besitzen, werden in diesem Fall mit Elcovision 10 vorsorglich fotografiert. Werden die Bauten einmal zerstört, z.B. durch einen Brand, können sie anhand der Bild-Dokumentationen nach-

träglich ausgemessen und wieder aufgebaut werden. Das Meßsystem eignet sich überall dort, wo trotz einer einfachen und schnellen Handhabung präzise Meßergebnisse benötigt werden. Besonders interessant ist Elcovision 10 z.B. in der Unfall/Tatorterfassung und -Dokumentation. Dabei genügt es, die Leica R5-Elcovision immer im Streifenwagen mitzuführen. Vor Ort muß nur die Unfall- oder Tatortstelle fotografiert werden. Nach den Aufnahmen kann der Unfall- oder der Tatort sofort geräumt werden. Die Auswertung erfolgt zentral an einem Arbeitsplatz.

Fotografieren mit Restlichtverstärkern

Dem Wunsch vieler Fotografen entsprechend, bei wenig Licht auch noch Momentaufnahmen machen zu können, kommt die Foto-Industrie in vielfältiger Weise nach. Immer höherempfindliche Filme sowie lichtstärkere Objektive werden ständig entwickelt. Sie haben den Anwendungsbereich der modernen Kleinbildtechnik erheblich erweitert. Darüber hinaus bieten Restlichtverstärker weitere Möglichkeiten. Fotografisch interessant sind hier besonders die relativ kleinen und handlichen passiven Nachtsichtgeräte, an die auch Leicaflex SL- und Leica R-Modelle adaptiert werden können. Diese Aufnahmeeinrichtungen können mit unterschiedlichen Brennweiten bestückt werden; sie sind kompakt und beweglich, außerdem erlauben sie noch Aufnahmen bei fahlem Mondlicht. Mit derartigen Geräten erscheint selbst eine spärlich erleuchtete Dorfstraße noch taghell, so daß man Momentaufnahmen machen kann. Diese sogenannten Restlichtverstärker senden selbst kein Licht aus, sondern verstärken – wie der Name sagt – den noch vorhandenen Rest des Lichtes mittels einer Bildverstärkerröhre. Dabei wird das vom Aufnahmeobjektiv entworfene Bild, ähnlich wie bei einer Fernsehkamera, von der Bildverstärkerröhre aufgefangen, verstärkt und über eine Zwischenoptik auf den Film übertragen.

Die Bildverstärkerröhre

Das von der zu fotografierenden nächtlichen Szene reflektierte Licht gelangt über das Aufnahme-Objektiv auf die Photokathode der Bildverstärkerröhre. Unter Photokathode versteht man die lichtempfindliche Schicht einer Fotozelle, die als lichtelektrischer Strahlungsempfänger die einfallende Strahlungsenergie in elektrischen Strom umwandelt. Die Photokathode setzt also die auf ihr abgebildete Szene in ein Elektronenbild um, d.h., die Photonen (sichtbares Licht), die auf die Photokathode gelangen, lösen durch den sogenannten äußeren fotoelektrischen Effekt aus der Phosphorschicht der Photokathode Elektronen aus. Die Anzahl der ausgelösten Elektronen ist proportional der Beleuchtungsstärke. Mit anderen Worten: Je mehr Photonen auf ein Photokathoden-Element auftreffen, um so mehr Elektronen werden ausgelöst. Dieser Elektronenstrom wird durch elektrostatische Felder fokussiert und trifft dann auf den Phosphor-Bildschirm, der gleichzeitig die Anode darstellt. Die auftreffenden

Abb. 300: *Euroscope H II S/N heißt der kleine, leistungsstarke Restlicht-Verstärker der Fa. Euroatlas, Bremen, der auch mit Leica R-Objektiven bestückt werden kann.*

Elektronen lösen ihrerseits wieder Photonen aus dem Phosphor-Bildschirm, der dann gelbgrün aufleuchtet und ein in der Helligkeit verstärktes Bild der nächtlichen Szene zeigt.

Der Verstärkungsfaktor ist eine Funktion des zwischen Kathode und Bildschirm liegenden Spannungspotentials von etwa 1200 Volt. Trotz der Höhe der Spannung fließt nur ein Strom von einigen µA. Der Leistungsverbrauch liegt bei nur einigen Milliwatt. Zum Fotografieren eignen sich am besten Nachtsichtgeräte, deren komplette Bildverstärkerröhre aus drei einzelnen, statisch fokussierten Bildverstärkerröhren besteht. Das Leistungsvermögen solcher Geräte reicht bis zu einer 100.000fachen Helligkeitsverstärkung. Die Kopplung der einzelnen Stufen erfolgt über Fiberoptiken, die das Licht des jeweiligen Bildschirms nahezu verlustlos und verzerrungsfrei auf die Photokathode der nächsten Stufe übertragen.

Fiberoptiken sind Bündel aus sehr dünnen Glasfasern (Fibern), die einzeln (durch Totalreflexion) als Lichtleiter, zusammengesetzt aber auch zum Bildtransport benutzt werden können. Jede Faser übernimmt den Transport eines Bildelementes. Eine Fiberoptik kann aus mehreren Millionen Fasern bestehen und ebenso viele Bildelemente transportieren. Das Bild eines Objektes wird dadurch wie bei einem Insektenauge in ein Punktraster zerlegt. Die einzelnen Fasern haben einen Durchmesser von mindestens 1 bis 5 µm und zusätzlich einen festen Überzug aus Glas von anderer Brechzahl. Je Quadratmillimeter werden mitunter über 10.000 Bildpunkte erreicht. Diese Zahl und damit die Stärke

Abb. 301: Bei dieser Aufnahme reichte das vom bedeckten Himmel reflektierte Licht der nahen Stadt für eine Aufnahme aus. Die abgebildete Person war mit unbewaffnetem Auge nur schwer zur erkennen. Leica R mit Euroscope H II S/N, 1/4s, Blende 1,4, Kodak Tri X belichtet wie ISO 800/30°

jeder Einzelfaser ist ein Maß für die Auflösung. Bei statisch fokussierten Röhren sind die aufgesetzten Fiberoptiken als Plankonkav-Linsen ausgebildet. Die gewölbte Form der Linsen gewährleistet eine Kopplung des elektro-optischen Systems innerhalb der Röhre. Die planen Flächen sind Voraussetzung für das Koppeln mehrerer Stufen.

Um die unterschiedlichen Dunkelheitsgrade in der Szene auszugleichen, ist die Lichtverstärkung bei verschiedenen Röhren automatisch geregelt, so daß die Helligkeit am Leuchtschirm während der Zeit schneller Lichtveränderungen in der Szene annähernd konstant bleibt. Nachtsichtgeräte sollten nur bei Beleuchtungsstärken unter 10 Lux in Betrieb genommen werden. Für die Anwendung in extremer Helligkeit oder bei Tageslicht können einige Geräte jedoch mit speziellen Filtern ausgerüstet werden.

Beobachten und Fotografieren

Das runde Bild der jeweils letzten Verstärkerstufe hat je nach Gerätetyp einen Durchmesser zwischen ca. 20 und 40 mm und kann direkt mit einer Lupe (Okular) betrachtet oder mit einer lichtstarken Zwischenoptik fotografiert werden. Für die Registrierung mit Leicaflex SL- und Leica R-Modellen bieten die Hersteller der Restlichtverstärker entsprechende Foto-Adapter an. Das runde Bild der Bildverstärker wird etwas vergrö-

ßert, wenn das Filmformat voll ausgenutzt werden soll. Die Belichtungsmessung kann wie üblich vorgenommen werden.

Die Stromversorgung der Nachtsichtgeräte ist im allgemeinen problemlos. Meistens reichen zwei 1,5-V-Batterien, Typ Mignon (international AA) aus. Diese Spannung wird elektronisch auf mehrere tausend Volt transformiert. Die Betriebsbereitschaft beträgt dann je nach Gerät bis zu 100 Stunden.

Restlichtverstärker und IR-Teleblitz

Wenn auch normales Sternenlicht ohne Mondschein noch ausreichend hell für Beobachtungen mit Nachtsichtgeräten ist, so werden beim Fotografieren doch leicht Grenzen erreicht, wo relativ lange Belichtungszeiten zu Bewegungsunschärfen führen. Auf freiem Feld bei Neumond und bedecktem Himmel oder in geschlossenen Räumen ohne Lichtquellen, wie z.B. in Lagerhallen, versagt jeder Restlichtverstärker. In solchen Fällen kann unbemerkt mit infrarotem Licht geblitzt werden (siehe Seite 381), da die Verstärkerröhre auch dafür überaus empfindlich ist. Je nach verwendetem Elektronen-Blitzgerät und Televorsatz können Leitzahlen von über 600 erreicht werden! Das reicht selbst für relativ lichtschwache Tele-Objektive aus, um große Entfernungen zu überbrücken. Eine forcierte Entwicklung des benutzten Films ist auch bei dieser Blitzlichttechnik empfehlenswert. Da der zu fotografierende Bildschirm des Restlichtverstärkers etwas nachleuchtet, die Helligkeit also länger andauert, als die Leuchtzeit des Elektronenblitzes lang ist, wird eine maximale Ausschöpfung der Lichtverstärkung mit 1/60 Sekunde Belichtungszeit erreicht.

Zu beachten ist, daß für Aufnahmen mit IR-Licht in Verbindung mit Restlichtverstärkern auch die Fokusdifferenz der Aufnahme-Objektive berücksichtigt werden muß (siehe Seite 306). Ausnahmen bilden die Leica Apo-Objektive.

Daß Restlichtverstärker bei solchen Eigenschaften nicht billig sein können, ist zu verstehen. Bei der Lösung spezieller Aufgaben in der Verhaltensforschung, beim Zoll und bei der Kriminalpolizei, um nur einige Beispiele zu nennen, werden sie aber sicherlich mit großem Erfolg eingesetzt werden können.

Fernglas und Spektiv als Foto-Objektiv

Oft hört man den Wunsch, die Leica Ferngläser als Fernobjektive benutzen zu können. Im Prinzip ist das auch möglich. Abgesehen davon, daß im Leica R-System kein entsprechender Adapter vorhanden ist, wäre jedoch aus verschiedenen Gründen die Enttäuschung sicherlich groß, wenn damit fotografiert würde.

Da die Austrittspupille des Fernglases als Blende wirkt, kommt man nur bei gutem Wetter mit hochempfindlichen Filmen auf praktikable Belichtungszeiten. Die wirksame Blende errechnet sich aus dem Verhältnis: Durchmesser der Austrittspupille des Fernglases zur Brennweite des Kamera-Objektives. Wird ein Leica Fernglas 10 x 42 BA (Austrittspupille = 4,2 mm) in Verbindung mit einem Summicron-R 1:2/50 mm benutzt, ergibt sich also eine wirksame Blende von 1:11,9. Die Brennweite wird um den Vergrößerungstaktor des Fernglases vergrößert. In unserem Beispiel: 10 x 50 mm = 500 mm Brennweite. Mit hochempfindlichen Filmen wären jetzt zwar noch Aufnahmen möglich, doch die Abbildungsleistung wäre keineswegs Leicalike. Da alle Ferngläser auf unsere Augen, d.h. auf die visuellen Belange abgestimmt sind, muß die Wiedergabequalität enttäuschen! Ein Abblenden des Kamera-Objektivs bringt auch keine Verbesserung. Im Gegenteil, es können Vignettierungen entstehen. Dazu kommt die Schwierigkeit einer exakten Scharfeinstellung bei relativ dunklem Sucherbild, wobei über den Mittelbetrieb des Fernglases fokussiert werden muß, während das Foto-Objektiv auf unendlich eingestellt bleibt. Alles in allem also genügend Gründe, warum zur Leica eine Fernglas-Adaption nicht empfohlen werden kann.

Qualitativ wesentlich besser sind die fotografischen Ergebnisse, die mit den Leica Spektiven Televid – insbesondere mit dem Apo-Televid – und dem optisch darauf abgestimmten Photoadapter (Bestell-Nr. 42300) erzielt werden. Zwar bleibt auch bei dieser Kombination, die eine Lichtstärke von 1:10,4 aufweist, das Sucherbild der Kamera recht dunkel und auch mit der Dual-Fokussierung vom Televid ist, weil optimal auf Beobachtungen mit dem Auge abgestimmt, eine exakte Scharfeinstellung etwas schwierig. Doch die Abbildungsleistung von Apo-Televid plus siebenlinsigen Photoadapter ist mit einem guten Tele-Objektiv absolut vergleichbar. Dabei ist diese Kombination trotz 800 mm Brennweite mit einer Baulänge von etwas mehr als 50 cm und einem Gewicht von nicht einmal 2000 g äußerst kompakt und leicht.

Der Photoadapter ist von Haus aus für die Benutzung mit verschiedenen handelsüblichen Spiegelreflexkameras konzipiert. Zum Anschluß einer Leica R oder Leicaflex SL /SL2 wird ein entsprechender T2-Adapter (Bestell-Nr. 42305) von Leica angeboten. Wer das Televid bzw. Apo-Televid sowohl für die Beobachtung als auch zum Fotografieren benutzen möchte, sollte bei der Anschaffung das Leica Spektiv mit Geradeinblick bevorzugen.

Astro-Fotografie

Angesichts der häufig abgebildeten Rieseninstrumente großer Sternwarten kann man leicht den Eindruck gewinnen, daß selbst mit einer vollständigen Leica R- oder Leicaflex-Ausrüstung die Astro-Fotografie ein unerreichtes Gebiet für den normalen Fotografen bleiben muß. Das ist jedoch falsch. Selbst Berufsastronomen setzen für bestimmte Zwecke Leica R- und Leicaflex-Kameras sowie Leica R-Objektive ein. Mit einer fest auf einem Foto-Stativ montierten Kamera können z.B. als Folge der Erdrotation Strichspuren-Aufnahmen von Sternen entstehen, auf denen auch die Bahnspuren von Satelliten und Meteoren zu erkennen sind. Aus verschiedenen Aufnahmen können Wissenschaftler dann wichtige Rückschlüsse über deren Bahnverhältnisse ziehen. Auch ohne Satelliten-Bahnen sind derartige Aufnahmen reizvoll, vor allem, wenn ein entsprechender Vordergrund mit in die Bildgestaltung einbezogen wurde.

Sollen Sterne nicht als Striche, sondern als Punkte wiedergegeben werden, müssen Leica R und Leicaflex parallaktisch montiert und während der meist länger dauernden Belichtung nachgeführt werden. Dazu werden sie direkt am Tubus des motorisch bewegten Astro-Fernrohres oder an der Deklinationsachse montiert. So gelingen mit normalen Leica R-Objektiven hervorragende Übersichts-Aufnahmen des Sternenhimmels. Selbstverständlich können Leica R und Leicaflex auch als Aufnahmekameras in Verbindung mit Spiegelteleskopen benutzt werden. Diese haben gegenüber den

Linsenfernrohren den Vorteil, völlig frei von Farbfehlern zu sein. Entsprechende Adapter lassen sich meistens mit Hilfe des hinteren Ringes der Ringkom-bination 14158 selbst herstellen (siehe «Adaption an optischem Fremdzubehör»). Für die Fotografen mit Spiegelteleskopen bieten sich drei Möglichkeiten an:

Die Fokalaufnahme

Dabei wird das astronomische Fernrohr wie ein Spiegel-Objektiv benutzt, also ohne weitere optische Hilfsmittel. Der Mond z.B. wird dabei pro 10 cm Brennweite des Teleskopes mit einem Durchmesser von 1 mm abgebildet; bei 180 cm Brennweite also mit 18 mm Durchmesser.

Mit Barlow-Linse

Dabei wird eine Linse mit negativer Brennweite zwischen Spiegelteleskop und Kamera eingesetzt. Die Brennweite des Astro-Fernrohres läßt sich damit zum Beispiel verdoppeln. Bezogen auf unser obiges Beispiel wird dann nur noch ein Ausschnitt des Mondes erfaßt, da der Durchmesser unseres Erdtrabanten in dieser Abbildung 36 mm beträgt.

Abb. 302: *Diese formatfüllende Mondaufnahme wurde mit einem 180 cm Newton-Fernrohr (Öffnungsverhältnis 1:6) und Barlow-Linse fotografiert. Der mittelempfindliche Film wurde mit 1/250s belichtet und forciert entwickelt.*

Abb. 303: *Setzt man die Kamera auf ein stabiles Stativ und richtet sie auf den Nordstern aus, entsteht bei längerer Belichtungszeit eine Strichspuren-Aufnahme. Ein hübscher Vordergrund erhöht den Reiz eines solchen Bildes. Elmarit-R 1:2,8/90 mm, 30 Min., Bl. 4, mittelempfindlicher Film.*

Die Okular-Projektion

Dabei wird, ähnlich wie die Barlow-Linse, ein Okular zwischen Spiegelteleskop und Kamera angeordnet. Durch verschiedene Okular-Brennweiten bzw. durch Verändern des Abstandes Okular/Kamera können beliebig große Ausschnitte fotografiert werden. Mit wachsender Vergrößerung, egal, ob durch Barlow-Linse oder durch Okulare, nimmt allerdings die Lichtstärke des Systems ab. Die Scharfeinstellung über den Sucher der Kamera kann bei Sonnen- und Mond-Aufnahmen (erstere nur mit speziellem Filter!) mit Hilfe der Vollmattscheibe erfolgen. Für Stern-Aufnahmen wird in die Leica R die Klarscheibe mit Fadenkreuz (Best.-Nr. 14307, bzw. 14347 für die Leica R8) eingesetzt.

Wird als Adapter für das Astro-Fernrohr der hintere Ring der Ringkombination benutzt, kann die Belichtungsmessung wie üblich erfolgen. Auch die automatische Belichtungssteuerung bei den Leica R-Modellen mit Zeit-Automatik ist gewährleistet. Doch selbst bei Mondaufnahmen wird man ohne zusätzliche Korrekturfaktoren nicht auskommen, z.B. bei Vollmond und selektiver Belichtungsmessung «+1». Entsprechende Testaufnahmen sind in jedem Fall erforderlich.

Mikro-Fotografie

Optische Instrumente öffnen den Blick nicht nur in die Weiten des Alls, sondern ebenso in die «unsichtbaren» Strukturen unserer Umwelt. Alle Wunder des Mikro-Kosmos, die man durch ein Mikroskop betrachten kann, lassen sich auch meistens mit der Leica R und Leicaflex im Bild festhalten. Für den Fotografen, der sich mit dem interessanten Gebiet der Mikrofotografie beschäftigen will, ist bei weitem nicht alles neu. Viele Gesetzmäßigkeiten und Rezepte lassen sich aus den verschiedenen Anwendungsbereichen der «normalen» Fotografie direkt übernehmen. So zum Beispiel die gebräuchlichen Filme und Entwickler. Dabei sind kontrastreich arbeitende Filme (Dokumentenfilme) und Entwickler vorzuziehen, weil im mikroskopischen Bild die Kontraste (Verhältnis 1:2 bis 1:5) wesentlich geringer sind als im normalfotografischen Bereich. Ebenso bedeutend sind auch in der Mikrofotografie Methoden der Kontrast-Beeinflussung durch Hell- oder Dunkelfeld-Beleuchtung. Polarisation, Phasen- und Interferenzkontrast sowie Fluoreszenz spielen eine große Rolle. Die erforderliche Aufbereitung der Objekte zu mikroskopischen Präparaten durch Schneiden, Einfärben etc. steht im Vordergrund.

Leica Microsystems bietet ein umfangreiches Programm an optischen Instrumenten an, die u.a. auch auf die Belange der Mikroskopie optimal abgestimmt sind. Vom preiswerten Kurs- und Labormikroskop bis zum Forschungsmikroskop, und zur Stereolupe reicht das Angebot, das durch spezielle Instrumente, wie z.B. das kriminalistische Vergleichsmakroskop ergänzt wird. Zu den meisten Geräten wurden auch verschiedene Kamera-Systeme entwickelt, die den Anforderungen der Mikrofotografie in idealer Weise gerecht werden. Selektive und integrale Belichtungsmessung, Belichtungsautomatik und motorischer Filmtransport sind bei einigen dieser Kamera-Systeme genauso selbstverständlich wie bei der Leica R.

Natürlich lassen sich auch Leica R und Leicaflex SL/SL2 fast immer an den Mikroskopen und anderen optischen Instrumenten von Leica Microsystems adaptieren. Bei der Vielzahl der unterschiedlichen Geräte kann an dieser Stelle jedoch nicht auf alle Möglichkeiten hingewiesen werden. Auskunft darüber erteilen alle Leica Microsystems Vertriebsgesellschaften.

Abb. 304: Unübertroffen für Makro-Aufnahmen: das Stereomikroskop mit Durchlichtstativ (Hell-/Dunkelfeld) und Auflichtbeleuchtung der Fa. Leica Microsystems.

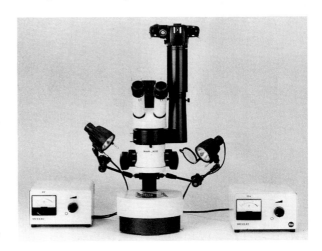

Adaption am Mikroskop

Die Adaption der Leica R oder Leicaflex an einem Leica Mikroskop erfolgt über einen binokularen Phototubus, der eine Zwischenoptik besitzt und mit einem entsprechenden Kamera-Adapter bestückt werden muß. Je nach Typ des Mikroskopes stehen dafür unterschiedliche Ausführungen zur Verfügung, die über den Vertrieb der Leica Mikrosystems zu beziehen sind.

Beobachten und Fokussieren

Die Beobachtung und Scharfeinstellung des mikroskopischen Bildes sind über die Einstellscheibe oder über spezielle Okulare des Mikroskops möglich. Die Kamera wird dafür mit der Klarglasscheibe ausgestattet; die Okulare müssen eine Strichplatte mit Formatbegrenzung besitzen. Werden die Universal-Einstellscheibe von Leica R und Leicaflex SL2 benutzt, kann die Schärfe innerhalb des Schnittbildindikators eingestellt werden. Die Vollmattscheiben dieser Kameras erlauben zwar eine bessere Beobachtung über das ganze Bild als die feinstmattierten Mikroprismen der Universal-Einstellscheibe, doch wird das Fokussieren unter diesen Aufnahme-Bedingungen durch die Körnigkeit der Vollmattscheibe stark behindert.

Mit der Klarscheibe zur Leica R wird das Luftbild beobachtet. Deshalb muß unbedingt darauf geachtet werden, daß man das Fadenkreuz dieser Einstellscheibe absolut scharf sieht. Durch Korrektionslinsen oder Okularverstellung kann Fehlsichtigkeit ausgeglichen werden. Die Einstellung auf das Luftbild ist dann optimal, wenn Einzelheiten des Luftbildes genau mit den Strichen des Fadenkreuzes zusammenfallen, d.h. wenn alle gemeinsam vom beobachtenden Auge ohne Anspannung der Akkommodation scharf gesehen werden: Bewegt man das Auge hinter dem Okular etwas auf und nieder, oder seitlich hin und her, dann dürfen sich Bilddetails und Fadenkreuz-Striche nicht gegeneinander verschieben. Diese Einstellung auf Parallaxenfreiheit (Wackelprobe) ist immer wichtig, wenn Luftbilder scharf eingestellt werden müssen.

Bestimmung der Vergrößerung

Die Vergrößerung auf dem Negativ oder Dia läßt sich leicht nach folgender Formel errechnen:

Vergr. Objektiv x Vergr. Okular x Vergr.-Faktor der Zwischenoptik

Dazu gleich ein Beispiel:
Objektiv 10:1/numerische Apertur 0,25
Okular: 10 x Vergr.-Faktor 0,32

10 x 10 x 0,32 = 32

Der Vergrößerungsmaßstab auf dem Negativ bzw. Diapositiv beträgt ca. 32 = Abb.-Verh. 32:1.
Die Endvergrößerung auf dem Papierbild ergibt sich

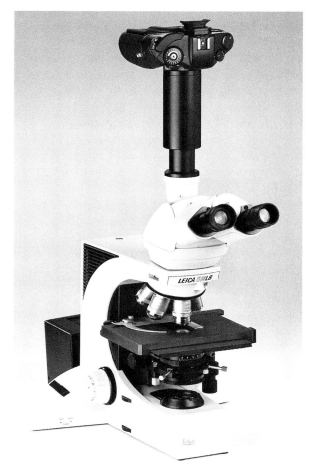

Abb. 305: *Die Leica R8 an einem Leica Mikroskop.*

aus der Rechnung: Vergrößerung Negativ x Vergrößerungsfaktor der Nachvergrößerung. Auch dazu ein Beispiel:

Vergrößerung Negativ = 32
Vergr.-Faktor für Papierbild 18 x 24 cm = 7,5
Gesamtvergr. = 32 x 7,5 = 240-Abb.-Verh. 240:1

Wie aus diesen Berechnungen zur Vergrößerung zu erkennen ist, wird die Vergrößerung auf dem Kleinbildformat selbst bei Benutzung des Okulars 10x schon relativ hoch. Man erreicht dadurch bei der Nachvergrößerung schnell den oberen Bereich der «förderlichen» Vergrößerung. In vielen Fallen wird er sogar überschritten. Bei «leeren Vergrößerungen», so die Sprache der Mikroskopiker, werden keine weiteren Details des mikroskopischen Präparates sichtbar. Der Bereich der «förderlichen Vergrößerung» befindet sich zwischen dem 500fachen bis 1000fachen Wert der numerischen Apertur. In unserem Beispiel also zwischen 125facher bis 250facher Vergrößerung. Dieser Wert soll bei der Endvergrößerung nicht überschritten werden, wenn hohe Qualitätsansprüche an die Bilder gestellt werden.

Die Belichtung

Besitzt der Leica Mikrophoto-Adapter selbst keine Einrichtung für eine Belichtungssteuerung, so kann zur Bestimmung der Belichtung die selektive Meßmethode der Leica R- und Leicaflex SL/SL2-Modelle benutzt werden. Eine Eichung auf das zu verwendende Filmmaterial sollte jedoch vorgenommen werden. Durch entsprechende Belichtungs-Korrekturen über Override oder ISO-Einstellungen ermittelt man anhand von Belichtungsstufen die für die Geräte-Ausrüstung optimalen Bedingungen. Durch die starre Verbindung von Kamera und Mikroskop wird auch die geringste Vibration und Erschütterung, die von der Spiegelbewegung oder vom Verschlußablauf hervorgerufen werden können, auf das Mikroskop übertragen. Das kann bei Belichtungszeiten zwischen 1s und 1/60s zu Verwacklungsunschärfen führen, auch wenn bei der Leica R8, R7, R6.2 und R6 mit Spiegel-Vorauslösung gearbeitet wird. Deshalb sind entweder kürzere oder längere Belichtungszeiten anzustreben. Bei Verwendung mittelempfindlicher Filme sind die Belichtungszeiten in der Regel bereits kürzer als 1/125s. Bei Belichtungszeiten von

über einer Sekunde Dauer kann folgendermaßen vorgegangen werden:

- Kamera auf «B» einstellen und Drahtauslöser einschrauben.
- Beleuchtungsstrahlengang im Mikroskop abdecken (Kamera- oder Objektivdeckel auf die Beleuchtungseinrichtung des Mikroskopes legen).
- Kameraverschluß öffnen und Drahtauslöser fixieren.
- Beleuchtungsstrahlengang des Mikroskopes für die Dauer der Belichtung freigeben.
- Kameraverschluß schließen und Film weitertransportieren.

Durch diese Art der Belichtung können sogar Aufnahmen mit dem Objektiv 100:1 ohne Verwacklung erstellt werden.

Längere Belichtungszeiten, z.B. 4s bei der Leica R7 bzw. 32s bei der R8, können nicht mehr gemessen werden. Man dämpft das Licht deshalb mit neutralen Grau-Filterfolien, die sich auf die Beleuchtungseinrichtung des Mikroskopes auflegen lassen. Bei Schwarzweiß-Aufnahmen wird dann die Helligkeit des Lichtes zunächst soweit heruntergeregelt, bis eine Belichtungszeit von z.B. 1/2s gemessen wird. Legt man jetzt ein Graufilter mit Verlängerungsfaktor 8 auf die Beleuchtungseinrichtung, beträgt die korrekte Belichtungszeit 4s; lang genug, um Verwacklungsunschärfen zu vermeiden. Bei Farbaufnahmen muß die volle Lichtleistung ständig beibehalten werden, weil sich beim Herunterregeln der Helligkeit auch die Farbtemperatur von 3200 K verändert. Durch Auflegen von neutralen Grau-Filterfolien unterschiedlicher Dichte läßt sich das Licht jedoch ebenfalls so stark dämpfen, daß eine Belichtungszeit von 1/2s gemessen wird. Um dann mit den notwendig langen Belichtungszeiten fotografieren zu können, wird nur noch eine weitere Grau-Filterfolie mit entsprechendem Verlängerungsfaktor zusätzlich daraufgelegt.

Blitzen am Mikroskop

Mit der von der Leica Microsystems gelieferten Mikroblitzeinrichtung kann auch die TTL-Blitzbelichtungsmessung der entsprechenden Leica R-Modelle am Mikroskop genutzt werden. Die Verbindung vom Mikroblitz zur Kamera wird durch die im Foto-Fachhandel

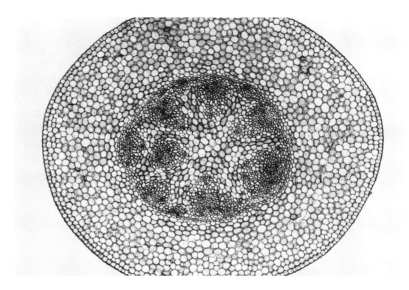

Abb. 306: Die Mikrofotografie ist als unentbehrliches Hilfsmittel in Wissenschaft und Technik hinlänglich bekannt. Als Hobby wird die Mikrofotografie dagegen relativ selten ausgeübt. Dabei ist die Welt des Mikrokosmos voller Wunder. Wer in sie eindringen möchte, wird sich auch mit der Beschaffung von Präparaten befassen müssen. Neben käuflichen Objekten, wie z.B. der links abgebildete Stengel-Querschnitt eines Maiglöckchens, können viele mikroskopische Präparate auch leicht selbst hergestellt werden. Objektiv: 4:1, Apertur: 0,12, Okular: 6,3x, Gelbgrün-Filter, 1/250s. Das im Druck wiedergegebene Abbildungsverhältnis beträgt ca. 40:1.

Abb. 307: Viele uns wohlbekannte Dinge offenbaren erst unter dem Mikroskop ihre volle Schönheit. Banale Objekte werden dann schon bei 20facher Vergrößerung als wahre Kunstwerke entlarvt. Der Formenreichtum sowie das Spiel mit Farben und Kontrasten kann auch mit Mitteln der schwarzweißen Kopiertechnik zusätzlich beeinflußt werden. Bei der Wiedergabe dieser Kolibri-Feder wurde allerdings darauf verzichtet. Objektiv: 4:1, Apertur: 0,12, Okular 6,3x, Gelbgrün-Filter 1/125s.

erhältlichen SCA-Adapter hergestellt. Alle Funktionen der TTL-Blitzbelichtungsmessung und die gewohnten Sucheranzeigen bleiben erhalten. Bei sehr hellen Präparaten und schwachen Vergrößerungen kann es vorkommen, daß der Regelbereich des Blitzgerätes unterschritten und damit die Lichtmengen-Steuerung überfordert wird. (Siehe dazu auch «Blitzen im Nahbereich» Seite 354). Überbelichtungen sind die Folge. Durch Graufilter in entsprechender Dichte, die auf die Beleuchtungseinrichtung des Mikroskops gelegt werden, läßt sich dann die Blitzlicht-Energie soweit reduzieren, daß eine normale Lichtmengen-Steuerung des Blitz-

gerätes wieder möglich ist. Wenn bei lichtschwachen Verfahren, z.B. bei einer Dunkelfeld-Beleuchtung, oder bei sehr hoher Vergrößerung die Lichtleistung des Blitzgerätes nicht ausreicht, kann mehrmals geblitzt oder ein höherempfindlicher Film benutzt werden.

Verwendung von Filtern

Für besondere Farbeffekte können die erforderlichen Filter bzw. Filterfolien ebenfalls auf die Beleuchtungseinrichtung gelegt werden. Bei Polarisationsaufnahmen an doppelbrechenden Objektiven (Kristalle, Kunststoffe) wird außer dem Pol-Filter auf der Beleuchtungseinrichtung (Polarisator) zusätzlich noch ein bildseitiges Pol-Filter (Analysator) benötigt, das z.B. auf dem Okularstutzen angebracht wird. Mittels eines zuschaltbaren Lambda-Kompensators (Rot I. Ordnung) lassen sich u.a. brillante Farbeffekte erreichen.

Adaption an Mikro-Fotoautomaten

Die speziellen mikrofotografischen Einrichtungen, die von der Leica Microsystems angeboten werden, sind unter anderem mit Belichtungsautomatik ausgestattet und für verschiedene Aufnahme-Formate eingerichtet. Für das Kleinbild-Format werden in der Regel Wechselkassetten mit motorischem Filmtransport benutzt. An ihrer Stelle können auch Leica R und Leicaflex als «Filmtransportgehäuse» benutzt werden. Alle Funktionen des Fotoautomaten bleiben dabei erhalten: der Verschluß der Kamera wird auf «B» eingestellt, die Belichtungszeit durch den Verschluß des Fotoautomaten gesteuert. Die Beobachtung – auch während der Belichtung –, Scharfeinstellung und Bestimmung des Bildausschnittes wird dabei über einen Binokular-Tubus vorgenommen.

Endoskopische Aufnahmen

Der bei jeder Visite fast schon obligatorische Blick des Arztes in den Rachen des Patienten läßt erahnen, daß der Beobachtung von Körperhöhlen im medizinischen Bereich eine besondere Bedeutung zukommt. Dementsprechend wurden auch verschiedene medizinische Instrumente entwickelt, mit denen man in die unterschiedlichen Körperhöhlen blicken kann: die Endoskope. Um die medizinischen Befunde auch fotografisch registrieren zu können, wurden sogar spezielle Foto-Endoskope geschaffen, an die auch die Leica R angesetzt werden kann.

Ist die Körperhöhle gut von außen einzusehen, wie z.B. die Mundhöhle, kann ihr Inneres mit langen Brennweiten ab 100 mm leicht fotografiert werden. Das notwendige Licht liefert dann ein normales Elektronen-Blitzgerät, dessen Reflektor direkt an das Objektiv gelegt wird, oder eine Ringblitz-Beleuchtung. Über sterilisierbare Oberflächen-Spiegel kann man sogar schwer einsehbare Bereiche ausleuchten und fotografisch erfassen.

Andere Körperhöhlen verlangen spezielle Instrumente. Mit einem sogenannten Kolposkop kann der Gynäkologe seinen Befund dokumentieren. Und mit einem flexiblen Fiber-Gastroskop kann der Internist ein Magengeschwür im Bild festhalten.

Je nach Bauart des Endoskopes, so der Sammelbegriff dieser optischen Instrumente, wird das Bild entweder in einem starren «Rohr» durch viele Zwischenoptiken oder durch flexible Glasfasern übertragen. Am vorderen Ende des Instrumentes befindet sich immer ein auf die speziellen Belange abgestimmtes Objektiv. Das für fotografische Aufnahmen notwendige Licht kann je nach Typ des Endoskopes durch eine kleine Blitzlichtröhre am vorderen Ende des Instrumentes abgegeben oder über Glasfasern eingespiegelt werden. Am hinteren Ende des Endoskopes kann die Leica R oder Leicaflex SL/SL2 über eine spezielle Zwischen-Optik adaptiert werden. Entsprechende Zwischen-Optiken und Adapter bieten die Endoskop-Hersteller an. Die Leica Camera AG liefert für endoskopische Aufnahmen mit der Leica R die Klarscheibe (Bestell-Nr. 14307), die neben einem Fadenkreuz auch Markierungen für Endo-Aufnahmen trägt. Das endoskopische Bild ist in der Regel kreisrund. Seine Größe richtet sich nach der Brennweite der Zwischen-Optik. Je länger diese Brennweite ist, um so größer wird das runde Bild auf dem Film; um so mehr Licht wird allerdings auch benötigt. Neben medizinischen Endoskopen sind auch technische Endoskope bekannt. Damit lassen sich z.B. Behälter bei Materialprüfungen und Gewehrläufe für kriminaltechnische Gutachten untersuchen. Relativ neu ist die Methode, ein spezielles Endoskop, das Photo-Perspektar, für Modell-Aufnahmen zu benutzen. Damit kann man Aufnahme-Standpunkte beziehen, die mit herkömmlichen Objektiven nicht eingenommen werden können. Das Aufnahme-Objektiv am vorderen Ende dieses Instrumentes wird für die Aufnahme quasi in die Modell-Landschaft «getaucht» und erfaßt dadurch einen Blickwinkel, als ob das Modell im Maßstab 1:1 gebaut worden wäre. Solche Aufnahmen erlauben daher eine wesentlich bessere Beurteilung des Vorhabens, da die visuelle Wirkung des Projektes bereits

Abb. 308 a u. b: Viele «Hohlräume», in die eine Kamera nicht mehr hineinpaßt, lassen sich oft von außen mit Hilfe eines Endoskopes fotografieren. So entstand z.B. mit dem Photo-Perspectar die Modell-Aufnahme des photokina-Messestandes von Leitz im Jahr 1980 (links). Durch eine Öffnung im «Dach» *konnte der Innenraum des im Maßstab 1:50 gebauten Modells so fotografiert werden, daß im Foto ein guter Eindruck von der später zu erwartenden räumlichen Wirkung des fertigen Messestandes entstand. Die Abbildung rechts zeigt den Blick in den Besprechungsraum für Foto-Fachhändler und Vertreter.*

am Modell-Foto festgestellt werden kann. Architekten, Bühnenbildner und Maschinenbau-Ingenieure sind zum Beispiel Benutzer dieses speziellen Endoskopes.

Adaption an optischem Fremdzubehör

In Wissenschaft und Technik wird oft ein Ansetzen von Leica R- bzw. Leicaflex-Kameras an spezielle optische Geräte gewünscht. Dafür werden häufig auch entsprechende Foto-Adapter angeboten. Ist das nicht der Fall, können manchmal eigene Konstruktionen weiterhelfen. Als hilfreiches Verbindungselement hat sich dabei der hintere Ring der Ringkombination 14158 erwiesen, der direkt vom Technischen Service der Leica Camera AG oder von den jeweiligen Landesvertretungen als Ersatzteil unter der Sachnummer 044-041.024-000 bezogen werden kann. Er besitzt das Schnellwechselbajonett der R-Objektive samt aller Belichtungs-Steuerelemente für Leica R- und Leicaflex SL-Modelle. Die Höhe des Ringes beträgt 9,5 mm, und das vordere Einschraubgewinde hat die Maße M 51,5 x 0,75. Falls

für eigene Konstruktionen erforderlich, kann der Ring bei einem Feinmechaniker entsprechend abgedreht werden. Das Auflagemaß der Leica R- bzw. Leicaflex-Modelle, das ist die Distanz von der Auflage des Kamera-Bajonetts bis zum Film, beträgt 47 mm.

Breitbild-Aufnahmen und Breitwand-Projektion

Kino-Enthusiasten wissen genau, was gemeint ist, wenn von Cinemascope-Filmen die Rede ist. Dieses Aufnahme- und Wiedergabe-Verfahren verändert das übliche Höhe/Breite-Verhältnis des Kinobild-Formates von 1:1,33 auf der Projektionswand in 1:2. Durch entsprechende Objektiv-Vorsätze wird das Bild bei der Aufnahme horizontal zusammengepreßt und bei der Projektion in gleichem Maße entzerrt. So wird mit dem normalen Filmformat eine Breitbild-Wiedergabe erreicht. Das für Breitbild-Aufnahmen und Breitwand-Projektion benötigte Objektiv bzw. den dafür benötigten Objektiv-Vorsatz nennt man Anamorphot. Auch für die Kleinbild-Fotografie werden Objektiv-Vorsätze angeboten, die sowohl für die Aufnahme als auch für die Projektion von Breitbildern benutzt werden können. International bekannt sind die Anamorphoten der Fa. Isco in Göttingen, die als Iscorama-Set zu haben sind. Dieses Set besteht aus einem aufwendig konstruierten optischen Vorsatz, einem entsprechenden Zwischenring für die Adaption an das Aufnahme-Objektiv und aus einer Vorrichtung, mit deren Hilfe der Anamorphot vor dem Projektions-Objektiv angebracht werden kann. Breitbild-Aufnahmen und Breitwand-Projektionen erfolgen im Querformat. Das Höhe/Breite-Verhältnis des Kleinbildformates wird dadurch in der Projektion von 1:1,5 auf 1:2,25 verändert.

Abb. 309: *Der Iscorama-Vorsatz.*

Iscorama-Anamorphot 1,5x–54

Der optische Effekt des Zusammenpressens bei der Aufnahme und des Entzerrens bei der Wiedergabe wird durch Zylinderlinsen erreicht. Schaut man z.B. durch den Vorsatz, erkennt man deutlich diesen Vorgang: Quadrate werden zu Rechtecken, Kreise zu Ellipsen. Der hintere Linsendurchmesser des Isco-Anamorphoten beträgt 54 mm. Deshalb können alle Leica R-Objektive von 50 bis 180 mm Brennweite benutzt werden, wenn das Filtergewinde nicht größer als 55 mm im Durchmesser ist. Kürzere Brennweiten als 50 mm führen zu Vignettierungen in den Bildecken. Bei einigen R-Objektiven mit ausziehbaren Gegenlichtblenden kann der Vorsatz nicht ohne zusätzliche Maßnahme tief genug, und damit nicht sicher, eingeschraubt werden. Mit Hilfe des eingeschraubten Filter-Adapters, Bestell-Nr. 14225, wird eine sichere Verbindung erreicht.

Sollen bei der Aufnahme Filter angewandt werden, lassen sich Filter der Serie 7 in den eben erwähnten Filter-Adapter einlegen, bzw. wird anstelle des Adapters ein Leica Einschraubfilter E 55 benutzt. Bei den 50-mm-Objektiven kommt es dann allerdings zu einer geringfügigen Vignettierung in den Bildecken. Für die Aufnahme muß der Vorsatz so ausgerichtet werden, daß das Bild in horizontaler Richtung komprimiert erscheint. Mit Hilfe einer Grifftaste läßt sich das leicht bewerkstelligen. Ganz genau erreicht man das, wenn man die Kamera dabei auf ein Stativ setzt, durch den

Abb. 310 a u. b: *Wird die Höhe des Bildes bei der Aufnahme gestaucht und normal wiedergegeben, erscheint alles viel breiter. Oben: ohne Anamorphot; unten: mit Anamorphot.*

Sucher schaut und sie zunächst ohne Anamorphot auf senkrechte Linien, z.B. auf Hausecken, ausrichtet. Nachdem dann der Vorsatz auf das Objektiv geschraubt wurde, kann man, wiederum beim Blick durch den Sucher, anhand dieser Senkrechten eine ganz exakte Ausrichtung vornehmen.

Die Entfernungseinstellung wird nur am Vorsatz vorgenommen, während das Leica R-Objektiv auf «∞» eingestellt bleibt. Die kürzeste Einstell-Entfernung beträgt dann 2 m. Damit sind auch formatfüllende Porträt-Aufnahmen im Querformat mit dem Elmar-R 1:2,8/135 mm möglich.

Bei der Wiedergabe verfährt man ähnlich wie bei der Aufnahme, d.h. man richtet zunächst den Projektor ohne Vorsatz aus. Wichtig ist, daß man dabei möglichst waagerecht projiziert. Trapezförmige Projektionsbilder, die bei geneigtem Projektor entstehen, machen sich bei einer Breitwand-Projektion störender bemerkbar als bei normaler Projektion. Die Projektionsentfernung, also der Abstand vom Projektor zur Bildwand, wird am Anamorphoten eingestellt (Entfernung ausmessen oder schätzen). Danach wird die Scharfeinstellung am Projektions-Objektiv vorgenommen bzw. korrigiert. Da das Dia um den Faktor 1,5x breiter projiziert wird als normal, verringert sich natürlich auch die Helligkeit des Projektionsbildes entsprechend. Genau so, als würde aus einem größeren Abstand oder mit kürzerer Brennweite projiziert. Bei den lichtstarken Leica Projektoren leidet die Leuchtkraft der Bilder jedoch nicht darunter. Die Absorption des Lichtes durch den Anamorphoten kann vernachlässigt werden – die optische Leistung ist für einen derartigen Vorsatz beachtenswert. Die Wirkung der Breitband-Projektion ist überwältigend!

Optische Spielereien

Der Effekt des Komprimierens in einer Richtung kann auch als Dehnung in einer dazu um 90° versetzten Richtung angesehen werden. Beides läßt sich als bildgestalterisches Element überzeugend einsetzen. Erfolgt z.B. bei einer Landschafts-Aufnahme mit Bergen die Aufnahme mit Anamorphot, die Wiedergabe jedoch ohne, so erscheinen die «verzerrt» wiedergegebenen Berge höher, mächtiger und unüberwindlich. Durch

diese «Steigerung» im Foto läßt sich ein schroffer Gebirgszug viel besser darstellen. Umgekehrt kann auch ein flaches, sportliches Auto noch «geduckter», auf überbreiten Reifen stehend, dargestellt werden, wenn das Bild in senkrechter Richtung komprimiert wird. Je nach Motiv können so Objekte gestaucht oder gestreckt werden. Natürlich sind diese Manipulationen sowohl im Hoch- als auch im Querformat möglich. Diese Art der nicht gestaltgetreuen Abbildung nennt man anamorphotisch.

Panorama-Aufnahmen

Bereits seit den ersten Tagen der Fotografie sind Panorama-Aufnahmen bekannt. Ihrer Faszination konnte und kann sich der Betrachter – damals wie heute – nicht entziehen. Berühmte Kamera-Konstrukteure und Fotografen haben sich mit dieser Aufnahmetechnik beschäftigt. Auch Oskar Barnack hat sich dafür interessiert, wie ein Versuchsmuster einer Panorama-Kamera, die im Leica Museum zu sehen ist, zeigt. Seit den ersten Tagen der Fotografie hat sich die Aufnahmetechnik der Panorama-Aufnahme praktisch nicht verändert, wenn man von der einfacheren Verarbeitung des Filmmaterials und den Möglichkeiten der farbigen Diaprojektion absieht. Ohne Zweifel hat jedoch die Panorama-Projektion mit modernen Leica Projektoren und die bequeme Vergrößerungstechnik mit dem Leica V35 dazu beigetragen, daß sich heute wieder mehr Fotografen für Aufnahme- und Wiedergabetechnik der Panorama-Fotos interessieren. Man kann Panorama-Aufnahmen auf verschiedene Weise fotografieren:

- Mit Spezialkameras, die bei der Aufnahme einen Schwenk bis 360° durchführen und dabei den Film über einen Spalt kontinuierlich belichten, wie z.B. die Panorama-Roundshot 35/35 von Seitz.
- Mit Spezialkameras, die ein bewegliches Objektiv besitzen, das während der Belichtung annähernd einen Halbkreis beschreibt. Dabei wird der kreisförmig angeordnete Film durch einen sich ebenfalls bewegenden Schlitz hindurch belichtet. Ein Versuchsmodell von O. Barnack weist ähnliche Konstruktionsmerkmale auf. Typischer Vertreter einer solchen Kamera ist die Noblex 135 vom Kamera Werk Dresden GmbH.

- Mit Einzelaufnahmen normaler Kameras, z.B. einer Leica R. In dem Fall werden die Einzelbilder zu einem Panorama montiert.

Charakteristisch für «echte» Panorama-Aufnahmen, die mit Spezialkameras fotografiert werden, ist die Zylinderperspektive, das heißt, alle senkrechten Linien bleiben gerade, alle waagerechten biegen sich – je nach Abstand zur Bildmitte – mehr oder weniger stark durch (Abb. 312 b). Wird das Foto zu einem Hohlzylinder gebogen, bzw. projiziert man das Bild auf eine ringförmig angeordnete Leinwand und betrachtet es von der Mitte aus, erscheint es wiederum natürlich. Die gebogenen waagerechten Linien, zum Beispiel einer Häuserfront, nehmen unsere Augen auch beim Drehen des Kopfes wahr. Doch unser Gehirn weiß aus Erfahrung, daß Häuser gerade sind und korrigiert unsere Wahrnehmung entsprechend: Wir «sehen» sie gerade!

Bei Panoramen aus aneinandergesetzten Einzelaufnahmen fehlen zwar die kontinuierlichen Durchbiegungen der Waagerechten, dafür entstehen jedoch «Knickstellen» an den Stoßkanten der Einzelbilder (Abb. 312 c). Diese Wiedergabe-Merkmale fehlen bei Kameras für Breitbild-Aufnahmen, wie zum Beispiel der Technorama von Linhof. Streng genommen handelt es sich bei den Bildern dieser Kamera um Weitwinkelfotos mit von der Norm abweichendem Seitenverhältnis des Aufnahmeformates.

Wer heute von Panorama-Aufnahmen spricht, denkt dabei auch an die Leicavision-Vorträge, mit denen bekannte Fotografen immer wieder beweisen, daß man mit jeder Leica R und Leicaflex ohne besondere Hilfsmittel derartige Bilder fotografieren kann. Allerdings müssen einige Fakten bei der Aufnahme und bei der Wiedergabe berücksichtigt werden, wenn man die besondere Wirkung, die von derartigen Panoramen ausgeht, ohne Einschränkungen genießen will. Zunächst muß man wissen, daß sich nicht jedes Motiv für ein Panorama-Bild eignet. Ein wenig Übung gehört schon dazu, den wirkungsvollsten Ausschnitt zu entdecken, wenn man sich bisher in seiner Umwelt nur nach Sujets für das Format der normalen Kleinbild-Aufnahme umgesehen hat. Leider gibt es auch keine Spezialsucher für Panorama-Aufnahmen. Der Fotograf muß deshalb nacheinander die einzelnen Ausschnitte betrachten,

die dann später aneinandergefügt werden. Ein gewisses «inneroptisches» Vorstellungsvermögen des Fotografen ist deshalb von Vorteil. Daran ändert sich auch nichts, wenn man mit mehreren Kameras arbeitet, die man auf einer Schiene oder einem Brett montiert hat. Grundsätzlich gilt, daß Panorama-Motive um so schwieriger aufzuspüren sind, je größer der Aufnahmewinkel der Kamera ist bzw. je mehr Einzelaufnahmen aneinandergereiht werden. In der Regel wird man deshalb mit einer einzigen Kamera auskommen, mit der man aus der Hand, also ohne Stativ, zwei Bilder nacheinander fotografiert. Panorama-Köpfe auf Stativen oder nebeneinander auf einer Schiene montierte Kameras sind dafür also nicht unbedingt erforderlich. Im Gegenteil, die Vorteile der schnellen Leica R und Leicaflex werden damit verschenkt. Außerdem hat diese Methode den Vorteil, daß die Teilbilder mit derselben Kamera und demselben Objektiv auf denselben Film belichtet sowie im selben Entwickler zur gleichen Zeit entwickelt werden und damit dieselbe «Charakteristik» besitzen.

Damit sich die Aufnahmen bei der Wiedergabe nahtlos aneinanderfügen, merkt man sich im Sucher entsprechende «Passer». Fotografiert man zum Beispiel zuerst das linke Teilbild, so merkt man sich in der äußersten rechten unteren oder oberen Sucherecke ein markantes Motivdetail. Bei den Leica R-Modellen ist das besonders einfach, weil die Sucherecken kaum abgerundet sind. Beim Schwenk zum rechten Teilbild hat man dann einen genauen Anhaltswert dafür, wie weit geschwenkt werden muß. Die Horizontalebene kann ebenfalls durch die waagerechten Begrenzungen des Sucherbildes ausreichend genau beobachtet und exakt eingehalten werden. Noch leichter gelingt das allerdings mit der zur Leica R angebotenen Vollmattscheibe mit Gitterteilung. Das weiter oben im Text als «Passer» apostrophierte markante Motivdetail ist jedoch nur ein Anhaltswert. Da die Sucherbilder der Leica R- und Leicaflex-Modelle nur das zeigen, was in etwa bei der Diaprojektion zu sehen ist, muß man ein wenig über diesen Passer hinausschwenken. Wie weit, das ist bei Diapositiven von der Art der verwendeten Diarähmchen abhängig. Einige Testaufnahmen sind deshalb unerläßlich.

Abb. 311 a u. b: *Im Vergleich läßt sich das Prinzip der Breitwand-Wiedergabe gut darstellen. Während der Aufnahme wird das Bild durch den Anamorphoten auf die normale Negativgröße «zusammengedrängt» (rechts). Bei der Projektion wird das Bild dann wieder entzerrt und in übergroßer Breite projiziert (unten).*

Qualitäts-Kriterium: die exakte Belichtung

Die Teilbilder der Panorama-Aufnahme müssen exakt gleich belichtet werden. Bei Aufnahmen mit der Leica R sollte deshalb die Automatik generell ausgeschaltet und die Belichtungszeit manuell eingestellt werden. Selbst ganz gleichmäßig ausgeleuchtete Landschaften zeigen geringe unterschiedliche Belichtungsmeßwerte beim Schwenken, wie das für Panorama-Aufnahmen nötig ist. Erfolgt dabei eine Korrektur durch die Belichtungs-Automatik oder von Hand, dann ist zwar jedes Teilbild (für sich) optimal belichtet, doch an den Stoßkanten werden die feinsten unterschiedlichen Dichten deutlich sichtbar.

Selbstverständlich muß diese Tatsache auch bei der Wiedergabe beachtet werden. Beim Projizieren müssen die Projektoren den gleichen Lichtstrom liefern! Das

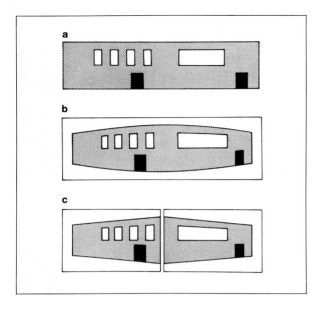

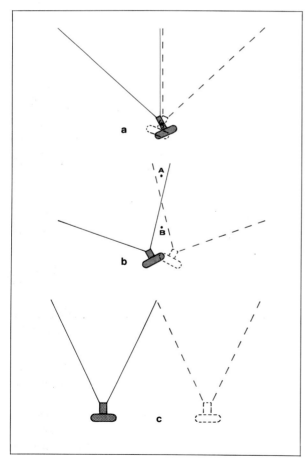

Abb. 312: Die Fassade eines langgestreckten Gebäudes, wie sie vom Fotografen wahrgenommen und bei einer Frontalaufnahme abgebildet wird (a). Durch die Zylinderperspektive werden waagrechte Linien bei «echten» Panorama-Aufnahmen um so stärker tonnenförmig durchgebogen, je weiter sie von der Bildmitte entfernt sind (b). Wird ein Panorama aus einzelnen Aufnahmen zusammengefügt, entstehen Knickstellen an den Stoßkanten (c). Jede einzelne Abbildung erfolgt nach den Gesetzen der Zentral-Perspektive.

Abb. 313: Der ideale Schwenk für eine Panorama-Aufnahme erfolgt um einen Drehpunkt, der mit der Eintrittspupille des jeweiligen Objektivs zusammenfällt; in der Regel liegt dieser Drehpunkt damit in der Mitte des Objektivs (a). Aus freier Hand kann diese ideale Voraussetzung kaum eingehalten werden. Im Hintergrund sind deshalb häufig die gleichen Motivdetails (A) sowohl im linken als auch im rechten Bildteil zu sehen. Im Vordergrund entstehen manchmal Schwierigkeiten, weil das im linken Teilbild zu erkennende Detail keine Fortsetzung im rechten Bild findet. Man kann diesen Effekt benutzen, um störende Objekte im Vordergrund (B) verschwinden zu lassen. Bei Nahaufnahmen hat sich anstelle des Schwenks ein seitliches Versetzen der Kamera bewährt (C). Dabei muß die Versatzebene eingehalten werden, weil das Objekt sonst in unterschiedlichen Abbildungsmaßstäben wiedergegeben wird.

setzt voraus, daß die Projektionslampen genau justiert sind. Auch die unterschiedliche Brenndauer der verschiedenen Lampen kann zu geringen unterschiedlichen Helligkeiten führen. Eventuell muß man die etwas dunklere Projektionslampe durch eine neue ersetzen.

Beim Vergrößern wird für die einzelnen Teilbilder jeweils die gleiche Papiergradation, die gleiche Filterung (bei Farbaufnahmen) und die gleiche Belichtungszeit eingesetzt. Auch die Papierentwicklung muß für alle Teilbilder identisch sein!

Ein Neigen der Kamera nach oben oder unten läßt bei streng geometrischen Objekten, wie zum Beispiel bei Häuserfronten, stürzende Linien entstehen, durch die sich Einzelbilder nicht mehr zusammenfügen lassen (Abb. 314). Hier kann man einen kleinen Trick anwenden. Man wählt als «Nahtstelle» einen Baumstamm, einen Laternenmast oder ähnliche Gegenstände im Vordergrund. Ob bei der Wiedergabe die

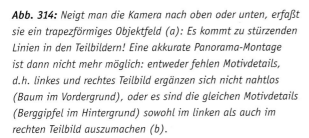

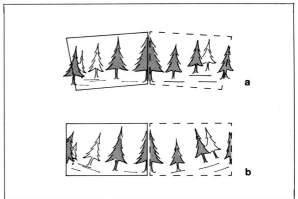

Abb. 314: *Neigt man die Kamera nach oben oder unten, erfaßt sie ein trapezförmiges Objektfeld (a): Es kommt zu stürzenden Linien in den Teilbildern! Eine akkurate Panorama-Montage ist dann nicht mehr möglich: entweder fehlen Motivdetails, d.h. linkes und rechtes Teilbild ergänzen sich nicht nahtlos (Baum im Vordergrund), oder es sind die gleichen Motivdetails (Berggipfel im Hintergrund) sowohl im linken als auch im rechten Teilbild auszumachen (b).*

Abb. 315: *Durch zusätzliches Verkanten (a) kann zwar bei geneigter Kamera eine bessere Paßgenauigkeit an den Stoßkanten erreicht werden; die stürzenden Linien werden jedoch an den äußeren Bildrändern des Panoramas deutlich verstärkt, und alle waagerechten Linien, z.B. der Horizont, werden zu schiefen Ebenen ausgebildet (b). In der Praxis sind kleinere «Fehler» oft unvermeidbar. Meistens wird die Bildwirkung dadurch jedoch nicht beeinträchtigt.*

Durchmesser dieser Objekte ganz der Wirklichkeit entsprechen, ist meist unerheblich, ebenso, wenn sie sich etwas verjüngen. Natürlich muß diese «Korrektur» bewußt mit in die Bildgestaltung einbezogen werden. In vielen Fällen hat sich bei Panorama-Aufnahmen auch das PC Super-Angulon-R 1:2,8/28 mm bewährt. Allerdings muß mit diesem Objektiv vom Stativ aus gearbeitet werden. Die Plazierung der Stoßkanten im Motiv ist oft entscheidend für das spätere Zusammenpassen. In der Regel sind großflächige Motivdetails mit wenigen waagerechten Linien oder eine Vielzahl von unregelmäßigen Strukturen gleichermaßen problemlos. Außerdem sollten die Stoßkanten die für die Bildaussage wichtigen Motivdetails auf keinen Fall «zerschneiden». Zum Beispiel wird man bei einer Stadtansicht von Paris nicht gerade den Eiffelturm in die Nahtstelle verlegen. Die praktische Erfahrung zeigt, daß mit längeren Brennweiten leichter Erfolge zu erzielen sind als mit kurzen, weil bei Tele-Aufnahmen der Vordergrund meist nicht im Bild erscheint. Je mehr Ebenen (Vorder-, Mittel- und Hintergrund) an den Stoßkanten zusammengefügt werden müssen, um so exakter muß die Ka-

mera geschwenkt werden (Abb. 313). Bei Nahaufnahmen wird häufig ein besseres Ergebnis erreicht, wenn die Kamera versetzt und nicht geschwenkt wird (Abb. 313 c).

Korrekturen bei der Montage

Viel Geduld erfordert das paarweise Montieren der Diapositive, denn geringfügige Korrekturen erweisen sich meist als notwendig. Deshalb benutzt man am besten Rahmen, in denen sich das Dia ein wenig verschieben, aber dennoch fixieren läßt, wie zum Beispiel bei den Rähmchen von Gepe. Bei anderen Diarahmen, zum Beispiel Perrotcolor, kann das Diapositiv notfalls mit einem kleinen Stückchen Klebeband positioniert werden.

Beim Zusammenfügen der Papiervergrößerungen beschneidet man zunächst eine Seite einer Vergrößerung: entweder vom linken Teilbild den äußersten Rand der rechten Seite oder vom rechten Bild den äußersten linken Rand. Dieser erste Schnitt kann mit einer normalen Papierschneidemaschine vorgenommen werden oder mit

Abb. 316–318: *Die Wahl der jeweils geeigneten Brennweite spielt bei Panorama-Aufnahmen eine große Rolle. Unter Beachtung einiger weniger Regeln können alle Leica R-Objektive benutzt werden. Beispiele dafür sind diese Bilder, die alle aus freier Hand fotografiert wurden. Fischerdorf in Goa: Summicron-R 1:2/35 mm, 1/250s, Bl. 5–11. Straßenszene in Dubai: Summicron-R 1:2/90 mm, 1/500s, Bl. 5,6. Giglachsee mit Ignaz-Mattis-Hütte: Elmarit-R 1:2,8/28 mm, 1/125s, Bl. 11.*

Eisenlineal und Messer erfolgen. Danach legt man die beschnittene Bildkante auf das dazugehörige zweite Teilbild und richtet das Foto so aus, daß sich die Bilddetails beider Aufnahmen deckungsgleich ergänzen. Danach muß – entsprechend – das Eisenlineal aufge-legt und das zweite Teilbild beschnitten werden. Anschließend werden die übrigen Bildränder bearbeitet. Kleine Unregelmäßigkeiten beim Zusammenpassen lassen sich durch eine «neutrale Naht» zwischen den Teilbildern vertuschen: Bei Vergrößerungen zieht man die Bilder mit einigen Millimetern Abstand auf, zum Beispiel auf schwarzen Karton; bei der Projektion richtet man die Projektoren so aus, daß zwischen den Bildern deutlich eine Trennung wahrgenommen werden kann. Diese Trennähte, die auch bei den hier veröffentlichten Bildbeispielen miteinbezogen wurden, verdeutlichen die Aufnahmetechnik und stören den Gesamteindruck der Wiedergabe nicht. Sie wirken ästhetischer als ein unpräzises Überlappen.

VOM ERINNERUNGSFOTO ZUM GESTALTETEN BILD

Erstklassige Fotos – gute Bilder – sind das Ergebnis einer langen Kette exzellenter Einzelleistungen. Weist auch nur ein Glied in dieser Kette Mängel auf, leidet das Ergebnis darunter. Deshalb kann eine Kamera allein niemals die Garantie für hervorragende Fotos sein. Auch, wenn die Werbung das manchmal verspricht. Ein bekannter Fotograf hat einmal gesagt: „Kein Fotoapparat ist imstande, schlechte Fotos zu machen, dies können nur die Fotografen." Und selbst wenn man die Kamera wie im Schlaf beherrscht, ist man noch lange kein guter Fotograf. Wer glaubt, daß mit dieser Fähigkeit schon alles erreicht ist, der irrt. Damit fängt es nämlich erst an. Die weitaus meisten Fotos werden als Erinnerungsbilder fotografiert. Sie dienen – oft als «Knipsbilder» betitelt und damit ungerechter Weise abwertend bezeichnet – lediglich zur Erinnerung an ein «Ereignis». Diese Fotos können nur den Fotografen selbst und die unmittelbar Dabeigewesenen erinnern. Unbeteiligte wissen nicht, um was es geht. Selbst wenn ein geschmückter Tannenbaum im Foto zu erkennen ist und auf Weihnachten hinweist, bleibt dem Außenstehenden noch verborgen, wo das war, wie das war, wer das war, wann – in welchem Jahr – das war, usw., usw.. Das Erinnerungsfoto ist wie eine kurze handschriftliche Notiz. Es läßt Vergangenes vor dem «inneren Auge» wieder lebendig werden. «Erscheint» dem Betrachter z.B. die im Foto nur winzig klein abgebildete Person wieder in voller Größe, wobei er auf dem weißgeblümten Kleid sogar noch den großen Sahnetorte-Flecken «erkennen» kann, dann hat das Erinnerungsfoto seinen Zweck erfüllt. Der Betrachter erinnert sich und «sieht» es auch so: „Das war doch die Geschichte, als Onkel Emil, der alte Charmeur, der Elfriede die tolldreiste Story vom Vetter Hans erzählte, worauf ihr dann vor Schreck das Tortenstück vom Teller glitt ... ." Erinnerungen werden geweckt, die die Phantasie beflügeln – durch ein Foto, auf dem Nichtbeteiligte nichts als «Gegend» und einen kleinen weißbunten Fleck erkennen können!

Das Erinnerungsfoto, das Knipsbild, kann in der Regel nicht die Ansprüche erfüllen, die an ein gutes Bild von allgemeinem Interesse gestellt werden. Sie im einzelnen zu erläutern, würde allerdings den Rahmen dieses Buches sprengen. Daher sollen nur die wichtigsten Kriterien für ein gestaltetes Bild erwähnt werden. Zum Beispiel, daß uns ein gutes Bild informiert und/oder unser ästhetisches Empfinden anspricht und/oder unsere Gefühle beeinflußt. Ist keines dieser drei Elemente in einem Bild enthalten, weckt es in uns keine Aufmerksamkeit. Dabei fällt die Entscheidung darüber, ob uns das Bild anspricht oder nicht, bereits in der ersten 1/100 Sekunde beim Betrachten.

Warum verschiedene Brennweiten

Das Sprichwort: «Ein Bild sagt mehr als tausend Worte» wird im Zusammenhang mit der Fotografie oft zitiert. Unausgesprochen bleibt dabei, ob das fotografische Bild auch die Wahrheit sagt: ob es echte, d.h. unverfälschte Informationen enthält oder ob die Bildaussage, die der Fotograf anstrebte, auch im Foto enthalten ist. Die Meinung, daß man alles fotografieren kann, was man sieht, ist weit verbreitet. Auch, daß das Foto-Objektiv ein Bild ähnlich wie das menschliche Auge erzeugt.

Beide Meinungen treffen allerdings nicht ganz den Kern der Sache. Deshalb ist es auch nicht verwunderlich, wenn häufig zusätzlich viele erklärende Worte zu einem Foto gegeben werden müssen, obwohl im Motiv selbst alle Einzelheiten deutlich erkennbar waren. Geht man der Frage nach dem Warum nach, so zeigen sich deutliche Unterschiede zwischen «sehen» und «fotografieren». Die wesentlichsten sind, daß wir räumlich, also dreidimensional sehen, jedoch zweidimensional fotografieren, und daß die Wahrnehmungen unserer Augen erst in unserem Gehirn zu einem Bild zusammengefügt werden. Dabei werden die «Bildfehler» unserer Augen, z.B. verursacht durch eine falsche Betrachtungsweise, mit unseren Erfahrungen verglichen und gegebenenfalls korrigiert. Der wohl gravierendste Unterschied zwischen Auge und Kameraobjektiv ist jedoch, daß unser Auge unbewußt selektiert und damit das Bild gewichtet. Man kann auch sagen, wir sehen nur das, was uns interessiert. Das Objektiv der Kamera bildet dagegen alles ungewichtet ab, was durch den Aufnahmewinkel erfaßt wird – Banales und Wesentliches mit gleicher Deutlichkeit. Mit anderen Worten, die Bilder, die von der Linse eines menschlichen Auges oder vom Objektiv einer Kamera erzeugt werden, sind zwar weitgehend identisch, doch «sehen» wir Menschen ein anderes Bild, als die Kamera registriert. Für den Fotografen ist es deshalb wichtig, sich die «Betrachtungsweise» seiner Kamera anzueignen. Er sollte dabei vor allem auf alles Unwesentliche und Störende im Bild achten und selektieren, d.h. nur das fotografisch registrieren, was wirklich wichtig ist. Gelingt ihm das, wird es kaum Schwierigkeiten geben, echte und unverfälschte Informationen in einem fotografischen Bild wiederzugeben oder die Bildaussage zu optimie-

Abb. 319–321: Könnte der Bildausschnitt erst nach der Aufnahme ohne Qualitätsverlust in der Wiedergabe festgelegt werden, wären unterschiedliche Brennweiten, also Wechselobjektive überflüssig. Ein Super-Weitwinkel-Objektiv wäre dann ausreichend. Die gewünschte Perspektive ließe sich durch den Aufnahme-Standort erreichen, der Ausschnitt könnte dann in der Dunkelkammer oder bei der Projektion bestimmt werden. Der Vergleich auf diesen Seiten macht die Zusammenhänge deutlich. Er beweist einerseits, daß die Perspektive durch den Aufnahme-Standort bestimmt wird und nicht durch die Brennweite. Andererseits läßt er erkennen, daß eine nachträgliche Ausschnittsvergrößerung normalen Qualitätsansprüchen nicht gerecht wird.

Vom gleichen Standort aus mit verschiedenen Brennweiten fotografiert, werden bei einem Brennweiten-Vergleich vom Motiv unterschiedliche Ausschnitte erfaßt (Abb. 320 a–c). Entsprechend unterschiedlich sind auch die Größen, mit denen die beiden Mädchen und die Burg wiedergegeben werden. In jedem Bild ist jedoch das Größenverhältnis von den Mädchen im Vordergrund zur Burg im Hintergrund gleich. Mit anderen Worten: die Perspektive ist in allen Aufnahmen des Brennweiten-Vergleiches gleich!

Abb. 319: Mit einer Ausschnittsvergrößerung aus der 21 mm-Aufnahme des Brennweiten-Vergleichs (Abb. 320 a) werden zwar Perspektive und Ausschnitt wie bei einer Aufnahme vom gleichen Standort mit 135 mm Brennweite erreicht (Abb. 320 c und 321 c), doch die Wiedergabe-Qualität leidet erheblich darunter. Deshalb sind Wechselobjektive mit unterschiedlichen Brennweiten so wichtig!

Abb. 320 a–c: *Brennweiten-Vergleich*
Die Wahl der Brennweite bestimmt den Bildausschnitt – nie die Perspektive. Damit läßt sich eine der wichtigsten Voraussetzungen für die qualitativ hochwertige Wiedergabe einer Kleinbild-Aufnahme erfüllen: das Motiv formatfüllend zu erfassen.
Alle Aufnahmen entstanden aus einer Entfernung zu den Mädchen von ca. 27 Meter mit 21 mm, 50 mm und 135 mm Brennweite.

Abb. 321 a–c: *Perspektiven-Vergleich*
Die Wahl des Aufnahme Standortes bestimmt die Perspektive. Damit läßt sich der räumliche Eindruck im zweidimensionalen Foto beeinflussen und gestalterisch nutzen. Der entsprechende Bildausschnitt wird durch die Wahl der Brennweite festgelegt. Mit 21 mm Brennweite wurden die Mädchen aus einer Entfernung von ca. 4 m fotografiert; mit 50 mm aus ca. 10 m und mit 135 mm aus etwa 27 m Entfernung.

ren. Und dann stimmt auch das viel zitierte Sprichwort vom Bild, das mehr sagt als tausend Worte.

Standort und Perspektive

Für eine gute fotografische Aufnahme sind zwei Voraussetzungen von besonderer Bedeutung:
- der Standort, von dem aus wir fotografieren, und
- der Ausschnitt, den wir dabei mit unserer Objektivbrennweite erfassen.

Durch den Aufnahmestandort wird die Perspektive bestimmt. Sie äußert sich in der unterschiedlich großen Wiedergabe der in der Raumtiefe gestaffelten Objekte. Je weiter etwas von der Kamera entfernt ist, um so kleiner wird es abgebildet. Typisch für diese Art der Wiedergabe sind die sich in der Ferne, im Fluchtpunkt, vereinenden parallelen Linien, wie zum Beispiel ein Schienenstrang.
Unser Eindruck von der perspektivischen Wiedergabe im Foto ist auch von der Bildgröße und dem Betrachtungsabstand abhängig. Um die gleichen Betrachtungsbedingungen für unser Auge zu bekommen, wie die, die unser Foto-Objektiv während der Aufnahme hatte, müßten wir das Originalbild von 24 x 36 mm Größe (Kleinbild-Format) aus dem Abstand betrachten, der der Aufnahme-Brennweite entspricht. Am einfachsten wäre es, die Kontaktkopie von einer 21 mm-Weitwinkel-Aufnahme aus 21 mm Abstand, die Kontaktkopie einer 90 mm-Aufnahme aus 90 mm Abstand usw. anzuschauen. Das ist jedoch unmöglich, weil diese Betrachtungsabstände zu gering sind. Die Fotos werden also zwangsläufig aus größeren Abständen betrachtet. Wenn dabei der gleiche perspektivische Eindruck beibehalten werden soll, muß das Bildformat entsprechend mitwachsen. Den Faktor für die Vergrößerung erhält man, wenn der Betrachtungsabstand durch die Aufnahme-Brennweite dividiert wird.
Der normale Betrachtungsabstand (deutliche Sehweite) beträgt 25 cm. Wenn die für die Aufnahme benutzte Brennweite bekannt ist, läßt sich für diesen Betrachtungsabstand der Faktor für eine perspektivisch richtige Vergrößerung wie folgt ermitteln:

Aufnahme mit Super-Angulon-R1:4/21 mm
Betrachtungsabstand: 25 cm (250 mm)

Vergrößerungsfaktor: $\frac{250}{21}$ = 11,9x

Bildformat demnach: 28,5 x 42,8 cm

Aufnahme mit Macro-Elmarit-R1: 2,8/60 mm
Betrachtungsabstand: 25 cm (250 mm)

Vergrößerungsfaktor: $\frac{250}{60}$ = 4,16x

Bildformat demnach: 9,98 x 14,97 cm

Das letzte Beispiel macht vielleicht deutlich, warum das 60 mm-Objektiv bei vielen Fotografen so hoch im Ansehen steht. Bei den heute üblichen Papierformaten (10 x 15 cm) der Kopieranstalten werden die mit diesem Objektiv fotografierten Aufnahmen fast ideal zurückvergrößert: Der Fotograf empfindet die Wiedergabe als «sehr natürlich».
Durch die Zentralperspektive, so der vollständige Name, wird beim zweidimensionalen Bild im wesentlichen die Tiefe des Bildes bestimmt, also ein räumlicher Eindruck vermittelt. Beim Betrachten eines zweidimensionalen Bildes werden von uns allerdings auch der Verlauf von Licht und Schatten im Foto zur Orientierung der Raumtiefe herangezogen, genauso wie Unschärfe im Vorder- und Hintergrund.
Indem man von ganz unten, aus der Froschperspektive, oder von ganz oben, aus der Vogelperspektive, foto-

grafiert, läßt sich der räumliche Eindruck eines Fotos manchmal auch zusätzlich steigern. Bei Fernsichten ersetzt leichter Dunst, die Luftperspektive, im Bild die fehlende dritte Dimension, d.h. die Tiefe. Seine charakteristische Form zeigt ein Objekt nicht von allen Seiten. Der Fotograf muß den «richtigen» Standpunkt aufspüren. In der Regel wird eine Teekanne zum Beispiel von der Seite dargestellt. Henkel und Tülle, die der Kanne ihr charakteristisches Aussehen verleihen, sind dabei eindeutig auszumachen (siehe Abb. 322 c). Selbstverständlich ist diese Wiedergabe für den Fotografen nicht zwingend, aber wenn er die Teekanne von einem anderen Standpunkt in einer anderen Sicht wiedergibt, dann muß er sich der Wirkung bewußt sein und sie bewußt so fotografieren.

Der richtige Aufnahmestandort ist außerordentlich wichtig. Ihn zu ermitteln, erfordert vom Fotografen oft Geduld, Beobachtungsgabe, Einfallsreichtum und Erfahrung. Manchmal auch ein wenig Mut, Neues zu wagen. Fast immer entscheidet auch der Standort mit darüber, ob es dem Fotografen gelingt, ein aussagekräftigen Bild einzufangen oder nicht.

Der richtige Bildausschnitt

Jede Aufnahme kann nur ein Ausschnitt dessen sein, was wir sehen. Für den Fotografen kommt es darauf an, innerhalb des Ausschnitts das Wesentliche abzubilden und – ganz wichtig – dieses Wesentliche so im Ausschnitt zu arrangieren oder zu plazieren, daß ein Bild daraus wird.

Den «richtigen» Bildausschnitt vom günstigsten Standort aus festzulegen, bereitet fototechnisch keine Schwierigkeiten. Dabei kommt es nicht nur aus forma-

len Gründen darauf an, den Bildinhalt auf das Wesentliche zu konzentrieren, d.h. bis in die Ecken formatfüllend zu fotografieren. Auch aus Gründen der Wiedergabe-Qualität ist das wichtig, weil beim Kleinbildformat von 24 x 36 mm nur dann eine hervorragende Wiedergabe-Qualität erwartet werden kann, wenn möglichst die gesamte Negativfläche beim Vergrößern ausgenutzt wird. Eine (geringe) Ausschnittvergrößerung sollte nur für die letzte kompositorische Feinkorrektur nötig sein! Bei Diapositiv-Aufnahmen ist eine formatfüllende Aufnahme sogar unumgänglich, weil spätere Ausschnittkorrekturen so gut wie unmöglich sind.

Vom Super-Weitwinkel über Fisheye- und Makro-Objektive bis hin zum extremen Tele-Objektiv reicht die Palette der sorgfältig aufeinander abgestimmten Brennweiten der Leica R-Objektive. Vom gleichen Aufnahmestandpunkt aus kann man damit durch einfaches Wechseln der Brennweiten unterschiedlich große Ausschnitte fotografieren. Wichtig zu wissen: die Perspektive verändert sich dabei nicht! Sie wird nur durch Veränderung des Aufnahmestandortes beeinflußt. Wird dabei auch gleichzeitig die Brennweite gewechselt, dient das lediglich der Korrektur des Bildausschnitts.

Fotografisch sehen lernen

Bewußt so zu sehen, wie das Foto-Objektiv ein Motiv abbildet – ein Bild entwirft – muß man üben. Derartige Übungen werden von angehenden Malern und Zeichnern ebenfalls absolviert. Sie lernen dadurch die in der Tiefe des Raumes gestaffelten Objekte so in ihren Proportionen zueinander auf zweidimensionalen Leinwänden und Zeichenblättern darzustellen, daß ein räumlicher Eindruck entsteht. Dabei messen sie die Gegen-

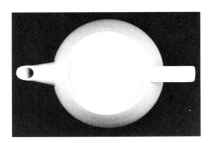

Abb. 322 a–e: *Eine gute fotografische Wiedergabe zeigt in der Regel deutlich das Charakteristische, das Typische eines Objektes (drittes Bild von links). Auf der Suche nach einer außergewöhnlichen Darstellung – einer anderen Sicht – sollten charakteristische Merkmale erkennbar bleiben. Beim letzten Bild gelang das dadurch, daß diese durch den Schatten verdeutlicht werden.*

Abb. 323 a u. b: Durch verschiedene perspektivische Darstellungen kann die gleiche Situation unterschiedlich interpretiert werden. Aus dem oberen Bild kann man leicht die Schuld des Autofahrers ableiten, weil das Fahrzeug erst viele Meter nach der Karambolage zum Stehen kam. Fazit: der Fahrer wird wohl zu schnell gefahren sein! Dagegen zeigt die untere Abbildung deutlich, daß der PKW sofort zum Stehen kam. Also wird er relativ langsam gefahren und der Motorradfahrer unvorsichtig gewesen sein!

stände bei ausgestrecktem Arm mit dem Pinselstiel oder Zeichenstift an. Natürlich kommt es nicht darauf an, die Objektgrößen in Zentimetern oder Millimetern auszumessen. Wichtig ist nur das Erkennen, in welchen Größenrelationen die einzelnen Motivdetails zueinander stehen. Die so ausgemessene Perspektive läßt sich leicht auf Leinwand oder Zeichenpapier übertragen. Wir Fotografen können die gleichen Übungen mit einem Diarähmchen nachvollziehen. Schaut man mit einem Auge durch das Bildfenster, läßt sich der Ausschnitt leicht bestimmen. Mit Hilfe der Begrenzung,

also mit den kurzen und langen Seiten des Aufnahmeformates, können die Objekte angemessen und ihre Relation zueinander gut erkannt werden. Der Abstand des Diarähmchens zum Auge simuliert die Brennweite. Bei 5 cm Abstand haben wir den Effekt einer 50 mm-Brennweite. Bei kürzerem Abstand zeigt sich die Wirkung eines Weitwinkel-Objektivs, bei größerem Abstand die einer langen Brennweite. Wie sich Bildaufbau und Wirkung verändern, wenn ein anderer Standpunkt eingenommen und/oder der Ausschnitt variiert wird, läßt sich mit Hilfe des Diarahmens leicht beobachten. In der fotografischen Praxis übernehmen dann Kamerasucher und Wechselobjektive die Rolle des in unterschiedlichem Abstand vor das Auge gehaltenen Diarahmens.

Beherrscht der Fotograf erst einmal das Spiel mit Perspektive und Bildausschnitt, so kann er den Informationsgehalt eines Bildes steigern bzw. den Aufmerksamkeitswert des Fotos erhöhen. Er kann dann motivliche Eigenarten betonen, eine optische Anpassung an unkonventionellen Sujets vornehmen und situationsbedingte Mängel ausgleichen. Er kann den Bildinhalt symbolisch übersteigern und das abgebildete Objekt dadurch charakterisieren oder künstlerisch verfremden, es damit idealisieren. Einfacher gesagt: er kann damit beginnen, Bilder zu gestalten.

Licht beurteilen

Jeder Fotograf sollte eine Art von «Beleuchtungssinn» entwickeln. Durch ständiges Beobachten des Lichts und dessen Wirkung, aber auch durch eigene Aufnahmen, wird er bald erfahren, daß die Welt am frühen Morgen anders ausschaut als am Mittag. In der Glut der prallen Sommersonne sehen Dinge ganz anders aus, als an einem trüben Novembertag oder im milden Licht des Winters. Weil ein Lichtbild – eine Fotografie – ohne Licht nicht auskommt, steht die Beurteilung des Lichtes vor allen anderen Erwägungen. Sicherheit in der Beurteilung des Lichts setzt Erfahrung voraus. Erfahrung durch Üben. Auch ohne Kamera kann man Licht und Schatten beurteilen sowie Reflexe beobachten. Jeder Fotograf sollte die alltäglichen Lichtsituationen, die ihn ständig umgeben, deshalb als Lehrbeispiele nutzen und (sozusagen pausenlos) daran trainieren.

Abb. 324 a u. b: Licht prägt jedes Foto. Seine vielfältigen Erscheinungsformen zu beobachten und zu lernen, deren Wirkung zu beurteilen, ist für den Fotografen außerordentlich wichtig. Nur wenn er das beherrscht, kann er sein Motiv «ins rechte (fotogene) Licht rücken».

Neben den rein licht- und fototechnischen Aspekten, die ohne Zweifel bei der Beurteilung eines Fotos eine wichtige Rolle spielen, ist die Ästhetik des Bildes von entscheidender Bedeutung. Sich mit der Lehre von der Wahrnehmung, im engeren Sinne der Wahrnehmung des Schönen, zu beschäftigen, ist deshalb für jeden Fotografen zwingend, sofern er sich vervollkommnen möchte. Auch wenn die Ästhetik in Fotobüchern und -zeitschriften nur selten thematisch Beachtung findet, so steht doch außer Zweifel, daß «das Schöne» einen hohen Stellenwert besitzt. Nicht nur unter Fotointeressierten endet allerdings häufig jede Diskussion über die «Schönheit» von Bildern mit den Argumenten, «die Geschmäcker seien halt verschieden, und unterschiedliche Auffassungen führten eben zu unterschiedlichen

Ergebnissen». Unbestritten ist jedoch, daß bestimmte Regeln und Voraussetzungen zu beachten sind, wenn etwas «schön» werden soll.

Eine der bekanntesten Regeln für die Bildkomposition bei Landschaftsaufnahmen besagt, daß der Horizont (natürlich exakt waagerecht) nicht durch die Bildmitte verlaufen sollte. Um eine spannungslose, meist langweilige Teilung des Bildes in zwei Hälften zu vermeiden, wird geraten, ihn im oberen oder unteren Drittel des Bildformates anzuordnen. Diese Empfehlung folgt dem Prinzip des Goldenen Schnittes.

Der Goldene Schnitt

Hinter dem Goldenen Schnitt verbirgt sich der mathematische Begriff der stetig geteilten Strecke. Laut Rechenduden kann man sagen: «Eine Strecke heißt stetig geteilt, wenn sich die ganze Strecke zum größeren Abschnitt verhält wie dieser zum kleineren Abschnitt.» Mit Lineal und Zirkel läßt sich jede beliebige Strecke nach dem Goldenen Schnitt teilen und mit einer Formel selbstverständlich auch berechnen. Selbst wenn es sehr weit hergeholt scheint, das «Schöne» kann gewissermaßen konstruiert und mathematisch erfaßt werden. Denn in der Tat, wir empfinden eine Darstellung als schön, wenn sich ihre Proportionen so darbieten, daß sich die kleineren Ausmaße zu den größeren jeweils so verhalten wie die größeren zum Ganzen. Angenähert, doch für die Praxis völlig ausreichend, heißt das in Zahlen ausgedrückt, wenn sie sich wie 3:5, 5:8, 8:13, 13:21 usw. verhalten. Fotografisch umgesetzt bedeuten das, daß uns ein Foto von einem Menschen spontan zusagt, wenn die Person im Bild sich nicht in der Bildmitte, sondern im Goldenen Schnitt befindet, also ihre Entfernungen vom rechten und linken Bildrand sich wie etwa 3:5 verhalten. Selbstverständlich läßt sich das Verhältnis rechts zu links auch in links zu rechts umkehren und gilt natürlich auch für oben zu unten bzw. für unten zu oben. In jedem Bildformat besteht daher die Möglichkeit, ein Objekt im Bild an vier verschiedenen Stellen im Goldenen Schnitt zu positionieren.

Schon die klassischen Altmeister der Malerei haben sich mit dem Phänomen «Goldener Schnitt» auseinandergesetzt. Sie wußten, daß im Gegensatz zur strengen Symmetrie in einem Bild die asymmetrische Gliederung in einer Bildkomposition lebendig und wie zufällig angeordnet wirkt, vom Betrachter aber dennoch als harmonisch empfunden wird. Warum? Auch dafür haben die alten Meister eine überzeugende Erklärung gefunden, die noch heute plausibel klingt. Danach ist unsere Urteilskraft in den Verhältnissen verwurzelt, in die wir Menschen hineingeboren werden – in eine fertige Welt mit fertigen Erscheinungsformen. In ihr verhalten sich z.B. die Entfernungen der Planeten voneinander wie 3:5 bzw. 5:8 bzw. 8:13 usw.. Auch der

Abb. 10A u. 10B: Auf den Standort kommt es an. Hier war es die sogenannte Froschperspektive, d.h. die Sicht durch die unscharf wiedergegebenen Gräser und Blumen, die aus dem eher langweiligen Motiv ein interessantes Bild machte. Beide Aufnahmen: Summicron-R 1:2/90 mm, 1/250s, Bl. 5,6. Farb-Umkehrfilm ISO 25/15°

Abb. 10C u. 10D: Wenn es sie nicht schon gäbe, müßte sie direkt erfunden werden, die Panorama-Aufnahme! Hallstätter Gletscher: Summicron-R 1:2/50 mm, Pol-Filter, Farb-Umkehrfilm ISO 25/15°. Sonnenblume: Macro-Elmarit-R 1:2,8/60 mm, volle Öffnung, Farb-Umkehrfilm ISO 64/19°. Freihand-Aufnahmen.

Abb. 10E: Gedämpfte Farben, gedämpftes Licht und ein sehr lichtstarkes Objektiv waren die Zutaten für dieses freundliche Porträt eines Händlers im Basar von Dubai. Bei voller Öffnung des Objektivs Summilux-R 1:1,4/80 mm reicht die Schärfentiefe gerade, um die rechte Augenpartie des Mannes scharf wiederzugeben, 1/125s, volle Öffnung, Farb-Negativfilm ISO 100/21°.

Abb. 325: Breite und Höhe des Bildformates bestimmen die Lage des Goldenen Schnittes, die durch eine Teilung der Bildbegrenzungen im Verhältnis 3:5 oder 5:3 festgelegt wird. Die beiden möglichen Positionen in den Waagerechten und Senkrechten werden außerhalb des Bildes durch die kleinen Dreiecke markiert. In diesem Foto befindet sich der Leuchtturm im Goldenen Schnitt der langen Bildbegrenzung (senkrechter Strich), während der Horizont nach dem Goldenen Schnitt in der Bildhöhe (waagerechter Strich) ausgerichtet wurde.

Abb. 10A

Abb. 10B

Abb. 326 a u. b: *Wo aus gestalterischen Gründen ein symmetrischer Bildaufbau nicht zwingend vorgegeben ist, führt eine Bildkomposition, die den Regeln des Goldenen Schnittes folgt, zum besseren Ergebnis.*

menschliche Körper weist dieselben Proportionen auf. Zum Beispiel verhält sich der Unterleib zum Oberleib wie dieser in etwa zur ganzen Körpergröße. Die Wade verhält sich beispielsweise zum Schenkel wie der Schenkel zum ganzen Bein. Kein Wunder also, wenn wir, die wir nach diesem Prinzip gebaut sind, uns in unserer Urteilskraft von diesen Gegebenheiten beeinflussen lassen.

Unabhängig davon, wie man über die Konstruktion des Schönen denkt und welche Bedeutung man den philosophischen Betrachtungen zum Goldenen Schnitt beimißt, es ist zumindest einen Versuch wert, dieses Gestaltungsmittel in den nächsten Fotos einmal bewußt zu nutzen. Doch wie so oft gehört auch hier ein wenig Übung mit dazu, denn Sucher und Bedienung jeder Kamera werden den Bemühungen zunächst entgegen-

Abb. 327 a–c: *Egal, ob Schnappschuß oder Porträt, ob Landschafts-, Architektur- oder Nahaufnahme und unabhängig von Hoch- und Querformat, die Regeln des Goldenen Schnittes gelten für alle Motivbereiche.*

wirken! Weil alle Einstellhilfen für Entfernungsmessung und Belichtung im Zentrum des Suchers angeordnet sind und diese in der Regel auf das Wichtige im Bild ausgerichtet werden, wird durch die Bedienung auch der Bildausschnitt fast automatisch festgelegt. Deshalb ist es wichtig, nicht zur vergessen, nach den nötigen Messungen (und der Speicherung der Meßwerte) die Kamera zu schwenken und dabei den Bildaufbau zu beobachten – den Goldenen Schnitt zu finden. Auch wenn das nicht sofort perfekt gelingt. Bereits der Trend zum Goldenen Schnitt, weg von der Bildmitte, ist vielversprechend und führt meistens zum schöneren und interessanteren Bild.

Bilder gestalten

Der Weg vom Erinnerungsfoto zum gestalteten Bild führt zum Einfachen, zum Ungekünstelten. Berühmte Fotografen und bildende Künstler beweisen uns immer wieder, daß sich die Vollkommenheit eine Bildes meistens auch durch sparsame Verwendung aller verfügbaren Mittel auszeichnet. Durch das Weglassen alles Unwichtigen, und damit allen Überflüssigen, gewinnt das Bild Symbolcharakter, wird zum Sinnbild, wirkt typisch. Durch entsprechende Kompositionsmittel kann Typisches idealisiert = verschönt, oder charakterisiert = treffend gekennzeichnet werden. Dem Fotografen stehen dafür viele Mittel zur Verfügung. Wesentlich sind z.B. die Kontraste zwischen Hell und Dunkel, zwischen Licht und Schatten, zwischen Vorder- und Hintergrund sowie zwischen Schärfe und Unschärfe. Aber auch die Möglichkeiten, die sowohl

bunte als auch unbunte, warme als auch kalte Farben für die Bildgestaltung bieten, sind enorm. Parallele, auf- und abfallende, senkrechte, waagerechte und diagonale Linien sind weitere Gestaltungselemente. Flächen – Formen – Farben – Linien – Licht: es gibt eine Reihe von Kompositionsregeln dafür, aber auch eine Reihe von Gegenmeinungen dazu. Wer den Weg zu noch vollkommeneren Bildern sucht, sollte das immer mit einer ganz großen Portion Selbstkritik und mit einem klaren Blick auf anerkannte Vorbilder tun. Im Laufe der Zeit werden sich bestimmte Gebiete der Fotografie mit besonderen Inhalten herauskristallisieren, denen der Fotograf den Vorzug gibt. Der eine mag den Schnappschuß besonders gerne, weil er eine Begebenheit kurz und treffend bildlich schildern kann. Der andere bevorzugt die Reportage, um auch über banale Vorgänge in kleinen Bildserien fesselnd berichten zu können. Mancher wendet sich mit seinen stimmungsvollen Bildern an unsere Gefühle. Manche werden der Sachlichkeit in einer technischen Aufnahme den Vorzug geben. Wieder andere können sich nicht genau festlegen, weil die verschiedenen Gattungen der Fotografie in der Praxis nicht immer genau voneinander getrennt werden können, sondern sich oft überschneiden.

Wie sich der Fotograf auf der Suche nach immer perfekteren Bildern auch entschieden hat, seine fotografische Persönlichkeit wird dadurch geprägt werden. Und je ausgeprägter diese ist, um so deutlicher wird auch seine Handschrift in seinen Bilder zum Ausdruck kommen. Man wird ihn daran erkennen können, ohne daß man ihn jemals gesehen oder persönlich kennengelernt hat.

Leica

WIEDERGABE-TECHNIK

LEICA WIEDERGABE-TECHNIK

Das perfekte Foto ist in der Regel nicht das Produkt eines Zufalls, sondern das Ergebnis einer Kette von Überlegungen und programmierten Abläufen unterschiedlicher Art. So wie die Wahl des Aufnahmestandpunktes und die benutzte Brennweite Perspektive und Ausschnitt des Fotos bestimmen, so entscheiden hoch- und niedrigempfindliche Filme z.B. darüber, ob eine Aufnahme verwacklungsfrei oder nur unscharf möglich ist. Beleuchtungstechnik und Filmentwicklung hinterlassen ihre charakteristischen Spuren ebenso, und die Güte der Wiedergabegeräte diktiert die Qualität des projizierten Dias oder des vergrößerten Negativs! Wer die Vorzüge seiner Leica R oder Leicaflex voll nutzen will, wird deshalb sein Augenmerk auf jedes einzelne Glied der langen Kette – von der Aufnahme bis zum Betrachten des fertigen Bildes – richten, denn die gesamte Kette kann nur so stark sein wie ihr schwächstes Glied!

Wiedergabegeräte von Leitz werden natürlich als Leitz Vergrößerungsgerät oder Leitz Projektor bezeichnet. Mit Gründung der Leica Camera GmbH sind daraus selbstverständlich Leica Produkte geworden.

DAS VERGRÖSSERUNGSGERÄT VON LEICA

Wer das Letzte aus seinen Aufnahmen herausholen will, für den ist das Selbstvergrößern unerläßlich. Erst im Labor wird das Bild endgültig geboren. Hier kann sich der ideale Bildausschnitt in Ruhe bestimmen lassen und alle Kreativität zur Entfaltung kommen. Hier wird buchstäblich noch einmal Hand angelegt. Aus diesem Grund muß ein Vergrößerungsgerät in besonderer Weise nach bedienungstechnischen Gesichtspunkten konstruiert und gleichzeitig auf allerhöchste optische Abbildungsleistung ausgelegt sein. Nicht mehr gefertigt, aber noch als fabrikneu oder gebraucht angeboten, erfüllt das Leica Vergrößerungsgerät Focomat V35 noch immer diese Anforderungen. Es gibt verlustlos wieder, was Leica Objektive bei der Aufnahme eingefangen haben.

Abb. 328: Brillanz und Schärfe sind zwei wichtige Kriterien, an denen u.a. die Qualität der Wiedergabe gemessen werden kann. Wiedergabegeräte von der Leica Camera AG werden deshalb mit gleicher Sorgfalt konstruiert und gefertigt wie Leica Kameras und Leica Objektive.

Focomat V35 Autofocus

In die Konstruktion dieses modernen Kleinbild-Color-Vergrößerungsgerätes sind alle Erfahrungen eingeflossen, die in Jahrzehnten gewonnen wurden. Es läßt daher kaum noch Wünsche offen: weder in der Optik noch in der Mechanik! Der große Autofocus-Bereich mit dem Weitwinkel-Vergrößerungsobjektiv WA-Focotar 1:2,8/40 mm arbeitet von 3- bis 16fach automatisch mit allerhöchster Schärfe. Damit sind Vergrößerungen von 72 x 108 mm bis 384 x 576 mm möglich. Außerhalb dieses Autofocus-Bereiches kann die Scharfeinstellung manuell vorgenommen werden. Die nach modernsten lichttechnischen Gesichtspunkten konstruierte Beleuchtungs-Einrichtung mit Kaltlicht-Spiegellampe 12V/75 W sorgt dabei für ein extrem helles Projektionsbild. Der Focomat V 35 Autofocus ist daher auch hervorragend für Großvergrößerungen, dichte Negative, unempfindliche Schwarzweiß- oder Farbmaterialien und hohe Filterungen einsetzbar. Der Schwenkarm des Vergrößerungsgerätes, der die Maßstabsänderung und über eine Kurve zugleich die vollautomatische Scharfeinstellung steuert ist ebenso

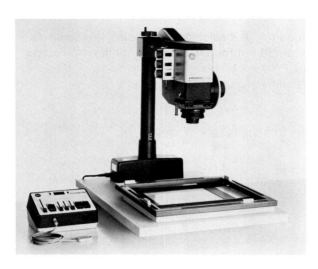

Abb. 329: *Der Focomat V35 Autofocus.*

wie die weiteren Bedienungselemente des Gerätes funktionell gestaltet, d.h. der Schwenkarm läßt sich, sobald die Arretierung gelöst ist, mühelos weich und gleichmäßig verstellen. Der Gewichtsausgleich und die ergonomische Konstruktion gewährleisten, daß selbst harter Dauereinsatz zu keinerlei Ermüdungserscheinungen beim Bedienen führt.

Modernes Beleuchtungssystem

Die Lichtführung im Beleuchtungskopf des Vergrößerungsgerätes erfolgt nach dem Prinzip der Ulbrichtschen Kugel. Die Mischkammer besteht aus farbneutralem Polyalkene-Schaum. Dadurch wird eine hohe Lichtausbeute, eine optimale Ausleuchtung und eine gute Lichtmischung erreicht. Das diffuse Beleuchtungssystem mit seiner weichen Ausleuchtung eignet sich hervorragend für Color-Arbeiten. Ein Infrarot-Sperrfilter am vorderen Teil der Mischkammer reflektiert die Wärmestrahlen in Richtung Lampe. Es ist auf die spektrale Empfindlichkeit der Color-Materialien abgestimmt und sperrt Strahlungen im infraroten Bereich. Die auf die Spiegelfläche der Lampe auftreffenden Wärmestrahlen werden direkt nach hinten abgelenkt. Ein von Leica konstruiertes Kühlsystem sorgt in Verbindung mit der Spezialhalterung der Kaltlicht-Spiegellampe 12V/75 W für ein sicheres Ableiten der entstehenden Wärme. Auch wenn der Focomat V35 Autofocus im Dauereinsatz

betrieben wird, erwärmt sich die Vorlage in der Bildbühne nur unwesentlich. Alle Bedienungselemente bleiben kühl. Alle stromführenden Teile, aber auch alle beweglichen Gelenke sind staub- und berührungssicher abgedeckt. Auf dem Grundbrett und im Labor liegen keine hinderlichen Verbindungsleitungen. Der Niedervolt-Transformator ist fest im Fuß des Vergrößerungsgerätes eingebaut.

Module für Farbe und Schwarzweiß

Das Color-Modul des Vergrößerungsgerätes Focomat V35 Autofocus ist eine Filtersteuereinheit, die für Farbvergrößerungen konzipiert wurde und sich voll in den Beleuchtungskopf integrieren läßt. Die Anzeigenskala für die Dichte-Werte der dichroitischen Filter ist farblich gekennzeichnet und von innen beleuchtet. Die Bedienungsknöpfe befinden sich auf der linken Seite des Beleuchtungskopfes und sind auch im Sitzen sehr einfach zu bedienen. Die subtraktiven Farbkorrektur-Filter werden über Kurven gesteuert und sind stufenlos einstellbar. Die präzise Abstimmung der errechneten Kurven garantiert die hohe Linearität der Filtersteuerungs-Werte über den gesamten Bereich. Alle drei Filter – Y = Yellow (Gelb), M = Magenta (Purpur) und C = Cyan (Blaugrün) – können gleichzeitig, unter Beibehaltung der programmierten Filterwerte, aus dem Strahlengang geschwenkt und selbstverständlich im programmierten Zustand auch wieder eingeschwenkt werden. Der Filterdichtebereich des Color-Moduls erstreckt sich über 200 densitometrische Dichteeinheiten. Das entspricht 288 CC-Dichten nach Kodak oder 400 Agfa-Dichten. Damit sind alle Filterprobleme gelöst und keine zusätzlichen Filter mehr erforderlich. Bei der Schwarzweiß-Ausführung des Vergrößerungsgerätes ist das schwenkbare Rotfilter Bestandteil eines Moduls, der im Beleuchtungskopf anstelle des Color-Moduls zwischen Lampe und Lichtkammer eingesetzt wird. Er kann schnell und einfach gegen die Farbfilter-Steuereinheit ausgetauscht werden.
Ist der Focomat V 35 Autofocus als Color-Vergrößerungsgerät ausgerüstet, ist ein Schwarzweiß-Modul nicht unbedingt erforderlich, denn das Rotfilter läßt sich leicht aus den Farben Gelb (Y) und Purpur (M) mischen. Beide Filter werden in diesem Fall auf den

höchsten Filterwert (200) eingestellt. Bis zu 20 Sekunden kann das Schwarzweiß-Vergrößerungspapier diesem Licht ausgesetzt sein, ohne daß Spuren einer Vorbelichtung sichtbar werden. Also lange genug, um vor der Belichtung des Papiers dessen Lage zu überprüfen. Mit dem Color-Modul können darüber hinaus auch Schwarzweiß-Vergrößerungen auf Papier mit variabler Gradation belichtet werden (Yellow- oder Magenta-Filterung).

Spezialobjektive für Vergrößerungen

Speziell für das Vergrößerungsgerät Focomat V35 Autofocus wurde das Hochleistungs-Weitwinkel-Vergrößerungsobjektiv gerechnet, das WA-Focotar 1:2,8/40 mm. Es handelt sich dabei um einen 5linsigen, abgewandelten Gaußtyp. Spezielle, bei Leitz entwickelte Gläser absorbieren die Ultraviolett-Strahlen. Der hohe Kontrast, das große Auflösungsvermögen und die exzellente Farbdifferenzierung des Objektivs ergeben eine brillante Wiedergabe. Zusammen mit der Beleuchtungseinrichtung, die speziell auf das WA-Focotar abgestimmt ist, wird eine optimale Wiedergabe bei Blende 5,6–8 erreicht. Das WA-Focotar 1:2,8/40 mm kann wahlweise auf rastende oder kontinuierliche Blendeneinstellung umgestellt worden. Die an der Blendenskala eingestellten Werte sind von innen beleuchtet. Das Objektiv läßt sich über einen Rändelring immer

in die optimale Ableseposition stellen. Verglichen mit einem 50 mm-Focotar ergibt sich mit dem WA-Focotar 1:2,8/40 mm bei gleichem Arbeitsabstand 30% mehr Vergrößerung und 70% mehr Bildfläche.

Vergrößern leicht gemacht

Das sinnvolle Zubehör zum Focomat V35 Autofocus erleichtert das Arbeiten in der Dunkelkammer. Für Schwarzweiß- und Farbvergrößerungen hat sich der Focometer 2 bewährt, ein durch einen Mikroprozessor gesteuerter Meßautomat mit Belichtungssteuerung. Er bietet Einpunktmessung – selektiv, teilintegral und integral – sowie Mehrpunktmessung mit automatischer Meßwertbildung des Mittelwertes aus den größten gespeicherten Kontrast-Differenzen. Von den zehn anwählbaren Index-Speichern für Papier-Empfindlichkeit sind drei Speicher mit unterschiedlicher Kompensation für den Schwarzschild-Effekt ausgestattet. Die beleuchteten Bedienungselemente sind auch im Dunkeln einfach zu handhaben.
Der Meßbereich des Focometer 2 erstreckt sich von 0,01 bis 40 Lux. Bei Automatik-Betrieb werden Zeiten von 0,1 bis 999 Sekunden geschaltet. Die umschaltbaren, manuell einzustellenden Schaltzeiten reichen von 0,1 bis 999 Sekunden und von 0,1 bis 9,99 Minuten. Weitere Meßfunktionen sind: Gradationsbestimmung für Schwarzweiß-Papier von «0» bis «5» (Extra Weich

Abb. 331: Für die Beurteilung von Negativen, Kontakten und Diapositiven ist die mit Hochleistungsoptik ausgestattete 5x Lupe von Leica unentbehrlich.

Abb. 330: Der Leica Focometer 2.

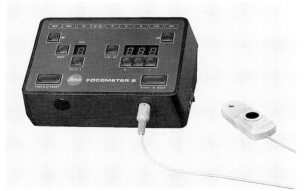

bis Extra Hart), Kontrastmessung von 0,0 bis 3,6 log D., densitometrische Dichte von 0,3 bis 3,6 log D. und Beleuchtungsstärke von 0,01 bis 10 Lux.

Zum weiteren Zubehör gehört ein Spannungskonstanthalter, der bei Farbvergrößerungen empfehlenswert ist, wenn große Netzschwankungen vorhanden sind. Ein Diahalter für gerahmte Diapositive 5 x 5 cm ist neben den normalen Negativhaltern 24 x 36 mm (als Ersatz), 28 x 28 mm und 13 x 17 mm ebenfalls verfügbar. Außerdem ist ein glasloser Negativhalter 24 x 36 mm sowie ein Doppelglashalter 24 x 36 mm und ein Negativhalter 25 x 37 mm für Vergrößerungen mit schwarzem Rand lieferbar.

Leica Vergrößerungsrahmen

Wichtig für ein schnelles und sauberes Vergrößern sind Vergrößerungsrahmen, die sich auch im Dunkeln einwandfrei bedienen lassen. Die Leica Vergrößerungsrahmen werden auf die kunststoffbeschichtete Grundplatte des Focomat Vergrößerungsgerätes gestellt. Die Gummifüße an der Unterseite gewährleisten eine optimale Haftung bei allen Arbeiten und verhindern damit ein unbeabsichtigtes Verschieben. Der Vergrößerungsrahmen 24 x 30 cm ist durch die flache Bauweise des Rahmens und durch das Wegtauchen des seitlichen Anschlags auch für größere Papierformate als 24 x 30 cm geeignet. Die voreilende Papierklemmung, die automatische Arretierung des Rahmens in geöffnetem Zustand und das unbeschwerte Arbeiten auch bei sehr kleinen Ausschnitten und Formaten durch vier unabhängig voneinander einstellbare Randmasken sind weitere Vorzüge.

Der Vergrößerungsrahmen 30 x 40 cm ist in erster Linie für das Fachlabor geeignet. Die Randmasken sind unabhängig voneinander einstellbar und können arretiert werden. Eine Teilung in cm und mm (oder in Zoll) ist übersichtlich angeordnet.

Anmerkung: Wer sich für das Selbstvergrößern seiner Negative und Dias interessiert, findet alle wichtigen Informationen darüber in entsprechenden Büchern (siehe Seite 426). Noch hilfreicher sind allerdings entsprechende Seminare, die von der Leica Akademie angeboten werden (siehe Seite 427).

PROJEKTOREN VON LEICA

Projektionsgeräte gab es schon lange vor Erscheinen der ersten Leica. Die Laterna Magica aus dem Jahre 1659 ist wohl der bekannteste Vertreter aus der viele hundert Jahre zählenden Geschichte der Projektoren. Einen speziellen Kleinbild-Projektor gibt es seit 1926. Natürlich kam auch dieser Projektor von Leitz, und natürlich wurde dieser Projektor auch von Oskar Barnack, dem Erfinder der Leica, konstruiert. Er wußte, wie entscheidend das Ergebnis seiner Leica Aufnahmen durch die Wiedergabe beeinflußt wird. Ihm war klar: Erst die optimale Projektion des Kleinbild-Dias zeigt, was in einer Leica Aufnahme steckt. Was damals galt, gilt auch heute noch im gleichen Maße.

Alle automatischen Leica Kleinbild-Projektoren für Langmagazine heißen Pradovit und tragen den Buchstaben «P» (für Projektor) sowie zusätzliche Bezeichnungen, durch die die unterschiedlichen Konstruktionsmerkmale hervorgehoben werden, «IR» steht z.B. für eine (kabellose) Infrarot-Fernbedienung, und «DU» meint, daß dieser Projektor für die Überblend-Projektion eingerichtet ist. DU = Dissolve Unit ist die englische Bezeichnung für «Überblend-Steuergerät».

Die automatischen Leica Kleinbild-Projektoren für Rundmagazine heißen ebenfalls Pradovit und tragen die zusätzliche Bezeichnung «RT» (für Round Tray = Rundmagazin). «s» und «m» stehen hier für «Standard» und «Multi-Media».

Leica Pradovit P 150

Dieser Projektor wird in zwei Varianten angeboten. Als Grundmodell (P150) und mit Infrarot-Fernbedienung

Abb. 332: *Der Leica Pradovit P 150.*

(P 150 IR). Für beide Projektoren gilt: Sie sind mit einer Halogenlampe 24V/150Watt bestückt, äußerst kompakt und unter dem attraktiven Gehäuse aus schlag- und kratzfestem Kunststoff steckt eine funktionelle Mechanik. Außerdem besitzt jeder Leica Pradovit P 150 einige Ausstattungsmerkmale, die das Projizieren komfortabel gestalten. Hilfreich ist zum Beispiel die Möglichkeit, Diapositive vor der Projektion betrachten zu können. Über eine beleuchtete Opalscheibe auf dem Gehäuse des Projektors können die Dias bequem ausgesucht und vorsortiert werden. Eine praktische Einzeldia-Betrachtung ermöglicht auch die Projektion ohne Dia-Magazin. Ebenso kann ein gerade projiziertes Dia einer Serie einfach umgedreht bzw. leicht ausgetauscht werden, ohne daß das Magazin aus dem Projektor herausgenommen werden muß. Der Pradovit P 150 ist für drei unterschiedliche Geradmagazin-Systeme ausgelegt: für die herkömmlichen 36er und 50er Gemeinschaftsmagazine, für die platzsparenden LKM-Magazine, die bis zu 60 oder 80 Dias verschüttgesichert aufnehmen, und für CS-Magazine.
Die Fernbedienung ist im Projektorgehäuse integriert und läßt sich einfach herausnehmen (zum P 150 IR gehört zusätzlich ein IR-Sender). Vom Sessel aus läßt sich dann bequem der Dia-Wechsel vorwärts und rückwärts betätigen; beim Grundmodell P 150 auch manuell nachfokussieren. Ein wirksames Kühlgebläse und ein zusätzlichen Wärmeschutzfilter sorgen dafür, daß die Dias auch bei langen Standzeiten geschont werden. Beleuchtungsoptik und Objektive dieser Projektoren bestechen durch eine gleichmäßige Ausleuchtung, gute Lichtausbeute und natürliche Farbwiedergabe.

Eine ausgezeichnete Schärfe und Kontrastleistung garantieren die Objektive Elmarit-P2 1:2,8/60 mm, Hektor-P2 1:2,8/85 mm, Colorplan-P2 1:2,5/90 mm und Colorplan-P2 CF 1:2,5/90 mm. Zum Zubehörprogramm gehören ein auf die Fernbedienung aufsteckbarer Lichtzeiger, ein «Monitor» zur Betrachtung der Dias bei Tageslicht und ein Koffer.

Leica Pradovit P 300

Ob als Grundmodell (P 300) oder mit zusätzlicher Infrarot-Fernbedienung (P 300 IR), beide Projektoren sind für die Überblendprojektion generell mit einem TRIAC (Triode alternating current semiconductor switch) und einer 14pol. AV-Buchse (10pol. belegt) ausgestattet. Auch alle anderen Ausstattungsmerkmale sind identisch: Die 2 m lange Kabelfernbedienung, die im Gehäuse – herausnehmbar – integriert ist und einen Lichtzeiger besitzt. Beide Modelle sind mit einer Autofocus-Einrichtung für das automatische Scharfeinstellen ausgestattet. Mittel Override ist auch eine manuelle Schärfenkorrektur über die Fernbedienung möglich, ohne daß die Autofocus-Grundeinstellung verändert wird.
Damit auch bei über 2 m breit projizierten Bildern eine helle und brillante Wiedergabe gewährleistet wird, sind beide Pradovit P 300-Modelle mit einer 24V/250W-Halogenlampe ausgestattet. Wie bei den P 150 Projektoren sind auch Einzelbildvorrichtung und beleuchtete Opalscheibe auf der Gehäuseoberseite angeordnet.

Abb. 333: *Der Leica Pradovit P 300.*

Die Metallic-Lackierung unterstreicht das moderne, formschöne Design dieser Projektoren. Verwendbar sind wahlweise drei Geradmagazin-Systeme: die Gemeinschaftsmagazine für bis zu 36 oder 50 Dias, die verschüttgesicherten LKM-Magazine für bis zu 60 oder 80 Dias mit Papp- oder Kunststoff-Rahmen bis zu einer Dicke von 2 mm und CS-Magazine für bis zu 40 oder 100 Diapositive.

Besonders praktisch ist die als Zubehör lieferbare Leselampe, die in eine dafür vorgesehene Buchse am Projektor gesteckt wird. Weiteres Zubehör sind ein Koffer, Magazinbahn-Verlängerung, Tageslicht-Aufsatz oder Monitor für die Diabetrachtung bei Tageslicht, eine separate 3 m lange Kabelfernbedienung mit Lichtzeiger, die durch ein 10 m langes Verlängerungskabel nochmals erweitert werden kann, die Infrarot-Fernbedienung IR PSM sowie den Timer für die automatische Dia-Projektion mit wählbaren Wechsel-Intervallen. Außerdem wird eine Palette von Projektionsobjektiven mit Brennweiten von 60 bis 200 mm angeboten. Darunter auch ein Vario-Projektionsobjektiv 70 bis 120 mm und die weltberühmten Colorplan-Objektive.

Leica Pradovit P 600

Besonders komfortabel und robust, die Projektoren Pradovit P 600 – als Grundmodell – und Pradovit P 600 IR mit Infrarot-Fernbedienung. Das Chassis aus verwindungsfreiem Aluminium-Druckguß gibt beiden eine größtmögliche Standfestigkeit bei extremer Vibrations-

Abb. 334: *Der Leica Pradovit P 600.*

armut. Die Objektivpalette – beginnend bei 60 mm – konnte deshalb auf 250 mm Brennweite und um ein langbrennweitiges Vario-Objektiv von 110–200 mm erweitert werden. Der automatische Lampenwechsler bringt bei Ausfall der Hauptlampe 24V/250W Halogen sofort eine Reservelampe in Arbeitsposition. Eine Leuchtdiode an der Rückseite erinnert in diesem Fall daran, daß bereits mit der Reservelampe projiziert wird. Und besonders pfiffig: die IR-Fernbedienung erhielt einen Laserpointer als Lichtzeiger.

Neben den drei Langmagazinen kann zusätzlich ein Rundmagazin (Typ Hanimex/Kindermann) für 120 Diapositive eingesetzt werden. Obligatorisch sind die Ausstattung mit TRIAC und 14pol. AV-Buchse (10pol. belegt) für die Überblendprojektion.

Auch das umfangreiche Zubehör (wie bei den P 300-Modellen) läßt kaum noch Wünsche bei diesen formschönen Projektoren offen.

Leica Pradovit P 2002

Der für die Gemeinschafts- und LKM-Magazine ausgelegte Pradovit P 2002 ist konstruktiv weitgehend identisch mit den tausendfach bewährten Vorgänger-Modellen Leica P 2000 und Pradovit Color 2. Zusätzlich besitzt der Pradovit P 2002 einen automatischen Lampenwechsler. Sollte einmal die Hauptlampe während der Projektion ausfallen, sorgt er dafür, daß im Bruchteil einer Sekunde die Reservelampe auf dem Lampenträger automatisch anstelle der Hauptlampe positioniert und mit Strom versorgt wird. Ein Vorgang, der vom Betrachter lediglich wie ein Augenzwinkern wahrgenommen wird.

Eine Doppelblende sorgt beim Projizieren mit dem Pradovit P 2002 für einen visuell angenehmen Bildwechsel, wobei die Wechselzeit gerade eine Sekunde beträgt. Zusätzlich bietet der Projektor einen genauen Bildstand, der dafür sorgt, daß die projizierten Bilder nicht auf der Leinwand «tanzen». Das ist vor allem bei Überblendprojektionen von großem Vorteil. Ein weiteres wichtiges Merkmal ist der äußerst leise Diawechsel. Eventuell nötige Korrekturen der Scharfeinstellung erfolgen automatisch durch Autofocus oder werden manuell über Kabelfernbedienung bzw. Infrarot-Fernbedienung vorgenommen. Der Diawechsel «vorwärts»

Abb. 335: Der Leica Pradovit P 2002.

bzw. «rückwärts» kann mit einer Taste am Gerät, mit der Kabelfernbedienung und der Infrarot-Fernbedienung gesteuert werden. Der Diawechsel «vorwärts» läßt sich außerdem mit dem Timer, mit einem Dia-Steuergerät via Tonband sowie mit Überblendsteuergeräten vornehmen.

Das Gerät besitzt eine Höhenverstellung bis zu sieben Grad nach oben und arbeitet mit nur ca. 40 dB (A) sehr leise. Die Leistungsaufnahme beträgt maximal 345W, und die Halogenlampe besitzt eine Nenn-Lebensdauer von etwa 50 Stunden. Der Nutzlichtstrom (entscheidend für die Helligkeit des Projektors) bei Verwendung der Projektions-Objektive Colorplan-P 1:2,5/90 mm und Colorplan-P CF 1:2,5/90 mm beträgt 950 Lumen, die Bildfeldausleuchtung 82 Prozent. Auch bei Dauerbetrieb steigt die Temperatur im Bildfenster nur um 49°C an.

Neben den bekannten Projektions-Objektiven Colorplan-P und Super-Colorplan-P können mehr als ein Dutzend Projektions-Objektive von 35 bis 300 mm Brennweite, einschließlich zwei PC-Projektions-Objektive mit 60 und 90 mm Brennweite zwei Vario-Projektions-Objektive von 60 bis 110 mm und 110 bis 200 mm Brennweite, verwendet werden.

Leica Pradovit RT

Bei diesem Projektor sind die Systemvorteile, die ein Rundmagazin nach Kodak-Standard bietet, konsequent umgesetzt worden. Er unterscheidet sich nicht nur dadurch von den anderen Langmagazin-Projektoren von

Leica. Auch bei der Lampen- und Beleuchtungstechnik wurden neue Wege beschritten.

Damit die Leistung aller Leica Projektions-Objektive der Pro-Serie voll ausgeschöpft werden kann, sind alle Bauteile, die Einfluß auf die Präzision der optischen Achse nehmen, wie die Führung des Objektivträgers, der Dia-Fallschacht sowie das Lampen- und Beleuchtungsmodul aus Zinkdruckguß gefertigt. Damit wird eine dauerhaft exakte Justierung garantiert.

Das stabile und verwindungssteife Gehäuse aus glasfaserverstärktem Lexan-Kunststoff schützt wirkungsvoll die Optik und Mechanik des Projektors und wirkt sich günstig auf das Gewicht aus. Eine große Zuverlässigkeit wird beim Pradovit RT allein schon dadurch erreicht, daß die Anzahl der beweglichen Teile auf ein Minimum reduziert wurden. Dazu tragen auch je ein Schrittmotor für den Magazintransport und den Diaheber, je ein Gleichstrommotor für die Fokussiereinrichtung, für die Lüftereinrichtung und für den Lampenwechsler sowie ein Drehmagnet für die Lichtblendensteuerung bei; alle Mikroprozessor gesteuert.

Durch das Rundmagazin, das oben auf den Pradovit RT aufgesetzt wird, ist der Weg des Diapositivs in den Strahlengang des Projektionslichtes besonders kurz. Daraus resultiert ein Diawechsel in nur 0,88 Sekunden. Das Dia «fällt» dabei in seine für die Projektion vorgesehene Position und wird sofort durch zwei Andruckhebel mit einer Genauigkeit von 2/100 Millimeter ausgerichtet. Das entspricht bei einem auf 3,5 Meter Breite projizierten Bild einem Versatz von nur zwei

Abb. 336: Der Leica Pradovit RT.

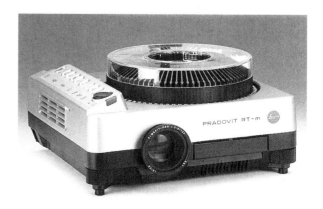

Millimetern auf der Bildwand: wichtig bei Überblendungen, damit die projizierten Bilder nicht auf der Leinwand «tanzen». Weil Diawechsel und Magazintransport getrennt angesteuert werden, kann jedes Dia im Rundmagazin innerhalb von längstens 3,5 Sekunden in Position gebracht werden (Random-Access). Beim Programmieren von Diaschauen ist das sehr vorteilhaft.

Höchste Lichtausbeute bei gleichzeitig bester Schonung der wertvollen Diapositive sowie eine bequeme Handhabung beim Lampenwechsel zeichnen das Beleuchtungssystem aus: Das für einen Lampenwechsel einfach aus dem Projektor herausziebare Lampenmodul verfügt über zwei Halogen-Kaltlicht-Spiegellampen 82V/300W, die nicht justiert werden müssen. Diese Lampen leiten bereits einen Teil ihrer Wärmestrahlung über den eigenen Reflektor ab Und der bewegliche Umlenkspiegel – für den automatischen Lampenschnellwechsel in 0,3s von der Haupt- auf die Reservelampe – trägt eine Wärmestrahlen absorbierende Beschichtung. Wärmeschutzfilter und Kondensorlinse sind mit einer speziellen Mehrschichtenvergütung ausgestattet und der Axiallüfter saugt kühle Luft von außen direkt über das Dia. Die Ergebnisse dieser Maßnahmen sind eine 25–30% größere Lichtausbeute als bei vergleichbaren 250-Watt-Projektoren, eine exakte Farbwiedergabe und ein wirkungsvoller Wärmeschutz für das Dia.

Der Pradovit RT wird in zwei Varianten angeboten: als Pradovit RT-s und RT-m. Beide besitzen die gleiche Grundausstattung, wie beschrieben, und auch eine Sparschaltung sowie für externe Ansteuermöglichkeiten einen P-Bus-Eingang: 9-pin Sub-D Buchse (V.24/V.28 Standard-Interface).

Der Pradovit RT-m ist für den Multi-Media-Bereich konzipiert. Er verfügt über einen P-Bus-Ausgang: 9-pin Sub-D Stecker (V.24/V.28 Standard-Interface) und besitzt ein Slot für Module, die ihn und den Pradovit RT-s steuern können. Auch ein Autoreset zur 0-Stellung ist vorhanden. Ein ganz besonderes Merkmal ist jedoch seine High-Light-Schaltung, mit der die Leistung der Projektionslampe nochmals um etwa 20% erhöht werden kann (bei ca. 30% verkürzter Lebensdauer). Das garantiert auch bei ungünstigen Projektionsbedingungen und bei riesig groß projizierten Diapositiven helle und brillante Bilder.

Zu beiden Leica Pradovit RT-Modellen wird eine Palette von zwölf Projektionsobjektiven angeboten: die Pro-Serie mit Brennweiten von 35–300 mm. Zur Auswahl stehen zwei Rundmagazine. Eines für 80 Diarahmen mit einer maximalen Stärke von 3,2 mm, ein weiteres für 140 Dias mit maximaler Rahmenstärke von 1,2 mm.

Die verschiedenen Dia-Magazine

Leica Projektoren Pradovit P können wahlweise mit dem herkömmlichen Langmagazin (Gemeinschaftsmagazin) oder mit dem kompakten LKM-Magazin (Leitz-Kindermann-Magazin) benutzt werden. Dieses kompakte Magazin nimmt unterschiedlich gerahmte Diapositive (Kunststoff oder Pappe) bis 2 mm Dicke verschüttgesichert auf. Bei gleicher Länge wie das normale Langmagazin faßt das LKM-Magazin etwa 60% mehr Dias. Das CS-Magazin kann zusätzlich mit den Modell-Varianten der Projektoren Leica Pradovit P 150, P 300 und P 600 benutzt werden. Es nimmt nur Dias auf, die nach dem Agfa-Prinzip gerahmt sind. Diese Diapositiv-Rahmen können ohne Einschränkung auch in den anderen Magazinen benutzt werden.

In die Projektoren Leica Pradovit P 600 und P 600 IR läßt sich außerdem ein Rundmagazin (Typ Hanimex/-Kindermann) einsetzen, welches 120 Dias faßt.

Leica Projektoren Pradovit RT sind für die Verwendung der Rundmagazine des Systems Kodak bestimmt. Für Diapositive bis zu einer maximalen Rahmenstärke von 3,2 mm wird ein Magazin für 80 Dias angeboten; für Rahmen mit einer maximalen Stärke von 1,2 mm eines für 140 Diapositive.

Auswechselbare Projektions-Objektive

Je nach gewünschter bzw. gegebener Projektionsentfernung und Schirmbildgröße (Bildwand) wird man unter den Leica Projektions-Objektiven die »richtige« Brennweite wählen. Sie läßt sich nach folgender Formel errechnen:

$$f = \frac{E \cdot \text{Objektgröße}}{\text{Schirmbildgröße}}$$

Abb. 337: *Auswechselbare Leica Projektions-Objektive.*

Abb. 338: *In Überblendtechnik wird die Diaprojektion zum wahren Genuß. Zwei Projektoren und ein Steuergerät sind für diese faszinierende Bildpräsentation nötig. Zwei Beispiele zeigt die Abbildung. Links: Konsole und Überblend-Steuergerät DU-24 IR PC mit Aufzeichnungsmöglichkeiten für Kassette und Tonband in Verbindung mit den beiden Leica Projektoren Pradovit P 2002. Rechts: Eine Kombination von zwei Projektoren Leica Pradovit Rt-m und Rt-s mit der dazugehörigen Fernbedienung.*

Dabei ist «f» die Brennweite des Objektivs, «E» die Entfernung vom Projektor zur Bildwand, und als Objektgröße gilt die längere Seite des Kleinbild-Diapositivs mit 35 mm.

Bei einem Projektionsabstand von z.B. 5 m (5000 mm) und einer Bildwand von 1,80 x 1,80 m (1800 mm) wird die erforderliche Brennweite in Millimetern so ermittelt: 5000 x 35 = 175 000:1800 = 97. Demnach wird man ein Colorplan-P 1:2,5/90 mm wählen. Die geringen Differenzen zwischen ermittelter Brennweite und gegebener Objektivbrennweite lassen sich leicht ausgleichen, wenn der Projektor um einige Zentimeter von der Bildwand entfernt oder näher herangerückt wird. Die Größe der Bildwand ist von der Raumhöhe abhängig. Da Diapositive normalerweise sowohl im Hoch- als auch im Querformat projiziert werden, sollte die Bildwand quadratisch sein. Bei einer rechteckigen Wand, z.B. von 2 m Höhe und 3 m Breite, müßte man sich sonst auf Dias im Querformat beschränken, die dann allerdings so projiziert werden können, daß sie die Bildwand voll ausfüllen. Je größer die Bildwand ist, desto besser kommen die Dias zur Geltung! Die kurzbrennweitigen Projektions-Objektive machen eine «große Projektion» auch bei kurzem Projektionsabstand möglich. Dazu gleich ein Beispiel: Bei einem Abstand von 3,10 m erhält man mit dem Colorplan-P 1:2,5/90 mm ein Schirmbild von 0,80 x 1,20 m Größe.

Bei gleicher Projektionsentfernung, projiziert mit dem Elmaron-P 1:2,8/60 mm, wird das Bild 1,20 x 1,80 m groß. Mit dem Elmarit-P 1:2,8/50 mm ca. 1,43 x 2,15 m und mit dem Elmaron-P 1:2,8/35 mm gar ca. 2,05 x 3,10 m groß. Man kann also mit den kurzen Brennweiten 35, 50 und 60 mm auch dann noch groß projizieren, wenn die räumlichen Verhältnisse etwas knapp sind. Im umgekehrten Sinn «verkleinern» längere Brennweiten das Bild bei gleichbleibender Projektionsentfernung. So können auch große Entfernungen bei der Projektion überbrückt werden, ohne daß die Bildwand zu einem übergroßen Monstrum werden muß (siehe nachfolgende Tabelle).

Tabelle 40: Projektionsabstand und Schirmbildgröße, bezogen auf das Kleinbildformat 24 x 36 mm
Für die Projektion im Hoch- und Querformat ist ein quadratischer Bildschirm erforderlich, dessen Seitenlänge in Metern aus der nachstehenden Tabelle zu entnehmen ist.

Projektionsabstand in mm	Objektivbrennweiten in mm							
	35	50	90	120	150	200	250	300
1	0,95							
2	1,95	1,30						
3	2,95	1,95	1,10					
4	3,95	2,65	1,50	1,10				
5		3,30	1,85	1,40	1,10			
6		4,00	2,25	1,70	1,35			
7			2,65	1,95	1,55			
8			3,05	2,25	1,80	1,35		
9			3,45	2,55	2,05	1,50		
10			3,80	2,85	2,25	1,70	1,35	
11				3,15	2,50	1,85	1,45	
12				3,45	2,75	2,05	1,60	
13				3,70	2,95	2,20	1,75	1,45
14				4,00	3,20	2,40	1,90	1,55
15					3,45	2,55	2,05	1,70
16					3,65	2,75	2,15	1,80
17					3,90	2,90	2,30	1,90
18					4,15	3,10	2,45	2,05
19						3,25	2,60	2,15
20						3,45	2,75	2,25
21						3,60	2,85	2,40
22						3,80	3,00	2,50
25						4,30	3,45	2,85
30							4,15	3,45
35								4,00

Wird der Projektor bei kurzer Projektionsentfernung nach oben oder unten geneigt, entsteht ein verzerrtes trapezförmiges Projektionsbild. Bei einer Überblendung können dann die beiden projizierten Bilder nicht mehr exakt deckungsgleich wiedergegeben werden. Das wirkt äußerst störend auf die Betrachter – insbesondere, wenn auch Effekt-Masken benutzt werden. Abhilfe schaffen dann PC-Projektions-Objektive. «PC» steht, wie bei Foto-Objektiven, für Perspektiv-Korrektur. Mit den vier Projektions-Objektiven PC-Elmarit-P und PC-Elmarit-Pro mit den Daten 1:2,8/60 mm und 1:2,8/90 mm können die Projektoren lotrecht zur Leinwand ausgerichtet und danach die Projektionsbilder durch «shiften» der Objektive genau zur Deckung gebracht werden.

Dia-Rahmung mit und ohne Glas

Das Lager der Dia-Fotografen ist seit langem geteilt. Die einen schwören auf geglaste Diapositive, die anderen argumentieren mit den Vorteilen der ungeglasten Dias. Tatsache ist, daß verschiedene, oft entgegengesetzte Anforderungen von allen Diapositiven erfüllt werden müssen, wenn man über längere Zeiträume Freude an der Dia-Projektion behalten möchte. Die beiden wichtigsten Voraussetzungen sind:

• Diapositive müssen «atmen» können, d.h. es muß ständig ein ungehinderter Luft- und Feuchtigkeitsaustausch garantiert werden, wenn Reaktionen vermieden werden sollen, die auf dem Diapositiv zur Bildung von Flecken führen oder gar die Leuchtkraft herabsetzen. Nur die glaslose Dia-Rahmung gewährleistet das mit Sicherheit!

• Diapositive müssen bei der Projektion exakt plan gehalten werden, wenn man eine absolute Schärfe bis in die Bildecken fordert. Nur die Dia-Rahmung zwischen zwei Glasplatten kann das gewährleisten!

Auch andere spezielle Eigenschaften kennzeichnen beide Rahmungsarten. Sie führen immer wieder zu heftigen Diskussionen, weil sie von ihren Anhängern unterschiedlich bewertet werden: da ist z.B. die glaslose Rahmung, die ohne größeren Zeitaufwand möglich ist, dafür aber die Dias nur im Magazin gegen Fingerabdrücke ausreichend schützt. Glasgerahmte Dias gewährleisten dagegen auch einzeln einen guten

Schutz gegen mechanische Beschädigungen und Staub. Beim Projizieren kann allerdings die eingeschlossene Feuchtigkeit nicht mehr ohne weiteres entweichen. Sie schlägt sich dann auf den inneren Glasflächen des Dias nieder und macht sich durch vergraute Farben und verschwommene Konturen bemerkbar. Und selbst bei Verwendung spezieller Gläser wird die Bildung von farbigen Newton-Ringen nicht immer verhindert. Außerdem ist das Gewicht geglaster Diapositive erheblich größer als das von ungeglasten! Wer also auf die bessere Projektionsqualität Wert legt, muß – jedenfalls bisher – den größeren Zeitaufwand bei der Rahmung in Kauf nehmen, kann nur besondere Gläser benutzen, die die Bildung von Newton-Ringen weitgehend verhindern, und muß die Diapositive bei Temperaturen unter +20°C bei einer relativen Luftfeuchtigkeit von etwa 50% aufbewahren.

Natürlich gehört zur exzellenten Diaprojektion auch sehr viel Licht. Die Leica Camera AG hat dem Rechnung getragen, indem alle Kleinbild-Projektoren mit hervorragenden optischen Systemen für die Lichtführung ausgerüstet wurden. Und nicht zuletzt bestimmt das Projektions-Objektiv die Qualität des projizierten Bildes. Von Leica werden deshalb eine Reihe von Hochleistungs-Projektions-Objektiven für Leica Projektoren angeboten. Die Abbildungsleistung des Leica Projektions-Objektives Super-Colorplan-P 1:2,5/90 mm ist einzigartig. Sie übersteigt die Leistung des Colorplan-P und ist damit vergleichbar mit den Apo-Objektiven zur Leica R. Doch selbst das Colorplan-P hat in allen bisherigen Tests, die von unabhängigen Zeitschriften und neutralen Testinstituten durchgeführt wurden, ausnahmslos die besten Beurteilungen bekommen. Die Leica Camera AG bezeichnet deshalb das Colorplan-P 1:2,5/90 mm nicht ohne Grund als «König» ihrer Projektions-Objektive. Seit Jahrzehnten ist das Colorplan-P 1:2,5/90 mm das Synonym für die sprichwörtliche Leica Schärfe bis in die Ecken des projizierten Bildes. Die besonders detailreiche, farbrichtige und brillante Wiedergabe zeichnet nach wie vor dieses Objektiv aus. Diese Leistung kann jedoch nur ausgenutzt werden, wenn das projizierte Diapositiv exakt plangehalten, d.h. zwischen zwei Glasplättchen eingebettet wird.

CF-Projektions-Objektive für ungeglaste Dias

Die für Amateure so bequeme Diarahmung ohne Deckgläser, die auch bei einigen Filmfabrikaten im Entwicklungspreis mit eingeschlossen ist, kann eine exakte Planlage aus physikalischen Gründen nicht gewährleisten. Aufgrund des Filmaufbaus, der aus einer mehrschichtigen, hygroskopischen Emulsion auf einem Trägerfilm besteht, neigt ein ohne Deckgläser gerahmtes Diapositiv dazu, sich in Abhängigkeit von Luftfeuchtigkeit und Temperatur mehr oder weniger stark durchzuwölben. Das führt zu partiellen Unschärfen im Projektionsbild, die um so deutlicher sichtbar werden, je besser die benutzten Aufnahme- und Projektions-Objektive korrigiert sind. Manchmal verändert sich sogar der Grad dieser Durchbiegung während der Projektion. Ein Effekt, der als «Poppen» bekannt ist und besonders unangenehm auffällt. Neben den oben geschilderten Umweltbedingungen beeinflußt im gewissen Umfang auch das aufgenommene Motiv den Grad der Durchbiegung, da sich ein stark gedecktes (dunkles) Dia etwas anders verhält als ein relativ durchsichtiges (helles). Ähnlich verhält es sich mit dem Alter eines Diapositives, da ein frisch entwickelter Umkehrfilm noch einen höheren Feuchtigkeitsanteil enthält als ein «abgelagerter» Film. Umfangreiche statistische Untersuchungen haben jedoch gezeigt, das ungeglaste Dia unter Berücksichtigung der angeführten Schwankungen eine mittlere Durchbiegung mit einem Radius von etwa 280–300 mm aufweisen. Dieser Mittelwert wurde daher den Berechnungen der Leica Projektions-Objektive mit gekrümmtem Bildfeld zugrunde gelegt. Diese Objektive tragen die zusätzliche Bezeichnung «CF», die für «curved field» steht, was soviel wie «gekrümmtes Bildfeld» heißt: Colorplan-P CF 1:2,5/90 mm und Colorplan-P2 CF 1:2/90 mm.

Je näher die tatsächliche Durchbiegung eines glaslosen Dias bei diesem Mittelwert liegt, desto deutlicher ist die mit den CF-Projektions-Objektiven erreichte Leistungssteigerung erkennbar: optimale Schärfe und Detailwiedergabe über das gesamte Bildfeld hinweg. Bei frischen Dias und solchen, die noch nicht projiziert wurden, tritt dieser Effekt erst nach einer gewissen Vorführdauer ein. Dies sollte besonders beim schnellen Durchprojizieren von ungeglasten Dias, die gerade aus der Entwicklungsanstalt kommen, berücksichtigt werden. In den sonstigen Eigenschaften entsprechen die CF-Projektions-Objektive völlig den anderen Versionen mit ebenem Bildfeld.

Damit sowohl die Freunde geglaster als auch ungeglaster Diapositive in den Genuß einer optimalen Projektion gelangen, werden von der Leica Camera AG beide Objektiv-Varianten zu den Leica Projektoren angeboten: die bewährte Ausführung mit ebenem Bildfeld für die Projektion von geglasten, d.h. geebneten Diapositiven und die «curved field»-Ausführung für glaslose gerahmte Dias. Damit bietet Leica für alle Projektionsbedingungen optimale Objektive an.

Keine Regel ohne Ausnahme

In einigen wenigen Fällen können die CF-Projektions-Objektive allerdings auch nicht die gewünschte Schärfe über das gesamte Bildfeld bei glasloser Rahmung garantieren. Wenn z.B. bei Duplikat-Diapositiven, die als Kontaktkopien hergestellt wurden, die Schichtseite vom Objektiv abgewandt liegt, ist das nicht möglich. In solchen Fällen kann der Schärfeabfall zum Rand hin bei Verwendung der CF-Projektions-Objektive sogar noch verstärkt werden, da sich diese Dias eventuell entgegengesetzt durchwölben!

Durch glaslose Plastik-Rähmchen, bei denen dem Dia durch eine besondere Ausbildung der Auflagestege und Halteklammern bewußt eine «Vorspannung» gegeben wird, kann der Schärfegewinn durch die CF-Projektions-Objektive evtl. geringer werden.

Projektions-Zubehör

Zu den Pradovit-Projektoren wird ein umfangreiches Zubehör angeboten, das die Projektionsmöglichkeiten erweitert und perfektioniert. Erwähnt seien nur die Steuergeräte:

Leica DU-24 M2: Schieberegler für zwei Projektoren. Die Überblendzeiten werden stufenlos bestimmt.

Leica DU-24 MT: Der Bildwechsel und die Standzeiten sind stufenlos variabel. Die eingestellten Überblendungen laufen durch den integrierten Timer automatisch ab. Der Überblendvorgang kann auch manuell ausgelöst werden.

Für hohe und höchste Anforderungen an manuelle und automatische Steuerungen, von der einfachen Überblendung mit zwei Projektoren bis hin zur totalen Audiovision mit mehr als 30 Projektoren, werden Steuergeräte von verschiedenen Herstellern angeboten. Leica empfiehlt dafür die Produkte der Fa. Stumpfl.

Empfehlenswerte Foto-Literatur

Es gibt kaum einen Bereich unseres Lebens, der nicht von der Fotografie oder durch die Fotografie beeinflußt wird. Entsprechend vielfältig sind die Möglichkeiten, sich fotografisch zu betätigen. Ständiger Fortschritt sorgt außerdem dafür, daß durch neue Produkte und Arbeitstechniken bessere Ergebnisse bequemer erzielt werden können. Wer sich als Fotograf vervollkommnen und seinen Wissensstand erweitern möchte, kann auf aktuelle Foto-Zeitschriften und bewährte Foto-Literatur zurückgreifen.

Mehr als tausend Foto-Bücher und Bildbände unterschiedlicher Thematik sowie mehr als ein halbes Dutzend Foto-Zeitschriften werden zur Zeit angeboten. Wer sich z.B. über das fotografische Schaffen berühmter Fotografen orientieren möchte, kann das anhand von Monographien tun. Wer sich für die neuesten Arbeiten aus jüngster Zeit interessiert, wird die Jahrbücher der Fotografie gerne als Nachschlagewerke benutzen. Auch historisch interessierte Foto-Fans finden eine Reihe von informativen Büchern; genauso wie die Fototechniker, die sich mehr mit den theoretischen Grundlagen der Fotografie beschäftigen möchten. Foto-Literatur kann über Buchhandlungen oder beim Foto-Fachhändler bezogen werden; Foto-Zeitschriften sind auch am Zeitungs-Kiosk erhältlich. Die nachfolgend angegebenen Titel empfiehlt der Autor als Ergänzung zum vorliegenden Buch.

Foto-Zeitschriften

Leica Fotografie International
Umschau Verlag, Frankfurt
Die internationale Zeitschrift für Kleinbild-Fotografie wendet sich insbesondere an die Freunde der Leica: bekannte Amateur- und Berufsfotografen des In- und Auslandes berichten über ihre praktischen Erfahrungen, zeigen ihre besten Aufnahmen und geben – auch für besondere Situationen und Möglichkeiten – eine sichere technische Beratung. Man findet eine Fülle von Fotobeispielen mit Kommentaren und Anregungen. Es erscheinen Ausgaben in deutscher, englischer und französischer Sprache.

Leica World
Leica Camera AG
Das mehrfach ausgezeichnete Magazin „Leica World" erscheint zweimal im Jahr und stellt berühmte Leica Fotografen in großen Portfolios vor. Zudem widmet es sich dem kreativen Nachwuchs, bietet Interviews, Berichte und Reportagen rund um die Fotografie sowie eine international beachtete Serie über die großen Art Directors dieser Welt. Aktuelle Informationen aus der Leica Camera AG runden das Redaktionsprogramm ab. Chefredakteur Hans-Michael Koetzle sieht die Leica World als „Chance, das Verschwinden großer Reportage-Magazine zumindest in bescheidenem Rahmen aufzufangen". Die Sorgfalt der Bildauswahl findet ihre Entsprechung in fundiert recherchierten Texten sowie einem betont ruhigen, an klassischen Idealen geschulten Layout. Art Direktor der großformatigen Zeitschrift ist Horst Moser. Für Reproduktion und herausragenden Druck in Novaspace und Novatone steht der international renommierte Lithograf Dieter Kirchner.

Außer den bekannten Foto-Zeitschriften, die sich mit den populärsten Gebieten der Fotografie befassen und ständig über Neuheiten berichten, ist noch eine weitere Zeitschrift von besonderer Bedeutung:

MFM fototechnik
Fachzeitschrift für Foto-, Film- und AV-Technik
A. G. T. Verlag Thum GmbH, Ludwigsburg

Bildgestaltung

WILLY HENGL:
Zeitloses Schwarzweiß in der Fotografie
192 Seiten, 150 S/W- und 9 Farbabbildungen
Wilhelm Knapp Verlag, Düsseldorf 1978

HARALD MANTE: **Bildaufbau**
Gestaltung in der Fotografie
108 Seiten, zahlreiche S/W- und Farbabbildungen
Verlag Laterna magica, München 1990

HARALD MANTE: **Farb-Design in der Fotografie**
Eine Farbenlehre
108 Seiten, 75 Fotos
Otto Maier Verlag, Augsburg 1991

ERNST A. WEBER:
Sehen – Gestalten und Fotografieren
160 Seiten mit 60 Übungsaufgaben, 83 Farb-
und 383 S/W-Abbildungen
Birkhäuser, Basel 1990

Aufnahmetechnik

ANSEL ADAMS:
Die neue Ansel Adams Photobibliothek
Die drei Bände «Die Kamera», «Das Negativ» und «Das
Positiv» geben das ganze Wissen eines Altmeisters
der Schwarzweiß-Fotografie wieder. Sein Zonen-System
ist beispielhaft für eine exzellente Fototechnik, die
für den Kleinbildfotografen allerdings nur bedingt geeignet ist. Jeder Band mit vielen S/W-Abbildungen
Christian Verlag, München 1982/94/96

WILFRIED DECHAU: **Architektur abbilden**
248 Seiten, 260 Farb-, Duoton- und S/W-Abbildungen
Deutsche Verlagsanstalt, Stuttgart 1995

HEINZ-GERT DE CONET/ANDREW GREEN:
Handbuch der Unterwasser-Fotografie
400 Seiten mit zahlreichen Farb- und S/W-Abbildungen
Jahr-Verlag, Hamburg 1994

URS TILLMANNS/CLAUS MILITZ:
Schwarzweiß-Fotoschule
224 Seiten, über 300 Duotone Abbildungen
Verlag Photographie, Schaffhausen 1990

Dunkelkammer-Technik

ANDREAS WEIDNER: **Workshop Schwarzweiß-**
Fotografie nach dem Zonensystem
192 Seiten, 190 S/W-Abbildungen – viele davon
in Duoton
Verlag Photographie, Schaffhausen 1994

Kameras sammeln

PAUL-HENRY VAN HASBROECK: **Leica**
Entstehung und Entwicklung des gesamten Leica
Systems
354 Seiten mit 230 S/W-Abbildungen
Verlag Callwey, München 1988

EMIL G. KELLER:
Leica im Spiegel der Erinnerungen
130 Seiten, 181 S/W-Abbildungen
Lindemanns Verlag, Stuttgart 1990

DENNIS LANEY:
Leica – Das Produkt- und Sammlerbuch
392 Seiten, 25 Farb-, 376 S/W-Abbildungen und
Zeichnungen
Augustus Verlag, Augsburg 1993

G. ROGLIATTI:
Leica von 1925 bis heute
261 Seiten mit vielen S/W- und Farb-Abbildungen
Wittig-Fachbuch Direkt, Hückelhoven 1995

UWE SCHEID: **Photographica sammeln**
Kameras – Photographien – Ausrüstungen
184 Seiten, 4 Farb- und 200 S/W-Abbildungen
Keysersche Verlagsbuchhandlung, München
1977/1982

Für Sammler von Leica Modellen wird eine große Auswahl spezieller Bücher, Kataloge und Nachdrucke (Reprints) angeboten, viele davon in englischer Sprache. Ein Verlag hat davon ein besonders großes Angebot: Wittig Fachbuch Direkt, Chemnitzer Str. 10, D-41836 Hückelhoven

Nachschlagewerke

GÜNTER OSTERLOH:
Leica M. Hohe Schule der Kleinbildfotografie
Das Leica M-Handbuch für Praktiker
256 Seiten mit 317 S/W- und 52 Farbabbildungen
Umschau Verlag, Frankfurt a.M. 1996

URS TILLMANNS: **Fotolexikon**
270 Seiten, über 300 Abbildungen, 1367 Fachbegriffe
Verlag Photographie, Schaffhausen 1991

ERNST A. WEBER: **Fotopraktikum**
304 Seiten mit über 90 S/W-Abbildungen
Birkhäuser, Basel 1991

Handbuch des Leica Systems
Ausführliche technische Daten und Tabellen sämtlicher z.Zt. lieferbarer Leica Produkte – Kameras, Objektive, Projektoren, Vergrößerungsgeräte, Ferngläser und Zubehör. Gegen Vorauszahlung einer Schutzgebühr von DM 25,– in Briefmarken kann das Handbuch von der Leica Camera AG, Oskar-Barnack-Str.11, 35606 Solms, bezogen werden.

Wichtige Adressen

Leica Akademie
Die international bekannte Leica Akademie gehört zum Service der Leica Camera AG. Sie erfüllt den Wunsch vieler engagierter Fotografen nach gründlicher Fortbildung auf den Gebieten der anspruchsvollen Fotografie, Projektion und Vergrößerung.
In Seminaren, Workshops und auf Foto-Reisen wird dem Teilnehmer in praxisorientierter, zeitgemäßer Form die Werte-Welt der Leica und die Faszination des gekonnten Umgangs mit den Leica Produkten vermittelt. Die Inhalte sind anwendungsorientiert und bieten eine Fülle von Anregungen, Informationen und Ratschlägen für die Praxis.
Ein ausführlicher Prospekt mit allen Programmen und Terminen erscheint jedes Jahr. Er kann angefordert werden bei:
Leica Camera AG, **Leica Akademie**
Oskar-Barnack-Str. 11
D-35606 Solms
Telefon: 06442/2 08-421
Telefax: 06442/2 08-425

Sind Reparaturen notwendig, sollten Leica Geräte nur von autorisierten Vertrags-Werkstätten oder direkt vom Leica Kundendienst instand gesetzt werden:
Leica Camera AG, **Technischer Service**
Postfach 1120
D-35599 Solms
Telefon: 06442/2 08-189
Telefax: 06442/2 08-339

Anwendungstechnische Fragen in Sachen Aufnahme, Wiedergabe und Beobachtung werden schriftlich und telefonisch beantwortet von:
Leica Camera AG, **Leica Informationsdienst**
Postfach 1120
35599 Solms
Telefon: 06442/208-111
Telefax: 06442/208-339